安徽省农村饮水安全工程建设历程

（2005—2015）

下　册

主　编　孙玉明

副主编　陈　可　吴　明　王跃国

合肥工业大学出版社

图书在版编目(CIP)数据

安徽省农村饮水安全工程建设历程:2005—2015/孙玉明主编.—合肥:合肥工业大学出版社,2016.12

ISBN 978-7-5650-3212-7

Ⅰ.①安… Ⅱ.①孙… Ⅲ.①农村给水—饮用水—给水工程—概况—安徽—2005—2015 Ⅳ.①S277.7

中国版本图书馆 CIP 数据核字(2016)第 324494 号

安徽省农村饮水安全工程建设历程(2005—2015)下册

孙玉明 主编　　责任编辑 权 怡　　责任校对 霍俊橦

出 版	合肥工业大学出版社	版 次	2016 年 12 月第 1 版
地 址	合肥市屯溪路 193 号	印 次	2017 年 3 月第 1 次印刷
邮 编	230009	开 本	787 毫米×1092 毫米 1/16
电 话	编 校 中 心:0551-62903210	总印张	69
	市场营销部:0551-62903198	总字数	1546 千字
网 址	www.hfutpress.com.cn	印 刷	安徽联众印刷有限公司
E-mail	hfutpress@163.com	发 行	全国新华书店

ISBN 978-7-5650-3212-7　　总定价: 240.00 元

《安徽省农村饮水安全工程建设历程（2005—2015）》参编人员

主　　编：孙玉明

副 主 编：陈　可　吴　明　王跃国

编写人员：王跃国　杜运成　王常森　时义龙　孙　林　陆士平　王　锋　郭　杰　方建军　王冠军　王　伟　黄保千　张旺南　吴志龙　季思敏　付润梅　周志勇　李　锋　刘汪洋　冯　瑜　陆　柳　范鸿雁　孙少文　任　黎　许义和　桂　昭

前　言

安徽地处华东腹地，位居长江下游、淮河中游，长江、淮河横贯东西，境内淮河以北为平原，江淮之间主要是丘陵地貌，皖南和皖西为山地，地形多样，地貌复杂，水源条件各异。全省总人口6936万人，其中农村人口5341万人。受水源条件等因素影响，存在水质不达标（地下水氟、铁、锰元素超标，血吸虫疫区等）、水量无保证等饮水不安全问题。为此，全省按照国家部署，2005年启动农村饮水安全工程建设，2010年成立了省农村饮水管理总站，2012年省政府令颁布实施《安徽省农村饮水安全工程管理办法》。截至2015年底，共完成投资167亿元，建设供水工程7500处，解决了3374万农村居民和195万农村学校师生饮水安全问题。“十三五”期间，按照国家统一部署，我省将实施农村饮水安全巩固提升工程，建设任务仍很繁重。

为总结农村饮水安全工程建设、管理经验，指导“十三五”期间农村饮水安全巩固提升工程实施，我站决定组织编写出版《安徽省农村饮水安全工程建设历程（2005—2015）》（以下简称《建设历程》）。《建设历程》由17个章节构成，省级建设历程为一章；全省16个地市各成一章，每个地市建设历程包括市级建设历程和所辖县（市、区）建设历程。每篇建设历程包括自然、地理、人口等基础情况、农村饮水安全实施情况、取得的成效和主要做法、典型案例、存在的主要问题、“十三五”期间主要目标、建设内容和有关措施等。

《建设历程》在编写过程中得到了各市、县（市、区）水利（水务）局和有关专家的大力支持和帮助，在此深表感谢。

由于编写工作涉及面较广、数据量大，而且受收集到的资料和编审人员技术水平所限，书中难免存在不当之处，敬请读者批评指正。

编　者

2016年12月

目　录

上　册

下　册

六安市

六安市农村饮水安全工程建设历程（2005—2015）

（六安市水利局）

一、基本概况

六安市位于安徽省西部，大别山北麓，位于东经115°20′～117°14′，北纬31°01′～32°40′，东与省会合肥市相连，南与安庆市接壤，西与河南省信阳市毗邻，北接淮南市、阜阳市，是大别山区域中心城市。全市总面积15451km^2，分属淮河、长江流域，其中淮河流域12387km^2，长江流域3064km^2，江淮分水岭由西南向东偏北横贯本市，辖霍邱、金寨、霍山、舒城四县和金安、裕安、叶集三区，设六安经济技术开发区和市承接产业转移集中示范园区。

2015年区划调整后，全市共131个乡镇、8个街道、106个城市社区、245个农村社区，1831个行政村。总面积15451km^2，居全省第一。总人口580.5万人，居全省第五。截至2015年底，农村人口545.06万人，占全市总人口的93.9%。根据2005年初农村饮水安全现状调查统计，全市农村饮水安全和基本安全人口396.10万人，占农村总人口的72.7%，农村饮水不安全人口148.96万人，占农村总人口的27.3%。其中，2005—2015年省发改委、水利厅已安排我市解决294.84万人。截至2015年底，全市新增113.76万人存在饮水安全问题。

六安市境内主要有七条河流，分属淮河、长江两大水系。除淮河干流从西向东在境内北缘穿过外，史河、沣河、汲河、淠河、东淝河由南向北分别汇入淮河；杭埠河、丰乐河由东流经巢湖入长江。地表多年平均径流深668mm。全市多年平均地表水资源量为95.8亿m^3（含寿县）。

二、农村饮水安全工程建设情况

1. 农村人口饮水安全解决情况

实施农村饮水安全工程前，全市农村饮水不安全人口294.84万人，饮水不安全类型为饮水水质不达标、用水方便程度及水源保证率不达标等。2015年底，全市农村总人口545.06万人，其中饮水安全人口250.22万人，农村自来水供水人口294.84万人，自来水普及率55.23%；全市行政村1828个，通水行政村1549个，通水比率为84.7%。2005—2015年，农饮省级投资计划累计下达投资额14.65亿元，计划解决农村居民294.84万人和农村学校师生21.15万人，累计完成投资14.65亿元，建成水厂507座，其中规模水厂

89 座、小型水厂 418 座。

表 1　2015 年底农村人口供水现状

县（市、区）	乡镇数量	行政村数量	总人口	农村供水人口	集中式供水人口	其中：自来水供水人口	分散供水人口	农村自来水普及率
	个	个	万人	万人	万人	万人	万人	%
舒城县	21	411	88.20	56.73	56.73	56.73	0.00	64.32
霍山县	16	125	36.26	31.05	21.81	21.81	9.24	60.15
金寨县	23	226	67.11	59.03	38.97	38.97	20.06	58.07
霍邱县	32	425	153.70	77.68	77.68	77.68	0.00	50.54
金安区	17	291	83.70	66.23	43.06	43.06	23.17	51.45
裕安区	19	280	101.09	85.90	61.62	54.05	24.28	53.47
叶集区	4	73	15.00	9.00	8.74	8.74	0.26	58.27
六安市	131	1831	545.06	385.62	308.61	301.04	77.01	55.23

2. 农村饮水工程建设情况

2005 年以前，我市实施了一批农村饮水解困工程，受资金等条件影响，工程建设标准较低。各县区乡镇政府也自建小型水厂，农民群众自建手压井等。舒城县：乡镇利用国家资金建设了马河口水厂、千人桥镇水厂、百神庙街道水厂、千人桥舒胜水厂等小型水厂，这些水厂供水能力都是在千吨以下，人口为 4000 ~ 5000 人。霍山县：由爱卫会、卫生、环保、水利、农业和库区等单位建成的工程有十几处，规模极小，多的只有两三百人，少的只有几十人，主要分布在偏远贫困山区，工程设施简单，有的甚至无人管理，现在全部处于瘫痪或报废状态。金寨县：农村绝大部分上靠人工挑水、有的自制手压井或数户联合从高处自流引山泉水，费力耗时，用水无保障。霍邱县：少数乡镇建有自来水厂，供水范围均为集镇街道，供水规模小，主要有姚李自来水厂、洪集自来水厂、众兴自来水厂（在建）、岔路自来水厂、城关自来水一厂、城关自来水二厂、长集自来水厂、户胡自来水厂、马店自来水厂、河口自来水厂、高塘自来水厂、周集自来水厂、石店自来水厂、花园自来水厂、临闸 2#庄台机井、临闸 3#庄台机井、刘台机井、花园镇高岗寺机井、曹庙镇黄郢机井、姚李镇花园机井共 20 处。其中，地表水水源水质较差，地下水的集中供水工程基本无净化设施，采用管网输配水，多数直接供水到户，少量为给水点供水。金安区：利用国债新建和改建农村人饮工程 228 处，其中集镇供水 12 座、集中居民区供水 10 座、管筒井 3 座、机井 11 座、“爱心井” 10 座、大口砖井 167 座、泵站扬水 8 座、引蓄水工程 7 座，解决困难人口 101000 人。裕安区：共有农村水厂 10 座，多分布在中心乡镇所在地，存在供水规模小、供水覆盖面小、水质不达标等问题。叶集区：饮用水多采用地表水和浅层地下水。由于集中式供水设施较少且制水工艺落后，水质净化效率差，处理消毒不规范；部分群众自建的砖井、筒井、手压受降雨量季节性变化等因素影响，经常出现缺水，取水不方便等问题。

截至2015年底，全市现有农村水厂507个，总设计供水规模456848m³/d。其中，舒城县21个，总设计供水规模123400m³/d；霍山县72个，总设计供水规模14023m³/d；金寨县319个，总设计供水规模42400.0m³/d；霍邱县40个，总设计供水规模110300.0m³/d；金安区28个，总设计供水规模68425m³/d；裕安区22个，总设计供水规模93100m³/d；叶集区5个，总设计供水规模5200m³/d。其中全市规模水厂507个，总设计供水规模456848m³/d。其中，舒城县19个，总设计供水规模122600m³/d；霍山县7个，总设计供水规模7605m³/d；霍邱县30个，总设计供水规模103400m³/d；金安区12个，总设计供水规模67440m³/d；裕安区20个，总设计供水规模92300m³/d；叶集区1个，总设计供水规模5000m³/d。农饮工程建设中，2005—2015年，我市工程投资来源主要为各级财政投资，累计投资146519万元。2015年底，共受益农村居民人口294.84万人和农村学校师生21.15万人，基本按照规划人口目标实现全覆盖，入户率95%以上，入户费用基本控制在200～300元/户。

3. 农村饮水安全工程建设思路及主要历程

我市"十一五"阶段解决了农村居民111.5万人和农村学校师生2.91万人的饮水安全问题，累计完成总投资50062万元。"十二五"阶段解决了农村居民182.77万人和农村学校师生19.25万人的饮水安全问题，累计完成总投资96785万元（解决人口和完成投资不含寿县）。

表2　农村饮水安全工程实施情况

县（市、区）	合计			2005年及"十一五"期间			"十二五"期间		
	解决人口		完成投资	解决人口		完成投资	解决人口		完成投资
	农村居民	农村学校师生		农村居民	农村学校师生		农村居民	农村学校师生	
	万人	万人	万元	万人	万人	万元	万人	万人	万元
舒城县	56.70	8.82	29960	19.70		8996	37	8.82	20964
霍山县	21.81	1.33	10153	10.81		4523	11	1.33	5882
金寨县	38.97	0.6	18500	15.47		6800	23.5	0.6	11700
霍邱县	77.68	5.25	38930	24.83	0.66	11188	52.85	4.59	27742
金安区	40.14	2.92	19997	17.14	0.46	7803	23	2.46	12194
裕安区	50.80	2.57	24760	19.78	0.52	8676	31.02	2.05	16084
叶集区	8.74	0.26	4219	4.34	0.26	2000	4.40	0	2219
六安市	294.84	21.15	146519	112.07	1.90	49986	182.77	19.25	96785

表3　2015年底农村集中式供水工程现状

县（市、区）	工程规模	工程数量	设计供水规模	日实际供水量	受益乡镇数	受益行政村数	受益农村人口	自来水供水人口
		处	m³/d	m³/d	个	个	万人	万人
舒城县	合计	21	123400	79970	21	412	56.7	56.7
	规模水厂	19	122600	79400			55.97	55.97
	小型水厂	2	800	570			0.73	0.73
霍山县	合计	72	14023	13200	18	145	21.81	21.81
	规模水厂	7	7605	7300	10	45	10.14	10.14
	小型水厂	65	6418	5900	18	80	11.67	11.67
金寨县	合计	319	42400	31800	23	226	38.97	38.97
	规模水厂							
	小型水厂	319	42400	31800	23	226	38.97	38.97
霍邱县	合　计	40	110300	66000	32	320	77.60	77.60
	规模水厂	30	103400	60000	32	287	75.70	75.70
	小型水厂	10	6900	6000	10	33	1.90	1.90
金安区	合计	28	68425	40700	22	189	43.06	43.06
	规模水厂	12	67440	40000			42.06	42.06
	小型水厂	16	985	700			1	1.00
裕安区	合计	22	93100	43280	19	203	61.62	54.05
	规模水厂	20	92300	42800			60.84	53.37
	小型水厂	2	800	480			0.78	0.68
叶集区	合计	5	5200	3150	6	54	9	5.5
	规模水厂	1	5000	3000	3	33	6	4
	小型水厂	4	200	150	3	21	3	1.5
六安市	合计	507	456848	278100	141	1549	308.76	297.69
	规模水厂	89	398345	232500	45	365	250.71	241.24
	小型水厂	418	58503	45600	54	360	58.05	56.45

三、农村饮水安全工程运行情况

至2015年底，我市建成的农村饮水安全工程运行状况良好。为加强农村饮水安全工程的运行管理，各县区均成立了管理机构，出台了《县级农村饮水安全管理办法》，明确了县区政府为农村饮水安全管理责任主体。各供水单位制定了运行管理制度，每处工程落实专门管理人员，县区财政均按照一定标准落实了运行管护经费。目前我市运行管理方式主要有两种：金安、裕安2个区由成立的农村饮水专管机构进行管理，舒城、霍山、霍邱、叶集4个县区主要以承包经营管理为主。

1. 市、县级农村饮水安全工程专管机构

自2006年农村饮水安全工程实施以来，市级成立了六安市农村饮水安全工程建设领导小组，领导组办公室设在市水利局，负责组织全市农村饮水安全工程的实施、建设管理检查督查等。各县区均成立了农村饮水安全工程专管机构，具体开展农村饮水安全工程建设管理、运行管理维护工作，纳入事业单位管理，财力较好的县区落实一定的运行管护专项费用。霍山县：2011年5月8日，霍山县机构编制委员会以霍编〔2011〕35号文批复成立霍山县农村饮水安全服务中心，为县水务局管理的股级全额拨款事业单位，编制4名。金寨县：2015年5月28日，经县十六届人民政府第18次县长办公会议研究同意成立县农村饮水安全工程管理中心，隶属县水利局管理的全额拨款事业单位。霍邱县：2013年6月成立了霍邱县农村饮水安全管理总站（邱编〔2013〕24号），属县水务局管理的事业单位，核定编制15名，年运行经费75万元，其中培训及工作经费30万元、水质检测中心运行经查费45万元，经费来源为财政补助。金安区：成立金安区农村饮水安全管理中心专门负责全区农村饮水安全工程正常运行、维护和监督等管理工作，其运行经费来自区财政。裕安区：2013年11月成立了裕安区润农供排水技术服务中心，统一管理裕安区规模化水厂，专门工作人员5人。

2. 市、县级农村饮水安全工程维修养护基金

自实施农村饮水安全工程以来，全市累计落实农村饮水安全工程维修基金1385.25万元，其中舒城县299.60万元、霍山县109.05万元、金寨县185.0万元、霍邱县389.30万元、金安区200.0万元、裕安区160.84万元、叶集区42.19万元；各县区维修养护基金实行专户储存，专款专用。

3. 县级农村饮水安全工程水质检测中心

我市水质检测中心批复投资1015.69万元（不含寿县），下达投资计划1015.69万元，项目安排涉及7个县区，建设方式：霍山、霍邱、金安、裕安为水利部门单独建立；舒城为依托县疾控中心建立；金寨、叶集依托规模水厂建立。截止2015年底，各县区已按照批复内容全面完成建设任务，投入运行。各县区完成了县级自验，舒城、霍山、金安、裕安、叶集完成了验收。主要检测仪器设备采购：金安区设备采购为区水利局组织招标采购，舒城、霍山、金寨、霍邱、金寨、叶集6个县区的大型仪器（五大检测设备）由市水利局统一组织招标采购，小型设备由县区水利局组织招标采购。各县区水质检测中心均具备42项检测指标的水质检测能力，全市已落实专业检测人员43人，其中已落实编制人员38人，有28人参加过水质检测培训上岗，已落实运行管理经费287万元。

4. 农村饮水安全工程水源保护情况

我市农村饮水安全工程水源主要为地表水、地下水，市级主要负责指导各县区开展农饮工程水源地保护和督促水源保护措施落实情况，按照《六安市水功能区划》，于2015年底，与市环保局联合开展了全市已建成的规模水厂水源地保护调查工作，检查水厂水源地是否按照功能区划、规范进行划分。各县区政府均出台了《乡镇集中式饮用水水源保护规划》，各乡镇也根据各工程水源情况，分别制定了水源保护和水源调度的措施和乡规民约，划定水源保护区范围，在各处供水工程水源地设立公告牌。

5. 供水水质状况

我市所建水厂大部分为三池净化，二氧化氯消毒，自动监控，简易水质化验室。各县区水厂水源均符合《地表水环境质量标准》（GB 3838—2002）和《生活饮用水水源水质标准》（CJ 3020）的要求，基本采用常规水处理工艺，水厂基本采用二氧化氯消毒，建立水质检测制度，定期进行检测。舒城县：出厂水质经县疾控中心检测，水质合格率一般在80%左右，主要超标项目为余氯不达标。霍山县：水厂水源水质达标率平均为65%，各水厂都建立了水质检测制度，一般水厂每年夏、冬季，丰水期及枯水期各检测1次；规模水厂按季节每年检测3~4次，经巡检合格率达到90%以上。水质不合格的主要指标为总大肠菌群、耐热大肠菌群、大肠埃希氏茵、菌落总数。霍邱县：经县疾控中心检测，水质达标率36%，水质不合格的主要指标为菌落总数超标。裕安区：水质达标率71.73%，水质不合格的主要指标是总大肠菌群超标等。

6. 农村饮水工程（农村水厂）运行情况

为加强农村饮水安全工程的运行管理，各县区均成立了管理机构，出台了县级农村饮水安全管理办法，明确了县区政府为农村饮水安全管理责任主体。各供水单位制定了运行管理制度，每处工程落实专门管理人员，县区财政均按照一定标准落实了运行管护经费。目前我市运行管理方式主要有两种：金安、裕安2个区由成立的农村饮水专管机构进行管理，金寨县采取政府购买服务，舒城、霍山、霍邱、叶集4个县区主要以承包经营管理为主。各县区水厂均能正常运行，大部分水厂各项运行成本高，实际用水量小于设计用水量，运营效益不明显。各县区按照“保本微利”原则，对水厂运行成本进行核算，报当地物价部门核准后执行，目前实际供水价格收取标准，规模水厂一般控制在1.8~2.0元/m^3，山区小型或单村供水工程一般为0.5~1.5元/m^3。为此，各县区创造性地开展工作，积极探索创新管理模式，积极推进“两部制”水价管理。

7. 农村饮水工程（农村水厂）监管情况

各县区农村饮水安全工程建成后移交给运行管理单位，签订固定资产协议，办理资产移交手续。县区根据各自特点，运行管理方式不一。舒城县水厂为国有独资控股建水厂，掌握运行管理控制权。水厂建成后，移交所在地乡镇人民政府，由当地政府组建管理单位，报县水利局备案。水厂经营人只有使用，管理，维修的权利，无权变卖水厂资，不得改变水厂建筑物设备性能结构。与经营者签订协议时，做到职责分明，产权明晰。裕安区：农村自来水厂工程产权分为两部分，一是国家全额投资建设的，产权属国有；二是由招商引资企业兴建的，企业投资部分属企业所有，国家投资部分属政府所有。目前全区22座水厂有12座水厂全部归政府所有，其运行管理归水利部门负责监管，其余10座水厂为企业所有，但在其农饮专项资金投入方面的资产管理监管上，由水厂所在地乡镇政府负责监管。

经过多年实施农村饮水安全工程，我市已建成规模水厂89座，每座水厂都基本按照标准化自来水厂建设，设立化验室，配置自动控制系统、水质监测系统，配备专职管理、检验人员，自县级农村饮水安全工程水质检测中心建成后，常规水质检测工作正逐步规范。入户安装统一标准收取，近两年基本控制在300元/户以内，执行水价为1.8~2.0元/m^3，基本实现“两部制”水价管理，水费收缴率80%以上。水厂基本做到环境卫生整洁、消毒设施和水质检测设备齐全、制水工艺规范，管理制度健全，水质、水压、水量和维修都基本有保障，实现24小时供水，能及时解决工程运行过程中出现的问题。

8. 运行维护情况

各县区建立健全农村饮水安全专管机构，明晰工程产权，逐项落实管护主体，小型工程推行产权改革，建立县级维修养护基金，制定了有效运行管理措施，定期对供水站工程管理人员开展专业知识和经营管理方面的技能培训，强化管理队伍建设，提高工程管理水平。

为落实农饮工程优惠政策，减少生产成本，农饮工程建设用地作为公益性项目建设用地，统一纳入当地年度建设用地计划，农饮工程运行用电执行农业生产用电价格，有关税费一律享受优惠政策。

四、采取的主要做法、经验及典型案例

（一）做法和经验

为进一步加强农村饮水安全工程建设管理和运行管护，市及各县区政府高度重视农村饮水安全工程建设，均成立了农村饮水安全工程领导组，领导组办公室分别设在市、县（区）水利（务）局，层层分解落实建设任务，市政府与各县（区）政府签订了目标责任书、各县区政府与项目乡镇签订了目标责任书，市政府与市水利局、各县（区）政府与水利（务）局签订目标责任书，责任到人。

市、县两级均出台了《农村饮水安全工程运行管理办法》，市水利局建立了民生工程包保责任制，明确每名责任人联系一个县区；各县区均成立了农村饮水安全管理中心、县级农村饮水安全水质检测中心两个管理中心，并已投入运行，出台了《农村饮水安全工程运行管理考评办法》，制定了《乡镇集中式饮用水源保护规划》《农村饮水安全工程供水应急预案》。

1. 前期工作。各县区按照年度目标任务，在年初开始选点规划，委托或通过招投标有相应资质的设计单位编制实施方案或初步设计，因地制宜，坚持推进规模水厂建设，积极推行实施“户户通”建设。在实施方案或初步设计批复时严格把关，采取勘察、设计审批的费用与设计质量挂钩的方式，提高设计质量，设计文本审查结果分优秀、良好、合格、不合格四个等次，分别按照100%、90%、85%、70%批复设计费。

2. 资金筹措。自2007年农村饮水安全工程纳入民生工程实施以来，市级财政每年预算安排专项资金200万元，用于对各县区农村饮水安全工程实行“以奖代补”；各县区财政每年按照下达投资计划明确的配套资金足额配套，确保工程按照设计标准顺利实施。在县区财政局设立农村饮水安全工程财政专户，将所有资金都纳入专户进行统一管理，资金拨付使用时，严格实行报账制，

3. 工程建设管理。我市农村饮水安全工程在实施过程中严格实行“项目法人制”“招标投标制”“建设监理制”和“合同管理制”。各县区水利局将年度投资计划及时分解至单项工程，由县发改委、水利局联合将任务下达至项目法人，每处农村饮水安全工程均实行公开招投标，项目开工前，在受益镇、村公务栏进行公示，主要公布项目建设内容、投资、工期和各参加单位等，自觉接受群众监督。在实施过程中对进场材料、设备、供水管材进行质量

抽检，以满足工程按照设计标准建设。县区水利局成立质量安全监督机构，对年度农村饮水安全工程实施安全质量监督，具体负责工程建设进度、质量监管工作。

市水利局局对各县区农村饮水安全工程建设进度严格实行旬报制，报送工程实时进度图片，实时掌握各项工程建设进展情况，每月实行按月通报制，以促进各县区加快工程进度，并根据局领导包保责任制成立督察组，不定期对各县区工程建设和管理工作开展督查，针对督查的结果对各县区农村饮水安全工程适时召开调度会，及时发现和解决存在的问题，同时交流好的建管经验，以互相借鉴学习，确保各县区工程建设进度和质量按照目标计划完成。

4. 运行管理。为确保工程长久发挥效益，各县区创造性地开展工作，积极探索创新管理模式。金安、裕安区逐步将区域内小水厂主管网与水源可靠的规模水厂进行整合，实施串联供水，以保障小水厂正常运行。霍山县县财政按受益人口每人每年补助5元，确保了山区小型供水工程能长期发挥效益。舒城县农村饮水安全工作领导组印发《关于舒城县农村饮水安全工程管理服务的有关规定》（舒饮水函〔2013〕03号），对各水厂后期入户收费、维修收费和时间、维修人员的行为进行规范，并制定了《舒城县农村饮水安全工程运行管理考评办法（试行）》（舒饮水函〔2013〕04号），每年年末，县农饮工程管理中心组织以县水利局、县卫生部门，县国有资产管理部门组成的考核组，对各水厂进考评，次年在全县农村饮水安全工作会议上进表彰，同时将考评结果在县水利局网站进行公示，使水厂的供水质量、为民服务方面获得好评。

（二）典型工程案例

舒城县：春秋塘自来水厂

1. 实施计划：春秋塘自来水厂坐落在城关镇舒玉村，距杭埠河约4100m。该项目是舒城县2012年度实施的农村饮水安全工程之一，设计供水规模40000m^3/d（前期20000m^3/d），该工程分三期实施：2012年一期工程计划解约21928人的饮水不安全问题，项目总投资1096.4万元；2013年二期管网延伸工程计划解决约30607人的饮水不安全问题，项目总投资1530.35万元；2014年三期管网延伸工程计划解决约11899人的饮水不安全问题，项目总投资594.95万元；

2. 建设内容：2012年度一期项目中，水厂部分主要完成水源工程、输水工程、三池净水设备、清水池、供配电设施、生产车间、配套管理设施等；管网部分完成PE主管道铺设81445m，接水入户5755户；2013年度二期工程计划完成主管铺设136824m，接水入户8033户；2014年度三期工程计划完成主管铺设58682m，接水入户3123户。

3. 建设管理：该水厂土建工程实行国内公开招标，主要设备和管材等大宗材料由县招标局招标采购。工程建设严格执行“六制”，明确项目责任主体和工作机制，明确各级、各部门责任和协调联动调度，确保项目建设资金落实和管理，实行项目督查和目标考核制度，强抓工程质量，严格施工总进度计划控制。

4. 工程进度：该水厂工程已于2013年6月底投入运行，目前，水厂对外供水正常。

5. 建后管理：建成后工程，固定资产已移交给舒城县二水厂管理机构和管理人员，制定了管理制度，确保了水厂正常运行。

五、目前存在的主要问题

1. 农民群众受用水习惯影响，实际用水量远小于设计供水量，不利于水厂良性发展。

2. 近几年随着多项水利工程的实施，县级水利部门从事专业技术人员任务繁重，建设管理技术力量较薄弱，农村饮水工作正常开展进度和质量受一定影响。

3. 各县区农村饮水安全管理和县级农村饮水安全工程水质检测两个中心虽然已建成并配备了工作人员，但农饮工程点多面广，加之县级财政落实维修经费压力较大，工程日常运行维护、水质检测监测、水源地保护等建后管护工作有待逐步规范落实到位。

4. 部分县区水厂在规划设计时，受当年度农村饮水安全工程资金限制，设计供水能力较小，随着当地新农村建设等发展，不能满足用水需求，在“十三五”期间需进行扩建改造。

六、“十三五”巩固提升规划情况及长效运行工作思路

1. “十三五”巩固提升规划情况

按照2020年全面建成小康社会和脱贫攻坚的总体要求，通过农村饮水安全巩固提升工程实施，采取新建分散式供水点和管网延伸工等程措施，到2018年底前，实现贫困村村村通自来水；到2020年，通过农村饮水安全巩固提升工程的实施，全市农村饮水安全工作的主要预期目标是：农村集中供水率达到97%左右，自来水普及率达到86%以上；水质达标率为不低于94%，建立健全工程良性运行机制，提高运行管理水平和监管能力。

“十三五”期间规划建设各类集中供水工程645处，新增受益人口113.76万人，总投资79068.20万元。其中，新建水厂412处，新增供水能力22477m^3/d，新增受益人口25.90万人，总投资36729.51万元；利用现有水厂进行管网延伸166处，新增受益人口58.16万人，总投资30555.61万元；对现有水厂改造提升67处，新增供水能力44917m^3/d，新增受益人口29.69万人，总投资11783.08万元。

表4　“十三五”巩固提升规划目标情况

县（市、区）	农村集中供水率（%）	农村自来水普及率（%）	水质达标率（%）	城镇自来水管网覆盖行政村的比例（%）
舒城县	97	97	97	9.5
霍山县	95	80	90	33
金寨县	95	80	90	36
霍邱县	100	85	100	97
金安区	95	85	95	35
裕安区	95	95	92	88.75
叶集区	100	80	95	100
六安市	96.71	86	94.14	57.04

表5　“十三五”巩固提升规划新建工程和管网延伸工程情况

县（市、区）	工程规模	新建工程					现有水厂管网延伸			
		工程数量	新增供水能力	设计供水人口	新增受益人口	工程投资	工程数量	新建管网长度	新增受益人口	工程投资
		处	m^3/d	万人	万人	万元	处	km	万人	万元
舒城县	合计	188	8110	11.14	11.14	20427	13	578	12.32	6423
	规模水厂	1	2000	3.55	3.55	2554	13	578	12.32	6423
	小型水厂	187	6110	7.59	7.59	17873				
霍山县	合计	59	3251	3.25	2.96	1779	60	403	4.05	2466
	规模水厂						6	202	2.36	1545
	小型水厂	59	3251	3.25	2.96	1779	51	200	1.69	921
金寨县	合计	160	10400	10.7	10.68	13867				
	规模水厂									
	小型水厂	160	10400	10.7	10.68	13867				
霍邱县	合　计						16	717	11.8	5897
	规模水厂						14	652	10.73	5363
	小型水厂						2	65	1.07	533
金安区	合计	3	356	0.59	0.59	336	48	0	16.96	8349
	规模水厂						33		12.00	5974
	小型水厂	3	356	0.59	0.59	336	15		4.96	2376
裕安区	合计	2	360	0.52	0.52	321	26	1382	10.4	6104
	规模水厂						26	1382	10.4	6104
	小型水厂	2	360	0.52	0.52	321				
叶集区	合计						3	188	2.64	1318
	规模水厂									
	小型水厂						3	188	2.64	1318
六安市	合计	412	22477	26.21	25.9	36730	166	3268	58.16	30556
	规模水厂	1	2000	3.55	3.55	2554	92	2814	47.8	25408
	小型水厂	411	20477	22.66	22.35	34176	71	453	10.36	5147

表6　“十三五”巩固提升规划改造工程情况

县（市、区）	工程规模	改造工程					
		工程数量	新增供水能力	改造供水规模	设计供水人口	新增受益人口	工程投资
		处	m^3/d	m^3/d	万人	万人	万元
舒城县	合计	2	3000	4000	5.07	2.96	1837
	规模水厂	2	3000	4000	5.07	2.96	1837
	小型水厂						
霍山县	合计	47	7121	4786	6.77	1.46	823
	规模水厂	3	3182	2321	2.85	0.34	169
	小型水厂	44	3939	2465	3.92	1.12	654
金寨县	合计	4	1046		8.00	1.04	1809
	规模水厂	1	1000		8.00	1.00	1797
	小型水厂	3	46			0.04	11.64
霍邱县	合　计	3	13000	13000	16.94	12.45	2920
	规模水厂	3	13000	13000	16.94	12.45	2920
	小型水厂						
金安区	合计	2	17000		5.53	5.53	1249
	规模水厂	2	17000		5.53	5.53	1249
	小型水厂						
裕安区	合计	9	3750	4500	6.25	6.25	3145
	规模水厂	9	3750	4500	6.25	6.25	3145
	小型水厂						
叶集区	合计						
	规模水厂						
	小型水厂						
六安市	合计	67	44917	26286	48.56	29.69	11783
	规模水厂	20	40932	23821	44.63	28.53	11117
	小型水厂	47	3985	2465	3.92	1.16	666

2. 加强农饮工程长效运行工作思路

我市山、丘、岗、畈、湾地貌并存，地形复杂，存在着不同情况的水源性缺水和不同情况的水质性缺水，面广点多，要切实解决农村饮水安全问题，各项工作量较大，具体问题也多，保障农村饮水安全将是一项长期的任务。

“十三五”期间我市继续建立健全完善市、县级农村饮水安全专管机构，全面建立县级农村供水技术支持服务体系；加快农村饮水安全工程产权改革，明晰所有权、经营权、管理权，落实工程管护主体、责任、经费；组建区域化、规模化、专业化的运行管理单位；探索推广政府购买服务以及专业化和物业式管理等新的工程建设管理形式，逐步实现良性可持续运行。

舒城县农村饮水安全工程建设历程（2005—2015）

（舒城县水利局）

一、基本概况

舒城县隶属安徽省六安市，地处皖中腹地，大别山东麓，濒临巢湖，隶属长江流域巢湖水系。全县总面积2092km^2，地形复杂、地貌多样，西部为山区，中部是丘陵，东部为平原圩区，地势由西南向东北倾斜，形成四级阶梯。全县地处北亚热带湿润性气候区，多年平均降雨量1124.5mm，年平均气温15.5℃。全县辖21个乡镇、1个管理区、1个开发区，411个行政村，7673个自然村。全县总人口99.5万人（2015年末数据），其中农村人口88.17万人。2015年全县实现地区生产总值（GDP）1585293万元，按户籍人口计算人均GDP达到15933元；农业总产值540924万元，农民年人均收入9226元。

全县广大农户生活饮用水历来是以浅层地下水（土井水）为生活水源，部分以河、沟、塘水为水源，随着农村经济的不断发展，地表水及浅层地下水因化肥农药和生活排污等不同因素的污染，水质条件逐步下降，当地百姓急切盼望能彻底解决饮水不安全问题。根据《舒城县农村饮水安全现状调查评估报告》，域内存在的主要饮水安全问题是受污染水和缺水。

二、农村饮水安全工程建设情况

1. 农村人口饮水安全解决情况

随着“十一五”“十二五”农村饮水安全工程的稳步实施，截至2015年底，我县农村人口88.2万人，饮水安全人口2.28万人，农村自来水供水人口56.73万，自来水普及率达到68.37%；全县共有行政村411个，目前已通水行政村263个，通水比例63.83%。舒城县通过多渠道筹集资金，已新建中小型农村水厂20处，供水规模6.99万m^3/d，主干管网延伸3539km，支管网339km，自来水入户17.5万户，让263个行政村共56.73万农村居民喝上了清洁卫生的自来水，深受群众欢迎。

表1　2015年底农村人口供水现状

乡镇数量	行政村数量	总人口	农村供水人口	集中式供水人口	其中：自来水供水人口	分散供水人口	农村自来水普及率
个	个	万人	万人	万人	万人	万人	%
21	411	88.2	56.73	56.73	56.73	0	64.32

表2　农村饮水安全工程实施情况

合计			2005年及“十一五”期间			“十二五”期间		
解决人口		完成投资	解决人口		完成投资	解决人口		完成投资
农村居民	农村学校师生		农村居民	农村学校师生		农村居民	农村学校师生	
万人	万人	万元	万人	万人	万元	万人	万人	万元
56.7	8.82	29960	19.7		8996	37	8.82	20964

2. 农村饮水工程（农村水厂）建设情况

在“十一五”以前，我县乡镇也利用国家资金建设了一些小型水厂马河口水厂，千人桥镇水厂，同时，私人也建了一些小型水厂，如百神庙街道水厂、千人桥舒胜水厂等，这些水厂供水能力都是在千吨以下，人口在4000～5000。全县国家投资的农饮工程资金兴建自来水厂共20座、集中供水站1座（东港）。

表3　2015年底农村集中式供水工程现状

工程规模	工程数量	设计供水规模	日实际供水量	受益乡镇数	受益行政村数	受益农村人口	自来水供水人口
	处	m^3/d	m^3/d	个	个	万人	万人
合计	25	123400	79970	21	412	56.7	56.7
规模水厂	19	122600	79400	—	—	55.97	55.97
小型水厂	2	800	570	—	—	0.73	0.73

3. 农村饮水安全工程建设思路及主要历程

全县自2007年开始农村饮水安全工程建设以来，国家投资农饮工程29960万元。截至“十二五”末，全县农饮工程建设水厂20座，供水规模6.99万m^3/d，建设主干管网3539km，支管网339km。自来水入户17.5万户，解决56.73万人饮水不安全。

我县农饮工程资金所建的20座水厂每座水都在正常运行，没有所谓的“晒太阳水厂”，没有因管理不善而出现水厂停产。现在农民群众说：没电我们可以短期承受，但没有自来水一刻都不行。可见，现在农民对自来水的依赖程度，同时也说明农民现在对我们饮水工程的信任程度。

在“十一五”以前，我县乡镇也利用国家资金建设了一些小型水厂马河口水厂、千人桥镇水厂，同时，私人也建了一些小型水厂如百神庙街道水厂、千人桥舒胜水厂等，这些水厂供水能力都是在千吨以下，人口在4000～5000。实践中发现这些水厂很难为继。私营水厂一般靠收取入户费赚取利润，国有水厂靠政府补贴。我县在“十一五”初期，也建了少数小水厂。后来发现这些水厂生存能力不强，管理成本高。自2009年以后，我们建设相对规模化水厂，建设规模大都在1000～2000m^3/d。自2012年开始，我们根据农村饮水安全工程编制的“十二五”规划，结合我县实际情况，制定了《舒城县农村集中供水发展规划》（以下称《发展规划》）。《发展规划》在舒城县十六届政府第五次常务会议上通过。该规划主要反映：一是打破区域界线，建设规模较大的水厂，减少建设成本，方便运行管理，提高生存能力。二是整合各类资金，按照《发展规划》，逐年实施。以往如以工代赈资金、扶贫资金、城镇小水厂改造资金等，各建各的，结果造成布局不合理，规模小，造价高，运行管理成本大。《发展规划》通过后，建设资金来源保持不变，建设业主保持不变，但是水厂建设必须服从《发展规划》。由于《发展规划》通过，后期我们所建的水厂规模大，标准高，覆盖范围广，布局合理，管理方便，运行成本低。如春秋塘水厂，供水涉及5个乡镇40个行政村和1个产业园区；荷花堰水厂，供水范围涉及3个乡镇29个行政村。

三、农村饮水安全工程运行情况

1. 县水利局及其所设的农村饮水安全管理中心作为农村饮水行业管理的职能部门，对各水厂运行管理进行监督。为此，制定〈舒城县农村饮水安全工程运行管理办法（试行）〉以（舒政办〔2010〕59号）文下发至各乡镇人民政府及有关单位。

2. 舒城县农村饮水安全工作领导组以《关于舒城县农村饮水安全工程管理服务的有关规定》（舒饮水函〔2013〕03号）文，对各水厂后期入户收费、维修收费和时间、维修人员的行为进行规范。针对我县的情况，结合省市的相关文件，制定《舒城县农村饮水安全工程运行管理考评办法（试行）》（舒饮水函〔2013〕04号），每年年末，县农饮工程管理中心组织以县水利局、县卫生部门，县国有资产管理部门组成的考核组，以考评办法对各水厂进考评。次年在全县农村饮水安全工作会议上进行表彰，同时将考评结果在县水利局网站进行公示。由于我们对水厂的一系列的行之有效管理，使我县各水厂在供水质量，为民服务方面获得好评。

3. 2015年以前我县农饮管理中心与县卫生监督所一道，在对水厂的水质进行化验取样的同时，对水厂的管理进行检查。2015年依托县疾控中心建立县农村饮水安全工程水质检测中心，于2015年12月正式运行。水质检测中心有检测人员6人（事业编制），全部有检测资格证，检测员中有卫生或化学分析专业人数6人，大专以上学历人数4人。根据农村饮水水质检测要求项目，我们给检测中心配备了气相色谱仪、离子色谱仪、原子荧光光度计、紫外光度计等主要检测仪器设备，加上疾控中心原有设备，中心具备检测《生活饮用水卫生标准》（GB 5749—2006）中全部42项水质常规指标的能力。目前对于所有农饮工程水厂水质进行每季度定期检测。该项目批复总投资136.39万元。每年县政府给予20万元作为运行经费，已列入财政预算。

另外，我们投资88.28万元给全县18座规模水厂配备了水质化验设备，每个水厂建立化验室，对水厂水质检测人员进行了专业培训，并定期检查水厂水质检测记录，形成管理办法，对水厂的日常水质检测提供了有力的保障。

4. 我县农村饮水工程水源主要是地表水，水源地主要是杭埠河，兼以丰乐河，以龙河口水库为主要蓄水水源地。按照农村饮用水供水工程。我县共有21个水源地。这些水源地主要分布在杭埠河、丰乐河、清水河、龙潭河、河棚河、晓天河以及龙河口水库。按照《六安市水功能区划》，可分为杭埠河开发利用区，杭埠河饮用水源区，丰乐河开发利用区，张母桥河开发利用区，清水河开发利用区，龙潭河水源保留，龙河口水库上游水源自然保护区，龙河口水库水源保护区。保水厂的水源地情况如下。

属于河流型水源地如下。

杭埠河：春秋塘水厂、上阳水厂、周公渡水厂、中心水厂、山北水厂、新街水厂、城关二水厂、杭埠水厂。

龙潭河：钓鱼台厂、汤池水厂、阙店水厂。

清水河：清泉水厂。

河棚河：河棚水厂、庐镇水厂。

晓天河：晓天水厂、山七水厂。

张母桥河：张母桥水厂。

丰乐河：秦家桥水厂、西塘水厂、红光水厂、三汊河水厂、五星水厂。

根据《饮用水源保护区划分技术规范》（HJ/T 338—2007），参照已建工程，上述水厂水源保护区：设立一级保护区和二级保护区。一级水源保护区：水域——长度，取水口上游1000m，下游100m。宽度，整个河道范围。陆域——沿岸纵深水平距离不小于50m。二级保护区：水域——从一级保护区的上游边界向上游延伸不小于2000m，下游侧外边界距一级保护区边界不小于200m。陆域——沿岸纵深不小于1000m。清泉水厂，河棚水厂，庐镇水厂，汤池水厂，张母桥水厂为整个集水区。

属于湖泊、水库型水源地的如下。

龙河口水库：荷花堰水厂、五显水厂、高峰水厂。

老山洼水库：东港供水站。

水库型水源地：龙河口水库一、二级保护区划分，依照省水利厅划分确定。老山洼水为库，属于小（2）型水库。一级保护区：水域——下常水位线以下面积；陆域——正常水位线以上200m范围。二级保护区：水域——正常水位线以上与校核洪水位之间面积；陆域——整个集水区。

水源管理主要从制度和工程措施加强水源管理。根所不同类型的水源地，确定水源地保护范围。

水源地的水质监测，依托县疾控中心实行每月进行一次常规监测。

5. 我县所建水厂大部分为三池净化，二氧化氯消毒，自动监控，简易水质化验室。我县各水厂水源均符合《地表水环境质量标准》（GB 3838—2002）和《生活饮用水水源水质标准》（CJ 3020）的要求，全部采用常规水处理工艺。全县各水厂均采用二氧化氯消毒。出厂水质经县疾控中心检测，水质合格率一般在80%左右，主要超标项目为余氯不达标。

6. 我县水厂为国有独资控股建水厂，掌握运行管理控制权。水厂建成后，移交所在地乡镇人民政府，由当地政府组建管理单位，报县水利局备案。水厂经营人只有使用，管理，维修的权利，无权变卖水厂资，不得改变水厂建筑物设备性能结构。与经营者签订协议时，做到职责分明，产权明晰。

全县自2007年开始实施农村饮水安全工程以来，至2013年之前入户费200元，自2013年以后入户费300元。由于对入户费用的控制，给用户以最大的实惠，才有高入户率，我县农饮工程入户率都在95%。

针对我县的群众要求和经济状况，经过反复讨论，多方征求意见，确定当时的水价为1.8～2.0元/m^3。为了使水厂能够保本运行，微利收入。我们引入早期灌区农业水费收取方法，即：基本水费+计量水费。水价的确定，根据水厂规模和用水户数综合确定。平原圩区，人口集中，水厂规模相对大一些，水价定为1.8元/m^3，山区丘区水厂规模小一些，水价为2.0元/m^3。基本水费统一为5m^3/月。基本水费是按我县农村居民用水量以及水厂管理人员计算来确定的。

根据调查，农村居民生活饮用水不超过每月不超过5m^3，规模1000m^3/d的水厂，用户一般在3500户左右，每年的毛收入约37.8万元。每年各项支出：人员工资4人16.8万元，电费10.5万元，药剂费5.25万元，维修费养护费，人员培训及办公费用8000元，总支出36.35万元。上述计算是在满额收取的情况下，不计设备折旧略有盈余。实际在水费收取过程中，做不到满额收取，往往仅保本运行。正是因为实行两部制水价，使我县所建水厂都能正常运行，没有所谓“晒太阳水厂”。

7. 在“十一五”以前，我县乡镇也利用国家资金建设了一些小型水厂，如马河口水厂、千人桥镇水厂等；同时，私人也建了一些小型水厂如百神庙街道水厂、千人桥舒胜水厂等。这些水厂供水能力都在千吨以下，供水人口4000～5000。实践中发现这些水厂很难为继。私营水厂一般靠收取入户费赚取利润，国有水厂靠政府补贴。我县在“十一五”初期，也建了少数小水厂。后来发现这些水厂生存能力不强，管理成本高。自2009年以后，我们建设相对规模化水厂。建设规模大都在1000～2000m^3/d。自2012年开始，我们根据农村饮水安全工程编制的十二五规划，结合我县实际情况，制定了《舒城县农村集中供水发展规划》（以下称《发展规划》）。该《发展规划》在舒城县十六届政府第五次常务会议上通过。该规划主要反映：一是打破区域界线，建设规模较大的水厂，减少建设成本，方便运行管理，提高生存能力。二是整合各类资金，按照《发展规划》，逐年实施。以往如以工代赈资金、扶贫资金、城镇小水厂改造资金等，各建各的，结果造成布局不合理，规模小，造价高，运行管理成本大。《发展规划》通过后，建设资金来源保持不变，建设业主保持不变，但是水厂建设必须服从《发展规划》。由于《发展规划》通过，后期我们所建的水厂规模大，标准高，覆盖范围广，布局合理，管理方便，运行成本低。如春秋塘水厂，供水涉及5个乡镇40个行政村和1个产业园区。荷花堰水厂，供水范围涉及3个乡镇29个行政村。

8. 水厂建成后，如何加强运行管理，才能发挥农饮工程的社会效益，对此，我们做了一些探索和努力。水厂建成后，运行管理权及资产所有权交水厂所地乡镇人民政府。县水利局及其所设的农村饮水安全管理中心作为农村饮水行业管理的职能部门，对各水厂运行管理进行监督。为此，制定《舒城县农村饮水安全工程运行管理办法（试行）》以舒政办〔2010〕59号文下发至各乡镇人民政府及有关单位。农饮管理中心与县卫生监督所一道，在对水厂的水质进行化验取样的同时，对水厂的管理进行检查。舒城县农村饮水安全工作领导组以《关于舒城县农村饮水安全工程管理服务的有关规定》（舒饮水函〔2013〕03号文），对各水厂后期入户收费、维修收费和时间、维修人员的行为进行规范。针对我县的情况，结合省市的相关文件，制定《舒城县农村饮水安全工程运行管理考评办法（试行）》（舒饮水函〔2013〕04号），每年年末，县农饮工程管理中心组织以县水利局、县卫生部门，县国有资产管理部门组成的考核组，以考评办法对各水厂进考评。次年在全县农村饮水安全工作会议上进表彰，同时将考评结果在县水利局网站进行公示。由于我们对水厂的一系列的行之有效管理，使我县各水厂在供水质量，为民服务方面获得好评。

四、采取的主要做法、经验及典型案例

（一）做法和经验

我县之所以水厂都在运行，并且得到用户的好评，主要有以下几点。

1. 国有独资控股建水厂，掌握运行管理控制权

农村饮水安全工程是民生工程。所谓民生工程，就是为民服务，让利于民。在“十一五”以前我县也有一部分私营水厂，当时农饮工程想用他的水厂进行管网延伸，给他们增加用户扩大他们的用户，我们也解决了农民用水问题，做到双赢。其实不然，他们根本就不是在扩大用户上来取得赢利，而是利用入户费来获取高额利润。他们的水厂设备差，供水质量低，入户费高达2500元/户，最高达3000元/户。我们接他们的水是有条件的，一是按照他们的标准收取入户费；二是每村只开一个户，每开一户4万元，以村收费，所有的管理维修损耗都有接水村承担。于是，2008年开始，农饮工程开始自建水厂，自成管网，国有独资。水厂建成后，移交所在地乡镇人民政府，由当地政府组建管理单位，报县水利局备案。水厂经营人只有使用，管理，维修的权利，无权变卖水厂资，不得改变水厂建筑物设备性能结构。与经营者签订协议时，做到职责分明，产权明晰。

2. 控制入户费用，扩大用户范围

全县自2007年开始实施农村饮水安全工程以来，2013年以前的入费户200元，2013年以后入户费300元。我们收取300元入户费有两个作用，一是收取入户费，所产生的资产属用户，由于资产属于用户，用户对其设备和材料予以管护；二是国家对农饮工程的投资确实不足，入户费是对建设资金作一定补充。根据了解农民对现行入户费用标准，认为是合理的，是可以接受的。由于对入户费用的控制，给用户以最大的实惠，才有高入户率，我县农饮工程入户率都在95%。

3. 合理定价水费，保障水厂微利运行

我县自2007年开始实施农饮工程，就对如何水费收取，既能保证水厂运行，又使群众能够接受用水价格和收取方式。针对我县的群众要求和经济状况，经过反复讨论，多方征求意见，确定当时的水价为1.8～2.0元/m^3。为了使水厂能够保本运行，微利收入。我们引入早期灌区农业水费收取方法，即基本水费+计量水费。水价的确定，根据水厂规模和用水户数综合确定。平原圩区，人口集中，规模相对大一些，水价定1.8元/m^3；山区丘区水厂规模小一些，水价为2.0元/m^3。基本水费统一为5元/月。基本水费的确定是按我县农村居民用水量以及水厂管理人员计算的。

农村居民用水一般仅限于煮饭、洗菜，喝水。其他如洗衣，家庭清洁用水，门前绿化生态用水都是取于当地池塘或河道，一般不用自来水。根据调查，农村居民生活饮用水每月不超过5m^3，规模1000m^3/d的水厂，用户一般在3500户左右，每年的毛收入约37.8万元。每年各项支出：人员工资4人16.8万元，电费10.5万元，药剂费5.25万元，维修费养护费，人员培训及办公费用8000元，总支出36.35万元。上述计算是在满额收取的情

况下，不计设备折旧略有盈余。实际在水费收取过程中，做不到满额收取，往往仅保本运行。正是因为实行两部制水价，使我县所建水厂都能正常运行，没有所谓“晒太阳水厂”。

4. 打破行政区划，建设规模水厂

在“十一五”以前，我县乡镇也利用国家资金建设了一些小型水厂如马河口水厂、千人桥镇水厂；同时，私人也建了一些小型水厂如百神庙街道水厂、千人桥舒胜水厂等。这些水厂供水能力都在千吨以下，供水人口4000～5000。实践中发现这些水厂很难为继。私营水厂一般靠收取入户费赚取利润，国有水厂靠政府补贴。我县在“十一五”初期，也建了少数小水厂。后来发现这些水厂生存能力不强，管理成本高。自2009年以后，我们建设相对规模化水厂。建设规模大都在1000～2000m^3/d。自2012年开始，我们根据农村饮水安全工程编制的“十二五”规划，结合我县实际情况，制定了《舒城县农村集中供水发展规划》（以下称《发展规划》）。该《发展规划》在舒城县十六届政府第五次常务会议上通过。该规划主要反映在：一是打破区域界线，建设规模较大的水厂，减少建设成本，方便运行管理，提高生存能力。二是整合各类资金，按照《发展规划》，逐年实施。以往如以工代赈资金、扶贫资金、城镇小水厂改造资金等，各建各的，结果造成布局不合理，规模小，造价高，运行管理成本大。《发展规划》通过后，建设资金来源保持不变，建设业主保持不变，但是水厂建设必须服从《发展规划》。由于《发展规划》通过，后期我们所建的水厂规模大，标准高，覆盖范围广，布局合理，管理方便，运行成本低。如春秋塘水厂，供水涉及5个乡镇40个行政村和1个产业园区。荷花堰水厂，供水范围涉及3个乡镇29个行政村。

5. 加强后期管理，提高供水质量

水厂建成后，如何加强运行管理，才能发挥农饮工程的社会效益，对此，我们做了一些探索和努力。水厂建成后，运行管理权及资产所有权交水厂所地乡镇人民政府。县水利局及其所设的农村饮水安全管理中心作为农村饮水行业管理的职能部门，对各水厂运行管理进行监督。为此，制定《舒城县农村饮水安全工程运行管理办法（试行）》，以舒政办〔2010〕59号文下发至各乡镇人民政府及有关单位。农饮管理中心与县卫生监督所一道，在对水厂的水质进行化验取样的同时，对水厂的管理进行检查。舒城县农村饮水安全工作领导组以《关于舒城县农村饮水安全工程管理服务的有关规定》（舒饮水函〔2013〕03号）文，对各水厂后期入户收费、维修收费和时间、维修人员的行为进行规范。针对我县的情况，结合省市的相关文件，制定《舒城县农村饮水安全工程运行管理考评办法（试行）》（舒饮水函〔2013〕04号），每年年末，县农饮工程管理中心组织以县水利局、县卫生部门，县国有资产管理部门组成的考核组，以考评办法对各水厂进考评。次年在全县农村饮水安全工作会议上进表彰，同时将考评结果在县水利局网站进行公示。由于我们对水厂的一系列的行之有效管理，使我县各水厂在供水质量，为民服务方面获得好评。

（二）典型工程

1. 上阳自来水厂

（1）工程概况：上阳自来水厂坐落千人桥镇千人桥村，距杭埠河400m。此处为平原圩区，县城区下游，地表水和浅层地下水污染严重，水体中铁、锰等微量元素含量也严重超标，群众迫切要求实施此项民生工程。该项目是舒城县 2010 年度安排的农村饮水安全工程之一，设计供水规模 5000m^3/d，计划解决千人桥、张湾等 16 个村约 42000 人的饮水不安全问题。一期工程完成自来水厂工程和部分管网铺设及入户工程，预算总投资 837.4 万元。

（2）建设内容：该工程分多期实施。2010 年度，水厂部分主要完成水源工程、输水工程、模块化净水设备、清水池、供配电设施、生产车间、配套管理设施等；管网部分完成 PE 主管道铺设 59500m，接水入户 3200 户。2011 年度完成主管铺设 82000m，共六个村接水入户 5200 户。2012 年度完成主管铺设 45852m，共 4 个村接水入户 2526 户。2013 年度完成主管铺设 53330m，共 4 个村接水入户 2783 户。2014 年度完成主管铺设 52543m，共 7 个村接水入户 2658 户。2015 年度工程建设主要内容为水厂扩建及配水管网工程，共解决 7 个村约 28136 人的饮水不安全问题。水厂累计投资约 4090 万元。

（3）建设管理：该水厂土建工程分水厂、管网两个标段实行公开招标；主要设备和管材等大宗材料由县政府采购中心统一招标采购。工程建设严格执行“六制”，明确项目责任主体和工作机制，明确各级、各部门责任和协调联动调度，确保项目建设资金落实和管理，实行项目督查和目标考核制度，强抓工程质量，严格施工总进度计划控制。

（4）建后管理：该工程建成后，将其固定资产移交由千人桥镇政府确定的管理人员管理，县水行政主管部门行使行政监督管理。目前，千人桥镇已确定水厂的管理人员，实行跟班控制施工质量，学习和掌握水厂运行技术，确保水厂建成后正常运行。

2. 春秋塘自来水厂

（1）实施计划：春秋塘自来水厂坐落在城关镇舒玉村，距杭埠河约 4100m。该项目是舒城县 2012 年度实施的农村饮水安全工程之一，设计供水规模 40000m^3/d（前期 20000m^3/d），该工程分三期实施，2012 年一期工程计划解约 21928 人的饮水不安全问题，项目总投资 1096.4 万元；2013 年二期管网延伸工程计划解决约 30607 人的饮水不安全问题，项目总投资 1530.35 万元；2014 年三期管网延伸工程计划解决约 11899 人的饮水不安全问题，项目总投资 594.95 万元；

（2）建设内容：2012 年度一期项目中，水厂部分主要完成水源工程、输水工程、三池净水设备、清水池、供配电设施、生产车间、配套管理设施等；管网部分完成 PE 主管道铺设 81445m，接水入户 5755 户；2013 年度二期工程计划完成主管铺设 136824m，接水入户 8033 户；2014 年度三期工程计划完成主管铺设 58682m，接水入户 3123 户。

（3）建设管理：该水厂土建工程实行国内公开招标，主要设备和管材等大宗材料由县招标局招标采购。工程建设严格执行“六制”，明确项目责任主体和工作机制，明确各级、各部门责任和协调联动调度，确保项目建设资金落实和管理，实行项目督查和目标考核制度，强抓工程质量，严格施工总进度计划控制。

（4）工程进度：该水厂工程已于 2013 年 6 月底投入运行，目前，水厂对外供水正常。

（5）建后管理：建成后工程，固定资产已移交给舒城县二水厂管理机构和管理人员，制定了管理制度，确保了水厂正常运行。

五、目前存在的主要问题

1. 工程设施方面

(1) 早期水厂规模偏小，设备配置差

由于早期国家对农村饮水安全工程投入偏小，无净化加药设备，如加聚合氯化铝，都是用人工进行加药，有些设备当时因投资有限，其适用性和耐久性不能满足。

一些水厂，存在规模偏小，实际运用中不能满足，生存能力差。

(2) 部分水厂水源保证率不高

由于当我们当时建设水厂经验不足，资料不足，分析不充分，造成一些水厂存在水源保证率不高。少数水厂因当地经济发展，排污加大，治污不彻底，使源水质量下降。如长冲水厂取水河流集水面积过小，保证率不高。五星水厂，由于近年由于县城及沿河工业发展较快，人口急剧增加，排污量明显增加，造成丰乐河水质下降。五显水厂取水口的五显河上游，近年来随着毛坦厂中学招生人数急剧膨胀，生活排污也未经处理或处理不彻底，使五显河水质急剧下降。

(3) 已建水厂应急能力不足

我们的水厂都没有应急供水能措施和能力，比如遇源水大面积污染、投毒、不可抗拒的自然灾害等，我们无应急能力。

(4) 早期水厂管网漏损率过高

由于早期国家对农饮工程的投入不足，我们所选用的PE管材耐压等级不足，管道壁厚不足，随着运用时间增长，管道爆裂增加，管网漏损明显增大。如五星水厂漏损率达35%、新街水厂漏损率高达45%。其他如庐镇管网、幸福村管网、高峰普明管网等漏损率都很高，远远超行业标准。

2. 水质保障方面

目前各水厂虽配有简易检验设备，但没有检验专业人员，不能做到完全按规范进行检测。仅依靠县水质检测中心每季度检测，覆盖时间存在空档期，日常水质存在一定安全隐患。

在水源地保护方面，有些水厂的水源地保护仍然不规范，制度不健全，措施不得力。

各水厂的水源都是单一水源，无备用水源。没有预防突发性事件能力。

3. 运行维护方面

(1) 后期养护、折旧费用无着落

我们所建的水厂，因为是民生工程，国家出资，让利于民，供水水价都是保本微利运行，没有考虑到后期维修以及工程折旧。如果没有后期的稳定的维修养护资金来源，没有设备折旧资金，整个农饮工程将来恐难以运转。

(2) 管理体制不健全

我们的水厂运行管理，主要是以个体承包方式经营。没有公司经营体制，没有经济实力，没有专业人员，没有风险担保，没有管理水厂经验。这些人在经营过程中，一旦经营不善，遇到亏损，经济上无抗风险能力，技术上遇到问题，没有专业人员处理。这时，他们就会躺倒不干，最后都是由政府收场。

六、“十三五”巩固提升规划情况及长效运行工作思路

1. “十三五”巩固提升规划指导思想

我们将全县分为3个供水区域：即东北为Ⅰ区，即沿江平原区；中部为Ⅱ区，即江淮丘陵区；西南为Ⅲ区，即大别山区。主要建设内容见表5、表6。

我县农村饮水安全工程的产权一直为国有资产，没有实行对农饮工程产权进转让。今后对通过加强合同管理，进一步明晰产权及产权人和管理经营人的责任。以全县进行合同规范文本，达到产权明晰，规范管理。鼓励受益村民以参股形式参与小型工程或分散供水工程，国家实行补助。产权以参股权重核定。管理单位责任主体即产权单位。水质标准管理由县卫生部门负责，行业管理由县水利局负责，资产管理由县国有资产管理局负责。

全县农村饮水水质管理：采取供水单位自检，县检测中心定检，县环保部门对源水进行抽检，县农饮中心不定期检查。对所检测的结果上网公布并通知供水单位，对水质不合格的供水单位进行通报和处罚。县农饮中心定期和不定期对各水厂各项管理进行检查。检查结果作为各水厂考评的依据之一。

全县所有水厂都实行两部制水价收费，即每月基本用水量5m^3，超过按量计费。推行在水厂供水能力许可的情况下，向乡镇企业供水，以增加水厂收入，增强水厂生存力，带动乡村经济发展。对企业供水应以不同于农村居民供水水价，按照“补偿成本，合理盈利”的原则收费。

县财政每年应从预算中拿出资金作为后期水厂养护和管网维护经费，以使饮水安全工程长效运行。推行有经济实力、有信誉、有专业人员的公司，实行专业化、集团化管理。试行将全县规模水厂，以骨干水厂为核心分区分片，打捆进行招标或竞争性谈判引入管理单位。强化合同效应，明确责任，明晰产权，互惠互利，合作双赢。达到长效运营。对于200m^3/d以下小型供水工程，则应以村民自管为主。工程建设初期，应与村民签订合约，实行自管。

表4　“十三五”巩固提升规划目标情况

农村集中供水率（%）	农村自来水普及率（%）	水质达标率（%）	城镇自来水管网覆盖行政村的比例（%）
97	97	97	9.5

表5　“十三五”巩固提升规划新建工程和管网延伸工程情况

工程规模	新建工程					现有水厂管网延伸			
	工程数量	新增供水能力	设计供水人口	新增受益人口	工程投资	工程数量	新建管网长度	新增受益人口	工程投资
	处	m^3/d	万人	万人	万元	处	km	万人	万元
合计									
规模水厂	1	2000	3.55	3.55	2554	13	578.2	12.318	6423
小型水厂	187	6110	7.594	7.59	17873				

表6　“十三五”巩固提升规划改造工程情况

工程规模	改造工程					
	工程数量	新增供水能力	改造供水规模	设计供水人口	新增受益人口	工程投资
	处	m^3/d	m^3/d	万人	万人	万元
合计						
规模水厂	2	3000	4000	5.067	2.96	1837
小型水厂						

2. 农村饮水安全工程要长期发挥效益

关键的问题是要有一个良好的运行机制。为此，我们以“明确所有权、搞活经营权”为改革的突破口，解决农村水厂管理难、运行难的问题。一是明晰工程产权和管理主体；二是强化营运管理，保证工程高效运行；三是加强应急管理，增强抵御能力。

对部分水厂建设规模偏小，水厂管理成本高和生存能力不强，不能适应农村饮用水运行管理的水厂，进行兼并优化，使水厂上规模、上档次，能健康长期运行。

根据我县农村饮水工程现有状况和条件，按已形成的农村饮水工程布局和水厂规模，以水量充足、水质优良，水源可靠，规模适度水厂为基础，以大带小，以大并小，发展区域性供水，集团化管理。达到收费合理，资产明晰，管护经费落实，管理机制长效。加强Ⅲ区饮水安全工程建设，使Ⅲ区人民同样享受国家的惠民待遇。县财政每年从预算中拿出资金作为后期水厂养护和管网维护经费，以使饮水安全工程长效运行。推广有经济实力、有信誉、有专业人员的公司，实行专业化、集团化管理。同时将我县以骨干水厂为核心分区分片，进行招标引入管理单位。强化合同效应，明确责任，明晰产权，互惠互利，合作双赢。对于小型工程，则应以村民自管为主。工程建设初期，应与村民签订合约，实行自管。

“十三五”期间全县农村饮水发展主要目标是，按照省委省政府关于农村饮水安全工作指示精神，结合我县“十一五”及“十二五”农村饮水建设现状和存在问题，我县“十三五”期间，主要采取新建、扩建、改造、配套和提高等方式，全面提高我县农村饮水自来水普及率、供水保证率、运行管理水平和供水水质达标率。

霍山县农村饮水安全工程建设历程（2005—2015）

（霍山县水利局）

一、基本概况

霍山县位于安徽省西部大别山北麓，是一个集山区、库区、老区为一体的农村饮水全国示范县，霍山东邻舒城、金安，南接岳西，西连金寨及湖北英山，北壤裕安，地理位置为东经115°~116°43′，北纬31°~31°31′，面积2043km²，辖16个乡镇、1个县级经济开发区和1个县级现代产业园，145个行政村20个社区。至2015年底，全县总人口36.26万人，其中农业人口31.05万人。全年实现生产总值144.7亿元，增长10.8%，财政收入19.26亿元，增长9.7%，农民人均纯收入10328元。

我县农村饮水不安全问题情况仍然主要体现在饮水水质不达标（氟超标、苦咸水、污染水）、用水方便程度不达标和水源保证率不达标（缺水）三个方面。氟超标主要分布在安家河、下符桥、上土市等部分地区，苦咸水主要分布在衡山、佛子岭、黑石渡、但家庙、诸佛庵、与儿街等乡镇，污染水主要分布在衡山、与儿街、但家庙、上土市、东西溪、落儿岭、下符桥、黑石渡等乡镇，缺水主要分布在大化坪、单龙寺、东西溪、佛子岭、诸佛庵、黑石渡等乡镇。微生物指标不合格检测项目多为：总大肠菌群、耐热大肠菌群、大肠埃希氏茵、菌落总数。

二、农村饮水安全工程建设情况

1. 农村人口饮水安全解决情况

实施农村饮水安全工程前，县级原存在的饮水不安全类型主要体现在饮水水质不达标（氟超标、苦咸水、污染水）、用水方便程度不达标和水源保证率不达标（缺水）三个方面。截至2004年底，我县饮水不安全人口23.14万人，其中氟超标1.2万人、苦咸水1.62万人、污染水0.87万人、缺水15.128万人和其他水质问题4.322万人。

氟超标主要分布在安家河、下符桥、上土市等部分地区，苦咸水主要分布在衡山、佛子岭、黑石渡、但家庙、诸佛庵、与儿街等乡镇。污染水主要分布在衡山、与儿街、但家庙、上土市、东西溪、落儿岭、下符桥、黑石渡等乡镇。缺水主要分布在大化坪、单龙寺、东西溪、佛子岭、诸佛庵、黑石渡等乡镇。

至2015年底，我县共解决农村饮水不安全人口23.14万人（含农村学校师生1.33万人），占全县总人口的63.8%，项目总投资10405万元。2015年底，全县农村总人口

36.26万人、饮水安全人口数21.81万人、农村自来水供水人口21.81万人、自来水普及率70.24%；行政村数145个（含20个社区）、通水行政村127个、通水比例88%。共兴建各类集中饮水工程（水厂）72处（整合后），其中高位引水工程65处、提水工程7处，涉及全县17个乡镇和经济开发区，受益人口23.58万人，供水入户人口20.28万人。日设计供水规模2.6万m^3，日实际供水2.25万m^3，年供水量821.25万m^3。

2005—2015年，农饮省级投资计划累计下达投资额1412.9万元，解决人口2.83万人，累计完成投资1412.9万元，建成农村水厂119个。

表2-1　2015年底农村人口供水现状表

乡镇数量	行政村数量	总人口	农村供水人口	集中式供水人口	其中：自来水供水人口	分散供水人口	农村自来水普及率
个	个	万人	万人	万人	万人	万人	%
18	145	36.26	31.05	21.81	21.81	9.24	70.24

表2-2　农村饮水安全工程实施情况表

合计			2005年及“十一五”期间			“十二五”期间		
解决人口		完成投资	解决人口		完成投资	解决人口		完成投资
农村居民	农村学校师生		农村居民	农村学校师生		农村居民	农村学校师生	
万人	万人	万元	万人	万人	万元	万人	万人	万元
21.81	1.33	10153	10.81		4523	11	1.33	5882

2. 农村饮水工程（农村水厂）建设情况

2005年以前，由爱卫会、卫生、环保、水利、农业和库区等单位建成的工程有十几处，规模极小，多的只有两三百人，少的只有几十人，主要分布在偏远贫困山区，工程设施简单，有的甚至无人管理，现在全部处于瘫痪或报废状态。

截至2015年底，县域现有农村水厂个数72处（整合后）：1000～5000m^3/d规模水厂工程7个，200～1000m^3/d集中供水工程26个，20～200m^3/d集中供水工程39个，其中7处规模水厂分别为与儿街的与儿街水厂、诸佛庵镇的诸佛庵水厂、上土市镇的上土市水厂、太平畈乡的太平水厂、下符桥镇的下符桥水厂、但家庙镇的但家庙水厂和衡山镇的县三水厂。

2005—2015年，我县没有利用社会资本、个人资金、银行贷款等资金投入农村饮水安全工程建设。

表3　2015年底农村集中式供水工程现状

工程规模	工程数量	设计供水规模	日实际供水量	受益乡镇数	受益行政村数	受益农村人口	自来水供水人口
	处	m^3/d	m^3/d	个	个	万人	万人
合计	72	14023	13200	18	145	21.81	21.81
规模水厂	7	7605	7300	10	45	10.14	10.14
小型水厂	65	6418	5900	18	80	11.67	11.67

3. 农村饮水安全工程建设思路及主要历程

（1）“十一五”阶段建设情况

“十一五期间”，全县农村饮水安全工程可研总体目标解决人口9.61万人，分2007年、2008年、2009年三年实施，受益人口覆盖全县16个乡镇109个行政村。饮水不安全主要为氟超标、苦咸水、污染水和缺水四种类型。供水方式主要为引水和提水两种，工程形式为引水主要为堰坝、过滤池、清水池等，提水主要为大口井、泵房、水塔等。项目可研总投资3747.9万元，国家补助资金1691.36万元、省级补助616.96万元和市县、乡镇、受益群众投资1439.58万元。

“十一五”期间，我县农村饮水安全工程，总体上呈现点多、面广、分散、受益范围小的特点（最小的受益人口只有300人）。

“十一五”期间，实际共建成集中供水工程114处，其中标准化水厂18处、乡镇集中供水工程9处、单村及联村集中供水工程87处。分年度实施情况：2005年27处，解决1.2万人，受益人口涉及15个乡镇27个行政村，批复投资426万元；2006年7处，解决0.84万人，受益人口涉及7个乡镇7个行政村，批复投资328万元；2007年39处，解决2.66万人，受益人口涉及17个乡镇39个行政村，批复投资1056万元；2008年19处，解决3万人，受益人口涉及16个乡镇19个行政村，批复投资1170万元；2009年22处，解决3.11万人，受益人口涉及16个乡镇22个行政村，批复投资1543万元。

“十一五”期间，项目总投资4523万元，受益人口10.81万人。涉及全县17个乡镇和经济开发区，日设计供水规模0.6万m^3，日实际供水0.58万m^3，年供水量211.7万m^3。

后期通过“十二五”期间联网及整合，为40处。

（2）“十二五”阶段建设情况

“十二五”期间，我县共解决农村居民人口11.0万人和农村学校师生1.33万人饮水不安全问题，其中，2011年4处，解决1.51万人（其中学校师生0.51万人），受益人口涉及4个乡镇9个行政村，批复投资649万元；2012年11处，解决4万人（含学校师生0.5万人），受益人口涉及8个乡镇29个行政村3个社区，批复投资1886万元；2013年8处，解决3.32万人（含学校师生0.32万人），受益人口涉及8个乡镇12个行政村，批复投资1597万元；2014年6处，解决3万人，受益人口涉及全县6个乡镇23个行政村，批复投资1500万元；2015年3处，解决0.5万人，受益人口涉及3个乡镇4个行政村，批复投资250万元。

“十二五”期间，项目总投资5882万元，共建成各类集中式供水工程32处，年新增供水能力301万m^3。涉及全县17个乡镇和经济开发区，日设计供水规模0.83万m^3，日实际供水0.79万m^3，年供水量288.4万m^3。

“十二五”期间，建设1000~5000m^3/d规模水厂7处，受益人口10.14万人。

三、农村饮水安全工程运行情况

1. 县级农村饮水安全工程专管机构

为全面提高农村饮水安全工程运行管理人员维护管理能力，保障各供水工程的正常运用，2011年5月8日，霍山县机构编制委员会以霍编〔2011〕35号文批复成立“霍山县农村饮水安全服务中心”，为县水务局管理的股级全额拨款事业单位，编制4名。2015年12月30日，霍山县编委以《关于设立霍山县农村饮用水安全工程水质监测中心的批复》（霍编〔2015〕62号）同意成立常设水质监测中心，在农村饮水安全服务中心加挂牌子，编制增加到6名，运行经费纳入财政年度预算，落实运行经费65.92万元。

2. 县级农村饮水安全工程维修养护基金

为规范农村饮水安全工程的运行管理，霍山县于2010年1月1日出台《霍山县农村饮水安全工程运行管理办法》，并根据该办法配套出台《霍山县农村饮水安全工程县财政补助资金和“一事一议”补助经费使用管理细则》，根据《关于开展霍山农村饮水安全工程运行管理考核工作的通知》文件要求明确工程运行的考核细则，落实了具体的管理形式、管理组织、管理人员和管理费用。从制度和机制上确保了农村饮水安全工程运行管理工作落到实处，长久发挥供水效益。农村饮水安全工程日常维修养护资金根据县财政设立农饮工程日常运行管护补助资金专户，各水厂每年经运行管理考核合格的，县财政按5元/人的标准补助管理经费，该项经费每年纳入年初财政预算。2010—2015年共落实并兑现了饮水维修养护专项经费351.55万元，截至2015年底财政账户余额89万元。

3. 县级农村饮水安全工程水质检测中心

（1）方案批复

2015年4月，霍山县水利勘察设计室在深入调查的基础上，编制了《霍山县农村饮水安全工程水质检测中心实施方案》。4月28日，六安市发改委、水利局以《关于霍山县农村饮水安全工程县级水质检测中心实施方案的批复》（六发改农经〔2015〕97号）文件批复同意建设方案，霍山县农村饮水安全工程建设管理局认真组织了中心的基础建设。

（2）机构设立

2015年12月30日，霍山县水务局上报《关于请求设立霍山县农村饮用水安全工程水质监测中心的请示》（霍水〔2015〕76号）文件，请求设立常设管理机构。霍山县编委以《关于设立霍山县农村饮用水安全工程水质监测中心的批复》（霍编〔2015〕62号）文件批复同意成立常设水质监测中心。确定人员编制2名，明确水质监测中心的主要工作职责。

（3）场所设备

经前期选址，于2016年2月完成水质监测中心的场所购置和室内装潢。3月初，霍山县水务局组织对水质监测中心办公楼装潢进行了工程合同完工验收，4月28日搬入并进行仪器设置调试。水质监测中心设有前处理室、理化室、色谱室、光谱室、试剂室、微生物室以及中央工作平台，购置和安装了原子吸收分光光度计、原子荧光光度计、气相色谱仪、离子色谱、紫外可见分光光度计大型检测仪器5台，超纯水器、马弗炉、生化培养箱、电热恒温干燥箱、电热恒温水浴锅、高压灭菌锅、浊度仪、色度仪、余氯、二氧化氯测定仪、分析天平（万分之一）、生物显微镜、净化工作台等小型仪器设备30台，购置试验台、试验柜、玻璃器皿及实验室试剂药品齐全。具备《生活饮用水卫生标准》（GB 5749—2006）规定的42项常规指标和部分非常规指标的水质检测能力。办公场所使用面积达1000m^2，基本建设投资342万元，仪器设备投入120多万元，水质监测中心于5月初正式投入运行。

（4）人员配备

自2015年10月20日以来，霍山县水务局已选派多人参加安徽省农村饮水安全工程水质检测培训班，通过省水利部门培训，配备专职检测人员4名。霍山县农村饮用水安全工程水质监测中心的挂牌成立及专职人员的配备，将进一步推动霍山县农村饮水安全工程水质检测专业化的建设和管理。

（5）运行管理

霍山县农村饮水安全水质监测中心主要承担县域已建成投入使用的日供水量20m^{3}及以上的农村集中式供水工程的水源水、出厂水和管网末梢水的水质定期检测和巡检；对日供水量20m^{3}以下的农村集中式供水工程和分散式供水工程水质进行抽检。加强对农村供水单位从业人员进行业务培训及检测仪器操作维护的指导和技术支撑，加大对县域重要水功能区水质状况进行监测的力度，按规定报送水质检测成果，保障供水安全。

霍山县农村饮用水安全工程水质监测中心配备专职检测人员4名，2016年计划向社会公招检测专业人员1名，进一步加大检测队伍建设，提高检测人员的专业素质，从而提升水质安全突发事件的应急能力。制订实验操作制度、危险试剂管理制度等各项管理制度12项，完善制度上墙，加强制度管理。

（6）检测工作开展情况

水质安全是运行管理的关键工作和重点工作。经过5月份的学习和平台操作，自6月初，水质监测中心通过现场水样采集的方式，对衡山镇、佛子岭、磨子潭、大化坪、东西溪、但家庙、下符桥等乡镇和经济开发区集中式供水工程的水源水、出厂水、管网末梢水进行了除放射性指标以外的水质常规38项指标的监测和检测，并对南岳村、双龙村、长岭村等分散式供水工程进行了水质抽检，形成了水质检测报告40多份。检测结果通报主管部门和专管机构，并作为农村饮水安全工程（水厂）供水安全、运行管理和考核的依据。

4. 农村饮水安全工程水源保护情况

霍山县于2011年6月制定了《霍山县三大水库及乡镇饮用水源环境保护办法》，并下发了《关于农村饮水安全工程实施水源地保护的通知》，明确乡镇人民政府对本辖区内饮用水水源环境质量负责，并纳入地方经济、社会发展规划，切实加以保障。《办法》将我县饮用水源保护区划分为一级保护区、二级保护区、准保护区和输水管道保护区四类，对水库、取水口、溪河进行重点保护和监督执法保护。霍山县政府出台了《霍山县乡镇集中式饮用水源保护规划》，县环保局对饮水工程水源保护工作进行了专项调研；各乡镇也根据各工程水源情况，分别制定了水源保护和水源调度的措施和乡规民约，划定水源保护区范围，在各处供水工程水源地设立公告牌。

5. 供水水质状况

县水务局紧密联系卫生、环保等有关部门，加强各水厂各项水质指标的检测和监测。乡镇中心水厂（供水工程）设立水质检测站，村级小型供水工程设立水质观测点。同时建立水质监测培训制度，定期和不定期在卫生防疫部门的指导下，对乡村两级管理人员进行业务培训，使其掌握在水质检测和水质安全方面的知识。通过调查，全县水厂水源水质达标率（按人口计算）平均为65%，各水厂都建立了水质检测制度，一般水厂每年夏、冬季，丰水期及枯水期各检测1次；规模水厂按季节每年检测3～4次，经巡检合格率达到90%以上。水质不合格的主要指标为总大肠菌群、耐热大肠菌群、大肠埃希氏茵、菌落总数。

为节省投资，新建集中式供水工程采用生物慢滤方式进行净水处理，经粗滤、慢滤、消毒后到蓄水池。主要净水工艺流程如图1所示。

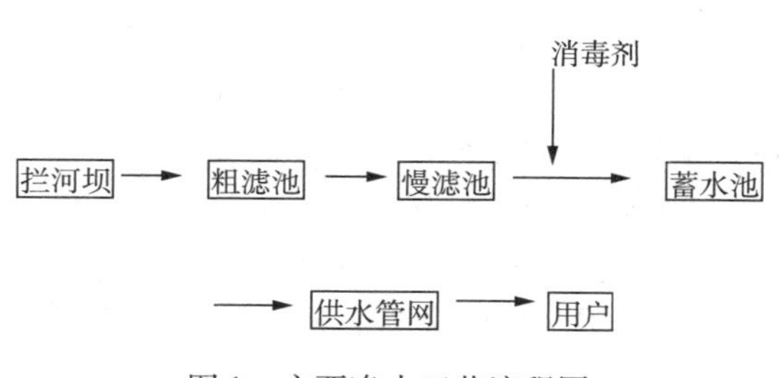

图1　主要净水工艺流程图

6. 农村饮水工程（农村水厂）运行情况

（1）供水管理单位情况

全县72座水厂全部落实供水管理单位（或个人），供水管理单位类型：小型专业化供水企业管理5座，乡镇水利站管理1座，个人承包管理30座，村委会14座，农户用水协会管理9座，其他方式管理13座。水厂运行管理人员总计129人，其中具备中专及以上学历的人数44人。

（2）农村供水工程产权

产权归属：全部归政府所有的55座，政府与企业（或个人）合有的3座，村集体所有的14座；政府资产监管人：水利部门14座，乡镇政府5座，财政、城建、卫生、环保等其他部门53座。

（3）水厂运营状况

通过调查，2015年水厂运营状况：全县水厂年供水总量900多万 m^3，实际供水户数为4.27万户，实际受益人口17.53万人，年收入235.64万元，其中水费收入177.08万元，财政补贴58.56万元；年支出173.96万元，其中人员工资99.72万元、电费27.74万元、工程维护费用46.50万元，毛收益60.99万元。

（4）水价及水费收取

水价采用“两部制”计收为主，简易消毒设备较为齐全。

县级直管供水工程的水价，按城市自来水水价，但免收城市排污费；乡镇直管供水工程采取“两部制”水价，水价一般在1.2～2.0元/m³，较大规模水厂执行水价由县物价局组织价格听证确定；村级管理的供水工程和协会管理的供水工程的收费也是采取“两部制”水价，水价分别由用水户代表大会或协会成员大会讨论决定，一般在0.8～1.5元/m³。管网入户收取费用不超过300元/户，每户每月收取最低水费5元。

（5）规模水厂管理运行情况

通过调查，我县目前规模水厂达7座。规模水厂受益面大，受益人口多，当地政府和部门都相当重视其运行，从目前来看，都能保证其正常运行。

现以我县最大的规模水厂与儿街水厂为例。与儿街水厂位于与儿街镇凡冲村镜内，始建于2006年，由农村饮水安全项目投资兴建，解决2.09万人饮水不安全问题，供水到户1.98万人，日实际供水量1920m³，采用高位引水，重力式供水。取水水源为我县小（1）型的高河水库（总库容273万m³）。

2012年该水厂通过整合、并网后，已对与儿街镇、经济开发区周边9个行政村进行管网延伸，总长度达33.02km。改造完成后，成立了专管机构，确定了7名专管人员，目前执行“两部制”水价，水价1.2元/m³，年水费收入84.1万元，效益明显，群众满意。经过几年多的运营，水厂各方面运行很好，无论从水质、水量还是水压，都比以前有了质的改观。

7. 农村饮水工程（农村水厂）监管情况

强化建后管理。农村饮水安全工程经竣工验收合格后，固定资产及运行管理权移交于所在地的乡镇政府，地方政府和用水户协会为后期运行管理部门，县水务局为业务主管部门，一并加强运行监督、检查和管理工作。

强化水质监管。以县为单元，建立标准化水质检测中心。千吨万人以上工程设立水质化验室，配备专职检验人员，确保水质常规检测常态化、全覆盖。对单村单井小型供水工程水质定期抽检。对水窖、打井等分散供水工程应配备小型家用净水设备。

8. 运行维护情况

完善管护机制。建立健全县乡两级农村饮水安全专管机构，明晰工程产权，逐项落实管护主体，小型工程推行产权改革。建立县级维修养护基金。将贫困村饮水安全工程纳入小型水利工程维修养护给予经费支持。以乡镇为单位，按照“保本微利”的原则，确定水价，分步到位。建立农村饮水安全地方首长负责制，逐步实现同乡镇群众吃同质同价水。

落实优惠政策。一是按实际受益人口人均5元的标准对各工程运行管理单位的维修养护给予财政补助，列入年度县财政预算，配套制定了县财政补助费用管理使用细则。二是遇重大自然灾害所造成的工程毁坏，其修复费用列入县财政“一事一议”。三是严格执行农村饮水安全税费、农业电价、建设用地等优惠政策。四是城市自来水管网延伸用水户水费中免收城市污水处理费，并按最低标准收取入户成本费。

四、采取的主要做法、经验及典型案例

1. 做法和经验

（1）地方出台的政策和法规性文件

我县出台的政策法规文件有《霍山县农村饮水安全工程实施方案》《霍山县农村饮水

安全工程建设管理细则》《霍山县农村饮水安全工程招投标细则》《霍山县农村饮水安全工程运行管理办法（试行）》《霍山县农村饮水安全工程县财政补助资金和“一事一议”补助基金使用管理细则》《霍山县农村饮水安全工程“回头看”实施方案》《关于开展2010年度霍山农村饮水安全工程运行管理考核工作的通知》《霍山县乡镇集中式饮用水源保护规划》《霍山县农村饮水安全应急预案》等。

实行农村饮水安全工程使用优惠政策。一是按实际受益人口人均5元的标准对各工程运行管理单位的维修养护给予财政补助，列入年度县财政预算；二是遇重大自然灾害造成的损坏，其修复费用列入县财政“一事一议”；三是严格执行饮水安全工程税费、电价、土地占用、审批办证等优惠政策；四是城市自来水管网延伸用水户水费中免收城市污水处理费，并按最低标准收取入户费。

（2）经验总结

一是工程建设管理程序实行规范化。根据项目管理要求，制定了《霍山县农村饮水安全工程建设管理细则》和《霍山县农村饮水安全工程招投标细则》，组建了霍山县农村饮水安全工程建设管理局，实行项目法人制，参照基建程序进行全面建设管理。

二是制定和落实工程建设目标管理责任制。县政府与各乡镇签订了霍山县农村饮水安全工程目标管理责任书，明确了参建单位的目标和责任，实行责任追究制。

三是建立和落实工程建设的协调机制。制定了霍山县农村饮水安全纵向协调机制、横向协调机制、内部协调机制，切实保障工程建设管理协调到位、环境良好，各项工作有序进行。

四是建立健全运行管理保障机制。2009年10月在全省率先出台了《霍山县农村饮水安全工程运行管理办法（试行）》，并配套出台了《霍山县农村饮水安全工程县财政补助资金和“一事一议”补助基金使用管理细则》，落实了具体的管理形式、管理组织和管理人员，制定了水价和水费收缴制度。

五是认真开展农村饮水安全工程“回头看”，对已建工程进行后评价。2009年在全省率先对已建工程进行“回头看”，制定了《霍山县农村饮水安全工程“回头看”实施方案》。在全面调查摸底的基础上，进行全面整改完善。2010年，根据省水利厅要求，再次对全县饮水工程的建设和管理进行了调查评估，对在工程建设质量和运行管理中存在的问题与不足进行了全面梳理整改。“十二五”实施期间，我县每年均根据上级要求和工程实际运行情况开展了“回头看”。

六是用水户全过程参与工程建设和运行管理。第一，在年度计划的编制上，先由乡镇提出建设计划，再进行水源和方案论证。第二，在年度实施方案编制和施工图设计中，向项目区群众发放施工图设计和水源条件征询意见表。第三，在工程建设过程中，用水户代表全程参与工程施工监督和环境协调。第四，要求乡镇村在开工前，确定专管单位和人员，参与工程建设。第五，竣工验收移交后，即时对运行管理人员进行技术培训。

七是加强饮水安全工程的宣传培训工作。国家、省市报刊和省市电视台均对我县农村饮水安全工程建设情况进行过宣传报道。其中中国食品产业网以“科学实施　建管并重　霍山全力推进农村饮水安全工程”为题、安徽省农村饮水安全网以“霍山县加强建设管理　全力推进农村饮水安全工程建设”为题，分别对我县农村饮水安全工程建设管理进行了介绍。

我县作为全省饮水安全工程建设示范县，参加了在广德召开的全省农村饮水安全工程现场会，在会上以“举县而为　合力攻坚　让全县人民喝上安全放心水”为题，做了交流汇报。

（3）特色成果和改革创新

一是建立县级农村饮水安全工程运行管理财政补助资金。具体实施按《霍山县农村饮水安全工程县财政补助资金和“一事一议”补助经费使用管理细则》执行。

二是实行农村饮水安全工程运行管理目标考核。具体实施按《关于开展2010年度霍山农村饮水安全工程运行管理考核工作的通知》执行。

三是实行农村饮水安全工程使用优惠政策。按实际受益人口人均5元的标准对各工程运行管理单位的维修养护给予财政补助，列入年度县财政预算；遇重大自然灾害所造损坏，其修复费用列入县财政“一事一议”；严格执行饮水安全工程税费、电价、土地占用、审批办证等优惠政策；城市自来水管网延伸用水户水费中免收城市污水处理费，并按最低标准收取入户费。

四是建立农村饮水安全信息化数据库。建立霍山县农村饮水安全信息化数据库，确定专人负责管理。

五是建立农村饮水安全试点饮水工程。确立县二水厂管理的东石门、下符桥等4处饮水工程，县三水厂管理的永康桥、黑石渡等7处饮水工程，新店河水厂管理的戴家河、印墩冲等5处工程为我县农村饮水安全工程现代化试点饮水工程。

六是与全县新农村建设、美好乡村建设紧密结合。考虑新农村建设规划的布局要求和各乡镇新农村建设情况，选择重点建制镇和省市级新农村建设示范点作为饮水安全工程建设示范点，优先实施。

七是建立全县农村饮水安全工程、运行管理单位和用水户档案。加强工程后续完善工作；对全县饮水安全工程提供技术指导和服务，定期测验水质，确保水质达标；建立用水户档案，核定水价。

八是管理体制改革。以有利于群众、有利于工程效益最大限度发挥为出发点，明确工程产权和管理方式，落实管理机构，制定管护措施和管理制度。

（4）保障体系建设

一是县政府出台了全县饮水安全工程运行管理办法，从建立长效管理机构、管理责任、运行费用保障、水质检测监测、水源调度与保护等方面做出具体规定，确定工程长效保障机制。

二是县政府编制印发了《霍山县乡镇集中式饮用水源保护规划》；各乡镇也分别制定了水源保护和水源调度措施，划定保护范围。

三是社会化服务措施落实，各乡镇中心水厂，负责本辖区内的供水维护服务工作。千人万吨供水工程运行维护工作依托于县一水厂、二水厂和县三水厂。

四是应急机制建设方面，县政府印发了《霍山县农村饮水安全应急预案》。各乡镇也制定了应急预案。规模水厂建立了备用水源，落实了应急救援队伍。

五是乡镇中心水厂配置了pH酸碱度、浊度、余氯、细菌等检测设备。并组织水质检验监测人员进行技术培训。

（5）建设经验

一是做好前期工作是解决农村饮水安全问题的基础。委托有资质的单位进行工程勘测设计，精心编制设计方案和施工图；根据省、市批复的实施方案，对工程项目点进行实地调查、勘测，做到选点准确、水源水质可靠、方案合理、技术可行。

二是做好资金筹措和管理是解决农村饮水安全问题的前提。保证项目资金专款专用，县财政设立专户储存，实行财政报账制；资金使用上，严格按照基建项目资金管理要求，制定规章制度，实行制度化管理；积极落实配套资金。

三是做好工程建设管理是保证工程质量的关键。对工程建设管理、施工队伍选择和材料设备采购三个关口严格把关；参照基建管理办法，严格“十制”管理；加强引导社会监督、舆论监督、用水户监督及人大代表、政协委员视察监督。

四是领导重视是保障。县委、县政府领导先后多次深入项目实施乡镇进行现场办公和调研，协调各部门关系，解决建设实施过程中具体问题和矛盾纠纷。

五是做好建后管理才能保证工程持久发挥效益。严格验收；制定管理方面的各项配套措施；建立适宜的运行管理机制；提供技术指导和服务，建立县级供水服务中心和水质监测中心；建立档案，核定水价。

2. 典型工程案例

现以但家庙水厂工程为例

截至目前，改制刚满两年多的霍山县但家庙水厂在还清亏损 5 万多元的欠款后，还盈利 8 万多元，同时用水户由 150 户增加到 550 户，延伸主管道 50km，资产净增加 142 万元。

一个以公益事业为主的供水企业如何从年年亏损的困境中一举扭亏为盈？霍山县但家庙水厂的做法是：改制。

2007 年，但家庙镇政府为了解决但家庙集镇和但家庙、花石嘴两个行政村村民、学校的人畜饮用水困难问题，受命负债建设但家庙水厂，当年年底建成并投入运营。但由于体制不顺，管理粗放，效益低下，致使该水厂自建成运营以来，年年亏损，截至 2012 年 12 月，5 年累计亏损 5 万多元。

2013 年 12 月底，但家庙水厂通过改扩建，几个小水厂整合并网后，形成规模水厂，由原先水利站管理改为个人姚德斌承包经营管理，完成经营体制改革。改制后，水厂进行了三项改革：一是减员增效，实行自负盈亏个人承包制。员工由原来的 6 人减少到现在的 3 人专业管理（含 1 名管理人员），工人月基本工资由 500 元上升到 1500 元，效益工资每月增加 1000 多元。二是扩大用水户，增加水厂效益。两年内扩大用水户 400 多户，对企业、学校和医院用户，及时做好维护服务，确保不停水或少停水，帮助企事业单位发展生产，二年为水厂多供水 12 万多 m^3，增加收益 15 万多元。三是加强管理，做到一人多岗。以前仅抄水表一个岗位就多达 3 人，现在是一个人包一片，包括抄表、管线维护、进户装修等，节约了人力和财力，减少了内耗，提高了效率。

同时，但家庙水厂始终把社会效益放在第一位。为了增加用水户的安全系数，水厂投资几万元，购买了焊机、消毒设备和便携式水质检测仪器等，长年用于管网维护、水体无害化消毒和水质日常检测。近年来，随着集镇规模不断扩大，乡镇企业（大多是用水大户）增多，原有老水管已不能满足需要。两年来，水厂撇开用水高峰期的有利时机，把集镇主管道全部换成大口径水管，一举解决了多年来水厂“用水时量不足、不用时水常流”的现象。另外，水厂还按照和谐社会建设需要，长期对单身老人和五保户实行免费供水，对困难户实行低价供水。

改制改出一片新天地，社会、经济效益双丰收。

五、目前存在的主要问题

1. 工程设施方面

2005 年以前，由爱卫会、卫生、环保、水利、农业和库区等单位建成的工程有十几处，2005 年，又建成 27 处工程，受益人口仅 1.2 万人，不仅受益人口少，供水规模小，工程设施简单，有的甚至无人管理，现在大部分基本处于瘫痪状态。从后期工程运行来看，其薄弱环节，一方面规划设计工作相对滞后，受益人口、受益范围、引水条件等考虑不充分，造成水源设置不尽合理、受益范围狭小等问题；另一方面，随着新农村建设的迅速发展，原建小型饮水安全工程标准低，山区人口居住分散，管道布置施工难度大，单位工程投资较高。在调研时，以单个村或单个乡镇为单位，没有从工程整体范围考虑工程规模，受益范围受到局限。

在前期建设了 100 多处小水厂，很多工程从后期运行来看，大部分都可以进行打捆和整合；另一方面有些规划和设计存在老化现象，人口居住等有些已经过时，但规划设计还没有做相应修改。由于规划和设计没有超前考虑，后期城镇化和美好乡村建设进程加快，水处理能力跟不上，造成水处理设备超负荷运管，水质难以跟上，且管网延伸因水量不足也难以保证。因此，需花大力气进行技术改造和革新，融合各方面资源，建设规模水厂，扩大受益范围，对原先供水条件进行重新规划，以进一步提高供水保证率和供水范围。

2. 水质保障方面

我县因地形地貌及水源限制，历年建设的农村饮水安全工程大多零星、分散、规模小、受益人口少、管养不到位。从后期运行情况来看，只有 1/3 饮水工程能正常发挥效益，水质或水量皆能满足要求；近 1/3 饮水工程水量不足，水处理只是经过坝前简易过滤，没有安装净化和消毒设备，有些还只是季节性和应急性消毒；还有部分供水工程仅仅是简单“自流水”，水质不达标，管网老化渗漏严重，亟待改造升级。且没有设置水质检测设备，水质达标与否无从知道。

同时，水源地保护和水质监测（检测）能力弱，制度不健全，责任不落实，水质差而不稳的问题也还不少。出现上述问题的原因，有些是水源和设施条件就比较差，有些是因为工业和城市发展，直接和间接占用或污染了农村饮用水水源。无论什么原因造成的饮水不安全问题，都应该引起足够重视。在以往建设的多处饮水工程来看，不少加药消毒设施闲置，水质检测更无法谈起，造成水质无法保证。特别是山区夏季暴雨多发易发，水质不清、混浊，需沉淀后才能饮用，且大肠杆菌等微生物超标，不利于人体健康。因此，设置专门的水质检测化验机构，配置专业人员和专业设备，形成常规化的水质检测机制，更是当务之急。

3. 运行维护方面

我县自2005年以来，兴建的100多处（现通过整合并网后为72处）饮水工程（水厂），有专门管理机构和管理人员的只占少数，绝大多数依靠行政村进行粗放式管理，由于多数饮水工程规模小，受益人口少，造成无管理机构、无管理人员、工程无养护等一系列问题，后果是用水户使用时肆意放水，用水无节制；部分小型供水工程净水工艺简单，暴雨期间水质极易受洪水影响；部分提水工程设备老化，制水成本高，水费收缴难，供水亏损，难以维持自身运转；一些小水厂建筑物和构筑物工程毁坏严重，拦水堰坝滤池不能正常发挥作用；供水管网无维护，局部遭破坏无人问津，造成水量浪费；还有的村是无偿供水，致使不少村级自来水供水工程倒闭，原供水区域内人又回到打浅层井或手压井取水局面。因此，拟对前期局部管网进行更新改造，水厂净化、消毒、过滤等设施设备升级，集中大规模建设，设置专业化水厂，成立专管机构，配备专业人员，加强水厂信息化建设，以促进农村饮水工程持久发挥效益，至关重要。

人饮工程的建后管理涉及产权关系、管理主题、管理体制、水源保护、水价核定等诸多环节。通过调查，我县农饮工程建后管理工作也存在不少问题。一是用水户对水价制定和水费管理的安全性有所顾虑，交费的积极性不高。二是体制不清，产权不明。有的地方乡镇在管、集体在管、个人也在管，其结果是谁也可以不负责。现有部分水厂使水费收入在支付工作人员工资后，基本没有积累和盈余。三是部分工程用水户虽然都安装了水表，但科技含量不高，有的群众长期扯条滴点用水，水表无法计量，有的采取多种方式窃水，多用水，少计量，少缴费，致使水表对口率较低，供水损失增大，供水成本高，管理单位运营管理难，亏损严重。

4. 思想认识方面

许多没有喝上自来水的村民家中都备有水井或直接引泉水，他们认为水井的水或泉水是比较卫生的而且方便，水厂的水质还没有自己的井水好，村民的卫生观念不到位。故对自来水的要求不是十分迫切。

六、“十三五”巩固提升规划情况及长效运行工作思路

1. 县级农饮巩固提升“十三五”规划情况

（1）工程建设目标

采取管网延伸、新建、改造、配套、联网等措施，到2020年，使我县农村集中供水率达到85%左右，农村自来水普及率达到80%以上，水质达标率有较大提高；小型供水工程保证率不低于90%，其他工程的供水保证率不低于95%。推动城镇供水公共服务向农村延伸，使城镇自来水管网覆盖行政村的比例达到33%。

（2）工程管理目标

一是实现工程管理与技术服务全覆盖。以县为单元，继续健全完善农村饮水安全保障管理机构，全面建立县级农村供水技术支持服务体系。二是基本实现供水工程良性运行。

明晰工程产权，落实工程管理主体、责任和经费，全面建立合理的水价和收费机制，落实工程运行管护经费。三是建立完善水质保障体系。全面划定饮用水水源保护区或保护范围，强化水源保护，强化供水单位水质管理，加强水质检测监测与评价，建立完善农村饮水安全数据库及信息共享机制，确保供水安全。

（3）主要建设内容

“十三五”规划本着“前三年集中脱贫、后二年巩固提升”的步骤进行。2016—2018年主要解决贫困村及贫困人口饮水不安全问题，规划解决5.67万人（其中贫困人口3.97万人），2019—2020年主要是对饮水工程进行巩固提升，规划解决2.81万人饮水不安全问题。“十三五”期间共解决8.48万人饮水不安全问题，规划总投资5406.93万元。

表4 “十三五”巩固提升规划目标情况

农村集中供水率（%）	农村自来水普及率（%）	水质达标率（%）	城镇自来水管网覆盖行政村的比例（%）
85	80	90	33

规划主要建设内容：新建供水工程59处，其中分散供水工程33处；现有水厂管网延伸供水工程60处，其中分散式供水工程39处；改造供水工程47处，其中分散供水工程24处。

表5 “十三五”巩固提升规划新建工程和管网延伸工程情况

工程规模	新建工程					现有水厂管网延伸			
	工程数量	新增供水能力	设计供水人口	新增受益人口	工程投资	工程数量	新建管网长度	新增受益人口	工程投资
	处	m^3/d	万人	万人	万元	处	km	万人	万元
合计	59	3251	3.25	2.96	17793	60	402	4.05	2465
规模水厂						6	202	2.37	1544
小型水厂	59	3251	3.25	2.96	17793	51	200	1.70	921

表6 “十三五”巩固提升规划改造工程情况

工程规模	改造工程					
	工程数量	新增供水能力	改造供水规模	设计供水人口	新增受益人口	工程投资
	处	m^3/d	m^3/d	万人	万人	万元
合计	47	7121	4786	6.773	1.4649	822.68
规模水厂	3	3182	2321	2.8502	0.3431	168.66
小型水厂	44	3939	2465	3.9228	1.1218	654.02

2. 加强运行管理措施

一是建立健全县级农村供水管理机构、农村供水专业化服务体系，制定完善水厂在管理、维修、养护、用水、节水、水费计收和水源保护等方面各项规章制度，实行责、权、利相统一的运行管理新机制。同时加大内部改革力度，建立有效的约束和激励机制，使管理责任、工作绩效和职工的切身利益紧密挂钩。

二是全面落实“两部制”水价政策，落实运行管护经费制度，积极探索信息化管理，加强专业人员技术培训，实行水厂运行管理关键岗位人员持证上岗制度。

三是积极推行管养分离、精干管理机构、提高养护水平，配备必要的专业技术力量和设备，组建专门的内部专业维修养护队伍，专门负责农村供水工程的维修和养护，本着及时检查、观测、经常养护、及时维修、防修并重、以防为主的原则，达到专养、勤养、提高养护水平的目的。

四是全面推进工程运行机制改革，积极推行农村供水工程管理制度改革。在村级管理上有条件的地方要成立用水户协会，接受群众监督，实行群众参与式管理。

五是划定水源保护区，加大水源保护力度，加强水质监测体系建设，保证饮用水安全。为保证饮用水水质，应加大农村供水工程水源地的保护力度，防止水源保护区内发生污染水质的活动，对饮用水水源设置防护地带，在卫生防护地带内，严格按照有关部门颁发的《饮用水源保护区污染防治管理规定》《生活饮用水卫生标准》《地面水环境质量标准》等规定，加强管理，确保水源不受污染。同时，要加强水源水、出厂水和管网末梢水的水质监测和检验，建立和完善水质化验室，落实机构、人员、任务、责任、仪器设备和经费，并实现信息畅通，资料数据准确及时。同时，建立健全应急响应机制，完善应急预案。

六是工程建成后，要按照生活饮用水水质标准开展技术服务，做到水量够、水压足、水质好。保证水质水量达到供水标准要求，把水质和供水量情况向用户公开，积极推行服务承诺制度和合同供水制度。

金寨县农村饮水安全工程建设历程（2005—2015）

（金寨县水利局）

一、基本概况

金寨县位于安徽省西部，大别山腹地。介于北纬31°06′～31°48′，东经115°22′～116°11′，为鄂、豫、皖三省交界处。东连安徽省裕安区、霍山县，南临湖北省英山、罗田两县，西与湖北省麻城及河南省商城两地交界，北与河南省固始、安徽省霍邱、叶集三县区接壤。境内东西及南北跨度均为80km，总面积为3814km²，面积居安徽省山区县之首。

全县辖23个乡镇和1个开发区，226个行政村，20.58万户，67.11万人，其中农业人口59.03万人，全县农村实有劳力29.87万人。2014年全县国民生产总值83.51亿元（当年现行价），其中第一产业18.11亿元、第二产业33.36亿元、第三产业32.04亿元。地方财政收入5.457亿元，当年居民人均可支配收入11269元。集中供水人口38.97万人，占全县农村人口的66.0%。

淮河两大支流史河、淠河贯穿县境，两河支流甚多，均为山溪性河流。史河源出黄眉尖南麓，流入梅山水库，其主要支流有长江河、熊家河、麻河、牛山河、竹根河、牛食畈河、白水河等；西淠河源出天堂寨北麓，进入响洪甸水库，其主要支流有莲花河、乌鸡河、宋家河、青龙河、姜河等，河道长度在10km以上的有27条，2km以上的有119条，河网密度为0.7km/km²。

我县梅山、响洪甸两大水库不仅为淮河干流承担防洪任务，还灌溉下游数百万亩耕地。截止2014年底，全县有中小型水库108座。其中中型水库2座（青山、流波水库），总库容6542万m³；小（1）型水库19座、小（2）型水库87座，总库容13300万m³；大小山塘1.8万余口，蓄水3852万m³；引水堰（闸）1.1万座；堤防573km，保护面积6.49万亩；排涝沟长588km，控制排涝面积17.6万亩；小型灌溉泵站9处，装机1485kW；灌溉渠道长348km，其中已衬砌160.5km，渠系建筑物18314座；小水电站65座，装机10.9万kW，年发电1.33亿kW/h；治理水土流失面积212km²。我县水力资源丰富。2014年，金寨县水利设施供水总量为1.71亿m³，其中农业用水量0.92亿m³、工业用水量0.57亿m³、生活用水量0.153亿m³、生态与环境用水量0.01亿m³和其他用水0.057亿m³，分别占总用水量的53.76%、33.32%、8.94%、0.66%和3.33%。

二、农村饮水安全工程建设情况

（一）农村饮水工程建设情况

十一五以前我县农村绝大部分上靠人工挑水、有的自制手压井或数户联合从高处自流引山泉水，费力耗时，用水无保障。2005 年以来，我县开始实施农村饮水安全工程，截止 2015 年底共实施农村饮水安全工程 319 处，其中 20～200m³/d 供水规模的集中供水工程 273 处、200～1000m³/d 供水规模的集中供水工程 46 处，设计供水能力 4.24 万 m³/d，实际供水能力 3.18 万 m³/d，完成投资 1.85 亿元，其中中央投资 1.48 亿元、地方配套资金 0.37 亿元，解决了 38.97 万人农村饮水不安全问题，占全县农村人口的 66.0%，自来水普及率为 73.3%，集中式供水率为 66%，水质达标率 65.8%，极大地改善了我县农村饮水状况，基本解决农村饮水不安全问题。

表 1　2015 年底农村人口供水现状

乡镇数量	行政村数量	总人口	农村供水人口	集中式供水人口	其中：自来水供水人口	分散供水人口	农村自来水普及率
个	个	万人	万人	万人	万人	万人	%
23	226	67.11	59.03	38.97	38.97	4.3	66

表 2　农村饮水安全工程实施情况

合计			2005 年及“十一五”期间			“十二五”期间		
解决人口		完成投资	解决人口		完成投资	解决人口		完成投资
农村居民	农村学校师生		农村居民	农村学校师生		农村居民	农村学校师生	
万人	万人	万元	万人	万人	万元	万人	万人	万元
38.97		18500	15.47		6800	23.5		11700

表 3　2015 年底农村集中式供水工程现状

工程规模	工程数量	设计供水规模	日实际供水量	受益乡镇数	受益行政村数	受益农村人口	自来水供水人口
	处	m³/d	m³/d	个	个	万人	万人
合计	319	42400	31800	23	226	38.97	38.97
规模水厂							
小型水厂	319	42400	31800	23	226	38.97	38.97

（二）农村饮水安全工程建设思路及主要历程

1. “十一五”阶段的解决思路、解决人口数、资金投入情况

“十一五”期间主要任务是解决人畜饮水问题，重点解决村民缺水、用水不方便程度和水量不足的问题。根据饮水安全评价指标及金寨县被批准的农村饮水规划，到 2010 年

底（十一五期间），金寨县农村饮水安全工程总投资达6795万元，其中中央投资5436万元，共建集中式供水工程159处，设计供水能力为1.88万m^3/d，实际供水能力为1.41万m^3/d，受益总人口为15.47万人。十一五以前兴建的农村饮水安全工程标准低；供水管材基本不符合涉水产品卫生许可及国家产品标准要求，且老化严重；水源水基本没做任何过滤、消毒处理，水质基本不达标；供水无保障、管网入户率低、管网漏损率高，工程效益基本不能有效发挥，群众反响大、意见多、投诉多。

2. "十二五"阶段的解决思路、解决人口数、资金投入情况

2011—2015年，规划解决20万人的农村饮水安全问题。重点解决水量不足、水源保证率低、取水极不方便的问题，优先安排解决水库移民和农村学校的饮水安全问题。为了解决上述人口的饮水安全问题，需建设饮水工程82处（不含学校1处），投资10260万元。

三、农村饮水安全工程运行情况

1. 县级农村饮水安全工程专管机构

为全面加强农村饮水安全工程运行管理，提高管理人员维护管理能力，保障各供水工程的正常运用，2015年5月28日，经县十六届人民政府第18次县长办公会议研究同意成立县农村饮水安全工程管理中心，隶属县水利局管理的全额拨款事业单位。主要职责：指导、监督、检查。管理中心的成立，标志着我县农村饮水安全工程建后管护工作迈出了坚实的一步，并逐步走上规范化、精细化管理的道路。同年还成立了金寨县农村饮水安全水质检测中心。

2. 县级农村饮水安全工程维修养护基金

为规范农村饮水安全工程的运行管理，金寨县农村饮水安全工程领导组办公室于2011年4月6日印发了《金寨县农村饮水安全工程运行管理暂行办法》，2012年5月5日，金寨县人民政府办公室关于印发《金寨县农村饮水安全工程运行管理暂行办法》，办法落实了具体的管理形式、管理组织、管理人员和管理费用。从制度和机制上确保了农村饮水安全工程运行管理工作落到实处，长久发挥供水效益。金寨县农村饮水安全工程运行维护基金使用细则已上报县政府，政府常务会议通过后即可实施。《细则》第6条县设立农村饮水安全工程运行维护基金，实行专户存储，专款专用，并接受有关部门监督检查。运行维护基金来源：县政府财政预算安排资金，每年按照受益人口人均不低于10元标准筹集，每年列入预算，滚动使用。

3. 县级农村饮水安全工程水质检测中心

本着资源共享、避免重复建设、优先利用现有仪器设备与场所的原则，根据我县实际情况，2015年4月，我们编制完成了《金寨县农村饮水安全工程水质检测中心建设方案》，并通过了审查，4月28日市发展和改革委员会、市水利局以六发改农经〔2015〕98号文对方案进行了批复。争取中央预算内投资135万元，目前检测中心已正常运行，为水质检测提供技术支撑和保障。

4. 农村饮水安全工程水源保护情况

目前金寨县现有319处工程水源水质良好，无特殊超标指标，但基本都未划定水源保

护区或保护范围，也未配备防护措施。多数农村饮用水水源地没有开展定期监测，即使少数开展监测的地区，也存在着监测设备缺乏、监测手段落后、监测频次不足、监测布点不规范、监测指标偏少等问题。由于县级财政能力有限，造成财政投入严重不足，农村饮用水水源地的规划、建设、管理、保护工作仍然滞后于经济社会发展需求。

5. 供水水质状况

金寨县水资源的特点就是地表水丰富，浅层地下水受降水补给，与河水互补。因此可用作饮用水源主要是地表水、浅层地下水和少量的山泉水。全县集中式供水工程的水源类型基本是从河流、山溪取用的地表水。

金寨县是集老区、库区、山区为一体的国家级贫困县，县域经济还比较落后，特别是工业发展基础十分薄弱，因此工业废水对水源的污染相对较轻。总的水源水质情况较好，只有个别集镇生活垃圾向河道倾倒，生活污水，甚至大小便，未经任何处理，直接排向河道，加之集镇所在地的河道来水面积小、自净能力弱，因而给河道下游的水源造成一定程度的污染。

同时由于水源大多为地表水，易受地面因素影响，一般浑浊度及细菌含量较高，可通过配套消毒设备和投加消毒（粉）片等常规净化消毒处理，水质即可达标。

6. 农村饮水工程（农村水厂）运行情况

金寨县农村饮水安全工作，虽然取得了一定成绩，但与全面建设小康社会的要求相比，与全县社会经济快速发展的态势相比，还有很大差距，特别是工程建后管理工作严重滞后。除 24 个乡镇政府所在地的规模较大、供水人口较多的集镇安全饮水工程和招商引资兴建的几处农村饮水安全工程实行了股份制和承包经营，真正落实了管护主体和责任人，管理比较到位，水费收缴较规范，工程运行正常外，其他村级规模较小、供水人口较少的集中供水工程，在工程验收时虽也落实了管护责任主体，明确了责任人，但由于供水人口少，经济效益不明显，水费收缴困难，加之思想认识等原因，造成工程管理流于形式，没有真正落实到位，没有真正把工程管理起来，工程维修、维护无人问津，致使工程效益不能正常发挥。

截至目前，虽然两个中心已挂牌、正式起步，但经费还未真正落实到位，人员还未到岗到位，还未真正履行其职能作用。

7. 农村饮水工程（农村水厂）监管情况

为规范农村饮水安全工程的运行管理，2012 年 5 月 5 日，金寨县人民政府办公室关于印发《金寨县农村饮水安全工程运行管理暂行办法》，办法落实了具体的管理形式、管理组织、管理人员和管理费用。从制度和机制上确保了农村饮水安全工程运行管理工作落到实处，长久发挥供水效益。2015 年，两个中心正式成立，对农村饮水安全工程运行管理加强了监督和管理，同时，县政府、水利局还印发了一些相关政策性配套文件，对固定资产管理、入户费用收取、水质、水价、供水服务等方面进行了规范和规定。

8. 运行维护情况

工程普遍运行困难，管理亟待加强。虽然国家针对农村饮水安全工程出台了用地、用电、税收等优惠政策予以扶持，但受限于农村供水工程自身规模小、农户生活用水量有限、输配水漏损率高、水费实收率低等客观原因，我县农村供水工程普遍运行困难。另外在管理方式上有村集体管理、个人承包、股份制经营等多种形式，多数管理人员业务水平不高、水厂制度不健全、运行管理不规范，运行管护经费没有落实，工程维修养护无人过问，供水管理亟待规范。

四、采取的主要做法、经验及典型案例

（一）做法和经验

1. 地方出台的政策和法规性文件

2007 年 5 月 30 日，金寨县人民政府办公印发了《金寨县农村饮水安全工程建设管理实施意见》（金政办〔2007〕46 号）；2008 年 11 月 25 日，金寨县人民政府办公室印发了《对农村饮水安全工程和农村卫生服务体系建设实行扶持政策》（金政办〔2008〕93 号）；2012 年 3 月 5 日，金寨县人民政府办公室印发了《金寨县农村饮水安全应急预案》（金政办〔2012〕5 号）；2012 年 5 月 5 日，金寨县人民政府办公室印发了《金寨县农村饮水安全工程运行管理暂行办法》（金政办〔2012〕6 号）；2014 年 8 月 13 日，金寨县水利局印发了《金寨县农村饮水安全工程建后管养政府购买服务实施方案（讨论稿）》（金水〔2014〕150 号）；2015 年 7 月 7 日，金寨县水利局印发了《金寨县农村饮水安全等水利民生工程目标责任考核暂行办法》（金水〔2015〕119 号）。

2. 经验总结

（1）强化组织领导，落实工作责任。金寨县委、县政府高度重视农村饮水安全工作，为加快推进本县农村饮水安全工程建设进程，切实落实行政首长负责制，金寨县政府严格按照有关要求，成立了成立县农村饮水安全工程建设领导小组，并组建了农村饮水安全工程建设管理局，作为法人，具体负责农村饮水安全工作，进一步明确了农村饮水安全工程项目政府责任人、水利部门责任人、项目责任人、目标任务和进度安排，并对各个农村饮水安全工程项目的县政府、乡镇政府责任人与县水利部门主要负责人、年度目标任务和进度安排等情况，在本县主要媒体上进行了公示，从而进一步增强了县、乡镇、村三级完成国家下达的农村饮水安全工程建设任务和投资计划的责任感和紧迫感。

在农村饮水安全工程建设与管理运作模式上实行：农村饮水安全工程项目主要材料、设备（管材、管件和一体化净水设备）由县采购中心统一组织公开招标集中采购，土建工程部分由各实施乡镇负责组织招投标和实施工作。

（2）强化前期工作，推动工程建设。金寨县农村饮水安全工程建设管理局根据自身实际情况在前期规划中严格做到四点，一是乡村申报后由技术人员实地走访调查；二是根据调查报告编报项目规划；三是根据轻重缓急程度，结合乡村积极性做好年度项目实施方案；四是切实做好项目点水源勘察及水质检测工作。为进一步完善农村饮水安全工程建设项目前期工作质量，金寨县水利部门每年对已经完成审查和批复的农村饮水安全工程建设项目实施方案，进行一次全面的检查梳理工作，进一步补充和完善工程项目设计方案，并做好工程项目实施方案的调整和相应的审查审批工作，为提高全县农村饮水安全工程建设项目实施方案编制质量，提供了重要的技术保障。同时，积极落实全国和全省农村饮水安全工作视频会议精神，进一步加强项目组织协调，简化相关程序，缩短工程项目设计变更、财政审批、土地征用、工程招投标等前期准备工作相关环节的时间，并优先安排农村

饮水安全工程项目的财政审核、优先安排项目招投标工作，以便为顺利推进全县农村饮水安全工程建设赢得了宝贵时间，取得了明显成效。

（3）强化资金管理，确保资金落实。进一步加大县级财政投入力度，确保地方配套投资及时落实到位，并尽快将县级财政配套资金落实到农村饮水安全工程项目中，以满足工程建设项目需要。县水利部门积极向县政府领导及发改、财政等有关部门进行农村饮水安全工程建设有关进展情况的汇报，联合县发改和财政部门，结合本县农村饮水安全工程建设的实际情况，进一步调整和增加县级财政资金预算，并落实好地方配套资金计划。同时，充分发动受益区农民群众参与农村饮水安全工程建设，调动受益村庄农民群众积极出资投劳，进行“一事一议”，争取社会投资，以保证农村饮水安全工程建设项目自筹资金的落实到位。

（4）强化建设管理，确保项目质量。严格按照水利部等有关部门下发的《农村饮水安全工程建设管理办法》，对日供水量 1000m^3（或供水受益人口 1 万人）以上规模的工程，严格实行“四制”，依法依规组建项目法人，层层落实县、乡镇项目法人主体责任，择优选择设计、施工和监理队伍，规范参建各方行为，加强工程建设项目全过程质量管理，并且项目乡镇政府和项目法人要在农村饮水安全工程建设项目所在地公开栏、工程工地等醒目位置，进行项目名称、批复文号、投资规模、项目法人、建设时间、受益范围等“六公示”，积极动员受益区广大农民群众参与项目管理和加强社会公众的检查监督。

在农村饮水安全工程建设项目管理方法上，金寨县县政府制定了并出台了《金寨县农村饮水安全工程建设管理实施意见》，规范工程建设管理；成立了县、乡农村饮水安全工程领导组，水利、发改、财政等相关部门负责人，多次深入农村饮水工程现场检查督导；组织项目村村民评议代表对农村饮水安全工程进行巡查促进；强化施工管理及建后的验收工作，确保工程高质量完成。

（二）典型工程案例

金寨县龙腾自来水厂位于南溪镇吴湾村境内，是招商引资合资企业。水厂于 2009 年 9 月开工兴建，2010 年 12 月建成投产，总投资 1500 万元，其中政府投资 500 万元。水厂包括取水建（构）筑物、净水建（构）筑物、配水管网及附属工程等；水厂采用提水方式集中供水；设计供水规模近期 3000m^3/d、远期 6000m^3/d，主要解决南溪镇集镇居民、镇直机关单位、学校等 2.5 万人生活用水和集镇工业用水。

2014 年，镇政府为加强农村饮水安全工程管理，优化用水环境，进一步整合资源，将原集镇水厂并入龙腾水厂，投入资金 200 余万元进行改造，采用 200DL-30X 立式多级泵，电机功率 160kW，扬程 150m，流量 280m^3/d，使水厂日供水能力达 5000m^3/d，并通过管网延伸向集镇周边村庄供水，扩大供水范围，现已辐射至南溪镇吴湾、余山、花园、曹畈等 4 个村，受益人口 7200 人，其中贫困人口 2364 人，水厂供水总人口由 2.5 万人增至 3.2 万人。

水厂实行公司化运作、规范化管理、自主经营、独立核算、自负盈亏。接受地方政府和上级主管部门监督管理，政府参股不分红，鼓励企业扩大再生产。“十三五”期间，我们将管网延伸到南溪镇的南湾、麻河、丁埠等村，涉及农村人口 6000 余人，其中贫困人口 1553 人；到 2018 年底，供水总人口将增至 4 万余人。

随着企业不断发展、壮大，我们将进一步加大管理力度，更新管理理念，创新体制机制，提升管理和服务水平。

五、目前存在的主要问题

我县实施农村饮水安全工程以来，主要解决相对集中的农村居民饮水问题，但仍有部分偏远自然村庄、相对分散农村居民因受建设条件、资金不足等因素限制，没有实现集中式供水全覆盖，虽然群众自发建设了部分高位引水工程，但因缺少消毒、净化设备，用水方便程度和水质保证率等方面还存一些问题。

1. 工程设施方面

一是部分工程布局不合理，需要进一步整合。部分乡镇，工程规划不科学、布局不合理。如古碑镇集镇所在地就有三个水厂，水厂私自划分供水范围，相互争利，管理难度大，使得整体布局明显不合理，其他乡镇所在地也不同程度存在这种现象；村级集中式供水工程也存在这种现象，甚至个别自然村都有2~3处工程。总体来说，我县小水厂数量较多、工程布局不合理是导致后期管护运行困难直接原因，需结合实际下大力气予以整合。

二是工程建设标准低，建设内容不完整。不少工程取水设施简陋，有的就在河道内或水库内建座大口井，过滤设施简单，不能很好地起到过滤作用，大雨过后水的浑浊度较高，根本无法饮用，且极易被冲毁，混凝剂要人工添加缺少计量设备、净水及调节构筑物未按规范要求分组分格等；山区引水工程水源季节性断流、没有净水设施、部分没有消毒设备等，均严重影响供水水质及供水的可靠性。

三是早期供水管网老化严重，资金投入缺口大。在农村供水发展较早的地方，有不少管网铺设年份较早，材质有镀锌管、PVC管等，老化严重、漏损率高、爆管时有发生，有的管材甚至现在已严禁使用。另外不少地方在实施农村饮水安全工程时，受限于投资，主干管埋设新管，村庄以及入户管道仍使用原有老管网，也需要改造。多数老管网位于镇区或经济发展较好的集镇，所需管径较大、施工安装难度也大，从而导致改造成本远高于现行投资标准（如古碑镇老水厂主管网改造）。

2. 水质保障方面

水源保护难度大，部分水源保证率不高。我县农村供水水源特点：水源地数量多、单个水源取水量小、地域分布广、类型复杂；水源处于农民生产、生活范围中，农民生产生活对饮用水水源环境质量有着直接影响；供水处理比较简单，有的甚至缺乏净化设施，水源水质直接决定了供水水质。另外，不少山区引水工程受限于投资标准，多就近选择溪流、泉眼为水源，在干旱季节，时有断流，水源保障程度不高。

3. 运行维护方面

工程普遍运行困难，管理亟待加强。虽然国家针对农村饮水安全工程出台了用地、用电、税收等优惠政策予以扶持，但受限于农村供水工程自身规模小、农户生活用水量有限、输配水漏损率高、水费实收率低等客观原因，水费收缴远远不能满足运行成本之需要，致使我县农村供水工程普遍运行困难，运行维护全由政府兜底，用水户和管理责任人无责任心，工程修复资金欠账太多。另外在管理方式上有村集体管理、个人承包、股份制经营、用水协会等多种形式，多数管理人员业务水平不高、水厂制度不健全、运行管理不规范，运行管护经费没有落实，工程维修养护无人过问，供水管理亟待规范。

六、“十三五”巩固提升规划情况及长效运行工作思路

（一）金寨县农村饮水安全巩固提升“十三五”规划情况

到2018年，实现贫困村村村通自来水，完成扶贫攻坚任务，到2020年，通过巩固提升，全面提高农村饮水安全保障水平，建立“从源头到龙头”的农村饮水安全工程建设和运行管护体系。采取新建和改造等措施，进一步提高金寨县农村供水工程集中供水率、自来水普及率、水质达标率和供水保证率，并建立和健全农村供水工程良性运行机制，提高农村供水工程运行管理水平和监管能力，为完成本县脱贫攻坚任务和全面建设小康社会，提供良好的农村饮水安全保障。

表4 “十三五”巩固提升规划目标情况

农村集中供水率（%）	农村自来水普及率（%）	水质达标率（%）	城镇自来水管网覆盖行政村的比例（%）
85	80	90	36

表5 “十三五”巩固提升规划新建工程和管网延伸工程情况

工程规模	新建工程					现有水厂管网延伸			
	工程数量	新增供水能力	设计供水人口	新增受益人口	工程投资	工程数量	新建管网长度	新增受益人口	工程投资
	处	m^3/d	万人	万人	万元	处	km	万人	万元
合计	160	10400	10.7	10.68	13867				
规模水厂									
小型水厂	160	10400	10.7	10.68	13867				

表6 “十三五”巩固提升规划改造工程情况

工程规模	改造工程					
	工程数量	新增供水能力	改造供水规模	设计供水人口	新增受益人口	工程投资
	处	m^3/d	m^3/d	万人	万人	万元
合计	4	1046		8	1.04	1809
规模水厂	1	1000		8	1	1797
小型水厂	3	46			0.04	11.64

（二）“十三五”之后农饮工程长效运行工作思路

1. 建立良性运行机制

适应社会主义市场经济体制的要求，建立灵活有效的供水工程运行机制，增强经营管理活力，保证工程良性运行。

一是合理确定水价，强化水费计收和管理。按照计量供水、补偿成本、合理收益、优

质优价、公平负担的原则合理确定水价，并根据供水成本、费用及市场供求的变化情况适时调整。制定农民生活用水定额，超定额累进加价。对二、三产业供水实行成本加利润，利润部分补贴生活用水水费收入的不足。

供水单位要加强财务管理，执行国家的财务会计制度，建立健全内部财务管理制度。推行水费民主决策制度，保证水费的合理、高效利用。建立严格的工程折旧费、维修养护费管理制度，保证资金安全和专款专用。定期对水价、水量、水费收支特别是工程折旧费的管理和使用情况进行公示，接受政府、用水户及社会监督检查。承包费、租赁费要专户储存，用于工程的大修、改造。

二是选拔精干的管理队伍。供水单位要参照水利部颁发的《村镇供水站定岗标准》确定管理人员人数。单位负责人由工程管理委员会、用水合作组织通过公开竞争方式选任，定期考评。其他岗位人员要按精简高效的原则定岗择优聘用，持证上岗。严格控制人员编制，减少冗员，降低工程管理和运行成本。建立合理的分配机制，按照市场经济规律，采取灵活多样的分配办法，把职工收入与岗位责任和工作绩效紧密联系起来。

三是建立有效的约束监督制度。工程管理委员会、用水合作组织、供水单位不仅要接受水利、卫生、物价、审计等部门的监督检查，建立定期和不定期报告制度，还要接受用水户和社会的监督、质询和评议。供水单位要建立健全内部管理制度，规范管理行为，在确保安全生产和正常供水的基础上，不断提高管理水平和服务质量。

2. 加强两个中心建设

一是加强水质检测中心建设。加大水质检测中心建设力度，落实人员、仪器设备和必要的办公经费，明确任务和责任。水质检测中心要指定专职人员负责水质检测工作。加强对饮用水水源、水厂供水和用水点的水质监测，及时掌握饮用水水源环境、供水水质状况。

供水单位要建立以水质为核心的质量管理体系，建立严格的取样、检测和化验制度，按照现行的《生活饮用水卫生标准》《村镇供水工程技术规范》和《村镇供水单位资质标准》等有关标准和操作规程，定期对水源水、出厂水和管网末梢水进行水质检验，并完善检测数据的统计分析和报表制度。日供水量在1000m^{3}以上的供水单位要建立水质化验室，根据有关规定配备与供水规模和水质检验要求相适应的检验人员及仪器设备。日供水量在200～1000m^{3}的供水单位要逐步具备检验能力。日供水量在200m^{3}以下的供水单位要有人负责水质检验工作。

二是加强农村饮水安全监督管理中心建设。农村供水工程量大面广，特别是相当多的单村供水工程和分散供水工程由用水户直接管理，专业化管理程度低，急需建县农村饮水安全工程管理中心，并建立完善的社会化服务保障体系，向供水单位和用水户提供技术服务。指导全县农村饮水安全工程管理单位建立健全规章制度，制定工作目标和工作重点，总结推广管理经验；定期组织对各供水单位供水设施及管网维修、巡视、保养的检查工作；协助供水单位查处乱拉乱接、偷盗、破坏供水设施等违规用水行为；负责对供水单位水质安全检测的处理工作，督促供水单位严格按照国家标准和行业规范要求，保证水质达到国家生活饮用水卫生标准，实行安全优质供水。

霍邱县农村饮水安全工程建设历程（2005—2015）

（霍邱县水利局）

一、基本概况

霍邱县位于大别山北麓余脉，淮河中游南岸，在东经115°50′20″～116°32′31″，北纬31°44′51″～32°36′31″，土地总面积3487km²，耕地面积187.5万亩（统计亩）。

霍邱县地势南高北低，西南部为大别山余脉，最高山峰海拔419m，海拔平均高度80m左右；中部为低丘陵地区，间有平原，海拔50～60m；北部为平原、洼地，海拔18～23m。南北明显兼跨两大地貌单元，西部、南部为低山丘陵岗区，北部为河谷平原洼地。

霍邱县境内有淮、淠、汲、沣、史五条主要河流，城西湖、城东湖、姜家湖等三大蓄滞洪区，多年平均降雨量为989.8mm，地表水资源量多年平均值为12.3亿m³，地下水资源量模数为30万m³/km²。

霍邱县95%面积的地下水为松散岩类孔隙水，总体上自南向北、自西向东逐渐增厚，可分为丰富型（单井涌水量大于1000m³/d）、中等型（100～1000m³/d）和贫乏型（小于100m³/d）。另外5%面积为碎屑岩类裂隙孔隙水和碎屑岩碳酸盐岩裂隙岩溶水，水量贫乏。

霍邱县共辖32个乡镇，1个开发区，425个行政村，16个社区。2015年底全县人口171.98万人，其中农业人口153.70万人，占总人口的89.3%。

2015年全县河流、湖库水质总体良好、污染得到全面整治。主要河流（渠道）水质Ⅲ类以上占74.4%；4座中型水库水质维持在Ⅱ～Ⅲ类；城东湖水质优于Ⅲ类占38.9%，临淮岗闸上和城西湖水质基本为Ⅲ类，沣河、沿岗河、城西湖水质阶段性Ⅳ类。

二、农村饮水安全工程建设情况

1. 农村人口饮水安全解决情况

霍邱县农村饮水安全工程“十一五”规划初，农村总人口148.42万人，自来水受益人口12.39万人，占总人口的8.35%。其安全普及程度和自来水普及率均较低。我县饮用水水质存在问题有以下几种：苦咸水、污染水、其他水质超标问题。这几种水质问题遍布全县，其中细菌总数及总大肠菌群超标，沿淮及我县南部、中部地区以饮用浅层地表水、沟塘及自然河流水为主的人群中更加突出；Ⅳ类及以上地表水在六大主要河流及城东湖、城西湖边缘地区为甚；苦咸水中部地区超过其他地区。

2015 年全县农村人口 153.70 万人，解决农村饮水不安全人口 776773 人，占农村人口 50.5%。全县 425 个行政村 16 个社区，自实施农村饮水安全工程以来，以建设规模水厂为宗旨，共建设 40 个集中供水工程，经整合小水厂后，至 2015 年底整合为 32 个农村集中供水工程，32 个乡镇及 1 个开发区已全部覆盖，乡镇自来水覆盖率为 100%，425 个行政村管网进村数达到 393 个，行政村自来水覆盖率为 92.47%。2005—2015 年共下达 38930 万元，完成投资 37018.47 万元。

表 1　2015 年底农村人口供水现状

乡镇数量	行政村数量	总人口	农村供水人口	集中式供水人口	其中：自来水供水人口	分散供水人口	农村自来水普及率
个	个	万人	万人	万人	万人	万人	%
33	425	153.70	77.68	77.68	77.68	76.03	50.5
注：本表包括已划到叶集区的洪集镇和姚李镇，农村人口 90965 人，农村供水人口 59211 人。							

表 2　农村饮水安全工程实施情况

合计			2005 年及“十一五”期间			“十二五”期间		
解决人口		完成投资	解决人口		完成投资	解决人口		完成投资
农村居民	农村学校师生		农村居民	农村学校师生		农村居民	农村学校师生	
万人	万人	万元	万人	万人	万元	万人	万人	万元
77.68	5.25	38930	24.8273	0.66	11188	52.85	4.59	27742
注：本表包括已划到叶集区的洪集镇和姚李镇，农村人口 9096 人，农村学校师生 4555 人。								

2. 农村饮水工程（农村水厂）建设情况

实施农村饮水安全工程前，我县只有少数乡镇有自来水厂，供水范围均为集镇街道，供水规模小。取用地表水集中式供水工程 6 处，包括姚李自来水厂、洪集自来水厂、众兴自来水厂（在建）、岔路自来水厂、城关自来水一厂、城关自来水二厂；取用地下水集中供水工程 14 处，包括长集自来水厂、户胡自来水厂、马店自来水厂、河口自来水厂、高塘自来水厂、周集自来水厂、石店自来水厂、花园自来水厂、临闸 $2^{\#}$ 庄台机井、临闸 $3^{\#}$ 庄台机井、刘台机井、花园镇高岗寺机井、曹庙镇黄郢机井、姚李镇花园机井。地表水水源，姚李、众兴、岔路、洪集 4 处为附近水库或自然河流，城关两处为城东湖、城西湖。总的来讲源水水质较差，其颜色、浑浊度、肉眼可见物、细菌总数、总大肠菌群等项目大都不符合生活饮用水水质标准，有的严重超标，因此都有净化处理设施。地下水均取自地下深层，除砂后水质一般较好，但也存在溶解性总固体、细菌总数及总大肠菌群超标问题。14 处取用地下水的集中供水工程只有花园一处有净化设施。采用管网输配水，多数直接供水到户，少量为给水点供水。

截止2015年底我县共建成投入使用供水工程40处（含城关二水厂），水源分地表水和地下水两种。以地表水为水源的26处，分别为：孟集水厂、潘集水厂、砖洪水厂、城关二水厂、花园水厂、三流水厂、洪集水厂、高镇水厂、龙马水厂、吴集水厂、姚李水厂、岔路水厂、吴阳水厂、彭塔水厂、临水水厂、新店水厂、众兴水厂、王截流水厂、冯瓴水厂、周集水厂、城西湖水厂、大桥水厂、邵五水厂、西皋水厂、陈楼水厂、石庙水厂；其余14处为地下水为水源，分别为龙潭水厂、夏店水厂、河口水厂、乌龙水厂、白莲水厂、周集新圩水厂、宋店水厂、冯井水厂、石店水厂、户胡水厂、长集水厂、曹庙水厂、邵岗水厂、临淮岗水厂，其中宋店、夏店、曹庙、冯井、邵岗、龙潭、乌龙、新圩等8处水厂已经或规划将与大水厂合并。供水工程设计总供水规模为11.03万m^3/d，受益人口776773人。其中，供水规模达1000m^3/d及其以上的30处，供水规模为10.34万m^3/d，受益人口75.6958万人；供水规模200～1000m^3/d的2处，供水规模为0.15万m^3/d，受益人口1.9815万人。我县农村饮水安全工程大多利用国家、省、市、县的财政投资建设，只有孟集、潘集、冯瓴、周集、新店等5个乡镇水厂由当地乡镇政府利用了招商引资的资金。其中孟集、潘集2乡镇投资商所建水厂因设计不合理，加之管理不善原水厂已停用，我县利用农村饮水安全项目资金对水厂厂区及取水口部分及输水管道进行了重建并对其管网进行改造及延伸。冯瓴、周集、新店3乡镇利用招商引资所建的水厂运行正常，我县利用农村饮水安全项目资金投建了管网工程，并对新建水厂取水口工程及取水管道进行选址重建。

目前我县中西部丘岗区无较大的地面河流及水库，地下水贫乏且日渐衰竭，无法建设较大规模的自来水厂，所以长集、岔路、户胡、河口等地区饮水问题受到威胁，若要彻底解决问题需要另辟新的水源。

2015年底农村集中式供水工程现状

工程规模	工程数量	设计供水规模	日实际供水量	受益乡镇数	受益行政村数	受益农村人口	自来水供水人口
	处	m^3/d	m^3/d	个	个	万人	万人
合　计	40	11.03	6.6	32	320	77.6	77.6
规模水厂	30	10.34	6	32	287	75.7	75.7
小型水厂	10	0.69	0.6	10	33	1.9	1.9

3. 农村饮水安全工程建设思路及主要历程

农村饮水安全是一项长期、艰巨的任务，要系统规划，分阶段完成。“十一五”阶段以加强农村供水基础设施建设、完善农村供水社会化服务体系、保障农村居民饮水安全为目标，在认真总结“十五”饮水解困工作的成就和经验、摸清农村饮水现状的基础上制定规划，本着应急解困与长远发展相结合、简单处理与规范建厂相配合、近期规划与远期目标相适应的原则，下好第一盘棋，力争在2020年前全面解决我县农村安全饮水问题。根据农村供水发展的特点，按照“先急后缓、先重后轻、突出重点、分步实施”的原则制定分阶段实施目标，优先解决对农民生活和身体健康影响较大的饮水安全问题，同时要与2020年全面实现小康目标相一致。该阶段共规划解决39.05万人的饮水不安全问题，实际解决了上级下达的24.8273万人，完成投资11188万元，建设的主要规模水厂有：砖洪水厂、城关二水厂（管网延伸）、河口水厂、花园水厂、宋店水厂、三流水厂、石店水厂、高镇水厂、龙马水厂、吴集水厂、姚李水厂、岔路水厂、吴阳水厂、彭塔水厂。

“十二五”阶段解决农村饮水安全问题的总体思路是适应全面建设小康社会的总体要求，以改善农村饮用水条件，实现饮水安全为目标，以提高农村饮用水质量为重点，统筹规划、分步实施，在2015年前基本解决农村饮水安全问题。我县根据农村饮水不安全人口基数大、地方财力不足及广大农村群众经济基础薄弱的实际情况，重点解决水质不达标问题以及部分丘岗地区饮用水严重不足问题。该阶段共解决不安全饮水人数为52.85万人，完成投资27742万元，建设的主要规模水厂有临水水厂、新店水厂、临淮岗水厂、王截流水厂、冯瓴水厂、周集水厂、城西湖水厂、孟集水厂、潘集水厂、大桥水厂、邵五水厂、西皋水厂、陈楼水厂、石庙水厂。

三、农村饮水安全工程运行情况

1. 县农村饮水安全工程专管机构

为进一步做好农村饮水安全工程管理工作，2013年6月我县成立了农村饮水安全管理总站（邱编〔2013〕24号），属县水务局管理的事业单位，核定编制15人，年运行经费75万元，其中培训及工作经费30万元、水质检测中心运行经查费45万元。经费来源为财政补助。

2. 县级农村饮水安全工程维修养护基金

我县出台的霍政办〔2010〕95号文件规定，全县农饮工程运营管理通过出让所有权、出让经营权、租赁承包、委托管理等方式所取得的资金存储国资局专户，专项用于农饮工程维修养护和设备更新。受客观条件限制，暂未建立县级农村饮水安全工程维修养护基金。

3. 县级农村饮水安全工程水质检测中心

2015年4月，霍邱县发展和改革委员会、霍邱县水务局以发改综合〔2015〕108号文件上报《霍邱县农村饮水安全工程水质检测中心实施方案》，六安市发展和改革委员会、六安市水利局以六发改农经〔2015〕99号文件批复该实施方案。核定总投资216.16万元。年运行经费75万元由县财政负担。水质检测中心管理人员依托单位在职人员兼任，专职检测人员采取内部调配或社会招聘。

水质检测中心建设方式为：霍邱县水务局与霍邱县疾病预防控制中心合作建立，霍邱县水务局提供检测设备与场地，霍邱县疾病预防与控制中心提供水质检测技术支撑。

检测范围为霍邱县建成的所有农村饮水安全工程，按照《生活饮用水卫生标准》（GB 5749—2016）对水源水、出厂水和管网末梢水及分散式取水，进行43项指标检测（因部分水厂取用淮河水，故增加1项石油类检测）。检测频次按相关规定执行。

目前大型检测仪器设备已由六安市水利局统一招标采购完成，辅助仪器设备、现场采样及检测仪器设备、试验台柜已由县水务局招标采购完成，设备安装已结束，调试工作正在进行。

4. 农村饮水安全工程水源保护情况

2009年10月，六安市政府已就全市乡镇集中式饮用水水源保护区划分方案做了批复，（六政办秘〔2009〕118号），就我县乡镇集中式饮用水水源保护区范围做了具体划分。2011年12月，县政府印发《霍邱县饮用水源保护区突发环境事件应急预案》（霍政办〔2011〕80号），成立县应急指挥部，预案就水源保护预测预报、应急响应及后期处置做了详细规定。2015年4月，结合全县“三线三边”整治工作，县政府出台《霍邱县人民政府办公室关于加强乡镇（开发区）集中式饮用水水源地环境整治工作的通知》（霍政办电〔2015〕18号），对全县乡镇水源保护区整治范围、整治任务、整治时限等做出了明确的规定，同时在全县饮用水水源保护区规范设置了标志牌和警示牌。为切实加强农村饮用水水源保护，同年9月，县环保局依法开展了农村集中式供水工程水源保护区划定（调整）工作，现技术报告（报批本）已编制完成并上报。

5. 供水水质状况

目前全县农村饮水安全工程，均采用常规净水工艺。经卫生部门抽检统计，水质达标率36%，水质不合格的主要指标为菌落总数超标。

6. 农村饮水工程（农村水厂）运行情况

按照县政府《霍邱县农村饮水安全工程运行管理办法》（霍政办〔2010〕95号）规定：县水务局负责工程建设实施工作，县卫生局负责水质检测和监测工作，县物价局负责对水价及入户管网建设费进行监管。以国家投资为主建设的农饮工程，县政府委托乡镇政府对该资产进行管理；通过招商引资建设的水厂，其个人投资部分归投资者所有。乡镇政府是农饮工程运营管理的责任主体，对工程的日常运行、收费、财务等进行监督和管理。因农村人口大量外出、农村安全饮水的意识不强等因素，目前我县农村饮水安全工程现有的入户率及日实际供水量尚未达到设计要求。

2014年10月，县物价局出台了《关于农村自来水价格及入户管网建设费标准的通知》（价业〔2014〕45号），明确了我县一级提水的水厂水价为：居民生活用水2元/m^3，非居民用水2.5元/m^3；二级提水的水厂（含民营资金投入较多）水价为：居民生活用水2.2元/m^3，非居民户用水2.7元/m^3；农村居民自来水入户输配管网建设费确定为每户300元；非居民用水户按水表管径大小分档次收取；同时确定两部制水价每月基数为4m^3。水厂收入主要来源为水费和入户输配管网建设费，主要支出为人工、材料及管网漏损所造成的损失。

7. 农村饮水安全工程程监管情况

按霍政办〔2010〕95号文件规定，乡镇政府是农饮工程运营管理的责任主体，对农饮工程运营单位的日常运行、收费、财务等进行监督和管理。县水务局是全县农饮工程实施主体和业务主管部门，对工程运行管理进行监督、指导和提供技术服务。以国家投资（含县级）为主建设的农饮工程，资产归国家所有，县政府委托乡镇政府进行管理。农饮工程实行取水许制度，办理取水许可证并安装计量设施。

目前，县农饮工程实行有偿供水、计量收费。水价及收费标准经县物价局核定，运营单位与用水户签订供水协议，规范收取费用。县卫生局负责对全县农村饮用水水源和供水水质进行监测、检测，确保饮水安全。运营单位按照《村镇供水技术规范》（SL 310—

2004）和《农村饮用水卫生标准》执行，并向县卫生局申办卫生许可证，直接从事生产管理的工作员定期进行体检，建立健康档案，领取健康体检合格证，持证上岗。

8. 运行维护情况。

全县农饮工程总体运行良好，各乡镇对农饮工程的运行管理已基本实现规范化和制度化，所有农村水厂均已建立运行安装维修队伍。

为落实农饮工程优惠政策，减少生产成本，县农饮工程运行管理办法规定：农饮工程建设用地作为公益性项目建设用地，统一纳入当地年度建设用地计划。农饮工程运行用电执行农业生产用电价格。有关税费一律享受优惠政策。

四、采取的主要做法、经验及典型案例

（一）做法和经验

1. 地方出台的政策和法规性文件

2007 年县政府出台《霍邱县农村饮水安全工程实施方案》（霍政办〔2007〕115 号），明确了目标任务，确定了资金筹措方式及其使用管理，规定了运行管理措施要求，并明确县水务局为牵头责任单位负责农村饮水安全工程实施方案编制，组织指导项目的建设及运行管理，县发改委、财政局、卫生局、环保局、物价局、国土局等相关单位各司其职，乡镇政府是农村饮水安全工程的具体责任单位。文件成立了县领导小组，按工程建设任务与所在乡镇签订目标责任书。

2010 年县政府出台《霍邱县农村饮水安全工程运行管理办法》（霍政办〔2010〕95 号）规定“乡镇政府是农饮工程运营管理的责任主体，负责依法组织落实农饮工程的运营单位，对农饮工程运营单位的日常运行、收费、财务等进行监督和管理”，“县财政、国资、国土、卫生、环保、物价、税务、供电等部门和单位按照各自职责，切实做好相关监管、指导和配合工作，并从技术、机制等方面全力保障农饮工程正常运行”，农饮工程竣工后移交工程所在地的乡镇政府进行管理，由各相关单位监管。

2014 年县政府出台《关于进一步加强农村饮水安全工程运行管理工作的通知》（霍政办〔2014〕39 号），进一步加强农村饮水安全工程运行管理，明确资产界限，规范工程运行收费，进一步明确乡镇政府为管理责任主体，负责农饮工程的相关问题整改。乡镇政府、环保局、水务局根据各地情况，合理划定生活饮用水保护区。县卫生局、疾病控制中心定期对各农饮工程水质监测。要进一步明确水价及相关收费标准。

2014 年县物价局出台《关于农村自来水价格及入户管网建设费标准的通知》（物价〔2014〕45 号），进一步规范了水费及入户费的征收标准。

2. 经验总结

农饮工程是民生工程，县政府高度重视，出台了农饮工程的相关文件，明确了政府为责任主体，县水务局为实施主体。县政府成立了霍邱县农村饮水安全工程建设领导组，分管副县长任组长，相关县直各职能部门主要领导任成员。县水务局成立了霍邱县农村饮水安全工程建设管理处（以下简称建管处），作为项目法人的现场管理机构，具体负责农饮工程的建设管理工作。本县农饮工程按照基建程序进行建设管理，实行“四制”。

每年年初项目法人委托有相关资质的设计单位进行设计工作。水务局会同县发改委将

初设成果根据单项工程规模及投资大小，上报省水利厅、省发改委或市发改委、市水利局审查批复。

设计单位根据相关文件、规范、规章等，于每年四、五月份完成初步设计，经批复后进行施工图设计。设计工作中首先根据规划，确定建设内容，针对各拟建工程进行水资源论证，对工程所在地的水源做检测，进行比较筛选，选择水质好水量足的水源。

县环保局会同水务局及各水厂所在地乡镇政府划定水源保护区，明确了相关责任单位、责任人，树立标识警示牌。

农村饮水安全工程实施的前一年，县财政局、民生办即统计全县民生工程投资额，着手准备下一年民生工程的县级配套资金，待来年民生工程任务及投资下达后，县级配套立即到位，保证了农村饮水安全工程的建设资金。

农村饮水安全工程运行管理上，以乡镇为责任主体，由工程所在地的乡镇政府为主，县农村饮水安全工程管理总站、县卫生局、县环保局等相关单位负责对运行管理、水质监测、水源保护等方面进行监督管理。县农村饮水安全工程水质检测中心即将投入运行，届时将与县疾病控制中心配合，对全县农饮工程水质进行实时监测。目前全县农村饮水安全工程运行良好。

（二）典型案例

姚李镇自来水厂位于姚李镇九棵树村，始建于1993年，主要供姚李镇街道及周边部分居民用水。2006——2007年，我县利用农村饮水安全工程项目对其进行了管网改造及延伸，完成供水干支管网32km，完成投资247万元。2009年及2011年，再次利用农饮资金投资438.55万元和570万元，实施了水厂土建工程，并安装了机电设备，2011年11月20日竣工投产。水厂设计规模近期日供水1万m^3、远期日供水2万m^3。

走进霍邱县姚李镇水厂，首先映入眼帘的是一排排整齐的厂房，泵房、反应沉淀池、过滤池、清水池、加药消毒间布置有序，院内一尘不染，环境优美。厂房内窗明几净，墙上悬挂着农村饮水安全运行管理制度、财务制度、消毒制度等各项制度。

姚李水厂现已接水入户近4000户，日供水近5000m^3，占设计受益人口120%，水厂运行管理严格按照县政府出台的《霍邱县农村饮水安全工程运行管理办法》执行，水厂管理科学，各项制度健全，员工持证上岗，操作程序规范，严格按照物价部门核定的标准收费，即居民用水2.2元/m^3、非居民用水2.5元/m^3。水厂运行安全有序，经营状况良好。

五、目前存在的主要问题

农村饮水安全工程是惠及民生的工程，工程建设上按照上级要求当年工程当年完成、当年发挥效益，但是在实际实施时难度较大。一是下达计划每年较迟，影响工程的初步设计完成时间。二是农村饮水安全工程在实施过程中受施工环境影响较大，相关乡镇政府在协调方面力度不够大，影响了工程的进度。三是农村饮水安全的实施，特别是管网埋设受农时农耕限制，影响工程的进度。四是当年工程当年完成，年度考核，时间过于紧迫。

我县农村饮水安全按照县政府相关文件要求，交由工程所在地的乡镇政府运行管理，乡镇政府大都是与个人签订合同，交由个人承包。在日常运行中，乡镇政府大多数没有管理能力，也没有成立相关组织对工程运行、日常收费进行监督管理。水质保障方面也时有达不到标准的现象。

六、“十三五”巩固提升规划情况

（一）规划目标、规划思路

霍邱县农村饮水安全巩固提升工程“十三五”规划范围涉及全县32个乡镇和一个开发区425个行政村。以省级建档立卡的90个贫困村为主，其他335个行政村为辅，达到扩大供水范围、提高供水水质和加强水源地保护的多重目标。

以精准扶贫，精准脱贫作为基本方略，结合全面建成小康社会、新型城镇化、美丽乡村建设等要求，按照城乡供水一体化的新时期供水方向，注重轻重缓急、近远结合、量力而行、可以持续的原则，综合采取新建、扩建、配套、改造、联网等方式，进一步提高农村集中供水率、自来水普及率、水质达标率、供水保证率和工程运行管理水平，全面提高农民健康水平和生活质量。

（二）主要建设内容

1. 水厂扩改和水网延伸

对3座水厂进行扩建改造和实施17座水厂管网延伸工程，建档立卡在册贫困户实现接水入户。共新增供水人口24.24万人，其中贫困人口2.01万人。

2. 配套完善26座水厂水质化验设备

建立健全农村饮水安全县级水质检测体系，对26座农村规模水厂配套完善水质化验设备，使各水厂能自主完成水质9项常规检测项目，保障农村饮水水质安全。

3. 强化饮用水水源地保护

加强水源地保护措施，划定水源保护区，通过设置水源地保护范围围栏、警示标志和远程监视系统，建立水源巡回检查队伍，加强水源地巡查力度，严厉打击破坏、污染水源地的各种违法犯罪行为。

4. 运行管理措施

加快供水工程管理体制改革，强化运行管理措施。进一步建立健全县、乡、村三级工程管护机制，积极推进产权改革，落实管护主体。县级财政设立维修养护基金，给予饮水安全工程维修养护经费支持。推进水价改革，逐步实现同网同价。县水务局与县疾控中心联合成立标准化水质检测中心，配备专职检验人员，确保水质检测常态化、全覆盖。

实行政府监管，县农饮总站、水质检测中心检测全面监测。乡镇政府为农村饮水安全工程的运行管理主体，对农饮工程运营单位的日常运行、收费、财务等进行监督和管理。霍邱县农村饮水安全管理总站对全县自来水厂生产安全不定期的巡回检查监督，水质检测主要由县疾控中心实施，定期对水厂水质进行检测。

表4 “十三五”巩固提升规划目标情况

农村集中供水率（%）	农村自来水普及率（%）	水质达标率（%）	城镇自来水覆盖行政村的比例（%）
100	85	100	97

表 5　“十三五”巩固提升规划新建工程和管网延伸工程情况

工程规模	新建工程					现有水厂管网延伸			
	工程数量	新增供水能力	设计供水人口	新增受益人口	工程投资	工程数量	新建管网长度	新增受益人口	工程投资
	处	m^3/d	万人	万人	万元	处	km	万人	万元
合计						16	717	11. 8	5897
规模水厂						14	652	10. 73	5363
小型水厂						2	65	1. 07	533

表 6　“十三五”巩固提升规划改造工程情况

工程规模	改造工程					
	工程数量	新增供水能力	改造供水规模	设计供水人口	新增受益人口	工程投资
	处	m^3/d	m^3/d	万人	万人	万元
合计	3	13000	13000	16. 935	12. 45	2920
规模水厂	3	13000	13000	16. 935	12. 45	2920
小型水厂						

金安区农村饮水安全工程建设历程（2005—2015）

（金安区水利局）

一、基本概况

六安市金安区位于安徽省西部，大别山北麓，淮河以南，江淮丘陵西缘，东邻肥西，西接裕安，南与舒城、霍山县接壤，北与寿县毗邻。金安区地形复杂，山、岗、湾、畈皆有。按地形特征，全区可分为4个较为典型的区域：南部低山区、中部的江淮分水岭丘岗区、东南部沿丰乐河的平畈区和西北部的沿淠河平畈区。

金安区地处淮河以南长江以北，位于大别山多雨中心北缘，大部分属于湿润地带，多年平均降水量900～1300m，平均水资源量7.98亿m^3，其中地表水7.9亿m^3，地下水0.08亿m^3，境内降水径流大都集中在5～8月，流经本区的河流有属于淮河流域的淠河和属于长江流域的丰乐河，另外还有东淝河、山源河、毛大河等，以及人工河道淠河总干渠、淠东干渠、淠杭干渠、瓦西干渠等。

金安区位于六安市东部，东倚省会合肥，为六安市主城区，是六安市政治、经济、文化中心，金安区辖11个镇、6个乡、5街道，291个行政村、35个居委会。土地总面积1657km^2。总人口83.7万人，其中非农人口17.47万人、农业人口66.23万人。

金安区境内水资源主要是地表水，来源以降水为主，以淠史杭入境水作为补充水源。根据1993年《六安市水资源开采利用现状分析报告》，金安区多年平均地表水资源总量14.89亿m^3，属于水资源比较贫乏的地区。随着城镇开发、美好乡村建设及改水改厕的不断发展，自然河道两边存在乱倒垃圾和投放污染物等现象越来越严重，水污染现象越来越严重。

二、农村饮水安全工程建设情况

（一）农村人口饮水安全解决情况

实施农村饮水安全工程前，我区供水基本分为两类，即有供水设施和无供水设施。

1. 有供水设施

根据调查，全区有供水设施的工程77930座，其中手压井41074眼（井深一般小于10m）、机井或大口井36833眼（井深一般小于30m）、引泉工程33座。此类工程运行可靠，群众用水较为方便。目前，利用手压井取水的有193988人、利用机井或大口井取水的有371361人、引用泉水的有969人，合计566318人。其水源均取自浅层地下水，均有细菌学指标超标问题，主要是大肠杆菌超标，而且水质特征是南部乡镇以铁超标较为严重，最高为3.842mg/L，超过标准值12倍，部分乡镇兼有铅超标；西北部乡镇以锰超标严重，其中淠东乡水质锰的含量达1.76mg/L，还有苦咸水现象。

2. 无供水设施

全区农村居民直接饮用溪流、河道水的有74580人，直接饮用坑塘水的有26500人，直接饮用山泉水的有589人，合计101669人。

无供水设施的水质，山泉水水质最优，基本符合饮用水卫生标准，清澈、透明，无异臭异味，雨后较浑浊；但溪流、河道水、坑塘水质较差，一般呈米汤色，不透明，有少量肉眼可见物，无异臭异味，化验结果一般为化学指标和细菌学指标超标。

至2015年底，金安区总人口83.7万人，其中农村总人口66.23万人，“十一五”“十二五”期间共解决饮水不安全人口数43.06万人，农村自来水供水人口40.14万人，学校师生2.96万人，自来水普及率51.4%；下辖291个行政村，其中通水行政村174个，通水比例60%。2005—2015年，农饮项目省级投资计划累计下达投资额4719.3万元，计划下达解决人口数43.06万人，累计完成投资19997万元，建成农村水厂28座。

表1　2015年底农村人口供水现状

乡镇数量	行政村数量	总人口	农村供水人口	集中式供水人口	其中：自来水供水人口	分散供水人口	农村自来水普及率
个	个	万人	万人	万人	万人	万人	%
22	291	83.7	66.23	43.06	43.06		51.4

表2　农村饮水安全工程实施情况

合计			2005年及“十一五”期间			“十二五”期间		
解决人口		完成投资	解决人口		完成投资	解决人口		完成投资
农村居民	农村学校师生		农村居民	农村学校师生		农村居民	农村学校师生	
万人	万人	万元	万人	万人	万元	万人	万人	万元
40.14	2.92	19997	17.14	0.46	7803	23	2.46	12194

（二）农村饮水工程（农村水厂）建设情况

2005年以前，全区共利用国债资金1050万元，地方配套自筹资金1575万元，新建和改建农村人饮工程228处，其中集镇供水12座、集中居民区供水10座、管筒井3眼，机井11眼、“爱心井”10眼、大口砖井167眼、泵站扬水8座、引蓄水工程7座，解决困难人口101000人。主要问题：一是饮用水质超标问题；二是水源保证率、生活用水量及用水方便程度方面的缺水问题。

截至2015年底，全区共兴建各类大、中、小型供水站28座，供水覆盖全区22个乡镇街，设计供水规模达6.8万m^3/d。其中，已建规模较大的Ⅰ型城北供水站、先生店水厂日供水能力为2万m^3/d二座、双河供水站日供水能力为1.2万m^3/d一座；Ⅱ型的张店供水站日供水能力为0.7万m^3/d；Ⅲ型的横塘岗等3座供水站日供水能力为0.5万m^3/d，日供水能力为0.5万m^3/d加压站2座；Ⅳ型的供水站13座；Ⅴ型的供水站6座。为加大农村饮水安全工程投入，2005—2015年，通过招商引资吸收社会资本1800万元投入先生店水厂项目建设及和主管网延伸。2015年底，农民接水入户率达51.4%。金安区农村饮水安全工程入户初装费收费标准，年度计划内人口严格执行民生工程政策，收取农村居民材料费及施工安装费300元/户，年度计划外收费由物价局核定为准，核定按照"管材购安费+运行成本+大修费用+折旧费+微利"的原则定价，既要充分考虑用水户的承受能力，又要确保水厂良性运营。

序号	名　称	工程所在地	设计规模（m^3/d）	水源类型	水源名称
一	Ⅰ型				
1	城北供水站	城北乡城北村	20000	地表水	淠河总干渠
2	先生店水厂	先生店乡硖石村	20000	地表水	淠河总干渠
3	双河供水站	双河镇许楼村	12000	地表水	丰乐河
二	Ⅱ型				
1	张店供水点	张店街道	7000	地表水	张店流
三	Ⅲ型				
1	祝墩加压站	椿树镇草庙村		地表水	接先生店水厂水
2	横塘岗供水站	横塘岗乡岩湾村	5000	地表水	水库水
3	潘店加压站	东桥镇潘店村		地表水	接城北供水站水
4	马头供水站	马头镇李大楼村		地表水	接城北供水站水
5	毛坦厂供水站	毛坦厂街道	1440	地表水	河流、水库
四	Ⅳ型				
1	东河口供水站	东河口街道	1000	地表水	河流
2	孙岗供水站	孙岗街道		地表水	接先生店水厂水
3	施桥供水站	施桥镇八十铺村	1000	地表水	河流
4	椿树供水站	椿树街道		地下水	接先生店水厂水
5	先生店供水站	先生店街道		地表水	接先生店水厂水
6	淠东供水点	淠东街道		地表水	接城北供水站水
7	东桥供水点	东桥街道		地表水	接城北供水站水
8	翁墩供水站	翁墩街道	300	地表水	淠东干渠
9	木厂供水站	木厂街道	300	地表水	淠东干渠
10	范庵供水站	先生店乡范庵村		地下水	接先生店水厂水

（续表）

序号	名　称	工程所在地	设计规模（m^3/d）	水源类型	水源名称
11	五十铺供水站	孙岗镇五十铺村		地下水	接先生店水厂水
12	潘新供水站	兼并给城北供水站		地下水	接城北供水站水
13	埠塔寺加压站	兼并给双河供水站		地表水	接双河供水站水
五	V型				
1	洞阳供水站	兼并给城北供水站		地表水	接城北供水站水
2	中店供水点	中店乡杨公庙村		地表水	接先生店水厂水
3	三口堰供水站	施桥镇三口堰村	151	地下水	
4	黄小店供水站	孙岗镇黄小店村		地下水	接先生店水厂水
5	何山供水点	东桥镇何山村	151	地下水	
6	杨公供水站	翁墩乡杨公村	83	地下水	

表3　2015年底农村集中式供水工程现状

工程规模	工程数量	设计供水规模	日实际供水量	受益乡镇数	受益行政村数	受益农村人口	自来水供水人口
	处	m^3/d	m^3/d	个	个	万人	万人
合计	28	68425	40700			43.06	43.06
规模水厂	12	67440	40000	—	—	42.06	42.06
小型水厂	16	985	700	—	—	1	1

（三）农村饮水安全工程建设思路及主要历程

“十一五”期间，金安区农村饮水安全项目主要以建设小水厂为主，让更多群众有水喝，解决饮水不安全人口17.6万人，其中含学校师生0.46万人，资金投入7803万元，建设规模水厂6座；“十二五”期间，金安区农村饮水安全项目主要以建规模大水厂为主，让更多群众喝上安全自来水，解决饮水不安全人口25.46万人，其中含学校师生2.46万人，资金投入12194万元，建设规模水厂6座。

严格执行全区供水规划，培育扶持规模水厂，走市场化道路。根据安徽省人民政府令第238号要求，农村饮水安全工程规划，应当统筹城乡经济社会发展，优先建设规模化集中供水工程，提高供水工程规模效益。只有做大供水规模，才能保证水质水量安全，才能通过承包、租赁等方式，从工程建设主要依靠财政投入向政府引导、广泛吸引各类社会资金等多形式、多渠道筹措建设资金方式转变。“十三五”期间全区将以城北、先生店两座水厂为龙头，将大小水厂进行整合，探索寻求更好的合作方式实现合作共赢，逐步实现全区规模水厂供水全覆盖。

三、农村饮水安全工程运行情况

2015年底，农村饮水安全工程运行管理情况如下：

1. 成立农村饮水安全工程建设管理机构和运行管理中心。由金安区区政府下文成立六安市金安区农村饮水安全工程建设管理局作为农饮建设项目法人，充分发挥了项目建设管理作用。成立金安区农村饮水安全管理中心专门负责全区农村饮水安全工程正常运行、维护和监督等管理工作，其运行经费来自区财政。

2. 金安区每年按年度农饮项目资金筹集2%作为农村饮水安全工程维修养护基金，不足部分由财政补贴。维修养护资金专款专用，确保水厂都能良性运作。

3. 2014年，金安区水利局率先成立了“金安区农村饮水安全工程水质检测中心”。该检测中心，办公场所宽阔，主要检测仪器设备先进齐全，基本做到每个水厂每季度检测一次。目前，该中心现有6人，其中专业技术人员3人，运行经费约50万元/年，通过近两年的检测运作，已建立了水质检测、卫生等各项工作制度，检测项目能够达到农村饮水安全卫生标准42项指标要求。

4. 积极要求政府划定水源保护区，成立水源保护领导组，相关职能部门对供水站水源地管理要协同当地党委、政府强化水源保护设施建设，加大对排污口整治力度；对水源地的隔离防护，要齐心协力共同加强水源地生态屏障建设，确保划定的水源保护区水质优良。对肆意破坏、污染水源地行为的单位或个人，地方政府要及时责令相关执法部门根据有关政策严加处治。根据安徽省人民政府令第238号《安徽省农村饮水安全工程管理办法》有关规定，我区对供水水源地划定了保护范围并设立了标志牌。

5. 金安区日供水万吨以上水厂净水工艺主要是“反应池—平流沉淀池—滤池—清水池”。日供水万吨以下水厂为节约土地面积，净水工艺主要采用“反应池—斜管沉淀池—滤池—清水池”。定期清污，定期更新斜管，通过定期或不定期水质检测，水源水、出厂水、末梢水水质应达合格要求。如有不合格，立即停止供水直至整改到位达合格要求。

6. 目前，工程运行管理模式主要有：一是承包人交纳一定数额的风险抵押金后承包经营管理；二是国家投资与个人投资相结合，政府参股不分红，个人经营管理，但供水站必须严格执行民生工程管理的政策规章，不得擅自收费、提价；三是国家投资兴建后拍卖经营权管理，国家投资的村级小型供水站交村两委或委托区域内规模水厂代管。日供水万吨以上大水厂实际供水远小于设计供水规模，由于运行规范，人员多各项费用高，而多数小水厂建设年份早、设备老化、规模较小、运行成本高，收支运行状况均不太理想。为确保水厂的良性运营，我区大多地区已实行“两部制”水费，但有少数地方还执行不下去。

7. 金安区农村饮水安全工程已基本达到规范化管理，由国家投资兴建，产权归政府所有，运营费用收取、水质、水价、供水服务均受政府监管，水价及初装费的收费标准，年度计划内人口严格执行民生工程政策，收取农村居民材料费及施工安装费300元/户，年度计划外收费由物价局核定为准，或实行政府定价、部门核定、村民商定的办法，核定要按照“管材购安费+运行成本+大修费用+折旧费+微利”的原则定价，既要充分考虑用水户的承受能力，又要确保水厂的良性运营。

8. 工程运行维护基本由各水厂自行维护。每个水厂都建立自己的运行维修和安装队伍。金安区农村饮水安全工程能够享受用电、用地、税收等相关优惠政策。

四、采取的主要做法、经验及典型案例

（一）做法和经验

1. 地方出台的政策和法规性文件。六安市水利局以六水财函〔2016〕108号文下达《六安市水利局转发水利厅关于继续实行农村饮水安全工程建设运营税收优惠政策的通知》，金安区政府以金政办〔2015〕21号文下达《六安市金安区人民政府办公室关于印发金安区集中饮用水源地突发公共安全事件应急预案的通知》，金安区物价局以金价业〔2016〕40号文下达《关于自来水管网配套费标准的函》等文件为我区农村饮水安全工程运行管理创造有利条件。

2. 水源保护、前期工作、资金筹措、工程建设管理、运行管理、水质检测监测体系建设、区域信息化和水厂自动化管理、水质监管等方面的好的做法和经验。

（1）保护好水源是做好饮水安全工程的前提。水源保护是解决农村饮水安全工程的重要措施，金安区人民政府要求金安区政府督查室牵头，由卫生、环保、水利、公安、住建局、土地等部门参加了督查组，对每座供水站的水资源保护实行每半年督查一次，对发现问题，做出限期整改决定，并对整改落实情况在政府网站进行公示，对限期整改不到位的责任单位实行一票否决，对限期整改不到位的企业实行强制停产。

（2）深化前期工作是做好工程的基础。前期工作是科学解决农村饮水安全工程的重中之重，从人饮解困到解决安全饮水，从群众对解决农村饮水安全工程认识的提高，由于农村饮水安全工程点多面广，靠水利部门的技术人员很难做到在前期工作上让政府放心、群众满意。因此我们在前期工作上采取了项目区乡（镇）村以及受益群众参于规划，工程技术人员负责技术论证和方案比较，最后报金安区农村饮水安全工程领导组审批。

（3）积极资金筹措是完成好工程建设的保障。在解决农村饮水安全工程项目资金上，区财政虽然困难，但每年都能按上级下达的地方配套资金足额到位。另外，通过招商引资吸纳社会资金加大农村饮水安全工程投入。

（4）发展规模化集中供水是农村供水的发展方向。随着城乡一体化和美好乡村建设步伐的加快，农村人口饮水逐步从分散乡集中发展，对水量和供水保障程度都更高的要求，小水厂、分散供水将逐步失去发展优势。建设规模化集中供水与城乡一体化和美好乡村建设相适应，避免了重复建设，提高了供水保障程度，是农村供水的发展方向。

（5）做好工程建设管理是保证工程质量的关键。针对农村饮水安全工程点多面广，建设管理难、工程协调难、工期要求紧、质量要求高等特点，金安区委、区政府在明确工程建设管理责任主体的基础上，与各项目所在乡（镇）签订农村饮水安全工程责任书，明确责任和义务，纳入政府年度考核并实行一票否决，作为建设管理责任主体金安区水利局，为了加强建设管理，确保按民生工程要求的工期按时完成，实行了局党组成员责任分工包干制，由于领导重视，责任分工明确，措施得力，从而使每年年度农村饮水安全工程都能按计划完成，并能发挥效益。

（6）抓好建后管理才能保证工程持久发挥效益。为了加强农村饮水安全工程运行管理，金安区政府在出台有关规范性文件的基础上，金安区水利局组织成立了农村安全饮水安全管理中心，负责农村饮水安全工程的运行管理日常工作。

（二）典型工程案例

为解决建设资金及运行维护管理经费不足等问题，我区积极探索新的管护模式和建设新思路，并根据安徽省人民政府令第238号“鼓励单位和个人参与投资建设、经营农村饮水安全工程”的规定，大力吸纳社会资金参与农村饮水安全工程建设，积极引进懂经营、善管理的“能人”参与供水站的经营管理，多措并举，大力培育供水站的自身“造血”功能，努力提高供水站的“生存”能力。

一是拓宽投资渠道，加大投资力度，广泛吸纳社会资金参股建设农村饮水安全工程。

截至2013年10月底，全区共投入农村饮水安全工程建设资金2.1亿元，其中中央及地方农村饮水安全工程项目投资1.5亿元、吸纳社会参股资金0.6亿元。为了规范参股法人和自然人的行为规范，金安区水利局对参股投资主体严格把关：一把企业信誉关，重点检查投资主体有无恶意拖欠农民工工资行为，有无银行不良信誉记录，有无恶意拖欠其他企业债务记录等。二把企业产品关，即重点关注企业产品质量和企业生产什么，凡是涉水利行业的企业，凡是企业产品质量优良，社会信誉度高的企业参股优先考虑选择。其中，先生店水厂项目吸纳安徽盛通水务有限公司1200万元铺设输水主管网和厂区续建工程；双河供水站民营资本参股49%，投资额达到750万元，政府控股51%，投资额达到1000万元；张店供水站民营资本参股30%，投资额达到400万元，政府控股70%，投资额达到800万元。供水运营均由民营资本投资方获得经营权，政府控股不分红，但供水站对农村居民供水必须执行民生工程政策，即只允许按民生工程政策收取必要的材料费和安装费。

二是积极引进“治水能人”对规模供水站进行管理。为强化供水站的规范化管理，充分发挥设计效益，金安区水利局规定获取规模供水站经营权必须同时具备四项条件：一是经营者必须投入一定数额的建设资金，即参股30%以上；二是经营者必须缴纳一定数额的风险抵押金并专户存储；三是经营者必须具备专业的技术管理人才和施工队伍；四是保证对农村居民供水严格执行民生工程政策。为规范城北供水站经营行为，合同约定：一是缴纳50万元风险抵押金；二是在承包经营期内必须投入2000万元资金铺设主支管网，并报区水利局批准后方可施工，最终的投资额度以审计单位审定为准；三是缴纳一定数量的承包经营收益，上缴资金由区水利局用于供水站的设备维护更新等。

五、目前存在的主要问题

1. 张店、施桥、双河水厂水源来自张店河，随着城乡一体化的加速发展、工业园区开发、农村改水改厕建设等，自然河道水及浅层地下水受污染现象也越来越严重，导致南片乡镇大多供水站源水水质污染超标。

2. 南片乡镇张店、施桥、双河水厂水源取自自然河道水，枯水季节河道水量很少，遇干旱年份，经常无水可供，水量得不到保障，供水保证率低。

3. “十一五”“十二五”下达我区不安全人口计划仅为40.14万人，但我区总人口84.7万人口，不安全人口计划仅占全区总人口的47.4%，但安全人口与不安全人口难以界定，绝大部分行政村要求全覆盖安装，项目实施资金严重不足。

4. 金安区68个贫困村较为分散偏远，距供水主管网较远，因主管网未到，多数贫困村还不具备入户安装条件，需逐步实施解决。

5. 农村饮水安全工程为公益性民生工程，项目资金无青苗补偿、协调等费用。管网安装涉及千家万户，点多面广，协调工作难度很大。项目年度资金计划下达较迟，当年工程当年完工当年考核，项目建设时间紧任务重。

6. 已建小水厂运行维护费用高，普遍存在亏损经营状态，规模以上大水厂管理人员多，运行成本高，加之乡镇开发建设，公路改造，管网损坏严重，导致工程运行维护经费入不敷出。

六、“十三五”巩固提升规划情况及长效运行工作思路

“十三五”期间，金安区农村饮水安全项目前三年以68个贫困村精准扶贫为主，后两年以巩固提升为主。

1. 主要规划思路

“十三五”主要以精准扶贫和提质增效为主，重点扶持发展集中连片规模化供水工程。紧紧围绕以人为本、保障民生的目标，总体上按照“规模化发展、标准化建设、专业化管理、准市场运营”的原则，进一步提高农村自来水普及率、水质达标率、集中供水率、供水保证率和工程运行服务水平，建立“从源头到龙头”的农村饮水安全工程建设和运行管护体系。全区以城北和先生店两座规模水厂为龙头，横塘供水站（岩湾水库取水）、东河口供水站（上堰水库取水）、毛坦厂供水站（朱砂冲水库取水）等三座水厂辅助大水厂做好本区域内供水，其他小水厂一律停止制水，使用大水厂水，逐步实现全区规模水厂供水全覆盖。

2. 主要建设内容

金安区农村饮水安全项目“十三五”规划共实施57处。其中新建分散式供水3处（精准扶贫范围）、现有水厂管网延伸48处（其中精准扶贫40处）、改造工程2处、设施改造配套4处。本规划新增解决饮水不安全人口17.55万人，其中属于贫困村人口12.15万人；改善受益人口18.23万人。

（1）新建工程

通过新建分散式供水点工程解决贫困村和贫困人口的饮水问题，金安区农村饮水安全巩固提升工程精准扶贫规划新建分散式供水工程3处，2018年实施。

（2）供水工程改造与建设

通过供水管网延伸，统筹解决部分地区仍然存在的未通水贫困村和贫困人口饮水安全不达标等问题。金安区农村饮水安全巩固提升工程精准扶贫规划新建管网40处，其中2016年实施14处、2017年实施17处、2018年实施9处。

（3）做好水质检测和运行监督工作

为让群众喝上优质安全的放心水，组织成立了金安区农村饮水安全工程水质检测中心，经过不断改进和完善，该中心已进入正常运行阶段，具备检测农村饮水安全卫生标准42项指标要求。目前，已落实水质检测费用，建立了各项水质检测和工作制度，并不定期对已建、在建饮水工程进行督查，确保工程规范长效运行。

表 4 “十三五”巩固提升规划目标情况

农村集中供水率（%）	农村自来水普及率（%）	水质达标率（%）	城镇自来水管网覆盖行政村的比例（%）
72	65	95	35

表 5 “十三五”巩固提升规划新建工程和管网延伸工程情况

工程规模	新建工程					现有水厂管网延伸			
	工程数量	新增供水能力	设计供水人口	新增受益人口	工程投资	工程数量	新建管网长度	新增受益人口	工程投资
	处	m^3/d	万人	万人	万元	处	km	万人	万元
合计									
规模水厂						33		12	5974
小型水厂	3	356	0.59	0.59	336	15		4.96	2376

表 6 “十三五”巩固提升规划改造工程情况

工程规模	改造工程					
	工程数量	新增供水能力	改造供水规模	设计供水人口	新增受益人口	工程投资
	处	m^3/d	m^3/d	万人	万人	万元
合计						
规模水厂	2	17000		5.53	5.53	1249
小型水厂						

裕安区农村饮水安全工程建设历程（2005—2015）

（裕安区水利局）

一、基本概况

六安市裕安区位于安徽省西部，大别山北麓、淮河以南，江淮丘陵西缘，东邻金安区、西接金寨县、南与霍山县接壤、北和霍邱县相连，共辖19个乡镇，3个街道，总面积1926km²，总人口101.09万人，其中农村总人口85.9万人，占总人口85%，耕地面积93609公顷。裕安区地形以丘岗为主，兼有低山、湾、畈、洼地，丘岗区地形连绵起伏，岗冲交错。裕安区南高北低，区内有淮河两大支流淠河与汲河，向北流入淮河。沿汲、淠河为湾畈，南缘为山区。裕安区内有淠河总干渠、汲东干渠分别属于淠河灌区、史河灌区。骨干渠道已经形成，可以发挥正常的灌溉效益。全区现有小水库226座，兴利库容计3655万m³，塘坝15270座，有效库容9300万m³。

截至2015年，六安市裕安区下辖3个街道、12个镇、7个乡：西市街道、鼓楼街道、小华山街道、苏埠镇、韩摆渡镇、新安镇、顺河镇、独山镇、石婆店镇、城南镇、丁集镇、固镇镇、徐集镇、分路口镇、江家店镇、单王乡、青山乡、石板冲乡、西河口乡、平桥乡、罗集乡、狮子岗乡。共有280个村（居）委会，总人口101.09万人，其中农村总人口85.9万人。2015全年实现地区生产总值150亿元；财政收入12.79亿元。

二、农村饮水安全工程建设情况

1. 农村人口饮水安全解决情况

裕安区农村饮水不安全成因、程度、不安全人口分布主要有以下几方面：（1）位于我区西河口乡石湖村和独山镇山区少数村，水样氟化物分别为2.06mg/L、2.07mg/L，属高氟水，现场调查氟斑牙较多，涉及人口2.0万人，占农村总人口2.32%，占饮水不安全人口7.83%。（2）我区高丘岗区、江淮分水岭乡镇罗集乡椿树村等水样溶解性总固体2.06mg/L，江家店镇永兴、林寨等村、固镇烟敦村、钱集村等水样发现硝酸盐超过Ⅲ类标准、危害严重、苦咸水人口3.69万人。（3）我区有狮子岗乡等乡镇相当一部分群众无饮水设施，有许多饮用河沟水、库塘水、渠道水细菌学指标超标严重，化验水样显示浊度、肉眼观物、铁、耗氧量超标、有悬浮颗粒存在、细菌总数、总大肠菌群严重超标，该类人口1.48万人。（4）我区的平桥乡、新安镇等乡镇沿淠河畈湾浅层地下水，由于受到六安城区工业和生活污水污染，水样化验显示耗氧量大于6mg/L的人口14.1万人，占农村总人口16.38%，占饮水不安全人口55.23%。（5）我区淠河、汲河畈湾有很多地方铁锰严重超标，水有铁锈味、泡茶变黑、洗衣变色，水样化验显示，铁含量高达2.65mg/L，是生活饮用水标准的8.8倍，是Ⅲ类标准的4倍；其他饮水水质问题人口数2.26万人。（6）水源保证率不达标和水量不达标人口2.0万人，占农村总人口2.32%，占饮水不安全人口7.83%。

2015年末裕安区农村人口85.90万人。裕安区现有农村饮水主要分为集中式供水和分散式供水两种方式。

裕安区所建农村饮水安全工程均为集中式供水工程。裕安区自2005年开始在全区范围内实施农村饮水安全工程建设，至2015年底裕安区共完成集中供水工程22座，受益乡镇19个，受益行政村203个，受益总人口61.62万人，供水入户人口54.05万人，供水入户率为87.7%。农村饮水安全工程11年来累计完成投资24760万元，其中省级累计投资3197万元，共计划解决农村居民安全饮水不安全人口50.80万人和农村学校师生2.57万人。

表1　2015年底农村人口供水现状

乡镇数量	行政村数量	总人口	农村供水人口	集中式供水人口	其中：自来水供水人口	分散供水人口	农村自来水普及率
个	个	万人	万人	万人	万人	万人	%
19	280	101.09	85.9	61.62	54.05	24.28	71.7

表2　农村饮水安全工程实施情况

合计			2005年及“十一五”期间			“十二五”期间		
解决人口		完成投资	解决人口		完成投资	解决人口		完成投资
农村居民	农村学校师生		农村居民	农村学校师生		农村居民	农村学校师生	
万人	万人	万元	万人	万人	万元	万人	万人	万元
50.8	2.57	24760	19.78	0.52	8676	31.02	2.05	16084

2. 农村饮水工程建设情况

在实施农村饮水安全工程前，全区共有农村水厂10座，多分布在中心乡镇所在地，存在供水规模小、供水覆盖面小、水质不达标等问题。裕安区自2005年开始在全区范围内实施农村饮水安全工程建设，至2015年底裕安区共完成集中供水工程22座，覆盖全区19个乡镇，通过对已建小型集中供水工程进行改扩建、整合，打破初期以自然村为独立供水单元、粗放经营管理的旧有模式，确定了“一厂供水、多村受益、专业管理、优质服务”的工程建设模式和运行管理机制。在农饮工程建设中，多方面筹措，结合社会资本、银行贷款等资金投入，增加农村供水覆盖面，全区利用其他资金（民营水厂）解决农村居民安全饮水问题10.82万人。

表3　2015年底农村集中式供水工程现状

工程规模	工程数量	设计供水规模	日实际供水量	受益乡镇数	受益行政村数	受益农村人口	自来水供水人口
	处	m^3/d	m^3/d	个	个	万人	万人
合计	22	93100	43280	19	203	61.62	54.05
规模水厂	20	92300	42800	—	—	60.84	53.37
小型水厂	2	800	480	—	—	0.78	0.68

3. 农村饮水安全工程建设思路及主要历程

我区在“十一五”阶段（2005—2010）按照“统筹规划、先急后缓、先重后轻、突出重点、分步实施”的原则，已全面完成农村饮水安全建设目标任务。根据自来水工程规模化、标准化的思路，结合裕安区的实际情况，新建了一批供水规模较大的水厂如南岳水厂、新安水厂、钱集水厂等，优先解决饮水困难的村庄，对新建工程走农村供水城市化、城乡供水一体化的路子，全区“十一五”阶段合计解决农村居民19.78万人和农村学校师生0.52万人，完成投资8676万元；“十二五”阶段（2011—2015）重点进行水厂“标准化、自动化、园林化”升级改造和围绕解决全区新型城镇化、美好乡村建设供水问题，把村村通自来水工程与农村饮水安全相结合，新建了供水规模达1.5万m^3/d的裕安自来水厂，“十二五”阶段合计解决农村居民31.02万人和农村学校师生2.05万人，完成16084万元。

三、农村饮水安全工程运行情况

裕安区于2013年11月成立了裕安区润农供排水技术服务中心，统一管理裕安区规模化水厂，现有工作人员5人。该机构属于裕安区水利局设置的临时性管理机构，人员编制及资金均未专项落实。

裕安区农村自来水厂工程产权分为两部分：一是国家全额投资建设的，产权属国有；二是由招商引资企业兴建的，企业投资部分属企业所有，国家投资部分属政府所有。目前全区22座水厂有12座水厂全部归政府所有，其运行管理归水利部门负责监管，其余10座水厂为企业所有，但在其农饮专项资金投入方面的资产管理监管上，由水厂所在地乡镇政府负责监管。

我区按照上级要求从2011年起建立了区级农村饮水安全工程维修养护基金，每年底按照当年农饮投资计划的1%由区财政进行安排维修养护基金，并专户存储。

我区于2010年底开始筹建区级农饮工程水质检测中心，2015年按照省里要求又增加了一些检测设备。主要检测设备有原子吸收分光光度计、离子色谱仪、紫外可见分光光度计、色度测定仪等，满足检测浑浊度、色度、余氯、细菌总数、总大肠菌群等40多项检测项目，按月、周、日的频次分别进行相应的检测，其运行经费由区水利局筹措负责，并落实专业检验人员，2014年区水利局联合市人社局对全区所有水厂的化验人员进行定期培训并进行考核，合格后颁发相应资质证书。

按照民生工程的目的和要求，严格规范管网建设配套费标准等费用的执行，我区按照省厅精神要求，对于国家投资建设的主、支管网供水工程，其管网配套费、入户材料费及安装费等，收取标准按户均不高于 300 元收取，目前执行水价 2.0 元/m³，明确了农村饮水安全工程接水入户的相关费用和水价，实现让利于民，让受益群众真正享受到民生工程的成果。

我区已建的农村饮水安全工程环境卫生整洁、消毒设施和水质检测设备齐全、制水工艺规范，管理制度健全，水质、水压、水量和维修都基本有保障，基本实现水厂 24 小时供水，能及时解决工程运行过程中出现的问题，至 2015 年底裕安区集中供水率已达到 71.73%，水质不合格的主要指标是总大肠菌群超标。

为了确保国有资产保值、增值，区水利局积极推行承包、租赁等市场化运作方式，对全区国家投入建设的农村饮水工程进行经营管理，引进了一批具有供水站运行管护经验的经营者进行日常运行管理，自负盈亏；明确将全区农村饮水工程每年的承包、租赁所得收入作为农饮工程管护资金，从而保证了资金来源，保障我区农饮工程长久稳定的运行。全区部分水厂试点“两部制”水价，水厂平均水费收缴率在 86% 左右，大部分水厂处于亏损运行或微利运行状态。

根据不同情况，采取多种经营模式，最大限度的满足群众生活需求。加强定期对供水站工程管理人员开展专业知识和经营管理方面的技能培训，强化管理队伍建设，提高工程管理水平；我区农村饮水工程用电基本享受农村灌排优惠电价。

加大依法治水力度，从严查处违法水源地保护和破坏水生态环境行为，增强全区水源地保护意识，划定了水源地保护区，加强对饮用水源的保护，确保了农村饮水工程水质达到国家有关标准。全区各水厂均制定了供水应急预案，以应对可能出现的特殊情况，保证正常供水，确保群众安全饮水。

四、采取的主要做法、经验及典型案例

1. 做法和经验

区委、区政府高度重视安全饮水工作，区政府专门成立了区农村饮水安全规划和建设领导组，全面负责组织、指挥、协调全区农村饮水安全工程建设工作。领导组下设办公室，负责日常工作，并作为项目法人，具体负责项目的实施管理工作。区政府出台了《裕安区农村饮水安全工程管理办法》，作为组织实施全区农村饮水安全工作的指导性文件。区里为推进农村饮水安全工程制度化和规范化建设，进一步加强区直单位间、部门内部间、乡镇街间的工作协调，形成整体工作合力，先后建立了跨部门的横向协调推进机制，跨乡镇的纵向协调推进机制，有力地保证我区农村饮水安全工作快速、有序地推进。为加强我区农村饮水工程的运行管理，成立了裕安区农村安全饮水工程运营管理领导组，明确区水利局润农供排水中心作为专管机构，负责全区农村饮水工程的运行、管理、维护和监督指导。为强化对已建的农村饮水工程的管理，先后出台了《裕安区农村饮水工程运行管理要求》《裕安区乡镇供水章程》等文件，对于农村饮水工程的日常管护进行了明确要求和规定，确保农村饮水工程项目运行具有持久性；同时要求全区所有农村供水工程按照村镇供水企业的规范标准建立健全各项规章制度上墙。

在制定方案时，我区全面推进大规模集中供水工程，结合全区的实际情况，并且能够因水、因地制宜采取不同的净化和供水模式，积极采用新技术、新产品、新工艺，逐年分期对已建好的供水站进行扩建改造，实施了水质在线检测和自动化监控系统建设，实现远程自动化控制，确保供水水质、水量、方便程度达到国家安全饮水标准和长期效益，受到市局主管部门的

充分肯定。为了把这项民生工程实施好，我区根据上级主管部门要求，在建设过程中，严抓工程的质量和进度，建管责任人深入工地现场，进行实地放线、验槽、抽检，并对供水管网的焊接工艺、管道沟槽的开挖深度、管道的回填要求等提出强制性质量要求，旁站管理人员负责现场监督，一发现工程出现质量问题，立即要求进行返工；同时强化对监理单位的监管，促使其履行职责，从而确保工程质量；实行"阳光计量，多方监管"来控制工程实施建管质量，从工程开始实施和最后完工计量等实施全过程由建设方、施工方、监理方、运管方四家进行联合监管，阳光操作，确保我区农村饮水安全工程建成民心工程、德政工程。并建成了一批覆盖受益范围较广的人饮工程，真正解决了广大群众饮水不安全问题，深受群众的欢迎和支持。

2. 典型工程案例

裕安区农村饮水安全工程运行管护类型主要有三种：（1）公办民营：由国家农饮资金投入自来水工程及管网配套建设，承包给个人经营管理，独立经营、自负盈亏，如南岳、城南、新安水厂等。（2）民办公助：个人投入资金建设自来水工程，民生工程给予配套管网延伸，帮助提高乡村自来水入户率，产权界定明确，如丁集、独山、苏埠水厂等。（3）公办自营：国家农饮资金投入自来水工程及管网配套建设，水利局组织单位人员从事经营管理，如徐集、分路口、钱集水厂等。本次典型工程案例重点介绍南岳水厂，南岳水厂地处江淮分水岭的狮子岗乡，是个典型的丘岗区，也是严重缺水地区，南岳水厂设计供水规模5000m^3/d，取水水源为汲东干渠（来自梅山水库），2007年利用农饮项目资金开始建设，2008年该水厂建成投入使用，通过承包租赁，引进了具有水厂运行管护经验的经营者进行日常运行管理，自负盈亏，经过以后几年的管网延伸，目前南岳水厂供水范围覆盖地处江淮分水岭地区的狮子岗和江家店两乡镇以及罗集乡部分村，已通水农村居民近8000户，解决境内的广大学校、企事业单位等饮水问题，南岳水厂消毒设施和水质检测设备齐全、制水工艺规范，管理制度健全，水质、水压、水量和维修都基本有保障，作为国家投资建设的主、支管网供水工程，南岳水厂的管网配套费、入户材料费及安装费等有着严格的规定，收取标准按户均不高于300元收取，目前执行水价2.0元/m^3，该水厂水费年收入近100万元，年运行成本包括人员工资、电费、药剂费、办公费、日常维护费等大约90万元，属于微利运行，该水厂由于地处丘岗区，供水管线长、投资规模大、运行成本高，但南岳水厂克服种种困难，实现水厂24小时不间断供水，通过加强管理，南岳水厂供水入户率大大地提高，让广大农民群众真正能享受这项惠民工程，喝上干净水、安全水和放心水，并取得了较好的经济效益和社会效益。

五、目前存在的主要问题

1. 工程建设方面

（1）由于前期水厂建设主要考虑农村饮水不安全人口，因此部分水厂供水规模较小，建设地点较为分散，导致后期管网延伸时，水处理设施处理能力有限，水泵流量和扬程较小，水厂输水主管道管径偏小，限制了其后期发展。

（2）近年来，由于美丽乡村的建设、"村村通"道路拓宽改造等导致部分管网在道路施工过程中遭到破坏，造成管道漏损率较大。

（3）部分自筹资金建设的民营水厂建设时未进行专项设计，主体工程规模偏小，水处理设施建设标准低。

2. 运行管理方面

由于部分水厂目前无专业化的管理团队，往往无法及时对水厂运行过程中出现的紧急问题进行及时处理，大部分水厂运行存在微利运行或亏损运行，管理人员工资难以保障，不能按期的进行技术生产及维修等相关培训，技术力量欠缺。

3. 水质保障方面

裕安区集中式供水工程取水水源来自地表水，均划定水源保护范围，并设置了水源防护设施，大部分水源水位较高、水质较好，能够满足现阶段生活饮用水取水需求。但也有个别水厂的水源地由于农药污染排放、养殖污染、生活污染等因素影响造成水源水不达标。同时个别民营水厂在制水过程中存在因消毒设备损坏或未开启消毒设备等原因，在生产过程中没有按要求投放消毒剂的，因此区水利局已联合卫生部门，多次加强监督与检查，避免类似问题的出现。

六、“十三五”巩固提升规划情况及长效运行工作思路

1. “十三五”巩固提升规划情况

按照2020年全面建成小康社会和脱贫攻坚的总体要求，通过农村饮水安全巩固提升工程实施，采取新建分散式供水点和管网延伸工等程措施，到2018年底前，实现贫困村村村通自来水；到2020年，通过农村饮水安全巩固提升工程的实施，裕安区农村饮水安全工作的主要预期目标是：农村集中供水率达到95%以上，自来水普及率达到95%以上；水质达标率为不低于92%，建立健全工程良性运行机制，提高运行管理水平和监管能力。

根据裕安区行政区划，结合我区供水现状，将裕安区划分为4个供水分区，“十三五”期间计划利用新建分散式供水点工程、现有水厂管网延伸及对现有部分水厂改造提升，新增农村供水受益人口10.91万人，改善农村供水人口6.25万人，进一步提高裕安区农村人口的自来水普及率和现有农村饮水安全集中供水工程运行管理水平。

表4　“十三五”巩固提升规划目标情况

农村集中供水率（%）	农村自来水普及率（%）	水质达标率（%）	城镇自来水管网覆盖行政村的比例（%）
85	95	92	88.75

表5　“十三五”巩固提升规划新建工程和管网延伸工程情况

工程规模	新建工程					现有水厂管网延伸			
	工程数量	新增供水能力	设计供水人口	新增受益人口	工程投资	工程数量	新建管网长度	新增受益人口	工程投资
	处	m^3/d	万人	万人	万元	处	km	万人	万元
合计	2	360	0.52	0.52	321	26	1381.8	10.4	6104
规模水厂						26	1381.8	10.4	6104
小型水厂	2	360	0.52	0.52	321				

表6 “十三五”巩固提升规划改造工程情况

工程规模	改造工程					
	工程数量	新增供水能力	改造供水规模	设计供水人口	新增受益人口	工程投资
	处	m^3/d	m^3/d	万人	万人	万元
合计	9	3750	4500	6.25	6.25	3145
规模水厂	9	3750	4500	6.25	6.25	3145
小型水厂						

“十三五”期间规划实施新建分散式供水工程2处、管网延伸工程26处、水厂改造工程9处。“十三五”农村饮水安全巩固提升工程估算总投资9570万元，其中新建工程投资321万元、管网延伸工程投资6104万、改造工程投资3055万元、水质检测与监管能力建设投资90万元。继续健全完善区级农村饮水安全专管机构，全面建立区域农村供水技术支持服务体系；加快农村饮水安全工程产权改革，明晰所有权、经营权、管理权，落实工程管护主体、责任、经费；组建区域化、规模化、专业化的运行管理单位；探索推广政府购买服务以及专业化和物业式管理等新的工程建设管理形式，逐步实现良性可持续运行。

2. 加强农饮工程长效运行工作思路

由于受我区地形、地貌及经济发展所限，特别是受水源条件、工程状况、居住分布、人口变化和标准提升等因素影响，农村饮水安全工程在水量、水质保障和长效运行等方面还存在一些薄弱环节；尤其是水源保护薄弱，污染问题严重，供水保证率不高；多数较大工程的水处理工艺简单且缺乏应急处理和深度处理设施，供水水质存在较大安全隐患，保障农村饮水安全将是一项长期的任务。我区下一步主要做好以下几项工作：

（1）我区地处江淮分水岭，缺水易旱，亟须开展水源优化配置、备用水源设置和水源优化调度。对具备联网条件的水厂实施联通工程，确保两个水厂主管网相连，遇到水污染等紧急情况，互为备用。全面提升水厂的供水保障率。目前，淠河总干渠水源地的联通工程正在规划实施中。

（2）借鉴相关部门的成功经验，整合环保、水利、卫生等部门执法资源，成立农村饮用水综合执法机构，加强对农村饮用水安全的管理。

（3）提高水厂管护质量，下一步在硬件设施、人员培训、自动化管理、标准化服务等方面狠下功夫，进一步提升建后管养水平；发挥好水厂集中管理优势，通过设立服务热线、抢修服务队、增加应急保障设备、强化水质检测督查、水厂服务跟踪评价等，创优服务形式，最大限度方便群众。

叶集区农村饮水安全工程建设历程
（2005—2015）

（叶集区水务局）

一、基本概况

2016年8月8日，经批准，原霍邱县姚李镇、洪集镇划归叶集区管辖，划转后叶集区域面积568km²，总人口26.9万人。全区辖姚李镇、洪集镇、三元镇、孙岗乡、平岗办事处、镇区办事处共6个乡镇（办事处），区域面积568km²，总人口26.9万人。

叶集地貌类型可分丘陵、沉积台地、沙湾地三种。丘陵主要分布于东北部，面积131.32km²，海拔一般为38.5～110m，丘陵周围常常剥蚀堆积台地存在，两丘之间的冲地大部分为梯形水田；沉积台地主要分布于北部，面积约为102.54km²，台地土层深厚，由洪水冲积形成，地表由于受流水的冲刷影响，成高差为10～40m的岗地；沙湾地主要分布在西部与南部，总面积27.855km²，土壤系史河上游冲泻下来的泥沙和东部丘陵地带崩泻而来泥土长期淤积而成，肥沃松软，被称为“夜潮土”。

2015年末，全区户籍人口16.8万人，比上年增长2.8%；常住人口13.6万人，比上年增长1.5%；城镇化率37.8%。全年人口出生率为12.5‰，比上年下降0.5个千分点；人口自然增长率为7‰，比上年下降0.5个千分点。

二、农村饮水安全工程建设情况

1. 农村人口饮水安全解决情况

2015年底，农村总人口15.0万人、饮水安全人口数43591人、农村自来水供水人口1.9万人、自来水普及率12.6%；行政村数76个、通水行政村数5个、通水比例8%。2005—2015年，农饮省级投资计划累计下达投资额及计划解决人口数4.34万人，累计完成投资4219万元，建成农村水厂5个。

叶集区村级区划调整表

序号	乡镇名	调整后村名	驻　地	原　名	备　注
1	叶集镇（镇区办事处）	观山村	原观山村委会	观山村、建丰村	调整
2		绳铺村	原绳铺村委会	古心畈村、绳铺村	
3		顺河社区	原老店村委会	彭台村、老店村	

（续表）

序号	乡镇名	调整后村名	驻　地	原　名	备　注
4	叶集镇（镇区办事处）	胜利社区	原赵郢村委会	北关村、赵郢村	调整
5		新元社区	原新元社区居委会	新元社区、西街社区	
6		小南海社区	原桃园社区居委会	桃园社区、南海社区	
7		柳林社区	原柳林村委会	柳林村	
8		彭洲村			保留
9		柳树村			
10		瓦房村			
11		东楼村			
12		万福村			
13		茶棚村			
14		叶南村			
15		花园村			
16		新桥村			
17	叶集镇（平岗办事处）	富岗村	原熊店村委会	熊店村、尧冲村	调整
18		尧岭村	原尧岭村委会	尧岭村、堰湾村	
19		和平村	原龙秦村委会	龙秦村、武昌村	
20		芮祠新村	原芮祠村委会	平岗村、芮祠村	
21		五里桥村	原雨台村委会	五里村、雨台村	
22		朱畈村			保留
23		双井村			
24		五楼村			
25	孙岗乡	永丰村	原永丰村委会	永丰村、断岗村	调整
26		棠店村	原棠店村委会	棠店村、尹堰村	
27		石龙河村	原石河村委会	石河村、大庄村	
28		长岗村	原大畈村委会	大畈村、老楼村	
29		玉皇阁村	原桥店村委会	桥店村、玉皇村	
30		双塘新村	原双塘村委会	双塘村、松棵村	
31		双楼村	原西楼村委会	西楼村、新楼村	
32		白龙井村	原六里村委会	白龙井村、六里村	
33		高庄村	原高庄村委会	白楼村、高庄村	
34		陈店村			保留
35		元东村			
36		荷棚村			
37		孙岗村			
38		塘湾村			
39		汪岭村			

（续表）

序号	乡镇名	调整后村名	驻　地	原　名	备　注
40	三元镇	三元社区	原三元村委会	三元村、粉坊村	调整
41		龙元村	原桃园新村委会	龙塘村、桃元村	
42		沣桥村	原花园村委会	花园村、僧窑村	
43		桥元村	原老桥村委会	老桥村、梓园村	
44		新塘村	原新楼村委会	新楼村、沙塘村	
45		祖师庙村	原张店村委会	祖师村、张店村	
46		王店村			保留
47		双塘村			
48		四林村			
49		姚店村			

表 1　2015 年底农村人口供水现状

乡镇数量	行政村数量	总人口	农村供水人口	集中式供水人口	其中：自来水供水人口	分散供水人口	农村自来水普及率
个	个	万人	万人	万人	万人	万人	%
3	49	15.0	9	2	2	5.0	60

表 2　农村饮水安全工程实施情况

合计			2005 年及“十一五”期间			“十二五”期间		
解决人口		完成投资	解决人口		完成投资	解决人口		完成投资
农村居民	农村学校师生		农村居民	农村学校师生		农村居民	农村学校师生	
万人	万人	万元	万人	万人	万元	万人	万人	万元
8.74	0.26	4219	4.34	0.26	2000	4.4	0	2219

2. 农村饮水工程（农村水厂）建设情况

2005 年以前叶集区是地下贫水区，饮用水多采用地表水和浅层地下水。由于集中式供水设施较少且制水工艺落后，水质净化效率差，处理消毒不规范；大部分村庄群众生活用水主要是土井浅层地下水，地表水污染下渗后对浅层地下水构成了不同程度的污染；农业生产过程中使用的化肥、农药量居高不下，有机肥利用率很低；城镇环境设施滞后等等原因，造成我区相当一部分地区水质超标，出现苦咸水、细菌总数和总大肠菌群严重超标的地下水、Ⅳ类及超Ⅳ类地表水及其他水质超标问题。

孙岗街道居民仍使用浅层地下水，只有一小部分人使用上了孙岗水厂提供的自来水。孙岗自来水厂兴建于 2003 年，后经改扩建将其作为孙岗供水水源，建有 1 座 25m 高、容量为 50m^3 的钢筋砼简易水塔，并铺设了 5000m 长的主管线，日供水能力仅有 200m^3，现有主管线两侧的单位和住户共几百户，多户是居民供水。当时保证不了本乡周边的用水。其主要存在问题：地下浅水层氟超标，水质达不到安全，加之水厂处理工艺简陋、落后，建筑物老化、设备陈旧现象严重，水质难以按照标准要求处理到位，而且现有的主管网系钢筋混凝土预应力管，二次污染亦较为严重；供需水矛盾突出。同时，现有的供水管网跑、冒、滴、漏现象又较为普遍，影响供水安全。

三元花园打地下水建设工程虽然起步较早，因受资金条件的限制，当时仅完成一眼深井，其余项目均未实施，致使农村居民至今仍未能用上自来水，只能取用浅层地下水和地表水，用水条件极差。

表3　2015 年底农村集中式供水工程现状

工程规模	工程数量	设计供水规模	日实际供水量	受益乡镇数	受益行政村数	受益农村人口	自来水供水人口
	处	m^3/d	m^3/d	个	个	万人	万人
合计	5	5200	3150	6	54	9	5.5
规模水厂	1	5000	3000	3	33	6	4
小型水厂	4	200	150	3	21	3	1.5

3. 农村饮水安全工程建设思路及主要历程

随着社会经济的不断发展，人们的生活水平不断提高，人们对物质的要求也越来越高，在农村人们对饮用水的要求也越来越高了。因此，我区要对农村饮水安全工程的规划设计、水源选择和总体布局给出一个合理的安排，给人们饮水方面带来一个安全的保障。通过调查，了解到农村的饮水安全工程建设要根据科学及先进技术来发展。

叶集区现有人饮供水工程均为集中式供水，从 2007—2014 年共建供水站 5 座（处），其中设计供水规模大于 $1000m^3/d$ 的规模水厂 1 座、设计供水规模不大于 $200m^3/d$ 的 4 座。共解决不安全饮水人口 9 万人，累计完成投资 4219 万元，提前 1 年完成“十二五”人饮规划任务，各年度实施情况如下。

2007 年度：市财政局、水利局下发《关于下达 2007 年度农村饮水安全项目投资计划的通知》（发改农经〔2007〕285 号），下达投资 397 万元，其中中央预算投资 45 万元、省级 198 万元、地方 154 万元，建成了孙岗、三元花园 2 座供水站及部分管网铺设，孙岗站设计供水规模为 $200m^3/d$，三元花园设计供水规模为 $150m^3/d$，水源类型均为地下水，解决饮水不安全人口 0.7 万人，管道总长度 13410m，供水站无用水处理设施。

2008 年度：市发改委、水利局下发《关于叶集试验区 2008 年农村饮水安全项目实施方案的批复》（发改农经〔2008〕175 号），批复投资 390 万元，其中中央预算投资 176 万元、省级配套 64.2 万元、地方配套 149.8 万元，建成桥店供水站及部分管网铺设，设计供水规模为 $150m^3/d$，水源类型为地下水，解决饮水不安全人口 1 万人，铺设管道长度 11000m（桥店片 DN160mm 主管道 3000m，平岗办观山至平岗中学 DN200mm 的主管道 8000m），供水站无用水处理设施。

2009 年度：六安市发改委、水利局下发《关于叶集试验区 2009 年农村饮水安全工程实施方案的批复》（发改农经〔2009〕135号），批复总投资496万元，其中中央投资298万元、地方配套198万元（省配套64万元、市配套10万元、区级配套124万元），建成侯堰头水厂及部分管网铺设。候堰头水厂位于三元乡姚店村境内史河总干渠侯堰头淹没区段，属农村饮水安全集中供水工程，所选水源为淠史杭灌区史河总干渠水源。设计供水范围包括三元乡全部、孙岗乡桥店片及石河、棠店、尹堰、断岗村，合计34个行政村，约400个村民组解决5.73万人饮水安全问题。工程分2009年、2010年两年实施完成。取水方式为岸边固定泵站提水，供水方式为取用史河总干渠地表水消毒净化处理，设计清水池800m^3，日供水5000m^3，厂区征地5亩，兴建管理房150m^2，泵房80m^2，用DN315～250mm主管道6500m。当年解决饮水不安全人口1万人，供水过程中的消毒方式采用的是氯制剂或二氧化氯消毒。

2010年度：市发改委、水利局下发《关于叶集试验区2010年农村饮水安全工程实施方案的批复》（发改农经〔2010〕71号），批复总投资445万元，其中中央投资267万元，地方配套178万元（省配套89万元、市配套10万元、区级配套79万元），主要是3处管网延伸工程，管道总长度17070m（其中三元12530m、镇区780m、平岗3760m），解决饮水不安全人口0.6万人。

2011年度：六安市发改委、水利局下发《关于叶集试验区2011年农村饮水安全工程实施方案的批复》（发改农经〔2011〕140号），批复投资298万元，其中中央预算投资176万元、省级配套64.2万元、地方配套57.8万元，新建了侯堰头水厂管理设施，以及供水管网延伸。解决饮水不安全人口1万人，新建了侯堰头水厂管理设施，铺设三元、平岗朱畈两外管网长14000m。

2012年度：六安市发改委、水利局下发《关于叶集试验区2012年农村饮水安全工程初步设计的批复》（六发改农经〔2012〕140号），批复投资993万元。其中中央预算内投资596万元、省级配套198万元、区级配套199万元，主要建设内容为管网延伸铺设，各类管道35000m。解决人饮不安全人口2万人。

2013年度：六安市发改委、水利局《关于叶集试验区2013年农村饮水安全工程初步设计的批复》（发改农经〔2011〕144号），批复投资750万元，其中中央预算投资600万元、省级配套75万元、地方配套75万元，主要建设内容为供水管网延伸。解决饮水不安全人口1.5万人。

2014年度：六安市发改委、水利局下发《关于叶集试验区2014年农村饮水安全工程初步设计的批复》（发改农经〔2014〕127号），批复投资450万元，其中中央预算投资360万元、省级配套45万元、地方配套45万元，主要建设内容为侯堰头水厂设备更新改造，以及供水管网延伸。解决饮水不安全人口0.9万人。

三、农村饮水安全工程运行情况

1. 工程建设管理情况

叶集试验区农村饮水安全工程建设领导小组办公室作为项目法人具体负责工程的建设管理工作，对工程建设质量、进度等负直接责任，其主要职责是选择工程的监理及施工单位，对工程进度、质量、投资、技术等进行管理；协调参建单位之间的关系，营造良好的安设施工环境；处理重大技术问题；组织阶段验收；负责工程竣工验收准备工作及移交工作。根据《水利工程建设程序管理暂行规定》和《安徽省水利水工程建设管理办法》的要求，在工程勘测设计阶段项目法人与设计单位签订勘测设计合同；在施工准备阶段项目法人与监理单位、施工单位、管材与设备供应单位分别签订施工监理合同、施工合同、管材和设备供销合同。

2. 资金筹措及使用情况

在项目建设中，我们严格执行省、市下达项目投资计划，全面完成了项目建设投资任务。资金使用严格按照有关法律法规，坚持“专款专用”的原则，项目法人对建设资金使用和管理负全面责任，区财政部门认真加强建设资金监管。建立健全内部财务管理制度，严格履行资金使用报批手续，严格实行专户存储、专款专用，严禁截留、挤占和挪用。根据工程进度，组织水利、监理、施工、财政等单位进行检查验收，汇签工程进度表，资金报账审批表，由区水务利局在区财政局报账支付，确保了项目资金全部用于工程建设。2007—2015 年我区农村安全饮水项目资金中央及省级配套资金已全部到位并已完成，区级配套资金及群众自筹资金已到位但暂未使用。农村饮水项目建成后，按照项目专项资金有关要求，对已完项目资金投资建设竣工财务收支及管理使用情况的真实性、合法性进行了全面现场审计，保证了资金安全。

3. 工程质量管理情况

建立健全农村人饮工程质量责任制，全面实行项目法人负责、监理单位控制、施工单位保证和质检部门监督的质量保证体系。认真执行竣工检测的有关规定，加强监督检查力度，确保工程质量。在工程实施中，严格按工程施工程序进行，实行“三检”制，即施工企业自查自检、项目办不定期抽检、整体项目进行终检；对工程所需的材料、设备实行接货验收签证；对分部工程、单位工程、单项工程实行工程检查验收签证制度。

4. 水质检测监测和水资源保护情况

在水源建设方面，对新打水源井出水量进行了抽水试验，确保水量满足项目用水需求；同时配合市防疫站定期对水源井水质和地表水水源进行了采样化验，确保了安全供水，出台了《饮用水源保护区防护措施》。在饮用水地表水源取水口附近划定一定的水域和陆域作为饮用水地表水源保护区，保护区的水质标准不得低于国家规定的《地面水环境质量标准》（GB 3838—88）Ⅱ类标准。目前我区已经成立了农村饮水安全工程水质检测中心，有效保证农村供水的安全运行。

5. 工程运行管理情况

根据不同情况，采取多种经营模式，最大限度的满足群众生活需求，同时，为使国有资产保值增值，积极推行承包、租赁等市场化方式，引进有管理经验的供水公司进行承包经营管理，保证建一处，成一处，发挥效益一处，确保我区农村饮水安全工程建成实实在在的民心工程、德政工程。为了更好地加强建后管理，我区先后出台了《叶集区农村饮水安全工程运行管理办法》《供水站供水章程》《关于打击盗用农村公共供水违法犯罪行为的通告》等相关文件，有力地保障我区农村饮水安全工程有序、正常运行。区水利局成立了专管机构供水服务中心，负责对全区供水站运行管理进行监督指导，严格控制农村安全饮水民生工程开户费、水费价格。为保证农村饮水安全工程正常运行，区政府建立了农饮工程维修养护资金制度，并明确维修养护资金来源于以下三方面：一是区财政列入年度预算的农饮工程日常维修养护专项补助资金；二是通过股份制、承包、租赁、拍卖等方式转让工程经营权；三是列入“一事一议”财政奖补资金以及其他资金。

四、采取的主要做法、经验及典型案例

1. 农村饮水安全工程建设管理成效与经验

2007 年以来，叶集区以国家实施“农村饮水安全工程”为契机，将饮水安全工程作为“生命工程”列入民生工程实施计划，采取有效措施，精心组织实施，基本完成了各年度的建设任务。根据 2005 年初农村饮水安全调查成果资料，全区共存在各类饮水不安全人口 10.6431 万人，主要表现为饮用污染严重未经处理的地下水、苦咸水、未经处理的Ⅳ类或超Ⅳ类地表水、含氟水以及部分地区人口饮水不方便、保证率低等情况。2007—2015 年共完成农村饮水安全工程 4219 万元，解决叶集区 4 个乡办 9 万人的饮水困难，极大地改善了农村群众饮水的困难局面。农村人饮解困工程的建成让农村居民喝上了安全、卫生的生活饮用水；减少水致疾病和地方病的发病率，有效改善了受益地区人民的饮水条件和环境卫生面貌；密切了党群干群关系。被广大群众称之为利民工程、民心工程、德政工程。

2. 成立组织，建章立制

区委、区政府高度重视农村饮水安全工作，分管领导和水利局主要领导亲自抓，专门成立了农村饮水安全规划和建设领导组，全面负责组织、指挥、协调全区农村饮水安全工程建设工作。领导组下设办公室，负责日常工作，水利局作为项目法人，具体负责项目的实施管理工作。区政府批准了区水利局、区经改局、区财政局联合制定的《叶集区农村饮水安全工程建设实施方案》和《叶集区农村饮水安全工程运行管理职责的通知》，作为组织实施和管理农村饮水安全工作的指导性文件。

3. 加强督察，全力推进安全饮水工程

施工期间区政府每月召开一次民生工程督察会，及时掌握情况，解决有关重大问题，督促工程的进展；区水利局每半个月召开一次调度会，负责民生工程相关人员参加，研究解决工程实施中存在的问题，督促工程进度、质量和安全，保证了农村饮水安全工程的快速推进。

4. 科学规划，扎实做好各项前期工作

区水利局、区农村饮水安全工程办公室组织业务技术人员科学规划，精心勘测设计，因地制宜，优选工程方案，并委托有资质的规划设计院编制农村饮水安全工程实施方案。在制定方案时，叶集区全面推进大规模集中供水工程，并且能够因水因地制宜采取不同的净化和供水模式，确保供水水质、水量，方便程度达到国家安全饮水标准和长期效益。

5. 精心实施，建成群众放心工程

为了把这项民生工程实施好，叶集区根据上级主管部门要求，对项目建设严格按照民生工程“十制”要求规范管理。严抓工程的质量和进度，并建成了一批覆盖受益范围较广的人饮工程，真正解决了广大群众饮水不安全问题。

6. 建章立制，注重运行管护

为使农村饮水安全工程走“建得成、用得起、管得好、长受益”可持续发展的道路，在工程建设后明晰产权，搞活经营权。区农村饮水安全工程办公室在农村人饮工程实施中，始终把供水工程水源的可靠性、安全性作为项目第一要素来考虑，从水源调查、选点、水质化验等方面做了大量前期工作，保证了工程所在地水量、水质符合农村饮水安全标准。为确保已建工程的供水安全，对农村饮水安全工程在饮水水源地显要的地方设立“水源保护区”标志牌，划定保护范围，实施水源涵养林保护、严禁家畜进入保护区以及严禁在保护区从事对水源有污染影响的一切人为活动等。对集中供水的水厂水源水、出厂水、末梢水进行定期监测，以确保饮水安全。

7. 做好建后管理才能保证工程持续发挥效益

（1）工程管理：所建的农村饮水安全工程实行委托管理的经营模式管理，鉴于我区面积较小，自来水厂尽可能委托区自来水公司管理，以逐步满足城乡供水一体化的要求。在托管期内对接收的农饮水工程设备不得销售、转让、抵押等采取危害工程的行为，保证农村饮水安全工程的正常运行。

（2）用水管理：全区范围内饮水工程建成后绝大部分已发挥效益。根据使用现状，全区用水可分为分散供水、集中供水、送水到户三种取水方式。对分散式供水和集中式供水均工程实行委托管理，承包人对分户水表集中管理，按表收费，费用统一管理，用于工程维护，取之于民，用之于民，从而保证了工程运行的可靠性和可持续性。

五、目前存在的主要问题

1. 工程技术方面的问题

2011 年以前建设的工程，管网大都老化严重，达不到设计供水能力，机电设备带病运转，水质安全和水量安全没有保障。从叶集区农村供水工程建设的实践来看，早期建设的人饮工程由于资金和技术条件限制，多数水源井成井深度在 120m 以下，以提取浅层地下水为主，供水模式多以“供水水源—压力罐、高位蓄水池—管网到户”为主，易造成水质的二次污染，除了水质问题以外，随着近年来，工农业生产活动的加剧，地下水位下降明显，特别是在春末夏初，工农业生产用水高峰期，机井提水量明显不足，农民饮水困难，造成因水源保证率不高而缺水。如孙岗乡水厂和三元镇花园水厂因水量不足已停止供水。

2. 工程建设方面的问题

资金问题是工程建设的首要问题。2008 年以前建设的农村供水工程大都分布在自然条件较差、偏远、经济困难的村庄，工程建设投入大，国家扶持力度小，由于当受经济基础和自然条件限制，供水工程规划、设计和工程质量要求很低，管材多选用价廉、耐压等级不足、管道壁厚不足 PE 管材以及质次的再生塑料管，而且管径选择普遍偏小，管件与管材不配套，施工工艺简单、粗略，工程质量较差。经过近几年的运行，金属管件锈蚀、管材自然老化造成管网破损、渗漏、堵塞严重，已达不到设计供水能力。加之随着人口增长、经济发展等因素，对水的需求量大大增加，工程原有设计供水能力无法满足现状所需，供水量不足。部分工程超负荷运行，大大缩短了工程寿命。

3. 运行管理方面的问题

由于宣传力度、群众饮水安全意识不强、群众消费水平有限、群众外出务工人口较多、实际供水达不到设计要求等因素，导致入户率偏低，水厂经营困难。受益区群众经济收入水平低，加之电价较高，工程水价不能按成本收取，若按成本核算的水价收取，群众难以接受，工程折旧、大修等费用无法提取。水价基本上只计取了电费和管理人员工资，工程维修费、工程大修和折旧费一般不收取，因此没有积累，维修更新设备的经费无着落，造成一部分工程处于带病运行状态而无力修复。

4. 干旱、污染等原因造成饮水不安全人数反复

近年来随着农村畜禽粪便的无序排放，农民在种植过程中农药化肥的过量使用以及工业污水的超标排放，以及农民保水护水的意识淡薄等等原因致使农村水源水质情况日益恶化。造成叶集区单村供水工程范围内的村庄饮水不安全人数的反复，给叶集区农村饮水安全工作带来了新的困难。

六、“十三五”巩固提升规划情况及长效运行工作思路

1. 县级农饮巩固提升“十三五”规划情况

目标任务：2016—2018，通过管网延伸解决全区 15 个贫困村共 26354 人饮水不安全问题（其中建档立卡贫困人数 7688 人）；2019—2020 年，通过管网延伸解决平岗办和孙岗乡农村饮水不安全人口各 1 万人。使全区自来水普及率不低于 80%。

主要建设内容：新建管网延伸工程：农村饮水安全巩固提升工程精准扶贫（2016—2018 年）改造工程，全区计划解决 2. 635 万人的饮水安全问题；建设管网延伸工程 3 处。2016 年计划实施 1 处管网延伸工程，解决饮水问题行政村 3 个，行政村人口 9814 人，其中贫困人口 3385 人，投资 490. 7 万元；2017 年计划实施 1 处管网延伸工程，解决饮水问题行政村 3 个，行政村人口 8712 人，其中贫困人口 1980 人，投资 435. 6 万元。2018 年计划实施 1 处管网延伸工程，解决饮水问题行政村 2 个，行政村人口 7828 人，其中贫困人口 2323 人，投资 391. 4 万元。

2. 长效运行工作思路

一是认真按照五部委联合印发的《农村饮水安全工程建设管理办法》要求，建立农村饮水安全专管机构，并由区政府出台符合当地实际的农村饮水安全工程建设管理办法，指导当地的农村饮水安全工程建设和运行管理工作。二是积极推进农村饮水安全工程水价改革，按照“补偿成本、公平负担”的原则合理确定水价，并根据供水成本、费用等变化适时合理调整。有条件的地方逐步推行两部制水价、基本水费、用水定额管理与超额累计加价等制度。逐步形成以量计收和财政补贴相结合的供水水费收缴模式，确保工程长期稳定运行。三是全面落实工程维修养护经费，建立维修养护基金。要以区为单位集中设立区级农村饮水安全工程维护基金，基金由省、市、县三级财政和水费收入提取四部分组成，实行财政专户存储，逐年累积。基金使用由县水利主管部门统筹安排，区财政、审计等部门监督，促进农村饮水安全工程自我维持、良性运行。

表4　“十三五”巩固提升规划目标情况

农村集中供水率（%）	农村自来水普及率（%）	水质达标率（%）	城镇自来水管网覆盖行政村的比例（%）
100	80	95	100

表5　“十三五”巩固提升规划新建工程和管网延伸工程情况

工程规模	新建工程					现有水厂管网延伸			
	工程数量	新增供水能力	设计供水人口	新增受益人口	工程投资	工程数量	新建管网长度	新增受益人口	工程投资
	处	m^3/d	万人	万人	万元	处	km	万人	万元
合计						3	188	2.635	1317
规模水厂						3	188	2.635	1317
小型水厂									

马鞍山市

马鞍山市农村饮水安全工程建设历程（2005—2015）

（马鞍山市水利局）

一、基本概况

我市地处长江下游，属于南北气候过渡地带。辖3县3区，行政区划总面积4049km^2，总人口227.1万人，其中农业人口144.14万人，耕地面积225.6万亩。境内水网密布，沟渠纵横，主要分布有长江、滁河、得胜河、裕溪河、清溪河、牛屯河、姥下河、太阳河、石跋河、慈湖河、采石河、姑溪河、青山河、黄池河、运粮河、石臼湖等河流和湖泊。全市已建成堤防总长1353km，其中长江堤防97.9km；全市现有圩口116个，其中万亩以上圩口36个，万亩以下5千亩以上圩口19个；水库187座，其中中型水库6座、小（1）型水库23座、小（2）型水库158座，总库容16465万m^3（其中兴利库容8786万m^3）；塘坝5.17万口，总塘容16740万m^3；各类涵闸（水闸）642座，其中中型以上涵闸12座；固定排灌站1362座，总装机14.3万kw；农村集中供水工程68处，设计日供水能力32.8万m^3，供水受益人口150.4万人。目前，万亩以上圩口防洪标准达到10～20年一遇，排涝能力为5～7年一遇；万亩以下千亩以上圩口防洪标准达到10年一遇，排涝能力一般为5年一遇。丘陵区灌溉保证率为60%～80%，圩区为85%以上。全市已初步建立了水利工程防灾减灾体系。

二、农村饮水安全工程建设情况

1. 农村人口饮水安全解决情况

实施农村饮水安全工程前，我市各县区农村供水工程主要存在水源水质污染严重、水处理设施简陋、供水管网破损老化、水质水量无保障、血吸虫影响等问题，主要分布在血吸虫疫区和小型供水工程供水范围。2015年底，全市农村总人口146.12万人、饮水安全人口数145.08、农村自来水供水人口145.08万人、自来水普及率99.3%；全市434个行政村、432个行政村通水、通水比例99.5%。2005—2015年（含现芜湖市沈巷镇），农饮省级投资计划累计下达投资计划5.18亿元，计划解决人口数108.13万人。实际累计完成投资5.75亿元，建成农村供水工程151处。

2011年8月，由于行政区划调整，原巢湖市含山县、和县划入我市。含山县、和县（不含沈巷镇）2005—2010年省共下达投资计划6925.59万元，解决19.07万人饮水问题，建成供水工程50处。2012年9月博望区成立，原当涂县博望镇、丹阳镇、新市镇3个乡镇划为博望区。

表1　2015年底农村人口供水现状

县（市、区）	乡镇数量	行政村数量	总人口	农村供水人口	集中式供水人口	其中：自来水供水人口	分散供水人口	农村自来水普及率
	个	个	万人	万人	万人	万人	万人	%
合计	43	434	227.73	146.12	146.12	145.08		99.3
含山县	8	96	44.26	35.98	35.98	34.94		97.11
和县	9	111	53.94	45.77	45.77	45.77		100
当涂县	11	144	47.33	37.61	37.61	37.61		100
花山区	9	9	37.70	3.74	3.74	3.74		100
雨山区	3	28	26.05	6.10	6.10	6.10		100
博望区	3	46	18.44	16.92	16.92	16.92		100

2. 农村饮水工程（农村水厂）建设情况

2005年以前（含山县、和县原属巢湖市辖区），全市农村水厂个数170多座、全部为规模以下小水厂，其中当涂县154座、花山区和雨山区16座。截至2015年底，全市现有农村水厂66座（规模水厂46座、规模以下水厂20座），其中含山县29座水厂（规模水厂18座、规模以下水厂11座）、和县14座均为规模水厂、当涂县10座均为规模水厂、博望区13座（规模水厂4座、规模以下水厂9座）、花山区和雨山区均为城市管网延伸。农饮工程建设中，2005—2015年，全市共投入6.17亿元，解决109.47万农村居民和7.77万农村学校师生饮水安全问题（规划内103.99万农村居民和7.64万学校师生）。

3. 农村饮水安全工程建设思路及主要历程

2005年7月，按照市委、市政府3年解决全市农村饮水安全的总体部署，我市农村饮水安全工程建设正式启动，2007年底基本完成工程建设任务。“十二五”期间，按照先急后缓、先重后轻、突出重点、分步实施的原则，通过新建、改扩建水厂、城市管网延伸等工程措施解决农村饮水安全问题。“十一五”“十二五”期间，我市农村饮水安全工程共完成投资6.17亿元，新建、改扩建及管网延伸工程103处，兼并整合小水厂200余座，解决规划内108.13万农村居民和7.64万农村学校师生饮水安全问题。此外，完成含山县、和县、当涂县、博望区4处县级水质检测中心建设，4处县级水质检测中心检测能力均达到42项标准，总投资673万元。

表2　农村饮水安全工程实施情况

县（市、区）	合计			2005年及“十一五”期间			“十二五”期间		
	解决人口		完成投资	解决人口		完成投资	解决人口		完成投资
	农村居民	农村学校师生		农村居民	农村学校师生		农村居民	农村学校师生	
	万人	万人	万元	万人	万人	万元	万人	万人	万元
合计	109.47	7.77	61708	47.50	0.79	29554	61.97	6.98	32154
含山县	30.59	3.66	15166	9.50	0.16	4077	21.09	3.50	11089
和县	38.27	3.67	18543	13.87	0.63	6185	24.4	3.04	12358

（续表）

县（市、区）	合计			2005年及“十一五”期间			“十二五”期间		
	解决人口		完成投资	解决人口		完成投资	解决人口		完成投资
	农村居民	农村学校师生		农村居民	农村学校师生		农村居民	农村学校师生	
	万人	万人	万元	万人	万人	万元	万人	万人	万元
当涂县	30.13	0.30	23211	21.24		18693	8.89	0.30	4518
花山区	2.38		1568	1.16		873	1.22		695
雨山区	3.86		2606	1.73		1481	2.13		1125
博望区	4.24	0.14	2370				4.24	0.14	2370

表3　2015年底农村集中式供水工程现状

县（市、区）	工程规模	工程数量	设计供水规模	日实际供水量	受益乡镇数	受益行政村数	受益农村人口	自来水供水人口
		处	m^3/d	m^3/d	个	个	万人	万人
合计	合计	68	350350	246320	36	434	146.11	145.08
	规模水厂	48	340950	241150	36	423	140.21	140.21
	小型水厂	20	9400	5170	8	28	5.90	4.87
含山县	合计	29	77150	42340	8	96	35.98	34.94
	规模水厂	18	71500	40100	8	96	33.43	33.43
	小型水厂	11	5650	2240	5	17	2.55	1.52
和县	合计	14	135000	91500	9	111	45.76	45.76
	规模水厂	14	135000	91500	9	111	45.76	45.76
	小型水厂							
当涂县	合计	10	82500	70000	11	144	37.61	37.61
	规模水厂	10	82500	70000	11	144	37.61	37.61
	小型水厂							
花山区	合计	1	4050	4050	2	9	3.74	3.74
	规模水厂	1	4050	4050	2	9	3.74	3.74
	小型水厂							
雨山区	合计	1	4500	4500	3	28	6.10	6.10
	规模水厂	1	4500	4500	3	28	6.10	6.10
	小型水厂							
博望区	合计	13	47150	33930	3	46	16.92	16.92
	规模水厂	4	43400	31000	3	35	13.57	13.57
	小型水厂	9	3750	2930	3	11	3.35	3.35

三、农村饮水安全工程运行情况

1. 工程建设管理情况

含山县编制办公室2016年2月同意设立县农村安全饮水总站，为含山县水务局下属二级全额拨款事业单位，股级建制，现有农饮总站工作人员3人所需的运行经费由水务局承担。和县编委于2015年批准水务局成立和县农村饮水安全管理中心，和县农村饮水安全管理中心对全县农村饮水安全工程运行、经营、维护和服务体系进行监督管理；农村饮水安全管理中心工作人员8人，运行经费总计约90万元由县自筹。当涂县编委2010年《关于印发〈当涂县水利局主要职责内设机构和人员编制规定〉的通知》（当编〔2010〕17号）批准当涂县水利局设立了农村饮水安全办公室，属当涂县水利局职能机构，负责全县农村饮水安全工程的建设及运行管理等工作。博望区水利局于2012年10月成立了农村饮水安全管理办公室，为水利局内设机构。花山区、雨山区由于农村饮水管理任务和范围相对较小，未设立专门的农村饮水专管机构和管理人员，但明确了具体的管理人员，人员及工作经费由区级财政保障。

2. 资金筹措及使用情况

马鞍山市设立了农村饮水安全工程维修养护基金，列入每年财政预算。含山县政府2012年颁布实施的《含山县农村饮水安全工程运行管理暂行办法》及有关法规和政策规定了农村饮水安全工程维修基金专项用于农村饮水安全工程设施维修、设施更新，以及因自然灾害造成的工程紧急抢修费用。和县按每年的工程资金筹集2%用于建立农饮工程专项维修基金。当涂县政府2010年12月下发《关于同意建立“当涂县农村饮水安全工程维修养护专项资金”的批复》（当政秘〔2010〕62号）文件，建立了全县农村饮水安全工程维修养护专项资金，用于全县农村饮水安全工程管网改造及维修等。花山区出台了《花山区农村饮水安全工程运行管理办法》，从2011年起，区财政每年安排10万元维修养护资金。雨山区农村饮水安全工程维修养护专项资金每年区政府安排5万元，纳入财政预算，作为全区农村饮水安全工程维修养护补助资金。博望区于2012年10月出台了《博望区农村饮水安全工程运行管理办法》，农村饮水安全工程日常维修养护资金根据区财政设立农饮工程资金专户，来规范农村饮水安全工程的运行管理，该项经费每年纳入年初财政预算。

3. 工程质量管理情况

县级农村饮水安全工程水质检测中心。含山县农村饮水安全工程水质检测中心依托含山县疾病预防控制中心建设，项目于2015年底建成并投入使用，总投资为124.36万元，检测指标共43项。含山县疾控中心编制26人，现有专业从事水质检测的在职工作人员6人，都为检测相关专业毕业的大中专毕业生，并且取得了卫生和人社部门颁发的检测专业资质证书，检测人员能力完全满足农村饮水检测工作的需要。和县农饮水水质检测中心依托和县华水水务公司化验室建立，项目于2015年底建成并投入使用。检测指标达到《生活饮用水卫生标准》（GB 5749—2006）规定的42项要求，检测中心全年运行经费预算70万元，运行费用由和县华水水务公司承担，主要来源于华水水务的水费收入和有偿服务收入。当涂县农村饮水安全工程水质检测中心依托当涂县疾病预防控制中心水质检测实验室进行建设，总投资151.58万元，检测指标共48项；当涂县疾控中心属于全额拨款事业单位，检测人员12人，均为正式在编人员，并取得了卫生和人社部门颁发的检测专业资质证书；当涂县农村饮水安全工程水质检测中心每年的运行费用约需32万元，资金筹集主要依靠中央财政专项补助、市财政民生工程专项补助以及县级财政配套。博望区农村饮水安全工程水质检测中心依托当涂县疾病预防控制中心水质检测实验室进行建设，农村饮水水质检测中心编制6人，中心设主任1名，副主任1名，其中配备水质检测员4名，其工资待遇纳入财政预算；检测中心具备42项常规指标和部分非常规指标的水质检测能力，办公场所使用面积达1000m^2，基本建设投资200万元，仪器设备投入90多万元，水质监测中心于2016年10月初正式投入运行。

4. 农村饮水安全工程水源保护情况

农村饮用水水源地环境安全，直接关系到广大群众的生命健康和社会稳定。我市主要在以下四个方面加强水源地保护工作：一是对含山县、和县、当涂县和博望区农村集中式水源地进行了重新划分，划分农村饮用水水源地48个，共涉及47个农村饮用水厂。摸清农村饮用水水源地基本情况和存在的环境风险隐患，针对不同的环境风险落实相应的措施予以解决。二是加大对农村水源地环境保护工作的宣传教育力度，提升公众自觉参与水源地环境保护的自觉性和延续性。三是对一些新建扩建项目，采取严格把关，严格环保审批制度和“三同时”制度，禁止在饮用水源保护区从事无关的工程建设，确保饮用水源地的水质安全。四是建立和完善对农村饮用水源地基础管理。收集整理水源、水厂相关资料，做到“一源一档”；对农村集中式饮用水源地立牌保护，明确保护区范围、内容和监督投诉电话；开展对农村集中式水源地每季度至少1次水质环境监测；制定了农村饮用水源事故处理应急预案，环保部门设立24小时专人值守电话，提高应对突发环境事件处理能力。

5. 供水水质状况

含山县农村集中式供水工程主要采用“三池”工艺制水，通江河流水质受上游城市工业污水、农业污水排放，以及航运的影响，水源水质存在菌落总数、溶解性总固体超标等问题。以水库为水源主要包括农业污水排放及丰水期降雨引起的水质污染，水质超标的指标主要包括氨氮、五日生化需氧量等。含山县农村供水工程出厂水及末梢水水质检测合格率约在85%左右，不合格指标主要为余氯及微生物指标。和县农村集中式供水工程主要采用“三池”工艺制水。除善厚自来水厂、驷马山水厂、华水水务采用液氯消毒外，其他水厂均采用二氧化氯进行消毒处理。农村规模水厂出厂水及末梢水水质检测合格率约已达到90%，不合格指标主要是余氯及微生物指标。当涂县农村范围内水厂均为千吨万人以上规模水厂，都采用“三池”工艺制水，取水水源都为地表江河水源，水源水质满足饮用水源要求，水源保证率高。全年市、县卫生部门水质检测合格率达90%以上，水质不合格的主要指标为浑浊度及微生物指标。博望区水厂采用“三池”工艺制水和一体化制水工艺。水源水质达标率（按人口计算）平均为70%，各水厂都建立了水质检测制度，一般水厂每年夏、冬季，丰水期及枯水期各检测1次；规模水厂按季节每年检测3~4次，经巡检合格率达到90%以上。水质不合格的主要指标为总硬度、浑浊度和余氯。花山区、雨山区农村均为城市管网延伸供水，检测工作由市卫生部门负责，常年检测结果均合格。

6. 农村饮水工程（农村水厂）运行情况

含山县29座水厂（18座规模水厂、11座小水厂）管理有乡镇政府管理、私人企业管理、通过受益群众代表会议推选管理人、承包人或成立用水协会管理三种类型。29座水厂实际供水4.584万m^3/d。供水工程实行有偿供水、计量收费，水价应由县级物价、水利、财政部门按照水利工程供水价格管理办法等文件制定。水厂主要支出工程维修养护、水资源费、管理办公费、水质检测费及人员工资等。和县14座农村水厂都属于规模水厂，实际供水量总计91500m^3/d，供水价格是按照全县统一价格，实行水价两部制，每户每月基数为5m^3。用水性质分为居民生活用水和非居民用水两类，居民生活用水2元/m^3，非居民用水吨2.5元/m^3，水厂的收入来源主要是收取水费和提供收费业务。主要的支出有人员工资、水资源费、电费、耗材等。当涂县10座农村水厂都是规模水厂，各农村水厂建立了生产、经营、管理等各项规章制度，设置了水源保护区，成立了管网维修队伍，加强了工程的管理和维护，保证供水设施的安全运行。水费、开户费严格按物价部门规定执行，实行计量收费。企业管理和生产人员定期进行业务培训。水质定期进行检测，发现问题及时整改，确保供水水质、水量、水压符合要求。按当涂县物价局、水利局《关于调整农村供水价格及相关收费标准的通知》（当价格〔2014〕20号），农村生活用水基本价格1.9元/m^3，生活用水实行底数3m^3，不足3m^3的按3m^3收取，超出3m^3的按计量收费。花山区实行一户一表管理，市物价局核定水价为2.5元/m^3。雨山区农村供水工程管理运行管理方式有三类：一类是城市供水企业管理，涉及农村人口28492人，产权归属原则是谁投资谁所有；第二类是村集体管理，涉及农村人口17612人，产权归政府与村集体共同所有；第三类是实行承包等市场化管理，涉及农村人口15895人，产权归政府与村集体共同所有。雨山区农村供水水价目前执行马政秘〔2010〕65号文件，到户价1.90元/m^3，与城市居民到户水价相同。博望区共13座农村水厂，其中4座规模水厂由专业化企业管理、9座规模以下水厂由村集体管理。13座水厂均实行“两部制”水价管理，基本水价1.5元/m^3，每户最低收取水费5元/月。

7. 农村饮水工程（农村水厂）监管情况

按照“谁投资、谁受益、谁管理”的原则，农村饮水安全工程由乡镇政府或供水企业或村集体管理。县区水利部门作为农村饮水安全工程行业主管部门，具体负责农村饮水安全工程的行业监管和技术指导。农村饮水安全工程建设资金形成的国有资产由县国资部门进行登记，工程建成验收后移交给相关农村水厂管理和使用，国家投资部分产生的利润，其主要用于农村水厂管网改造和工程维护，未经县区政府同意，农村水厂不得擅自转让所有权和经营权，经县区政府同意后，相关水厂转让前必须将财政补助资金按规定要求归还。

8. 运行维护情况

督促县区成立农村饮水安全工程专管机构。落实县级维修养护基金，对各工程运行管理单位的维修养护给予适当财政补助。推行农村饮水安全工程产权证、使用权证、管护责任书即“两证一书”登记发放工作，进一步明晰工程产权，逐项落实管护主体和管护责任。结合实际，探索和建立与市场经济相适应的工程运行管理机制，一是县区政府通过招投标引进先进管理企业，二是镇村管理模式，三是BOT模式，即“建设—运营—移交”的模式，由投资商为主体出资建设水厂，实行特许经营管理，特许经营期限30年，期满后由当地政府无偿回收。四是城市供水水厂管理模式，实现城乡供水一体化管理，花山区和雨山区 2 个郊区已实现城乡供水同网、同质、同价。此外，各县区按照国家和省相关规定，在建设与运行管理过程中严格执行建设用地、运行用电及税收方面各项优惠政策。

9. 用水户协会成立及运行情况

2010 年 6 月含山县成立了以供水企业为主体的供水协会，协会通过章程的形式进管理，同时含山县农村饮水安全工程建设管理处作为建设管理机构也参与供水管理活动；所有协会成员对全县供水设施以及运行管理情况进行督促和定期检查，并对设施维修、设施更新，以及因自然灾害造成的工程紧急抢修费用进行核算，含山县农村饮水安全工程建设管理处每年给予用水协会 5 万元不等的运行管理经费。

四、采取的主要做法、经验及典型案例

（一）做法和经验

一是健全相关管理机制。市政府出台了《马鞍山市农村饮水安全工程运行管理暂行办法》，明确工程的管理原则、管理体制和管理主体，明确各级政府、有关部门和供水企业在工程管理、水源和水质管理中的职责。县、区和市水利、卫生、环保等部门，进一步细化和落实在农村安全饮水工作中的职责，定期开展农村饮用水水源和水质监测工作，加强农村供水水源地保护，督促供水企业完善各项规章制度，强化企业内部管理和技术培训。市水利、财政、卫生、环保部门等部门印发《马鞍山市农村饮水安全工程建后管理养护办法》《马鞍山市农村饮水安全应急预案》《关于进一步加强农村饮水安全工程运行监管工作的通知》等。县、区也先后出台运行管理、应急管理、水源保护、供水价格收费、目标考核等方面政策文件。

二是改革创新建管模式。农村供水工程是农村公共设施，但由于农村人口居住分散，供水管网所占投资比重大，而农村户均用水量较少，供水工程投资收益率不高，还本年限长，筹资任务十分繁重。能否足额筹措建设资金，决定了工程建设能否按计划顺利推进。因此，我们在工程实施过程中，积极探索出一种适应市情的“政府补助为引导，市场运作为主导，群众自筹为补充”的投资模式。如当涂县采取 BOT 方式，即“建设—运营—移交”的模式，由投资商为主体出资建设水厂，实行特许经营管理，特许经营期限 30 年，期满后由当地政府无偿回收。在特许经营期内，投资方负责运营、维护、管理和收费。这一做法不仅得到了上级有关部门充分的肯定，2006 年还被新华社《半月谈》杂志称之为“马鞍山模式”，予以广泛宣传报道。

三是供水规模化、城乡一体化。为解决农村小水厂规模小，制水工艺简陋，出厂水水质不达标等问题，我市早在“十一五”规划建设初期就注重规模水厂的建设工作，以规模水厂的优质管理水平和供水水质服务广大农村居民。为逐步实现城乡供水一体化，我市各县、区结合城市建设，认真抓好供水规划，统筹城乡居民供水，充分利用城市水厂进行农村管网延伸，努力实现城乡供水同网、同质、同价。目前，全市城乡供水一体化受益人口 33.02 万人，占全市农村人口的 22.5%。其中花山区、雨山区两个区已全面实现城乡供水一体化。

四是加大水源保护力度。县、区政府在取水水源地划定保护区域。环保部门统一制作标示牌，并在取水点设置明显的标志和保护告示，明确规定在划定的水源保护区域内，不

得建设可能对水源造成污染的工矿企业和生活设施等。环保部门每季度开展1次农村饮用水水源的环境质量监测工作，并公布监测成果。加强水源地周边环境巡查，开展饮用水源一、二级保护区综合整治工作，取缔在一、二级保护区内的停船码头、堆沙场、水禽养殖场和排污口，有效地保护水源地水质。

五是注重业务培训工作。为使农村饮水安全工程长期、稳定发挥效益，我市历年来一直非常重视农村饮水安全工程建设与管理培训工作，努力提升业务管理水平。我们在积极参加全省农村饮水工程建设管理、农村饮水安全工程水源及水质管理技术、农村饮水安全工程初步设计、规模水厂运行管理等学习的同时，市（县）水利、卫生、环保部门多次组织农村生活饮用水水质卫生监督监测、水源地环境保护、业务知识及能力培训。培训工作成效显著，市县相关部门管理人员及农村供水企业管理工作人员业务水平明显提高。

（二）典型县案例

1. 当涂县农村饮水安全工程建设案例

当涂县农村饮水安全工程建设工作，概括起来主要有以下几个特点：

一是始终坚持小水厂整合兼并。2005年至今，市、县投资4000多万元对当涂县154个农村小水厂进行了整合兼并，使农村水厂规模化、效益化，既降低了供水成本，提高了企业效益，也保证了供水安全。通过对57家小水厂的整合兼并，使当涂县大公圩中心水厂日供水能力达到3万m^3，受益人口22万人，是全省农村地区规模最大的自来水厂。同时，当涂县也积极拓展水务项目合作，引进大型国企来建设、运营农村水厂，通过大型国企的规范运营管理，给全县其他农村供水企业树立模范典型。

二是积极引进社会资金投资建设。2005年，当涂县在全省开创先例，通过BOT模式招商引资，引进社会资金建设农村水厂，打下了良好的基础，我县这种做法被《半月谈》（2006年19期）称为“马鞍山模式”，予以报道和推广。目前全县9座农村规模水厂皆为社会投资占主导，上级财政补助资金全部用于各农村水厂的工程建设，该部分资金形成国有资产，不参与利润分配，政府只通过规范收费价格的方式进行宏观控制，供水企业自主经营，自负盈亏，企业收购、兼并时计提国有资产。通过引进社会投资，既解决了县乡财政投入不足的问题，又解决了工程建成后的运行管理问题。通过引进外资，采用超滤膜工艺建设了日供水规模3000m^3的江心水厂，出厂水水质105项检测指标全部合格（2009年标准），出厂水可以直接饮用，该厂超滤膜制水工艺由上海同济大学等单位申报，被科技部批准为“东部小城镇饮用水安全保障技术集成与示范”科研课题。

三是立足农村饮水安全这一根本。当涂县农饮工程建设时间早、起点高，2007年各农村水厂就已经进入了运行管理期，各种问题矛盾也过早的暴露显现。因此，农村供水已经不是能不能用到水的问题，而是用的水能不能满足群众要求的问题。各种停电停水、水质水压等一直是老百姓反映的焦点问题，县乡政府、各有关部门和供水企业始终立足饮水安全这一根本，以提供优质的供水产品为宗旨，以用水户满不满意为标杆，努力向广大农村群众提供安全、优质、高效的农村供水服务。

2. 雨山区向山镇石马村、南庄村农村饮水工程案例（城乡一体化运行管理模式）

石马村和南庄村地处雨山区东部丘陵区，为向山镇南部的两个毗连村，村民共2820人。两村紧邻马钢南山铁矿开采区，距市区较远，距向山镇区也有3～4km。受南山矿和向山硫铁矿两矿采选矿污染影响，村内沟塘水早已不能饮用。2005 年以前该两村群众饮用水一直靠马钢南山矿拉水车送水解决。拉水车每天定时将饮用水送至各自然村储水池供村民取用，村民每人每天平均取用水 20～40L，只能勉强保证基本饮用水，没有洗衣机、热水器、抽水马桶等电器和生活用具，村民生活水平和生活质量难以提高。

位于向山镇的向山硫铁矿为马鞍山市国有老矿山，因资源枯竭于 2003 年停产，其原有一套内部生活供水系统（水源引自长江），2004 年 10 月马鞍山市政府召开专题会议处理原向山硫铁矿遗留问题，并形成专题会议纪要（2004 年第 32 号），明确其原有的供水系统的管理权及相应资产移交至首创水务公司（马鞍山市自来水管理单位），首创水务公司负责推进受向山硫铁矿污染影响的农村地区（即石马村和南庄村）的供水管网建设（延伸至自然村口）。

2005 年起，向山镇石马村和南庄村利用国家实施农村饮水安全工程的机遇，在马鞍山首创水务公司的协助下，以城市自来水为水源，铺设 DN150mm 和 DN100mm 球墨铸铁管 4.9km，各种规格支管道约 83.5km，将城市自来水引入每家每户，实行一户一表管理，至 2006 年初两村村民全部用上了城市自来水。该两村的饮水工程根据“谁投资、谁所有”的原则界定资产后及时移交给首创水务公司进行管护、收费，纳入城市供水管理并与城市居民水价相同，实现了城乡供水一体化。至此，一直困扰石马村和南庄村村民多年的饮用水困难问题终于得到彻底解决，既保证了两村群众饮用水安全，又不增加村级经济负担，政府满意，群众更满意。

目前两村饮水工程已运行近十年，农村群众生活水平和生活质量有了显著提高，家家户户都购置了太阳能热水器等电器，也用上了水冲式卫生用具，群众自觉交纳水费，首创水务公司也尽责管理，未发生过任何水质安全事件，供用水双方也从没有发生过用水纠纷，今后的管网改造和标准提升也纳入城市供水统筹安排。这是雨山区较为成功的农村饮水建设运行管理模式。

五、目前存在的主要问题

农村供水行业属保本微利行业，“十一五”和“十二五”期间投入了大量资金进行工程建设，主要目的是提供农村供水服务，但目前农村整体用水量有限，随着老百姓安全意识的增强，供水服务要求也越来越高，加之受管网维护、抄表收费、水质自检、政府定价等方面的要求和限制，各农村水厂仅靠向农村供水收取农户水费已难以保持正常运营，长此以往，随着近年来新建供水设施及管网的老化和破损度的提高，各农村水厂的供水成本将会逐年加大，水厂失去了效益，不光广大农户的供水安全得不到保障，也会给政府带来压力，造成严重的社会问题。

六、“十三五”巩固提升规划情况

2016 年 3 月，全市组织相关县、区完成了“十三五”规划编制工作，全市规划投资 3.97 亿元，规划新建、改造供水工程和管网延伸分别为 5 处、32 处、17 处。对农村供水水源工程、水处理设施、消毒设备、供水泵站、水质化验室、水厂信息化、输配水管网等全面升级改造。此外，小水厂的兼并整合工作也纳入了“十三五”规划内容，通过规模水厂覆盖小水厂供水、规模水厂管理小水厂等方式整合工艺落后、水质不达标的小水厂。进一步提高农村集中供水率、自来水普及率、水质达标率、供水保证率和工程运行管理水平，建立“从源头到龙头”的农村饮水工程建设和运行管护体系。

表4　“十三五”巩固提升规划目标情况

县（市、区）	农村集中供水率（%）	农村自来水普及率（%）	水质达标率（%）	城镇自来水管网覆盖行政村的比例（%）
合计	100	99.3	92.5	88.4
含山县	100	97.11	85	80
和县	100	100	90	100
当涂县	100	100	90	90.3
花山区	100	100	100	100
雨山区	100	100	100	100
博望区	100	100	90	60

表5　“十三五”巩固提升规划新建工程和管网延伸工程情况

县（市、区）	工程规模	新建工程					现有水厂管网延伸			
		工程数量	新增供水能力	设计供水人口	新增受益人口	工程投资	工程数量	新建管网长度	新增受益人口	工程投资
		处	m^3/d	万人	万人	万元	处	km	万人	万元
合计	合计	5	21300	14.87	2.41	1708	17	3931	34.77	15485
	规模水厂	4	21000	14.12	2.4	1684	17	3931	34.77	15485
	小型水厂	1	300	0.75	0.01	24				
含山县	合计	5	21300	14.87	2.41	1708	9	137	3.59	1887
	规模水厂	4	21000	14.12	2.4	1684	9	137	3.59	1887
	小型水厂	1	300	0.75	0.01	24				
和县	合计						3	3635	26.49	3269
	规模水厂						3	3635	26.49	3269
	小型水厂									
雨山区	合计						2	78	0.08	547
	规模水厂						2	78	0.08	547
	小型水厂									

（续表）

县（市、区）	工程规模	新建工程					现有水厂管网延伸			
		工程数量	新增供水能力	设计供水人口	新增受益人口	工程投资	工程数量	新建管网长度	新增受益人口	工程投资
		处	m^3/d	万人	万人	万元	处	km	万人	万元
博望区	合计						3	81	4.61	10329
	规模水厂						3	81	4.61	10329
	小型水厂									

表6　“十三五”巩固提升规划改造工程情况

县（市、区）	工程规模	改造工程					
		工程数量	新增供水能力	改造供水规模	设计供水人口	新增受益人口	工程投资
		处	m^3/d	m^3/d	万人	万人	万元
合计	合计	32	43360	198500	108.72	38.96	22520
	规模水厂	32	43360	198500	108.72	38.96	22520
	小型水厂						
含山县	合计	12	7860		19.3	7.86	1580
	规模水厂	12	7860		19.3	7.86	1580
	小型水厂						
和县	合计	7	21000	104000	26.49	26.49	920
	规模水厂	7	21000	104000	26.49	26.49	920
	小型水厂						
当涂县	合计	10	3500	82500	40.08		9691
	规模水厂	10	3500	82500	40.08		9691
	小型水厂						
博望区	合计	3	11000	12000	22.85	4.61	10329
	规模水厂	3	11000	12000	22.85	4.61	10329
	小型水厂						

当涂县农村饮水安全工程建设历程（2005—2015）

（当涂县水利局）

一、基本概况

当涂县位于安徽东部，长江下游南岸，地处长三角经济圈与皖江城市带交汇处，介于马鞍山和芜湖之间，是安徽省重要的沿江沿边县、东向发展的桥头堡。全县总面积1002km^2，下辖9镇、2乡和3个省级开发区。全县共有130个行政村、15个乡镇居委会、12个社区，总人口47.33万人，其中农村人口37.61万人，截至目前，农村饮水工程受益行政村144个，供水人口40.08万人。

当涂县属沿江冲积平原，其地形地貌总趋势是由东北向西南倾斜，东南部为石臼湖。当涂县属北亚热带季风性湿润气候，四季分明，气候温暖湿润，雨热同季。农业以种植水稻、小麦为主，还有玉米、薯类、油料等；工业主要有机械制造业、冶金压延业、绿色食品加工业、纺织服装业和医药化工业等。根据《当涂县统计年鉴（2014）》，2013年全县生产总值243.5亿元（当年价），财政收入40.6亿元，农民人均纯收入14241元，连续多年保持全省县级第一。

当涂县境内3个省控地表水监测断面（青山河查湾断面、姑溪河二水厂断面、姑溪河大桥断面）24项因子达《地表水环境质量标准》（GB 3838—2002）中规定的Ⅲ类标准，达标率为100%，水质状况良好。

二、农村饮水安全工程建设情况

1. 农村人口饮水安全解决情况

2004年末，我县总人口65万人，辖10镇4乡187行政村，其中农村范围人口57.8万人，共有小型自来水厂154个，总供水人口44.5万人，其中饮水不安全人口32.7万，主要分布在全县14个乡镇100多个行政村，饮水不安全问题主要原因为水源水质污染严重、水处理设施简陋、供水管网破损老化、血吸虫影响等。

截至2015年底，我县总行政区划面积1002km^2，下辖9镇2乡和三个省级开发区。全县共有130个行政村、15个乡镇居委会、12个社区，总人口47.33万人，其中农村人口37.61万人，目前全县共有农村饮水安全工程10座，受益行政村、社区、居委会共144

个，供水人口受益人口40.08万人，农村自来水普及率达99%。2005—2015年，我县共完成农村饮水安全工程建设投资23211万元，累计建成农村饮水安全工程23座（部分工程“十二五”期间管网延伸或整合兼并），其中中央投资6430万元、省级配套2182万元、市级配套4718万元、社会融资9881万元，解决了省核定的30.13万农村居民和0.3万农村学校师生的饮水问题。

表1　2015年底农村人口供水现状

乡镇数量	行政村数量	总人口	农村供水人口	集中式供水人口	其中：自来水供水人口	分散供水人口	农村自来水普及率
个	个	万人	万人	万人	万人	万人	%
11	157	47.33	37.61	37.61	37.61		100

表2　农村饮水安全工程实施情况

合计			2005年及“十一五”期间			“十二五”期间		
解决人口		完成投资	解决人口		完成投资	解决人口		完成投资
农村居民	农村学校师生		农村居民	农村学校师生		农村居民	农村学校师生	
万人	万人	万元	万人	万人	万元	万人	万人	万元
30.13	0.3	23211	21.24		18693	8.89	0.3	4518

2. 农村饮水工程（农村水厂）建设情况

2004年末，我县农村范围人口57.8万人，原有小型自来水厂154个，总供水人口44.5万人，普及率76.9%。根据饮水安全评价指标，我县饮水基本安全人口25.1万，占总人口43.4%；饮水不安全人口32.7万，占总人口56.6%，饮水不安全问题主要原因为水源水质污染严重、水处理设施简陋、供水管网破损老化、血吸虫影响等，严重影响了农村群众生产、生活。

博望区区划调整后，截至2015年底，我县共有农村规模水厂10座，分别为大公圩中心水厂、太白鑫龙水厂、太白华业水厂、江心水厂、湖阳水厂、姑孰华业水厂、太白镇水厂、太白永泉水厂、大陇功勋水厂和年陡水厂，总日供水能力8.25万m^3，总供水人口40.0751万人。

2005—2015年，我县共社会融资9881万元投入全县农村饮水安全工程建设，这些资金主要分为采取BOT模式融资、引进大型国有供水企业或吸纳相对有实力的社会投资等，很大程度上解决了县乡两级财力不足的问题。

我县农饮工程建设较早，通过“十一五”和“十二五”农村饮水安全工程的建设，全县范围内除极少数外出打工或地处偏远的农村住户外都已安装自来水，目前入户率已达99.5%以上。根据县物价局、水利局《关于调整农村供水价格及相关收费标准的通知》（当价格〔2014〕20号），原农村用户末端管网延伸改造建安价格标准每户200元。

表3　2015 年底农村集中式供水工程现状

工程规模	工程数量	设计供水规模	日实际供水量	受益乡镇数	受益行政村数	受益农村人口	自来水供水人口
	处	m^3/d	m^3/d	个	个	万人	万人
合计	10	82500	70000	11	144	37.61	37.61
规模水厂	10	82500	70000	11	144	37.61	37.61
小型水厂							

3. 农村饮水安全工程建设思路及主要历程

2005 年 7 月，按照县委、县政府 3 年解决全县农村饮水安全的总体部署，我县农村饮水安全工程建设正式启动，2007 年底基本完成工程建设任务，主要采取三项工程措施，一是新建湖阳、年陡、大公圩中心水厂、姑孰华业、江心、薛津、新市 7 座规模水厂；二是技术改造太白华业、太白永泉、泉水弯、丹阳、园艺、丁山、向阳、杨山坳、陈山、山泉、华富、迟村、护林、太白镇、百锋 15 座原有水厂；三是延伸博望锦盛城镇水厂供水管网。水厂取水水源圩区选择为外河水，低山丘陵区为水库水或泉水。整个工程共完成投资 18693 万元，其中国债资金 3719 万元、省级配套资金 1278 万元、市级配套资金 4461 万元、社会融资 9235 万元。总供水能力 9.265 万 m^3，全县 46.72 万农村范围群众基本用上安全、卫生、方便的自来水，其中解决省核定的 21.24 万人的饮水不安全问题。

到 2010 年末，全县农村共有集中式供水单位 24 个，供水人口 46.72 万，自来水普及率 80.2%。根据饮水安全评价指标，饮水安全达标人口 46.67 万，占总人口 80.7%；饮水安全不达标人口 11.13 万，占总人口的 19.3%，涉及 13 个乡镇 47 个行政村三个国有林场及 28 所农村学校。按照先急后缓、先重后轻、突出重点、分步实施的原则，当涂县农村饮水安全工程“十二五”规划计划 3 年完成，通过实施博望锦盛水厂、新市水厂、丹阳水厂、薛津丰盛水厂、大公圩中心水厂、太白鑫龙水厂、江心水厂、太白镇水厂、太白永泉水厂、姑孰华业水厂、年陡水厂等 11 个农村规模水厂的管网延伸工程，解决全县 11.13 万人的饮水不安全问题。

2012 年 9 月，原我县博望镇、新市镇、丹阳镇成立博望区经国务院批准同意，博望锦盛水厂、新市水厂、丹阳水厂、薛津丰盛水厂等四座农村水厂及相关“十二五”期间工程建设正式移交给了新成立的博望区相关部门。根据修编后的《当涂县农村饮水安全工程“十二五”规划》，“十二五”期间，我县重点实施了大公圩中心水厂、太白鑫龙水厂、江心水厂、太白镇水厂、太白永泉水厂、姑孰华业水厂和年陡水厂等 7 个农村规模水厂的管网延伸工程，完成投资 4518 万元，其中中央投资 2711 万元、省级配套 904 万元、市级配套 257 万元、社会融资 646 万元，共铺设主、支管网 96.3km，解决了 8.8863 万农村居民和 0.3042 万农村学校师生的饮水问题。

三、农村饮水安全工程运行情况

1. 县级农村饮水安全工程专管机构

县水利局作为全县农村饮水安全工程行业主管部门，具体负责农村饮水安全工程的行业监管和技术指导。2010 年，经县编委《关于印发〈当涂县水利局主要职责内设机构和人员编制规定〉的通知》（当编〔2010〕17 号）批准，县水利局设立了农村饮水安全办公室，属县水利局职能机构，负责全县农村饮水安全工程的建设及运行管理等工作。

2. 县级农村饮水安全工程维修养护基金

2010 年 12 月，根据县政府《关于同意建立“当涂县农村饮水安全工程维修养护专项资金”的批复》（当政秘〔2010〕62 号）文件，我县建立了全县农村饮水安全工程维修养护专项资金，用于全县农村饮水安全工程管网改造及维修等。

3. 县级农村饮水安全工程水质检测中心

当涂县农村饮水安全工程水质检测中心依托当涂县疾病预防控制中心水质检测实验室进行建设，共需采购石墨炉原子吸收分光光度计、顶空进样气相色谱仪、自动进样离子色谱仪、红外测油仪、低本底 αβ 测量仪等 5 台仪器设备，批复概算投资 180 万元（含安装调试费用），其中中央投资 65. 5 万元，省级配套 40. 5 万元，县级自筹 74 万元。

当涂县疾病预防控制中心 2015 年拥有 40 项饮用水常规指标检测能力，建成后的当涂县农村饮水安全工程水质检测中心检测指标共 48 项。县疾控中心属于全额拨款事业单位，参与农村饮水安全工程检测人员共有 12 人，均为在编人员，并取得了卫生和人社部门颁发的检测专业资质证书。当涂县农村饮水安全工程水质检测中心每年的运行费用约需 32 万元，资金筹集主要依靠中央财政专项补助、市财政民生工程专项补助以及县级财政配套。2016 年 3 月，我县农村饮水安全工程水质检测中心顺利通过县水利、卫生、发改、财政、环保等五部门联合竣工验收，该项目实际完成投资 151. 58 万元，其中中央预算内投资 65. 5 万元、省级配套 40. 5 万元，剩余 45. 58 万元由县级自筹并已到位。

根据马鞍山市农村饮水安全工程运行管理暂行办法，市县卫生部门每季度对我县农村饮水安全工程进行一次水质检测，9 座规模水厂配置了水质化验室，购置了浑浊度仪、pH 计、二氧化氯测定仪、余氯测定仪、理化和微生物设备等，各水厂日常进行色度、温度、浑浊度、臭和味、肉眼可见物、pH 值、二氧化氯、余氯等项目的自检，确保供水水质安全。

4. 农村饮水安全工程水源保护情况

2009 年至今，县政府先后出台了《当涂县农村供水应急预案》《当涂县集中式饮用水水源保护区实施方案》和《当涂县集中式饮用水源地突发环境事件应急预案》，各农村水厂也针对自身供水现状先后制定了供水应急预案，并报县水利主管部门批准后实施。县水利、卫生、环保等部门密切配合，加强水源管理和保护，建立水源一、二级保护区，落实措施，加强水源地保护，定期检测水源水质、出厂水质和管网末梢水水质，保证水源水质和供水水质安全。

5. 供水水质状况

我县农村范围内水厂俱为“千吨万人”以上规模水厂，都采用“三池”工艺制水，取水水源都为地表江河水源，水源水质满足饮用水源要求，水源保证率高。全年市县卫生部门水质检测按人口统计合格率达 90% 以上，水质不合格的主要指标为浑浊度及微生物指标。

6. 农村饮水工程（农村水厂）运行情况

全县各农村水厂建立了生产、经营、管理等各项规章制度，设置了水源保护区，成立了管网维修队伍，加强了工程的管理和维护，保证供水设施的安全运行。水费、开户费严格按物价部门规定执行，实行计量收费。企业管理和生产人员定期进行业务培训。水质定期进行检测，发现问题及时整改，确保供水水质、水量、水压符合要求。

根据县物价局、水利局《关于调整农村供水价格及相关收费标准的通知》（当价格〔2014〕20号），农村生活用水基本价格1.9元/m^3，生活用水实行底数$3m^3$，不足$3m^3$按$3m^3$收取，超出$3m^3$的按计量收费。

7. 农村饮水工程（农村水厂）监管情况

按照“谁投资、谁受益、谁管理”的原则，我县农村饮水安全工程由投资业主自主经营，自负盈亏，实行企业化管理。县水利局作为全县农村饮水安全工程行业主管部门，具体负责农村饮水安全工程的行业监管和技术指导。我县农村饮水安全工程建设资金形成的国有资产由县国资部门进行登记，工程建成验收后移交给相关农村水厂管理和使用，国家投资部分产生的利润，其主要用于农村水厂管网改造和工程维护，未经县政府同意，农村水厂不得擅自转让所有权和经营权，经县政府同意后，相关水厂转让前必须将财政补助资金按规定要求归还。

8. 运行维护情况

根据国家、省、市相关规定，我县农村水厂用电价格享受农业生产用电价格优惠，相关土地、税收等优惠政策按照上级相关文件规定执行。

四、采取的主要做法、经验及典型案例

（一）做法和经验

1. 地方出台的政策和法规性文件

2009年至今，县政府先后出台了《当涂县农村饮水安全工程运行管理暂行办法》《当涂县农村供水应急预案》《当涂县集中式饮用水水源保护区实施方案》和《当涂县集中式饮用水源地突发环境事件应急预案》，各农村水厂也针对自身供水现状制定了供水应急预案，并报县水利主管部门批准后实施；相关部门联合下发了《当涂县农村饮水安全工程目标管理考核办法》《当涂县农村供水价格及相关收费标准》等文件，规定了农村饮用水行业价格标准，维护了市场秩序，加强了对农村水厂的管理考核，确保农村水厂规范运营。

2. 经验总结

回顾我县农村饮水安全工程建设工作，概括起来主要有以下几个特点：

一是始终坚持小水厂整合兼并。2005年至今，市、县投资4000多万元对全县154个农村小水厂进行了整合兼并，使农村水厂规模化、效益化，既降低了供水成本，提高了企业效益，也保证了供水安全。通过对57家小水厂的整合兼并，使我县大公圩中心水厂日供水能力达到3万m^3，受益人口22万人，是全省农村地区规模最大的自来水厂。同时，我县也积极拓展水务项目合作，引进大型国企来建设、运营农村水厂，通过大型国企的规范运营管理，给全县其他农村供水企业树立模范典型。

二是积极引进社会资金投资建设。2005年，我县在全省开创先例，通过BOT模式招商引资，引进社会资金建设农村水厂，打下了良好的基础，我县这种做法被《半月谈》（2006年19期）称为“马鞍山模式”，予以报道和推广。目前全县8座农村水厂皆为社会

投资占主导，上级财政补助资金全部用于各农村水厂的工程建设，该部分资金形成国有资产，不参与利润分配，政府只通过规范收费价格的方式进行宏观控制，供水企业自主经营，自负盈亏，企业收购、兼并时计提国有资产。通过引进社会投资，既解决了县乡财政投入不足的问题，又解决了工程建成后的运行管理问题。通过引进外资，采用超滤膜工艺建设了日供水规模 3000m^3 的江心水厂，出厂水水质 105 项检测指标全部合格，出厂水可以直接饮用，该厂超滤膜制水工艺由上海同济大学等单位申报，被科技部批准为“东部小城镇饮用水安全保障技术集成与示范”科研课题。

三是立足农村饮水安全这一根本。我县农饮工程建设时间早，起点高，2007 年各农村水厂就已经进入了运行管理期，各种问题矛盾也过早的暴露显现。因此，农村供水已经不是能不能用到水的问题，而是用的水能不能满足群众要求的问题。各种停电停水、水质水压等一直是老百姓反映的焦点问题，县乡政府、各有关部门和供水企业始终立足饮水安全这一根本，以提供优质的供水产品为宗旨，以用水户满不满意为标杆，努力向广大农村群众提供安全、优质、高效的农村供水服务。

（二）典型工程案例

当涂县原中天供水有限公司大公圩中心水厂厂区位于我县大公圩地区石桥镇，日供水规模 3 万 m^3/d，供水范围覆盖整个大公圩六乡镇 363km^2，供水人口 20 万人。该水厂整个兼并了大公圩地区原有的 57 座农村小水厂，由于原有小水厂的供水末端管网老化破损、主支管管径设计不合理及部分用水户没有安装水表等原因，造成大公圩部分地区供水不正常，群众反映强烈，相关管网改造议题也连续两年列入县人大政协议案提案，对此，县委、县政府高度重视，主要领导多次深入水厂进行调研，提出管网改造方案及完成时限，但由于整体管网改造费用较高，大公圩中心水厂经营者已无力承担，经大公圩中心水厂全体股东书面请求，为确保农村供水安全，县委、县政府决定对大公圩中心水厂进行回购接管。

为确保行政行为的合法性、有序开展回购工作，县委、县政府成立了以县政府县长为组长，县水利局、审计局、国资办、物价局、法制办、安徽姑城律师事务所等相关部门主要负责人为成员大公圩中心水厂收购接管工作领导组，各部门按照各自分工，各负其责、相互配合，全力推进大公圩中心水厂回购工作。同时，我局在全国范围积极联系洽谈大型国有供水企业，寻找开始水务项目合作的可能，最终与水利部综合事业局下属国企中国水务投资有限公司达成了合作协议，这也是中国水务投资有限公司在全国范围内收购的第一家农村水厂。

2013 年 5 月，中国水务投资有限公司下属全资子公司江苏水务投资有限公司通过国有资产公开挂牌转让的方式取得大公圩中心水厂及县污水处理厂部分资产所有权，并与县政府授权的当涂县水利局成功签订《当涂县大公圩中心水厂及当涂县污水处理厂部分资产转让合同》《当涂县大公圩地区供水特许经营协议》等合同文件。2013 年 6 月，根据相关合同约定，江苏水务投资有限公司注册成立了当涂华水水务有限公司负责大公圩中心水厂的建设、运营和管理，注册资金 5000 万元，当涂华水水务投资有限公司接管大公圩中心水厂后，先后投资 5500 万元对大公圩地区供水主管及末端管网进行了改造，实行表置户外、一户一表制，解决了大公圩地区农村供水存在的水压不足、水量不够的问题，确保了农村供水安全。

五、目前存在的主要问题

1. 工程保障方面

我县农村饮水安全工程建设以来，各水厂水处理设施及输配水管网总体运行状况良好，因经济发展引起的供水量增大，个别水厂供水能力不足，需新增制水建筑物，改造供水管网，加大供水规模。

2. 水质保障方面

2011 年，我县对农村规模水厂的水质化验室进行了集中招标采购，目前除 2 座农村水厂外都配置了水质化验室，但各水厂化验室只能检测色度、温度、浑浊度、臭和味、肉眼可见物、pH 值、二氧化氯、余氯等常规项目，生物指标检测方面仍然欠缺。

3. 运行维护方面

近几年来，老百姓对农村供水的要求越来越高，已经不是有没有水喝的问题，而是供水服务好不好的问题了，这就给农村水厂提出了更高的要求。通过我县这几年农村水厂的运行情况来看，大规模水厂供水服务好于小规模水厂，部分水厂在抢修维护、设备养护、开户收费、矛盾处理方面有较大差距，且大部分农村水厂水质自检人员业务能力亟待提高。

4. 长效运营方面

农村供水行业属保本微利行业，“十一五”和“十二五”期间也投入了大量资金进行工程建设，主要目的是提供农村供水服务，但目前农村整体用水量有限，随着老百姓安全意识的增强，供水服务要求也越来越高，加之受管网维护、抄表收费、水质自检、政府定价等方面的要求和限制，各农村水厂仅靠向农村供水收取农户水费已难以保持正常运营，长此以往，随着近年来新建供水设施及管网的老化和破损度的提高，各农村水厂的供水成本将会逐年加大，水厂失去了效益，不光广大农户的供水安全得不到保障，也会给政府带来压力，造成严重的社会问题。

六、“十三五”巩固提升规划情况及长效运行工作思路

（一）县级农饮巩固提升“十三五”规划情况

我县农村饮水安全工程建设以来，各水厂水处理设施及输配水管网整体运行状况良好，但仍有部分水厂由于建设投入使用时间较长，因水源水质变化等各方面因素影响，存在着工程标准低、规模小、制水工艺落后、水厂水处理设施不完善、不配套、原有小水厂供水管网老化严重等突出问题，需要增扩制水建筑物，对现有水厂管网进行改造，加大供水规模，改造水厂净化工艺、配套消毒设备等，提高水质达标率，才能满足农村日益增长的供水需求。

1. 规划目标

到 2020 年，全面提高农村饮水安全保障水平。落实省委、省政府 2011 年 1 号文件精神，对已建农村供水工程进行巩固改造提升建设，保障供水安全。

工程建设：采取扩建、配套、改造、联网等措施，到 2020 年，使我县农村集中供水

率达到100%，农村自来水普及率达到99.5%以上，水质达标率比2015年提高15个百分点以上，供水保障程度进一步提高。

管理方面：推进工程管理体制和运行机制改革，建立健全县级农村供水管理机构、农村供水专业化服务体系、合理的水价及收费机制、工程运行管护经费保障机制和水质检测监测体系、水厂信息化管理，依法划定水源保护区或保护范围，加大对水厂运行管理关键岗位人员的业务能力培训。

2. 主要建设内容

我县农村饮水安全巩固提升工程"十三五"规划改造工程数量共10处。其中，取水泵站（船）及相应配套设备改造工程共6处；源水管改建工程共8处，总长33.35km；厂区水处理设施改造工程共3处；厂区设备更新工程2处；厂区备用电源改造10处；水厂水质化验室改善工程10处；水厂信息化建设工程10处；主管改造数量共91.68km；支管改造数量共131.91km；末端管网改造共19199户。

3. 加强运行管理措施

"十三五"期间，我县将深入贯彻国家和省委省政府关于农村饮水安全工作指示精神，结合全面建成小康社会、新型城镇化、美好乡村建设等要求，按照城乡供水一体化的新时期供水方向，注重轻重缓急、近远结合、量力而行、可以持续的原则，综合采取扩建、配套、改造、联网等方式，进一步提高农村集中供水率、自来水普及率、水质达标率、供水保证率和工程运行管理水平，建立"从源头到龙头"的农村饮水工程建设和运行管护体系。

加强农村饮用水水源保护、水质检测能力建设以及水厂信息化建设。开展农村饮用水水源保护，推进水源保护区或保护范围划定、防护设施建设和标志设置等工作。进一步加强农村饮用水水源保护和监测，强化供水水质检测能力建设，千吨万人以上工程配置水质化验室，健全水质卫生常规监测制度，完善农村饮水水质监测网络，全面提升农村饮水安全监管水平。加强工程管理人员技术培训，对集中式水厂负责人、净水工和水质检验工等关键岗位人员开展专业培训。有条件的地方，试点开展工程运行及主要水质指标在线监测及水厂信息化建设工程示范，积累经验后逐步推广。

表4　"十三五"巩固提升规划目标情况

农村集中供水率（%）	农村自来水普及率（%）	水质达标率（%）	城镇自来水管网覆盖行政村的比例（%）
100	100	90	90.3

表6　"十三五"巩固提升规划改造工程情况

工程规模	改造工程					
	工程数量	新增供水能力	改造供水规模	设计供水人口	新增受益人口	工程投资
	处	m^3/d	m^3/d	万人	万人	万元
合计	10	3500	82500	40.08		9691.48
规模水厂	10	3500	82500	40.08		9691.48
小型水厂						

（二）“十三五”之后农饮工程长效运行工作思路

通过“十一五”和“十二五”期间农村饮水安全工程的建设，我县已经实现农村集中供水的全覆盖，农村自来水入户率99%以上，我县农村饮水“十三五”期间将不存在农村水厂新增补点及新增农村饮水不安全人口。若因经济发展需要，县域内大型国有供水企业可能对县城区周边农村供水企业进行整合收购，实现城乡供水一体化。

“十三五”期间我县农村饮水工程主要建设任务表现为提质增效方面，包括部分水厂扩容，加大输水及供水能力，厂区制水建筑物改造及“十一五”前建设的部分供水管网的改造等，通过对农村饮水工程的提质增效，确保向广大农户提供“安全、优质、高效”的农村供水服务。

针对我县农村供水存在的具体问题，建议加大上级财政资金扶持力度，根据真实的供水成本，政府适当放松供水价格调控，扩大宣传水是商品、保护水资源、用水需交费的观念，以确保农村水厂能够长效运营。

博望区农村饮水安全工程建设历程（2005—2015）

（博望区水利局）

一、基本概况

博望区位于安徽省马鞍山市最东端，于2012年9月5日正式成立。总面积351km²，辖博望、新市、丹阳三镇，共有46个村，总人口18.44万人，其中农村人口16.92万人。博望区北倚横山，南濒石臼湖，东、北至马鞍山与南京江宁区边界，西至丹阳镇以西、丹阳新河以及军区农场地区，地势北高南低。境内横山最高海拔459m，为全市最高点。

博望区地处青弋江、水阳江下游，水系发达。境内有博望河、野风港、高潮河、小溪港、花津河等内河，人工河道丹阳新河、纪村河、新博新河、薛丹撇洪渠等，过境姑溪河、运粮河和石臼湖等。"一湖九河"汇入姑溪河后注入长江。

博望区多年平均水资源总量为1.71亿m³。按照《马鞍山市水资源综合规划报告》（2012.10）成果，博望区多年平均过境水量107亿m³，保证率75%和95%的年径流分别为90.5亿m³、64.1亿m³，多集中4～10月的汛期，约占全年80%。全年属Ⅲ类及以上水质。经估算，圩区多年平均利用过境水资源量1.5亿m³，50%、75%、90%保证率过境水资源可利用量为1.3亿m³、0.9亿m³、0.6亿m³。全区用水总量控制在1.262亿m³以内，万元工业增加值用水量控制在32m³/万元，与上年度相比下降幅度5%，农田灌溉水有效利用系数达到0.515，重要江河湖泊水功能区水质达标率不低于93%。

博望区在地质构造上位于宁芜断陷盆地的南段和中段，属长江中下游铁硫铜金钨矿带宁芜硫金钨矿带宁芜矿区中段，项目区地质构造复杂，构成发展阶段主要为燕山期，发育的构造形迹以断裂为主，褶皱次之。

二、农村饮水安全工程建设情况

1. 农村人口饮水安全解决情况。

我区于2012年9月成立，2005—2010年农村饮水安全工程归属当涂县实施。

2011—2015年博望区农村饮水安全工程累计下达投资2369.51万元，实施锦盛、新市、丹阳和丰盛薛津水厂管网延伸工程，建设博望区农村饮水安全水质检测中心，计划解决农村饮水不安全人口42396人、农村学校师生1406人，累计完成投资2370万元；

截止到2015年，博望区全区总人口18.44万人，其中农村人口16.92万。农村有各类集中式供水单位13个，总供水人口16.92万，自来水普及率100%。在“十三五”期间，我区将通过扩建规模以上水厂全面覆盖小水厂，彻底解决农村居民饮水问题。根据饮水安全评价指标，饮水安全达标人口15.12万，占总人口的89.4%；饮水安全不达标人口1.8万，占总人口的10.6%。

表1　2015年底农村人口供水现状

乡镇数量	行政村数量	总人口	农村供水人口	集中式供水人口	其中：自来水供水人口	分散供水人口	农村自来水普及率
个	个	万人	万人	万人	万人	万人	%
3	46	16.92	16.92	16.92	16.92	—	100

表2　农村饮水安全工程实施情况

合计			2005年及“十一五”期间			“十二五”期间		
解决人口		完成投资	解决人口		完成投资	解决人口		完成投资
农村居民	农村学校师生		农村居民	农村学校师生		农村居民	农村学校师生	
万人	万人	万元	万人	万人	万元	万人	万人	万元
4.24	0.14	2370	—	—	—	4.24	0.14	2370

2. 农村饮水工程（农村水厂）建设情况

截至2015年底，我区现有13座农村水厂，其中规模以上水厂4座，分别为锦盛水厂、新市水厂、丹阳水厂和丰盛薛津水厂。

锦盛水厂：水源地为石臼湖，日供水量约$30000m^3$，员工人数60人，自来水用户约26700户，解决博望镇三杨、和平、建设等21个行政村和居委会共7万多人饮水安全问题。

丰盛薛津水厂：水源地为姑溪河，日供水量约为$5000m^3$，员工人数27人，自来水用户约7800户，解决丹阳镇薛镇、龙山、八卦、宝义、团结、董塘、黄塘和近城等8个行政村共3.5万多人饮水安全问题。

丹阳水厂：水源地为甘坝水库，日供水量约为$3000m^3$，员工人数12人，自来水用户约6000户，解决丹阳镇润州、董塘、丹阳居、山河（部分）等4个行政村共1.5万多人饮水安全问题。

新市水厂：水源地为运粮河，日供水量约为$5000m^3$，员工人数10人，自来水用户约7200户，解决丹阳镇张茂、洪庙、临川、新禄、新河、釜山、梅山、叶家桥、联三等行政村共3.5万多人饮水安全问题。

截至2015年底，我区已实现农民接水入户基本覆盖，自来水入户率100%。2011—2015年，我区没有利用社会资本、个人资金、银行贷款等资金投入农村饮水安全工程建设。

表3　2015年底农村集中式供水工程现状

工程规模	工程数量	设计供水规模	日实际供水量	受益乡镇数	受益行政村数	受益农村人口	自来水供水人口
	处	m^3/d	m^3/d	个	个	万人	万人
合计	13	47150	33930	3	46	16.92	16.92
规模水厂	4	43400	31000	3	35	13.57	13.57
小型水厂	9	3750	2930	3	11	3.35	3.35

3. 农村饮水安全工程建设思路及主要历程

（1）“十一五”建设情况

2005—2010年我区为当涂县所辖，农饮建设情况见当涂县水利局相关报告。

（2）“十二五”建设情况

“十二五”期间，我区共解决农村居民42396人、农村学校师生1406人饮水不安全问题，受益人口涉及全区3个乡镇23个行政村。

“十二五”期间，共完成投资2159万元，铺设各类管网约150km，加压泵站4座，涉及全区3个乡镇。目前我区农饮水厂日设计供水规模4.72万m^3，日实际供水4.39万m^3，年供水量1600万m^3。

三、农村饮水安全工程运行情况

简述至2015年底，农村饮水安全工程运行如下方面情况：

1. 县级农村饮水安全工程专管机构

为全面提高农村饮水安全工程运行管理人员维护管理能力，保障各供水工程的正常运用，我区水利局于2012年10月成立了农村饮水安全管理办公室，为水利局内设机构。

2. 县级农村饮水安全工程维修养护基金

博望区于2012年10月出台了《博望区农村饮水安全工程运行管理办法》，农村饮水安全工程日常维修养护资金根据区财政设立农饮工程资金专户，来规范农村饮水安全工程的运行管理，该项经费每年纳入年初财政预算。2011—2015年共落实并兑现了农饮维修养护专项经费40万元，截至2015年底财政账户余额2万元。

3. 县级农村饮水安全工程水质检测中心

根据省、市统一部署，博望区农村饮水安全工程建设管理处认真组织了水质检测中心的基础建设。

博望区农村饮水水质监测中心设有理化检验室、细菌检验室、仪器室、药品室、精密仪器室、高压锅房及办公室，购置大型检测仪器7台、小型仪器设备30台，购置试验台、试验柜、玻璃器皿及实验室试剂药品齐全。具备《生活饮用水卫生标准》（GB 5749—2006）规定的42项常规指标和部分非常规指标的水质检测能力。办公场所使用面积达1000m^2，基本建设投资200万元，仪器设备投入90多万元，水质监测中心于2016年10月初正式投入运行。

4. 农村饮水安全工程水源保护情况

博望区已制定并下发了《博望区饮用水源环境保护办法》，明确各镇人民政府对本辖区内饮用水水源环境质量负责，并纳入地方经济、社会发展规划，切实加以保障。博望区政府出台了《博望区集中式饮用水源保护规划》，区环保局对饮水工程水源保护工作进行了专项调研；各镇也根据各工程水源情况，分别制定了水源保护和水源调度的措施和乡规民约，划定水源保护区范围，在各处供水工程水源地设立公告牌。

5. 供水水质状况

通过调查，全区水厂水源水质达标率（按人口计算）平均为70%，各水厂都建立了水质检测制度，一般水厂每年夏、冬季，丰水期及枯水期各检测1次；规模水厂按季节每年检测3~4次，经巡检合格率达到90%以上。水质不合格的主要指标为总硬度、浑浊度和余氯。

6. 农村饮水工程（农村水厂）运行情况

全区13座水厂全部落实供水管理单位（或个人），供水管理单位类型：小型专业化供水企业管理4座，村委会9座。水厂运行管理人员总计113人，其中具备中专及以上学历的人数63人。

产权归属：全部归政府所有的1座，政府与企业（或个人）合有的3座，村集体所有的9座；政府资产监管人：乡镇政府9座，财政、住建、城投等其他部门4座。

通过调查，2015年水厂运营状况：全区水厂年供水总量1600多万m^3，实际供水户数为4.5万户，实际受益人口18.93万人，年收入944万元，其中水费收入944万元；年支出1336万元，其中人员工资458万元、电费217万元、工程维护费用661万元，毛收益-392万元。

水价采用“两部制”计收为主，简易消毒设备较为齐全。县级直管供水工程的水价，按城市自来水水价；各镇直管供水工程采取“两部制”水价，水价为1.5元/m^3；村级管理的供水工程收费采取“两部制”水价，水价为1.5元。管网入户收取费用200元/户，每户收取最低水费5元/月。

目前我区规模水厂为4座。规模水厂受益范围大，受益人口多，政府和部门都相当重视其运行，从目前来看，都能保证其正常运行。

现以我区最大的规模水厂锦盛水厂为例。锦盛水厂位于博望镇境内，始建于2006年，由政府和锦盛供水有限公司共同投资兴建，解决8万人饮水不安全问题，供水到户8万人，日实际供水量30000m^3，采用河流取水，压力式供水。取水水源为通江支流运粮河。

2011—2015年该水厂通过整合、并网后，已对博望镇周边11个行政村进行管网延伸，总长度达35km。目前执行两部制水价，水价1.5元/m^3，年水费收入450万元，效益明显，群众满意。经过几年多的运营，水厂各方面运行很好，无论从水质、水量还是水压，都比以前有了很大改观。

7. 农村饮水工程（农村水厂）监管情况

建后管理：农村饮水安全工程经竣工验收合格后，固定资产及运行管理权移交于所在地的乡镇政府，各供水企业和村委会为后期运行管理部门，区水利局为业务主管部门，一并加强运行监督、检查和管理工作。

水质监管：依托区疾控建立标准化水质检测中心。千吨万人以上工程设立水质化验室，配备专职检验人员，确保水质常规检测常态化、全覆盖。对规模以下供水工程水质定期抽检。

8. 运行维护情况

建立健全县乡两级农村饮水安全专管机构，明晰工程产权，逐项落实管护主体，小型工程推行产权改革。建立县级维修养护基金。以乡镇为单位，按照“保本微利”的原则，确定水价，分步到位。建立农村饮水安全地方首长负责制，逐步实现城乡供水一体化。

落实优惠政策。一是对各工程运行管理单位的维修养护给予适当财政补助，列入年度区财政预算，配套制定了区财政补助费用管理使用细则。二是遇重大自然灾害所造成的工程毁坏，其修复费用列入区财政“一事一议”。三是严格执行农村饮水安全税费、农业电价、建设用地等优惠政策。

四、采取的主要做法、经验及典型案例

（一）做法和经验

1. 地方出台的政策和法规性文件

我区出台政策法规文件有：《博望区农村饮水安全工程实施方案》《博望区农村饮水安全工程建设管理细则》《博望区农村饮水安全工程运行管理办法（试行）》《博望区集中式饮用水源保护规划》《博望区农村饮水安全应急预案》等。

2. 经验总结

（1）工程建设管理程序规范化。根据项目管理要求，制定了《博望区农村饮水安全工程建设管理细则》，组建了博望区农村饮水安全工程建设管理处，实行项目法人制，参照基建程序进行全面建设管理。

（2）制定落实工程建设目标管理责任制。县政府与各乡镇签订了博望区农村饮水安全工程目标管理责任书，明确了参建单位的目标和责任，实行责任追究制。

（3）建立落实协调机制。制定了博望区农村饮水安全协调机制，切实保障工程建设管理协调到位、环境良好，各项工作有序进行。

（4）建立健全运行管理保障机制。2013 年 6 月制定出台了《博望区农村饮水安全工程运行管理办法（试行）》，落实了具体的管理形式、管理组织和管理人员，制定了水价和水费收缴制度。

（5）用水户全过程参与。一是在年度计划的编制上，先由各镇上报建设计划，再进行水源和方案论证。二是在年度实施方案编制和施工图设计中，向项目区群众就图纸设计和水源条件征询意见。三是在工程建设过程中，用水户代表全程参与工程施工监督和环境协调。四是要求各镇村在开工前，确定专管单位和人员，参与工程建设。五是竣工验收移交后，即时对运行管理人员进行技术培训。

（6）加强饮水安全工程的宣传培训工作。积极联系各级报刊、电视及媒体对我区农村饮水安全工程建设情况进行宣传报道。

（二）典型工程案例

丰盛薛津水厂管网延伸工程（黄塘村）：丹阳镇黄塘村位于丰盛薛津水厂东北，分散式人口 3218 人，808 户，中心距水厂 8km。本次除延伸小口径管网外，还需铺设对接供水干管。丹阳镇地表水源条件差，水质不良，加上地质构造复杂，地下水又苦又咸，当地村民饮

水十分困难，群众饮水安全无法保障，给群众生活造成了严重的影响，因此结合实际情况，对丰盛薛津自来水厂进行了管网延伸工程。丰盛薛津自来水厂设计供水规模6000m³/d，但实际供水量远远不到6000m³/d，水厂尚有富足供水能力，足以支撑新建工程的用水量。

五、目前存在的主要问题

博望区现有水厂13座，规下水厂普遍供水能力不足，水源保证率小于90%，且水质总硬度超标，水处理工艺简陋，现有管网管径较小，多为管径为110mm的PVC管，供水能力受到影响。

博望区农村水厂的供水管理单位，其中锦盛水厂、新市水厂、丹阳水厂和丰盛水厂为小型专业化供水企业，其他水厂均为村委会集中管理，执行水价为物价部门规定的水价。为了确保工程的正常维护，目前已成立维修养护基金，以作为工程维修、运行管护经费的保障。

六、“十三五”巩固提升规划情况及长效运行工作思路

1. 主要建设内容

结合博望区现有农村饮水的实际情况，建立以锦盛、新市和丰盛三座水厂为核心的供水规模，全面解决全区3镇46个村的饮水问题。“十三五”期间博望区城镇自来水覆盖行政村比例将由现状的45%提升至60%，用水保证率达到100%。千吨万人以上的集中式供水工程建立水质化验室比例达到100%，供水水质达标率为100%，水源保护范围划定率达到100%，水厂持证上岗率达到100%以上。

表4　“十三五”巩固提升规划目标情况

农村集中供水率（%）	农村自来水普及率（%）	水质达标率（%）	城镇自来水管网覆盖行政村的比例（%）
100	100	100	60

2. 改造工程

“十三五”期间，根据全区现有13座水厂分布和供水范围情况，现将我区根据乡镇分为三个区：博望镇5座水厂合并到锦盛自来水厂统一供水，新市镇2座水厂合并到新市自来水厂统一供水，丹阳镇3座水厂合并到丰盛自来水厂统一供水。

表5　“十三五”巩固提升规划新建工程和管网延伸工程情况

工程规模	新建工程					现有水厂管网延伸			
	工程数量	新增供水能力	设计供水人口	新增受益人口	工程投资	工程数量	新建管网长度	新增受益人口	工程投资
	处	m³/d	万人	万人	万元	处	km	万人	万元
合计						3	81.23	4.61	10329
规模水厂						3	81.23	4.61	10329
小型水厂									

表6　“十三五”巩固提升规划改造工程情况

工程规模	改造工程					
	工程数量	新增供水能力	改造供水规模	设计供水人口	新增受益人口	工程投资
	处	m^3/d	m^3/d	万人	万人	万元
合计	3	11000	12000	22.85	4.61	10329
规模水厂	3	11000	12000	22.85	4.61	10329
小型水厂						

花山区农村饮水安全工程建设历程（2005—2015）

（花山区水利局）

一、基本概况

花山区位于马鞍山市东部，地理位置优越，与南京江宁区接壤，距南京禄口国际机场20km，处在南京都市圈核心圈层，长三角产业、资本转移的最前沿。2015 年底，全区总面积 179km^2，辖 1 个乡镇、8 个街道、36 个社区、3 个社区筹备组、1 个社区留守组，16 个村，总面积 179km^2，总人口 35.87 万，其中农村人口 2.15 万人，是全市核心主城区、商贸集中区、文教集中区、人居集中区。

本规划区属丘陵山区，根据花山区的用水现状，地下水较丰富，但地下水矿物质含量高或重金属含量超标，地下水不能作为农村饮用水供水水源。区内有大小主要溪河 9 条，均属长江水系，分别由东向西注入慈湖河流入长江、由南向北注入江宁河流入长江。区内已建成水库 10 座，总库容 487.83 万 m^3，其中小（1）型水库 1 座、小（2）型水库 9 座。花山区属亚热带湿润性季风气候，水资源比较丰富，区内的多年平均总径流量为 1400 万 m^3。年平均气温 15.7℃，年降水量 1172mm，年径流在地区分布上也不均，局部偏远山区、岗地仅靠山塘蓄水，径流相对贫乏。慈湖河水虽多，但由于水位低，电力提水扬程高，路程远，投资大，利用成本较高。内河、水系成为工农业生产的主要排污通道，水体受不同程度污染，很难作为供水水源；地下水矿物质含量高或重金属含量超标，也不能作为农村饮用水供水水源。

二、农村饮水安全工程建设情况

1. 农村人口饮水安全解决情况

实施农村饮水安全工程前，花山区饮水不安全人口主要分布在濮塘镇、霍里街道濮塘村、黄里村、双板村、凤山村、霍里村、苏李村、张庄村、杨坝村、赤口村等 9 个行政村，农村人口 3.59 万，由于种种原因，截至 2004 年底有 1.16 万农村村民饮用塘坝水，塘坝水体外观混浊、色深、耗氧量超标、水体细菌、大肠杆菌严重超标，可见细微悬浮颗粒，明显不符合饮用水标准。随着城市扩展延伸，群众越来越强烈地要求延伸城市管网接洁净卫生的城市自来水。到 2010 年，部分原属于饮水基本安全的人口，随着时间推移和工程老化无法正常使用，经常饮用沟塘水，已变得不安全，共 1.215 万人，主要分布在濮塘镇、霍里街道濮塘村、黄里村、双板村、凤山村、霍里村、杨坝村等6个行政村。

2015年底，区农村总人口3.8万人、饮水安全人口3.8万人、农村自来水供水人口3.8万人、自来水普及率100%；16个行政村。全部通上城市自来水，通水比例100%。2005—2015年，农饮省级投资计划累计下达投资额938万元，计划解决人口2.06万人，累计完成投资1568万元。

表1 2015年底农村人口供水现状

乡镇数量	行政村数量	总人口	农村供水人口	集中式供水人口	其中：自来水供水人口	分散供水人口	农村自来水普及率
个	个	万人	万人	万人	万人	万人	%
1	8	16	37.70	3.74	3.74	3.74	100

表2 农村饮水安全工程实施情况

合计			2005年及“十一五”期间			“十二五”期间		
解决人口		完成投资	解决人口		完成投资	解决人口		完成投资
农村居民	农村学校师生		农村居民	农村学校师生		农村居民	农村学校师生	
万人	万人	万元	万人	万人	万元	万人	万人	万元
2.38		1568	1.16		873	1.22		695

2. 农村饮水工程建设情况

2005年以前，我区农村饮水不安全人口主要是村民直接饮用塘坝水，水质得不到保证，通过2005—2006年及2012年第二批中央投资项目建设，基本解决了我区农村饮用水不安全问题。2005—2006年花山区农村饮水安全工程分二期限建设，于2005年9月份正式开工建设，2007年9月底全部完工。一期工程于2005年9月开工，同年12月中旬完成原霍里镇至濮塘的DN300主供水管网铺设和一级加压站建设，12月31日对一级加压泵站蓄水池进行放水清洗消毒，2006年1月3日一级站进行了供水设备的调试运行。二级加压站于2005年底建成，2006年9月底全面投入运行。二期工程于2006年初开工建设，9月底完成东晖路至霍里镇3.95km的主供水管网铺设，2007年9月底完成张庄、苏里、濮塘、凤山、双板和赤口村供水支管网铺设。工程建设按照项目建设“四制”组织实施，所需的机电设备、主要管材均通过政府集中招标采购。2012年项目，2011年10开工，2014年5月完工。主要管材通过政府采购购买，改造和敷设分支管也按照受益的实际需要通过招标选择有经验施工企业先后施工完成。项目均已通过验收。

截至2015年底资金投入情况，2005—2015年，计划投资1478万元，完成投资1568.2万元，其中中央资金514万元、省级资金175.9万元、市级资金241万元、区级资金394.1万元、镇村自筹243.2万元。2005—2006年花山区农饮项目计划投资868万元、完成投资873.4万元，一期工程实际完成投资为543.2万元，其中土建工程213.3万元、管材及设备318.3万元、其他费用11.6万元。二期工程实际完成投资为329.83

万元，其中土建工程315.74万元、其他费用14.09万元。工程资金到位情况：中央资金148万元，省级资金53.9万元，市级资金180万元，区级资金248.3万元，镇村自筹243.2万元。2012年计划投资610万元，完成投资694.8万元，中央资金366万元、省级资金122万元、市级资金61万元、区级资金145.8万元。2015年底，农民接水入户率100%。

表3　2015年底农村集中式供水工程现状

工程规模	工程数量	设计供水规模	日实际供水量	受益乡镇数	受益行政村数	受益农村人口	自来水供水人口
	处	m^3/d	m^3/d	个	个	万人	万人
1	4050	4050	2	9	3.74	3.74	

3. 农村饮水安全工程建设思路及主要历程

一是“十一五”结合花山区经济状况，以加快农村供水基础设施建设、保障农村人口饮水安全为目标；以国家、地方政府扶持与受益群众自筹相结合的方式，并动员社会组织与个人积极参与，多方融资，解决农村人口饮水安全问题。供水方式根据项目区农村人口饮水安全现状以及农村自然地形地貌、水文地质条件、经济条件和社会发展状况，做到因地制宜、远近结合，兼顾长远发展的需要，并结合新农村规划，采用城市管网延伸形式，解决农村人口饮水的方便程度，结合我区农村的经济条件以及管理水平，先建加压站工程以及干支管，已有供水管路充分利用，没有管路的农户可结合工程自筹资金接通自来水。2005—2006年计划解决水源细菌学指标超标严重，未经处理地区的饮水安全问题1.16万人的饮水安全。二是“十二五”根据上级主管部门部署，结合花山区情，在巩固近年来农村饮水安全工程建设成果的基础上，从2011年开始，用3年时间全面解决农村饮水不安全问题，即到2013年末，全区实现农村自来水安全供给率达到100%。用2年时间（2014年、2015年）完善管护机制。即通过延伸马鞍山首创水务管网，改造杨坝、凤山、霍里、双板、濮塘、黄里6个行政村供水管网及附属设施，解决区内农村1.215万人的饮水不安全问题，均为水量不达标人口。为此，据花山区位于马鞍山市近郊特点，供水工程建设主要采用城市管网延伸及改造，改造区内农村饮水全部采用集中式供水，全区现有集中供水工程1处，水源为马鞍山首创水务自来水厂。以地表水为水源的城市自来水厂，其取水口均在长江，水源水质能达到Ⅱ类水体。供水能力4050m^3/d。供水主加压泵站两座，一座位于张庄村（霍里街道办事处边，向整个区域供水），一座位于凤山村（向原濮塘地区供水），局部小加压泵站两座，位于双板村境内。沿马濮路（又名旅游大道）为DN300mm主管道，从张庄泵站至濮塘，并与濮塘原有管道连通，该管道为球墨铸铁管。2005—2015年共投入1568.2万元，解决全区2.375万人农村饮水安全问题。

三、农村饮水安全工程运行情况

1. 县级农村饮水安全工程专管机构

区里没有专门机构，全部工作人员为区水利局水利站人员兼职。财政全额拨款事业单位。

2. 区级农村饮水安全工程维修养护基金

区出台了《花山区农村饮用水工程建设管理办法》《花山区农村饮水安全工程运行管理办法》。从2011年起，区财政每年安排10万元维修养护资金。

3. 水质检测

我区农村饮用水为城市自来水，区级无检测中心，全部检测由市疾控中心检验室检测。饮用水卫生监测（末梢水），选取濮塘镇、霍里街道，开展丰水期和枯水期水质卫生监测。花山区卫生局对监测点进行水样采集（理化和细菌），按相关标准流程送市疾控中心检验室检测。

4. 农村饮水安全工程水源保护情况

我区农村饮用水水源为城市自来水，在濮塘镇、霍里街道建有2座加压泵站二次供水，2座加压站为水源重点保护区，为此，2座加压站办理了二次供水卫生许可证，并委托市卫生检测部门每季度进行水质检测、化验。卫生部门加强了二次供水水质检测和水源地保护工作，确保供水安全。霍里街道农饮服务站编制了霍里街道农村供水安全应急预案。

5. 供水水质状况

根据市疾控的检测报告，水质、供水量等均能满足要求花山区监测点监测合格率为100%。

6. 农村饮水工程运行情况

花山区农村饮水工程主要分布在濮塘镇、霍里街道，为此，2007年3月，原霍里镇成立了霍里镇农村饮水管理服务中心（霍政秘〔2007〕7号）。管理人员10人，负责濮塘镇、霍里街道农饮管理，各项管理制度健全。将责任落实到具体人，并对工作人员分批进行培训；集中供水工程水费的核算和征收均按要求落实；按时、按质上报规定的统计资料。

街道农饮服务站在办公室墙上公告工程规模、自来水入户、日常管理情况。

7. 农村饮水工程监管情况

霍里街道农饮服务站将农村饮水安全工程按户建档建卡，装订成册；水价由市物价部门核定，水价为2.5元/m^3。建立规范的供水档案管理制度；街道农饮服务站在办公室墙上公告工程规模、自来水入户、日常管理情况。水价由市物价部门核定。工程建成后实行一户一表供水管理。我区农村饮水工程主要是城市管网延伸，2座加压均定期消毒，水质、供水量等均能满足要求，

8. 运行维护情况

工程管护分成两种情况，沿马濮旅游大道的管网由市首创水务公司管理，其他工程运行维护基本由镇、街道、所在村负责负担。同时接收群众监督。用电、用地等相关优惠政策全部按国家政策落实。

四、采取的主要做法、经验

1. 加强领导，落实责任

区政府成立由政府主要领导任组长，相关部门负责人为成员的农村饮水安全工程建设

领导小组，负责协调解决工程建设中的重大问题。领导小组办公室设在区水利局，由区水利局具体负责日常工作。市政府与区政府签订了目标责任书后，区政府与项目所在地的乡镇政府签订了目标责任书，层层分解落实责任，明确乡镇政府是工程建设的直接责任主体，各成员单位根据职能分工各司其职。

2. 优化方案，精心设计

花山区地形较为复杂，农村人口居住分散，农村供水类型繁多。为切实做好农村饮水安全工作，我区坚持科学、全面、实效的原则，高起点地制定了全农村饮水安全工程建设规划。区水利部门就组织了以专业技术人员和乡镇水利员为主的调查队伍，在进行培训之后，深入到行政村、自然村进行调查摸底。为保证调查数据真实可信，除要求原始调查表格一律由调查人和乡、村负责人签字外，区水利部门还配合市水利部门深入乡村进行抽查和复核，保证调查结果的真实准确。针对当时农村小型供水设施众多，自来水普及率较高但安全隐患也较大的现状，结合城市和经济社会发展规划，立足长远，水利部门委托有专业资质的设计单位编制了全区农村饮水安全实施方案。方案围绕全区农村获得持续、安全的饮用水为目标，因地制宜地确定农村供水规模和制定供水方案。工程的主要措施是对城市周边农村采取延伸城市自来水管网供水到户，通过增建加压站、调蓄池等解决水压、水量不足问题。

3. 加大投入，专款专用

农村供水工程是农村公共设施，但由于农村人口居住分散，供水管网所占投资比重大，而现阶段农村户均用水量较少，供水工程投资收益率不高，还本年限长，筹资任务十分繁重。在工程实施过程中，主要政府投资为主，积极争取市级以上补助资金 755 万元同时，区财政安排约 394. 1 万元，作为工程配套资金，支持工程建设，保证了工程资金落实到位。为确保资金专款专用，区、街道两级政府均设立工程资金专户，加强财务管理，定期检查资金使用情况。

4. 加强督查，狠抓进度

工程实施中，区水利部门认真履行好行业主管职责的同时，还会同区监察局、财政局、发改委等单位不定期地对工程进度、资金到位情况进行监督检查，协调、解决施工中遇到的困难。工程建设中，还邀请区人大、区政协领导到现场检查指导工作，有力推动了工程建设。同时做好工程建设信息的上报和反馈，将工程进展情况及时报告有关党政领导，以便他们了解工程建设情况，为领导决策提供依据，推动了工程的顺利实施。

5. 规范程序，保证质量

首先是落实质量责任制，对每项工程都明确责任主体和建设各方责任，实行质量终身负责制；其次是按照项目建设“六制”要求，严格基本建设程序，项目建设都实行了项目法人制、招投标制、合同管理制、质量监理制、公示制、资金拨付报账制等工作制度，按规定开展工程设计、项目发包、材料（设备）选购、资金拨付、质量监督、工程验收等工作。委托有资质的设计单位进行初步设计和施工图设计，市、区水利部门组织专家对设计文件进行审查。依照公开、公正、公平的原则进行工程招标和设备材料采购。按要求办理合同备案、质量监督、设计变更、工程验收等手续。在抢抓工程建设进度和质量的同时，我市加大了对已建成供水企业的安全生产管理，落实了安全生产责任制，卫生和环保部门加强了出厂水水质检测和水源地保护工作，确保供水安全。

6. 认真考核，严格验收

市、区两级政府均将农村饮水安全工程作为为民办实事项目，纳入各级政府和相关部门年度工作目标考核内容。为做好工程验收工作，区水利局及时转发《关于开展全省农村饮水安全工程验收工作的通知》《全省农村饮水安全工程项目验收工作指南》等有关验收文件，要求项目乡镇严格按文件的验收规定，做好工程扫尾、决算、审计等相关工作，整理、汇编工程资料成册。区水利部门会同发改、财政、卫生等相关单位及时组织验收，验收合格后，及时申请市级复验，确保验收工作程序化、规范化。

7. 市场运作，强化管理

在高起点、高标准、高质量、高速度建设区农饮工程的同时，就已十分注重长效的建后管理工作，采取多种措施确保工程正常良性运行。首先是完善工程配套设施。其次是全面提高自来水入户率。加快旧管网更新改造，做好进户管网的零星扫尾，进一步提高自来水入户率。再次是完善农饮工程运行管理制度。区已出台了《花山区农村饮水安全工程运行管理暂行办法》，区政府和水利部门根据暂行办法，进一步建立和完善工程运行管理制度，明确和落实各职能部门的工作职责，以加水质监测工作为重点，加大行业监督力度，保持农村饮水安全工程良性运行，保障全区农村居民都能用上经济、卫生的安全饮用水。

五、目前存在的主要问题

向濮塘地区供水主管偏小，农村供水工程定期供水。

六、长效运行工作思路

一是增加主供水管道；二是与首创水务协商，将农村饮水纳入首创水务统一管理，真正实现城乡供水一体化。

雨山区农村饮水安全工程建设历程（2005—2015）

（雨山区水利局）

一、基本概况

雨山区是马鞍山市政治、经济、社会和文化建设的中心区，拥江发展、承接产业和城乡一体的先行区，也是马鞍山市充满活力、独具魅力、富有潜力的主城区。位于市区南部，西临长江，南面与当涂县姑孰镇相接，面积173km^2，雨山区下辖向山镇、银塘镇和佳山乡3个乡镇28个行政村、37个社区，其中银塘镇和其下属4个行政村于2011年由马鞍山经济技术开发区托管。全区总人口约26.2万人，其中农村人口6.2万人。

区域年水资源量约5700万m^3，可用长江过境水资源量约7500万m^3。由于本区域内地表水较丰富，主要是通过工程措施开发利用地表水资源，地下水由于开发成本、水质水量等因素利用较少。

根据本区域主要水体水资源公报，长江水质为Ⅱ类，是马鞍山市城市自来水水源；采石河受上游采选矿影响，水质为Ⅴ类，作为景观水和农业灌溉水源；其余河流水量、水质不合标准，仅作为景观水或者灌溉水源。

二、农村饮水安全工程建设情况

雨山区在实施“十一五”农村饮水安全工程之前，城市周边的乡村已接通城市自来水实行一户一表供水，约10000户28492人，供水能力约3600m^3/d，均由城市供水管理单位管理。

雨山区“十一五”农村饮水安全工程自2005年6月开始起实施，至2008年1月结束，历时两年半，共解决饮水困难人口17343人，总投资1481.4万元，其中国债部分总投资638万元（中央投资288万元、省及以下地方和群众投资350万元）。解决范围为向山镇石马村、南庄村、落星村和银塘镇岱山村、前进村、超山村以及佳山乡东湖村等，其饮水不安全类型主要为血吸虫疫区和缺水或污染水。主要工程措施均为城市管网延伸，新建岱山加压站、前进加压站、落星加压等3座重力式加压站和1座无负压加压站。新增供水能力1389m^3/d，实际铺设DN50mm以上主支管道62km，主要为球墨铸铁管和工程塑料管；入户5900户管路长约470km，主要为镀锌管和PP-R管。2009年底通过市级竣工验收。

雨山区2012—2013年度农村饮水安全工程位于向山镇、佳山乡和银塘镇，向山镇向阳村、锁库村、七联村，佳山乡宋山村、陈家村、三联村、马塘村，银塘镇宝庆村、金山村、卸巷村，共解决3个镇10个行政村饮水不安全农村人口2.13万人。总投资1124.69万元，其中中央投资639万元、省级投资213万元、地方和群众投资272.69万元。2015年12月通过市级竣工验收。

农村自来水率从农村饮水工程实施前的71.9%提高到100%，全区农村全部用上城市自来水。

表1　2015年底农村人口供水现状

乡镇数量	行政村数量	总人口	农村供水人口	集中式供水人口	其中：自来水供水人口	分散供水人口	农村自来水普及率
个	个	万人	万人	万人	万人	万人	%
3	28	26.05	6.10	6.10	6.10	0	100

表2　农村饮水安全工程实施情况

合计			2005年及“十一五”期间			“十二五”期间		
解决人口		完成投资	解决人口		完成投资	解决人口		完成投资
农村居民	农村学校师生		农村居民	农村学校师生		农村居民	农村学校师生	
万人	万人	万元	万人	万人	万元	万人	万人	万元
3.86		2606	1.73		1481	2.13		1125

雨山区农村人口6.10万人，农村饮水工程分为两大类：第一类是城市近郊的农村，早期就纳入城市自来水供水范围，主要涉及佳山乡南村、汤阳、安民、陶庄、平山、印山、兴和村和向山镇的杜塘、向阳、陶村、锁库等村，人口25672人（占农村总人口41.41%），与城市用水一样，管理、维护、缴费等全部由城市自来水管理单位负责；第二类是距城市相对较远未纳入城市自来水直接管理范围，早期村集体和村民自筹资金铺设管道接入城市自来水管网以及“十一五”“十二五”期间实施的农村饮水安全工程建设的饮水管网，除向山镇石马、南庄村（除七联片）外城市自来水管理单位实行总表管理，总表以下由村集体自行管理、维护、收费，统一缴纳水费，涉及人口36327人（占农村人口58.59%）。向山镇石马、七联片实行城乡一体化管理，由马鞍山首创水务有限公司供水。“十一五”期间雨山区利用国家和地方补助资金建设饮水工程解决17343人的饮水困难问题；“十二五”期间又解决21340人的饮水困难问题。至2015年雨山区农村全部用上城市自来水，初步解决了农村饮用水困难问题。

雨山区农村自来水通过管网延伸、建设加压泵站等工程措施已全部接入城市市政自来水管网，水质有了可靠保障；人均日用水量约100L，超过农村用水最低生活用水量标准。据统计，“十一五”和“十二五”期间，3个乡镇共计铺设管网140余km（不含入户管），东部偏远丘陵区建设重力式加压泵站4座，无负压增压泵站1座，市政管网向农村日供水规模达4500m^3，受益人口4万余人，实现农村自来水入户率100%，全部实行一户一表管理。据统计，由于工程建设标准和管理水平的不同，农村管网漏损率为10%～35%，漏损率小的主要是城市供水管理的范围，漏损率大的主要是乡村自行管理的管网。

三、农村饮水安全工程运行情况

1. 县级农村饮水安全工程专管机构

雨山区水利局是雨山区农村饮水的业务主管部门，现有专业技术人员3人。由于农村饮水管理任务和范围相对较小，未设立专门的农村饮水专管机构和管理人员，但明确了具体的管理人员，人员及工作经费由区级财政保障。

2. 县级农村饮水安全工程维修养护基金

雨山区农村饮水安全工程维修养护专项资金每年区政府安排5万元，纳入财政预算。作为全区农村饮水安全工程维修养护补助资金。

3. 县级农村饮水安全工程水质检测中心

雨山区农村饮水安全工程全部是城市管网延伸工程，由马鞍山首创水务有限责任公司供水。自来水厂水源地由市水利局委托芜湖水文局每月检测1次，出厂水的水质检测由首创水务有限责任公司自己检测，市卫生监督局抽检，管网末梢水由市卫生监督局检测。我区已具备农村饮水安全工程水质检测能力，不需要再建设。

4. 农村饮水安全工程水源保护情况

马鞍山首创水务有限责任公司二水厂取水口水源地保护已划定，位于长江采石河出口，一级水源保护区上游1000m，下游500m，二级水源保护区上游1500m，下游1000m。

5. 供水水质状况

水源地保护区水质监测常年为I类水。各加压站，由于存在二次污染的可能，在各级主管部门的指导下，运行管理单位建立健全了工程维护、定时供水、水费收缴、水质检验和安全运行等各项责任制度。卫生监督部门每年2次对各加压站进行水质化验。农村饮水安全工程运行以来，经马鞍山市疾病预防控制中心检测，出厂水、管道末梢水附和标准GB 5749—2006规定。

6. 农村饮水工程（农村水厂）运行情况

雨山区农村供水工程管理运行管理方式有三类：一类是城市供水企业管理，涉及农村人口28492人（含向山镇石马和南庄村）（占农村总人口的45.96%），产权归属原则是谁投资谁所有；第二类是村集体管理，涉及农村人口17612人（占农村总人口的28.40%），产权归政府与村集体共同所有；第三类是实行承包等市场化管理，涉及农村人口15895人（占农村总人口的25.64%），产权归政府与村集体共同所有。

雨山区农村供水水价目前执行马政秘〔2010〕65号文件，到户价1.90元/m^3，与城市居民到户水价相同，趸售用水水价为1.20元/m^3。根据管理方式的不同，水费收取方式也相应不同，城市供水企业管理的农村供水由其自行逐户收取；村集体管理的由村委会专人收取；承包管理的供水由承包人负责收取水费；农村饮水工程用电价格按安徽省政府238号令农业生产用电执行。

目前雨山区农村饮水工程基本能正常运行，接入城市管网直接到户的用户 24 小时供水；通过加压转供的用户实行定时供水，一般每天 3～4 次，每次 1～2 小时，基本可以满足农村用水需求。

7. 农村饮水工程（农村水厂）监管情况

农村饮水工程（农村水厂）监管情况由雨山区水利局监管。农村饮水工程固定资产已移交相关乡镇，由乡镇村负责落实农饮工程运行管理单位。

8. 运行维护情况

雨山区农村饮水工程基本能正常运行，由专门运行维修队伍，落实用电、用地、税收等相关优惠政策。

四、采取的主要做法、经验及典型案例

农村饮水安全工程是国家、省市民生工程，党和政府历来高度重视。雨山区水利部门抓住国家实施农村饮水安全工程的机遇，科学规划，精心组织，规范实施，取得了巨大成效，积累了丰富的经验。

截至“十二五”末，雨山区通过各级政府投资解决农村 47630 人饮水困难问题，农村自来水率从农村饮水工程实施前的 71.9% 提高到 100%，全区农村全部用上城市自来水。这对保障农村居民饮水安全，提高群众生活质量，维护社会公平，促进地方经济更好发展，对全面推进雨山区五位一体发展，全力打造四个强区，建设更高水平小康社会具有重要的现实意义。

雨山区向山镇石马村和南庄村位于雨山区东部丘陵区，村民约 2820 人，紧邻马钢南山铁矿开采区，距市区较远，距向山镇区也有 3～4km。受南山矿和向硫矿两矿采选矿污染影响，沟塘水不能饮用。2005 年以前群众饮用水一直靠马钢南山铁矿拉水车送水解决。村民每人每天平均用水仅 20～40L，村民生活水平和生活质量难以提高。2005 年起，利用国家实施农村饮水安全工程的机遇，在马鞍山首创水务公司的协助下，铺设管道将城市自来水引入农户实行一户一表管理，2006 年两村村民全部用上了自来水。工程后期管护、收费等全部移交首创水务公司，纳入城市供水管理并与城市居民水价相同，实现了城乡供水一体化。

（二）典型工程案例

向山镇石马、南庄村农村饮水工程案例

——城乡一体化运行管理模式

石马村和南庄村地处雨山区东部丘陵区，为向山镇南部的两个毗连村，村民共 2820 人。两村紧邻马钢南山铁矿开采区，距市区较远，距向山镇区也有 3～4km。受南山矿和向山硫铁矿两矿采选矿污染影响，村内沟塘水早已不能饮用。2005 年以前该两村群众饮用水一直靠马钢南山矿拉水车送水解决。拉水车每天定时将饮用水送至各自然村储水池供村民取用，村民每人每天取用水 20～40L，只能勉强保证基本饮用水，没有洗衣机、热水器、抽水马桶等电器和生活用具，村民生活水平和生活质量难以提高。

位于向山镇的向山硫铁矿为马鞍山市国有老矿山，因资源枯竭于 2003 年停产，其原有一套内部生活供水系统（水源引自长江），2004 年 10 月马鞍山市政府召开专题会议处

理原向山硫铁矿遗留问题，并形成专题会议纪要（2004 年第 32 号），明确其原有的供水系统的管理权及相应资产移交至首创水务公司（马鞍山市自来水管理单位），首创水务公司负责推进受向山硫铁矿污染影响的农村地区（即石马村和南庄村）的供水管网建设（延伸至自然村口）。

2005 年起，向山镇石马村和南庄村利用国家实施农村饮水安全工程的机遇，在马鞍山首创水务公司的协助下，以城市自来水为水源，铺设 DN150mm 和 DN100mm 球墨铸铁管 4. 9km，各种规格支管道约 83. 5km，将城市自来水引入每家每户，实行一户一表管理，至 2006 年初两村村民全部用上了城市自来水。该两村的饮水工程根据“谁投资、谁所有”的原则界定资产后及时移交给首创水务公司进行管护、收费，纳入城市供水管理并与城市居民水价相同，实现了城乡供水一体化。至此，一直困扰石马村和南庄村村民多年的饮用水困难问题终于得到彻底解决，既保证了两村群众饮用水安全，又不增加村级经济负担，政府满意，群众更满意。

目前两村饮水工程已运行近十年，农村群众生活水平和生活质量有了显著提高，家家户户都购置了太阳能热水器等电器，也用上了水冲式卫生用具，群众自觉交纳水费，首创水务公司也尽责管理，未发生过任何水质安全事件，供用水双方也从没有发生过用水纠纷，今后的管网改造和标准提升也纳入城市供水统筹安排。这是雨山区较为成功的农村饮水建设运行管理模式。

五、目前存在的主要问题

当前，雨山区农村饮水安全工程设施保障和管理体制和运行机制方面存在一定的问题。

工程设施保障方面存在问题的地点集中在向山镇落星村和银塘镇超山村，存在的问题主要表现在三个方面，一是管网漏损率较大；二是在用水高峰时自来水压力不够，少数偏远住户用水时有困难发生；三是针对管材，落星村支管为 PVC 管，超山村为 PE 管，但是埋深较浅，加之车辆碾压，2008 年大雪冻损，存在一定的安全隐患。

管理体制和运行机制方面：目前雨山区农村饮水管理体制主要有移交管理、发包管理和自行管理等三种方式：移交给马鞍山首创水务公司管理的供水工程管护较规范，主要涉及到佳山乡城市近郊的行政村和向山镇镇区周边的行政村，人口 28492 人，约占农村人口 45. 96%；发包管理的农村供水工程管护基本规范，主要涉及银塘镇陈家村、岱山村，人口 15895 人，占农村人口 25. 64%；其余由乡村自行管理的工程管理难度大、管理水平低，运行成本较高，人口 17612 人，占农村人口 28. 40%。

六、“十三五”巩固提升规划情况及长效运行工作思路

1. 巩固提升规划情况

马鞍山雨山区农村自来水通过管网延伸、建设加压泵站等工程措施已全部接入城市市政自来水管网，水质有了可靠保障；人均日用水量约 100L，超过农村用水最低生活用水量标准。目前雨山区农村饮水工程基本能正常运行，接入城市管网直接到户的用户 24 小时供水；通过加压转供的用户实行定时供水，一般每天 3 ~4 次，每次 1 ~2 小时，基本可

以满足农村用水需求。但是随着社会经济发展和农村生活水平的不断提高，原有的饮水工程已不能适应农村的发展需要，逐渐暴露出一些问题，主要有：一是以前实施的农村饮水工程逐渐老化，破损率逐渐增大；二是漏损率大，浪费严重；三是用水需求增大，末端用户逐渐难以用上水；四是随着城市发展和新农村建设，原有管网布局不尽合理；五是工程管理难度大，运行费用高，入不敷出。

通过对已有农村供水工程进行巩固改造提升建设，消除薄弱环节，提高农村饮用水保障水平；建立完善的工程运行管护机制，建立工程管护区级基金，到2020年，全面解决农村饮水存在问题。

工程建设：在保证全区农村自来水普及率达到100%和水质达标的基础上，对银塘镇超山村和向山镇落星村2个村现有陈旧管网进行改造，到2020年农村人均综合日供水量不低于150L，进一步提高供水保障程度。

管理方面：推进工程管理体制和运行机制改革，探索建立农村供水专业化服务体系，建立符合本地实际的良性工程运行管护和经费保障机制。

雨山区“十三五”农村饮水工程建设主要任务是银塘镇超山村和向山镇落星村的管网改造工程。共新建、改造工程2处，改造分支管网长度54.77km，改造加压泵站1座，新建加压泵站1座。其中：落星村改造供水支管网长度31.39km，自来水全部入户，对现有加压泵站进行改造；现状受益人口为3860人，规划受益人口4287人。超山村改造供水支管网长度23.38km，自来水全部入户，综合考虑银塘镇市政供水管网重新建设，超山村现有的供水加压泵站进水条件变得不利和泵站破损严重，重建加压泵站。现状受益人口为2874人，规划受益人口3191人。

表4　“十三五”巩固提升规划目标情况

农村集中供水率（%）	农村自来水普及率（%）	水质达标率（%）	城镇自来水管网覆盖行政村的比例（%）
100	100	100	100

表5　“十三五”巩固提升规划新建工程和管网延伸工程情况

工程规模	新建工程					现有水厂管网延伸			
	工程数量	新增供水能力	设计供水人口	新增受益人口	工程投资	工程数量	新建管网长度	新增受益人口	工程投资
	处	m^3/d	万人	万人	万元	处	km	万人	万元
合计									
规模水厂						2	78	0.08	547
小型水厂									

2.“十三五”之后农饮工程长效运行工作思路

通过对已有农村供水工程进行巩固改造提升建设，消除薄弱环节，提高农村饮用水保障水平；建立完善的工程运行管护机制，建立工程管护区级基金，到2020年，全面解决农村饮水存在问题。

工程建设：在保证全区农村自来水普及率达到100%和水质达标的基础上，对银塘镇超山村和向山镇落星村2个村现有陈旧管网进行改造，到2020年农村人均综合日供水量不低于150L，进一步提高供水保障程度。

管理方面：推进工程管理体制和运行机制改革，探索建立农村供水专业化服务体系，建立符合本地实际的良性工程运行管护和经费保障机制。

下一步工作打算和建议：

（1）通过对已有农村供水工程进行巩固改造提升建设，消除薄弱环节，提高农村饮用水保障水平；建立完善的工程运行管护机制，建立工程管护区级基金，到2020年，全面解决农村饮水存在问题。雨山区“十三五”农村饮水工程建设主要任务是银塘镇超山村和向山镇落星村的管网改造工程。共新建、改造工程2处，改造分支管网长度54.77km，改造加压泵站1座，新建加压泵站1座。

（2）结合雨山区现有工程和运行管护现状，今后必须继续坚持城乡供水一体化的发展方向，以水量充足、水质优良的可靠水源为基础，扩大城市专业管理单位管理农村供水工程的比例。具备移交条件的及时移交给马鞍山首创水务公司管理，暂时不具备移交条件的，应尽可能实行发包管理的方式，通过明晰工程产权，建立工程良性运行长效机制，逐步取代村集体自行管理的模式。在“十三五”期间，区级财政应建立农村饮水工程补助基金，加强部门监管和专业培训，保障工程长期发挥效益。

雨山区“十三五”农村饮水工程建设主要任务是银塘镇超山村和向山镇落星村的管网改造工程。共新建、改造工程2处，改造分支管网长度54.77km，改造加压泵站1座，新建加压泵站1座。

（3）农村供水工程参照现代企业制度以企业经营模式运营，建立起符合市场经济规律的运营管理体制。确定工程经营管理主体，放开搞活经营，积极探索、借鉴企业的经营理念，遵循经济规律，实行有偿供水、独立核算、透明化服务的市场运作机制，以水商品买卖为手段，利益驱动为纽带，工程良性运行为目的，充分调动各方面的积极性和每位管理人员的主观能动性，杜绝“人情水”和“福利水”。

（4）要根据不同的工程类型和规模，采取不同的管理模式，逐步从过去集体建设集体管理向集中管理、专业化运营方向发展。集中联片供水实行公司化管理，自我积累、良性发展；原有工程要尽快实行产权改革，实行股份制管理，通过拍卖、租赁、承包、股份合作等方式落实管理权。

（5）加强水价核定和征收管理。要按照“成本补偿、合理收益、优质优价”的原则核定水价，建立符合市场经济的水价形成机制。对群众生活用水，不能以营利为目的，要保证工程日常运行费、维修费和折旧费。要积极推行“水价、水量、水费计收”公示制度，让农民吃上明白水、放心水。

（6）水费是工程维护资金的主要来源。完善水费征收管理制度，足额收取水费，实现“以水养水，自我维护”，确保工程长期发挥效益。

含山县农村饮水安全工程建设历程（2005—2015）

（含山县水务局）

一、基本概况

含山县地处长江下游北岸，东经117°53′～118°13′，北纬31°24′～31°53′。东与马鞍山市和县接壤，西与巢湖市相连，南与芜湖市无为县以裕溪河相隔，北接滁州市全椒县。全县辖8个镇，96个村、23个社区。总面积1037km^2，耕地31.3万亩，山地38.4万亩；向东距离华东第二大都市南京市（浦口区）约70km，向西距离安徽省省会合肥市（肥东县）约80km。

含山县地处长江下游北岸，属长江水系。境内有六条主要河流，北部属滁河水系，主要河道有滁河、仙踪河；中部属得胜河水系，主要河道为得胜河；南部属巢湖水系主要河道有清溪河、牛屯河、裕溪河。

1952年1月30日改属安徽省芜湖专区。1958年12月15日，含山县、和县合并为和含县，属马鞍山市，县治设历阳镇。1959年4月和含县属芜湖专区。1959年6月1日，含山、和县分开，各还原建制。1965年7月28日含山改属巢湖专区（后专区改为地区、行署），1999年8月5日撤销巢湖地区设地级巢湖市，属地级巢湖市，2011年8月，原地级巢湖市区域调整，含山县划归马鞍山市。

含山县位于长江中下游北岸，安徽省中东部，介于巢湖、合肥、南京、芜湖、马鞍山五市之间。含山县辖8个镇：环峰镇、林头镇、运漕镇、铜闸镇、陶厂镇、清溪镇、仙踪镇、昭关镇。县政府驻环峰镇，含山县隶属于马鞍山市。

含山县辖环峰、铜闸、陶厂、运漕、林头、清溪、仙踪、昭关等8个镇以及经济开发区和褒禅山园区，96个行政村和23个社区，总人口44.26万人，其中农村人口35.98万人、农村供水人口35.98万人。

二、农村饮水安全工程建设情况

1. 农村人口饮水安全解决情况。含山县“十二五”期间规划集中供水工程24处（其中属千吨万人以上的集中供水工程共18处），其中规划新建集中供水工程4处、管网延伸及水厂改造11处，累计解决全县16.87万人饮水安全问题，同时解决132所学校共3.36万农村在校师生饮水安全问题。实施农村饮水安全工程前，全县农村饮水主要采用地表水和浅层地下水，但由于近年来城镇建设步伐的加快，使得全县大部分地表水污染严重，浅层地下水也受到不同程度的污染，经卫生部门检测，部分地下水还呈现出矿物含量高、氟超标现象。截至2015年底，含山县总人口44.47万人，其中农村人口36.04万人，受益人口34.94万人，全县农村自来水普及率为78.3%。全县共96个行政村，其中已通水行政村94个，通水比例为98%。

表1　2015年底农村人口供水现状

乡镇数量	行政村数量	总人口	农村供水人口	集中式供水人口	其中：自来水供水人口	分散供水人口	农村自来水普及率
个	个	万人	万人	万人	万人	万人	%
8	96	44.26	35.98	35.98	34.94		97.11

表2　农村饮水安全工程实施情况

合计			2005年及“十一五”期间			“十二五”期间		
解决人口		完成投资	解决人口		完成投资	解决人口		完成投资
农村居民	农村学校师生		农村居民	农村学校师生		农村居民	农村学校师生	
万人	万人	万元	万人	万人	万元	万人	万人	万元
30.59	3.66	15166	9.5	0.16	4077	20.09	3.5	11089

2. 农村饮水工程（农村水厂）建设情况。含山县于2001年启动了为期三年的农村饮水解困项目，累计解决2.64万人饮水困难，共完成国债资金270万元，新建各类饮水解困工程607处。2005—2015年农饮工程建设中，含山县完成政府投资1.51亿元，其中中央投资0.84亿元、省级配套资金0.32亿元、市县自筹0.35亿元。2015年底，供水范围涉及含山县10个乡镇96个行政村，受益人口35.98万人，自来水受益人口34.94万人。

表3　2015年底农村集中式供水工程现状

工程规模	工程数量	设计供水规模	日实际供水量	受益乡镇数	受益行政村数	受益农村人口	自来水供水人口
	处	m^3/d	m^3/d	个	个	万人	万人
合计	29	77150	42340	8	96	35.98	34.94
规模水厂	18	71500	40100	8	96	33.43	33.43
小型水厂	11	5650	2240	5	17	2.55	1.52

3. 农村饮水安全工程建设思路及主要历程。“十一五”阶段、根据《饮水现状调查评估报告》，结合含山县“水利工程十一五规划”及新农村示范村建设，分“先急后缓、先重后轻、突出重点、分步实施”的原则，“十一五”阶段累计解决9.50万人饮水安全问题，实际投入资金4077万元。新建长山自来水厂1座，供水规模为5000 m^3/d；新建清溪镇自来水厂1座，供水规模为5000m^3/d；新建铜闸镇自来水厂1座，供水规模为5000m^3/d；新建日供水3000m^3的运漕镇第二自来水厂工程；新建日供水规模为3600m^3的昭关镇自来水厂工程。

“十二五”阶段的解决思路是全面规划，分步实施，合理分区、择优选源、规模建厂、重点扶持、规范制水、供水到户、对地形条件较为复杂则就近利用小型水库及地下水水源，采取分散式联户供水。“十二五”阶段累计解决21.09万人饮水安全问题，实际投入资金11089万元。新建林头镇自来水厂1座，供水规模为10000m³/d；新建陶厂镇自来水厂1座，供水规模为5000m³/d；新建林头镇东关自来水厂1座，供水规模为7000m³/d；新建仙踪镇河刘自来水厂1座，供水规模为3000m³/d。

三、农村饮水安全工程运行情况

1. 县级农村饮水安全工程专管机构。2016年2月，含山县编制办公室同意设立县农村安全饮水总站，为含山县水务局下属二级全额拨款事业单位，股级建制。现有县农饮总站工作人员3人，为其他部门抽调人员，所需的运行经费由水务局承担。

2. 县级农村饮水安全工程维修养护基金。按照县政府2012年颁布实施的《含山县农村饮水安全工程运行管理暂行办法》及有关法规和政策规定了农村饮水安全工程维修基金专项用于全县农村饮水安全工程日常较大的设施维修、设施更新，以及因自然灾害造成的工程紧急抢修费用。

3. 县级农村饮水安全工程水质检测中心。含山县农村饮水安全工程水质检测中心依托含山县疾病预防控制中心建设，项目于2015年底建成并投入使用，总投资为124.36万元。主要建设内容有：紫外可见光分光光度计、离子色谱仪、水质检测仪器箱、马弗炉等，项目实施后检测指标为43项。项目年运管经费53万元，由水费收入、有偿服务收入及含山县财政补贴组成。疾控中心现有专业从事水质检测的在职工作人员6人。

4. 农村饮水安全工程水源保护情况。根据《含山县农村饮水安全工程建后运行管理办法》规定了各级人民政府、各相关部门、供水管理单位（人员）及收益区群众都有依法保护农村饮用水水源不受破坏的义务，加强水源水质的管理和保护，防止在水源保护区发生任何有可能污染该水域水质的活动。

5. 供水水质状况。含山县农村集中式供水工程主要采用“三池”工艺制水，即絮凝—沉淀—过滤—消毒。含山县农村自来水厂出厂水及末梢水水质检测合格率在85%左右，不合格指标主要为余氯及微生物指标。

6. 农村饮水工程运行情况。（1）管护主体。一是以乡镇政府管理的水厂或原有水厂管网延伸工程，通过农饮项目改扩建后继续由乡镇政府管理。二是以私人投资为主新建的股份制水厂或原有个体水厂管网延伸工程，按照投资比例确定股份，在明晰产权的基础上，由投资人或原水厂个体私人管理。三是对以国家投资为主、集体和受益群众投资投劳为辅建设的小型供水工程，通过承包人或成立用水协会，制定具体的运行管理制度，明确专人管理。（2）运营状况。全县共有集中式供水工程29处，设计供水能力7.715万m³/d，实际供水4.584万m³/d。（3）供水价格。为保证农村饮水工程长期发挥效益，除分散供水工程外，所有的供水工程都应实行有偿供水、计量收费，其水价应由县级物价、水利、财政部门按照水利工程供水价格管理办法等文件制定。（4）主要支出情况。主要支出费用为供水工程运行人员、维护人员和管理人员的工资、补助工资以及按规定计提的职工福利费等；按规定交纳的水资源费；日常维修管理及净化处理所用的材料费用。

7. 农村饮水工程监管情况。一是农村饮水安全工程居民分户计量水表及以下入户部分费用可由用户负担，按当前物价水平，每户不应超过300元。二是明确责任，加强监管。水利、环保、卫生等部门和有关乡镇政府应明确责任分工，并形成合力，加强对农村水厂的监督管理。三是加强对水源地的保护力度，建立水质监测制度，开展经常性的定期监测，严格制水操作规程，保证饮水安全。

8. 运行维护情况。首先出台我县农村安全饮水有关政策，明确农村安全饮水工程的有关征地、交通、用电等优惠政策。

9. 用水户协会成立及运行情况。在县级农村供水专管机构上，含山县成立了以供水企业为主体的供水协会，协会通过章程的形式进行行业自管，同时县建管处作为建设管理机构也参与供水管理活动。

四、采取的主要做法、经验及典型案例

（一）做法和经验

1. 出台的规范性文件。在出台规范性文件上，含山县主要是根据省农村饮水安全工程建设管理的相关文件规定，以县农村饮水安全工程领导文件的形式制订了一些具体的实施细则和管理办法，如《含山县农村饮水安全工程实施方案》《含山县农村饮水安全工程建设管理办法》《含山县农村饮水安全工程运行管理办法》《含山县农村饮水安全工程财务管理规定》《含山县农村饮水安全工程考核办法》等，上述文件的出台，是对省内规范性文件的细划，对全县农村饮水安全项目的实施起了积极推动作用。

2. 经验总结，包括水源保护、前期工作、资金筹措、工程建设管理、运行管理、水质检测监测体系建设、区域信息化和水厂自动化管理、水质监管等方面的好的做法和经验。(1) 科学规划，统筹工程区域布局。含山县坚持以规划为引领，抓好区域布局的顶层设计。2011年以来，以农村饮水安全工程“十二五”规划为依据，大力发展规模化供水，积极兼并小水厂。在项目实施前认真做好项目的前期对接工作，在与受益镇、受益村对接后，通过召开群众座谈会的形式，认真听取群众意见，然后委托有资质的设计单位对拟建的各类集中供水工程的可行性进行最后论证和定位，力求做到规划合理，统筹安排，尽可能增加各集中供水工程辐射范围，使群众满意。

3. 完善制度，规范各项建设管理行为。含山县积极按照省政府颁布实施的《安徽省农村饮水安全工程管理办法》，以及省水利厅制定的《农村饮水安全工程管材采购招标文件示范文本》《关于加强农村饮水安全工程初步设计市级审查审批工作的指导意见》《农村饮水安全工程验收办法》等相关文件，规范全县的农村饮水安全工程建设与管理工作。

4. 周密部署，确保工程按时保质完成。在项目实施前，由县政府同项目镇签订目标责任书，明确各镇主要负责人为农村饮水安全工程的第一责任人，将项目完成情况纳入各镇年度考核范围；在项目实施中，严把工程建设关，工程施工必须依据审批的设计方案，严格项目管理，实行工程质量终身责任制。对日供水1000m^3以上的新建水厂项目要严格落实项目法人制、招标投标制、建设监理制、集中采购制、资金报账制、竣工验收制和用水户代表全程参与的管理模式，对于其他新建或管网延伸项目则参照“六制”进行管理。

5. 筹措资金，确保工程顺利实施。要创新农村饮水安全工程资金筹措新机制，在保

证中央和地方财政资金投入的同时，鼓励和引导多种形式的直接和间接投资，积极组织受益群众筹资投劳，加快建立以政府投资为导向，其他各方积极参与投资的多元化融资格局，多方筹措资金，加快农村饮水安全工程建设步伐。

加大农村饮水安全工程建设资金整合力度，以批准的工程规划为依据，以县为基础，逐步形成按规划统筹项目、按项目安排资金的机制，切实解决好资金分散和可能重复投资的问题，提高投资效益。

6. 建管并重，确保工程良性运行。通过明晰农村饮水安全工程产权，进一步落实管理体制。通过加强农村用水协会建设，推行用水户全过程参与的工作机制，让农民群众真正享有知情权、参与权、管理权、监督权。对于管网延伸工程，以委托原水厂进行管理为主；对于以政府投资为主新建的规模较大集中供水工程，在不改变工程基本用途的前提下，可实行所有权和经营权分离，由项目法人通过招标、发包等形式委托经营商或委托专业化管理机构负责管理和维护，政府相关部门进行监督；以政府投资为主新建的规模较小的供水工程，由工程受益镇村负责管理。

（二）典型工程案例

1. 工程建设方面的成功案例

在2009年铜闸水厂建设项目中，在项目开工前就落实了运行管理单位，在水厂建设中，运行管理单位委派了经验丰富的专业管理人员参与工程建设与质量管理，运行管理单位的提前介入是铜闸水厂成功的关键，有人评价“含山铜闸水厂在全省镇一级的水厂中可以排在前5名”，有人评价“全省水厂我去了太多，对于乡镇这一级的，我还没看到过比铜闸水厂更好、比铜闸水厂更规范的水厂”，对此，运营管理单位的提前介入是关键。

2. 工程运行管理方面的成功案例

在含山县实施的农村饮水项目中，2010年昭关镇水厂项目运行管理采用了特许经营的模式进行了运行管理，由于昭关镇现有水厂规模小、管理混乱、制水工艺落后、管道质量差，为此昭关镇2010年农村饮水安全工程通过新建自来水厂的形式解决项目区内饮水不安全人口，由于项目内资金只够建水厂主厂区，厂区以外主管道及入户所需费用资金缺口太大，县建管处和昭关镇充分协商后，通过特许经营的方式引进合肥中盛水务公司投资资金用于项目建设，由于资金解决及时，年度项目才得以顺利完工，同时通过中盛水务公司专业化的管理，可更好的发挥水厂效益。

五、目前存在的主要问题

1. 工程设施方面

（1）由于缺乏统一规划指导，部分工程布局不合理，需要进一步整合。（2）不少工程建设标准低，建设内容不完整。（3）早期供水管网老化严重，资金投入缺口大。（4）现有供水设施覆盖有限，自来水普及率不高。

2. 水质保障方面

（1）水源保护难度大，部分水源保证率不高。含山县农村供水水源主要为区域内的主要河道以及中、小型水库。（2）部分工程供水处理比较简单，水质难以保证。部分建成较早的单村供水工程供水处理比较简单，有的甚至缺乏净化设施，出水水质难以保证。（3）部分水厂检测能力较弱。早期建成的水厂大多数未配备化验室，无法满足常规项目的检测。

3. 运行维护方面

（1）管理机构专业队伍有待加强。目前含山县已成立农村安全饮水建设管理处，具体负责农村饮水工程的建设和管理工作，但缺少专业管理人员，现有的管理人员仅3人，还兼顾着其他水利工程的建管工作，同时缺少经费，无法切实承担起相应的职责。（2）工程普遍运行困难，重建轻管，管理亟待加强。虽然国家针对农村饮水安全工程出台了用地、用电、税收等优惠政策予以扶持，但受限于农村供水工程自身规模小、农户生活用水量有限、输配水漏损率高、水费实收率低等客观原因，农村供水工程普遍存在运行困难问题。

六、“十三五”巩固提升规划情况及长效运行工作思路

按照全面建成小康社会和脱贫攻坚的总体要求，通过农村饮水安全巩固提升工程实施，采取新建和改造等措施，2018年底前，实现贫困村村村通自来水，解决贫困人口饮水安全问题；到2020年，进一步提高农村供水集中供水率、自来水普及率、城镇自来水管网覆盖行政村的比例、水质达标率和供水保证率，建立健全工程良性运行机制，提高运行管理水平和监管能力。

表4　“十三五”巩固提升规划目标情况

农村集中供水率（%）	农村自来水普及率（%）	水质达标率（%）	城镇自来水管网覆盖行政村的比例（%）
100	97.11	85	80

表5　“十三五”巩固提升规划新建工程和管网延伸工程情况

工程规模	新建工程					现有水厂管网延伸			
	工程数量	新增供水能力	设计供水人口	新增受益人口	工程投资	工程数量	新建管网长度	新增受益人口	工程投资
	处	m^3/d	万人	万人	万元	处	km	万人	万元
合计	5	21400.1	14.87	2.41	1708	9	137	3.59	1887
规模水厂	4	21000	14.12	2.4	1684	9	137	3.59	1887
小型水厂	1	400	0.75	0.01	24	—	—	—	—

表6　“十三五”巩固提升规划改造工程情况

工程规模	改造工程					
	工程数量	新增供水能力	改造供水规模	设计供水人口	新增受益人口	工程投资
	处	m^3/d	m^3/d	万人	万人	万元
合计	11	7860	—	19.3	7.86	1605
规模水厂	11	7860	—	19.3	7.86	1605
小型水厂						

和县农村饮水安全工程建设历程（2005—2015）

（和县水务局）

一、基本概况

和县位于安徽省东部，长江下游西北岸，地处东经118°04′～118°29′，北纬31°22′～32°03′，东与南京、马鞍山、芜湖三大城市隔江相望，东北与南京市浦口区以驷马新河一河相隔，南临以芜湖市为邻、西与含山县接壤、西北以滁河为界，与全椒县毗邻，全县总面积为1319km^2，总人口53.94万人，其中农业人口45.76万人，耕地面积62.62万亩，下辖9个镇，85个村委会、30个居委会。

县内主要河流有：裕溪河、牛屯河、姥下河、太阳河、得胜河、石跋河（包括双桥河）、滁河、驷马新河等，自西向东流入长江，并有丰山新河连接牛屯河、姥下河、太阳河、得胜河。和县建有各类蓄水工程10000多座，主要分布在北部山区、中部岗地，其中小型水库65座、中型水库2座、塘坝13509座，工程蓄水总量为1.93亿m^3。可向农业供水4200万m^3，向城乡生活供水500万m^3。

二、农村饮水安全工程建设情况

1. 农村人口饮水安全解决情况

和县总人口53.94万人，到2015年底，自来水入户人口52.86万人，农村供水工程供水范围内总人口45.76万人。2005年以前，和县各镇共有小型供水工程26座，由于没有规范建设，供水工程存在制水工艺简陋、供水管径偏小、水质水量无保障等问题。2005年实施农村饮水安全工程以后，和县先后关闭12座布局不合理、水源无保障、制水工艺简陋的小水厂，改扩建乡镇处规模水厂13处，利用现有城市供水工程管网延伸1处，解决饮水不安全人口34.2万人。到2015年底，农村自来水普及率100%，水质合格率为82.3%（人口比率），供水保证率100%。

表1　2015年底农村人口供水现状

乡镇数量	行政村数量	总人口	农村供水人口	集中式供水人口	其中：自来水供水人口	分散供水人口	农村自来水普及率
个	个	万人	万人	万人	万人	万人	%
9	111	53.94	45.77	45.77	45.77		100

表2　农村饮水安全工程实施情况

合计			2005年及“十一五”期间			“十二五”期间		
解决人口		完成投资	解决人口		完成投资	解决人口		完成投资
农村居民	农村学校师生		农村居民	农村学校师生		农村居民	农村学校师生	
万人	万人	万元	万人	万人	万元	万人	万人	万元
38.27	3.67	1248.78	13.87	0.63	312.48	24.4	3.04	936.3

2. 农村饮水工程（农村水厂）建设情况

2005年前和县已有小型供水工程26座，一些供水工程匆促上马，水源选择不合理，制水工艺落后，再加上监督措施不完善，供水企业乱收费用。针对这种情况，关闭、合并小型供水工程显得尤其重要。2005—2013年和县共关闭12座小型供水工程，改扩建规模水厂13处，形成集中连片的供模化供水模式；扩大城市供水工程供水范围，解决农村饮水问题，实现了城乡供水一体化。

到2015年底，和县共有集中式供水工程14座，设计供水规模135000m^3/d（包括城镇供水），人均设计供水量250L/人，日供水量91500m^3，人均日供水量169.25L/人。其中：日供水超过10000m^3供水工程3座，5000～10000m^3/d供水工程4座，1000～5000m^3/d供水工程7座。全县9个镇111个行政村30个社区，村头以上输配水管网2146km，村内管网3513km，供水入户人口52.86万。具体见和县各水厂现状调查表3。

表3　和县各水厂现状调查表

序号	供水片名	建设年份	工程所在地	水源地	设计供水规模m^3/d	受益人口人口（人）	自来水入户率（%）
1	和洲水务公司	2001年	城北社区	长江	50000	73986	97%
2	濮集自来水厂	2010年	乌江新圩	长江	8000	28900	99%
3	驷马山自来水厂	2013年	乌江驷马山	长江	10000	63459	98%
4	香泉利民自来水厂	2010年	香泉社区	戎桥水库	5000	23903	99%
5	香泉健康自来水厂	2012年	香泉张集	独山水库	3000	14880	99%
6	绰庙水厂	2010年	石杨绰庙	滁河	3000	14190	99%
7	石杨自来水厂	2012年	石杨社区	滁河	5000	17757	99%
8	善厚水厂	2009年	善厚凤台村	半边月水库	3000	33518	99%
9	功桥自来水厂	2009—2013年	功桥社区	牛屯河	5000	25596	96%
10	南义自来水厂	2013年	功桥南义	丰山河	3000	18958	92%
11	范桥自来水厂	2011年	西埠范桥	得胜河	3000	22531	96%

（续表）

序号	供水片名	建设年份	工程所在地	水源地	设计供水规模 m^3/d	受益人口人口（人）	自来水人户率（%）
12	腰埠自来水厂	2011 年	腰埠	得胜河	3000	27807	98%
13	华衍水务公司	2011 年	姥桥镇	长江	30000	67994	98%
14	天门山水厂	2010 年	梁山社区	长江	5000	53954	98%

表 4　2015 年底农村集中式供水工程现状

工程规模	工程数量	设计供水规模	日实际供水量	受益乡镇数	受益行政村数	受益农村人口	自来水供水人口
	处	m^3/d	m^3/d	个	个	万人	万人
合计	14	135000	91500	9	111	45.76	45.76
规模水厂	14	135000	91500	9	111	45.76	45.76
小型水厂							

3. 农村饮水安全工程建设思路及主要历程

和县农村饮水安全工程解决农村饮水安全问题“十一五”阶段，共解决各类型饮水不安全人口 13.87 万人（含原沈巷镇 4.14 万人），解决师生饮水不安全人口 0.63 万人，涉及农村学校 13 所。所解决的农村饮水不安全人口类型为：氟超标人口 0.6 万人，血吸虫疫区人口 5.45 万人，地表水、地下水污染人口 6.42 万人，其他水质问题人口 0.52 万人，缺水方便程度不达标人口 0.88 万人。项目区涉及全县 9 个镇 52 个行政村。新建农村集中供水工程 11 处（含原沈巷镇的沈巷自来水厂及雍镇自来水厂），其中，设计日供水规模 1000～10000m^3 的水厂 9 座，实行联村供水；设计日供水规模 1000m^3 以下的水厂 2 座，实行单村独立供水；利用现有城镇水厂进行管网延伸工程 4 处。全县通过农村饮水安全工程新增日供水能力 4 万 m^3。农村安全饮水工程总投资 6185 万元（含原沈巷镇 1755.35 万元），其中中央投资 2668 万元（含原沈巷镇 632.3 万元）、地方投资 3517 万元（含原沈巷镇 1123.05 万元）。

解决农村饮水安全问题“十二五”阶段，共解决各类型饮水不安全人口 24.40 万人，解决师生饮水不安全人口 3.04 万人，所解决的农村饮水不安全人口类型为：苦碱水 41277 人，地表水、地下水污染人口 131052 人，项目区涉及全县 9 个镇 75 个行政村。新建农村集中供水工程 19 处，全县通过农村饮水安全工程新增日供水能力，5.2 万 m^3。农村安全饮水工程总投资 12358 万元，其中中央投资 7414.8 万元、地方投资 4943.2 万元。

三、农村饮水安全工程运行情况

1. 县级农村饮水安全工程专管机构

为了加强和县农村饮水安全工作的监管，建立长效管理机制。经研究决定，县编委于 2015 年批准水务局成立县农村饮水安全管理中心。对全县农村饮水安全工程运行、经营、维护和服务体系进行监督管理；会同环保部门做好饮用水源保护工作；会同卫生部门对各水厂水质自检做业务指导；定期对各水厂出厂水、管道末梢水做42项指标检测；对农村供水单位建立目标管理考核体系。农村饮水安全管理中心工作人员8人，运行经费总计约90万元。

2. 县级农村饮水安全工程维修养护基金

和县“十二五”规划计划225万元用于建立农村安全饮水管理和保障体系，解决农村安全饮水工程建后管理问题，确保农饮工程良性长效运行，其中投资110万元用于建立县饮水工程专管机构及水质检测中心，每年筹集2%财政资金用于建立农饮工程专项维修基金（238万元）。

3. 县级农村饮水安全工程水质检测中心

和县农饮水水质检测中心项目于2015年6月开工建设，依托和县华水水务公司化验室建立。我局负责设备采购安装，华水水务负责人员、场地和日常运行。运行费由华水水务公司承担，水务局在项目和资金给予帮助。场地建设、人员设备全部按省水利厅文件决定执行。设备采购招标于2015年9月12日验收，12月25日设备安装调试到位。目前，农饮水水质检测中心已全部建设完成，正常运行开展工作。主要检测仪器设备：原子荧光分光光度计、红外测油仪、台式浊度仪、台式酸度计、余氯比色计、高锰酸盐COD检测仪、高压蒸汽灭菌器、离心机、BOD测定仪、便捷式水样冷藏箱等等。主要检测项目是根据和县水源实际情况，根据《地表水环境质量标准》（GB 3838—2002）对水源水29个项目进行检测。根据《生活饮用水卫生标准》（GB 5749—2006）规定的42项常规指标和64项非常规指标检验自来水厂的出厂水、末梢水。水样检测检验试剂及耗材成本费294元/样，全年14家水厂出厂水、末梢水每月各1份共计642份；源水每季度检测1次，增加枯水期、丰水期的检测，共计14×2×12+14×6=420份水样，全年运行经费预算70万元。水质检测中心运行的费用由和县华水水务公司承担，主要来源于华水水务的水费收入和有偿服务收入。

4. 农村饮水安全工程水源保护情况

水源管理措施。各水源保护区范围的划定由水行政主管部门和环境保护部门共同负责实施，并对划定的保护范围水源保护情况进行定期巡查，卫生部门定期对各水源水质进行检测，及时发现问题，以保证水源水质满足规范要求；任何单位和个人在水源保护区内进行建设活动，应征得县农村饮水安全工程管理委员会的同意和水行政主管部门的批准；水源保护区内的土地宜种植水源保护林草或发展有机农业；各水厂相关管理人员，应该加强对水质质检员的能力进行培训，使水质的合格率达到一定的标准，这样对水源的保护有一定的关键性作用。

5. 供水水质状况

和县农村集中式供水工程主要采用“三池”工艺制水，即絮凝-沉淀-过滤-消毒。除善厚自来水厂、驷马山水厂、华水水务采用液氯消毒外，其他水厂均采用二氧化氯进行消毒处理；春夏季节原水中含有少量藻类，一般采用投加高锰酸钾盐复合剂、二氧化氯等进行预氧化后，再进行常规处理。农村规模水厂出厂水及末梢水水质检测合格率约已达到80%，不合格指标主要是余氯及微生物指标。

6. 农村饮水工程（农村水厂）运行情况

按照规模水厂供水规模不低于1000m^3/d的指标，我县目前所有的水厂都属于规模水厂。14 座水厂的日实际供水量总计 91500m^3/d，供水价格是按照全县统一价格，实行水价两部制，每户每月基数为 5m^3，不足 5m^3 的按 5m^3 计征，超过 5m^3 的按计量收费。用水性质分为居民生活用水和非居民用水两类，居民生活用水 2 元/m^3，非居民用水 2.5 元/m^3，水厂的收入来源主要是收取水费和提供收费业务，主要的支出有人员工资、水资源费、电费、耗材等。

7. 农村饮水工程（农村水厂）监管情况

农村饮水工程提供的是一种特殊商品，面对的是一个特殊的消费市场，一个特殊的消费群体，追求的主要是社会效益。要使工程走向良性循环的轨道，合理的水费计收制度又将是工程良性运行的保证。供水工程水费实行有偿供水，计量收费，按照“补偿成本、合理收益、优质优价、公平负担”的原则，合理确定供水价格，并根据供水成本、费用及市场供求变化情况适时调整。集中供水工程的水价由县物价部门会同水行政主管部门制定，实行政府定价或政府指导价。由于政策因素的影响，实际供水价格达不到成本水价时，可通过申请财政补贴、受益户续筹等办法解决。供水单位要规范水费计收和使用的管理，执行国家的财务会计制度，建立健全内部财务管理制度。明确水费开支范围和审批权限，建立严格的工程折旧费、维修养护费、承包费管理及使用制度，保证资金安全和专款专用，同时实行公示制度，定期对水价、水量、水费收支以及工程折旧费的管理和使用情况进行公示，接受县级有关部门、用水户和社会监督。

8. 运行维护情况

供水单位要成立专业维修队，向供水服务区内公布服务监督电话，建立 24 小时报修服务制度。对单村工程等规模较小、不具备维修、维护能力的供水单位，可以委托当地供水管理部门或工程维修服务公司维修、维护，逐步实现维修、维护服务的社会化和市场化。

四、采取的主要做法、经验及典型案例

（一）做法和经验

1. 地方出台的政策和法规性文件

有《转发环保部办公厅水利部办公厅关于加强农村饮用水水源保护工作的指导意见的通知》（马环秘〔2015〕42 号）、《关于加快推进农村饮水安全工程水质检测中心建设的通知》（马水文〔2015〕40 号）、《关于切实做好农村饮水安全工程管理相关问题整改工作的通知》（皖水农函〔2015〕1363 号）等，这些文件都是相关联的，保护自来水厂的水源地、加强水厂的水质监管、建设水质检测中心，这一连贯的举措，切实的改变了我县农村饮水水质问题，随着水质检测中心投入运营，水质合格率有了明显的改善。

2. 经验总结

农村饮水安全工程的实施，改善了受益群众的生活水平，促进了工程受益地区的经济发展。农村自来水普及率由原先的 30% 提高到 100%。和县在实施国家农村饮水安全项目中，积极探索创新，圆满地完成了国家下达的建设任务，取得了一定的成绩，积累了一定的经验。其取得的经验主要有以下几个方面：

（1）做好水源保护是解决农村饮水安全的重要内容

水源水质的优劣直接关系到供水水质的好坏。因此，做好水源保护是解决农村饮水安

全的重要内容。和县按照《饮用水水源保护区污染防治管理规定》等相关法规的要求，划定供水水源保护区和供水工程管护范围，制定保护办法，特别是加强对水源地周边设置排污口的管理，限制和禁止有害化肥、农药的使用，杜绝垃圾和有害物品的堆放，防止供水水源受到污染和人为破坏。

加大对农村饮水工程水源地的保护力度，防止在水源保护区内发生污染水质的活动。对生活饮用水的水源设置卫生防护地带，并由供水单位设置明显的范围标志和严禁事项的告示牌。

（2）前期工作：根据规划布局，选择适宜的工程模式

2005 年前和县已有小型供水工程 26 座，一些供水工程匆促上马，水源选择不合理，制水工艺落后，再加上监督措施不完善，供水企业乱收费用．针对这种情况，关闭、合并小型供水工程显得尤其重要。2005—2013 年和县共关闭 12 座小型供水工程，改扩建规模水厂 13 处，形成集中连片的供模化供水模式；扩大城市供水工程供水范围，解决农村饮水问题，实现了城乡供水一体化。

（3）加强资金管理，整合吸纳社会资金

和县供水工程除华水水务、石杨水厂由国家和地方政府投资建设外，其他供水工程均为政府资金加企业投资。充分调动供水企业投资的积极性和主动性。

（4）强化建设管理，确保工程质量

和县农村饮水安全工程建设严格按照项目“四制”要求进行管理，认真履行基本建设程序，强化建设管理工作。一是对主要工程项目和大宗管材设备进行公开招标、统一采购，择优确定施工和供货单位（其中施工企业必须具有水利水电或市政总承包三级及以上资质；涉水产品企业必须是全国农村饮水安全工程材料设备产品信息年报推荐的企业）。二是严格按照规定进行工程监理，并邀请受益群众全过程参与工程建设。三是规范价款结算，实行合同管理。四是建立健全“建设单位负责、监理单位控制、施工单位保证、政府部门监督”的质量管理体系，认真落实质量“三检制”，加大政府部门质量监督力度。五是严格工程验收程序。全县所实施的工程自检自验合格后，申请上级主管部门组织验收。

（5）注重工程建后管理，确保用得起长受益

和县农村饮水安全工程项目建成经验收合格后，及时办理交接手续，明确工程管护主体和运行管理方式，完善管理制度，落实管护责任和经费，确保长期发挥效益。以政府投资为主兴建的规模较大的集中供水工程由政府委托区域性专业化管理企业管理，如原和县二水厂由政府采取公开招标方式确定中国水务公司管理；政府投资为主、原供水企业配套投资改扩建的集中供水工程，在明晰产权后，委托原专业化供水企业管理。

按照“补偿成本、公平负担”的原则合理确定水价，落实两部制水价、用水定额管理与超定额加价制度。对二、三产业的供水水价，由物价部门按照“补偿成本、合理盈利”的原则确定水价。落实农村饮水安全工程电费、税费等优惠政策，确保工程良性运行。

（二）典型工程案例

和县农村饮水安全工程水质检测中心的建设与运营。

水质检测中心建设的必要性：水质检测中心建成前农村自来水经营者对农村饮用水的安全意识不强，管理不到位，个别水厂处于无人管理的状态，给农村饮水安全带来了严重

隐患，加强农村饮水安全水质检测能力迫在眉睫。加强农村饮用水水质卫生监测工作，事关农村群众的生活质量和身体健康；水质检测中心的建设是行业管理的需要，有利于农村饮水安全管理机构及时掌握供水安全状况，指导水厂调整制水工艺过程，提高水质；和县近些年来随着经济的发展，水源的污染也越来越严重，农村供水水源地发生突发性水污染的可能性提高，为了预防突发性的水源污染影响人名群众的生活，造成经济损失。因此要对水源进行监控，安全生产，预防第一。

水质检测中心运营的成效：主要检测项目是根据和县水源实际情况，根据《地表水环境质量标准》（GB 3838—2002）对水源水 29 个项目进行检测。根据《生活饮用水卫生标准》（GB 5749—2006）规定的 42 项常规指标和 64 项非常规指标检验自来水厂的出厂水、末梢水。每个季度公布一次水质检测结果，并对水质检测不合格的水厂加紧巡视监管，查找水质不合格的原因，督促整改。由于我县水质检测的合格率直接与水厂的年终考核挂钩，水厂对水质检测的合格率也很上心。我县 2015 年度的水质检测合格率已达到 80%，水质合格率改善明显。

五、目前存在的主要问题

1. 饮水安全工程保障

经调查，和县现有 14 座农村供水工程，现有设计供水能力基本满足现状供水要求，但一些水厂已满负荷运行，如范桥水厂、濮集水厂、善厚水厂，随着农民生活水平的提高、太阳能、抽水马桶进入农户家，人均用水量会不断增加；另外一些供水工程供水范围内入住企业、学校增加，现状供水能力已不能适应发展的需要。

水源方面存在的问题：和县现有 14 座水厂中，西埠镇范桥水厂、腰埠水厂取用得胜河水，得胜河近年来受上游含山县工、农业生产及生活污水排放的影响，水质为Ⅳ类地表水，氨氮、COD 严重超标，已不适宜作为饮用水源。香泉健康水厂水源地为独山水库，独山水库为小（2）型水库，库内长期有泉涌，近年来泉水矿物质含量增加，已不适宜作为饮用水。驷马山水厂水源由于过往船只多，导致石油类含量超标，已不适用做饮用水水源。善厚水厂由于半边月水库水体有污染情况，且供水保证率不高，已不适用做饮用水水源。

供水管网存在的问题：“十二五”期间，和县共整合、关闭 12 座小型供水工程，由于受资金限制，原先老管网部分没有改造；现有 14 座水厂，大部分 2005 年前已铺设部分供水管网，这部分管网中有水泥管道、PVC 管道、钢管等，存在管材质量差、管道埋深浅、管道老化漏损严重。

2. 水质保障

“十二五”期间，和县在水源保护、净水工程改造方面做了大量的工作，但仍存在一定的问题，主要是一部分水源保护措施不到位，如善厚水厂水源地半边月水库，近年由于小型豆腐加工企业的出现，污水乱排，导致半边月水库水质下降；季节性污染如西埠范桥水厂、腰埠水厂、香泉健康水厂；净水设备不完善、管理人员业务水平低，造成水质经常不合格的情况屡屡发生，如绰庙水厂；除华水水务公司具备水质自检能力外，其他水厂均无正式的检测人员，检测设备标准低。根据和县卫生疾控中心出具的和县各水厂出厂水、管道末梢水水质检测报告，和县部分农村供水工程水质合格率在55%（按人口），但一些小水厂水质合格率次数在30%左右。

3. 运行管理

目前和县14处集中供水工程中，和县华水水务公司、华衍水务公司为区域专业化管理队伍；石杨自来水厂为个人承包经营；其他供水工程管理方式为小型专业化供水企业。从管理体制上来看，专业化管理队伍人员按岗设置、业务水平高、管理规范；小型专业化供水企业，其实有部分为家庭式管理，为节约经费，存在一人多岗的现象，管理欠规范。

六、“十三五”巩固提升规划情况及长效运行工作思路

1. 县级农饮巩固提升“十三五”规划情况

根据“十三五”农村饮水安全巩固提升工程评价标准，结合和县实际，从当前农村饮水的基本情况以及存在的主要问题可以看出下列情况。

（1）供水水质：目前水质合格率为82.3%（人口比率）。

（2）供水水量：目前日供水水量为91500m^3，人均日供水量169.25L，满足要求。

（3）方便程度：白天可以满足，但由于管网漏损率高，夜间水压不高，用水不方便。

（4）供水保证率：目前已达95%，可以满足要求。

这些问题会严重影响水源的合格率以及供水的保障率，以至于水质和供水保障率达不到标准，对农民的健康以及农村的经济发展会有一定的影响。“十三五”农村饮水安全巩固提升工程的规划实施，会在很大程度上提高水质的合格率及供水保障率，将会使“十三五”安全巩固提升工程长久受益。

按照水源实际情况和供水水质要求，改造部分水厂落后的制水工艺，并配套改造管网，以解决规模较大的农村水厂管网配套不完善等影响工程效益发挥的问题。

表4　“十三五”巩固提升规划目标情况

农村集中供水率（%）	农村自来水普及率（%）	水质达标率（%）	城镇自来水管网覆盖行政村的比例（%）
100%	100%	90%	100

表5　“十三五”巩固提升规划新建工程和管网延伸工程情况

工程规模	新建工程					现有水厂管网延伸			
	工程数量	新增供水能力	设计供水人口。	新增受益人口	工程投资	工程数量	新建管网长度	新增受益人口	工程投资
	处	m^3/d	万人	万人	万元	处	km	万人	万元
合计						3	3634	0.26	3269
规模水厂						3	3634	0.26	3269
小型水厂						0	0	0	0

表6　“十三五”巩固提升规划改造工程情况

工程规模	改造工程					
	工程数量	新增供水能力	改造供水规模	设计供水人口	新增受益人口	工程投资
	处	m^3/d	m^3/d	万人	万人	万元
合计	7	21000	104000	26.48		920
规模水厂	7	21000	104000	26.48		920
小型水厂	0	0	0	0		0

2. “十三五”之后农饮工程长效运行工作思路

根据省、市农村饮水安全工作指示精神，结合全面建成小康社会、新型城镇化、美好乡村建设等要求，按照城乡供水一体化的新时期供水方向，注重轻重缓急、近远结合、量力而行、可以持续的原则，综合采取扩建、配套、改造、联网等方式，进一步提高农村集中供水率、自来水普及率、水质达标率、供水保证率和工程运行管理水平，建立“从源头到龙头”的农村饮水工程建设和运行管护体系。

结合逐步建立“从源头到龙头”的工程和运行管护体系的要求，按照城乡供水一体化的发展方向，以水量充足、水质优良的可靠水源为基础，重点发展区域集中连片规模化供水工程。采取“以城带乡、以大带小，以大并小、小小联合”的方式，“能延则延、能并则并、能扩则扩”，科学合理划定供水分区，确定工程布局与供水规模，研究提出区域农村饮水发展思路与对策措施。同时，着力加强工程运行管护，建立工程良性运行长效机制，通过明晰工程产权，保障合理水费收入，落实运行管护经费，保障工程长期发挥效益。

芜湖市

芜湖市农村饮水安全工程建设历程
（2005—2015）

（芜湖市水务局）

一、基本概况

芜湖市位于安徽省东南部，地处长江中下游，南倚皖南山系，北望江淮平原。东北部与马鞍山市毗邻，东南部与宣城市接壤，西南部与铜陵市、安庆市、池州市搭界，西部及西北与合肥市相连。地理位置介于东经117°28′～118°43′、北纬30°38′～31°31′，全市总面积5988km²。地处皖南山区与沿江平原的过渡地带，地形较为复杂，其主要特征为西南高、东北低，东部和北部为冲积平原，间有洼地，有少数丘陵，地势低平，西部和南部多山地。其中平原2962km²，占49.5%；岗丘1928km²，占32.2%；水面面积1098km²，占18.3%。

我市水系发达，境内河道纵横，湖泊众多，沟塘密布，水源条件较好。长江从市区流过，江南青弋江、水阳江、漳河、黄浒河干支流贯穿南陵、芜湖、繁昌三县，黑沙湖、龙窝湖、奎湖散布其间；江北主要河流有西河、裕溪河、花渡河，主要湖泊有竹丝湖等。市辖无为、芜湖、南陵、繁昌四县和镜湖、弋江、鸠江、三山四区，拥有2个国家级开发区，11个省级开发区。2015年底，全市户籍人口384.79万人，其中农村人口193.08万人。

2015年在境内主要河流上共设置50个水质监测断面，54个监测点，代表河段长792.6km²，按全年期、汛期、非汛期分别进行评价，全年期Ⅱ类河段长度占59.7%，Ⅲ类占40.3%；汛期Ⅱ类河段长度占56.7%，Ⅲ类占39.5%，Ⅳ类占3.8%；非汛期Ⅱ类河段长度占55.6%，Ⅲ类占44.4%。

二、农村饮水安全工程建设情况

1. 农村人口饮水安全解决情况

根据调查摸底和水质抽检情况，在实施农村饮水安全工程前，农村存在饮水安全问题的类型主要有：血吸虫疫区、饮用水水质和水源保证率问题。全市饮水不安全人口数为143.6万人。

芜湖县属血吸虫疫区的13.13万人，属水质问题的6.81万人，属水源保证率问题的3.39万人。在上述人群中，水质不达标及血吸虫疫区不安全人口主要分布于陶辛、方村、六郎、红杨、花桥镇的水网圩区，水量及水源保证率不达标的主要分布于湾沚、红杨、花桥镇的岗丘区。

繁昌县水质不达标的主要问题为氟超标、苦咸水、地下水污染等。氟超标主要分布在孙村镇赤沙片境内的中分、八分、赤沙、汪冲、张塘、代亭、梅冲等行政村，共计1.8万人；苦咸水问题主要分布在平铺镇和繁阳镇的横东村境内，涉及人口17815人（其中平铺镇17615人，繁阳镇200人）；饮用未经处理的Ⅳ类及超Ⅳ类地表水的问题涉及人数为15600人，其他饮水水质超标问题有17900人，分布在六个乡镇。水源保证率不达标的问题主要分布在西南部的山丘区，涉及孙村、繁阳，平铺、荻港、新港、峨山的六个乡镇42个行政村，人口23112人；生活用水量不达标人口为2260人，主要分布在荻港镇桃冲村和繁阳镇的阳冲村、华阳村及新港镇的裕民村。

无为县农村饮水不安全人口中饮水氟超标0.8万人，主要分布在百胜、严桥等乡镇；饮用苦咸水4.12万人，主要分布在县中部及西南一带的岗丘区；血吸虫疫区饮用不安全水人口14.36万人，主要分布在沿江地区；饮用污染水及其他水质问题人口42.95万人，遍布于全县各乡镇；水量、用水方便程度、水源保证率不达标农村人口5.1万人，主要分布于西北、西南的严桥、开城、石涧、牛埠等丘陵山区乡镇。

2015年底，全市农村总人口有193.08万人，饮水安全人口占180.13万人，农村自来水供水人口占171.04万人，自来水普及率94.95%；全市行政村714个，通水行政村714个，通水比例100%。

为改善农村饮用水条件，保障农村饮水安全，自国家启动农村饮水安全工程以来，芜湖市一直把解决群众饮水安全问题作为一项重要民生工程来抓，科学规划、合理布局、精心组织、强力推进，保证了规划目标和批复的建设任务如期实现。2005—2015年，我市通过新建水厂、改扩建水厂、管网延伸等方式，累计投资7.34亿元（其中中央投资46487万元、省级配套11716万元、市县配套15185万元），建成各类饮水工程178余处（片），其中新建、改扩建规模水厂52座，解决了148.93万农村居民和12.46万学校师生的饮水不安全问题。

2006年2月9日，芜湖市人民政府批准将原芜湖县原荆山镇区域划归镜湖区；2010年8月，将原芜湖县方村镇划归镜湖区管辖；2011年7月14日，将原地级巢湖市管辖的无为县划归芜湖市管辖，和县的沈巷镇划归芜湖市鸠江区管辖。

表1　2015年底农村人口供水现状

县（市、区）	乡镇数量	行政村数量	总人口	农村供水人口	集中式供水人口	其中：自来水供水人口	分散供水人口	农村自来水普及率
	个	个	万人	万人	万人	万人	万人	%
合计	49	714	193.08	180.13	171.05	171.04	9.09	94.95
芜湖县	5	87	19.99	16.84	16.84	16.83	0.01	99.95
南陵县	8	167	32.30	29.37	26.73	26.73	2.64	91.01
繁昌县	6	72	17.52	17.52	17.50	17.50	0.02	99.89

（续表）

县（市、区）	乡镇数量	行政村数量	总人口	农村供水人口	集中式供水人口	其中：自来水供水人口	分散供水人口	农村自来水普及率
	个	个	万人	万人	万人	万人	万人	%
无为县	20	261	84.74	77.87	71.45	71.45	6.42	91.76
镜湖区	2	14	2.84	2.84	2.84	2.84	0	100
鸠江区	4	73	23.65	23.65	23.65	23.65	0	100
三山区	4	40	12.04	12.04	12.04	12.04	0	100

2. 农村饮水工程建设情况

我市农村水厂多建于20世纪90年代，由于缺乏统一规划，一些小水厂因时而建、仓促上马，随意乱建现象较为严重，导致农村供水市场呈无序发展，截至2004年底，全市已建大小农村水厂165座，供水点9处，供水规模为20～3000m^3/d，多数供水规模在1000m^3/d以下，实现集中式供水人口约80万人。大部分水厂规模偏小，设施简陋，制水工艺不规范，不注重管理、维护，造成供水水质不稳定，有的水源选择随意性大，供水保证率低，不能满足农村饮水安全需求。

3. 农村饮水安全工程建设思路及主要历程

“十一五”期间，按照统筹规划、合理布局、先急后缓、突出重点的解决思路，我市组织对全市农村饮水安全现状和农村供水工程进行了详细摸底，着力解决农村现有小水厂点多面广、小而分散、覆盖能力弱等问题。规划中注意把握好“三个结合”，即把农村饮水安全工程建设与新农村建设规划结合起来；把农村饮水安全工程建设与改造提高原有农村水厂结合起来，充分利用和整合现有资源，打破行政区域的格局，按照农村饮水安全的评价指标和要求，科学选址，兴建适度规模的集中供水工程，努力扩大工程覆盖面；把城镇供水与农村饮水安全结合起来，以城镇供水水源为依托，统一规划供水区域，走农村供水城镇化、城乡供水一体化路子，实现农村供水由人饮解困向饮水安全，由小型分散向集中规模转变。确保工程供水水量充足，水质达标，水压满足用户的要求，保证建成优质供水工程，建成管理方便、造价低廉、群众满意的可良性运行的工程。

“十二五”期间，按照“积极推进集中供水工程，提高农村自来水普及率，发展城乡一体化供水”的基本原则，农村供水由人饮解困向饮水安全转变，由小型分散向集中规模转变的建设思路，打破行政区域，充分利用“十一五”期间建设的工程进行扩容，并网整合现有小型供水设施，推进规模化集中供水工程建设，提高农村饮水安全保证水平。在已建成管网的基础上，采用转供水方式，将原自制水的水厂联网改造为自来水厂的供水站，以扩大供水规模，提高工程效益，消除供水工作中存在的安全隐患，达到城乡一体化，建立良性化长效运行机制，促进新农村建设。

2005—2015年，十年来累计投资7.34亿元，其中中央投资46487万元、省级配套11716万元、市县配套15199万元；建成各类饮水工程178余处（片），其中新建、改扩建规模水厂52座，解决了148.93万农村居民和12.46万学校师生的饮水不安全问题。

表2　农村饮水安全工程实施情况

县（市、区）	合计			2005 年及“十一五”期间			“十二五”期间		
	解决人口		完成投资	解决人口		完成投资	解决人口		完成投资
	农村居民	农村学校师生		农村居民	农村学校师生		农村居民	农村学校师生	
	万人	万人	万元	万人	万人	万元	万人	万人	万元
合计	148.93	12.46	73402	73.46	2.31	32649	75.47	10.15	40753
芜湖县	23.34	3.85	11967	13.81		5975	9.53	3.85	5992
南陵县	36.68	1.48	17739	17.82	1.38	8303	18.86	0.1	9436
繁昌县	11.91		5293	8.91		3797	3		1496
无为县	65.01	6.74	32826	26.60	0.93	11940	38.41	5.81	20886
镜湖区	1.5	0	744	0	0	0	1.5	0	744
鸠江区	6.29	0.39	3034	2.12	0	835	4.17	0.39	2199
弋江区	0.7		273	0.7		273			
三山区	3.5		1526	3.5		1526			

说明：芜湖县解决人口数含原方村镇 1.2678 万人和九连山茶场的 0.205 万人调整到镜湖区。无为县计划农村人口 5.9639 万人，师生 0.7497 万人，计划投资 2970.67 万元调整到鸠江区。

表3　2015 年底农村集中式供水工程现状

县（市、区）	工程规模	工程数量	设计供水规模	日实际供水量	受益乡镇数	受益行政村数	受益农村人口	自来水供水人口
		处	m³/d	m³/d	个	个	万人	万人
合计	合计	133	600231	385761			242.29	232.72
	规模水厂	106	580700	366380			227.74	219.19
	小型水厂	27	18890	12550			13.94	13.53
无为县	合计	51	261311	184516	20	260	111.94	102.37
	规模水厂	43	255500	179600			106.77	98.22
	小型水厂	8	5200	4400			4.56	4.15
芜湖县	合计	28	39020	24965	5	95	29.14	29.14
	规模水厂	14	27700	18400			21.08	21.08
	小型水厂	14	11290	6550			8.06	8.06
繁昌县	合计	6	67200	65000			21.33	21.33
	规模水厂	6	67200	65000			21.33	21.33
	小型水厂							

（续表）

县（市、区）	工程规模	工程数量	设计供水规模	日实际供水量	受益乡镇数	受益行政村数	受益农村人口	自来水供水人口
		处	m^3/d	m^3/d	个	个	万人	万人
南陵县	合计	26	91100	58500			45.48	45.48
	规模水厂	24	90100	51500			44.86	44.86
	小型水厂	2	1000	700			0.62	0.62
鸠江区	合计	19	126900	46500	4	73	29.3	29.3
	规模水厂	16	125500	45600			28.6	28.6
	小型水厂	3	1400	900			0.7	0.7
镜湖区	合计	3	14700	6280	2	14	5.1	5.1
	规模水厂	3	14700	6280			5.1	5.1
	小型水厂							

三、农村饮水安全工程运行情况

1. 成立专管机构

我市各县都成立了农村饮水安全管理机构。无为县机构编制委员会批准同意成立无为县农村安全饮用水管理办公室，定编5名，为全额财政供给事业单位；南陵县设立了南陵县农村饮水安全管理站，与县机电排灌站合署办公，为县局所属社会公益类事业单位，确定2名编制人员。

2. 落实维修养护资金

农村饮水安全工程管护经费基本由县财政承担，列入年度预算。如无为县政府设立了农村饮水安全工程维修养护基金，自2012年起县财政每年安排管护资金50万元。南陵县于2011年设立农村饮水安全工程维修养护基金，专款专用。

3. 县级农村饮水安全工程水质检测中心建设

在4县建设农村饮水安全工程水质检测中心，按照“合作共建、资源共享、业务协同”的原则，依托县疾病预防控制中心共建并纳入县疾病预防控制中心统一管理，接受县水务、卫生、环保等部门业务指导，承担全县农村供水工程水质检测工作。水质检测中心为财政供给事业单位，其中，无为县专业检测人员6人，平均年度运行经费90万元；芜湖县专业检测人员6人，平均年度运行经费65万元；繁昌县专业检测人员6人，平均年度运行经费50万元；南陵县专业检测人员10人，平均年度运行经费75万元。目前，水质检测中心主要仪器设备由我局统一招标采购到位，共完成计划投资908万元，其中中央预算内投资262万元、省级投资162万元、地方配套484万元。水质检测中心建成后，具备42项水质指标的检测检验能力。

对农村饮水安全工程供水水质采取定期监测和抽检相结合，即每年枯水期和丰水期定期监测2次外，结合卫生专项检查、运行管理检查等对供水水质进行抽检，抽测频次为每年6次。

4. 农村饮水安全工程水源保护情况

为切实加强生活饮用水水源地保护工作，确保饮用水源安全，各县（区）政府制定出台文件，明确饮用水源地管理规定、明确监督管理职责，建立了饮用水水源管理联系人制度和饮用水安全保障工作报告制度。对所有已建的农村饮水安全工程均按照饮用水水源保护区标志技术要求设置水源保护区警示标牌，加强对取水口及保护区巡查监督管理，及时处理影响水源安全的问题。目前已划定了供水水源保护区69座。

5. 供水水质状况

建立了水源水、出厂水、管网末梢水检测制度，要求增加检测次数，在常规送检4次，抽检2次（取末梢水）的基础上，各水厂取源水、出厂水、末梢水送检一次，检测结果报所在镇、水务局备案。目前供水水质状况良好。

6. 农村饮水工程（农村水厂）运行情况

（1）管护主体

将饮水安全工程国家投资部分进行物化形成国有资产，将所有权委托给项目实施水厂进行管理，明晰工程产权，在确保受益农民利益及国有资产不流失的前提下，项目水厂享有国有资产的使用权和经营权。

（2）管理体制与运行机制

创新管理机制。对新建的集中供水工程（蓄水池），形成以所在村或用水协会统一管理的模式，建立健全了供水、水费收缴、财务管理、工程管理及奖惩等一系列制度。

7. 农村饮水工程（农村水厂）监管情况

2014年6月市政府印发了《芜湖市农村饮水安全工程管理办法》。农村饮水安全工作涉及部门较多，需要统筹协作、齐抓共管。为此，首先是强化领导，落实部门监管责任。市政府成立由分管副市长任组长，市水务、发改、卫生、财政、国土、环保等部门负责人为成员的农村饮水安全工程领导小组，明确了各有关部门的职责。市水务局、财政局联合印发了《芜湖市农村供水工程运行管理（暂行）办法》。各县（区）也相应制定了有关管理办法。

一是规范农村饮水安全工程运行管理，各级政府出台运行管理实施意见，明确和细化相关部门在农村饮水安全工程监督管理中的职责和具体工作；明确地方政府按照属地管理原则，负责本辖区农村水厂运行管理工作，督促各供水单位切实履行供水安全职责。并对水厂提出“五无、十有、一规范”的具体管理要求。二是明晰工程所有权，农村饮水安全工程由各级财政投资形成的资产，由乡镇人民政府受县政府委托行使国有资产所有权，工程竣工验收后，产权移交所辖乡镇人民政府，负责其运行管理工作。三是成立了农村安全饮用水领导小组，专职从事农村饮水安全工程管理工作，为全市农村饮水安全工程提供技术支持和服务。此外，县级水务部门会同卫生、环保等部门不定期的组织开展联合执法检查，重点检查水源保护、水质净化、消毒、出厂水和末梢水水质状况以及运行管理制度的执行情况等内容。五是依托县疾病预防控制中心共建水质检测中心，承担全县农村饮水安全工程水质检测工作，加强水质监测管理。六是市物价局、水务局制定了农村饮水安全工程受益农户入户费用每户不超过300元的政府指导价。对已建成的安饮工程，均按照“补偿成本、公平负担”的原则，由物价部门按有关政策合理核定，规范农村自来水价格管理。七是通过对农村饮水安全工程管理单位运行管理、法律法规和卫生管理知识等业务培训开展，对提高供水单位及其人员的管理水平和业务素质，规范管理行为，提升供水服务质量具有促进作用。同时，发挥水利部门的技术优势，加强对农村饮水安全工程建设和运行管理的技术指导、服务，积极帮助供水单位解决实际问题，并邀请卫生部门专家对水质处理进行技术指导。

8. 运行维护情况

我市农村饮水安全工程主要以规模水厂为主，各水厂均建立健全了运行管理制度，并基本做到制度上墙，标识标牌清晰，水厂厂容厂貌较为整洁美观，各主要构筑物运转正常，主干管网已覆盖服务区域内每个村庄，工程运行正常。水厂运行维修主要依靠供水单位自身维修队伍，水务局给予技术支持和服务。同时，设立了安饮工程运行管护资金，对运营较为困难的水厂及单村供水工程维修材料设备费给予补助，以保证工程正常运行。

我市农村饮水安全工程用电、用地以及税收等相关优惠政策均按照有关规定落实到位。

9. 用水户协会成立及运行情况

“十一五”期间南陵县建立的西山用水协会及龙山用水协会，为日供水1000m^{3}以上的规模小水厂，运行情况良好。

四、采取的主要做法、经验及典型案例

1. 进一步加强组织领导

农村饮水安全工作涉及部门较多，需要统筹协作、齐抓共管。市政府成立由分管副市长任组长，市水务、发改、卫生、财政、国土、环保等部门负责人为成员的农村饮水安全工程领导小组，明确了各有关部门的职责。

2. 进一步完善规章制度

2014年6月市政府印发了《芜湖市农村饮水安全工程管理办法》；市水务局、财政局联合印发了《芜湖市农村供水工程运行管理（暂行）办法》。各县（区）也相应制定了有关管理办法。无为县出台了《关于加强农村饮水安全工程建设和运行管理的实施意见》（政办〔2012〕143号）；南陵县划定了工程水源保护区，并制定了相应保护措施；芜湖县卫生局、财政局联合印发了《芜湖县农村生活饮用水水质监测项目实施方案》（卫防〔2010〕48号），县水务局、民生办联合印发了《芜湖县农村饮水安全工程运行管理暂行办法》，同时由县疾控中心对该县所有农村自来水厂进行水质卫生检测。

3. 进一步规范建设程序

我市在农饮工程建设中严格按照项目“四制”要求进行管理，项目法人（县、区农饮办）认真履行基本建设程序，强化建设管理工作。一是对主要工程施工、监理和大宗管材设备都进行了公开招投标、统一采购，择优确定施工、监理和供货单位。二是严格按照规定进行工程监理。三是规范价款结算，实行合同管理。四是建立健全“建设单位负责、监理单位控制、施工单位保证、政府部门监督”的质量管理体系，认真落实质量“三检

制”，加大政府部门质量监督力度。

4. 进一步加强工程监管

为加强对县（区）工程建设的监督指导，市水务局积极推行“五查五看”，即查设计文本和批复文件，看前期工作完成进展和质量情况；查招标投标资料，看建设单位和管材设备落实情况；查工程现场和工程资料，看工程进度和工程质量情况；查财务报表和账册，看资金管理和拨付情况；查受益农户工程知晓率和满意度，看农饮政策宣传落实情况。此举既加强了工程建设全程监管力度，又促进了工程保质提速。

5. 进一步落实优惠政策

按照《安徽省农村饮水安全工程管理办法》规定，我市农村饮水安全工程水厂用电按照农用电价执行；芜湖市国土局、水务局印发了《转发省国土资源厅、水利厅关于农村饮水安全工程建设用地管理有关问题的通知》（芜国土〔2012〕176 号），明确了工程建设用地解决途径和办法；水厂税收《转发〈按照财政部、国家税务总局关于支持农村饮水安全工程建设运营税收政策〉的通知》（财税〔2012〕685 号）给予优惠。

6. 进一步广泛深入宣传

在年度投资计划下达后，我市及时将项目基本情况进行公示，并通过芜湖日报、县政府网站等新闻媒体及宣传展牌大力宣传农村饮水安全工作的紧迫性、重要性，以及工程建设成效，印发了民生工程政策公开信和农村饮水安全知识宣传卡，宣传农村饮水安全工程的相关政策，使农村饮水安全工程政策深入人心，为全县农村饮水安全工程建设营造了良好的社会氛围，促进了农村饮水安全工作的全面开展。

7. 进一步加强培训学习

我们要求农村水厂直接从事供水管水的从业人员须经专业培训、健康检查，持证上岗。为此，我市水行政和卫生部门已开展了多种形式的培训工作。根据建议要求，我们还对培训工作再部署、再强化，建立定期培训制度，并将培训对象扩大到水厂负责人。今年我们还将把农村水厂有关人员的培训上岗情况纳入民生工程考核，以提高水厂管理人员素质和操作技能、管理能力，使之自觉规范日常运行，确保饮用水卫生、安全。

五、存在的主要问题

我市农村供水在工程建设、运行管理、水质保障以及行业管理等方面存在的主要问题是：

1. 饮用水源水质总体上基本稳定，但季节性污染较为明显。

2. 农村水厂供水覆盖范围较广，供水管线长而分散，受投资限制，尤其实施农村饮水安全工程的最初几年投入标准较低，管网没有得到有效改造，老旧管网漏损率大，供水二次污染现象明显。随着社会经济水平的不断提高，群众用水量逐年增加，现有农村规模水厂供水能力稍显不足，用水高峰期部分管网延伸末端用户水压得不到保证。

3. 地方水管资金投入有限。建议省、市级财政安排一定的专项资金，用于扶持、推进农饮工程建后管理工作。工程建设受招投标影响，工程建成后虽然无偿移交给水厂经营，水厂实际效益仅能维持运转。

4. 农村水厂管理人员的基本业务素质和运行管理水平参差不齐，需要对运行管理人员进行系统化的安全运行培训，提高专业水平，以保障供水安全。

5. 农村水厂化验人员专业水平普遍不高，水质检验能力较为薄弱。

六、“十三五”巩固提升规划情况

（一）农村饮水安全巩固提升工程“十三五”规划情况

1. 规划目标

按照全面建成小康社会和脱贫攻坚的总体要求，我市农村饮水安全工巩固提升工程“十三五”规划总体目标任务是：“三年集中攻坚、两年巩固提升”。

通过采取新建、改建、扩建、联网改造等措施，到2016年底前，实现贫困村“村村通”自来水；到2020年，使全市农村集中供水率稳定在95.33%，农村自来水普及率稳定在95%以上，供水保证率不低于95%，水质达标率稳定在76%以上，城镇自来水管网覆盖行政村的比例达到88%。建立健全工程良性运行机制，提高运行管理水平和监管能力。

表4 “十三五”巩固提升规划目标情况

县（市、区）	农村集中供水率（%）	农村自来水普及率（%）	水质达标率（%）	城镇自来水管网覆盖行政村的比例（%）
合计	95	95	78	88
无为县	95	95	75	65
芜湖县	100	99.95	90	100
南陵县	90	90	70	100

2. 主要建设内容

我市计划在“十三五”期间，通过前三年集中脱贫攻坚、后两年实施农村饮水安全巩固提升。重在规范运营、保障安全。通过建设标准化水厂全面提升水质；建设应急水源工程，进一步提高供水保障程度；合理划分供水分区，取长江源水，从源头提高供水安全；并进一步推进信息化建设，实时监控区域供水情况，规范水厂运营管理。主要建设内容如下。

（1）精准扶贫工程建设

解决贫困人口饮水安全问题是我市农村饮水安全巩固提升工程“十三五”规划的重要内容之一，拟采取以集中供水为主、分散供水为辅的方式，规划兴建27处集中式供水工程。

无为县计划新建低坝拦水工程3处，管网改造延伸工程13处，入户工程11处。计划解决100个村2.44万人饮水安全问题，其中建档立卡的贫困村25个、贫困户1971户0.35万人。

南陵县利用现有13个农村自来水厂进行管网延伸和入户工程。计划解决许镇、何湾、工山等7个乡镇5个部分未通水贫困村和贫困村外贫困人口3093人饮水安全问题，其中建档立卡的贫困人口2255人。

（2）水源及输水管网工程建设

无为县水源及输水管网工程建设的主要内容：一是建设刘渡长江水源工程，同步实施输水管网工程，向无城、刘渡、襄安、泉塘、蜀山、开城、赫店、尚礼、十里、石涧、红庙、福渡辐射；二是扩建白茆长江取水口，向陡沟等片区提供源水；三是提升牛埠长江取水口取水能力，向牛埠、昆山、洪巷、鹤毛供给源水；四是提升皖江、响山、牌楼水源地安全性，重力自流向严桥区域供水；五是对高沟、姚沟、泥汊水厂现有长江取水口建设水源改造及保护工程。

（3）应急备用水源工程

为保障芜湖县城乡供水安全，需建设县城应急备用水源工程，计划联通芜湖市区至芜湖县城的供水管网，工程计划新建清水大桥—芜湖县自来水厂联网供水管道 DN600mm 球墨铸铁管 23.9km，建设易太加压泵站 1 座，近期日供水 3.0 万 m^3/d、远期 5.0 万 m^3/d。

（4）供水管网建设

对老旧不符合建设标准，影响供水水质、水量和水压的农村供水管网进行改造，“十三五”期间，计划新建及改造供水管网总长度 2386.8km。同时，试点安装无源动力水表。通过供水管网延伸，新增入户人口 4.29 万人，全面解决贫困人口饮水问题；通过管网改造，消除“跑、冒、滴、漏”和管道二次污染等现象，减少管网漏损率、降低制水成本，提高供水保证率和水质。

表 5 “十三五”巩固提升规划新建工程和管网延伸工程情况

县（市、区）	工程规模	新建工程					现有水厂管网延伸			
		工程数量	新增供水能力	设计供水人口	新增受益人口	工程投资	工程数量	新建管网长度	新增受益人口	工程投资
		处	m^3/d	万人	万人	万元	处	km	万人	万元
合计	合计	8	62	0.11	0.11	240	18	333.8	1.9	6348
	规模水厂						13	279.8	1.6	5650
	小型水厂	8	62	0.11	0.11	240	5	54.1	0.9	698
无为县	合计	8	62	0.11	0.11	240				
	规模水厂									
	小型水厂	8	62	0.11	0.11	240				
南陵县	合计						18	333.8	1.9	6348
	规模水厂						13	279.8	1.6	5650
	小型水厂						5	54.1	0.9	698

表6　“十三五”巩固提升规划改造工程情况

县（市、区）	工程规模	改造工程					
		工程数量	新增供水能力	改造供水规模	设计供水人口	新增受益人口	工程投资
		处	m^3/d	m^3/d	万人	万人	万元
合计	合计	63	33370	206700	107.358	4.29	63734
	规模水厂	47	32770	206100	98.72	4.28	61905
	小型水厂	16	600	600	8.66	0.0028	1529
无为县	合计	28	14000	206700	65.3	2.39	53031
	规模水厂	27	14000	206100	64.74	2.38	52663
	小型水厂	1		600	0.59	0.0028	68
芜湖县	合计	29	7800		29.15		8408
	规模水厂	14	7200		21.08		6947
	小型水厂	15	600		8.07		1461
南陵县	合计	6	11570		12.9	1.9	2295
	规模水厂	6	11570		12.9	1.9	2295
	小型水厂						

3. 运管措施

（1）积极推行目标责任制，或因地制宜地采取承包、租赁等经营方式。实行承包或租赁，要规范程序，依法签订合同，并加强对合同执行情况的管理和监督。统一水费收支管理，统一工程管理，统一对管理队伍的考核。

（2）建立合理的分配机制。按照市场经济规律，采取灵活多样的分配方法，把职工收入与岗位责任和工作绩效紧密联系起来。管理成员实行固定工资和浮动工资相结合，按考核成绩发放。

（3）实行有偿供水，计量收费。按照“补偿成本、合理收益、优质优价、公平负担”的原则，合理确定供水价格。水价由县物价主管部门会同水行政主管部门制定，实行政府定价或政府指导价。计收水费要使用税费专用票据。水厂要加强财务管理，执行国家的财务会计制度，建立健全内部财务管理制度。推行水费民主决策制度，以保证水费的合理、高效利用。要实行公示制度，定期对水价、水量、水费收支特别是工程折旧费的管理使用情况公示，接受用水户和社会监督。

（4）建立有效的约束监督机制。水厂和其他分散式供水工程不仅要接受水务、卫生、物价、审计等部门的监督检查，建立定期和不定期报告制度，还要接受用水户和社会的监督、质询和评议。

（二）“十三五”农饮工程长效运行工作思路

1. 农饮工程长效运行工作思路

继续健全完善农村饮水安全专管机构，建立农村供水专业化服务体系、合理的水价及收费机制、工程运行管护经费保障机制和水质检测监测体系，水厂信息化管理；依法划定水源保护范围，健全应急响应机制，完善应急预案。加强供水运行监督管理，完善供水单位内部管理制度，规范管理行为，加大对水厂运行管理关键岗位人员的业务能力培训，推行关键岗位持证上岗。逐步建立与农村经济社会发展相适应的、符合农村饮水工程特点的长效管理体制和运行机制，达到工程良性运行，长期发挥效益，保障农村饮水安全。

2. 加强工程长效运行的有关建议

一是建立农村饮水工程改扩建建设资金投入体制。农村饮水工程是保障农村居民基本生存条件，提高农村居民健康水平和生活质量的公益性工程，是农村公共基础设施和公共卫生体系的重要组成部分。鉴于我市农村供水实际情况，建议建立以各级财政资金为主、社会资金为辅的农村饮水工程改扩建建设专项资金体制。

二是建立农村饮水安全工程维修养护专项经费制度。农村饮水安全工程服务于农村，供水范围广而分散，加之农村外出务工人员较多，农村用水条件、用水习惯以及农村人口大进大出的现象，造成工程供水成本增高，农村饮水安全工程运行普遍困难。虽然各县已建立了县级农村饮水安全工程维修养护经费制度，经费来源为县级财政，但资金缺口较大。因此，建议中央、省级以及市级财政均予以补助，确保供水工程正常运行，巩固农村饮水工程多年的建设与管理成果。

三是出台相关工作指导意见。鉴于农村饮水安全工程管理体制、运行机制改革的复杂性和艰巨性，建议制定出台操作性较强的指导性意见和政策。同时制定农村饮水工程专管机构工作指导意见，落实专管机构的“三定”方案，明确工作职责，指导专管机构开展行业管理工作。

3. 农村饮水工程长效运行工作展望和打算

一是落实乡镇政府属地管理责任。根据“农村饮水安全保障行政首长负责制，地方政府对农村饮水安全负总责”的要求，进一步明确乡镇人民政府属地管理责任，落实乡镇工作职责，建立健全政府“一把手”负总责、政府分管领导具体负责、部门合力推进的监督管理工作机制。

二是推进管理体制改革。健全完善县农村饮水安全专管机构，建立区域农村供水技术服务体系。加快农村饮水安全工程产权改革，明晰所有权、经营权、管理权，落实工程管护主体责任和经费。推进县自来水公司实施供水设施向农村延伸，发展城乡一体化供水。鼓励组建区域化、规模化、专业化运行管理单位，实行专业化管理。

三是完善水质监督检测体系。依法划定饮用水源保护区，加强水源保护和污染治理，强化供水单位水质管理，加强水质检测监测，建立和完善“供水单位日常检测、县水质监测中心月检测和县卫生监督部门不定期监测”的三级水质检测体系。

四是建立水价形成机制。按照“补偿成本、公平负担”的原则，建立合理水价形成机制，合理确定水价，逐步推行基本水价加计量水价的“两部制”水价。对二、三产业的水价按照“补偿成本、合理盈利”的原则确定。加大宣传力度，培养农民节水用水习惯，充分发挥工程效益。规范和完善工程供水计量收费和征收管理工作，力争应收尽收。

五是规范供水单位管理。不断完善供水单位内部管理制度，提高管理水平和服务质量，逐步建立农村饮水工程专业化运营体系。加强农村饮水工程水质管理，建立健全规章制度，规范净水设备操作规程，严格制水工序质量控制，强化消毒水质检测，建立以水质保障为核心的质量管理体系。加强供水运营的监督管理，通过加强培训，推行关键岗位持证上岗，严格水质检测制度，确保安全供水。

芜湖县农村饮水安全工程建设历程（2005—2015）

（芜湖县水务局）

一、基本概况

芜湖县位于安徽省东南部，长江中下游南岸，青弋江、水阳江水系的下游，地处东经118°19′~118°44′、北纬30°54′~31°25′，北与当涂县和芜湖市毗邻，东、南以裘公河、九连山与宣城市接壤，西同南陵县隔河相望。

芜湖县现辖湾沚、六郎、陶辛、红杨、花桥5个镇，87个村民委员会和13个居民委员会，总面积649.5km²，人口34.6万人。其中农村人口29.15万人。

芜湖县境内共有大小河流21条，河道总长258.2km，其中境内河道16条、边界河流5条。分属于青弋江和水阳江两大水系。芜湖县水资源包括地表水资源和地下水资源，地表水资源主要是由过境水和境内降水所组成，其中过境水资源量占全县水资源量的90%，一般年份地表水资源量52.21亿m³；地下水资源主要分布在丘陵区湾址周围沙砾层富含水层区浅层地下水，一般年份浅层地下水资源量1.39亿m³。

饮用水源主要为河流。芜湖县境内大小河流有21条，其中青弋江横贯境内中部，来水量较大，正常年份的水量充沛。境内河流水质较好，青弋江天然水质一般为Ⅲ类、有时达到Ⅱ类，水阳江水质一般为Ⅲ类；其内部湖泊污染较重为县城东湖、南湖，其水质为Ⅴ类、有时为Ⅳ类。

二、农村饮水安全工程建设情况

1. 农村人口饮水安全解决情况。

根据调查摸底和水质抽检情况，在实施农村饮水安全工程前，芜湖县农村存在饮水安全问题的类型主要有：血吸虫疫区、饮用水水质和水源保证率问题。全县饮水不安全人口数为23.34万人（含原方村镇1.27万人和九连山茶场的0.21万人），其中属血吸虫疫区的13.13万人（原方村镇0.82万人）、属水质问题的6.81万人（原方村镇0.45万人）、属水源保证率问题的3.39万人。

在上述人群中，水质不达标及血吸虫疫区不安全人口主要分布于陶辛、方村、六郎、红杨、花桥镇的水网圩区，水量及水源保证率不达标的主要分布于湾沚、红杨、花桥镇的岗丘区。

2005—2015 年，芜湖县农村安全饮水工程累计下达投资额为 11953 万元，其中中央投资 6804 万元、省级投资 2109 万元、市级配套 430 万元、县级配套 1879 万元、群众自筹 731 万元。累计完成投资额为 11967 万元，其中中央投资 6804 万元、省级投资 2109 万元、市级配套 430 万元、县级配套 1569 万元、群众自筹 1055 万元。累计解决农村饮水不安全人口数为 23.34 万人，按管网延伸方式改建和扩建农村水厂 31 座（其中原方村镇 3 座）。

至 2015 年芜湖县 29.15 万农村人口中，均实现了集中式供水，其中：饮用自来水为 29.14 万人，自来水到户率 99.95%，基本实现了农村安全饮用水目标。

表 1　2015 年底农村人口供水现状

县（市、区）	乡镇数量	行政村数量	总人口	农村供水人口	集中式供水人口	其中：自来水供水人口	分散供水人口	农村自来水普及率
	个	个	万人	万人	万人	万人	万人	%
芜湖县	5	87	19.99	16.84	16.84	16.83	0.01	99.95

表 2　农村饮水安全工程实施情况

合计			2005 年及“十一五”期间			“十二五”期间		
解决人口		完成投资	解决人口		完成投资	解决人口		完成投资
农村居民	农村学校师生		农村居民	农村学校师生		农村居民	农村学校师生	
万人	万人	万元	万人	万人	万元	万人	万人	万元
23.34	3.85	11967	13.81		5975	9.53	3.85	5992
说明：解决人口数含原方村镇 1.2678 万人和九连山茶场的 0.205 万人。								

2. 农村饮水工程（农村水厂）建设情况

芜湖县地处长江、青弋江、水阳江的下游，境内河流纵横，为江南水网圩区，也是血吸虫病流行疫区。在 20 世纪 80 年代中期，芜湖县农村饮水基本上就是饮用河湖和沟塘水。随着社会经济发展，地表水逐渐被污染后，人们为了改善饮用水的需求，在有条件的地方打手压井或打大口井。在世纪交替之际，各地制定招商引资优惠办法，鼓励民办小水厂大力发展。2005 年前，芜湖县已建成大小水厂 30 座（其中原方村镇 3 座），供水点 9 处。但这些水厂沿青弋江、水阳江两岸分布，为群众自建，建设时缺乏统一规划，管网布设不尽合理，管径偏小，导致管网流量小、水压低。同时，水厂的净水、蓄水等供水设施规模偏小，供水能力不足。丘陵地区人口住居分散，有的地方离河道较远，特别是干旱季节水源保证率低。

2005—2015 年，芜湖县农村饮水安全工程，共开展了 10 期项目，共总投资 11953 万元，解决了 95 个行政村和农村社区（含九连山茶场）的 23.14 万人和 3.85 万学校师生的饮水问题。

根据农村供水工程普查成果：至2015年底，芜湖县29.1542万农村人口中，集中式供水率达100%，其中饮用自来水为29.14万人，自来水到户率达99.95%，其他集中式供水方式0.01万人，基本实现了农村安全饮用水目标。

表3　2015年底农村集中式供水工程现状

工程规模	工程数量	设计供水规模	日实际供水量	受益乡镇数	受益行政村数	受益农村人口	自来水供水人口
	处	m^3/d	m^3/d	个	个	万人	万人
合计	28	39020	24965	5	95	29.14	29.14
规模水厂	14	27700	18400	—	—	21.08	21.08
小型水厂	14	11290	6550	—	—	8.06	8.06

3. 农村饮水安全工程建设思路及主要历程

自2005—2015年，芜湖县农村饮水安全工程依据农饮规划分为两个阶段开展。“十一五”期间，按照统筹规划、突出重点的解决思路，主要是解决血吸虫病疫区的流行村和水质不达标的13.81万饮水不安全人口。工程在原有水厂的基础上进行改扩建，对管网布设不合理，管径偏小，管材质量差的已建管网进行更换，对净水和供水设施进行改造，工程共铺设输水干支管道92.37万m，入户管道111.8万m，新建净水组合池10座，新建供水加压站4座，更新全自动变频柜21套，水泵64台装机812.5kW，购置水质化验设备19套。完成工程投资5975万元。

“十二五”期间，按照“积极推进集中供水工程，提高农村自来水普及率，发展城乡一体化供水”为基本原则，在已建成管网的基础上，采用转供水方式，将原自制水的水厂联网改造为县自来水厂的供水站，以扩大供水规模，提高工程效益，消除供水工作中存在的安全隐患，达到城乡一体化，建立良性化长效运行机制，促进新农村建设。“十二五”期间，主要是解决饮水水源保证率不达标和因新农村建设等造成的9.53万饮水不安全人口。另外解决农村学校3.85万师生饮水不安全人口。工程以县自来水厂为中心，向各农村水厂辐射、联网，将各农村水厂改造为的供水站，工程共铺设输水干支管道59.18万m，入户管道71.67万m，更新全自动变频柜5套，水泵18台装机24.5kW，购置消毒设备8套。完成工程投资5992万元。

目前，我县28座自来水厂（供水站）中，已同县自来水厂联网并实施转供水的水厂10座，主干管联网已部分实施转供水的水厂3座，主干管已联网但因配套问题尚未实施转供水的水厂8座。

三、农村饮水安全工程运行情况

1. 县级农村饮水安全工程专管机构

为了加强对农村自来水厂的管理，2008年3月19日，芜湖县机构编制委员会办公室以芜编办（2008）6号文件批复设立芜湖县农村自来水管理总站。芜湖县农村自来水管理总站具体负责对全县农村自来水厂及农饮工程的国有资产进行管理工作。

2. 县级农村饮水安全工程维修养护基金

2011 年 11 月县水务局、民生办印发《芜湖县农村饮水安全工程运行管理暂行办法》，我县设立了农村饮水安全工程运行维护基金，并纳入县级财政预算内资金。用于补助农村饮水安全工程的运行、维修和养护费用。

2014 年、2015 年县维修养护基金均为 30 万元，养护资金的使用与水厂平时管理运行状况挂钩。年底对水厂的管护进行考核，通过考核评出优秀、良好、一般，再按以奖代补的形式补助给各水厂。补助金额 0.3 万～1.0 万元不等。2015 年还对冰雪灾害下达补助经费 16 万元。

3. 县农村饮水安全工程水质检测中心建设情况

2015 年 2 月，县政府批准建设芜湖县农村饮水安全工程水质检测中心，该中心人员和运行管理均依托芜湖县疾病预防控制中心，运行管理经费列入县财政年度预算。

2015 年 12 月，水质检测中心的设备分两个标段进行招标采购，采购价为 141.38 万元。主要检测仪器设备有：离子色谱仪、原子吸收仪、气相色谱仪、全自动流动注射分析仪、高锰酸盐滴定法 COD 测定仪。检测设备在 2016 年 7 月安装并投入使用。

芜湖县在实施农饮工程时对规模水厂配备了基本的水质检测设备，对水厂的化验员进行了培训；目前，县疾病控制中心每季度对水厂的水质进行抽检 1 次，每次检测出厂水和末梢水各 1 份，枯水期临时对各水厂水质开展应急监测。形成了“水厂日常检测、专管机构常态检测”的水质检测体系。今后，芜湖县水质检测中心将按照农村饮水安全工程水质检测要求，加大检测项目和检测次数。

4. 农村饮水安全工程水源保护情况

我县水务和环保部门以及各水厂非常重视供水水源的保护工作，在取水口划定水源保护范围，并以县政府名义设置明显的标志和保护告示牌。同时，强化水源保护，加大河道两岸排水口的监管力度，完善了建设项目入河湖排污口审批制度。2014 年县财政投入 15 万元，对所有饮用水源地、水功能区及主要入河排污口（排水口）开展水质监测，其中水源地、水功能区每月监测 1 次，入河排污口每季度监测 1 次。

5. 供水水质状况

芜湖县农村自来水厂的取水水源基本上为青弋江，青弋江丰水期水量充沛，水质良好，但在枯水季节时河道流量小，水质有轻度污染。青弋江上游虽无中小城市，但有三座县城和若干小集镇，存在由工矿企业和工业开发区带来的污染隐患。从取水水源来看，芜湖县自来水厂的取水水源单一，一旦青弋江发生污染，无第二水源可替代。此外，青弋江干流为通航河道，航行船只油类污染和小型货物装载码头可能对水源产生污染。

芜湖县农村自来水厂净水设施大部分采用以网格竖流式絮凝、斜管沉淀、钟罩管敞开式无阀滤池等三池配套组合，利用水位差全自动运转的水处理工艺。消毒剂采用操作简单方便的二氧化氯消毒；为了规范和控制投加量，水厂均配备自动控制二氧化氯发生器投加消毒剂。

据县疾病预防控制中心水质监测资料显示，水样检测总合格率为 80%。检测指标合格率98.30%。从检测指标来看，毒理学指标合格率高于感观及一般性状指标，感观及一般性状指标合格率高于消毒指标。感官性状和一般化学指标合格率最低的是浑浊度，仅为91%。消毒指标合格率一直较低，合格率为72%，水质监测不合格原因分析如下：（1）感官性状和一般化学指标合格率最低的是浑浊度，说明水源或蓄水池水质被一些有机物、无机物、微生物、浮游生物等所污染，而水厂设备简易净化能力不足导致。（2）消毒指标合格率较低，提示饮用水管理人员素质差或缺乏责任感，没有掌握饮用水消毒技术或未按规范进行消毒，饮用水安全意识差。

6. 农村饮水工程（农村水厂）运行情况

芜湖县农村饮水安全工程的运行管护主体是各农村水厂。根据县水务局与各自来水厂签订的协议，农饮工程完工后，工程所投资的资产其所有权归县水务局，使用权和管理权归各自来水厂。工程委托原自来水水厂进行日常经营和管理，水厂自负盈亏。

目前，芜湖县农村自来水厂运营状况总体正常，其中14座规模水厂效益较好，小型水厂效益较差，处于保本微利状态。在运营状况上，水厂收入来源为水费收入，水价由县物价部门核算后批准执行。我县农村水厂自制水的水价，实行容量水价和计量水价相结合的“两部制”水价，容量水价为每户3.0元/月，计量基价为1.5元/m^3；转供水的农村水厂，水价实行计量水价为2.8元/m^3。支出主要为人员工资和电费、药剂费、维修费等运营费用。

7. 农村饮水工程（农村水厂）监管情况

县水务局为农村水厂的主管部门，各镇水利站为具体管理单位，负责水厂的工程建设，对水厂的运行管理进行监督，县农村自来水管理总站根据《芜湖县农村自来水管理暂行办法》，对水厂实行宏观管理，对水量、水压、水质、水价等方面，配合有关部门进行监督和管理。同时，卫生部门负责水质卫生的检测，按要求进行不定期抽检。对达不到水质安全要求的，责令水厂进行限期整改并依规进行处罚，直至依法关停；物价部门核定合理水价，并对水价收费进行监管，水厂对水价收费实行公示，接受用水户和社会的监督；环境保护部门不定期对取水水源进行检测，确保水源安全。

8. 运行维护情况

芜湖县农村自来水厂运行状况总体良好，但也存在一些问题和隐患。

我县农村水厂用电价格严格按照省物价局、省水利厅《关于明确农村饮水安全工程运行用电价格的通知》（皖电商〔2008〕211号）文件执行，水厂用电价格按照农用电价0.54元/度。水厂用地均为划拨土地；各水厂经营均免税收。

9. 用水户协会成立及运行情况

芜湖县农村自来水协会成立于2002年，全县各水厂及卫计委、水务局、环保局等为成员单位。协会主要职责是：加强行业自律管理，加强各水厂相互交流，引进新技术、新工艺，协调各水厂之间的矛盾和问题，对供水工程运行管理中存在的问题，提出合理化的意见和建议等。

协会成立以来，每年不定期召开成员大会，选举协会理事和理事长等协会领导成员，各水厂相互交流，商讨工作议题等。

四、采取的主要做法、经验及典型案例

（一）做法和经验

1. 建立领导机构，制定管理制度

为加强和协调对农村饮水安全项目的领导，县政府成立了由分管县长为组长，水务局、卫生局局长任副组长，发改委、财政局、国土局、建委、环保局分管局长为成员的芜湖县农村饮水安全工程规划和建设领导组，各镇成立了工程建设领导小组，并组建农村饮水安全工程建设管理站，镇建管站负责本镇范围内农村饮水安全工程的施工现场管理，地方矛盾协调及施工后的日常管理。

2. 编制饮水规划，制定可行方案

我县十分重视农村饮水安全工程规划工作，积极编制“十一五”和“十二五”的农村饮水安全工程规划，根据规划，编制切实可行的年度实施方案。本着“先急后缓，先重后轻，突出重点，分步实施”的原则，先安排管网延伸及供水设施改造，解决无水户等群众饮水安全问题，后考虑城乡供水一体化等长效化运行机制。

3. 明晰工程产权，落实运管机制

我县对农村饮水安全工程形成的资产，实行所有权和使用权分开原则处置。在工程建设后明晰产权，搞活经营权，落实管理权。县水务局与各水厂签订协议，规定工程所投资的资产所有权归县水务局，使用和管理权归水厂，水厂不得以任何理由转让、租赁和拍卖国有资产。

（二）典型工程案例

案例一：保沙自来水厂为原保沙乡政府招商引资，引来江苏一私企老板兴建的，建厂初期，投资人考虑资金及收益，所选用的材料为 PVC 管材，不但材质差，且管网管径小，管道末端不但用水高峰无水可供，甚至白天供水都不正常，更不用说太阳能热水器等用水。同时，该厂净化池日处理能力只有 300m^3 左右，随着用水户的增加，水厂实际上处于直供水状态，供水水质根本无法保证，群众意见较大。2001 年该厂转让给他人经营，由于设备陈旧，管道水损大，供水能力低，水厂经营难以为继，更谈不上发展。

2007 年，结合农饮项目，对该厂工程进行了改造，新建了日供水 2500m^3 净水组合池一座，500m^3 蓄水池一座，更新供水设备一套，铺设 DN200mm 的主干管道，极大地提高了供水能力。使该厂不但解决了新增 8000 人的饮水问题，而且也大大地改善了原 6000 人的供水质量，同时还满足了陶辛工业集中区的工业用水。2012 年又从县自来水厂铺设主干管道至该厂，从而实现了城乡供水一体化。

案例二：芜湖县原三元地区属丘陵山区，有居民约 2 万人，境内无河流和水库等骨干蓄水工程，一般年份群众饮水靠山塘蓄水，干旱年份无水可用，靠政府送水。条件好的地方曾有群众打大口井，取地下水自建设了 3 处供水点，但均因规模小，经营困难而倒闭。该地区群众饮水十分困难。2010 年在该地区实施农村饮水安全工程前，实地调研制定切实可行的实施方案，不但要确保解决该地区群众饮水困难，还要考虑项目实施后的长效运行机制。我们按城乡一体化供水模式新建了三元供水站，该站从县自来水厂向三元地区铺设 DN315 ~ 200mm 的主干管道 14km，新建 2 座加压站及配套蓄水池工程。目前，该站管理规范，效益良好。

五、目前存在的主要问题

1. 供水基础设施仍然薄弱，水厂管理不规范

全县农村水厂，建厂时间都在20世纪90年代末，由于经管者资金有限，建设标准低，近几年通过农饮工程建设虽然大部分主干管网和净水设施得到更新，但仍有部分区域支管和入户管网仍是PVC管材没有更换，且老化破损严重。

由于农村水厂管理人员大多是附近农民，文化水平不高，技术能力有限，难以规范管理。

2. 运行管护经费不足

现农村水厂日常经营处于保本微利的状况，农饮工程结束后，对设备更新、技术改造及大规模维修无资金来源。县级维修养护经费每年只有30万元，仅能作为象征性的补助费用。

3. 水质监测不规范

我县农饮项目对19户水厂配备了水质检测设备，但水厂无合格检验人员、日常检验难以正常开展，无法满足日常水质检测要求，不能做到水质安全隐患的及时发现、及时控制。

4. 城乡供水一体化工程利用率低

全县已同县自来水厂联网的21座农村水厂中，仍有11座水厂尚未投入使用，仍为自制供水，主要原因一是水价核定滞后，二是管网及配套工程未到位。

5. 农村饮水工程管理体制需理顺

我县在城乡一体化供水中，县自来水厂由规划建设委管理，农村水厂由水务局管理，不利于统一规划，统一管理。

六、“十三五”巩固提升规划情况及长效运行工作思路

1. 规划目标与任务

芜湖县现状农村集中供水率已达100%，农村自来水普及率99.95%，水质达标率90%，城镇自来水管网覆盖行政村的比例100%。为全面提高农村饮水安全保障水平，到2020年，对已建农村供水工程需进行巩固提升改造建设，以保障供水安全。

工程建设方面：采取改建、扩建、联网改造等措施，到2020年，使全县农村集中供水率稳定在100%，农村自来水普及率稳定在99.95%以上，供水保证率不低于95%，水质达标率稳定在90%以上。

管理方面：推进工程管理体制和运行机制改革，建立健全县农村供水管理机构、农村供水专业化服务体系、合理的水价及收费机制、工程运行管护经费保障机制和水质检测监测体系、水厂信息化建设和管理，依法划定水源保护区或保护范围，加大对水厂运行管理关键岗位人员的业务能力培训。

2. 建设内容

（1）应急备用水源工程：为保障芜湖县城乡供水安全，需建设县城应急备用水源工程，计划联通芜湖市区至芜湖县城的供水管网，工程计划新建清水大桥—芜湖县自来水厂

联网供水管道 DN600mm 球墨铸铁管 23.9km，建设易太加压泵站 1 座，近期日供水 3.0 万 m^3/d、远期 5.0 万 m^3/d。

（2）六郎镇联网供水工程：新建六郎镇联网工程，计划联通六郎水厂、政和水厂、沙河口水厂、咸保水厂、易太水厂、中窑水厂，铺设 DN315～200mm 的供水主管道 18.2km，新建李桥加压站及 2000m^3清水池一座，设计日供水 8000m^3/d。

（3）红杨、陶辛联网配套工程：新建弋江水厂联网管道 3.0km；新建张社、红杨等二座加压站及清水池，设计日供水能力分别为 9000m^3/d、5000m^3/d。

（4）供水管网提升改造工程：计划改造全县 28 座农村水厂的主干输配水管道 380km，同时，试点安装无源动力水表。

（5）饮用水水源地保护工程：对取水口的水源保护地设置界碑、标志牌、宣传牌、道路警示牌、新建围栏、培植人工草地等。

（6）自制水水厂水质化验室工程：对计划保留的和平、西河、罗公 3 座水厂，建设水质化验室。

表4　“十三五”巩固提升规划目标情况

农村集中供水率（%）	农村自来水普及率（%）	水质达标率（%）	城镇自来水管网覆盖行政村的比例（%）
100	99.95	90	100

表5　“十三五”巩固提升规划改造工程情况

工程规模	改造工程					
	工程数量	新增供水能力	改造供水规模	设计供水人口	新增受益人口	工程投资
	处	m^3/d	m^3/d	万人	万人	万元
合计	29	7800		29.15		8408
规模水厂	14	7200		21.08		6947
小型水厂	15	600		8.07		1461

3.“十三五”后农饮工程长效运行的工作思路

为了确保农饮工程能长效运行，下一步我们计划开展下列工作。

（1）加快建设城乡供水建设一体化的步伐

统筹考虑城市和农村建设发展步伐，对城乡供水一体化建设应进行多方案的比选，制定科学合理的供水网络，以避免出现资金浪费。

（2）逐步统筹城乡水价

县自来水厂和农村水厂企业性质不同、管理模式不同、管网不同，城乡同价的难度大。需合理确定农村水厂的水价，以确保农村水厂的长效运行。

（3）联合执法和水源地水质监测

县水务局联合规建、卫生、环保、物价等相关部门开展农村饮用水安全联合检查工作，每年不少于2次。检查内容包括：水厂制水工艺是否规范；落实持证上岗制度；水价执行是否符合规定；出厂水、末梢水检测；水厂是否设置维修、抢修电话，出现管道损毁及时维修到位；群众举报是否及时处理，等等。

自2014年度开始，县政府委托芜湖水文局对境内12个水功能区进行监测，每月监测一次，其中地表水饮水水源地水样水质合格率为100%，水源地水质一直保持优良。今后，县水务局将督促农村水厂加大对取水口水源地巡查，同时，将联合县环保局开展对饮用水水源地检查。每年检查不少于两次。

（4）加强农村水厂运行管护工作

加强农村水厂的日常管理，及时对用水户提出供水问题作出答复、整改。对农村水厂部分年龄偏大、素质不高的人员，督促辞退，招收素质较高的人员尝试水厂队伍，提升农村水厂整体水准。对水厂从业人员进行全面培训，提升水厂从业人员整体水准。

县水务局每年将开展对农村水厂饮水安全工程管护进行考核，制定考核细则，根据考核结果，补助工程维修养护资金，补助经费每年不少于30万元。

繁昌县农村饮水安全工程建设历程（2005—2015）

（繁昌县水务局）

一、基本概况

繁昌县位于长江下游的南岸，东临漳河与南陵、芜湖两县相邻，与芜湖市接壤；西以黄浒河与铜陵市为界，南与南陵县接壤；北滨长江与无为县隔江相望。全县总面积590km^2，耕地面积1.661万公顷，全县总人口28万人，其中农村人口21.36万人，占全县人口的76%。行政区划分6个乡镇和1个公共服务中心，分别是繁阳镇、荻港镇、孙村镇、新港镇、峨山乡、平铺镇和横山公共服务中心，全县共有行政村72个。

繁昌县分两大水系，东部及南部为青弋江水阳江漳河水系，面积为253.6km^2，其余部分为长江下游干流水系（面积350.4km^2）。境内主要河流有长江、漳河、黄浒河、峨溪河、横山河、高安河等，山区有小型水库26座。随着人口的增加，城镇规模的扩大和工业化的发展，生活污染和工业污染情况近几年发展较快，我县黄浒河、峨溪河、横山河都受到了较严重的污染，已经不能直接作为饮用水水源。全县的地下水含量虽然比较丰富，但部分地区地下水有害的矿物质含量较高，也不宜作为饮用水水源，主要分布在我县孙村镇赤沙片、平铺镇、峨山乡、繁阳镇的部分地区。

繁昌县东北边的地形为水网圩区，西南边为丘陵和山区，圩区河塘纵横、沟渠发达，水资源较丰富；丘陵和山区饮用水主要依靠小型水库和塘坝。目前圩区的地表水较为丰富，生产性水资源开发较为广阔，生活性水资源开发潜力也很大，还没有充分地利用。最大的水源开发项目为长江引水供水工程，日供水量5万m^3，解决了县城及沿途部分地区农民的饮用水问题；利用长江支流和小型水库新建的小型自来水厂10座，供水规模1.72万m^3/d；近来实施的人畜饮水工程，开发了地下水井275眼、蓄水池（塘）14口。

二、农村饮水安全工程建设情况

1. 农村人口饮水安全解决情况

实施农村饮水安全工程前，我县存在的饮水不安全人口为9.61万人，主要为水质超标和水源保证率及生活用水量等问题。其中：水质不达标的主要问题为氟超标、苦咸水、地下水污染等。氟超标主要分布在孙村镇赤沙片境内的中分、八分、赤沙、汪冲、张塘、代亭、梅冲等行政村，共计1.8万人；苦咸水问题主要分布在平铺镇和繁阳镇的横东村境内，涉及人口17815人（其中平铺镇17615人、繁阳镇200人）；我县饮用未经处理的Ⅳ类及超Ⅳ类地表水的问题涉及人数为15600人；其他饮水水质超标问题有17900人，分布在我县的六个乡镇；水源保证率不达标的问题主要分布在西南部的山丘区，涉及孙村、繁阳，平铺、荻港、新港、峨山的六个乡镇42个行政村，人口23112人；生活用水量不达标人口为2260人，主要分布在我县的荻港镇桃冲村和繁阳镇的阳冲村、华阳村及新港镇的裕民村。

2015年底，我县农村总人口21.36万人，占全县人口的76%。饮水安全人口数21.33万人，农村自来水供水人口21.33万人，自来水普及率99.9%（含山泉水供水人数）；全县级行政村数72个，通水行政村数72个，通水比例100%。2005—2015年，农饮省级投资计划累计下达投资额5293万元，共解决了11.91万人饮水不安全问题。累计完成投资5293万元。实施方案为依托现有水厂管网进行延伸向项目区供水。

表1　2015年底农村人口供水现状

县（市、区）	乡镇数量	行政村数量	总人口	农村供水人口	集中式供水人口	其中：自来水供水人口	分散供水人口	农村自来水普及率
	个	个	万人	万人	万人	万人	万人	%
繁昌县	6	72	17.52	17.52	17.50	17.50	0.02	99.89

表2　农村饮水安全工程实施情况

合计			2005年及“十一五”期间			“十二五”期间		
解决人口		完成投资	解决人口		完成投资	解决人口		完成投资
农村居民	农村学校师生		农村居民	农村学校师生		农村居民	农村学校师生	
万人	万人	万元	万人	万人	万元	万人	万人	万元
11.91	—	5293	8.91	—	3797	3	—	1496

2. 农村饮水工程（农村水厂）建设情况

2005年以前，县域农村水厂13座、日供水能力6.62万m^3/d（其中县供水公司供水能力为5万m^3/d），受资金限制，各水厂的供水范围较小，全县农村水厂实际供水规模只有0.97万m^3/d、农村自来水人数为101897人，占农村总人口的41.5%。截至2015年底，县域现有农村水厂11座（含县供水公司）、供水规模6.72万m^3/d、全县72个行政村全部通自来水。全县有自制水水厂6座，有5座水厂是转供县供水公司成品水。自制水厂中日供水规模在10000m^3以上的1座、5000m^3以上的1座、1000m^3以上的水厂4座。

农饮工程建设中，2005—2015年，累计完成投资5293万元，其中中央资金2881万元、省级资金885万元、市级资金186.26万元、县级配套854.34万元、农户自筹486.4万元。2015年底，共解决了11.91万人饮水不安全问题。工程为管网延伸项目，全部是供水到户，一表一户，入户率100%，入户部分费用为每户不超过200元或每人不超过

50元。

表3　2015年底农村集中式供水工程现状

工程规模	工程数量	设计供水规模	日实际供水量	受益乡镇数	受益行政村数	受益农村人口	自来水供水人口
	处	m^3/d	m^3/d	个	个	万人	万人
合计							
规模水厂	6	6.72	6.5			21.33	21.33
小型水厂							

3. 农村饮水安全工程建设思路及主要历程

“十一五”阶段解决农村饮水安全问题的解决思路是：按照国家有关政策，本着“先急后缓”的原则，重点解决高氟水、苦咸水、血吸虫疫区和水源严重不足等问题。“十一五”阶段共解决人口数8.11万人，共投资3509万元。

“十二五”阶段解决农村饮水安全问题的解决思路是：优先解决原规划剩余人口和对农村生活和身体健康影响较大饮水安全问题，结合城乡供水一体化综合考虑。“十二五”阶段共解决人口数3万人，共投资1496万元。

建设方案是利用原有水厂主管网进行管网延伸，没有新建水厂。

三、农村饮水安全工程运行情况

1. 县级农村饮水安全工程专管机构

为确保农饮工程永续利用并长期供水，便于工程的管理和维护，工程建成后移交给被延伸的水厂管理经营，项目所在镇负责农饮工程的实施和建成后的具体管理，县有关部门按相关法规实行行业管理。没有专门成立专管机构。

2. 县级农村饮水安全工程维修养护基金

我县从2010年开始建立了农村饮水安全工程维修养护基金，累计到位资金30万元。县财政按建设工程的1%进行拨付。2013年出台了《繁昌县农村饮水安全工程项目维修养护资金管理办法》，办法规定：县级财政拨付的专项维护资金由县水务局财政农饮专户储存，用于数额较大的跨镇农饮工程维修和养护。水费中提取的维护资金由各水厂提取和存储，用于自身水厂的维修和养护。目前，工程维修养护基金还没有使用。

3. 县级农村饮水安全工程水质检测中心

繁昌县农村饮水安全工程水质检测中心根据芜发改农经〔2015〕149号文批复实施，该项目批复投资229.71万元，委托繁昌县疾控中心实施，并建立了相关制度。化验室位于繁昌县疾控中心大楼内，新建的中心大楼于2015年底落成并正式投入使用，总建筑面积4500m²，其中用于水质检测中心建筑面积约为1000m²，位于中心大楼三层，该化验大楼工程造价620余万元。主要检测仪器设备有火焰-石墨炉原子吸收分光光度计、气相色谱仪等，检测项目：水源水检测指标主要为污染物指标12项指标，分别是砷、铅、氟化物、硝酸盐、pH、铁、锰、氯化物、硫酸盐、耗氧量、氨氮、总大肠菌群；出厂水和管网末梢水检测指标为42项指标，主要为微生物、消毒剂余量、感官、一般化学、毒理学和非常规等指标。检测频次：供水规模1万m^3/d的水厂每月检测2次，其他供水厂每月检测1次。繁昌县疾控中心现有从事实验室检测工作在编人员5人，为全额事业单位。

4. 农村饮水安全工程水源保护情况

县环保局负责做好饮用水源的环境监管及水质监测。对全县的饮水水源划定保护区，现场制作保护标志牌和文件公告牌。全县饮水水源划分为一、二级保护区，一级保护区的水域范围为：长度为取水口上游500m至下游200m，及其两侧纵深为200m陆域。二级保护区的水域范围为：自一级保护区的上界起上溯3000m的水域及其两侧纵深为200m陆域。水源水质监测由繁昌县环境监测站负责。

5. 供水水质状况

我县主要净水工艺采用常规净化处理工艺。净化工艺为地表水添加凝剂后，经过混合、絮凝、沉淀和过滤，再经消毒，经清水池向用水户供水。水源地主要为长江，水源水质符合生活饮用水标准，出厂水和末梢水水质达标率为90%以上。水质不合格的主要指标为“肉眼可见物”。

6. 农村饮水工程（农村水厂）运行情况

我县农村饮水安全工程以管网延伸为主，为确保工程永续利用并长期供水，便于工程的管理和维护，工程建成后可移交给被延伸的水厂进行管理经营，县、镇有关部门按相关法规实行行业管理。并与被延伸水厂签订了运行管护协议，规定：国家和群众投资所形成的固定资产，其产权为国家所有，水厂或村委会只有经营权，无随意处置权。经营期间，水厂要按照有关规定从水费中提取折旧费和工程维修费，用于工程的维护和发展。

截至2015年底，县域现有农村水厂11座（含县供水公司）、供水规模6.72万m^3/d。全县有自制水水厂6座，有5座水厂是转供县供水公司成品水。自制水厂中日供水规模在10000m^3以上的1座、5000m^3以上的1座、1000m^3以上的4座。县供水公司水价为1.3元/m^3。其他5座自制水厂水价在1.5～2.0元/m^3，供水规模1.72万m^3/d，日实际供水量0.662万m^3/d，年水费收入240万元，制水和运行成本约230万元。由于农户用水量较少，小水厂供水规模远大于实际供水量，目前农村水厂利润较小，为维持运转，部分小水厂实行了两部制水价和保底价。

7. 农村饮水工程（农村水厂）监管情况

工程运行期间，县有关部门和当地镇政府对各水厂进行监管，按相关法规实行行业管理。（1）当地政府具体负责对本区域内水厂的监管，解决和协调运行中出现的问题。（2）县水务局负责对农村饮水安全工程项目内的相关资产进行监督，防止国有资产流失，使其能长期发挥效益。（3）县发改委（物价局）在工程建成后会同水务局和用水户代表核定合理的供水价格，并进行水价监管。（4）县卫生局负责水厂水质的监督检测，工程建成后核发卫生许可证，对供水水质进行监督。（5）县环保局加强对该水厂取水处水源的环境监管及水质监测。

各水厂应制定相应的各项管理规章制度，其供水水质、水量、水压也符合国家规范和技术要求，其水价、供水服务等应自觉接受相关主管部门的监督、管理，以及用水户和社会的监督、质询、评议。

8. 运行维护情况

各水厂运行状况良好，县级专项维护资金用于数额较大的跨镇农饮工程维修和养护。各水厂从水费中提取维护资金，用于自身水厂的维修和养护。各水厂建立了3~15人的供水抢修队伍。设立供水抢修电话，并建立24小时值班制度。农饮工程用电按照要求上级文件实行了农业生产电价，税收也按规定给予优惠。我县农饮项目主要为管网延伸工程，加压泵房等工程一般建设在集体土地上，用地为无偿使用。

四、采取的主要做法、经验及典型案例

（一）做法和经验

1. 地方出台的政策和法规性文件

农饮工程是一项目民生工程，为加强农村饮水安全工程建设管理，保证各项建设任务的顺利完成，我县先后出台了农饮工程建设管理办法、资金管理办法、养护资金管理办法；印发农饮工程后继管理实施意见、繁昌县农村饮水安全应急预案、水质检测体系管理制度等。

2. 经验总结

我县从2005年开始实施农村安全饮水工程项目，至2013年结束，通过项目实施可知，农饮工程是一个比较复杂的工程项目，群众工作性强，工程点多面广，要更好地完成我县的农村饮水安全工程必须得到相关部门的大力支持。好的做法和经验主要有下面几点。

（1）机构设立

农村饮水安全工程为省市县的重要一项民生工程，县委、县政府高度重视此项工作，成立了由分管县长任组长，县水务局、发改委、卫生局、财政局国土资源局、环保局及全县各镇为成员的农村饮水安全领导小组，领导下小组下设办公室，办公地点设在县水务局，负责日常工作，县水务局为项目法人单位。为了加强对农饮工程目标管理，项目实施各镇政府成立了农饮工程管理机构，并抽调专人负责施工场的管理，县政府和县水务局、各实施镇政府签订了目标责任书，同时各镇政府和项目所在行政村也分别签订了目标责任书。

（2）项目招投标情况

我县农饮工程主要为管网延伸项目，依托现有水厂进行管网延伸，为了方便施工和运行管理，工程交各镇被延伸的水厂进行施工。按照上级有关文件规定，工程所用管材及管件全部进行集中招标采购，为了提高管材及管件的质量，本工程采用了公开招标方式，并提高对管材的质量要求，要求管材全部采用为PE管。管材中标单位一般为水利部颁发生产企业名录内。

（3）资金筹措与管理

根据根据上级文件规定，农村饮水安全工程投资500元/每人。其中，中央承担60%，省级承担20%，市级承担3.34%（16.72元/人），其余资金由县级财政承担。另外，户内材料安装费，按不超过50元/人或200元/户收取。

对资金实行严格管理，建立农饮工程资金专户，所有资金实行专户存储，专款专用，专户设在县财政核算中心水务专户，资金使用上公开透明、讲究效益。工程实行合同管理，按进度拨付工程款，确保资金使用效果。

（4）工程质量

为了确保工程按设计要求建设，保证施工质量，各实施镇成立质量小组，安排专人负责工程现场施工，并且聘请多名群众作为质量监督员，县农饮办有关人员定期和不定期的到现场检查。本工程所用管材全部为PE管，要求管道埋深在0.7m以上。在工程施工中，施工单位配备专门的质量检查人员。所有管网延伸实施水厂的供水水质，县卫生部门都定期进行检测，符合国家饮用水卫生标准。

（5）运行管护措施和制度

为确保工程永续利用并长期供水，便于工程的管理和维护，农饮工程建成后移交给被延伸的水厂管理经营，县有关部门按相关法规实行行业管理。并与各实施水厂签订了运行管护协议，规定：国家和群众投资所形成的固定资产，其产权为国家所有，水厂只有经营权，无随意处置权。经营期间，水厂要按照有关规定从水费中提取折旧费和工程维修费，用于工程的维护和发展。另外水厂应制定相应的各项管理规章制度，其供水水质、水量、水压也符合国家规范和技术要求，其水价、供水服务等应自觉接受相关主管部门的监督、管理，以及用水户和社会的监督、质询、评议。

（二）典型工程案例

2013年峨山水厂管网延伸工程，计划解决繁昌县峨山镇沈弄、东岛、象形、湾店等村共计1306人饮水问题。该区域地形起伏不大，直接利用建成的峨山自来水厂（为转供县供水公司自来水）供水管网，进行管网延伸。该工程于2013年9月份开工，于2013年11月底全部完成。实际铺设管道30.8km，其中DN110mm ~ DN63mm干管长4.36km、DN32mm ~ DN20mm进户管道长26.46km。实际安装465户，共解决1597人的饮水安全问题。完成投资65.3万元。工程全部供水到户，一户一表。工程实施前，除县里成立相关机构外，峨山镇高度重视，成立了由镇长任组长，分管农业的副镇长任副组长，党政办、水利站、财政所和各村书记为成员的“峨山镇农村饮水安全工程领导组”，下设办公室和质检组，质检组由专业的技术人员和聘请的受益农户组成。为了保证工程质量，加快工程建设，针对项目区内的具体情况，分片进行督促，每天跟踪督检。每周向农饮领导小组报告，并及时解决工程中出现的问题。该工程推行了项目法人制、招投标制、集中采购制、资金报账制、竣工验收制和用水户全过程参与的模式。实施中加强宣传，多次召开村干部和水厂负责人会议，协调施工中出现的矛盾和纠纷。工程建成后委托峨山水厂进行管理，并签订管护协议。协议规定：工程投资所形成的固定资产，其产权为国家所有，水厂只有经营权，无处置权。所需要管护费用由水厂从水费中列支。其供水水质、水量、水压也符合国家规定和技术要求，县有关部门按相关法规实行行业管理。

目前，该项目运行良好，项目区的农户已用上自来水，本项目建设前，项目区群众主要饮用井水和山泉水，用水极不方便，水质也不符合要求。该项目建成后，有效地改善了当地群众长期以来的饮水不安全状况以及因病致贫的被动局面，彻底改变了项目区内的群众因长期饮用不合格的水，而患病的现状。项目实施后极大地提高了当地群众的生活质量，保障了群众的身心健康，稳定社会和推动新农村建设，加快当地经济发展发挥了重要作用。

五、目前存在的主要问题

经过2005—2013年，农饮工程建设，我县共解决了11.91万人饮水不安全问题，累计完成投资5293万元。建成了一批农饮工程，各农村水厂运转良好，但运行管理还要进一步加强，我县总体水价偏低，每吨水价为1.3～2.0元/m^3。农村居民用水量较小，加之部分农户长期外出打工，造成农村水厂供水能力较强，而实际供水量较小，水费征收难而少，勉强维持水厂运转，利润空间微薄，对供水水质也有一定影响。

六、"十三五"巩固提升规划情况及长效运行工作思路

为了提高供水保证率，保证供水水质，"十三五"期间，我县将实现城乡供水一体。

20世纪90年代初期，随着经济的快速发展，越来越多的人口向城区集聚，城区饮水难的问题已十分突出。1994年，繁昌县长江引水工程启动，于1996年10月1日正式通水，供水能力达5万m^3/d。城区供水问题解决后，城区自来水向农村延伸，目前，长江引水工程供水管网（县供水公司）已覆盖新港、荻港、繁阳、孙村、峨山等地区，5座农村水厂是转供县供水公司成品水，全县28万人，共约19万人饮上长江水。

为确保城市供水设施满足城市发展，打造城乡供水一体化，2011年12月，我县委托安徽省城乡规划设计研究院编制了《繁昌县城市供水专项规划（2011—2030）》。各镇均被纳入供水规划之中。2015年，我县投资近2000万元，完成了平铺镇及孙村镇赤沙片长江引水工程管道铺设，新建加压泵站3座、蓄水池3座、高位水池1座、铺设DN400mm供水管道4.8km、DN300mm管道20.4km。2012年，我县启动了长江引水改造扩建工程，项目总投资3.969亿元。工程建于繁昌县荻港镇芦南境内，设计规模20万m^3/d，一期规模10万m^3/d。目前，工程已基本建成，计划年底通水试运行。该工程完成后将对部分城乡供水管网改造，努力实现城乡供水一体化，除少数区远山区外，全县多数居民饮用安全洁净的长江水。

南陵县农村饮水安全工程建设历程（2005—2015）

（南陵县水务局）

一、基本概况

南陵县隶属芜湖市，位于长江以南、安徽省东南部，属黄山余脉，东隔青弋江与宣城市、芜湖县相望，南邻泾县、青阳，西接铜铃、繁昌等，北与潮河、普照河为界。南陵县地理位置介于东经117°57′~118°30′、北纬30°18′~30°10′，全县总面积1263.72km²，被誉为皖南鱼米之乡的一颗璀璨明珠。南陵县共辖8个建制镇，2个省级经济开发区，167个行政村，20个居委会，3726个自然村，户籍人口55.05万人，其中农村人口47.16万人。

南陵县地处皖南山区与沿江平原的过渡地带，地形较为复杂，其主要特征为西南高、东北低，西与西南属低山丘陵，冈峦起伏，沟壑众多；东为河谷平原，河渠纵横；东北属江河圩区，河网交错。南陵县地处长江以南，水系发达，河网纵横，水源条件较好。辖区内供水工程多以地表水水源为主，其水源主要为青弋江、漳河及其支流，以及湖泊、塘坝、水库等。

根据《芜湖市水资源公报》（2013年），南陵县境内地表水一般为Ⅱ~Ⅳ类地表水。按照全年期、汛期、非汛期分别进行评价，青弋江全年期、汛期、非汛期Ⅱ类水质占河段长度100%；漳河全年期Ⅱ类的河段长度占53.9%、Ⅲ类占46.1%，汛期、非汛期Ⅲ类的河段长度占100%；池湖全年期Ⅳ类水质的湖泊面积占100%。另据近年有关单位水质监测报告，其水库水质相对较好，一般均为Ⅲ类或优于Ⅲ类地表水；河流水汛期水质优于非汛期，湖泊、水库、塘坝冬季水质优于其他季节，受周边生活及农业生产影响，其水质变化较大。

二、农村饮水安全工程建设情况

1. 农村人口饮水安全解决情况

2015年底，县级农村总人口为47.16，其中饮水安全人口为42.88，农村自来水供水人口为42.88，自来水普及率为91%。南陵县共有行政村167个，其中已部分或全部通自来水的行政村为167个，通水比例为100%。2005—2015年，农饮省级投资计划累计下达投资额为3398.606万元，计划解决人口数为37.01万人，累计完成投资17959.89万元。

表1　2015 年底农村人口供水现状

县（市、区）	乡镇数量	行政村数量	总人口	农村供水人口	集中式供水人口	其中：自来水供水人口	分散供水人口	农村自来水普及率
	个	个	万人	万人	万人	万人	万人	%
南陵县	8	167	32. 30	29. 37	26. 73	26. 73	2. 64	91. 01

表2　农村饮水安全工程实施情况

合计			2005 年及“十一五”期间			“十二五”期间		
解决人口		完成投资	解决人口		完成投资	解决人口		完成投资
农村居民	农村学校师生		农村居民	农村学校师生		农村居民	农村学校师生	
万人	万人	万元	万人	万人	万元	万人	万人	万元
36. 68	1. 48	17739	17. 82	1. 38	8303	18. 86	0. 1	9436

注：南陵县十一五实际完成数字为 18. 15 万人，其中 0. 33 万人为 2010 年经市局批准后，三山区调剂到该县的计划人口。

2. 农村饮水工程（农村水厂）建设情况

（1）2005 年以前，我县水厂情况如表 3 所示。

表3　南陵县农村自来水厂情况表

序号	类别	名　称	建设年代	水源类型	设计供水规模（m^3/d）	现状日供水量（m^3/d）	受益人口（人）	备注
1	正规	弋江自来水厂	1987. 5	地表水	3000	1500	6720	
2	正规	金阁自来水厂	2002. 1	地表水	1000	600	5257	
3	正规	许镇自来水厂	1998. 1	地下水	2700	220	1794	
4	正规	奎湖自来水厂	2000. 12	地表水	800	600	630	
5	简易	三里自来水有限公司	1978. 5	地表水	200	112	3600	
6	正规	马园自来水厂	2002. 1	地表水	1000	500	5213	
7	简易	黄墓自来水厂	1999. 6	地表水	500	200	2720	
8	正规	九连自来水厂	1998. 12	地下水	1000	450	1457	
9	正规	家发自来水厂	2002. 11	地下水	1000	100	3000	
10	简易	何湾自来水厂	2000. 1	地下水	20	15	500	
11	简易	峨岭自来水厂	1992. 8	地表水	100	42	1500	
12	正规	东七自来水厂	2004. 12	地表水	2000	120	624	
13	简易	东河自来水厂	1998. 11	地下水	320	30	287	
14	正规	奚滩自来水厂	2003. 7	地表水	2000	600	1039	
		合计			15640	5089	33284	

存在问题：①水质、水量得不到保证；②水头损失大；③水源难以得到保证；④水源保护困难。

（2）我县现有水厂现状情况如表4所示。

表4　南陵县现有水厂供水情况统计表

序号	水厂名称	所在镇	供水村数（个）	自然村数（个）	受益人口（万人）	供水量（m^3/d）	取用水源
1	县自来水厂	籍山	—	—	0.87	11000	漳河
城镇供水合计			—	—	7.09	41000	
2	民生自来水厂	籍山	12	273	2.59	2000	孤峰河
3	民生水厂	籍山	14	333	2.59	1800	漳河
4	五连水厂	籍山	1	53	0.43	300	孤峰河
5	奚滩水厂	弋江	5	92	2.33	1500	青弋江
6	清弋水厂	弋江	8	213	2.59	3500	青弋江
7	清江水厂	弋江	4	120	1.72	1500	青弋江
8	永清水厂	弋江	6	149	1.81	2000	青弋江
9	东七水厂	弋江	6	147	1.81	3000	资福河
10	奎湖水厂	许镇	8	118	1.53	2000	芜南供水
11	池湖水厂	许镇	3	18	0.31	600	上潮河
12	许镇水厂	许镇	4	25	1.72	3000	芜南供水
13	幸福水厂	许镇	6	126	1.21	2000	漳河
14	太丰水厂	许镇	7	78	1.21	1600	资福河
15	益民水厂	许镇	7	58	1.55	1500	上潮河
16	富民水厂	三里	5	11	2.33	3000	漳河
17	峨岭水厂	三里	4	33	1.9	600	峨岭河
18	何湾水厂	何湾	4	23	1.72	2000	七星河
19	龙山供水协会	何湾	1	6	0.17	250	地下水
20	西山供水协会	何湾	1	3	0.12	180	地下水
21	青山供水协会	何湾	1	1	0.1	150	地下水
22	工山水厂	工山	7	107	3.02	300	石峰水库
23	戴汇水厂	工山	2	21	1.9	2000	千山水库
24	家发水厂	家发	3	28	1.03	600	麻阳河
25	新建水厂	家发	6	105	1.29	2000	后港河
26	烟墩水厂	烟墩	6	98	1.42	2000	漳河
农村供水合计			156	2239	42.88	39380	

我县农村饮水安全工程均为管网延伸工程。

2015 年底，农民接水入户人口为 38.4 万人，自来水供水人口为 38.4 万人，供水入户率 100%，自来水入户费用为 200 元/户。

表 5　2015 年底农村集中式供水工程现状

工程规模	工程数量	设计供水规模	日实际供水量	受益乡镇数	受益行政村数	受益农村人口	自来水供水人口
	处	m^3/d	m^3/d	个	个	万人	万人
合计	26	91100	58500			45.48	45.48
规模水厂	24	90100	51500	—	—	44.86	44.86
小型水厂	2	1000	700	—	—	0.62	0.62

3. 农村饮水安全工程建设思路及主要历程

（1）十一五阶段

① 解决思路：坚持以人为本，按照全面、协调、可持续的科学发展观和全面建设小康社会的要求，以加强农村居民饮水安全为目标，计划“十一五”期间解决 19.35 万人的饮水安全问题，到 2010 年基本解决南陵县农村的饮水不安全问题。

② 2006—2010 年共计解决饮水不安全人口为，共计完成投资为 8523.91 万元，均为管网延伸工程，无新建规模水厂

（2）十二五阶段

① 解决思路：坚持以人为本，按照全面、协调、可持续的科学发展观和美好乡村建设的要求，以加强农村居民饮水安全为目标，计划“十二五”期间解决 18.86 万人的饮水安全问题，到 2015 年基本解决南陵县农村的饮水不安全问题。

② 2011—2015 年共计解决饮水不安全人口为，共计完成投资为 9435.98 万元，均为管网延伸工程，无新建规模水厂

三、农村饮水安全工程运行情况

1. 县级农村饮水安全工程专管机构

南陵县于 2011 年经县编办批准成立了南陵县农村饮水安全工程管理站，编制为 2 人，性质为全额拨款事业单位。

2. 县级农村饮水安全工程维修养护基金。

南陵县 2011 年建立了农村饮水安全工程维修养护经费专户并落实了维修养护经费，每年在县财政安排维修养护经费 80 万元。历年维修养护经费均到位，并建立了资金使用管理制度。维修养护经费的使用拨付情况均符合相关要求

3. 县级农村饮水安全工程水质检测中心。

农村饮水安全工程水质检测中心于 2015 年开工建设，房屋设施主体依托原有疾控中

心建立，主要监测仪器已通过芜湖市公共资源交易中心采购完成，检测项目为常规的42项指标。工程批复总投资为169.74万元，目前工程运行经费及相关专业人员正在落实中。

4. 农村饮水安全工程水源保护情况

2011年出台了《关于划定水源保护区的通知》，要求一级保护区内禁止新建、扩建与供水设施和保护水源无关的建设项目；禁止向水域排放污水，已设置的排污口必须拆除等；二级保护区内不准新建、扩建向水体排放污染物的建设项目，保证保护区内水质满足规定的水质要求等。

5. 供水水质状况

建立了水源水、出厂水、管网末梢水检测制度，要求增加检测次数，在常规送检4次，抽检2次（取末梢水）的基础上，各水厂取源水、出厂水和末梢水送检1次，检测结果报所在镇、水务局备案。目前供水水质状况良好。

6. 农村饮水工程（农村水厂）运行情况

（1）管护主体。将饮水安全工程国家投资部分进行物化形成国有资产，将所有权委托给项目实施水厂进行管理，明晰工程产权，在确保受益农民利益及国有资产不流失的前提下，项目水厂享有国有资产的使用权和经营权。（2）管理体制与运行机制。创新管理机制。对新建的集中供水工程（蓄水池），形成以所在村或用水协会统一管理的模式，建立健全了供水、水费收缴、财务管理、工程管理及奖惩等一系列制度。（3）南陵县于2007年印发了《南陵县农村自来水价格管理暂行办法》，南陵县农村自来水价格实行容量水价和计量水价相结合的两部制水价，水价由县物价、水务等部门核定，严禁擅自设定水价。

7. 农村饮水工程（农村水厂）监管情况

南陵县农村饮水安全管理站为农村饮水安全工程管护主体，管理站按照职责履行管理责任，明确了管护内容，落实了管理制度。各水厂建立了值班制度，要求安排值班人员，进一步明确值班人员的职责，值班人员要记好值班日志。加强取水水源口管理，加强水质检测，确保供水质量，同时要求各项目水厂要完善工程档案资料，建立工程卡片，做到户主姓名、人口、门牌号、电话号码要与实际情况相符。

8. 运行维护情况

2012年5月根据安徽省农村饮水安全工程管理办法，落实了承担农村饮水安全工程实施任务的农村水厂的用电执行农业电价政策，降低了农村小水厂的生产成本，同时积极与国土资源局、国税、地税等部门的沟通，落实税收优惠政策。

9. 用水户协会成立及运行情况

十一五期间建立的西山用水协会及龙山用水协会，为日供水1000m^3以上的规模小水厂，运行情况良好。

四、采取的主要做法、经验及典型案例

1. 科学规划，统筹工程区域布局

南陵县坚持以规划为引领，抓好区域布局的顶层设计。2013年，在省水利厅的组织下，南陵县开展规划修编，要求积极兼并小水厂，大力发展规模化供水。

2. 广泛宣传，努力营造舆论范围

定期参加县广播电台“民生在线”栏目宣讲有关政策、群众热线答疑；播发农村饮水安全工程公益广告；在各级政府、水利、民生部门网站上发布农村饮水安全工程信息；全面推行双公开制度，对工程建设、水价、入户材料费等进行公开。

3. 突出重点，加强工程建后安全监管

为了加强管理，南陵县于2011年经县编办批准成立了南陵县农村饮水安全工程管理站，编制为2人，性质为全额拨款事业单位。2012年5月根据安徽省农村饮水安全工程管理办法，落实了承担农村饮水安全工程实施任务的农村水厂的用电执行农业电价政策，降低了农村小水厂的生产成本，同时积极与国土资源局、国税、地税等部门的沟通，落实税收优惠政策。

4. 建管并重，确保工程良性运行

南陵县农村饮水安全管理站为农村饮水安全工程管护主体，管理站按照职责履行管理责任，明确了管护内容，落实了管理制度。建立了源水、出厂水、管网末梢水检测制度，在常规送检4次，抽检2次（取末梢水）的基础上，各水厂取源水、出厂水、末梢水送检一次，检测结果报所在镇、水务局备案。

五、目前存在的主要问题

1. 工程设施方面

由于受经济和技术条件等因素的限制，大部分水厂供水设施不完善，有的虽有处理设备，但因建设时间较久，老化严重且容量不足，无法满足日益增加的人口带来的供水量增长，部分水厂存在供水能力不足、供水水压不够、电路老化供电不足等情况。全县26个水厂中，仅少数供水量达到设计供水规模。

各村的管网铺设也存在跟不上规划、管径过小、材质老化甚至有害的问题，管道老化导致沿途水损较高，管网末端水压不够，需沿途增设加压泵站。各村镇管网漏损率大多在20%以上，少数区域甚至达到50%。

2. 水质保障方面

南陵县饮用水源水质总体上基本稳定，但也存在一些问题，对水源可能存在污染主要有：

（1）青弋江干流为通航河道，航行船只油类污染和小型货物装载码头可能对水源产生污染。

（2）漳河是南陵县境内一条主要河流，流域面积共1306km^2，其上游为西南山区，该区域为家禽养殖区，对漳河水质产生一定影响，同时漳河两岸人口密集、工矿企业较多，虽然对县城生活污水及一些企业的生产废水经过处理排放，但仍存在一定的污染源。全县除县供水公司外，均未配备水质检验专门实验室，检测能力不足，无法控制出厂水质，对供水水质保障影响很大。

六、“十三五”巩固提升规划情况及长效运行工作思路

（一）“十三五”巩固提升规划情况

1. 规划目标

具体目标如下。（1）自来水普及率：农村自来水普及率达到90%以上。（2）水质达

标率：集中式供水工程水质达标率整体提高至70%以上（现状64%）。（3）集中供水率：集中供水率达到90%以上。（4）供水保证率：日供水20m³/d以上的集中式供水工程不低于95%，其他小型供水工程或季节性缺水地区不低于90%。

2. 规划主要建设内容

（1）供水工程建设与改造。现有水厂管网延伸工程数18处，新建管网长度334km；改造供水工程6处，工程新增受益人口1.9万人。（2）水处理设施改造配套工程。净化消毒设施改造供水工程数8处、配套消毒设施1处及改造供水规模21600m³/d；输配水管网更新配套115.8km；工程改善受益人口12.9万人。（3）水源保护、水质化验室、信息化建设。规模化水厂化验室建设15处，水质状况实施监测试点建设9处。

3. 运管措施

（1）实行有偿供水，计量收费。按照"补偿成本、合理收益、优质优价、公平负担"的原则，合理确定供水价格。水价由县物价主管部门会同水行政主管部门制定，实行政府定价或政府指导价。计收水费要使用税费专用票据。（2）建立有效的约束监督机制。水厂和其他分散式供水工程不仅要接受水务、卫生、物价、审计等部门的监督检查，建立定期和不定期报告制度，还要接受用水户和社会的监督、质询和评议。

表4　"十三五"巩固提升规划目标情况

农村集中供水率（%）	农村自来水普及率（%）	水质达标率（%）	城镇自来水管网覆盖行政村的比例（%）
90	90	70	100

表5　"十三五"巩固提升规划新建工程和管网延伸工程情况

工程规模	新建工程					现有水厂管网延伸			
	工程数量	新增供水能力	设计供水人口	新增受益人口	工程投资	工程数量	新建管网长度	新增受益人口	工程投资
	处	m³/d	万人	万人	万元	处	km	万人	万元
合计						18	334	1.9	6348
规模水厂						13	280	1.6	5650
小型水厂						5	54	0.9	698

表6　"十三五"巩固提升规划改造工程情况

工程规模	改造工程					
	工程数量	新增供水能力	改造供水规模	设计供水人口	新增受益人口	工程投资
	处	m³/d	m³/d	万人	万人	万元
合计	6	11570		12.9	1.9	2295
规模水厂	6	11570		12.9	1.9	2295
小型水厂						

（二）“十三五”之后农饮工程长效运行工作思路

1. 饮用水源保护

按照不同的水质标准和防护要求，分级划分水源保护区。饮用水水源保护区一般划分为一级保护区和二级保护区。一级保护区：地表水执行《地表水环境质量Ⅱ类标准》（GB 3838—2002）；地下水执行《地下水质量标准》（GB/T 14848—93）Ⅲ类及以上标准。二级保护区：地表水执行《地表水环境质量Ⅲ类标准》（GB 3838—2002）。

2. 加强水质监测和检测能力

加强对水源、水质及使用范围的监督和保护。对于给农村供水工程的水源区，划定保护范围，做好防护标志。对水质建立定期的监测制度，对于规模较大的集中供水工程，建立和完善水厂化验室，对出水厂水质和水源都要定期取样化验，以确保水质符合国家有关标准要求，保证饮水安全。供水单位应建立水质检验制度，定期对水源水、出厂水和管网末梢水进行水质检验，并接受当地卫生部门的监督，建立科学有效的水质监测检验体系。

无为县农村饮水安全工程建设历程（2005—2015）

（无为县水务局）

一、基本概况

无为县地处皖中，位于巢湖流域下游，长江中下游北岸，东南与芜湖、铜陵市隔江相望，西界枞阳、庐江县，北与巢湖市接壤，东北以裕溪河为界，与和县、含山县为邻。地理位置位于东经117°28′48″～118°21′00″；北纬30°56′21″～31°30′21″，国土总面积为2083km²。

无为县地形地貌的特征是“山环西北，水聚东南”。地形总趋势是西北高、东南低，中间夹着丘陵和岗地。东南沿江一带系圩洲区，西南到北部有绵延的丘陵和起伏的岗地，与巢湖市、庐江县、枞阳县交界处有部分山地。按低山、丘陵岗地、圩畈洲地和河流、湖泊四种地貌类型划分。

无为县主要河流有长江、裕溪河、西河。长江由上游县境灰河口沿东北方向行经牛埠镇、刘渡镇、姚沟镇、高沟镇、泥汊镇至天然洲、黑沙洲向北而去。裕溪河是无为与含山、和县的界河，由我县太平乡锥子山麓入境至裕溪河口汇入长江，其支流在县境内有黄陈河，流域面积114.43km²。西河自西向东贯穿全县中部，自上游庐江与无为县交界——榆树拐流入，至黄雒集镇同裕溪河汇合，流域面积1746.07km²，其主要支流有郭公河、永安河和花渡河。西河中游建有凤凰颈闸、站与长江沟通，西河出口距河口对岸裕溪河堤约570m处建有黄雒节制闸。县内主要湖泊有竹丝湖，属于陈瑶湖流域，是一独立的山丘圩综合地形的闭合流域，流域面积99.23km²，湖泊总面积约13.9km²。

无为县地处安徽省中部，隶属芜湖市，2013年3月，2014年4月先后2次区划调整，将二坝镇、汤沟镇、白茆镇并入芜湖市鸠江区。无为县现辖16个建制镇、4个乡，2个省级经济开发区，275个行政村（社区），7516个自然村，总人口121.3万人，其中农村人口112.23万人。

二、农村饮水安全工程建设情况

1. 农村人口饮水安全解决情况

无为县是一个传统的农业大县，其农村经济社会发展水平落后。受自然、社会、经济等条件的制约，农村居民饮水困难和饮水安全问题较为突出。根据2005年1月和

2009 年 11 月组织开展的无为县农村饮水安全现状调查结果，农村饮水安全工程实施前全县农村总人口 127.6615 万人中，存在饮水安全问题的农村人口为 67.3288 万人，农村中小学师生为 6.2 万人。农村饮水不安全人口中饮水氟超标 0.8 万人，主要分布在百胜、严桥等乡镇；饮用苦咸水 4.1186 万人，主要分布在县中部及西南一带的岗丘区；血吸虫疫区饮用不安全水人口 14.3573 万人，主要分布在沿江地区；饮用污染水及其他水质问题人口 42.9513 万人，遍布于全县各乡镇；水量、用水方便程度、水源保证率不达标农村人口 5.1016 万人，主要分布于我县西北、西南的严桥、开城、石涧、牛埠等丘陵山区乡镇。

为改善农村饮用水条件，保障农村饮水安全，自国家启动农村饮水安全工程以来，无为县一直把解决群众饮水安全问题作为一项重要民生工程来抓，科学规划、合理布局、精心组织、强力推进，保证了规划目标和批复的建设任务如期实现。2005—2015 年，省累计下达农村饮水安全工程投资计划 32826 万元，其中中央投资 24302 万元、省级配套 3739.8 万元、地方配套 4784.2 万元，计划解决 65.0088 万农村居民饮水安全问题，以及解决 6.7412 万名农村中小学师生饮水安全问题。2013 年 3 月、2014 年 4 月无为县先后 2 次行政区划调整，将二坝镇、汤沟镇、白茆镇并入芜湖市鸠江区，涉及调出农村人口 5.9639 万人、农村学校师生 0.7473 万人，投资计划 2970.70 万元，其中涉及二坝镇农村人口 0.5291 万人，投资计划 247.88 万元；涉及汤沟镇农村人口 1.4792 万人，投资计划 624.18 万元；涉及白茆镇农村人口 3.9556 万人、农村学校师生 0.7473 万名，投资计划 2098.63 万元。调整后，2005—2015 年省共下达我县投资计划 29855.3 万元，计划解决 59.0449 万农村居民饮水安全问题，以及解决 5.997 万名农村中小学师生饮水安全问题。截至 2015 年底，全县已完成投资 29855.3 万元，新建、改建规模水厂 39 座，规模以下联村供水工程 2 座，利用现有规模水厂管网延伸 2 处，新建小型增压泵站 13 座、小型引蓄供水工程 7 处，打井供水工程 1 处（21 座供水规模不超过 $20m^3/d$ 供水工程，按 1 处计），并网整合境内 48 座农村小水厂，解决农村居民饮水不安全人口 86.52 万人（其中解决规划内农村居民 59.0449 万人），以及解决 5.997 万名农村中小学师生饮水安全问题。通过农村饮水安全工程建设，农村供水事业得到快速发展，农村居民用水状况有了明显改善。全县农村总人口 112.23 万人，农村自来水供水人口达 102.98 万人，农村自来水普及率 92%；全县共辖 20 个乡镇 263 个行政村，现已供水受益乡镇 20 个，通水行政村 262 个，通水比例为 99.6%，其中城镇自来水厂管网覆盖行政村 165 个、比例为 63%。

表 1　2015 年底农村人口供水现状

县（市、区）	乡镇数量	行政村数量	总人口	农村供水人口	集中式供水人口	其中：自来水供水人口	分散供水人口	农村自来水普及率
	个	个	万人	万人	万人	万人	万人	%
无为县	20	261	84.74	77.87	71.45	71.45	6.42	91.76

表 2　农村饮水安全工程实施情况

合计			2005 年及“十一五”期间			“十二五”期间		
解决人口		完成投资	解决人口		完成投资	解决人口		完成投资
农村居民	农村学校师生		农村居民	农村学校师生		农村居民	农村学校师生	
万人	万人	万元	万人	万人	万元	万人	万人	万元
65.0088	6.7412	32826	26.5988	0.9312	11940	38.41	5.81	20886
说明：行政区划调整，涉及调出农村人口计划数 5.9639 万人，师生计划数 0.7497 万人，投资计划数 2970.70 万元。								

2. 农村饮水工程建设情况

我县农村水厂多建于 20 世纪 90 年代，由于缺乏统一规划，一些小水厂因时而建、仓促上马，随意乱建现象较为严重，导致农村供水市场呈无序发展，截至 2004 年底，全县已建大小农村水厂 108 座，供水规模 20～3000m^3/d，多数供水规模在 1000m^3/d 以下，分布于全县 23 个乡镇，实现集中式供水人口 71.2 万人。全县农村水厂中仅有 9 座农村水厂具有完整的混凝、沉淀、过滤、消毒等常规处理工艺，提供水质较为安全；其他水厂规模偏小，设施简陋，制水工艺不规范，有的只取水头部和管网，且水源选择随意性大，供水保证率低，不能满足农村饮水安全需求。

为改善农村供水条件，从 2005 年起我县经过对现有小水厂的详细调查摸底，制定了全县农村供水规划。近年我县严格执行规划，并采取了多种措施强力推进农村水厂的并网整合，发展适度规模的集中供水工程。截至 2015 年底，全县现有水厂 51 座（含县城自来水水厂），设计供水规模 26.07 万 m^3/d，分布在全县 20 个乡镇；小型引蓄供水工程 8 座，设计供水规模 0.0611 万 m^3/d，分布在昆山乡三公、双河等山区村。全县供水工程设计供水规模 26.13 万 m^3/d、供水受益人口 112.23 万人，自来水供水人口 102.98 万人。其中千吨万人以上规模水厂 43 座，设计供水规模 25.55 万 m^3/d。规模水厂中设计规模 1 万 m^3/d 以上 4 座，受益人口 17.21 万人，总供水规模 12 万 m^3/d；设计供水规模 5000～10000m^3/d 的 15 座，受益人口 42.79 万人，总供水规模 7.6 万 m^3/d；1000～5000m^3/d 的 24 座，受益人口 46.77 万人，总供水规模 5.95 万 m^3/d；供水范围覆盖全县 20 个乡镇，供水受益总人口 106.77 万人，供水入户人口约 98.22 万人，入户率 92%。农村饮水安全工程居民入户费用执行县物价局、水务局无价商〔2012〕62 号文件规定即每户入户费用不超过 300 元。

表 3　2015 年底农村集中式供水工程现状

工程规模	工程数量	设计供水规模	日实际供水量	受益乡镇数	受益行政村数	受益农村人口	自来水供水人口
	处	m^3/d	m^3/d	个	个	万人	万人
合计	51	261311	184516	20	260	111.94	102.37
规模水厂	43	255500	179600	—	—	106.77	98.22
小型水厂	8	5200	4400	—	—	4.56	4.15

（三）农村饮水安全工程建设思路及主要历程

1. 农村饮水安全工程建设思路

2005 年，我县组织对全县农村饮水安全现状和农村供水工程进行了详细摸底，针对农村供水现状和存在问题，按照统筹规划，合理布局、先急后缓、先重后轻、整片推进，建管并重的原则，着力解决农村现有小水厂点多面广、小而分散、覆盖能力弱等问题。规划中注意把握好“三个结合”，即把农村饮水安全工程建设与新农村建设规划结合起来；把农村饮水安全工程建设与改造提高原有农村水厂结合起来，充分利用和整合现有资源，打破行政区域的格局，按照农村饮水安全的评价指标和要求，科学选址，兴建适度规模集中供水工程，努力扩大工程覆盖面；把城镇供水与农村饮水安全结合，以城镇供水水源为依托，统一规划供水区域，走农村供水城镇化、城乡供水一体化路子，实现农村供水由人饮解困向饮水安全，由小型分散向集中规模转变。确保工程供水水量充足，水质达标，水压满足用户的要求，保证建成优质供水工程，建成管理方便、造价低廉、群众满意的可良性运行的工程。十二五期间，我县坚持以“农村供水城镇化、城乡供水一体化”为发展目标，按农村供水由人饮解困向饮水安全，由小型分散向集中规模转变的建设思路，打破行政区域，充分利用“十一五”期间建设的工程进行扩容，并网整合现有小型供水设施，推进规模化集中供水工程建设，提高农村饮水安全保证水平。

2. 农村饮水安全工程建设主要历程

“十一五”期间，我县紧紧围绕规划的建设目标任务，认真组织开展农村饮水安全工程前期调查对接工作，严格按照水质达标、水量充足、长效运行、群众满意的建设标准和方案合理化、建厂标准化、水质洁净化、管理规范化的建设要求，合理确定工程建设方案。严格按照批复的实施方案（或初步设计）组织实施，积极推进农村供水规模化发展。5 年来共完成投资 10607.84 万元（不含 2005 年投资 124 万元，及二坝、汤沟、白茆三乡镇投资 1208.16 万元），其中，中央预算内专项资金 6884.26 万元，省级配套资金 1467.62 万元，县级配套资金 863.56 万元，群众自筹及其他资金 1432.4 万元。新建、改建规模水厂 27 座、单村供水工程 3 座，小型增压泵站 4 座，水源改造及管网延伸 18 处，并网整合农村水厂 17 座，建成总供水规模达 11.9 万 m^3/d，新增供水能力 6.69 万 m^3/d，解决农村饮水不安全人口共计 23.3787 万人，包括解决饮水氟超标 0.45 万人、苦咸水 2.2254 万人、血吸虫疫区 4.5456 万人、缺水及其他水质不达标 16.1577 万人；解决 44 所农村中小学师生 0.9312 人饮水安全问题。

“十二五”期间，全县累计兴建各类供水工程 72 处（不含白茆镇 3 座供水工程），其中，新建、改建规模水厂 17 座，新建小型增压泵站 9 座、小型引蓄供水工程 7 座，打井供水工程 1 处，水源改造及管网延伸 47 处，并网整合境内 31 座农村小水厂，完成投资 19123.46 万元（其中中央投资 15299.04 万元、省级 1911.72 万元、市级 767.60 万元、县级 1145.1 万元）。新增供水能力 5.02 万 m^3/d，农村饮水不安全人口共计 35.3162 万人、包括解决饮用苦咸水 1.2245 万人，血吸虫疫区 4.3234 万人、其他水质问题 26.8963 万人，解决水量、用水方便程度、水源保证率不达标农村人口 2.872 万人，以及解决 5.0658 万名农村中小学师生饮水安全问题。

三、农村饮水安全工程运行情况

1. 成立专管机构

2012年3月15日县机构编制委员会以无编字〔2012〕10号文批准成立了无为县农村安全饮用水管理办公室，设在县水务局，为全额财政供给事业单位，编制5名。县水务局在局事业单位调整5名专业技术人员，专职从事农村饮水安全工程管理工作，为全县农村饮水安全工程提供技术支持和服务。

2. 落实维修养护资金

为进一步加强我县农村饮水安全工程建后管理，保障工程正常运行和长期发挥效益，县财政自2012年起每年安排农村饮水安全工程管护资金50万元。用于水质监测、业务培训，水源保护、运营管理以及工程养护维修等。

3. 县级农村饮水安全工程水质检测中心建设

我县农村饮水安全工程水质检测中心建设按照“合作共建、资源共享、业务协同”的原则，依托县疾病预防控制中心共建，并纳入县疾病预防控制中心统一管理，接受县水务、卫生、环保等部门业务指导，承担全县农村供水工程水质检测工作。水质检测中心为财政供给事业单位，现有检测人员8人，其中事业编制5人、聘用人员3人，水质检测人员中有6人具有检测资质证书。运行管理经费列入财政预算，平均年度运行经费90万元。水质检测中心主要仪器设备由市水务局统一招标采购到位，已投入运行。水质检测中心完成投资358.4万元，其中中央预算内投资65.5万元、省级投资40.5万元、地方配套252.4万元。

县水质检测中心检验室的主要检测设备有：可见光分光光度计、原子吸收分光光度计、原子荧光光度计、气相色谱仪、离子色谱仪、流动注射分析仪、石墨炉原子吸收仪等大型水质分析仪器，以及万分之一电子天平、酸度计、温度计、电导仪等辅助小型仪器设备。检验室具备42项水质指标的检测检验能力，对农村饮水安全工程供水水质采取定期监测和抽检相结合，即每年枯水期和丰水期定期监测2次外，结合卫生专项检查、运行管理检查等对供水水质进行抽检，抽测频次为每年6次。

4. 农村饮水安全工程水源保护情况

为切实加强生活饮用水水源地保护工作，确保饮用水源安全，县政府制定出台文件，明确饮用水源地管理规定、明确监督管理职责，建立了饮用水水源管理联系人制度和饮用水安全保障工作报告制度。对所建的农村饮水安全工程均按照饮用水水源保护区标志技术要求设置水源保护区警示标牌，划定了供水水源保护区，加强对取水口及保护区巡查监督管理，及时处理影响水源安全的问题。

5. 供水水质状况

我县农村水厂水源均取用江河湖，采用主要净水工艺流程为混合、反应、絮凝、沉淀、过滤、消毒等常规水处理工艺。截止2015年底全县农村集中式供水工程58处（不含打井供水工程），具备常规水处理设施的有50处，占86.21%。根据近三年水质监测结果统计，供水工程水源水达标率100%，出厂水水质达标率为66.38%，末梢水水质达标率为61.58%，影响水质检测达标率的主要是感官指标“浑浊度”“肉眼可见物”和微生物指标“菌落总数”。

6. 农村饮水工程（农村水厂）运行情况

我县农村饮水工程均落实了运行管理单位，其中区域性专业化供水企业管理1处、小型专业化供水企业管理41处、个人承包管理7处、村委会管理9处。全县农村饮水工程所有权全部为国有的规模水厂6座，供水政府与企业（或个人）合有的规模水厂37座，全部企业（或个人）所有的水厂7座，村集体所有的联村、小型引蓄及打井供水工程9座。除无为县自来水公司一水厂和二水厂政府资产监督归属县住建局监管以外，其余57处均有乡镇政府监管。全县各类供水工程59处，其中规模水厂43座，设计供水规模25.55万m^3/d，日实际供水量17.96万m^3/d，平均执行水价约2.4元/m^3。小型水厂和供水站16座，设计供水规模0.58万m^3/d，日实际供水量0.5万m^3/d，平均执行水价2.0元/m^3。全县执行两部制水价的水厂54处，其基本水费一般为每年120~150元。全县各农村水厂收入主要来源于水费，经统计水厂累计年收入为3745万元，年支出3585万元，其中人员工资支出1958万元、电费药剂费支出1017万元、运行维护费支出610万元。

7. 农村饮水工程（农村水厂）监管情况

一是规范农村饮水安全工程运行管理，县政府出台运行管理实施意见，明确和细化相关部门及乡镇在农村饮水安全工程监督管理中的职责和具体工作；明确乡镇政府按照属地管理原则，负责本辖区农村水厂运行管理工作，督促各供水单位切实履行供水安全职责。并对水厂提出“五无、十有、一规范”的具体管理要求。二是明晰工程所有权，农村饮水安全工程由各级财政投资形成的资产，由乡镇人民政府受县政府委托行使国有资产所有权，工程竣工验收后，产权移交所辖乡镇人民政府，负责其运行管理工作。三是成立了县农村安全饮用水管理办公室，专职从事农村饮水安全工程管理工作，为全县农村饮水安全工程提供技术支持和服务。四是县政府建立了由县水务局、卫生局、环保局等部门参加的联席会议制度。定期召开联席会议，及时协调解决出现的问题。此外，县水务会同卫生、环保等部门不定期的组织开展联合执法检查，重点检查水源保护、水质净化、消毒、出厂水和末梢水水质状况及运行管理制度的执行情况等内容。五是依托县疾病预防控制中心共建无为县水质检测中心，承担全县农村饮水安全工程水质检测工作，加强水质监测管理。六是县物价局、水务局制定了农村饮水安全工程受益农户入户费用每户不超过300元的政府指导价。对已建成的安饮工程，均按照“补偿成本、公平负担”的原则，由县物价部门合理核定，规范农村自来水价格管理。七是通过对农村饮水安全工程管理单位的运行管理、法律法规和卫生管理知识等业务培训开展，对提高供水单位及其人员的管理水平业务素质，规范管理行为，提升供水服务质量具有促进作用。同时，发挥水利部门的技术优势，加强对农村饮水安全工程建设和运行管理的技术指导、服务，积极帮助供水单位解决实际问题，并邀请卫生部门专家对水质处理进行技术指导。

8. 运行维护情况

我县农村饮水安全工程主要以规模水厂为主，各水厂均建立健全了运行管理制度，并基本做到制度上墙，标识标牌清晰，水厂厂容厂貌较为整洁美观，各主要构筑物运转正常，主干管网已覆盖服务区域内每个村庄，工程运行正常。水厂运行维修主要依靠供水单位自身维修队伍，县水务局给予技术支持和服务。同时，我县设立了安饮工程运行管护资金，对运营较为困难的水厂及单村供水工程维修材料设备费给予补助，以保证工程正常运行。

我县农村饮水安全工程用电、用地以及税收等相关优惠政策均按照有关规定落实到位。

四、采取的主要做法、经验及典型案例

（一）做法与经验

1. 精心编制规划，合理确定工程建设方案。

我县原有农村水厂多建于20世纪90年代，由于缺乏统一的规划，多数仓促上马，截至2004年底，全县建成水厂108座，其中仅有9座水厂有完备的水处理工艺，其他规模偏小，设施简陋，且水源选择随意性大，供水保证率低。根据省、市主管部门统一部署，针对农村供水现状，结合经济社会发展要求，我县以“农村供水城镇化、城乡供水一体化”为发展目标，按照由人饮解困向饮水安全、由小型分散向集中规模转变的思路，对全县农村饮水工程合理规划布局。规划到“十二五”末，全县布局43座规模水厂，基本实现农村饮水安全村村通。

2005年以来，我县围绕规划的建设目标任务，严格按照水质达标、水量充足、长效运行、群众满意的建设标准和方案合理化、建厂标准化、水质洁净化、管理规范化的建设要求，合理确定工程建设方案。严格按照批复的实施方案（或初步设计）组织实施，积极推进农村供水规模化发展，保证了规划目标和批复的建设任务如期实现。

2. 加强领导，全面推进工程进度

一是成立工作机构。县政府成立了以分管副县长为组长的农村饮水安全工程建设领导小组，负责组织领导全县农村饮水安全工作。各乡镇政府也相应成立机构，负责组织、协调开展农村饮水安全工作。二是签订目标责任书。县政府与乡镇政府签订了饮水安全目标责任书，把农村饮水安全工作纳入民生工程目标考核内容。三是制定实施意见，规范项目管理。县政府研究制定了农村饮水安全工程建设管理实施意见，明确了工程目标任务、建设管理、资金筹措和使用、运行管理及管护责任主体。明确县水务局为工程建设项目法人，各乡镇政府成立项目现场管理机构。为明确工作职责，县分别与各项目乡镇政府签订了工程建设协议，明确乡镇负责地方协调和境内小水厂的整合工作，组织实施输配水管网铺设和自来水入户工程，完成工程建设用地等。四是加强督查调度。为确保各项工程尽早建成受益，县政府主要领导深入工程现场督查指导，多次召开全县农村饮水安全工作专题会议，研究解决农村饮水安全工作中的困难和问题。县政府分管负责人亲自主持调度，召开工程建设推进会议，狠抓问题整改，落实奖惩措施，有力促进了农村饮水工作的顺利开展。

3. 强化建设管理，确保工程质量

我县农村饮水安全工程建设严格按照项目“六制”要求进行管理，认真履行基本建设程序，强化建设管理工作。一是对主要工程项目和大宗管材设备都进行了公开招投标、统一采购，择优确定施工和供货单位。二是严格按照规定进行工程监理，并邀请受益群众全过程参与工程建设。三是规范价款结算，实行合同管理。四是建立健全“建设单位负责、

监理单位控制、施工单位保证、政府部门监督”的质量管理体系，认真落实质量“三检制”，加大政府部门质量监督力度。在工程建设中，各参建单位针对工程特点，制定工程质量管理制度和质量控制细则。由于规范管理，措施得力，我县建成的农村饮水安全工程布局合理，配套基本完善，质量合格，符合规范和设计要求。

4. 筹集资金，保证工程顺利实施

我县农村饮水安全项目严格按照《安徽省农村饮水安全项目资金管理暂行办法》及补充规定的要求规范资金管理，设立项目资金专户，实行专款专用，分年度单独建账、单独核算。项目法人单位按规定设置独立财务管理机构，配备具有会计从业资格人员负责财务管理工作，制定了资金使用管理办法，严格按照合同文件规定办理价款结算。为保证农村饮水安全工程的顺利实施，县政府根据下达年度投资计划和有关文件要求，及时足额落实配套资金，2005 年以来累计配套 2157. 9 万元用于农饮工程建设。

5. 做好小水厂整合并网，推进农村供水规模化发展

做好农村小水厂并网整合工作，是推进我县规模水厂建设，彻底解决全县农村饮水不安全问题的关键环节。对小水厂整合，势必影响到原水厂经营者的切身利益，难度大。为此，在广泛调研的基础上，经县政府研究制定了《无为县农村水厂并网整合实施方案》，方案提出以“提高供水保障服务水平、实现区域优质供水”为目标，以乡镇政府为主体责任、县直各有关部门紧密配合为工作机制，按照“政府主导、市场运作、企业经营、规范管理”的原则，根据不同情况，分别采取“评估收购”“参股经营”“批发供水”“竞争淘汰”等多种办法，推进小水厂的并网整合。近年来，全县已并网整合 48 座农村小水厂。实践证明，通过建设规模水厂，并网整合农村小水厂，不仅能有效解决了我县农村供水安全问题，而且充分利用和整合了现有资源，避免工程重复建设，扩大农饮工程覆盖面，推动农村供水规模化发展，促进农村供水事业可持续发展。

6. 加强水源保护和卫生监督，保障供水质量

为切实加强我县饮用水水源地保护，县政府出台文件进一步明确饮用水源地管理规定、明确监督管理职责、建立了饮用水水源管理联系人制度，对已建的农村饮水安全工程均按照国家环保部 2008 年发布的《饮用水水源保护区标志技术要求》设置了水源保护区警示标牌，划定供水水源保护区。

同时，我县积极开展对全县集中式供水单位卫生监督监测工作，并依托县疾病预防控制中心共建水质检测中心，制定了水质检测和监测巡检制度，并帮助和指导供水单位建立健全水质检测制度。目前，已建成的规模水厂均配备必要的检验设备与人员，建立了“供水单位日常检测、县水质监测中心月检测和县卫生部门不定期监测”的水质监督监测体系。

7. 加强建后管理，保证工程长期发挥效益

一是出台运行管理实施意见。县政府出台了《关于加强农村饮水安全工程建设和运行管理的实施意见》。明确相关部门和乡镇具体责任，明确乡镇政府按照属地管理原则，负责本辖区农村饮水工程运行管理工作，督促供水单位切实履行供水安全职责。实施意见对供水单位提出“五无、十有、一规范”的具体管理要求。二是成立专管机构。成立了县农村安全饮用水管理办公室，专职从事农村饮水安全工程管理工作，为全县农村饮水安全工

程提供技术支持和服务。三是建立联席会议制度，开展联合执法检查。县政府建立了由县水务局、卫生局、环保局等部门参加的联席会议制度。规定联席会议每季度召开一次，主要任务是检查总结前一阶段工作，及时协调解决出现的问题。并开展联合执法检查，推进我县农村自来水厂达标管理，确保农村供水安全。四是开展业务培训，增强管理服务意识。对农村供水工程管理单位的运行管理、法律法规和卫生管理知识等业务培训，明确了供水单位应履行的法定职责，促进供水服务质量提升。六是落实农村饮水安全工程管护资金。县财政每年安排农村饮水安全工程管护资金 50 万元，用于水质监测、业务培训、水源保护、运营管理以及工程养护维修，保证工程正常运行发挥效益。

（二）典型工程案例

1. 工程概况

十里水厂供水工程位于无为县十里墩乡社令村杨巷自然村，系无为县农村饮水安全工程规划项目之一。工程投资 805. 6 万元。于 2010 年底建成通水试运行，2011 年 5 月正式发挥效益。供水范围涉及全乡 5 个村，2 个社区，总人口 4. 04 万人，以及企事业单位。

2. 工程建设情况

十里墩乡地处无为县南部，属低岗平畈区，全乡国土面积 53km^2，总人口 4. 04 万人，辖 5 个村，2 个社区。境内原有两座水厂均建于 20 世纪 90 年代末，由于受经济技术条件制约，现有两水厂设计标准低，制水工艺落后，供水设施均较简陋，而且两水厂分处十里墩乡南北两端，供水半径较大，加之配水管网多为混凝土管和钢管，老化破损严重，且管网布置不合理，使得水厂供水水质、水量、水压均达不到生活饮用水标准，严重影响到群众身体健康和正常生活。

为改善农村饮用水条件，保障农村饮水安全，根据无为县农村饮水安全工程规划，在十里墩乡社令行政村杨巷自然村兴建十里水厂，水厂占地面积 6. 7 亩，设计供水规模 5000m^3/d，水源地为西河中下游虹桥段，西河是无为县境内一条主要河流，境内河长 72. 17km，流域面积 1746. 07km^2，并经中游凤凰颈闸与长江沟通，其水源水质为Ⅲ类地表水。水厂水处理采用网格反应斜管沉淀池、普通快滤池等常规制水工艺，水处理能力为 220m^3/h。消毒采用二氧化氯滤后消毒，通过二氧化氯发生器投加。水厂机电设备总功率为 142kW，其中：取水泵房为两台套 30kW（一用一备），二级泵房中反冲洗泵一台动力为 30kW，送水泵四台套共 52. 5kW。送水泵采用变频控制。水厂配备的化验室具备对色度、浊度、pH 值、臭和味，肉眼可见物，细菌总数、大肠杆菌及余氯等八项常规检测项目的检测能力。本工程对配水管网改造和管网延伸，整合两座水厂，实现统一供水，对满足规划要求的部分主管网和进村入户管网充分利用，改造后水厂主管网的管材有 PVC 和 PE 两种材质，主管网管径范围为 DN110 ~ 315mm，长度为 45. 46km。

3. 运行管理情况

十里水厂委托无为县十里自来水有限责任公司运行管理，该公司现有职工 25 名，其中大专以上学历人数为 6 人。公司建立了运行管理制度，按制度进行管理。水厂供水水价按照无为县物价局无价商〔2012〕58 号批复的水价文件执行，其中农村居民水价为 2 元/m^3、企业用水水价为 2. 5 元/m^3，运行成本为 1. 2 元/m^3，水厂实际最高日供水量达 5000m^3，出厂水水压为 3. 2MPa。水厂水质化验室每天对出厂水的浑浊度、肉眼可见物、色、臭、味、pH 值、细菌总数、大肠杆菌及余氯含量检测 1 次，对水源水浑浊度、肉眼可见物、色、臭、味及 pH 值检测 1 次，以保证供水水质达标。水厂按照有关规定分别办理了卫生许可证和取水许可证，并直接从事制水工作和检验人员每年进行 1 次健康体检，领证上岗，发现有传染病患者及健康带菌者，立即调离工作岗位。水源取水点及水源环境一级保护区按照国家环保部 2008 年发布的《饮用水水源保护区标志技术要求》设置了水源保护区警示标牌，并确定专人负责水源保护区的巡查和管理，以确保水源安全。目前，该水厂管理有序，运行状况良好。

五、存在的主要问题

我县农村供水在工程建设、运行管理、水质保障以及行业管理等方面存在的主要问题是：

1. 无为县农村水厂设计供水规模总体满足社会发展需求，但有部分工程随着用水快速发展，需要改建扩容。

2. 无为县饮用水源水质总体上基本稳定，但季节性污染较为明显。

3. 农村水厂供水覆盖范围较广，供水管线长而分散，受投资限制，尤其实施农村饮水安全工程的最初几年投入标准较低，管网没有得到有效改造，老旧管网漏损率大，供水二次污染现象明显。

4. 农村水厂化验人员专业水平普遍不高，水质检验能力较为薄弱。

5. 农村水厂管理人员的基本业务素质和运行管理水平参差不齐，需要对运行管理人员进行系统化的安全运行培训，提高专业水平，以保障供水安全。

六、“十三五”巩固提升规划情况及长效运行工作思路

（一）“十三五”巩固提升规划情况

1. 规划目标

我县农村饮水安全工巩固提升工程“十三五”规划总体目标任务是：“三年集中攻坚、两年巩固提升”。到“十三五”末，全县农村饮水安全集中供水率 95%，自来水普及率达到 95%；水质达标率提升到 75%；小型工程供水保证率不低于 90%，其他工程的供水保证率不低于 95%；城镇自来水管网覆盖行政村的比例达到 65%。

表 4　“十三五”巩固提升规划目标情况

农村集中供水率（%）	农村自来水普及率（%）	水质达标率（%）	城镇自来水管网覆盖行政村的比例（%）
95	95	75	65

2. 规划主要建设内容

无为县农村饮水安全巩固提升工程“十三五”规划在“共饮长江水、城乡一体化”规划思路的指导下，重在规范运营、保障安全。通过合理划分供水水源分区，取长江源水，从源头提高全县供水安全；同时建设标准化水厂全面提升水质，并进一步推进信息化建设，实时监控县域供水情况，规范水厂运营管理。主要建设内容为：

（1）精准扶贫工程建设

解决贫困人口饮水安全问题是我县农村饮水安全巩固提升工程“十三五”规划的重要内容之一，拟采取以集中供水为主、分散供水为辅的方式，规划兴建27处集中式供水工程，其中：新建低坝拦水工程3处，管网改造延伸工程13处，入户工程11处。计划解决100个村2.4381万人饮水安全问题，其中建档立卡的贫困村25个、贫困户1971户0.3494万人。

（2）水源及输水管网工程建设

水源及输水管网工程建设的主要内容：一是建设刘渡长江水源工程，同步实施输水管网工程，向无城、刘渡、襄安、泉塘、蜀山、开城、赫店、尚礼、十里、石涧、红庙、福渡辐射；二是扩建白茆长江取水口，向陡沟等片区提供源水；三是提升牛埠长江取水口取水能力，向牛埠、昆山、洪巷、鹤毛供给源水；四是提升皖江、响山、牌楼水源地安全性，重力自流向严桥区域供水。五是对高沟、姚沟、泥汊水厂现有长江取水口建设水源改造及保护工程。

（3）供水管网建设

对老旧不符合建设标准，影响供水水质、水量和水压的农村供水管网进行改造，“十三五”期间，计划新建及改造供水管网总长度1673km（村头以上管网长度727km，其中改造538km；村头以下管网长度946km，其中改造744km）。通过供水管网延伸，新增入户人口2.39万人，全面解决贫困人口饮水问题，同时，通过管网改造，消除“跑、冒、滴、漏”和管道二次污染等现象，减少管网漏损率、降低制水成本，提高供水保证率和水质。

表5　“十三五”巩固提升规划新建工程和管网延伸工程情况

工程规模	新建工程					现有水厂管网延伸			
	工程数量	新增供水能力	设计供水人口	新增受益人口	工程投资	工程数量	新建管网长度	新增受益人口	工程投资
	处	m^3/d	万人	万人	万元	处	km	万人	万元
合计	8	62	0.1103	0.1103	240.00				
规模水厂									
小型水厂	8	62	0.1103	0.1103	240.00				

（4）水厂标准化建设

水厂标准化建设的主要内容：一是对泥汊、刘渡、太平稳定、姚沟等4座水厂进行扩容增产。二是对部分水厂因地制宜进行制水工艺改造，更换滤池滤料，更新机电设备、消毒系统，以及对所有水厂配套完善水质检测设备，使现有7项检测指标提升至9项。三是推进信息化建设，对县域40座规模水厂，配备自动化控制和视频安防系统，全面实现在线监测（主要监测出水浊度、pH、余氯、流量4项指标），规范供水运行管理，提高供水水质，完成水厂达标建设。

表6　“十三五”巩固提升规划改造工程情况

工程规模	改造工程					
	工程数量	新增供水能力	改造供水规模	设计供水人口	新增受益人口	工程投资
	处	m^3/d	m^3/d	万人	万人	万元
合计	28	14000	206700	65.3038	2.3867	53031.44
规模水厂	27	14000	206100	64.7406	2.3839	52663.26
小型水厂	1	—	600	0.5932	0.0028	68.18

（二）“十三五”农饮工程长效运行工作思路

1. 农饮工程长效运行工作思路

继续健全完善县农村饮水安全专管机构，建立农村供水专业化服务体系、合理的水价及收费机制、工程运行管护经费保障机制和水质检测监测体系，水厂信息化管理；依法划定水源保护范围，健全应急响应机制，完善应急预案。加强供水运行监督管理，完善供水单位内部管理制度，规范管理行为，加大对水厂运行管理关键岗位人员的业务能力培训，推行关键岗位持证上岗。逐步建立与农村经济社会发展相适应的、符合农村饮水工程特点的长效管理体制和运行机制，达到工程良性运行，长期发挥效益，保障农村饮水安全。

2. 加强工程长效运行的有关建议

一是建立农村饮水工程改扩建建设资金投入体制。农村饮水工程是保障农村居民基本生存条件，提高农村居民健康水平和生活质量的公益性工程，是农村公共基础设施和公共卫生体系重要组成部分。鉴于县农村供水实际情况，建议建立以各级财政资金为主、社会资金为辅的农村饮水工程改扩建建设专项资金体制。

二是建立农村饮水安全工程维修养护专项经费制度。农村饮水安全工程服务于农村，供水范围广而分散，加之我县农村外出务工人员较多，农村用水条件、用水习惯以及农村人口大进大出的现象，造成工程供水成本增高，农村饮水安全工程运行普遍困难。虽然我县已建立了县级农村饮水安全工程维修养护经费制度，经费来源为县级财政，但资金缺口较大。因此，建议中央、省级以及市级财政均予以补助，确保供水工程正常运行，巩固农村饮水工程多年的建设与管理成果。

三是出台相关工作指导意见。鉴于农村饮水安全工程管理体制、运行机制改革的复杂性和艰巨性，建议制定出台操作性较强的指导性意见和政策。同时制定农村饮水工程专管机构工作指导意见，落实专管机构的“三定”方案，明确工作职责，指导专管机构开展行业管理工作。

鸠江区农村饮水安全工程建设历程（2005—2015）

（鸠江区水务局）

一、基本情况

芜湖市鸠江区位于芜湖市北部，跨长江两岸，中心地理坐标为东经118°23′，北纬31°22′，东连马鞍山当涂县，南邻镜湖区、芜湖县，西接马鞍山市含山县、芜湖市无为县，北靠马鞍山市和县。全区国土面积820万km^2，属圩垸地形，全区共有7条大型河流，长江以南有青弋江、青山河、杨青河、扁担河，长江以北有牛屯河、裕溪河，且入江口有闸控制水位。

2015年底全区共有7个街道、4个镇，134个村，总人口59万人，其中农村人口29.3万人，2015年实现地区生产总值290亿元。境内水资源丰富，长江及支流水质良好，水污染较轻，根据检测长江水质为Ⅱ类，其他为Ⅲ类。

芜湖市鸠江区成立于1990年，2005年前所辖镇街为江南城郊接合部，辖区内饮用水为城市供水，2006年4月行政区划将芜湖县清水镇划入鸠江区，依据《芜湖县“十一五”农村饮水安全工程规划》及市政府芜政办〔2007〕4号文件下达2.12万农村人口饮水安全问题，其中2006年0.4万人、2007年1.3万人、2008年0.42万人；2011年8月行政区划将和县沈巷镇划入鸠江区，移交1.85万人农村饮水不安全人口，其中2012年解决0.93万人、2015年解决0.92万人；2013年3月行政区划将无为县二坝镇、汤沟镇划入鸠江区，2014年4月行政区划将无为县白茆镇划入鸠江区，划入农村饮水不安全人数2.71万人口，（其中0.39万为学校师生），2015年全部解决。

二、农村饮水安全工程建设情况

1. 农村饮水安全解决情况

2005年前鸠江区不存在农村饮水安全问题，因多次行政区划将芜湖县、和县、无为县5个镇划入鸠江区，随之移交产生农村饮水不安全问题。

2015年底鸠江区农村总人口29.3万人，农村饮水安全问题全部解决，农村自来水供水人口29.3万人，自来水普及率100%；全区共有行政村73个，通水行政村73个，通水比例100%；2005—2015年，因行政区划省级投资计划下达我区3206万元，解决农村饮水安全人数6.29万人，其中学校师生0.39万人，累计完成投资3206万元，建成农村水厂7个，铺设管网300多km。

表1　2015年底农村人口供水现状

乡镇数量	行政村数量	总人口	农村供水人口	集中式供水人口	其中：自来水供水人口	分散供水人口	农村自来水普及率
个	个	万人	万人	万人	万人	万人	%
4	73	23.65	23.65	23.65	23.65	0	100

表2　农村饮水安全工程实施情况

合计			2005年及“十一五”期间			“十二五”期间		
解决人口		完成投资	解决人口		完成投资	解决人口		完成投资
农村居民	农村学校师生		农村居民	农村学校师生		农村居民	农村学校师生	
万人	万人	万元	万人	万人	万元	万人	万人	万元
6.29	0.39	3034	2.12	0	835	4.17	0.39	2199

2. 农村饮水工程建设情况

2005年前鸠江区为近郊，已全部使用城市供水。截至2015年底全区现有农村水厂19座，其中规模以上水厂16座，分布在长江以北白茆、汤沟、二坝、沈巷四镇。2005—2015年主要依靠农村饮水安全3206万元投入对7座水厂进行三池改造建设及300多公里管网改造。2015年底农户已100%使用自来水，农户自来水入户不收取个人费用，入户率100%。

3. 农村饮水安全工程建设思路及主要历程

农村饮水安全工程建设我区以行政区划移交任务为建设目标，“十一五”期间解决农村饮水安全为近郊清水镇，解决办法为城市供水延伸，为困难户没有能够使用自来水用户安装自来水，每户安装费用为1000元，投资827万元，解决2.12万农村人口饮水安全问题。“十二五”期间为江北沈巷、白茆两镇解决农村饮水水质、水压问题建设水厂7座，铺设管网300多km，投资2379万元，解决4.56万农村人口饮水安全，其中0.39万为学校师生。

表3　2015年底农村集中式供水工程现状

工程规模	工程数量	设计供水规模	日实际供水量	受益乡镇数	受益行政村数	受益农村人口	自来水供水人口
	处	m^3/d	m^3/d	个	个	万人	万人
合计	19	126900	46500	4	73	29.3	29.3
规模水厂	16	125500	45600	—	—	28.6	28.6
小型水厂	3	1400	900	—	—	0.7	0.7

三、农村饮水安全工程运行情况

1. 区农村饮水安全工程由区水务局负责，未成立专管机构。

2. 区级农村饮水安全工程维修养护基金目前未列入财政预算。

3. 区级农村饮水安全工程水质检测通过公开招标委托第三方每季度检测一次，检测出厂水和末梢水相关指标。

4. 农村饮水安全水源为水功能区划水源保护地，环保部门定期对水源进行检测结果对外公布。

5. 供水水质经检测全部合格，达标率100%。主要工艺为反应池、过滤池、净水池。

6. 农村饮水安全工程运行以民营为主，通过农村饮水安全工程建设的工程资产属国有，无偿委托水厂运营，全区目前农村水厂日实际供水量4.65万m^3，供水价格为2.5元/m^3，水费为水厂主要收入来源，主要支出为电费、维护费及人员工资，水费采取“两部制”，基本水费为每户每月10元，超出10元以上按实际用水量收取。

7. 农村饮水安全工程运营水厂以镇政府监管为主体，新增用户入户费在200元以内，以为材料费为主，水质由区卫计委监管，水价由物价部门监管，供水服务由地方政府监管。

8. 水厂运行由专人负责，各水厂都建立了维护队伍，用电电价为农用电价，用地税收优惠政策都已落实。

9. 目前用水户协会未成立。

四、采取的主要做法、经验及典型案例

（一）做法和经验

1. 芜湖市政府2014年6月7日出台了《芜湖市农村饮水安全工程管理办法》。

2. 鸠江区农村饮水安全工程水源为水功能区划保护范围，水质有环保部门定期检测，我区农村饮水安全工程前期工作由芜湖县、和县、无为县编制，行政区划移交至鸠江区，工程建设投资为中央、省、市、区、镇五级拼盘，工程建设区政府明确镇政府为项目法人，由区水务局进行监管，市水务局组织竣工验收，运行管理委托原水厂进行，水质检测水厂进行每日一测，区卫计委通过公开招标确定第三方对出厂水、末梢水每季度检测1次，并向社会公布检测结果，水厂实行自动化管理，建立监视系统，对群众的反映相关部门及时予以回应。

（二）典型工程案例

沈巷镇五显水厂在2012年农村饮水安全工程建设之前取水口为当家塘，水质、水压较差，特别是夏季农户反应较大，2012年农村饮水安全工程建设取水口设在牛屯河水源保护区，水质符合国家饮用水标准。

五、目前存在的问题

鸠江区江北农村区域随着芜湖市跨江发展战略的实施，省级江北集中区的建设的推进，城市供水华衍水务已在沈巷建成，日供水10万m^3水厂1座，随着二坝镇大龙湾片建设推进，城市规划建设日供水10m^3水厂1座，城镇化建设推动农户住入安置户，供水由农村水厂转变为城镇供水，因此农村水厂的发展方向为逐步停止运行。

镜湖区农村饮水安全工程建设历程（2005—2015）

（镜湖区水务局）

一、基本概况

镜湖区位于芜湖市中心城区，中心地理坐标为东经118°21′、北纬31°20′，属东八时区。区境地貌属平原地带，地形起伏不大，较为平坦，地势呈北高南低，平均海拔为9m。其间有零星山丘散落分布，主要有赭山、神山、赤铸山、大小火炉山、弋矶山、铁山、狮子山、范罗山、邢家山、曹家山、营盘山，大官山等。其中，赭山最高，海拔84.8米。长江从市区北缘流过，青弋江和长江在这里相汇。气候为北亚热带湿润季风气候，春暖多变，夏雨集中，秋高气爽，冬季寒冷，四季分明，雨量充沛，年平均气温约为16℃，降水量约为1195mm，日照约为2075小时，无霜期240天左右。每年6月下旬到7月中旬为梅雨季节。全区辖张家山、赭麓、滨江、赭山、弋矶山、汀棠、天门山、大砻坊、镜湖新城、荆山10个公共服务中心和方村街道办事处，55个社区居委会，12个村委会，区域面积121km^2，全区现有人口60万人。其中，涉农街道和公共服务中心共2个，农业人口5.1万人。

我区农村水资源利用主要是地表水，现状年供水量约为900万m^3，其中700万m^{3}用于农业、200万m^{3}用于生活用水。

二、农村饮水安全工程建设情况

1. 根据芜湖市发改委、市水务局《关于镜湖区2011年度农村饮水安全工程实施方案的批复》（芜发改农经〔2011〕948号），镜湖区计划在“十二五”期间解决农村不安全饮水人口1.5万人，涉及方村街道埭南社区和方家、腰埂、斗村和王埂4个行政村。

建设内容：本项目采用主管网改造延伸的供水到户方式，解决埭南社区和方家、腰埂、斗村、王埂4个行政村的饮水不安全问题。

批复总投资744万元，其中中央专项资金447万元、省级配套149万元、地方配套148万元。

2. 截至2015年底，我区涉农公共服务中心及街道有2个，分别为荆山公共服务中心及方村街道办事处。荆山公共服务中心居民饮水已实现城乡一体化，均由芜湖市华衍水务有限公司供水。方村街道办事处共14个涉农社区及村委会，居民饮用水水源来自3个水厂，分别为芜湖市华衍水务自来水厂、天民自来水厂、方村自来水厂。方村街道埭南农饮工程（芜湖市华衍水务自来水厂工程，下称“埭南农饮工程”）供水范围为方家、腰埂、王埂、斗村及埭南社区，受益人口14201人，管网入户率100%，水质达标率100%；天民自来水厂供水范围为合心、马厂、利民、天城村委会，受益人口21000人，管网入户率100%，水质达标率100%；方村自来水厂供水范围为行春、旗杆、花园、五星及方塘社区，受益人口15709人，管网入户率100%，水质达标率100%。

表1　2015年底农村人口供水现状

县（市、区）	乡镇数量	行政村数量	总人口	农村供水人口	集中式供水人口	其中：自来水供水人口	分散供水人口	农村自来水普及率
	个	个	万人	万人	万人	万人	万人	%
镜湖区	2	14	2.84	2.84	2.84	2.84	0	100

表2　农村饮水安全工程实施情况

合计			2005年及“十一五”期间			“十二五”期间		
解决人口		完成投资	解决人口		完成投资	解决人口		完成投资
农村居民	农村学校师生		农村居民	农村学校师生		农村居民	农村学校师生	
万人	万人	万元	万人	万人	万元	万人	万人	万元
1.5	0	744	0	0	0	1.5	0	744

表3　2015年底农村集中式供水工程现状

工程规模	工程数量	设计供水规模	日实际供水量	受益乡镇数	受益行政村数	受益农村人口	自来水供水人口
	处	m^3/d	m^3/d	个	个	万人	万人
合计	3	14700	6280	2	14	5.1	5.1
规模水厂	3	14700	6280	—	—	5.1	5.1
小型水厂				—	—		

3.“十二五”阶段，解决农村不安全饮水人口1.5万人，涉及方村街道埭南社区和方家、腰埂、斗村和王埂4个行政村。2012年8月，埭南圩供水工程全部竣工，共铺设农村安全饮水管网6.35km，实现供水到户3548户，解决1.5万人饮水安全问题。区境内，自来水普及率已达到100%。批复总投资744万元，其中中央专项资金447万元、省级配套149万元，地方配套148万元。

三、农村饮水安全工程运行情况

我区农村供水全部采用集中式供水形式，涉及方村街道、荆山公共服务中心。荆山公共服务中心农业人口供水已全部纳入城市供水管网；方村街道共有3个供水工程，分别为天民水厂、方村水厂以及利民路水厂，其中利民路水厂为城市供水管网。

天民水厂及方村水厂是属于企业私人所有，由企业工作人员自行管理维护。按省水利厅关于农饮工程建设“谁投资，谁所有”的规定，方村街道埭南农饮工程的所有权为国有，主管网由芜湖供水总公司运行管理，支管网由方村街道埭南饮用水管理办公室运行管理。

关于农村饮水安全工程水质检测工作，我区高度重视，对农村饮水安全集中供水的水厂成品水，区政府要求区卫生局疾病预防控制中心定期检测并发布公告，检测报告反映水质较好。

四、采取的主要做法、经验及典型案例

1. 加强领导，落实责任

区委区政府高度重视农村饮水安全工作，多次召开专题会议研究，落实工作措施和配套资金问题。区成立由分管副区长担任组长的农村饮水安全领导小组，年初将农村饮水安全工作纳入政府目标考核内容，并制定了农村饮水安全工作联席会议制度、督查督导制度和工作情况通报制度等工作制度，加强部门协作，指导开展工作。区农水局把解决农村群众饮水安全问题作为全区水利工作的第一要务，指派专人负责饮用水工程建设工作，局领导班子成员，不定期到工程建设现场明察暗访，督促指导。工程所在地方村街道成立农村饮水安全建设项目法人机构（管理处），抽调4名有责任心，有业务能力的同志专门负责此项工作。各部门按照区政府的统一要求，层层健全机构，建立责任制，保证了工程建设顺利进行。

2. 加强监督管理，确保工程质量

工程建成后，由市卫生防疫部门具有资质的水质化验单位，对新建饮用水工程末端出水口取样进行水质检测，从已建成工程的检测情况看，水质、出水量和保证率均达到了《农村饮用水安全卫生评价指标体系》安全规定。

3. 创新管理模式，建立长效机制

镜湖区在加快工程建设，确保工程质量的同时，积极探索，创新管理模式，建立供水良性运行的长效机制。一是创新经营机制，将农村饮用水安全工程经营管理权委托给华衍水务公司，解决了工程重建设轻管理的问题。二是创新管理机制，对于新建供水工程，形成企业统一管理的模式，所有运行由企业严格按照《安徽省农村饮水安全工程管理办法》建立起健全、水费收缴、财务管理、工程管理及奖惩等一系列制度。配套建立了加强水源地保护和水质检测管理制度，确保农村饮用水安全供水站规范化运作和安全供水。各村成立了农民用水者协会，严格监督工程的维护和运行。三是严格执行省政府文件，水费价格群众一致认可，真正建立了“城乡一体，水质、水费同等”的长效运行机制。

五、目前存在的主要问题

1. 全区水源可靠性较高，基本满足饮水质量要求，管网入户率为100%。3个水厂主体工程建成时间均在2005年之前，农村饮水工程均存在管网老化现象，水资源漏损率高。

2. 农业人口自来水入户普及率虽已达到100%，部分地区已纳入城市供水管网。现阶段，因入村入户支管网破损老旧，承压能力弱，存在跑冒地漏现象，造成水资源浪费。我区计划在“十三五”期间，对破损严重的支管网进行改造，促成主管网、支管网有效衔接。

3. 饮水工程基层技术力量薄弱，建议加强专业知识培训，提高管理效率。

4. 地方水管资金投入有限。建议省、市级财政安排一定的专项资金，用于扶持、推进农饮工程建后管理工作。

三山区农村饮水安全工程建设历程（2005—2015）

（三山区水务局）

一、基本概况

三山区是芜湖市行政区划调整后设立的区，位于市区西部，地处长江与漳河交汇的水网地区，地貌以平原圩区和沿江洲滩地为主，南边为丘陵和低山区，除长江、漳河过境客水外，境内主要有龙窝湖和峨溪河两大水系。

三山区濒临长江，东邻弋江区、芜湖县、南陵县、西南与繁昌接壤，北与无为县隔江相望。面积319.8km^2，辖三山办事处、保定办事处、峨桥镇，共有40个行政村、4个社区，常住人口15.4万。2015年全区国内生产总值85亿元，增长20.6%；财政收入增长29.2%；社会消费品零售总额增长11%；居民人均可支配收入增长11.1%；人口出生率10.2‰。全区已形成以临江工业区集电力、汽车、船舶、纺织、电子、机械、物流等为支柱产业的工业体系。

长江、漳河为三山区过境客流，水资源丰富。三山区供水单位主要有芜湖华衍水务和繁昌供水公司及华衍水务三山水厂、小洲磊宇水厂、新淮水厂五家单位，能够满足三山区所有用户的需要。全区重要江河湖泊水功能区水质达标率为100%。

二、农村饮水安全工程建设情况

1. 农村人口饮水安全解决情况

三山区2007年解决3416户9010人、2008年解决3946户11087人、2009年解决2310户8000人、2010年解决1601户3803人，我区工程于2010年结束，4年共解决3.2万人饮水不安全问题。工程投资来源为中央、省、市、区配套及受益群众自筹，三山区2007年工程投资为351万元、2008年工程投资为429万元、2009年工程投资为397万元、2010年工程投资为184万元，4年工程总投资为1361万元。

表1　2015年底农村人口供水现状

乡镇数量	行政村数量	总人口	农村供水人口	集中式供水人口	其中：自来水供水人口	分散供水人口	农村自来水普及率
个	个	万人	万人	万人	万人	万人	%
4	40	12.04	12.04	12.04	12.04	0	100

表2　农村饮水安全工程实施情况

合计			2005年及“十一五”期间			“十二五”期间		
解决人口		完成投资	解决人口		完成投资	解决人口		完成投资
农村居民	农村学校师生		农村居民	农村学校师生		农村居民	农村学校师生	
万人	万人	万元	万人	万人	万元	万人	万人	万元
3.5		1526	3.5		1526			

2. 农村饮水工程（农村水厂）建设情况

我区农村8家水厂（自供水5家、转供水3家），在实施农村饮水安全工程前他们已解决了10万多人吃水问题。农村饮水安全工程实施上，我区以管网延伸为主，解决了还未装自来水农户4.1万人（其中0.33万人调整至南陵县）吃水问题。2007年、2008年人均投资390元，其中国家176元/人、省级64.2元/人、市级16.7元/人、区级32.6元/人、群众自筹100元/人；2009年人均投资496.25元/人，其中国家297.75元/人、省级64.2元/人、市级16.7元/人、区级67.6元/人、群众自筹50元/人；2010年人均投资496.25元/人，其中国家297.75元/人、省级99.25元/人、市级16.72元/人、区级82.53元/人，不含群众自筹50元/人。群众自筹作为入户管材及配套费用。2007年、2008年全区按解决1户1000元标准兑现工程资金，2009年、2010年全区按解决人数兑现工程资金。

3. 农村饮水安全工程建设思路及主要历程

我区工程实施中严格程序，规范操作。一是各镇办对装水农户筹资装水情况进行张榜公布，接受群众监督。二是群众自筹严格按标准收取，由财政提供统一的票据，收取后全部上缴财政。农村饮水安全工程资金实行封闭运行，专款专用，确保资金使用安全；三是严格实行项目法人制、合同管理制和招投标制。区政府明确区水务局为农村饮水安全工程建设项目法人；对项目区内负责施工的水厂实行合同管理；安装管材由区集中招标采购。按上级要求，2008年度工程实行了工程巡回监理制。四是在施工过程中，水厂严格按照区水务局提供的名册安装，认真填写装水入户确认单，并制作发放饮水安全工程农户门牌。各年度工程建设取得了良好的社会效果。一是在没有实施饮水安全工程之前，群众自己安装自来水要花1200~1900元，而现在受益群众一户自筹50~200元就把安全卫生的自来水装到家，农民群众真正得到了实惠。二是将以前群众饮用和使用沟塘不安全水，改为用上放心的安全自来水。三是用水保证率极大提高了。在没安装自来水前，用沟塘水不仅不卫生，还受气候变化的影响，稍遇旱就没有水吃，群众苦不堪言。现在用上了自来水，水源保证率达95%，生活饮用水有了保证。四是农村五保户（自筹款减免）及经济困难户装上了安全卫生自来水，饮水安全有了保障。五是方便快捷的自来水节省了农民取水劳动时间，同时提高了农村群众健康状况，减少了一些疾病的发生，改善了农村生活条件，提高了农村劳动生产力。入户调查显示，群众对农村饮水安全工程的实施十分满意。

三、农村饮水安全工程运行情况

1. 三山区农村饮水安全工程专管机构

区政府成立由分管区长任组长，区水务局、经发改委、财政局、卫生疾控、环保等部门为成员的农村饮水安全工程建设领导组。

2. 农村饮水安全工程维修养护基金

我区工程管网延伸的性质，决定了日常运行管理只能是原供水单位承担。为保工程长期发挥作用，工程结束后，区农饮办（镇办）和各供水单位签订了国家投入固定资产托管协议，明确了产权，明确了农村供水工程维护管理要求。于2011年9月区水务局会同区财局出台了《芜湖市三山区农村饮水安全工程后续运行管理暂行办法》，对供水单位提出具体要求。我区供水单位电价都执行了农业生产电价优惠政策。供水水价已通过市物价部门的核定。按上级要求，区农饮专户申请落实农村饮水安全工程运行维护专项经费每年30万元，确保饮水安全工程良性运行。目前，水厂运行管理状况良好。

3. 农村饮水安全工程水质检测情况

各供水单位水质化验由区疾控中心来完成，微生物指标检测每季度1~2次以上，水质全分析每半年1次。通过饮水安全工程的实施，群众饮水安全有了保障。

四、目前存在的主要问题

1. 水务部门农村饮水安全工程的介入，投资与原水厂投入相比虽较少，但给水厂注入了活力，可是水务一家很难担当水厂管理的重任。为加强对供水单位的管理，建议：请上级部门统筹安排，下大力气督导组建各级政府部门供水管理专业机构，加强对供水单位的日常监督和管理工作；结合城镇化建设，加大对现有水厂资源进行整合、改造力度，强化目标管理考核，以适应新时期社会发展需求，满足人民群众生产及生活的需要。

2. 农村饮水安全工程对这些水厂投入了建设资金，增加了饮水安全人口及饮水安全程度，同时，水厂的社会责任也相应地加重了。农村饮水安全工程实施中，解决了部分五保户及困难户等特殊人群吃水问题，存在水费收取难度大等问题。从政府保障民生角度出发，财政预算中安排工程后续运行维护专项经费，专门用于农村饮水安全工程后续管养，促进良性运行。但具体怎样投入，投入多少等实际操作上，还有许多值得探讨的问题，建议上面能给出明确规定或指导意见。

宣城市

宣城市农村饮水安全工程建设历程（2005—2015）

（宣城市水务局）

一、基本概况

宣城地处皖东南，辖五县一市一区。地势南高北低，土地总面积 12323km^2，其中山区面积 7659.59km^2、丘陵区面积 2621.37km^2、畈区面积 1251.64km^2、圩区面积 571.31km^2、湖泊面积 219.09km^2。境内河流水系分属长江、太湖二大流域，以长江流域为主，该流域面积 11364.5km^2，其支流水阳江、青弋江水系遍及五县一市一区；太湖流域面积 245.5km^2；另有钱塘江水系 713km^2。较大湖泊有南漪湖、固城湖，属水阳江水系，为水阳江中、下游主要调洪水域。

境内水资源丰富，主要来源大气降雨，多年平均径流量 90.86 亿 m^3，人均 3271m^3，亩均 3391m^3，另外还有青弋江上游客水 31.82 亿 m^3，高于全国和全省平均水平，但由于时空分布不均，调蓄能力弱，水资源远没有得到充分利用。

截至 2015 年末，全市总人口 279.5 万人，粮食种植面积 232.3 千公顷，粮食总产量 122.29 万吨，肉类总产量 22.2 万吨。2014 年实现地区生产总值（GDP）912.5 亿元，人均生产总值达到 32613 元。完成财政收入 174.9 亿元，其中地方财政收入 120.2 亿元，全年财政支出 222.5 亿元；完成固定资产投资 1140.1 亿元，实现规模工业增加值 402.7 亿元；城镇居民人均可支配收入 26289 元，农民人均可支配收入 11251 元。

二、农村饮水安全工程建设情况

1. 农村人口饮水安全解决情况

我市在实施农村饮水安全工程之前，农村居民自来水到普及率很低。工程水源单一，过滤及消毒设施不配套，加上季节性缺水和管理不到位等原因，使得部分工程不能正常运行，无法向用户提供充足的饮用水。除集中式供水外，其他农村居民饮水采用分散供水式，一般利用手压井或筒井、引泉等取水，面临严重的饮水安全问题。饮水不安全类型主要为：血吸虫疫区、砷超标、细菌学超标以及水量不足、水源保证率、方便程度不达标等类型。截至 2015 年底，我市农村供水总人口 230.12 万人，农村自来水供水人口 198.86 万人，集中供水率 87%，自来水普及率 86%。2005—2015 年，我市农饮共下达总投资计划 81535 万元，计划解决 166.57 万农村居民和 9.32 万农村学校师生饮水不安全问题。此期间，我市实际共完成投资86842万元。至2015年底，共建设1433处集中式饮水安全工程，供水总能力达377431m^3/d。

表1　2015年底农村人口供水现状

县（市、区）	乡镇数量	行政村数量	总人口	农村供水人口	集中式供水人口	其中：自来水供水人口	分散供水人口	农村自来水普及率
	个	个	万人	万人	万人	万人	万人	%
合计	95	817	279. 52	230. 12	200. 51	198. 86	29. 61	86
宣州区	26	204	86. 8	69. 76	67. 87	67. 87	1. 89	97
郎溪县	9	92	34. 42	28. 6	25. 76	25. 76	2. 84	90
宁国市	19	103	38. 7	31. 42	23. 83	23. 79	7. 59	76
泾县	11	147	35. 44	28. 34	22. 86	22. 86	5. 48	81
绩溪县	11	76	17. 68	14. 02	12. 28	10. 67	1. 74	76
旌德县	10	68	15	12. 8	12. 4	12. 4	0. 4	97
广德县	9	127	51. 48	45. 18	35. 51	35. 51	9. 67	79

2. 农村饮水工程（农村水厂）建设情况

2005年以前，我市共有184座水厂，分布在各县、市、区的乡镇及街道办事处，供水规模较小，只是解决了一些最基本的供水量问题。主要存在供水规模不够、制水能力差、水源保证率不达标、设施管网老化等问题。

2005—2015年，我市大力推进农村饮水安全工程建设，截至2015年底，我市共建设集中式供水工程1433处（日供水1000m^{3}以上工程83处），受益人口200. 51万人，农村集中式供水人口比率87%，其中供水到户人口比例86%。分散式供水工程73821处，供水人口29. 61万人，分散式供水人口比例13%。农村供水工程总供水能力达45. 25万m^3/d。

“十一五”期间，全市共完成投资33057万元，建设农村集中式饮水工程645处，解决农村饮水不安全人口70. 42万农村居民和0. 22万农村学校师生饮水安全问题。建设期间加大非工程措施力度，加强水源地的保护，防止新的饮水不安全问题的产生，在注重饮水安全工程质量的同时，强化饮水工程建后运行管理。“十二五”期间，全市共完成投资53785万元，建成集中式供水工程352处（后期有部分工程被兼并），解决96. 15万农村居民和9. 1万农村学校师生饮水安全问题。共建设“千吨万人”规模以上供水工程83处，解决166. 57万农村居民和9. 32万农村学校师生饮水不安全问题。

表2 农村饮水安全工程实施情况

县（市、区）	合计			2005年及“十一五”期间			“十二五”期间		
	解决人口		完成投资	解决人口		完成投资	解决人口		完成投资
	农村居民	农村学校师生		农村居民	农村学校师生		农村居民	农村学校师生	
	万人	万人	万元	万人	万人	万元	万人	万人	万元
合计	166.57	9.32	86842	70.42	0.22	33057	96.15	9.1	53785
宣州区	55.04	2.42	28386	16.45	0.22	7706	38.59	2.2	20680
郎溪县	17.04	1.52	10853	6.68	0	3645	10.36	1.52	7208
宁国市	23.83	0.41	12958	11.93	0	6141	11.9	0.41	6817
泾县	22.86	0.8	11157	10.26	0	4634	12.6	0.8	6523
绩溪县	6.94	0.49	3355	3.42	0	1454	3.52	0.49	1901
旌德县	9.71	0.2	4763	4.45	0	2083	5.26	0.2	2680
广德县	31.15	3.48	15370	17.23	0	7394	13.92	3.48	7976

表3 2015年底农村集中式供水工程现状

县（市、区）	工程规模	工程数量	设计供水规模	日实际供水量	受益乡镇数	受益行政村数	受益农村人口	自来水供水人口
		处	m^3/d	m^3/d	个	个	万人	万人
合计	合计	1433	377431	217424	97	832	200.51	198.86
	规模水厂	83	299600	146250			133.39	133.39
	小型水厂	1350	77831	71174			67.12	65.47
宣州区	合计	77	112050	61260	26	204	67.87	67.87
	规模水厂	30	107700	57900			63.8	63.8
	小型水厂	47	4350	3360			4.07	4.07
郎溪县	合计	19	53350	25295	9	92	25.76	25.76
	规模水厂	15	50900	23000			22.54	22.54
	小型水厂	4	2450	2295			3.22	3.22
宁国市	合计	148	115009	39203	21	143	23.83	23.79
	规模水厂	11	97000	21550			9.43	9.43
	小型水厂	137	18009	17653			14.4	14.36
泾县	合计	122	20400	20000	11	141	22.86	22.86
	规模水厂	11	12000	11800			14.8	14.8
	小型水厂	111	8400	8200			8.06	8.06

（续表）

县（市、区）	工程规模	工程数量	设计供水规模	日实际供水量	受益乡镇数	受益行政村数	受益农村人口	自来水供水人口
		处	m^3/d	m^3/d	个	个	万人	万人
绩溪县	合计	305	14078	12157	11	81	12.28	10.67
	规模水厂	0						
	小型水厂	305	14078	12157			12.28	10.67
旌德县	合计	690	13744	10709	10	68	12.4	12.4
	规模水厂							
	小型水厂	690	13744	10709			12.4	12.4
广德县	合计	72	48800	48800	9	103	35.51	35.51
	规模水厂	16	32000	32000			22.82	22.82
	小型水厂	56	16800	16800			12.69	12.69

三、农村饮水安全工程运行情况

1. 县级农村饮水安全工程专管机构

我市各县、市、区相继于2011年、2012年成立了县级农村饮水安全工程专管机构，并将管理人员纳入事业编制，管理人员经费纳入县级财政预算。机构均由县级编办下文批复，编制一般从水务局内部调剂。

2. 县级农村饮水安全工程维修养护基金

为解决工程维修经费不足问题，各县、市、区于2011年建立了工程维修养护专项经费，县级财政按总投资1%以上标准及时落实资金，目前全市落实维修养护经费总额达782.61万元。为进一步规范资金使用，各县、市、区水务部门联合财政等部门及时出台资金使用管理办法，实行专款专用，并接受有关部门监督。

3. 县级农村饮水安全工程水质检测中心

我市县级水质检测能力建设分水利部门单独设立、依托疾控中心和规模水厂设立三种模式，其中，宣州区、旌德县为水利部门单独设立，宁国市为依托规模水厂设立，郎溪县、泾县、绩溪县和广德县为依托疾控中心设立。项目总投资1340.24万元，其中：中央预算内投资494.9万元，省级财政投资302.4万元，县级财政配套542.94万元。投资计划下达后，各县、市、区即按有关程序组织实施实验室场地建设和仪器设备采购工作，工程进展顺利。各县、市、区农村饮水安全工程水质检测中心均已于去年年底前完成建设任务，并投入运行，具备40~42项常规指标检测能力。

目前，各县市区已落实专业检测37人，经培训29人，落实运行经费185.1万元。按有关要求对供水规模20m^3/d及以上的集中式供水工程开展水质抽检，对供水规模20m^3/d以下的和分散式供水工程开展水质巡检。目前，各县、市、区已按照水质检测相关要求对部分已建农村饮水安全工程开展了水质抽检工作，检测项目为40～42项常规项目。

4. 农村饮水安全工程水源保护情况

为确保已建工程的供水安全，各县、市、区建立水源保护区制度，目前已完成了1000人以上供水规模工程的水源保护区划定。对规模较小农村饮水安全工程在饮水水源地显要的地方设立“水源保护区”标志牌，划定水源保护范围，实施水源涵养林保护，严禁在保护范围内从事可能造成水源污染的一切人为活动等。

加大水源监测力度，县级环境监测站定期对划定的饮用水水源地保护区进行水质监测，建立正常的水源水质定期报告制度和信息公开制度，及时准确地报告和发布水源水质信息。同时，农村饮水安全水质检测中心采取定期和不定期对各水源水质进行检测，确保水质安全。环保部门积极对工业企业采取明察暗访、抽查、突击检查以及专项整治等方法，切实解决可能危及饮用水源安全的突出问题。严格禁止在已批准设立的保护区内新、改、扩建影响饮用水源的建设项目。

5. 供水水质状况

为了保证供水工程的水质，我市规模水厂一般采用絮凝+沉淀+过滤+消毒的净水工艺，小型单村工程一般采用过滤+消毒的净水工艺。各县市区对千吨万人规模以上的水厂安装了自动加药机，对小型的单村饮水工程，配置了小型消毒设备，使全市农村饮水工程的水质得到了较大的提高。

从水质检测结果来看，我市大部分工程水源水、出厂水、末梢水水质均能达标，少数工程在枯水期时由于原水受到影响，个别指标偶尔会出现超标的情况，如菌落总数、浑浊度等。

6. 农村饮水工程（农村水厂）运行情况

（1）单村小型工程

该类工程投资以国家资金投入、集体和受益群众投资投劳构成，该类工程形成的资产归受益群众集体所有，在区水行政主管部门和乡镇人民政府、街道办事处的指导下，由村民大会、村民代表大会或村委会集体管理，不得转让、抵押、拍卖。收入来源主要为收取用户水费和村委会补贴，支出主要为人员工资、药剂费、维修费等。水价按1.5～2.5元/m^3收取，由于用水户少且分散，供水工程目前收取的水费仅能补助供水成本甚至不够，不足部分由村委会补贴营困难。

（2）集中式水厂

该类工程投资以国家、社会资金及群众自筹构成，根据各方投资比例确定股份，由工程所在地乡镇人民政府、街道办事处与社会资金投资者签订经营协议，由投资人进行经营管理。工程所在地乡镇人民政府、街道办事处作为国有资产所有权管理单位参与管理，并对工程经营管理进行监督，定期进行清产核资或财务检查，国有资产不得转让、抵押、拍卖。

收入来源主要为收取用户水费，支出主要为人员工资、电费、药剂费、维修费、办公费、油费等。该类工程宣州区、郎溪县实行“两部制”水价，基本水费为6～8元/月（$4m^3$），超过部分水价平均为1.5元/m^3。其余县、市水价按1.5～2.5元/m^3收取。目前，工程运行管理总体情况良好，基本能达到盈利的目标。

7. 农村饮水工程（农村水厂）监管情况

农村饮水工程由县级农村饮水管理中心及所在乡镇办事处监督管理，确保国有资产不流失、工程良性运行。工程管理委员会、用水合作组织、供水单位不仅要接受水利、卫生、物价、审计等部门的监督检查，建立定期和不定期报告制度，还要接受用水户和社会的监督、质询和评议。

管理单位或经营者建立日常服务体系，在日常维护中，对受益户多加宣传，让受益户自觉的爱护供水工程。规模较大农村饮水安全工程管理上建立社会化的服务体系和服务监督体制，并设立服务监督电话，对辖区内的供水工程进行服务监督。

8. 运行维护情况

我市农村饮水安全工程运行状况良好，各管理单位制定且落实了各项管理制度，大部分规模水厂建立了运行维修队伍，在管网出现断水时能及时查找并抢修。

各县市区按照上级有关政策文件，各部门协调配合，积极落实了用电、用地、税收等相关优惠政策方面，使运行管理单位能够享受政策，减少成本，更好地运行管理。

9. 用水户协会成立及运行情况

部分县市区成立了农村饮水协会。协会的成立为强化农村饮水工程建设和管理搭建了一个重要平台，是强化建后管护的一种探索和创新。协会成立后，每年组织开展饮水企业管理经验和学术交流活动，推广应用现代科学管理和先进技术，组织职工技能培训，进一步提高了我市农村饮水工程经营管理水平。

四、解决饮水安全问题的做法和经验

（一）地方出台的政策和法规性文件

一是落实中央1号文件。为贯彻落实2011年中央和省委两个一号文件精神，我市2011年4月积极制定出台了《关于加快水利改革发展的实施意见》（宣发〔2011〕1号），明确“十二五”期间解决92.15万人农村饮水安全问题，建立县级农村饮水安全工程管理基金，加强饮用水水源保护，建立健全水质检验检测制度，要求落实农村饮水安全工程管护主体，保证工程充分发挥效益，并实行饮水安全保障行政首长负责制。2011年10月经市委常委会议、市政府常务会议研究，以《关于开展全市加快水利改革发改工作考评的意见》（办〔2011〕74号）明确将农村饮水安全工程纳入《宣城市加快水利改革发展考评办法》内容进行考评，取得了良好效果。二是规范建设管理。2005年，我市出台了《宣城市农村饮水安全工程建设管理办法（试行）》，从项目的前期工作和项目申报、工程建设和质量管理、资金筹措和管理、工程检查和验收、建后管理等方面对农村饮水安全工作进行了规范。市政府2007年出台《宣城市农村饮水安全工程建设实施方案》，明确市财政每年拿出20万元对各县、市、区实施“以奖代补”。各县市区也都结合实际制定了切实可行的《县级农村饮水安全工程建设管理办法》，指导本县农饮工程建设管理。三是加强运行管理。各县市区政府先后印发《关于建立农村饮水安全工程水源保护区的通知》《县级农村饮水安全工程应急预案》《县级农村饮水安全工程运行管理办法》。2014年3月，市政府出台了《宣城市农村饮水安全工程运行管理办法》（宣政办〔2014〕11号），明确工程管理、水源水质管理、供水管理、水价核定、水费计收及财务管理等规定，为进一步规范和加强我市农村饮水安全工程运行管理工作提供依据。

（二）做法和经验

1. 坚持加强领导，层层落实责任。市政府成立了以分管市长为组长，发改、财政、水务、卫生、环保、审计等部门共同组成的水利民生工程建设领导组，领导组办公室设在市水务局，配备专门人员。各县、市、区政府成立相应组织和工作机构，并按规定组建项目法人，具体负责工程建设管理工作。同时，市政府每年将农饮工程建设任务分解下达到县、市、区，县、市、区将任务分解下达各项目乡镇，层层签订目标责任书，并纳入民生工程考核和政府年度目标考核，确保任务落到实处。

2. 坚持因地制宜，强化分类指导。针对我市地处皖南山区和长江下游平原结合部、境内地形地貌复杂多样的特点，坚持分类指导，实施农饮工程。对南部山区县，充分考虑地形高差大、人口分散等特点，以兴建简易小型单村工程为主；在中北部圩畈地区，因地形相对平坦，人口聚居相对集中，在条件许可的情况下，要求新建规模水厂或改造老旧水厂，实施管网延伸。

3. 坚持多措并举，加快建设进度。一是超前谋划。每年年初，根据农饮工程总体规划，向县、市、区提出年度建议计划，按要求编制年度实施方案。对建设周期较长的规模水厂工程，要求提前 1 年开展前期工作。比如，宣州区、郎溪县近两年建设的 6 座规模水厂，均提前于项目实施前 1 年完成初设审批并开工建设，确保了水厂的如期建成。二是明确节点。按照年初制定的时间节点，倒排工期，以日保周、以周保月，促进年度工程扎实推进。三是强化调度。市政府定期召开民生工程推进会，通报各地工程进展。市水务局每月通报 1 次工程建设进度。每年 9 月份，由市水利民生工程建设领导组办公室牵头，深入到县、市、区开展专项督查，实地检查农饮工程进度和质量，确保年度建设任务的顺利完成。

4. 坚持规范操作，狠抓建设管理。一是落实项目法人责任制。各县、市、区成立工程建设管理处或明确农饮工程领导组办公室为项目法人，明确工作职责；二是严格执行招投标制。无论是规模水厂还是单村工程，均采用公开招标方式选择有相应资质的专业施工队伍；三是全面推行建设监理制。采取公开招标或委托方式，选择工程监理单位，对农饮工程质量、进度、投资等进行控制；四是严格履行合同管理制。项目法人与中标单位依法签订合同，明确合同条款，严格按约定条款进行管理；五是实行集中采购制。工程管材、净化、消毒设备等物资均采用公开招标方式，在水利部推荐产品目录中集中采购；六是受益群众代表全程参与制。由当地群众推荐威信高、有奉献精神、责任心强的村民代表全程参与工程建设，强化民主监督；七是管材检测制。对进场工程管材，采取随机取样方式，送有资质的单位进行检测，确保管材质量；八是竣工验收制。工程完工后及时组织验收，严格按有关规定和程序组织完成法人验收和政府验收。

5. 坚持广泛宣传，营造良好氛围。一是坚持项目公示制。县、市、区通过报纸、电视、网站等媒体，对农饮工程的相关政策、工程措施、项目地点、资金使用、计划任务等进行公示，接受社会监督。二是坚持“双公开”制。工程开工前，在主体工程所在地公示工程概况、投资计划、财政补助资金、受益农户承担费用等内容；工程完工后，在受益村公开工程资金投入、解决人口、运行管理等内容。三是加强宣传引导。市水务局编印《水利民生工程简报》，在市水务信息网设置《农村饮水安全》专栏，开展民生工程“集中宣传月”，利用“百姓热线”电视栏目，广泛宣传农饮工程知识。县、市、区通过送知识下乡、制作专题片、树立农村饮水安全标牌、张贴悬挂宣传标语、印发宣传资料画册等有效形式，提高人民群众对农饮工程的知晓度和满意度。

6. 坚持足额配套，强化资金保障。各县、市、区政府每年根据建议计划将地方配套资金列入财政预算，并在省级投资计划下达前优先拨付到位，确保工程早日开工建设。同时，建立农饮工程项目资金专户，将各级财政资金纳入专户管理，资金使用实行报账制，由财政部门审核把关，确保资金专款专用，使用安全规范。工程完工后，县级审计部门负责进行工程竣工决算审计和财务审计。宣州区、郎溪县采取全程跟踪审计的方式进行，不仅加强了过程监督，也加快了审计进度。

7. 坚持建管并重，确保良性运行。2011 年以来，各县、市、区人民政府先后出台了县级农村饮水安全工程运行管理办法，规范工程管理。2014 年 3 月，市政府出台了《农村饮水安全工程运行管理办法》（宣政办〔2014〕11 号），明确工程管理、水源水质管理、供水管理、水价核定、水费计收及财务管理等规定。各县、市、区均成立了县级农村饮水安全工程专管机构，按年度投资额 1% 的标准建立了工程维修养护经费，做到有人管护、有钱养护。为规范资金使用，县、市、区水务、财政等部门联合出台了维修养护资金使用管理办法，实行专款专用。各县、市、区按照上级有关政策文件，各部门协调配合，积极落实了用电、用地、税收等相关优惠政策，使运行管理单位能够享受政策，减少成本，更好地运行管理。

8. 坚持全程监管，保障供水安全。一是建立水源地保护制度。为确保已建工程的供水安全，各县、市、区均在农饮工程水源地显要的地方设立水源保护区标志牌，配合环保部门对规模较大工程划定水源保护区或保护范围。实施水源涵养林保护，严禁在保护区从事可能造成水源污染的一切人为活动。二是强化水质检测。指导各县、市、区建立水源水和出厂水、管网末梢水水质定期检测制度，规定小型单村工程须定期送检，规模水厂每天自检，卫生部门分别在丰水期和枯水期对各供水单位水质进行抽检，以保证水质达标。三是加强水厂监管。为随时掌握工程运行管理中的水源水、制水、生产管理区的安全，宣州区、郎溪县、广德县、宁国市等 40 余家规模水厂采购安装了视频监控系统，全天候进行监控，保证生产管理安全。

五、典型县案例（宣州区建设管理）

（一）基本情况

宣州区农村饮水安全项目共解决农村居民 55.04 万和农村学校师生 2.42 万人饮水不安全问题，累计完成投资 28385 万元、其中中央投资 15870 万元，地方及群众投资 12515 万元；共兴建农村集中式供水工程 77 处（不含已兼并工程），设计供水能力 11.21 万 m^3/d；实际受益人口达 67.87 万人，集中供水率和供水到户人口比例均达到 90% 以上。

（二）主要做法

1. 强化组织保证，在落实领导责任上下功夫。区委、区政府高度重视农村饮水安全工程建设，将其作为重要民生工程纳入地方政府目标考核。区政府成立农村饮水安全工程规划和建设领导组，区水务局组建专门班子，配备责任心强、业务能力精干人员专门从事工程建设管理工作。区政府和建设乡镇签订目标责任书，明确职责，落实到人。

2. 夯实群众基础，在营造宣传氛围上下功夫。一是载体宣传。通过报刊、网站、广播等载体，广泛宣传相关政策，公示项目建设有关情况。二是户外宣传。在建设乡镇人员流动多的地方设置户外大型宣传牌，在每处工程点设置工程概况牌，在交通干道、路口悬挂横幅，在城市公交站台张贴宣传标语，营造浓厚舆论氛围。三是流动宣传。将水利民生工程政策、实施办法、相关知识等印制成册，免费发放给受益区群众；将宣传标语印制在水杯、草帽、毛巾、雨伞等日常用品和出租车上，实现随时随地流动宣传。四是“双公开”宣传。在工程建设前和完工后，对工程建设计划和竣工情况进行公示、公开，自觉接受群众监督。

3. 严格质量标准，在规范建设管理上下功夫。先后编制了《宣州区农村饮水安全工程“十二五”规划》《宣州区乡镇区域供水“十二五”规划》等，所有建设项目按照规划组织实施。出台了《宣州区农村饮水安全工程质量监督体系及质量控制办法》，采取事前、事中、事后监督相结合方式严格质量监督管理。始终坚持“项目法人制”“招标投标制”“建设监理制”“合同管理制”“集中采购制”和“竣工验收制”等管理制度。

4. 抓实工程推进，在创新建管体制上下功夫。一是建立项目预申报制。规划内各乡镇在完成本辖区拟申报实施计划前期工作基础上，每年10月向区农饮建管处申报次年项目计划。二是开好工程建设“四会”。开好有计划任务乡镇建设“会商会”、项目建设“调度会”、受益群众“代表会”以及建管处工作“例会”，及时发现和解决问题，保证工程顺利实施。三是建立完善考核机制。出台区农村饮水安全工程建设监理单位、施工单位、运行管理单位考核细则，建立综合考核体系，实行奖优罚劣。四是全程跟踪审计制。工程开工前，审计单位派代表进驻工地现场，参与工程计量，跟踪审计。

5. 强化运行管理，在长效运行机制上下功夫。在抓好工程建设质量和进度的同时，也必须管理好、运行好，才能真正发挥工程效益。我区农村饮水安全工程建后能够按照省、市和区有关农村饮水安全工程运行管理办法的要求，明晰产权，搞活经营权；根据工程的特点确定管理主体、制定管理制度；办理取水许可证、卫生许可证、收费许可证等；加强水源保护和水质检测；建立维护基金，加强管道、设备维护；加强培训，提供优质服务等。

六、存在的问题

一是运行维护管理问题突出。随着供水工程的大规模建设，维修工程量越来越大，特别是单个自然村及几个自然村的农村饮水安全工程，维护人员及经费严重不足，供水不收水费，即使收取部分水费也仅能维持工程的简单运行，根本没有资金进行维修，致使工程不能正常进行。加之工程管道线路长、管理人员少；工程受益区群众节水、管水意识观念弱，管理工作显现诸多困难。

二是“十三五”改造提升任务繁重。近些年来，我市先后改造扩建了57处规模水厂，延伸改造了部分水厂的主管网，但仍有10余座社会投资兴建的水厂，由于制水工艺落后、源水受到污染等原因亟须合并改造。同时，还有相当比例的输配水管网，因管径偏小、运行时间长，管网普遍老化，损坏率高，管网改造任务繁重。此外，“十一五”初期实施的部分单村工程也因受当时的投资限制，建设标准较低，有待进一步改造提升。

七、十三五巩固提升规划情况

我市“十三五”规划按照“先急后缓、先重后轻、突出重点、分步实施”的原则，前两年重点解决建档立卡的109个贫困村和非贫困村贫困人口的饮水安全问题，后三年对已建农村供水工程进行巩固改造提升建设，保障供水安全。到2020年，使我市农村集中供水率达到91%，农村自来水普及率达到88%，水质达标率比2015年有较大提高，供水保障程度进一步提高，全面提高农村饮水安全保障水平。

表4　“十三五”巩固提升规划目标情况

县（市、区）	农村集中供水率（%）	农村自来水普及率（%）	水质达标率（%）	城镇自来水管网覆盖行政村的比例（%）
合计	91	88	83	46
宣州区	95	95	90	95
郎溪县	93	93	93	93
宁国市	84	84	85	26
泾县	90	90	76	31.7
绩溪县	90	80	72	16
旌德县	97	92	80	3
广德县	86	86	85	57.4

规划新建供水工程74处，设计供水规模5350m³/d；水厂管网延伸68处；改造工程124处，新增供水能力23082m³/d。共新增受益人口15.54万人，同时，进行附属设施化验室及信息化建设。规划总投资16236万元，其中，新建工程投资3250万元，管网延伸工程3293万元，改造工程投资6981万元，分散式工程投资49万元，水质净化和管网设施改造、配套消毒设备229万元，农村饮用水水源保护、水质检测与监管能力建设投资2434万元。

表5　“十三五”巩固提升规划新建工程和管网延伸工程情况

县（市、区）	工程规模	新建工程					现有水厂管网延伸			
		工程数量 处	新增供水能力 m³/d	设计供水人口 万人	新增受益人口 万人	工程投资 万元	工程数量 处	新建管网长度 km	新增受益人口 万人	工程投资 万元
合计	合计	74	5350	5.74	2.94	3250	68	947.33	7.49	3293
	规模水厂	0	0	0	0	0	22	627.5	5.35	2647
	小型水厂	74	5350	5.74	2.94	3250	46	319.83	2.14	645

（续表）

县（市、区）	工程规模	新建工程					现有水厂管网延伸			
		工程数量	新增供水能力	设计供水人口	新增受益人口	工程投资	工程数量	新建管网长度	新增受益人口	工程投资
		处	m^3/d	万人	万人	万元	处	km	万人	万元
宣州区	合计	5	460	0.45	0.23	403				
	规模水厂									
	小型水厂	5	460	0.45	0.23	403				
郎溪县	合计						8	355.7	1.11	726
	规模水厂	0					7	342.5	1.02	682
	小型水厂	0					1	13.2	0.09	44
宁国市	合计						5	82	2.21	970
	规模水厂						5	82	2.21	970
	小型水厂									
泾县	合计	30	3000	2.92	0.85	1737	7	85.5	1.83	902
	规模水厂						6	75.8	1.77	855
	小型水厂	30	3000	2.92	0.85	1737	1	9.7	0.06	46
绩溪县	合计	6	96	0.31	0.08	233	3	14.5	0.06	40
	规模水厂	0								
	小型水厂	6	96	0.31	0.08	233	3	14.5	0.06	40
旌德县	合计	27	594	0.7	0.42	196	35	91.63	1.41	303
	规模水厂									
	小型水厂	27	594	0.7	0.42	196	35	91.63	1.41	303
广德县	合计	6	1200	1.36	1.36	680	10	318	0.87	352
	规模水厂						4	127.2	0.35	140
	小型水厂	6	1200	1.36	1.36	680	6	190.8	0.52	211

表6　“十三五”巩固提升规划改造工程情况

县（市、区）	工程规模	改造工程					
		工程数量	新增供水能力	改造供水规模	设计供水人口	新增受益人口	工程投资
		处	m^3/d	m^3/d	万人	万人	万元
合计	合计	124	23082	40836.8	71.6	5.11	6978
	规模水厂	36	20500	34000	64.14	2.32	5164
	小型水厂	88	2582	6836.8	7.45	2.79	1816

（续表）

县（市、区）	工程规模	改造工程					
		工程数量	新增供水能力	改造供水规模	设计供水人口	新增受益人口	工程投资
		处	m^3/d	m^3/d	万人	万人	万元
宣州区	合计	28	200		58.09	1.60	3448
	规模水厂	27	200		57.07	1.58	3398
	小型水厂	1			1.02	0.02	50
郎溪县	合计	3	800	3000	3.21	0	420
	规模水厂	2	0	3000	2.95	0	270
	小型水厂	1	800	0	0.26	0	150
宁国市	合计	13	615	14940	6.32	0.59	928
	规模水厂	3	300	11000	3.63	0.3	307
	小型水厂	10	315	3940	2.69	0.29	621
泾县	合计						
	规模水厂						
	小型水厂						
绩溪县	合计	27	467	981.8	1.38	0.40	407
	规模水厂	0					
	小型水厂	27	467	981.8	1.38	0.40	407
旌德县	合计	27		915	1.1	1.1	52
	规模水厂						
	小型水厂	27		915	1.1	1.1	52
广德县	合计	26	21000	21000	1.5	1.41	1723
	规模水厂	4	20000	20000	0.5	0.44	1189
	小型水厂	22	1000	1000	1.0	0.97	534

八、有关建议

一是建议重视农饮巩固提升工程建设。“十三五”后期，在完成精准扶贫任务后加大省级以上资金比例，专项用于老旧水厂改建、水厂老管网改造，并对“十一五”初期实施的建设标准较低、规模较小的农饮工程进行并网和升级改造，进一步提高供水保证率和水质合格率，彻底解决好农村饮水安全问题。

二是建议在项目计划投资下达时，增加项目建后管护费用，保证工程长期发挥效益。

宣州区农村饮水安全工程建设历程（2005—2015）

（宣州区水务局）

一、基本概况

宣州区地处长江下游右岸支流水阳江、青弋江流域，居安徽省东南部，位于东经118°28′~119°04′，北纬30°34′~31°19′，总面积2621km²。宣州区地处皖南山地丘陵与长江中下游冲积平原结合地带。境内地貌类型多样，有低山、丘陵岗地、平原、圩区、湖泊和河流等。

宣州区总面积2621km²，辖18个乡镇、8个街道办事处，总人口86.77万人（其中农村人口69.76万人），耕地总面积83.06万亩。2014年，全区GDP为206亿元，财政收入32.13亿元，农民人均纯收入12900元，耕地总资源150.63万亩，常用耕地82.71万亩，其中水田73.50万亩，全年粮食播种面积127.4万亩，粮食总产量达到48.8万吨。

宣州区多年平均降雨量为1335.7mm，多年平均蒸发量为834.8mm。全区多年平均地表水资源量为17.62亿m³，相应径流深671.30mm。除境内地表径流外，宣州区还有大量客水入境，分别是水阳江、青弋江干流和南漪湖上游来水。境外来水根据宣城等站的实测径流资料按面积比法估算宣州区多年平均河湖入境水量达67.78亿m³。

宣州区水环境状况总体较好，并在不断改善。但各地区由于社会经济发展水平不同，受到城镇生活污水、工业废水、地面径流和农田中化肥、农药等污染物的影响，不同水体受到了不同程度的污染。根据2015年对全区境内水功能水质达标评价结果看，境内水阳江干流水质总体处于《地表水环境质量标准》Ⅱ~Ⅲ类标准，下游水阳镇管家渡附近断面，由于周围圩区生活、生产废水的影响，水质较差。境内青弋江干流水质较好，现状水质能够达到《地表水环境质量标准》Ⅱ类标准。

二、农村饮水安全工程建设情况

1. 农村饮水安全解决情况

根据“十一五”和“十二五”规划。我区在实施农村饮水安全工程之前，共55.04万农村居民和2.42万农村学校师生存在饮水不安全问题，分布在我区各个乡镇及街道办事处，饮水不安全类型主要为：血吸虫疫区、砷超标、细菌学超标以及水量不足、水源保证率、方便程度不达标等类型。截至2015年底，我区农村总人口69.76万人，饮水安全人口67.87万人，农村自来水供水人口67.87万人，自来水普及率90%以上；我区共204个行政村及社区，通水比例100%。2005—2015年，我区农饮省级投资共计划下达27176万元，计划解决55.04万农村居民和2.42万农村学校师生饮水不安全问题。此期间，我区实际共完成投资28386万元，建成77处饮水安全工程（不含已兼并工程），供水总能力达11.21万m^3/d。

表1　2015年底农村人口供水现状

乡镇数量	行政村数量	总人口	农村供水人口	集中式供水人口	其中：自来水供水人口	分散供水人口	农村自来水普及率
个	个	万人	万人	万人	万人	万人	%
26	204	86.8	69.76	67.87	67.87	1.89	97

表2　农村饮水安全工程实施情况

合计			2005年及“十一五”期间			“十二五”期间		
解决人口		完成投资	解决人口		完成投资	解决人口		完成投资
农村居民	农村学校师生		农村居民	农村学校师生		农村居民	农村学校师生	
万人	万人	万元	万人	万人	万元	万人	万人	万元
55.04	2.42	28386	16.45	0.22	7706	38.59	2.2	20680

2. 农村饮水工程（农村水厂）建设情况

2005年以前，我区共有52座水厂，供水总规模1.79万m^3/d，分布在我区各个乡镇及街道办事处，主要存在供水规模不够、制水能力差、水源保证率不达标、设施管网老化等问题。截至2015年底，我区共建有77座水厂（不含已兼并工程），供水规模11.21万m^3/d，分布在我区各个乡镇及街道办事处。

表3　2015年底农村集中式供水工程现状

工程规模	工程数量	设计供水规模	日实际供水量	受益乡镇数	受益行政村数	受益农村人口	自来水供水人口
	处	m^3/d	m^3/d	个	个	万人	万人
合计	77	112050	61260	26	204	67.87	67.87
规模水厂	30	107700	57900	—	—	63.8	63.8
小型水厂	47	4350	3360	—	—	4.07	4.07

“十一五”规划期间，我区共解决16.45完农村居民和0.22万学校师生饮水不安全问题，完成投资7706万元，其中中央投资3938万元、省级投资1096万元、区级配套660万元、社会投资及群众自筹2011万元。“十二五”规划期间，我区共解决38.59万农村居民和2.2万学校师生饮水不安全问题，完成投资20679万元，其中中央投资11948万元、省

级投资 3983 万元、区级配套 3982 万元、社会投资及群众自筹 766 万元。

三、农村饮水安全工程运行情况

1. 县级农村饮水安全工程专管机构

为了加强对农村饮水安全工程的管理，2011 年元月，区编委批复成立了“宣州区农村饮水安全管理中心”作为农村饮水安全工程的管理机构，加强对农村饮水安全工程建后的管护，单位性质属于全额事业单位，已落实人员数量 4 人，2015 年落实运行经费 30 万元，经费由区财政拨付。

2. 县级农村饮水安全工程维修养护基金

为了管理和使用好运行维护基金，区水务局联合区财政局、民政局于 2012 年 9 月份出台了《宣州区农村饮水安全工程运行维护基金使用管理办法（暂行）》，基金使用严格按该办法执行。区财政每年均按照当年农饮计划投资 1% 配套到位，截至 2015 年底，基金账户余额 201 万元。

3. 县级农村饮水安全工程水质检测中心建设情况

我区严格按照上级文件要求建设水质检测中心。2015 年 4 月，完成《宣城市宣州区农村饮水安全检测中心实施方案》编制报批工作，2015 年 7 月，完成办公、化验场所设施施工招标和仪器设备集中采购工作，并随即开始建设，2015 年 12 月，完成检测中心建设并试运行。由于宣州区不存在放射性指标超标情况，检测指标为其他常规指标和氨氮等 41 项指标。

检测方式分为定期检测和日常巡检。每个月对区域内 20% 的集中式供水工程进行现场水质巡测（包括水源水、出厂水和末梢水），其中设计规模 $200m^3/d$ 以上集中式供水工程不少于 10% 。

4. 农村饮水安全工程水源保护情况

积极配合环保部门划定饮用水水源地保护区范围，规范标识标牌。2014 年环保部门对我区已划定的 22 个集中式饮用水水源地开展饮用水技术论证报告的编制论证并进行评估，根据实际情况进行了调整，并经市政府批复。

区环保部门积极对工业企业采取明察暗访、抽查、突击检查以及专项整治等方法，切实解决可能危及饮用水源安全的突出问题。严格禁止在已批准设立的保护区内新、改、扩建影响饮用水源的建设项目。

5. 供水水质状况

我区水厂净水工艺为“混凝+沉淀+过滤+消毒”，引泉水工程净水工艺为“过滤+消毒”。根据卫生部门检测结果，2015 年底，我区水质达标率为 82% ，部分水源水质不达标指标为感官及一般化学性指标、微生物指标。

6. 农村饮水工程（农村水厂）运行情况

（1）单村小型工程

该类工程投资以国家资金投入、集体和受益群众投资投劳构成，该类工程形成的资产归受益群众集体所有，在区水行政主管部门和乡镇人民政府、街道办事处的指导下，由村民大会、村民代表大会或村委会集体管理，不得转让、抵押、拍卖。

该类工程共建设44处（不含已兼并工程），供水量2250m^3/d。收入来源主要为收取用户水费和村委会补贴，支出主要为人员工资、药剂费、维修费等。水价按1.5元/m^3收取，由于用水户少且分散，供水工程目前收取的水费仅能补助供水成本甚至不够，不足部分由村委会补贴营困难。

（2）规模水厂

该类工程投资以国家、社会资金及群众自筹构成，根据各方投资比例确定股份，由工程所在地乡镇人民政府、街道办事处与社会资金投资者签订经营协议，由投资人进行经营管理。工程所在地乡镇人民政府、街道办事处作为国有资产所有权管理单位参与管理，并对工程经营管理进行监督，定期进行清产核资或财务检查，国有资产不得转让、抵押、拍卖。

该类工程共建设33处（不含已兼并工程），供水量109800m^3/d。根据宣州区价费〔2015〕46号文件，该类工程执行“两部制”水价，“两部制”水价分为容量水价和计量水价，容量水价收费标准为每月每户4元（年用水量12m^3以下每户收取30元），计量水价的平均基价为2元/m^3。该类工程目前收支较正常，收取的水费能够满足水厂运营。

7. 农村饮水工程（农村水厂）监管情况

农村饮水工程由区农村饮水管理中心及所在乡镇办事处监督管理，确保国有资产不流失、工程良性运行。工程管理委员会、用水合作组织、供水单位不仅要接受水利、卫生、物价、审计等部门的监督检查，建立定期和不定期报告制度，还要接受用水户和社会的监督、质询和评议。

8. 运行维护情况

我区始终将项目建设和运行管护放在同等重要位置，确保效益充分发挥。一是出台管理办法，落实优惠政策。区政府出台了《宣州区农村饮水安全工程运行管理办法（试行）》，在工程管理、水源水质管理、供水管理和水价核定、水费征收等方面明确规定。认真执行农村饮水安全工程公益性项目“用地、用电、税收”等方面优惠政策，最大限度减少工程运行管理成本。二是明确管护责任，落实维修养护经费。成立“宣州区农村饮水安全管理中心”，作为区级农村饮水安全工程管理机构。按照农村饮水安全工程投资渠道和工程规模，明晰产权归属，分类确定管理主体和管理方式。同时，为保障工程发挥效益，区财政继续按照农村饮水安全工程总投资1%标准设立运行维护基金，用于补助农村饮水安全工程日常运行维护，补贴五保户、农村低保户等用水户水费和供水管理单位人员培训、考核、奖惩等。

9. 农村饮水协会成立及运行情况

为推进供水企业规范化管理和技术进步，促进供水工程管理单位之间及供水工程管理单位与政府间沟通与交流，2010年8月26日，宣州区农村饮水协会正式成立。协会成立后，每年组织开展饮水企业管理经验和学术交流活动，推广应用现代科学管理和先进技术，组织职工技能培训。协会作为自律性组织，依照法律、法规和章程，建立完善自我保护、自我约束、自我发展的工作制度和运行机制，提高管理水平，加强职业道德、诚信意识和维权意识的培训教育，规范行业自律，提高行业素质。协会进一步提高了我区农村饮水工程经营管理水平。

四、采取的主要做法、经验及典型案例

（一）做法和经验

1. 加强领导。区委、区政府对农村饮水安全项目一直非常重视，2005 年 3 月，区政府就成立了宣州区农村饮水安全工程规划和建设领导组，并于 2007 年 9 月和 2011 年 7 月两次对领导组进行了调整和充实。领导组下设办公室，办公室设在区水务局，负责日常工作。为了层层落实任务，区政府和水务局签订责任书，明确职责。水务局主要负责同志亲自抓，分管负责同志具体抓，配备责任心强、业务能力精的工作人员，专门从事农村饮水安全工程建设工作，将工程建设和建后管护工作进一步落到实处。

2. 广泛宣传。一是利用媒介广泛宣传。通过《宣城日报》，市、区政府、水务及民生网站公示项目计划任务及实施内容，宣传有关政策，报道各地的好做法。二是会议形式加强宣传。项目建设乡镇、行政村召开受益群众代表座谈会、广播会，与群众面对面交流，为群众答疑解惑。三是标牌、标语宣传。在建设乡镇合适的地方设置大的宣传牌，在每处工程点处设置工程概况牌，在交通干道设置巨幅永久宣传碑，在人流较多的地方悬挂横幅、张贴标语宣传等。四是印制画册宣传。将水利民生工程政策、实施办法、相关知识印制成册，发送给群众。五是在雨伞、毛巾、草帽等日常用品上印刷宣传内容，流动宣传。六是实行双公开。

3. 加强“六制”管理。在工程建设中，实行了“项目法人制”“招标投标制”“建设监理制”“集中采购制”“资金报账制”和“竣工验收制”。农村饮水安全工程建设管理处作为项目法人，对工程进行建设管理全面负责。主体工程施工和监理均委托宣州区招投标中心进行公开招标，选择施工技术过硬的专业施工队进行施工，确定有资质的监理单位进行监理。建设费用按合同支出，实行合同管理。对管道、设备等材料实行“集中采购制”，严格把好材料关。在工程建设中分阶段进行单元、分部、单位工程验收，并申请市级竣工验收。

4. 严格资金管理。为切实加强农村饮水安全工程建设资金管理，于 2006 年 10 月成立了资金专户，资金使用严格按照农村饮水安全工程资金管理相关规定执行，设立专户，专款专用，确保建设资金全部用于工程建设当中。同时在 2006 年 11 月建立了财务会计管理制度以及财务人员岗位管理办法，资金使用严格按照国家有关规定和制度执行。我区农村饮水安全工程审计采取全程跟踪审计的方式进行，即在工程开工时审计单位就派代表驻扎工地现场，对完成的工程量随时进行计量，及时整理备案，工程完成后，及时准确对施工单位结算资料进行审计，及时出具审计报告。

5. 广泛筹资建设农村饮水安全工程。一是激发他们参与和投资工程建设的热情，加大配套资金的投入；二是吸纳社会资金兴办农村集中供水工程，对有一定发展潜力的现有水厂，根据乡镇供水规划，按照水厂申报计划条件择优进行改扩建；三是地方配套足额到位，财政加大投入。

6. 创新工作机制。农村饮水安全工程建设中，摸索出一些好方法、好机制，并在工作中不断完善。一是项目预申报制。每年 10 月前，各乡镇在完成本辖区拟申报实施的农村饮水安全项目计划前期工作的基础上，向区农村饮水安全工程建管处申报次年项目计

划。二是开好四会。即群众代表会、建设处每周例会、单个项目调度会和局重点工程调度会，宣传政策、安排工作、解决问题。三是建立受益群众全程参与制。工程建设中积极推行受益群众全程参与模式，实行民主决策、民主管理、民主监督。工程开工前，由受益区群众推荐威信高、有奉献精神、责任心强的村民代表全程参与工程建设和质量监督，并可对施工设计方案建言献策；帮助建管处宣传政策，协调环境，督促施工单位按质按量完工交付使用。

（二）典型工程案例

现以“千吨万人”规模水厂之一的孙埠水厂为典型进行说明。该厂设计供水规模为8000m^3/d，一期规模为5000m^3/d。主体工程坐落在秀美的鸡头山上，占地15余亩，利用地势条件可自流供水到达受益的大部分地区。

该厂通过两年农村饮水安全项目逐步建成和完善。2011年，建成了400m^3/h絮凝反应池、过滤池、1000m^{3}清水池各一座，建设供水泵房、加药间、门卫室、取水井、取水泵房、输电线路及变电工程、厂区道路、管网工程等，水厂基本建成并开始解决农村饮水问题。2012年，建设综合服务中心（含收费厅、水质检验室、财务室等）、备品备件仓库、职工食堂、宿舍以及管网铺设等，完善和提高水厂的服务水平，增加受益面。截至2014年底，工程总投资约2283万元，其中吸纳社会投资约300万元。

工程建设过程中，严格按照规范管理。成立项目法人，通过招投标确定施工队伍和监理单位，集中招标采购物资，实行合同管理，严格履行验收程序。工程建成后，可直接解决孙埠镇集镇区约30000人的居民生活饮用水问题，兼顾企业和第三产业生产生活用水。同时，依托自身的水源条件和制水能力，整合兼并孙埠镇境内的建国水厂和东南供水站，解决了孙埠镇全镇农村居民的饮水问题，并为沈村镇沈村水厂提供应急供水。目前，孙埠水厂运转良好，水费采取两部制水价收取，水费收缴正常，群众对供水情况比较满意。

五、目前存在的主要问题

1. 水源水质部分季节不能满足要求

宣州区供水工程大部分以地表水为主，水源水质受面上污染、上游污染影响严重，特别是沿水阳江中下游取水的供水工程，近年来，随着社会经济的快速发展，面上的农业生产、水产养殖、生活垃圾等污染，加上经济开发区的建设和城市规模的扩张，对水阳江中下游（宣城市区以下）水源水质形成极大的安全隐患，特别是枯水干旱季节，对水源水质影响越来越大。同时，供水工程还没有应急备用水源，一旦水源污染，造成无水可取的局面。另外，由于资金有限，目前宣州区大部分水源工程还存在着安全防护不到位、取水工程简易等问题。

2. 水处理设施未配备到位

根据目前的水源水质，大部分水厂采用常规处理、消毒的处理方式，少数水厂仅采用过滤、消毒的处理方式，随着水源水质的变化，还存在安全隐患，还需对水处理设施进行配备完善。

3. 消毒设备不齐全，机电设备急需更新

目前，宣州区供水工程大部分已配套消毒设备，但由于消毒设备使用寿命不长，且受资金限制，未配套备用设备，无法保证出厂水质的达标要求。另外少数水厂由于管理房面积小，没有设立独立的水质检测室，水厂自检无法开展。

4. 部分管网老化

宣州区农村集中饮水工程建设始于20世纪90年代初，一是依托小城镇建设，由政府财政投入为主建设的为集镇居民供水的集镇小水厂；二是一些相对富裕地区农村因饮水水源污染，通过引进投资商，或由群众筹资、村补助的形式兴建小型农村自来水厂。受当时的经济条件限制，供水管网大多采用普通塑料管，这些管道均已使用近二十年，管网普遍老化，管网漏损率较大，经常发生渗漏、爆管等现象，影响居民用水，群众反响极大。

5. 支管道及入户水表安装不到位

由于资金有限，宣州区农村饮水安全工程在实施时，大部分地区管网水表未安装，无法确定管段的用水量，不符合规范要求。

另外大部分集镇街道地区和九十年代安装的水表，由于入户时间早，所用水表比较陈旧落后，对群众用水量不能准确计量，亟须更新换代。

6. 运行维护问题

随着供水工程的大规模建设，维修工程量越来越大，特别是单个自然村及几个自然村的农村饮水安全工程，维护人员及经费严重不足，供水不收水费，即使收取部分水费也仅能维持工程的简单运行，根本没有资金进行维修，致使工程不能正常进行。

六、“十三五”巩固提升规划情况及长效运行工作思路

（一）规划目标

1. 总目标

到2020年，全面提高农村饮水安全保障水平。落实省委、省政府2011年1号文件提出的“到2020年，全面解决农村饮水安全问题，实现建档立卡的贫困村自来水‘村村通’”；同时，对已建农村供水工程进行巩固改造提升建设，保障供水安全。

2. 具体目标

工程建设：采取新建、扩建、配套、改造、联网等措施，到2020年，使我区农村集中供水率达到95%以上，农村自来水普及率达到95%以上，水质达标率比2015年有较大提高，供水保障程度进一步提高。

管理方面：推进工程管理体制和运行机制改革，建立健区级农村供水管理机构、农村供水专业化服务体系、合理的水价及收费机制、工程运行管护经费保障机制和水质检测监测体系、水厂信息化管理，依法划定水源保护区或保护范围，加大对水厂运行管理关键岗位人员的业务能力培训。

（二）主要建设内容

规划新建供水工程5处，设计供水规模460m^3/d；改造工程28处，新增供水能力200m^3/d，新增受益人口1.61万人（其中贫困人口6541人）；同时，进行附属设施化验室及信息化建设。

工程总投资4523万元（其中扶贫投资1185万元），其中，新建工程投资404万元，改造工程投资3449万元，农村饮用水水源保护、水质检测与监管能力建设投资670万元。

（三）运行管理措施

根据出台的《安徽省农村饮水安全工程运行管理办法》，对于已成立的农村饮水安全工程管理中心，要加强负责本地农村饮水安全工程新建、改造项目的建设管理和建成工程运行管理的监督指导；推进水厂标准化、规范化建设，负责水厂运行管理人员培训，确保工程良性运行；代表国家对农村饮水安全工程的国有资产行使监督和管理权，保证国有资产的安全和保值。协助相关职能部门共同做好对运行管理单位的服务和监管。本次涉及的水厂主要属于有社会资金投入的供水工程，由社会资金投资人确定管理方式，但应接受政府和行业主管部门的监督。

表4　“十三五”巩固提升规划目标情况

农村集中供水率（%）	农村自来水普及率（%）	水质达标率（%）	城镇自来水管网覆盖行政村的比例（%）
95	95	90	95

表5　“十三五”巩固提升规划新建工程和管网延伸工程情况

工程规模	新建工程					现有水厂管网延伸			
	工程数量	新增供水能力	设计供水人口	新增受益人口	工程投资	工程数量	新建管网长度	新增受益人口	工程投资
	处	m^3/d	万人	万人	万元	处	km	万人	万元
合计	5	460	0.45	0.23	403				
规模水厂									
小型水厂	5	460	0.45	0.23	403				

表6　“十三五”巩固提升规划改造工程情况

工程规模	改造工程					
	工程数量	新增供水能力	改造供水规模	设计供水人口	新增受益人口	工程投资
	处	m^3/d	m^3/d	万人	万人	万元
合计	28	200		58.09	1.60	3449
规模水厂	27	200		57.07	1.58	3398
小型水厂	1			1.02	0.02	51

（四）长效运行工作思路

一是建议项目投资构成增加中央专项和省级配套比重，减少地方配套；

二是建议中央和省每年将项目建后管护费用纳入预算，保证工程长期发挥效益。

宁国市农村饮水安全工程建设历程（2005—2015）

（宁国市水务局）

一、基本概况

宁国市位于安徽省东南部，东依天目山，西靠黄山山脉，素有“安徽东南门户”之称。地跨北纬30°16′~30°47′，东经118°36′~119°24′。宁国市下辖13个乡镇，6个街道办事处。共计103个行政村，25个居委会。截至2015年底，全市总人口数为38.7万人，其中农村人口数为31.419万人。

宁国市土地总面积2487km^2，全市大小河流共有465条，河道总长度1734.6km。全市10km以上河流34条，其中东津河、中津河、西津河和水阳江上游河段是境内的主要河流，分属4个水系。宁国市多年平均水资源总量为21.72亿m^3，其中地表水资源量18.03亿m^3、地下水资源量3.69亿m^3，人均占有水资源量为5628m^3，耕地亩均占有水资源量为10270m^3，总体水资源条件较为优越。

2015年实现生产总值（GDP）77.7亿元，按可比价格计算，比上年增长9.0%。分产业看，第一产业实现增加值17.0亿元，增长4.5%；第二产业实现增加值34.6亿元，增长11.2%；第三产业实现增加值26.1亿元，增长8.6%。按户籍人口计算，人均生产总值21890元。全年实现财政总收入（不含基金）14.5亿元，城乡居民人均可支配收入14569元，农村居民人均可支配收入10082元。

二、农村饮水安全工程建设情况

1. 农村人口饮水安全解决情况

实施农村饮水安全工程前，我市原存在的饮水不安全类型主要是微生物细菌含量超标、浑浊度、水量不足等类型。人口主要集中分布在农村各乡镇街道。2005—2015年，农饮省级投资计划累计下达投资额及计划解决人口数，累计完成投资情况、建成农村水厂数等详见表1。

表1　2015年底农村人口供水现状

乡镇数量	行政村数量	总人口	农村供水人口	集中式供水人口	其中：自来水供水人口	分散供水人口	农村自来水普及率
个	个	万人	万人	万人	万人	万人	%
19	103	38.7	31.42	23.83	23.79	7.59	76

表2　农村饮水安全工程实施情况

合计			2005年及“十一五”期间			“十二五”期间		
解决人口		完成投资	解决人口		完成投资	解决人口		完成投资
农村居民	农村学校师生		农村居民	农村学校师生		农村居民	农村学校师生	
万人	万人	万元	万人	万人	万元	万人	万人	万元
23.83	0.41	12958	11.93	0	6141	11.9	0.41	6817

2. 农村饮水工程（农村水厂）建设情况

2005年以前，我市尚未建设农村水厂。截至2015年底，我市现有农村水厂个数、规模、分布等情况，其中规模水厂个数、规模、分布等情况详见表3。农饮工程建设中，2005—2015年，各大水厂建设均都包含社会资本融资，其中国家项目资金占40%～60%，其余为社会资本融资。

表3　2015年底农村集中式供水工程现状

工程规模	工程数量	设计供水规模	日实际供水量	受益乡镇数	受益行政村数	受益农村人口	自来水供水人口
	处	m^3/d	m^3/d	个	个	万人	万人
合计	148	115009	39203	21	143	23.83	23.79
规模水厂	11	97000	21550	13	47	9.43	9.43
小型水厂	137	18009	17653	18	96	14.4	14.36

3. 农村饮水安全工程建设思路及主要历程

我市在解决农村饮水安全问题“十一五”阶段，共完成工程总投资6141万元，其中中央投资3680万元、地方和群众投资2461万元，共建成单村点集中供水工程121处，解决农村饮水不安全人口11.93万人，其中农村学校师生人口0.19万人，没有建设规模化水厂。我市“十二五”期间，共完成工程投资6633万元，其中中央投资3628万元、地方和群众投资3005万元（省级投资1210万元、县级配套投资1210万元、社会融资585万元）共建成集中供水工程处数64处，解决农村饮水不安全人口11.9万人，其中农村学校师生人口0.41万人。分散式供水工程94处，解决人口0.15万人。解决缺水及取水不便人口3.7万人，其他水质超标人口8.2万人（主要为取水细菌总数超标人群）。

十二五期间，我市共建成千吨万人规模水厂7处，新增供水能力2.1万m^3/d。分别为中溪水厂、宁墩水厂、仙霞水厂、梅林水厂、霞西水厂、甲路水厂、南极水厂。

三、农村饮水安全工程运行情况

1. 我市于2012年12月市机构编制委员会以宁编〔2012〕43号文《关于同意设立市农村饮水安全管理中心的批复》，核定全额拨款事业编制5名，归属事业单位管理。

2. 2012年11月16日市政府以宁政办〔2012〕127号文《关于印发宁国市农村饮水安全工程维修基金管理办法的通知》，制定了我市农村饮水安全工程维修基金管理办法，我市每年预算内安全农村饮水管护维修基金100万元。每年资金到位准时足额到位；按我市维修基金管理办法分配。

3. 我市水质检测中心是2015年2月以宁政秘〔2015〕17号《宁国市关于农村饮水安全工程水质检测中心建设的意见》上报，宣城发改委以发改审批〔2015〕197号文，《关于宁国市农村饮水安全工程水质检测中心实施方案的批复》批准建设。2015年9月4日在宁国市招标采购平台发布了仪器设备采购公告，10月21日发布中标公告，中标单位为安徽楚丰设备食品有限公司。2016年元月基本建设完成，2016年7月进入试运行，8月18日组织了仪器设备验收，现在运行正常。

4. 我市农村饮水安全工程水源保护情况良好。对千人以上工程全部划定供水水源地保护范围；水源管理措施、监督执法等权属由市环保局执行。

5. 我市地表水水质总体状况良好，规模水厂全部采用“三池过滤法”净水工艺进行生产，全市有4台一体化净水设备，其余工程点采用初级过滤加简易消毒处理，供水水质情况良好，水源水全部达标，规模水厂出厂和水全部达标，末梢水达标率在85%以上，单村供水点有细菌数超标现象，我们正在加强单村点消毒器具的管理和使用状况调查。

6. 我市农村饮水工程（农村水厂）运行情况

规模水厂：我市规模水厂均为合作建设模式，除国家补助资金外，由合作方进行投资、运行、管理，国家补助部分，进行资产核定，保证国有资产不流失，不参与水厂盈亏分配。目前规模水厂日实际供水量均为设计规模的50%，供水价格为1.20～1.80元/m^3。水费收取率较高，没有执行“两部制”水价。

小型水厂：运行管护主体为行政村，资产也划归行政村管理。主要经营模式为承包经营、理事会经营和村委会代管。承包经营和理事会经营的，水费收缴到位率高，村委会代管的现在基本没有收取水费。没有实施“两部制”水价。

四、采取的主要做法、经验及典型案例

（一）做法和经验

1. 成立了“宁国市农村饮水安全管理中心”，负责全市农村饮水安全工程的运行管

理、水源水质安全管理、供水用水管理等工作。同时，出台了《宁国市农村饮水安全工程管理办法》《宁国市农村饮水安全工程维修基金管理办法》。

2. 集镇水厂按照市场化运作、企业化运行、规范化管理，从源头到龙头实行工程建设与经营管理一体化的管理模式。

（二）典型工程案例

宁国市南阳村安全饮水协会创新管理改革，探索长效管理机制。

南阳村位于宁墩镇东部，距宁国市区42km，辖20个村民组，624户，2092人，耕地卖家1400亩，山场面积34500亩，具有典型的“山多地少，居住分散”山区特征。为解决山区群众用水困难，宁国市水务局结合农村饮水安全工程，投资150余万元，修建高位水池三处，铺设管道200余km，对区域内的人口实行全覆盖，取得了非常好的社会效益。在工程竣工交付使用后，由于缺乏有效的管理，用水争端不断。为更好的用好水、管好水，在自愿和民主的前提下，南阳村及时组建了农村用水协会，通过会员代表大会选举产生协会理事长、理事、秘书长，出台了《南阳村用水协会章程》，依据章程制定了《南阳村安全用水管理办法》，明确规定会员代表、主席的职责和义务及水费收取标准，水费按农户0.8元/m^3、企业1.5元/m^3，对新增户按80元/人收取初装费。落实了具体管理员，解决了“政府管不了、管不好，农民又不愿管”的事，弥补了农村水利管理上的“缺位”。

如今，南阳村用水协会运转良好，广大协会会员对安全用水也逐步认知南阳村用水协会这一新型的合作组织已开始发挥积极的效能。

五、目前存在的主要问题

1. 工程设施方面

随着农村安全饮水工程的不断深入，有些饮水安全工程的不足也逐渐显现出来，前期实施的饮水安全工程，由于资金和建设需求等问题，大部分均为分散式单村点工程，随着农民生活水平的不断提高，用水需求逐步加大，很多工程管径偏小，供水量不足的矛盾不断加剧。

2. 水质保障方面

前期工程，特别是十一五期间建成的项目，由于当时对净水设备重视不够，特别是我市地处山区，认为山泉水水质未受到污染，消毒设施基本不用，单村点集中供水工程只是进行了简单的过滤处理，只要是下大雨，供水水质的浑浊度就较高，也影响了农村居民的用水积极性，导致原有单村点工程水质基本不达标，存在供水不安全问题。

3. 工程管理方面

工程管道线路长、管理人员少；工程受益区群众节水、管水意识观念弱，管理工作显现诸多困难；自来水收费标准远低于工程运行成本水价，收缴难度大，专业人员少；饮水水质安全监测难以开展，大量拓宽农村道路，对管道破坏严重，沿河道埋设的输水管道，常年受洪水冲刷，致使部分管道裸露，影响工程使用寿命。

六、“十三五”巩固提升规划情况及长效运行工作思路

1. 我市农饮巩固提升“十三五”规划情况

（1）建设方面

采取扩建、配套、改造、联网等措施，使全市农村集中水率达到84%，自来水普及率达到84%以上，水质达标率85%，小型工程供水保证率达到90%，其他工程的供水保证率达到95%，城镇自来水管网覆盖行政村比例达26%。

（2）管理方面

全面推进工程管理体制和运行机制改革，建立健全农村供水专业化服务体系、合理水价形成机制、信息化管理、工程运行管护经费保障机制和水质检测、监测体系，依法划定水源保护区或保护范围，实行水厂运行管理关键岗位人员持证上岗制度。

（3）主要建设内容

① 东片供水区：由云梯乡、仙霞镇、中溪镇、万家乡、南极乡、宁墩镇、梅林镇、霞西镇，8个乡镇组成，同属于东津河流域，各个乡镇在“十二五”期间都建有规模化水厂或小型集中供水工程，且从南向北，各乡镇及各水厂地势逐步降低，在“十三五”期间，逐步将各水厂自上而下，依次串联，宁墩和中溪，梅林和霞西之间有条件可以并联运行，形成一个较大的供水体系统，能独立供水，也能联网联供，从而达到提高覆盖范围，提高供水保证率，且大部分地区实施自流供水，节约能源，降低供水成本。在条件成熟时，向宁国市河沥工业园区供水，与中央供水区有机结合。

② 西片供水区：由胡乐镇、甲路镇、方塘乡、青龙乡4个乡镇组成，由于该地区由于受到自然地理条件和港口湾水库的双重制约，各乡镇只能单独供水，各乡镇在小范围内以大的集中供水工程或小型自来水厂为龙头，独立组成供水区域，因地制宜地开展供水活动。

③ 中心供水区：由西津、竹峰、南山、河办、汪溪办事处、港口镇和天湖共7个办事处组成，主要依托宁国市自来水厂，汪溪众益自来水厂，港口自来水厂，通过管网改造，管网延伸等工程措施，将各水厂的成品水，输送到农村居民家中，实现城里水下乡的目标，天湖办事处地处宣城市开发区边缘，由宣城大豪水厂供水，通过管网，将成品水送到农村，形式与中心供水区一致，也将其并入中心供水区。

（4）运行管理措施

① 研究提出新的管理体制。针对当前宁国市农村饮水安全管理中存在的突出问题和薄弱环节，提出农村饮水巩固提升规划对策措施；针对制约农村供水发展的体制机制障碍，提出促进农村供水发展的体制机制框架。

② 强化保障机制建立。根据农村饮水安全巩固提升工程“十三五”规划的总体目标和任务，从加强组织领导、完善工作制度、加大资金投入、强化监督管理、加强技术推广及做好宣传培训等方面制定规划实施的保障措施。

表4 “十三五”巩固提升规划目标情况

农村集中供水率（%）	农村自来水普及率（%）	水质达标率（%）	城镇自来水管网覆盖行政村的比例（%）
84	84	85	26

表 5 “十三五”巩固提升规划新建工程和管网延伸工程情况

工程规模	新建工程					现有水厂管网延伸			
	工程数量	新增供水能力	设计供水人口	新增受益人口	工程投资	工程数量	新建管网长度	新增受益人口	工程投资
	处	m^3/d	万人	万人	万元	处	km	万人	万元
合计						5	82	2.21	970
规模水厂						5	82	2.21	970
小型水厂									

表 6 “十三五”巩固提升规划改造工程情况

工程规模	改造工程					
	工程数量	新增供水能力	改造供水规模	设计供水人口	新增受益人口	工程投资
	处	m^3/d	m^3/d	万人	万人	万元
合计	13	615	14940	6.32	0.59	928
规模水厂	3	300	11000	3.63	0.3	307
小型水厂	10	315	3940	2.69	0.29	621

2. 我市“十三五”之后农饮工程长效运行工作思路

（1）管理体制的改革

针对目前的现实情况，下一步宁国市将以产权制度改革为核心，加大政府支持力度的同时，充分发挥市场机制的作用，进一步推进农村饮水安全工程管理体制改革。

①对于单村供水工程，产权归受益群众集体（指村集体或组建的用水合作组织）所有，通过确权发证，落实工程管护责任。

②对于社会资金投资为主的供水工程，按照“谁投资，谁所有”的原则，明晰工程产权，根据各方投资比例确定股份，组建具有独立法人资格的股份制公司负责工程管理。水行政主管部门和用水户代表作为董事参与供水工程管理。国有资产部分不得随意转让、抵押、拍卖，并按规定提取折旧费。政府有关部门对其服务质量、水质卫生安全等进行监督。

③对于分散供水工程，产权归受益农户所有，通过确权发证，实行用水户自有、自管、自用。

（2）管理机构的建立

运行管理机构是农村饮水工程长期、安全、有效运行的基本保障。为了加强农村饮水安全工程运行管理，我市成立了宁国市农村饮水安全管理中心，管理中心设立在市水务局，负责全市农村饮水安全工程运行管理的监督指导；推进水厂标准化、规范化建设，负责水厂运行管理人员培训，确保工程良性运行；代表国家对农村饮水安全工程的国有资产行使监督和管理权，保证国有资产的安全和保值。协助相关职能部门共同做好对运行管理单位的服务和监管。

（3）工程运行机制

①合理确定水价，强化水费计收和管理；

②建立高效的管理制度；

③建立有效的约束监督制度；

④加强用水管理，实行节约用水。

（4）工作建议

一要建立农村供水工程巩固提升专项资金体制。农村供水工程是公益性基础设施，完全用市场的方式来解决今后农村供水工程改扩建资金是不现实的，应建立以财政资金为主、社会资金为辅的农村供水工程改扩建专项资金体制。

二要对农村供水工程维修养护经费予以补助。目前，宁国市农村供水工程维修养护经费来源仍以财政为主，资金缺口较大。因此，可参照工程建设投资补助方式，中央、省级以及市级财政均予以补助，确保供水工程正常运行。

三要出台切实落实农村供水专管机构的指导意见。宁国市成立的农村供水工程管理机构人员和经费不足，市市级政府宜出台落实成立农村供水专管机构的指导意见，切实加强行业管理工作。

四要加大对基层农村供水单位管理人员能力培训。目前农村供水工程中只有少量水厂由专业供水单位运行，多数水厂属于私人投资或政府投资建设，管护人员专业水平低、技术力量薄弱，很难正确使用现有净水、消毒以及水质检测等设备，因此需要制定专业技术培训计划。

郎溪县农村饮水安全工程建设历程

（2005—2015）

（郎溪县水务局）

一、基本概况

郎溪县地处安徽省东南边陲，位于北纬 30°48′45″ ~ 31°18′27″，东经 118°58′48″ ~ 119°22′12″，县域总面积 1104.8km^2。

郎溪县位于沿江平原与皖南山区的结合部，地貌比较复杂，整体地势东南高西北低，平均地面坡度为 1/1000，东部最高峰老树尖，海拔 501.7m，东部的伍牙山、亭子山均在 450m 左右，西部沿湖圩区和北部胥河沿岸分别只有 10m 和 6m。地貌组成，按地形分为：低山区、丘陵区和圩区。

郎溪县境绝大部分属长江流域水阳江水系，只有北部的梅渚镇和凌笪乡部分地区（约 94km^2）属太湖水系。境内主要河流有老郎川河、新郎川河（均发源于广德县）。另外，还有发源于县境的钟桥河（老郎川河支流）、袁村河、大沙河、飞里河、碧溪河。属太湖流域的河流有胥溪河和梅渚河。主要湖泊有宣州、郎溪两县共管的南漪湖，在郎溪县境内约 70km^2，另有荡南湖、永宁湖等。

本县多年平均降雨量为 1251.8mm，最大年降水量 1853.7mm（1954 年）；最小年降水量 716.2mm（1978 年），降水的年际变化较大。一年内降雨量多集中在 6 ~ 7 月的梅雨季节；接后则受副高控制，高温少雨；8 ~ 9 月常有台风过境。境内洪、涝、旱灾害频繁。全县多年平均地表谁径流量 5.4 亿 m^3，人均水资源总量为 1606.7m^3。郎溪县入境水量 11.9 亿 m^3，但利用率极其低下。

2015 年末，全县户籍总人口约 34.42 万人，其中农业人口 28.6 万人、占总人口 83.09%，非农业人口 5.82 万人、占总人口 16.91%。现辖 7 个镇、2 个乡及 1 个县经济开发区，共计 92 个行政、16 个社区，县政府驻建平镇。2015 年全县实现生产总值（GDP）84.7 亿元，按可比价格计算，比上年增长 17%，其中，第一产业增加值 12.7 亿元，增长 5.8%；第二产业增加值 53.6 亿元，增长 21.9%；第三产业增加值 17.7 亿元，增长 11.4%；三次产业比为 15∶64.1∶20.9。按户籍人口计算，人均 GDP 达 24608 元，按可比价计算比上年增长 16.4%。

二、农村饮水安全工程建设情况

1. 农村饮水现状

从2001年大规模实施解决农村人口饮水困难工程以来，我县在建平、十字、涛城、梅渚、新发、飞鲤、毕桥、凌笪、姚村等9个乡镇，31个行政村，81个居民点共修建了农村饮水安全专用塘工程42处，引自来水工程19处，小型自来水工程14处，引山泉水工程4处，引水库水2处。共投资338.76万元，其中中央财政及省级补助190万元县、地方配套19.29万元、受益群众自筹129.47万元，实际解决饮水困难人数15057人，目前工程已全部发挥效益。

郎溪县基准年2015年总人口为34.42万人，农村人口28.60万人，其中采用集中式供水人口25.76万人，集中式供水中供水到户人口25.76万人；分散式供水人口2.84万人，分散式供水主要采用打井或直接从河、坝、沟塘等无设施取水。

2. 农村供水工程现状

为解决农村人口饮水不安全问题，我县农村饮水安全工程是从2005年开始实施的，全县共投入农村饮水安全工程资金10853万元（其中政府资金8603万元、社会资金450万元、群众自筹资金1800万元），建成农村饮水工程65处（其中规模水厂4处、管网延伸61处），铺设主支管道1015km，解决了17.04万农村居民和1.52万学校师生的饮水安全问题。目前，我县集中式供水企业9处、转供水企业4处、单村供水4处。特别是建设了新发镇、凌笪乡、凌笪乡岗南、姚村乡4个“千吨万人”和飞毕万吨供水规模的集中供水工程，为我县民生工程建设和经济社会发展提供了有力保障。

表1　2015年底农村人口供水现状

乡镇数量	行政村数量	总人口	农村供水人口	集中式供水人口	其中：自来水供水人口	分散供水人口	农村自来水普及率
个	个	万人	万人	万人	万人	万人	%
9	92	34.42	28.6	25.76	25.76	2.84	90

表2　农村饮水安全工程实施情况

合计			2005年及“十一五”期间			“十二五”期间		
解决人口		完成投资	解决人口		完成投资	解决人口		完成投资
农村居民	农村学校师生		农村居民	农村学校师生		农村居民	农村学校师生	
万人	万人	万元	万人	万人	万元	万人	万人	万元
17.04	1.52	10853	6.68	0	3645	10.36	1.52	7208

表3　2015年底农村集中式供水工程现状

工程规模	工程数量	设计供水规模	日实际供水量	受益乡镇数	受益行政村数	受益农村人口	自来水供水人口
	处	m^3/d	m^3/d	个	个	万人	万人
合计	19	53350	25295	9	92	25.76	25.76
规模水厂	15	50900	23000	—	—	22.54	22.54
小型水厂	4	2450	2295	—	—	3.22	3.22

三、农村饮水安全工程运行情况

1. 县级农村饮水安全工程专管机构

《郎溪县农村饮水安全工程运行管理办法》已经县政府第37次常务会议研究通过，2011年9月21日以郎政办〔2011〕73号进行下发，并成立郎溪县农村饮水安全管理中心，核定财政全额拨款事业编制4名，其中设主任1名，按副科级高配。办公场所在郎溪县水务局，运行经费全部是财政拨付，县农村饮水安全管理中心主要职责是负责全县农村饮水安全工程运行管理、水源水质安全管理、供水用水管理等相关工作。

2. 县级农村饮水安全工程维修养护基金

2011年我县按照《郎溪县农村饮水安全工程运行管理办法》建立了县农村饮水安全工程20万元维护养护基金，2012年安排了36万元维护养护基金，2013年安排了40万元维护养护基金，2014年安排了40万元维护养护基金，2015年安排了46万元维护养护基金；主要用于补助供水水价低于成本和实际用水量达不到设计标准的供水工程的运行、维修和养护；用于农村饮水安全工程管理人员培训、考核、奖惩和新技术推广等。同时我局将对维护养护基金设立专户存储，专款专用，并接受有关部门监督。

3. 县级水质检测中心

我县水质检测中心主要依托县疾控防预中心资源建设，根据《郎溪县水质检测中心实施方案》要求，县农饮管理中心每年年初制定全年水质检测计划，交由县疾病预防控制中心按计划执行，并保证完成任务。县水质检测中心投入使用后，承担我县农村饮水安全工程的水源水、出厂水和末梢水水质常规巡测和应急监测，具备41项以上常规水质指标检测能力，能满足我县农村饮水安全工程的日常检测需求。我县疾控中心监测部门定期对水源水进行检测，对出厂水及末梢水进行不定期抽检。其中检测结果：水质毒理指标，符合要求；感观性和一般化化学指标，部分地区色度、浊度指标有超标；细菌学指标，部分地区细菌总数和总大肠菌数量超标。

4. 水源地保护措施及供水单位应急预案制定情况

水质是决定饮水安全的核心，农村存在的饮水不安全问题，有相当一部分是由于水源污染造成的。因此，我们坚持以人为本，科学发展，提高水质，保证健康。在扎实推进农村饮水安全工程建设的同时，我县结合建设社会主义新农村的要求，采取农村供水、环境卫生和健康教育“三位一体”，水质处理与水源保护相结合等综合措施，确保农村饮水安全。一是积极与卫生、环保部门配合，依法划定生活饮用水水源保护区和饮水工程管护范围，制定保护办法。二是加强对水源、水质及使用范围的监督和保护，确保供水安全。对农村供水水源区，根据水源类型严格划定保护范围，并设立防护标志。定期清除保护区内的点源污染，避免农药、化肥等面源污染。各乡镇水厂制定了应急预案，同时报县水务局农村饮水安全管理中心审批，并且县各乡镇自来水厂划定了水源地保护范围，设立水源保护告示牌。

5. 水质状况

由于我县水源大部分依托水库进行取水，主要净水工艺一般情况下经取水泵房取水到水厂加混凝剂、反应、沉淀、过滤、然后消毒到清水池，再送到用户，水源水、出厂水和末梢水水质达标率为80%。

6. 农村饮水工程运行情况

郎溪县各项目工程均设立了民生工程永久性标识牌，注明项目名称、建设单位、主管单位、建设规模、投入资金、建设年度等内容，运行管护及水费收缴工作开展的不平衡，具体情况如下。

供水工程归企业所有17处，村集体所有1处，其他1处，供水规模在$20m^3/d$以上处全部落实了管理单位，其中区域性专业化供水企业20处，水费为2.0元/m^3左右，维修管护及时，水质水量均达标，管理规范，受益群众较满意。

7. 水价形成机制和收费情况

郎溪县农村供水工程供水水价是按照“补偿成本、保本微利、节约用水、公平负担”的原则，实行政府定价。目前，郎溪县农村经济水平低，核定农村供水工程水价时，仅收取补偿工程运行成本的运行水价，均没有计提折旧、大修费用等，按计量收费。郎溪县小型供水工程众多，农村居住点分散，制水成本高，再加上农民外出务工多，整体用水量小，不少农户仅在喝水、做饭时才用自来水，水费收取整体偏少。

8. 运行维护情况

目前，我县农村饮水安全工程工程运行状况良好，各水厂也建立了专人的运行维修队伍，重大运行维修由县农村饮水安全管理中心进行全面技术、人员和财力支持，特别在汛期建立依托县自来水总公司为抢修队伍，各水厂用电、用地、税收等相关优惠政策已经进行了落实。

四、采取的主要做法、经验及典型案例

1. 农村饮水历程和取得的成效

我县农村饮水安全工程是从2005年开始实施的，全县共投入农村饮水安全工程资金10853万元（其中政府资金8603万元、社会资金450万元、群众自筹资金1800万元），建成农村饮水工程65处（其中规模水厂4处、管网延伸61处），铺设主支管道1015km，解决了17.04万农村居民和1.52万学校师生的饮水安全问题。目前，我县集中式供水企业9处，转供水企业4处，单村供水4处。特别是建设了新发镇、凌笪乡、凌笪乡岗南、姚村乡4个“千吨万人”和飞华万吨供水规模的集中供水工程，为我县民生工程建设和经济社会发展提供了有力保障。

2. 经验和做法

（1）建设管理情况

县政府于2007年成立了以分管县长为组长，发改、财政、卫生、监察、审计、水务和扶贫等部门为成员的领导组，明确各成员单位职责，及时与各乡镇签订目标责任书，不仅将其纳入民生工程考核和政府年度目标考核，而且纳入省、市年度水利改革发展考核。

“十二五”期间我局按照城乡一体化要求进行了“十二五”规划修编，指导各乡镇在农村饮水安全工程规划范围内广泛开展征求村民意向、选择水源点、商定工程建设形式等前期准备工作。年初，根据农村饮水安全规划年度人数对各乡镇提出建议计划，开展实施方案编制工作，审查通过后报送县发改委进行批复。

在项目实施过程中采取多种形式宣传，一是项目公示制。在当地报纸媒体上进行公示，接受社会监督。二是进行“双公开”。工程开工前在主体工程所在地公示投资计划及财政补助、受益农户承担费用、工程建设概况等内容，工程完工后在受益村公开工程资金投入、解决人口、运行管理等内容。三是通过各种媒体、网站宣传。树立农村饮水安全宣传标牌、张贴悬挂宣传标语、统一定制农村饮水安全工程主管道标志桩及水表箱盖。

我县农村饮水安全工程严格按照国家规定的有关要求，落实项目的“八制管理”，即项目法人制、招投标制、建设监理制、合同管理制、集中采购制、受益群众代表全程参与制、管材检测制和竣工验收制。

为确保项目资金专项使用，建立农村饮水安全项目资金专户，将各级财政资金纳入专户管理，资金使用严格按照国家有关规定和制度执行，实行报账制，由财政部门审核把关，确保了资金使用安全规范。

（2）运行管理情况

一是落实工程管理。县政府以郎政办〔2011〕73号出台了《郎溪县农村饮水安全工程运行管理办法》，并成立了农村饮水安全管理中心，将管理人员纳入事业编制，管理人员经费纳入县财政预算。同时各乡镇水厂联合成立了郎溪县乡镇自来水行业协会，健全了管理制度，加强了行业自律和行业交流。同时，水务部门联合财政部门及时出台资金使用管理办法，实行专款专用，确保有人管、有钱管、管细、管实、管好。

二是建立水源保护。为确保已建工程的供水安全，建立水源保护区制度，对农村饮水安全工程在饮水水源地显要的地方设立“水源保护区”标志牌，划定水源保护范围，实施水源涵养林保护，严禁在保护区从事可能造成水源污染的一切建设行为和人为活动等。

三是强化水质检测。指导供水单位建立水源水、出厂水、管网末梢水水质定期检测制度，除定期送检和规模水厂自检外，同时我局还委托卫生部门分别在丰水期和枯水期对各供水单位水质进行抽检，以保证水质达标。

四是加强水价监管。我县严格按照县物价部门核定农村饮水供水价格在2元/m^3左右，但是各乡镇和各水厂执行尺度不一致。

五是加强培训交流。采取多种办法措施和多种形式开展技术培训，组织水厂管理人员和技术人员参加各类培训。“十二五”期间共培训52人次。

3. 典型案例

郎溪县水务局把农村饮水安全工程作为“为民办实事”的重中之重，并确定为我局水利民生工作之一。而且，把农村饮水安全工作作为解决农民最关心、最现实、最直接的利益问题来抓。把工程实施的决策责任、领导责任、组织责任和保障责任定到人头，落到实处。县农村饮水安全工程办公室人员加班加点，施工队伍战高温、冒酷暑、抢进度，全力以赴，极大地促进了农村饮水安全工程的快速实施。“城乡一体化联网供水”科学布局模式。

郎溪县水务局在饮水安全调查摸底的基础上，按照“统筹考虑、先急后缓、先重后轻、分步实施”的原则，综合考虑水源、水质和水量的基本情况，科学规划、合理布局、重点建设，对工程建设方案坚持多方案比较，并坚持“城乡一体化联网供水”。

在“集中供水”与“单村供水”中优选，在总造价不加大的前提下，能跨村集中解决的不搞单村供水工程，利用现有乡镇水厂进行管网延伸，同时加大主管网联网，在梅渚镇施工时利用主管网对该镇 2 座小（1）水库梅丰水库和梅红水库进行联网供水，在建平镇原南丰乡 7 座小水塔进行关闭，对 1 座小水厂进行兼并重组，通过水厂改造和管网并网纳入该镇水厂管理。在涛城镇黄墅村采取对 1 座小水塔进行兼并，采取管网延伸并入涛城镇自来水厂，在飞鲤镇幸福乡农村饮水安全工程上采取延伸县自来水总公司主管网，同时铺设一道支管与飞鲤镇集镇水厂接网，做好应急供水准备，建立了应急体系。

五、当前农村饮水存在的主要问题

1. 工程设施方面

“十一五”之前国家实施工程，因投资标准限制，造成建设标准较低，水质水量得不到保证，管道经常被迁移和破坏。由于管网铺设没有经规划，也没有现状图，经常因修路等施工行为而遭破坏。

2. 水质保障方面

水源保护难度大，部分水源保证率不高。农村供水水源特点：水源地数量多、单个水源取水量小、地域分布广、类型复杂；水源处于农民生产、生活范围中，农民生产生活对饮用水水源环境质量有着直接影响；另外，受限于投资标准，多就近选择水库为水源，在干旱季节，时有断流，水源保障程度不高。

3. 运行维护方面

工程普遍运行困难，管理亟待加强。虽然国家针对农村饮水安全工程出台了用地、用电、税收等优惠政策予以扶持，但受限于农村供水工程自身规模小、农户生活用水量有限、输配水漏损率高、水费实收率低等客观原因，全县农村供水工程普遍存在运行困难问题。另外在管理方式上有村集体管理、个人承包等多种形式，由于缺乏专业技术人才，其专业水平低、技术力量差，很难正确使用现有净水、消毒以及水质检测等设备。

六、“十三五”巩固提升规划情况及长效运行工作思路

1. 指导思想

到 2017 年，实现贫困村自来水“村村通”；到 2020 年全面解决贫困人口饮水安全问

题的总体要求。对全县农村饮水进行统筹规划、突出重点、因地制宜、远近结合、强化管理、长效运行，确保农村贫困人口如期脱贫，全面提高农民健康水平，促进农村经济社会可持续发展。

2. 目标任务

采取新建、扩建、配套、改造、联网等措施，全面解决824人贫困人口饮水安全问题，使全县农村集中供水率达到92.64%，自来水普及率达到92.64%以上，水质达标率93%，小型工程供水保证率达到90%，其他工程的供水保证率达到95%，城镇自来水管网覆盖行政村比例达93%。

3. 规划主要成果统计

新建工程：新建工程0处。

现有水厂管网延伸工程：现有水厂管网延伸工程新建管网355.7km，新增受益人口1.11万人，受益行政村25个，其中贫困村10个，含贫困人口181户、395人。城市自来水管网覆盖行政村24个，工程处数共为8处，均为管网延伸工程。

供水工程改造与建设：改造供水郎溪县凌笪乡自来水有限责任公司水厂改造和管网延伸工程、新发镇福根水厂改造和管网延伸工程和凌笪乡侯村水厂改造和管网延伸工程3处。新增供水规模800m³/d。

水处理设施改造及配套工程：改造不配套管网6km，改善受益人口1.11万人，配套消毒设备2套，改造水质净化设施2处。

农村饮用水源地保护建设：新增划定水源地保护区（供水人口1000人以上集中供水工程）14处，规模化水厂水质化验室建设9处、水源地防护设施建设12处，规模水厂自动化监控系统建设12处，水质状况实时监测试点建设12处。

表4　“十三五”巩固提升规划目标情况

农村集中供水率（%）	农村自来水普及率（%）	水质达标率（%）	城镇自来水管网覆盖行政村的比例（%）
93	93	93	93

表5　“十三五”巩固提升规划新建工程和管网延伸工程情况

工程规模	新建工程					现有水厂管网延伸			
	工程数量	新增供水能力	设计供水人口	新增受益人口	工程投资	工程数量	新建管网长度	新增受益人口	工程投资
	处	m³/d	万人	万人	万元	处	km	万人	万元
合计						8	355.7	1.11	726
规模水厂	0					7	342.5	1.02	682
小型水厂	0					1	13.2	0.09	44

表6　“十三五”巩固提升规划改造工程情况

工程规模	改造工程					
	工程数量	新增供水能力	改造供水规模	设计供水人口	新增受益人口	工程投资
	处	m^3/d	m^3/d	万人	万人	万元
合计	3	800	3000	3.21	0	420
规模水厂	2	0	3000	2.95	0	270
小型水厂	1	800	0	0.26	0	150

广德县农村饮水安全工程建设历程（2005—2015）

（广德县水务局）

一、基本概况

广德县位于安徽省东南部，地理位置为东经119°02′~119°40′，北纬30°37′~31°12′，苏浙皖三省八县（市）交界处。全县总面积2165km^2，辖9个乡镇，1个开发区。共103个行政村、33个社区，3124个村民组。全县总人口51.48万人（其中农业人口45.18万人），总户数为172487户（其中乡村户数142692户）。

广德县位于皖南山区和沿江平原的过渡带。是全省山区县之一，黄山余脉从西南入境，分别向东、西、北三方面蜿蜒伸展；天目山余脉从东南插入，向西北逶迤蛇行，地形地貌格局较为复杂，境内地形起伏较大，是一个不封闭的盆地。地形大致可分为山区、丘陵区和平畈区，全县地形起伏较大，呈马鞍形，南北高中间低，地下分布较广的是沉积粉状砂岩、泥质粉砂岩、石英质砂岩、花岗岩和石灰岩等。

广德县地处长江中下游，属亚热带湿润气候，四季分明，无霜期长年平均218天，降水资源比较丰富，多年平均降水1347mm。据资料统计，全县多年平均地表径流总量为16.7亿m^3，人均占有地表水资源约为3268m^3/人。目前，蓄水工程主要有中小型水库和当家塘坝。全县现有中型水库2座，小（1）型水库16座，小（2）型水库67座，当家塘坝2100多口，拦河坝200多座，各类拦蓄水工程年拦蓄水量1.8亿~1.9亿m^3。

二、农村饮水安全工程建设情况

1. 农村人口饮水安全解决情况

广德县全县总人口51.48万人，其中农村人口45.18万人。广德县农村饮水安全项目起动于2005年，经调查摸底，我们编制上报了《调查评估报》和《总体规划》，在此基础上省市核定我县农水不安全人口31.15万人，涉及全县9个镇乡，127个行政村，3124个村民组。其中，氟超标0.57万人，苦咸水2.2万人，污染严重地表水6.6万人，污染严重地下水2.32万人，水质问题2.09万人，水量、方便程度和保证率不达标3.45万人。

表1　2015年底农村人口供水现状

乡镇数量	行政村数量	总人口	农村供水人口	集中式供水人口	其中：自来水供水人口	分散供水人口	农村自来水普及率
个	个	万人	万人	万人	万人	万人	%
9	127	51.48	45.18	35.51	35.51	9.67	79

表2　农村饮水安全工程实施情况

合计			2005年及“十一五”期间			“十二五”期间		
解决人口		完成投资	解决人口		完成投资	解决人口		完成投资
农村居民	农村学校师生		农村居民	农村学校师生		农村居民	农村学校师生	
万人	万人	万元	万人	万人	万元	万人	万人	万元
31.15	3.48	15370	17.23	—	7394	13.92	3.48	7976

2. 农村饮水工程（农村水厂）建设情况

截至2015年底，我县共建农村小型水厂56处，日供水规模为80～500m³，分布于全县9个乡镇。农村规模水厂16座，日供水规模为2000～10000m³，其中，新杭镇4座，誓节镇3座，东亭乡3座，柏垫镇2座，卢村、邱村、杨滩、四合各1座。

表3　2015年底农村集中式供水工程现状

工程规模	工程数量	设计供水规模	日实际供水量	受益乡镇数	受益行政村数	受益农村人口	自来水供水人口
	处	m³/d	m³/d	个	个	万人	万人
合计	72	48800	48800	9	103	35.51	35.51
规模水厂	16	32000	32000	—	—	22.82	22.82
小型水厂	56	16800	16800	—	—	12.69	12.69

3. 农村饮水工程现状

截至2015年底，我县共完成安饮项目投资15370万元，解决全县31.15万人口及3.48万农村学校师生饮水问题。其中2005年及“十一五”期间解决人口17.23万，完成投资7394万元；“十二五”期间共解决13.92万农村人口及3.48万农村学校师生饮水问题，完成投资7976万元。

三、农村饮水安全工程运行情况

在探索农村饮水安全工程经营管理方面，我县汲取前期在实施人饮解困项目时经营管理方面的经验和教训，在项目建设前就开始落实工程经营管理主体，出台了《广德县农村饮水安全工程运行管理办法（试行）》，我县成立了农村饮水安全工程管理中心，规范工程运行管理，在水价制定和水费收取上，所有供水工程都实行计量收费。在用电、用地、税收优惠等政策上，积极与相关单位协调落实，让各项优惠政策落到实处。

我县源水处理工艺主要有三池处理、简易过滤处理和一体化设备处理3种；各水厂消毒方法主要为液氯、二氧化氯发生器、消毒精片等3种消毒方法。同时在水源地树立了水源保护地标志，划定生活饮用水水源保护区和饮水工程管护范围。

在年度项目申报上，采取自下而上项目申报制度，由各乡镇结合实际情况编报项目实施地点，审查通过后进入项目库，工程安排从项目库中按“先急后缓、先重后轻、突出重点、集中规模、统筹发展”的原则安排实施。

力求每一处工程规划科学合理、设计理念先进、功能完善效益突出。规划时，超前考虑新农村建设及工业化城镇化用水需求，立足于当前，着眼于长远，科学制定年度建设计划，尽量改变饮水工程小而散的布局，通过规模化水厂管网延伸辐射解决周边农村群众饮用水。

工程建设严格实行项目法人责任制、招标投标制、建设监理制、工程竣工验收制、材料集中采购制及资金报账制。

加强对项目实施的监管，工程施工严格依据审批的设计方案，参照基本建设项目管理程序，规范审批手续，强化项目管理。对每年实施的每个工程点都安排了专业技术人员，负责做好技术协助和服务工作，保障工程实施进度和质量。明确了监理单位对项目实施全程监理。各工程点监理单位均能按照规范要求监督工程施工，为保证工程移交后运行正常，用水户和经营人也全程参与监督工程施工。为保证农村饮水安全工程质量，管材、管件采购均按照省厅招标文本格式和相关要求在我县招投标中心平台公开招标确定，中标企业所供管材、管件由县水务局安饮办、监理单位和管材供应商三方联合送至相关产品质量监督检验中心进行检测，检测结果均为合格。从而保证了工程施工质量。

农村供水工程水质关系到农村群众的身体健康和生命安全。提高供水水质合格率是农村饮水安全工程建设管理的主要目标，是保证农村广大居民喝上安全水、放心水的关键。我县在实施每处工程时，超前谋划，提前做好相关准备工作，依托县疾控中心水质化验室，对每处工程的水质分别进行建设前源水化验、建后出厂水和管网末梢水化验。积极配合县环保局在饮用水水源地设立明显标志和标识，公布水源保护区的范围，说明水源的保护措施。

为进一步提高该县农村饮水安全工程水质检测能力，加强水质管理，保障农村饮用水安全，2015年，依托县疾控中心建立了水质检测中心，定期和不定期对全县农村饮水安全项目的水质进行检测和监控。具体周期为：规模水厂每年不少于4次、农村小型水厂每年不少于2次，特殊时段增加检测频次。

水质检测中心现有水质检测人员12人（有检测资格证人数为10人、检测员中大专以上学历人数为7人），实验室总建筑面积560.43m^2，其中化验室建筑面积522.8m^2。该机构具有检测《生活饮用水卫生标准》（GB 5749—2006）中42项水质常规指标的能力。

四、采取的主要做法、经验及典型案例

1. 做法和经验

一是科学组织决策。广德县委、县政府始终把农村饮水安全工程建设作为新农村建设

的首要任务来抓，成立了农村饮水安全工程规划和建设领导组。县政府先后召开常务会议，专题研究农村饮水工程建设，将地方配套资金纳入年度财政预算，按时按量足额配套。并连续出台了农村饮水安全建设、农村饮水安全运行两个管理办法。同时，县财政、水务、国土、城建、农业、审计等部门多次参加联席会议，定期听取汇报，研究解决问题；各乡镇也通过召开片会、现场会、座谈会等形式，推广先进经验，及时解决难点问题，为促进农村饮水工程建设的顺利推进，由乡镇组建项目法人。县安饮办服务、监督，明确了建设任务圆满完成。

二是科学合理的规划。我县地形、地质条件复杂、水源缺乏、人们居住分散，在整个工程规划设计中，我们重点把住科学合理这一关，在制定规划时，组织专业技术人员，就各工程规划点的地形、水源、受益农户、工程建材以及地方经济等条件，进行详细调查了解和现场勘测，在摸清现状并广泛征求乡、村干部和受益群众意见的基础上，统筹规划布局；在工程设计时，以水源为依托，因地制宜地确定工程类型、规模、标准、结构形式，坚持与其他基础设施相结合，坚持与“新农村建设”相结合，坚持新老工程相结合；在具体实施建设时，坚持先急后缓、先重后轻、先重点后一般的原则。

三是多渠道筹措建设资金。工程资金是工程建设的前提，资金不能落实，再好的规划设计只是一幅画卷。农村饮水工程是国家补助性项目，工程资金缺口较大，解决缺口资金问题，一靠县政府财政扶持；二靠受益群众自筹；三靠社会融资。广德县在实施农村饮水安全项目之初就按照“突出重点，集中规模，统筹发展”的原则，规划建设规模水厂并采取“统筹发展、科学规划、公开招商、特许经营、委托建设、强化监管”的方式，引入市场竞争机制，吸纳社会资金，到2012年年底，我县规模水厂已覆盖全县9个乡镇，融资达3690.35万元。建设规模水厂，再利用规模水厂辐射解决周边农村群众饮用水。

2. 典型工程案例

广德县邱村镇位于广德县北部，总人口7.4万人。群众原饮用水水源主要为井水和库塘坝未经任何处理水，稍遇干旱，水源断水，水质恶化，河道山溪断流，塘坝干枯，人畜饮水便发生严重困难，境内人饮安全没有保障，同时该镇集中工业区没有水源，直接制约了地方经济发展。2006年，我县启动实施了邱村农村饮水安全项目，经上级核定原计划邱村镇门口、南阳两个村5256人饮水不安全，根据上级下达的不安全人口核算财政资金只有126万元，在工程规划时，广德县水务局超前考虑了周边其他村庄及附近新建工业集中区的用水需求，结合水源供水能力，综合确定建设总规模日供水1万m^3，一期规模日供水5000m^3，经预算水厂一期工程总投入约420万元。2007年6月18日通过公开竞争招商引资，由江苏盐城投资者成立的邱村守常水厂取得建设权和30年的特许经营权，一期工程总投入约420万元，其中82%由守常水厂投资。

同时广德县水务局采取“走出去，请进来”的方式，请周边发达地区、有经验的专业设计院对水厂进行施工设计，力求农村饮水安全工程规划科学合理、设计理念先进、功能完善效益突出。在施工中强化了监管力度，通过施工企业招标、管道、设备集中采购等措施严把质量关，该水厂于2008年建成通水，通过2009—2015年项目的实施，水厂覆盖了门口、南阳、前路、双溪、新桥等6个村和邱村镇集镇、镇中、小学、工业集中区和上海通用试车基地等区域供水，实际受益人口2.5万人。目前该水厂入户数8100户，规划内农村饮水不安全农户入户材料费按规定收取，水价实现计量收取为1.5~2.0元/m^3。

通过上述的做法，一方面多元化吸纳社会资金和技术，以项目资金为支点拉动社会投入，即解决规模水厂建设资金不足问题，更重要的是解决了工程的建后管理问题。另一方面在项目实施中全面贯彻“六制”，实行经营用水户全过程参与模式。对工程进行全过程跟踪监督，把好质量关，确保将农村饮水安全项目这一民心工程建设成老百姓的满意工程。同时在水质监管上，我县建立了水质卫生常规监测制度，划定生活饮用水水源保护区和饮水工程管护范围。在水费收取上，按照“补偿价格、合理收益、优质优价、公平负担”的原则，在农村饮水安全项目招商协议中明确限制水费及其他费用的收取，既考虑投资方的建设成本和经营效益，形成以水养水的工程长效管理体制，又注重农民群众的实际可承受能力，使农村的农民能像城市的居民一样喝上自来水、放心水。避免重复建设建从而改变以往饮水工程小而散的布局，建后无人管的现象。

五、目前存在的主要问题

1. 农村集中式供水工程因农村居民用水习惯的限制，用水量偏低，水费收入不足以维持水厂正常运行，再加上平时管护和维修等费用支出，往往入不敷出。而另一方面，在城郊及部分生活条件优越村组，由于太阳能及卫生间用水，在高温季节用水量较大，按农村饮水安全供水设计标准建设的工程，存在供水不足，供需矛盾很大，上下村之间抢水，纠纷不断。

2. 早期工程由于建设标准、资金和施工等原因，水处理设施简易，管网漏损严重，供水规模普遍较小、水源可靠性较低，导致工程维修频繁、运行管理费用高等情况，经营人积极性不高。急需改造更新。

3. 所有水厂水源单一，存在着保障程度不足等问题。

4. 没有建立完善的工程维修养护资金制度；县级物价部门没有制定和落实“两部制”水价政策，水厂收费没有依据。

六、“十三五”巩固提升规划情况及长效运行工作思路

自实施农村饮水安全工程建设以来，我县农村饮水安全问题基本得到解决，对保障全县农村经济快速发展和人民群众身体健康起到了不可估量的作用。受到了社会各界的充分肯定和广泛赞誉，深受广大农民群众的欢迎和支持。但是，由于部分早期建设工程受投资所限，仍存在建设标准偏低、供水规模偏小、供水保证率不高、净水设施不齐备、水质达标率偏低等问题。总结起来，主要存在着以下几种情况：

1. 原先已建的单村集中供水工程，饮水工程主体和主干管网建成后，因投资不足原因，部分偏远地区和受自然地理环境等因素影响的村组主管网和入户管网未能实施，存在饮水不安全问题。

2. 由于原先的农村小型水厂运行难以维持，导致部分原饮水安全人口出现返困现象。

3. 部分偏远的山村，农村饮水安全工程尚未覆盖。

针对以上存在的问题，因地制宜，采用不同的解决方式，确保农村居民的生活用水安全。

一是未全部通水且规模水厂难以覆盖的村组，利用现有小型水厂进行管网延伸。

二是现状未通水的村组，尽可能利用乡镇现有的规模水厂，或新建规模水厂、联村集中供水工程，解决饮水问题。

三是对现有农村小型水厂工程进行巩固提升，适度扩建。

表4　"十三五"巩固提升规划目标情况

农村集中供水率（%）	农村自来水普及率（%）	水质达标率（%）	城镇自来水管网覆盖行政村的比例（%）
85.7	85.7	85	57.4

表5　"十三五"巩固提升规划新建工程和管网延伸工程情况

工程规模	新建工程					现有水厂管网延伸			
	工程数量	新增供水能力	设计供水人口	新增受益人口	工程投资	工程数量	新建管网长度	新增受益人口	工程投资
	处	m^3/d	万人	万人	万元	处	km	万人	万元
合计	6	1200	1.36	1.36	680	10	318	0.87	352
规模水厂	—	—	—	—	—	4	127.2	0.35	140
小型水厂	6	1200	1.36	1.36	680	6	190.8	0.52	211

表6　"十三五"巩固提升规划改造工程情况

工程规模	改造工程					
	工程数量	新增供水能力	改造供水规模	设计供水人口	新增受益人口	工程投资
	处	m^3/d	m^3/d	万人	万人	万元
合计	26	21000	21000	1.5	1.41	1723
规模水厂	4	20000	20000	0.5	0.44	1189
小型水厂	22	1000	1000	1.0	0.97	534

旌德县农村饮水安全工程建设历程

（2005—2015）

（旌德县水务局）

一、基本情况

旌德县位于皖南山区北麓，地处东经118°15′~118°44′，北纬30°07′~30°29′，隶属安徽省宣城市，东邻宁国，南连绩溪，西毗黄山，北接泾县，国土面积904.8km²，其中耕地面积9433hm²。全县辖10个乡镇，68个村委会，1056个自然村，全县总人口14.9万人，其中农村人口12.85万人，2015年农民人均收入9116元。

旌德县位于亚热带湿润季风气候区，主要有中山、低山、丘陵和山间盆地四种地貌类型，系皖南山地丘陵和山间盆地地貌。主要河流有徽水河、玉水河、山坝河、涴溪河4条，以石凫山为分水岭，分属青弋江和水阳江两大水系，东部的山坝河、涴溪河汇入水阳江，西部的徽水河、玉水河汇入青弋江。多年平均降雨量1476mm，多年平均蒸发量1325mm，多年平均径流深890mm，平均气温15.5℃，全年无霜期231天。

地质构造上属江南台背斜，是皖南褶皱带的一部分，境内成土母岩大部分为花岗闪长岩、砂岩和页岩，地下水贫乏。地表水资源较为丰富，多年平均径流量9.47亿m³，人均水资源占有量5473m³。

旌德县地处亚热带湿润季风气候区，水资源主要由地表水、地下水和过境水三部分组成，根据《旌德县水资源评价报告》，多年平均径流量9.47亿m³，其中地表水和地下水总量为8.41亿m³，入境水量1.06亿m³，人均水资源占有量6288m³。全县水资源总量9.47亿m³中，境内用水消耗3.65亿m³，非用水消耗量0.56亿m³，出境水量4.45亿m³，区内蓄水变量0.81亿m³，水资源可利用率为62.4%，过境水利用率不足2‰。但由于降雨的时空分布不均，全年近60%的降雨集中在5~9月的主汛期，因而时常出现伏旱、夹秋旱和冬旱，持续干旱导致水源干涸，农业生产频遭旱灾，居民饮水水源保障率达不到90%。

二、农村饮水安全工程建设情况

1. 农村人口饮水安全解决情况

实施农村饮水安全工程前，农村居民自来水到普及率25.7%。工程水源单一，过滤及消毒设施不配套，加上季节性缺水和管理混乱等原因，使得部分工程不能正常运行，无法向用户提供充足的饮用水，少数工程1年正常供水时间只有3个月。除集中式供水外，农村居民饮水多数属于分散的：一是利用手压井和筒井取水，占农村总人口的31.5%，分布面广且分散，根据送检材料来看，位于村庄中的井水或田边井水水质普遍较差，主要总大肠菌群、细菌总数、粪大肠菌群、肉眼可见物等超标；在供水能力方面，由于村庄地势一般较低且平缓，浅层地下水较为丰富，井水非遇大旱外，供水基本能满足居民的日常所需。二是无供水设施饮水，多以直接饮用河水或涧溪水为主，水质差，且水量受季节影响较大。

截至2015年底，全县农村总人口15万人，饮水安全人口9.91万人，农村自来水供水人口12.4万人，自来水普及率97%。县级行政村68个，通水比例100%。

2005—2015年，农饮省级投资计划累计下达4627万元，计划解决9.91万人，累计完成投资4763万元，建成集中式供水工程256处。

表1　2015年底农村人口供水现状

乡镇数量	行政村数量	总人口	农村供水人口	集中式供水人口	其中：自来水供水人口	分散供水人口	农村自来水普及率
个	个	万人	万人	万人	万人	万人	%
10	68	15	12.8	12.4	12.4	0.4	97

表2　农村饮水安全工程实施情况

合计			2005年及“十一五”期间			“十二五”期间		
解决人口		完成投资	解决人口		完成投资	解决人口		完成投资
农村居民	农村学校师生		农村居民	农村学校师生		农村居民	农村学校师生	
万人	万人	万元	万人	万人	万元	万人	万人	万元
9.71	0.2	4763	4.45	0	2083	5.26	0.2	2680

2. 农村饮水工程（农村水厂）建设情况

截至2015年底，县域内现有200～1000m³/d集中供水工程5处，20～200m³/d供水工程216处，20m³/d以下集中供水工程469处，20人以下分散供水工程334处（井水292处、泉水42处），这些供水工程分布在全县10个乡镇，全县农村没有规模以上水厂。

2015年底，农村居民接水入户人口124000人，入户费用100～300元/户，入户率97%。

表3　2015年底农村集中式供水工程现状

工程规模	工程数量	设计供水规模	日实际供水量	受益乡镇数	受益行政村数	受益农村人口	自来水供水人口
	处	m³/d	m³/d	个	个	万人	万人
合计	690	13744	10709	10	68	12.4	12.4
规模水厂	—	—	—	—	—	—	—
小型水厂	690	13744	10709	—	—	12.4	12.4

我县开展农村饮水工程建设工作分两个阶段：第一阶段是2002—2003年，开展了饮水解困工程建设，一共投入资金450万元，建设工程123处，解决农村饮水困难人口2.05万人。第二阶段是2005—2015年，开展了农村饮水安全工程建设，一共投入资金4763万元，建设工程256处，解决农村饮水不安全人口9.91万人。

“十一五”期间，针对水质不达标和季节性缺水的突出问题，按照“重点突出、先急后缓”的原则，建设农村集中式饮水工程88处，解决农村饮水不安全人口3.91万人，投入建设资金1891万元。加大非工程措施力度，加强水源地的保护，防止新的饮水不安全问题的产生，在注重饮水安全工程质量的同时，强化饮水工程建后运行管理。

“十二五”农村饮水安全工程建设，指导思想是适度扩大集中连片工程的供水规模，着力提升供水水质和提高水源保证率，所有饮水工程均安装消毒设备。加强工程的运行管护，要求所有工程建成后，制定相应的管理办法，划分水源地保护范围，制定水源地保护办法，并未设立水源保护告示牌。“十二五”期间建设农村集中式饮水工程144处，解决农村饮水不安全人口5.46万人，投入建设资金2480万元。

三、农村饮水安全工程运行情况

1. 县级农村饮水安全工程专管机构

旌县机构编制委员会批准，于2011年2月成立“旌德县农村饮水安全运行管理站”，参与全县农村饮水工程管理及运行，指导农村饮水工程运行管理工作。该站为股级全额供给事业单位，与水利建设管理站合署办公，编制内部调剂。

2. 县级农村饮水安全工程维修养护基金

为进一步加强农村饮水安全工程建后管理，确保农村饮水安全工程充分发挥其工程效益，于2012年底制定《旌德县农村饮水安全工程维修基金管理办法》。县财政按照每年投入农村饮水安全工程建设资金总和的1%（2012—2013）或者每年20万元（2014年以后），落实农村饮水安全工程维修养护基金，纳入县级财政预算。设立农村饮水安全工程维修基金专户，单独建账，集中管理使用。

3. 县级农村饮水安全工程水质检测中心

2015年宣城市发改委以发改审批〔2015〕611号文批复：旌德县农村饮水安全工程水质检测中心项目建设地点为县水务局，实验室建设和检测仪器设备都已安装完成，具备运行检测能力。实验室面积140m^2，主要检测仪器设备：双光束紫外可见分光光度计、火焰-石墨原子吸收分光光度计、原子荧光光度计、气相色谱仪、离子色谱仪。已投入建设资金152万元。县政府以旌政〔2015〕12号文明确检测中心运行经费由县级财政列入年度预算安排解决，确保按照水质检测标准和要求，完成年度检测项目和频次。

4. 农村饮水安全工程水源保护情况

供水人口1000人以上的水源地涉及6个镇，水源地共包括6个镇的水源地保护区划分，分别是白地镇洪川村、白地镇洋川村、白地镇、庙首镇、孙村镇、蔡家桥镇、俞村镇、三溪镇，其中除蔡家桥镇的饮用水源取自地下水外，其余乡镇的饮用水源全部取自地表水。我们加强各水源地周边生态环境保护，采取严格的管理制度和有效的工程措施保证各水源地水质得到进一步的提高，以满足人们生活生产的需要。

5. 供水水质状况

农村饮水安全工程采取简单的砂石棕榈过滤、漂白精消毒处理工艺，无沉淀设施。水质达标率，受水源水季节性影响比较大，浑浊度、肉眼可见物、pH 值、总大肠菌群、菌落总数超标的情况时有发生。

6. 农村饮水工程运行、监管、运行维护及用水户协会成立情况

我县已建饮水安全工程运行状况均正常。针对工程规模小，依托农民用水者协会为主体，因地制宜、形式多样开展管理，管理模式主要有委托管理、经营权转让管理、受益户筹资自管等，无论哪种模式，均有专门的管理员，从而确保了工程有人用、有人管，促使工程效益得到长久发挥。落实管理主体。县政府是农村饮水安全工程责任主体。县水务局是农村饮水安全工程的行业主管部门，县农村饮水安全工程运行管理站具体负责农村饮水安全工程的管理和指导。

2007 年 10 月成立了旌德县农民用水者协会，共吸收单位会员 69 个，培育农民用水者协会，推行用水者参与式管理，是解决农村饮水安全工程特别是单村工程管理的一条有效途径，体现了“民承办、民管理、民受益”的原则，对明确工程管理主体和管护责任，促进村民从无偿用水向有偿使用转变均有积极的促进作用，从而确保了农村饮水安全工程的良性运行。

四、采取的主要做法、经验及典型案例

（一）主要做法和经验

1. 建设管理

我县农村饮水安全工程的实施严格按照规划和立项批复执行。尽管今年我县饮水工程点多、面广，单个工程投资少，但我县仍严格按项目建设程序进行管理，成立了旌德县水利民生工程建设领导组，下设办公室作为项目法人，具体负责项目的实施。土建项目、饮水管材分别采取公开招标、政府集中采购，监理单位的选择也是通过招标方式来确定的。施工中严格按照设计图纸施工，严把工程建设质量关，实行关键部位、重要隐蔽单元工程报验、签证、旁站制度，工程完工后按照要求对工程进行完工验收和审计。入库管材的抽样检测由项目法人委托旌德县市场监督管理局抽样检测。

2. 资金使用

我县饮水安全项目资金拨付实行资金报账制，县水利民生工程建设领导组办公室设立了农村饮水安全工程资金专户，工程建设资金封闭运行，专款专用。资金使用实行报账制，即预付少量启动资金后，按照先建设后拨款的原则，根据工程施工建设进度和质量评定结果分期报账，使账目清楚，更加完善、规范。同时各受益村将群众自筹、投工投劳情况在村务公开栏中公示，便于接受社会和群众的监督。

3. 政策宣传

为引导和动员广大农村居民了解、参与、支持农村饮水安全工程建设，我县积极开展农村饮水安全工程政策宣传活动。配合县电视台、旌德新闻网等相关新闻媒体开展宣传活动。分别在《旌德报》及受益村民所在地宣传橱窗进行了项目公示。

4. 建后管理

为切实加强农村饮水安全工程的建后管理，确保发挥工程长期效益，2010 年县编办批准成立了“旌德县农村饮水安全运行管理站”，负责指导全县农村饮水安全工程管理及运行，共落实45 万元农村饮水安全工程维修管护资金。制定了农村饮水安全工程建后管理办法，对管理组织建立、水费的收缴、水源地的保护等方面做了明确的要求。建设同期，即敦促各受益村制定工程建后管理办法，制订水费收缴方案，做到有偿供水，自管自用。根据已建工程运行收费情况来看，大多数工程没有收取水费，已经收取的水费在0.3～1.0 元/m^3。工程采取简易过滤和自流式加药机消毒的方式，丰水和枯水期容易造成水质不达标的问题出现，因此，加强水质的净化消毒，确保供水安全还有许多工作要做。

（二）典型工程案例

我县实施的农村饮水安全工程，主要以引山泉、沟溪水为主，在地理位置及高程满足用水需求的位置建设高位蓄水池，通过管网输送自流入户。建设工程实行用水者参与式管理，将工程的使用权、管理权和用水的决策权交给农民，引导他们自愿地、独立地、民主地选举单位会员的负责人，建立章程和完善制度，调动农民“自己的事自己办，自己工程自己管”的积极性，较好地解决了工程管理主体“缺位”、“错位”等权属不清和群众投工难、工程管护难、水费收缴难等问题。加强对单位会员运行管理的监督，引导他们按照章程及各项规章制度办事，逐步实现工程管理制度化，保障工程效益的发挥，促进我县农村小型水利工程特别是农村饮水安全工程得到切实管护和有效运行。如版书镇的张姚吴饮水安全工程，在建设前期首先召开村民大会，由村民推选 3 人成立饮水安全工程专项理事会，按照自愿加入饮水受益户的户数承担土方、土地征用费、农作物补偿费，工程建成后，由理事会召集用水户开会，制定工程管理办法，公布开支账目，按户数分摊开支款项，每户入户费480 元。理事会与用水户签订用水合同，根据工程管理办法，供水量以户为单位核定，按户每月用水量的不同实行不同的水价：不足 10m^3，水价0.4 元/m^3；用水量在 10～15m^3，水价 0.8 元/m^3；超出 15m^3，水价 3 元/m^3。收缴的水费实行专户管理，做到财务账目清楚，年终由理事会负责公布财务状况。

推行管建结合，确保工程发挥效益，从2007 年度起，农村饮水安全工程的建设和管理，农民用水者协会全程参与，通过征求村民、村组、乡镇的意见，落实具体投工投劳、以资代劳、约定水价、供水合同等措施办法，再组织施工建设。真正体现协会民主管理水利工程的理念，强化水利工程的管理和服务，确保水利工程长期发挥效益。如俞村镇下俞村饮水安全工程受益 110 户、420 人。工程建设自筹资金按 50 元/人，由协会统一收取，主要用于土方及户内支管及配件所需资金，工程建设完成以后，资金多退少补，协会人员工作细致，用水户百分百满意，该工程管网入户率 100%，水表及表箱安装规范。水费0.6 元/m^3，其中管理人员工资按0.4 元/m^3元支付、维修管材及维修人员工资在0.2 元/m^3支付。

五、目前存在的主要问题

工程建成以后，由于管理不善而影响了一些工程的正常运行，为此，加强工程的运行管护，设立专项基金，加强对农村饮水安全工程的后期管护，保障农村饮水安全工作十分必要。

1. 责任主体及工程管护主体的职责不清

现在有很多农村饮水安全工程都是由受益村村委会负责管理，造成管理责任不清，工程运行不好。

2. 行业管理不协调

农村饮水安全工程具有社会公益性质，应接受水行政主管部门的管理。各供水工程管理单位、用水户协会、业主、供水单位必须接受水务、卫生、物价、审计等部门的监督检查，建立定期和不定期报告制度，接受用水户和社会的监督、质询和评议。

3. 水源保证率及工程灾害性损毁，修复资金缺口大

由于受地形地貌等自然因素制约，遇到大旱年份，水源水量不能满足饮水需求，再加之工程建成以后，水源地环境变化也容易造成水量不足，为此新开辟水源就会需要投入很大一笔资金。

4. 水费的收缴存在很大问题

农村饮水安全工程的有效运行，必要的维护资金是不可缺少的。不收水费，就造成工程无专人管理。过滤料的清洗、更换，蓄水池的清洗以及供水管网、管件的局部维修都存在问题。

5. 其他问题

消毒设备空置、不运行现象普遍，从而导致饮水水质不达标。

六、"十三五"巩固提升规划情况及长效运行工作思路

1. 县级农饮巩固提升"十三五"规划情况

到2017年底，实现贫困村自来水"村村通"和贫困户自来水"户户通"，全面解决贫困人口饮水安全问题的总体要求。"十三五"期间，对全县农村饮水进行统筹规划、突出重点、因地制宜、远近结合、强化管理、长效运行，优先确保农村贫困人口饮水安全问题，再解决全县其他人口饮水，全面提高农民健康水平，促进农村经济社会可持续发展。

（1）规划思路

按照重点突出、先急后缓的原则，有计划的、有目标的、有针对性的选点列入本次规划。加大非工程措施力度，加强水源地的保护，防止新的饮水不安全问题的产生，在注重饮水安全工程质量的同时，强化饮水工程建后运行管理，确保工程良性运行，让农村居民长期有效地喝上安全的饮用水。

（2）目标任务及建设内容

"十三五"规划解决我县农村饮水不安全人口3.6万人，重点解决水量不达标（季节性缺水）、饮水水质不达标、其他饮水水质超标问题，另外侧重解决水源保证率不达标和用水方便程度不达标的问题。规划新建饮水安全工程27处，管网延伸工程35处，管网改造工程27处。所有工程建成后，制定相应的管理办法，划分水源地保护范围，制定水源地保护办法，并未设立水源保护告示牌。明确水价和征收办法，及时收缴水费，水价应控制在群众承受范围内。

（3）主要指标

表4　“十三五”巩固提升规划目标情况

农村集中供水率（%）	农村自来水普及率（%）	水质达标率（%）	城镇自来水管网覆盖行政村的比例（%）
97	92	80	3

表5　“十三五”巩固提升规划新建工程和管网延伸工程情况

工程规模	新建工程					现有水厂管网延伸			
	工程数量	新增供水能力	设计供水人口	新增受益人口	工程投资	工程数量	新建管网长度	新增受益人口	工程投资
	处	m^3/d	万人	万人	万元	处	km	万人	万元
合计	27	594	0.7	0.42	196	35	91.63	1.41	303
规模水厂	—	—	—	—	—	—	—	—	—
小型水厂	27	594	0.7	0.42	196	35	91.63	1.41	303

表6　“十三五”巩固提升规划改造工程情况

工程规模	改造工程					
	工程数量	新增供水能力	改造供水规模	设计供水人口	新增受益人口	工程投资
	处	m^3/d	m^3/d	万人	万人	万元
合计	27	—	915	1.1	1.1	52
规模水厂	—	—	—	—	—	—
小型水厂	27	—	915	1.1	1.1	52

2. “十三五”之后农饮工程长效运行工作思路

农村饮水工程在“十三五”之后，全县自来水基本实现了全覆盖。供水保证率及供水水质的提高是农民用水的基本需求。山区集中式供水工程供水规模小，水源比较单一，再加上季节性缺水，供用水矛盾将会进一步显现，为了满足用水者的需求，还是要从扩大城镇自来水管网延伸、增加水源的多样性及加强节约用水等方面多做工作。

由于收缴的水费难以支付工程的运行管理费用，建议农村饮水安全工程还是要采取政府购买服务的方式进行统一分片管理。

绩溪县农村饮水安全工程建设历程（2005—2015）

（绩溪县水务局）

一、基本概况

绩溪县位于安徽省东南部的皖南山区，全县国土总面积1116km^2。绩溪县山脉属黄山和天目山余脉延伸结合而成，地貌为含中山的低山、丘陵区。境内峰峦起伏，高山深谷、丘岗盆地相间，土壤以地带性黄红壤为主。

绩溪县地跨长江、新安江流域，包括青弋江、水阳江、新安江等水系。新安江流域在县境内流域面积716km^2（含汾水江91km^2），主要支流有登源河、大源河、扬之水，均发源于县境内。长江流域在县境内流域面积400km^2，主要支流有戈溪河、金沙河，均发源于县境内。

绩溪县总人口17.68万人，其中农业人口14.02万人，辖11个乡镇81个行政村和社区。绩溪县农业生产以水稻、油菜种植为主，蚕桑业、茶叶和养殖业在农业产值中占相当比重。农民收入主要来源于种植业、养殖业、劳务输出和近年发展起来的手工加工业。大部分收入为种植业和务工。2015年农民人均纯收入9245元。

根据绩溪县地形地貌特点、河流水系分布情况，将全县划分为3个计算分区：水阳江上游区、青弋江上游区、新安江区。经计算，3个区域多年平均径流量分别为2.46亿m^3、0.83亿m^3、6.50亿m^3。绩溪县多年平均径流量为9.79亿m^3。依据《地表水环境质量标准》（GB 3838—2002），绩溪县主要河流现状水质状况较好，基本达到Ⅰ、Ⅱ类水质标准。

二、农村饮水安全工程建设情况

1. 农村人口饮水安全解决情况

（1）实施农村饮水安全工程前情况

实施农村饮水安全工程前，各乡镇中心村、重点村原存在村民自建的小型集中式供水工程，供水规模普遍小于20m^3/d，大部分村落有少数集中供水工程，基本为井水、山泉水、集雨等在内分散式供水工程。乡镇大部分农村没有完善的排污排水系统，无净化处理设施，地表水、山泉水中的细菌、浊度、硬度等化学指标等超标。

（2）农村饮水安全工程基本情况

至2015年底，绩溪县现有农村供水工程基本现状：全县总人口为17.68万人，农村（户籍）人口为14.02万人；集中式供水工程共305处，农村饮水安全人口12.28万人；

分散式供水工程 1000 余处，受益人口 1.74 万人。设计供水规模 14078m³/d，日实际供水量 11712m³/d，农村自来水普及率达到 76.14%。

表 1　2015 年底农村人口供水现状

乡镇数量	行政村数量	总人口	农村供水人口	集中式供水人口	其中：自来水供水人口	分散供水人口	农村自来水普及率
个	个	万人	万人	万人	万人	万人	%
11	76	17.68	14.02	12.28	10.67	1.74	76.14

2005—2015 年，我县农村饮水安全工程共投资 3355 万元，其中中央投资 1886 万元、省级投资 595 万元、县级配套 874 万元。建成集中式工程 119 处（含农村学校饮水安全工程 8 处），解决农村居民 6.94 万和农村学校师生 0.49 万人饮水不安全问题。

其中“十一五”期间共投资 1454 万元，兴建各类供水工程 63 处，共解决农村居民 3.42 万人的饮水不安全问题。

“十二五”期间共投资 1901 万元，计划兴建各类供水工程 56 处，不含管网延伸工程，共解决农村居民 3.52 万人和农村学校师生 0.49 万人的饮水不安全问题。

2. 农村饮水工程（农村水厂）建设情况

（1）2005 年前农村饮水工程情况

2005 年以前各乡镇中心村、重点村原存在村民自建的小型集中式供水工程，供水规模普遍小于 20m³/d，大部分村落有少数集中供水工程，基本为井水、山泉水、集雨等在内分散式供水工程。

表 2　农村饮水安全工程实施情况

合计			2005 年及“十一五”期间			“十二五”期间		
解决人口		完成投资	解决人口		完成投资	解决人口		完成投资
农村居民	农村学校师生		农村居民	农村学校师生		农村居民	农村学校师生	
万人	万人	万元	万人	万人	万元	万人	万人	万元
6.94	0.49	3355	3.42	0	1454	3.52	0.49	1901

（2）2015 年底农村饮水工程情况

截至 2015 年底，我县共有集中式供水工程 305 处，设计供水规模 14078m³/d，日实际供水量 12157m³/d，受益农村 12.78 万人。

表 3　2015 年底农村集中式供水工程现状

工程规模	工程数量	设计供水规模	日实际供水量	受益乡镇数	受益行政村数	受益农村人口	自来水供水人口
	处	m³/d	m³/d	个	个	万人	万人
合计	305	14078	12157	11	81	12.28	10.67

（续表）

工程规模	工程数量	设计供水规模	日实际供水量	受益乡镇数	受益行政村数	受益农村人口	自来水供水人口
	处	m³/d	m³/d	个	个	万人	万人
规模水厂	0			—	—		
小型水厂	305	14078	12157	—	—	12.28	10.67

（3）10年农饮工程资金投入情况

2005—2015年，不含“一事一议”等项目建设的农存饮水工程，由农村饮水安全工程建设的项目中，除村民自筹入户安装部分费用，并无社会资本、个人资金、银行贷款等资金投入情况等。

（4）2015年底农民接水入户现状

2015年底，全县集中供水人口（含20m³/d以下集中供水工程）共计12.28万人，20人以下分散供水工程1.74万人，包括20m³/d以下集中供水工程和井水、泉水在内的分散供水工程，各类型供水工程虽供水等级不同，入户效果、标准不一，但均已做到供水入户，农民接水入户率为100%。农村饮水安全工程的入户部分费用按相关文件要求，均在150元以下，大部分无入户费。而其他农村供水工程入户费用根据其工程建设成本、年份、农户占有比例的不同，入户费用在100～2000元不等。

3. 农村饮水安全工程建设思路及主要历程

“十一五”期间共投资1454万元，兴建各类供水工程63处，共解决农村居民3.42万人的饮水不安全问题。

“十二五”期间共投资1901万元，计划兴建各类供水工程56处，不含管网延伸工程，共解决农村居民3.52万人和农村学校师生0.49万人的饮水不安全问题。

三、农村饮水安全工程运行情况

1. 农村饮水安全工程专管机构

2007年9月，为了加强对农村饮水安全工程的管理，绩溪县人民政府批复了“绩溪县农村饮水安全工程建设管理处”作为农村饮水安全工程的管理机构。

2. 农村饮水安全工程维修养护基金

根据省级文件要求，我县于2010年按标准设立农村饮水安全工程运行维护基金，其中2010年到位20万元、2011年到位10万元、2012年到位5万元、2013年到位5万元、2014年到位5万元、2015年到位5万元；截至2015年底，维修基金账户余额50万元。

2005年12月，县人民政府出台了《绩溪县农村饮水工程运行管理实施细则（试行）》，2011年10月，县水务局联合县财政局出台了《绩溪县农村饮水安全工程运行管护制度（试行）》，为农村饮水安全工程的建后运行管理及维护资金使用管理制度提供了政策依据。

3. 农村饮水安全工程水质检测中心

我县农村饮水水质检测中心采取依托已有检测机构建设，总投资216万元。检测中心配备人员6名，所有持证检测人员经培训取得岗位证书，通过操作考试后方可上岗。落实运行管理经费30万元，保证县级水质检测中心全面发挥效益，按时完成全县所有农村饮水安全工程水质巡检、抽检任务。目前，已开展2015年第四季度的36个监测点、2016年3月的32个监测点、5月的6个监测点，共3次74监测点次的全县范围内供水工程不同层次、等别的抽检工作，检测项数现达到42项，检测结果及记录及时报送至市疾控中心。

4. 农村饮水安全工程水源保护情况

2015年11月，由县环保局牵头，组织水务、交通、民政、农委等部门编制的《绩溪县农村供水工程水源环境保护暂行办法》经县政府批复发布，划定了全县7处1000人以上的小型集中式供水工程的水源保护区或保护范围。

对已建的工程，县水务局定期和不定期的检查农村饮水安全工程的建后管理和水源保护。截至目前，含水政执法在内的监督执法中，未发生水源地污染等一般以上违法行为。

5. 供水水质状况

绩溪县农村大部分饮水水源地水量较小，结合山丘区，大部分为单村供水。供水主要利用山溪水作为水源，原始水源水质量较好，建设拦水坝、滤池、清水池等快滤设施并配备漂白片等缓释消毒装置，其末梢水符合国家居民生活饮用水水质标准。

总体水源水达标率为54%、自来水出厂水达标率为100%。全县末梢水水质达标率为62%。水质不合格的主要指标为浑浊度、总大肠菌群、少数水源水硬度超标。

6. 农村饮水工程（农村水厂）运行情况

绩溪县农村饮水工程无实际意义的千吨万人的规模水厂，仅有县自来水厂承担管网延伸至周边乡镇农村居民部分，供应农村饮水工程部分的供水规模为720m^3/d，供水人口0.7159万人。管护主体是县自来水厂，属城建委，运营状况良好。

全县小型水厂为两大类：200～1000m^3/d工程工程共有8处，分别为位于临溪镇的临溪水厂、瀛洲镇的瀛洲水厂、长安镇的长浩饮用水厂、伏岭镇的北村水厂、荆州乡的方家湾水厂、上庄镇的茶坞水厂、余上安水厂、旺川水厂，供水规模共2220m^3/d，供水人口2.37万人；20～200m^3/d工程共有194处，全县11个乡镇均有分布，供水规模0.88万m^3/d，供水人口8.31万人。

供水工程归企业所有12处，村集体所有190处，其他1处，供水规模在20m^3/d以上203处全部落实了管理单位，其中区域性专业化供水企业1处、小型专业化供水企业1处，个人承包18处、村委会管护3处、农户用水协会管护14处、其他方式166处。水费为0.5～1.5元/m^3，维修管护及时，水质水量均达标，管理规范，受益群众较满意。

7. 农村饮水工程（农村水厂）监管情况

绩溪县在工程建设的同时就着手管理机制的建立。对每处饮水安全工程均建档建卡，装订成册，已完工的工程均有竣工结算资料和结算报告并装订成册，且及时落实工程管理责任人，制定工程管理各项制度。

（1）对一些小型供水工程，比如以少数户为供水单元的引水工程或打井取水工程，由各村委会牵头，根据受益户协商一致的原则确定管护方式。

（2）对较大的集中供水工程，按合作办水的原则，“谁投资、谁管理、谁受益”，在水利主管部门的参与下，由水政人员依法管，供水公司实体管，在充分考虑农民的承受能力，保证供水设施正常运行的前提下，由物价部门审批水价，规范用水价格，维护群众利益。并且做到按时按质上报供水统计资料及定期水质检验报告。

（3）在水质管理上，各供水点都制定了详细的切实可行的卫生保护措施，如地表水水源卫生防护措施、地下水源卫生防护措施、管道水质管理措施、净水池水质管理措施等等，确保人民群众的身体健康。

8. 运行维护情况

近年来，在县、乡两级政府和广大群众的共同努力下，绩溪县人民在党和政府的领导下，兴建了一系列农村饮水安全工程。各项目工程均设立了民生工程永久性标识牌，注明项目名称、建设单位、主管单位、建设规模、投入资金、建设年度等内容，运行管护及水费收缴工作开展的不平衡，县自来水厂有专业运行维修队伍，其余农村饮水工程运行维修队伍有管水组织或管水员承担。除县自来水长已落实用电、用地、税收等相关优惠政策外，大部分农村饮水工程为重力式单村供水工程，几乎不涉及政策因素。

9. 用水户协会成立及运行情况

除县自来水厂外，农村饮水工程基本做到每个工程均有管水员或管水组织，少部分工程有相对先进合理的用水户协会，基本做到水费由管水员专账、专人管理，并定期公示。

四、采取的主要做法、经验及典型案例

（一）做法和经验

1. 落实部门责任，建立健全工作机制

县委、县政府高度重视农村饮水安全工程建设，并作为重要民生工程纳入地方政府任期目标考核。县政府成立了农村饮水安全工程规划和建设领导组，县水务局组建专门班子，配备责任心强、业务能力精干人员专门从事工程建设管理工作。同时，县政府和建设乡镇签订目标责任书，明确乡镇职责。建立县四大班子领导联系制度，并经常深入现场检查指导；县相关部门加强联系和沟通，及时解决建设中存在问题。项目建设乡镇也成立相应组织，明确专人负责，进一步抓好工程建设和建后管护工作的落实。

2. 加大宣传力度，普及民生工程政策

为增加项目建设的知晓率、透明度、满意度，我县多种形式广泛宣传项目的政策、意义和做法。一是媒体广泛宣传。通过县级电视台制作民生工程专题节目、县级报刊《今日绩溪》以及县人民政府网站等媒体，宣传相关政策，公示项目建设内容和项目建设有关情况。二是标牌标语宣传。在每处工程建设村镇的人员流动多的地方设置户外大型不锈钢宣传牌，宣传水源地保护内容，在每处工程点设置工程概况牌，明确项目建设覆盖的村镇、人口以及投资情况。三是印制宣传单。将水利民生工程政策、本年度的建设任务、资金投入等信息整治制作成宣传单，在项目前期现场调研时由村组发放到各村民，并在宣传栏长期公示。四是推行“双公开”。在工程建设前和完工后，对工程建设计划和竣工情况进行公示、公开，自觉接受群众监督。

3. 严格项目管理，强化管理，注重质量

报请县政府批准成立了绩溪县农村饮水安全工程建设管理处，全面负责我县农村饮水安全建设工作。管理处下设办公室、工程科、质量安全科和财务科，设立农村饮水安全和水库除险加固专账。在水利民生工程的建设过程中我局始终坚持百年大计，质量第一的思

想，始终把工程质量放在第一位。项目实施过程中农村饮水安全工程严格按照项目法人责任制、招投标制、建设监理制、集中采购制、资金报账制和竣工验收制的“六制”要求，加强建设管理，严格按规范程序施工。工程建设管理处在县会计中心设立了专账，并在会计中心的监管之下运行。建管处内部财务管理制度健全，资金使用严格按照水利基本建设制度执行。工程款的支付实行施工单位负责人、监理单位负责人、建管处工程负责人、财务负责人及项目法人“一单五签”层层把关的审批程序，并按工程进度支付，做到专款专用。

4. 加强建后管理，落实管护资金投入

为加强农村饮水安全工程建后管理，我局按照《安徽省农村饮水安全工程管理办法》和《宣城市农村饮水安全工程运行管理办法》，与县财政等部门共同制定了《绩溪县农村饮水安全工程管护制度》和《绩溪县农村饮水安全工程水源地保护规定》，并要求各工程管理单位制定了相应运行管理制度，选择和配备工程管理人员，或由村指定专人负责，或由村民代表组成管水小组，负责收取水费和工程的维修养护，做好工程运行管理、水质化验、水源地保护等管理工作，规范供水行为。明晰产权，搞活经营权；根据工程的特点确定管理主体、制定管理制度，加强水源保护和水质检测。

（二）典型工程案例

临溪水厂位于绩溪县临溪镇临溪村，工程形式为集中供水，工程规模为Ⅴ型，引无污染的山区中高水位的几处地表山泉水经拦河坝、过滤池至清水池中，经消毒后再通过树枝状管网，对受益村居民进行供水。临溪村饮水安全工程是绩溪县水务局于2008年在原有村民自筹兴建的工程基础上，通过分阶段规划实施，经多次管网延伸，该工程的总体的供水能力为300m^3/d，实际供水量约为250m^3/d左右，现供水人口约2800人（其中蒲川村178户、临溪村195户、茭塘村78户、江村环村67户、罗昆村54户、吴家坑村82户、上游村135户）。该工程覆盖临溪行政村和上游行政村村部，由临溪村村民委员会统一管理，目前工程运行正常、管护良好，各村民组长分片负责，确保了工程的长久效益，保障了供水能力与用水安全。

2012年元月4日，经临溪村两委会研究讨论，通过了临溪村饮水安全工程运行管护办法。目前临溪村饮水安全工程经营状态基本良好，水源保护到位，各年水质检测基本合格，群众满意度较高。

五、目前存在的主要问题

1. 工程设施方面

在我县2005年以前建设的饮水工程净水设施比较简陋，基本上直接从水源地直接引水，大部分的饮水工程是当地村民自发建设，取水构筑物破损老化，引水管路破损漏水，入户管网配配套不完善，入户管网老化。

2. 水质保障方面

我县农村供水水源地数量多，单个取水点流量小，干旱季节时有断流，保障度低。水质在Ⅲ类水以上的达到200处，主要超标指标为微生物、浑浊度，目前绩溪县除县水厂管网延伸工程外，其余工程目前还未划定水源地保护范围，未设立水源保护告示牌，当地群众水源保护的意识还不强。

3. 运行维护方面

一是用水户对水价制定的公平性和水费管理的安全性有所顾虑，交费的积极性不高。二是体制不清，产权不明。现有的大多数工程是计划经济的产物，有的地方乡镇在管、集体在管、个人也在管，其结果是谁也可以不负责。现有部分水厂使水费收入在支付工作人员工资后，基本没有积累和盈余。三是部分工程用水户虽然都安装了水表，但科技含量不高，有的群众长期扯条滴点用水，水表无法计量，有的采取多种方式窃水，多用水，少计量，少缴费，致使水表对口率较低，供水损失增大，供水成本高，管理单位运营管理难，亏损严重。

六、“十三五”巩固提升规划情况及长效运行工作思路

（一）农饮巩固提升“十三五”规划情况

1. 主要规划思路

到2017年底前，实现贫困村村村通自来水；到2020年，全面巩固提升我县农村安全饮水工程，建立健全工程良性运行机制，提高运行管理水平和监管能力。确保农村贫困人口如期脱贫，全面提高农民健康水平，促进农村经济社会可持续发展。

2. 规划目标

工程建设：2016—2017年，采取新建6处工程、改建18处工程及管网延伸1处工程，全面解决271户507人未通水贫困人口的饮水安全问题。2018—2020年，采取改建9处工程及管网延伸2处，使我县农村集中供水率达到90%以上，农村自来水普及率达到80%以上，水质达标率整体有较大提高，供水保障程度进一步提高。

管理方面：推进工程管理体制和运行机制改革，建立健全县级农村供水管理机构、农村供水专业化服务体系、合理的水价及收费机制、工程运行管护经费保障机制和水质检测监测体系、水厂信息化管理，依法划定水源保护县或保护范围，加大对水厂运行管理关键岗位人员的业务能力培训。

3. 主要建设内容

（1）供水工程规划

绩溪县农村饮水安全巩固提升工程“十三五”规划共涉及36处，其中：新建饮水工程6处，改造饮水工程27处，管网延伸3处。新增供水规模供水量563m^3/d，改善受益人口1.22万人，新增受益人口0.54万人，其中贫困人口1352万人，受益乡镇11个。

（2）脱贫攻坚规划

为落实省委省政府全面打赢脱贫攻坚战的决定，绩溪县组织设计单位编制完成了《绩溪县农村饮水安全巩固提升工程精准扶贫实施方案（2016—2017）》。根据设计成果，截至2015年底，全县尚有271户贫困户507人贫困人口存在饮水安全问题，部分通水行政村25个，全部属于省级建档立卡的贫困村。计划2017年年底全面解决贫困人口饮水安全问题。

4. 运行管理措施

针对不同类型工程特点，因地制宜多种管护方式。落实工程安全责任主体、管护主体

和管护责任。工程产权所有者原则上是工程的管护主体，工程产权所有者与运行管理者不一致的，运行管理者是管护主体，应当建立健全管护制度，落实管护责任，确保工程安全运行。多渠道筹集工程管护经费，建立稳定长效的管护经费保障机制。

表4　“十三五”巩固提升规划目标情况

农村集中供水率（%）	农村自来水普及率（%）	水质达标率（%）	城镇自来水管网覆盖行政村的比例（%）
90	80	进一步提高	16

表5　“十三五”巩固提升规划新建工程和管网延伸工程情况

工程规模	新建工程					现有水厂管网延伸			
	工程数量	新增供水能力	设计供水人口	新增受益人口	工程投资	工程数量	新建管网长度	新增受益人口	工程投资
	处	m^3/d	万人	万人	万元	处	km	万人	万元
合计	6	96	0.31	0.08	233	3	14.5	0.06	40
规模水厂	0								
小型水厂	6	96	0.31	0.08	233	3	14.5	0.06	40

表6　“十三五”巩固提升规划改造工程情况

工程规模	改造工程					
	工程数量	新增供水能力	改造供水规模	设计供水人口	新增受益人口	工程投资
	处	m^3/d	m^3/d	万人	万人	万元
合计	27	467	981.8	1.38	0.4	407
规模水厂	0					
小型水厂	27	467	981.8	1.38	0.4	407

（二）农饮工程长效运行工作思路

1. 执行水源地划分，强化水源保护

加强水源地保护是农村饮水安全工作的首要措施。一是强化管理护水源。严格执行《绩溪县农村供水工程水源环境保护暂行办法》，划定水源地保护区、禁采禁伐区、限采限伐区等；工程建设部门要确保水源水质符合国家饮水卫生标准，并设置卫生防护地带，设立警示标志等。二是强化治理护水源。要加强对农村排污口和尾矿处理的监督管理，控制农业和矿业面源污染。以水源地保护优先为原则，开展农村水环境修复工程建设，加强水源水质监测，切实保护好饮水水源地。

2. 规范行业标准，加强建后管理

高效的管理团队和规范的管理制度是水厂正常运营的软保障。一是规范行业管理模式。要实行“县、乡、村三级共管，县级引导，以村为主，以乡为辅”的管理模式，县水利部门需理顺行业体制机制，强化行业运营管理，杜绝因恶性竞争而发生水质变差、水量减少等问题。村级集体要做好主人的角色，树立好集体意识，管护好集体财产。乡镇政府要切实优化工程环境，加大工程支持力度。二是加大行业培训力度。县水利部门要提供好技术指导与服务，注重总结和发觉行业建设中的好经验、好典型。分别对集中供水工程和单村供水工程实行管理和业务能力双培训。同时，运营者要进一步提高自身道德行业与素质，切勿只顾眼前利益，不顾长远发展。

3. 多方筹措维护资金，确保持续发展

加大维护资金投入是水厂“硬”发展的动力保障。一是设立县级专项维护资金。建议县政府每年预算安排一定的资金作为专项维护资金，专门用于农村安全饮水工程的维护、标准化管理等支出。二是积极向上争取帮扶资金。我县属于皖南山区，县级财力有限，需加大对上级水利、财政、发改、扶贫等部门的联系力度，积极争取帮扶资金。三是落实收取水费。水费是工程维护和管理人员报酬的根本来源。要进一步提高农民商品水的意识，依法依规收取好水费。

4. 多部门联合支持，提高工程质量

饮水安全工程的实施需要多部门联合支持，才能确保工程的高质量、效益的长效化。如建议国土部门在土地开发与整治项目规划中将水源地纳入保护区；建议公路和交通部门在道路修建工程中及时与供水工程单位或者水利部门沟通协调好；建议电力和国土部门多提供优惠政策，加大对供水工程发展的扶持力度。

泾县农村饮水安全工程建设历程 (2005—2015)

（泾县水务局）

一、基本概况

泾县位于安徽省东南部，皖南山县北麓，地处长江支流青弋江流域，北纬30°23′~30°50′，东经117°58′~118°40′，隶属安徽省宣城市，东邻宣城、宁国，南连旌德，西毗青阳，北接南陵，国土面积2059km^2，其中，山区面积1175.7km^2，占总面积的57.1%；丘陵面积634.2km^2，占总面积的30.8%；平原面积249.1km^2，占总面积的12.1%。全县共辖11个乡镇，147个行政村，总人口35.44万人，其中农村总人口28.34万人。

泾县共11个乡镇132个村，15个居民委员会。全县总人口35.44万人，其中农业人口28.34万人，占总人口的79.99%，农村供水人口28.34万人。

2015年实现生产总值（GDP）77.7亿元，全县规模以上工业全年完成工业总产值122.7亿元，实现工业增加值29.0亿元。建筑业全年完成建筑业增加值7.3亿元。全年完成固定资产投资103.6亿元，全年实现财政总收入（不含基金）14.5亿元，城乡居民人均可支配收入14569元，农村居民人均可支配收入10082元。

全县平均年降水量1666.6mm，折合水量34.32亿m^{3}降水量年内时空分配不均，主要集中在5~9月。全县年水资源总量为17.60亿m^3。地表水资源总量为17.60亿m^3，地下水资源总量为2.64亿m^3。全县年总用水量为1.218亿m^3。根据《宣城市水资源公报》泾县主要河流全年水质为Ⅱ~Ⅲ类，水质状况总体较好，但由于农村生活垃圾随意丢弃、滥用农药、化肥等农业面源污染加剧导致部分来水面积较小，自净能力较弱的小河流水质有所恶化。

二、农村饮水安全工程建设情况

1. 农村人口饮水安全解决情况

根据“十一五”和“十二五”规划，我县在实施农村饮水安全工程之前，共28.34万农村居民存在饮水不安全问题，分布在我县各个乡镇，饮水不安全类型主要为：血吸虫疫县、砷超标、细菌学超标以及水量不足、水源保证率、方便程度不达标等类型。截至2015年底，我县农村总人口28.34万人，饮水安全人口22.86万人，自来水普及率80.66%以上；我县共147个行政村及社县，截至2015年底，尚有云岭镇中村村，泾川镇岩潭村、五星村，桃花潭镇连虹村、水口村、清溪村等6个村未通水，通水比例96%。2005—2015年，我县农饮各级财政投资共计划下达11157万元，建成131处饮水安全工程（引泉工程118处、乡镇水厂13处），供水总能力达2.04万m^3/d。解决了22.86万农村居民和0.8万农村学校师生饮水不安全问题。

表1　2015年底农村人口供水现状

乡镇数量	行政村数量	总人口	农村供水人口	集中式供水人口	其中：自来水供水人口	分散供水人口	农村自来水普及率
个	个	万人	万人	万人	万人	万人	%
11	147	35.44	28.34	22.86	22.86	5.48	80.66%

表2　农村饮水安全工程实施情况

合计			2005年及“十一五”期间			“十二五”期间		
解决人口		完成投资	解决人口		完成投资	解决人口		完成投资
农村居民	农村学校师生		农村居民	农村学校师生		农村居民	农村学校师生	
万人	万人	万元	万人	万人	万元	万人	万人	万元
22.86	0.8	11157	10.26	0	4634	12.6	0.8	6523

2. 农村饮水工程（农村水厂）建设情况

2005年以前，我县县域农村水厂共有9座水厂，供水总规模0.5万m^3/d，分布在我县10个乡镇，主要存在供水规模不够、制水能力差、水源保证率不达标、设施管网老化等问题。截至2015年底，我县共建有13座水厂（扩建的水厂或部分新水厂纳入原水厂算一处），供水规模1.44万m^3/d，分布在我县10个乡镇。

农饮工程建设中，2005—2015年，为了保证建设投入，扩大受益范围，我县通过招商引资等吸纳社会资金兴办农村集中供水工程，对有一定发展潜力的现有水厂，根据乡镇供水规划，按照水厂申报计划条件择优进行改扩建。水厂改扩建工程新增主体部分建设由财政投入资金和投资方（供水水厂）投入资金共同完成。主体工程以外的其他部分由投资人（原业主）投入资金和群众自筹资金（入户安装工料费）完成。

表3　2015年底农村集中式供水工程现状

工程规模	工程数量	设计供水规模	日实际供水量	受益乡镇数	受益行政村数	受益农村人口	自来水供水人口
	处	m^3/d	m^3/d	个	个	万人	万人
合计	122	20400	20000	11	141	22.86	22.86
规模水厂	11	12000	11800	—	—	14.8	14.8
小型水厂	111	8400	8200	—	—	8.06	8.06

3. 农村饮水安全工程建设思路及主要历程

（1）“十一五”建设情况

“十一五”规划期间，我县共解决10.26万农村居民饮水不安全问题。完成各级财政投资4634万元。建设的规模水厂有：蔡村镇水厂（1000m^3/d），桃花潭水厂（2000m^3/d），云岭镇自来水厂（2000m^3/d），茂林镇自来水厂（1000m^3/d），琴溪镇自来水厂（1500m^3/d），黄村镇自来水厂（1500m^3/d），丁家桥镇自来水厂（1500m^3/d），昌桥自来水厂（1500m^3/d），昌桥自来水厂孤童分厂（1500m^3/d）。规模以下水厂有：晏公自来水厂（900m^3/d），泾县自来水厂农村部分（900m^3/d），榔桥镇自来水厂（900m^3/d），云岭镇自来水厂北贡分厂（900m^3/d）。建设的引泉工程有53处。

（2）“十二五”建设情况

“十二五”规划期间，我县共解决12.6万元农村居民和0.8万学校师生饮水不安全问题。完成各级财政投资6523万元，建设的引泉工程65处。

三、农村饮水安全工程运行情况

1. 县级农村饮水安全工程专管机构

为了加强对农村饮水安全工程的管理，2011年3月，县编委做出了《关于在水政水资源股加挂“农村饮水安全管理中心”牌子的批复》。这也就是我县农村饮水安全工程的管理机构，机构性质属于全额事业单位，已落实人员数量2人。

2. 县级农村饮水安全工程维修养护基金

为了管理和使用好运行维护基金，县水务局于2011年11月份出台了《泾县农村饮水安全工程运行维护基金使用管理办法（暂行）》。基金使用严格按该办法执行。县财政每年按30万元配套到位，截至2015年底，已使用维修基金90万元。

3. 县级农村饮水安全工程水质检测中心建设情况。

我县严格按照上级文件要求建设水质检测中心。2015年12月，完成检测中心建设并试运行。

泾县农村供水工程需要检测具体水质指标参照《生活饮用水卫生标准》（GB 5749—2006）和《农村饮水安全工程水质检测中心建设导则》，由于宣城市不存在放射性指标超标情况，检测指标为40项，定期检测和日常巡检。

4. 农村饮水安全工程水源保护情况

（1）加强组织领导。2011年我县出台了《泾县农村饮水安全工程运行管理实施意见》。进一步明确职责，理顺关系，合理确定和分解水源地保护工作的目标和任务，层层落实领导责任制，建立乡镇集中饮用水水源地保护的统一监管机制，尽快形成县域全覆盖、管理全过程的乡镇饮用水水源保护和安全监管体系。

（2）严格水源保护。按规定划定饮用水水源地保护区范围，规范标识标牌。2013年，环保部门按照饮用水水源保护县划分技术规范，对划定的11个集中式饮用水水源地保护县进行了标识标牌的采购和安装工作，说明保护的级别、范围和禁止事项等。

（3）加大监测力度。我县环境监测站定期对我县划定的11个饮用水水源地保护县进行水质监测，建立正常的水源水质定期报告制度和信息公开制度，及时准确地报告和发布水源水质信息。同时，我县农村饮水安全水质检测中心采取定期和不定期对其他各水源水质进行检测，确保水质安全。

（4）强化宣传教育。充分利用多种媒介，采取多种形式，在机关、团体、学校、社县、农村等进行广泛而有针对性的饮用水水源地保护宣传，引导当地居民重视水源地环境保护工作。建立饮用水水源地环境保护投诉热线，鼓励公众揭发各种环境违法行为，形成全民动员、全民参与的社会联动机制。

5. 供水水质状况

我县水厂净水工艺为“混凝+沉淀+过滤+消毒”，引泉水工程净水工艺为“过滤+消毒”。根据卫生部门检测结果，2015 年底，我县水质达标率为 95%，部分水源水质不达标指标为感官及一般化学性指标、微生物指标。

6. 农村饮水工程（农村水厂）运行情况

（1）单村小型工程：该类工程投资以国家资金投入、集体和受益群众投资投劳构成，该类工程形成的资产归受益群众集体所有，在县水行政主管部门和乡镇人民政府、街道办事处的指导下，由村民大会、村民代表大会或村委会集体管理，不得转让、抵押、拍卖。

该类工程共建设 118 处。收入来源主要为收取用户水费和村委会补贴，支出主要为人员工资、药剂费、维修费等。水价按 1.5 元/m^3 收取，由于用水户少且分散，供水工程目前收取的水费仅能补助供水成本甚至不够，不足部分由村委会补贴营困难。

（2）集中式水厂：该类工程投资以国家、社会资金及群众自筹构成，根据各方投资比例确定股份，由工程所在地乡镇人民政府、街道办事处与社会资金投资者签订经营协议，由投资人进行经营管理。工程所在地乡镇人民政府、街道办事处作为国有资产所有权管理单位参与管理，并对工程经营管理进行监督，定期进行清产核资或财务检查，国有资产不得转让、抵押、拍卖。

该类工程共建设 13 处（不含已兼并工程）。收入来源主要为收取用户水费，支出主要为人员工资、电费、药剂费、维修费、办公费、油费等。根据泾价费〔2016〕101 号文件，该类工程执行“两部制”水价，“两部制”水价分为容量水价和计量水价，容量水价收费标准为每月每户 4 元（年用水量 12m^3 以下每户每年收取 30 元），计量水价的平均基价为 2 元/m^3。由于我县水厂存在用水户较少，且分散，供水管线长，该类工程目前在以往每年有项目的情况下处于保本赢利状态。一旦项目减少，完全靠收取水费，可能不能满足水厂运营。

7. 农村饮水工程（农村水厂）监管情况

农村饮水工程由县农饮办监督管理，确保国有资产不流失、工程良性运行。用水合作组织、供水单位不仅要接受水利、卫生、物价、审计等部门的监督检查，建立定期和不定期报告制度，还要接受用水户和社会的监督、质询和评议。管理单位或经营者建立日常服务体系，在日常维护中，对受益户多加宣传，让受益户自觉的爱护供水工程。

8. 运行维护情况

一是出台管理办法，落实优惠政策。县政府出台了《泾县农村饮水安全工程运行管理实施意见》和《关于印发〈泾县农村饮水安全引泉工程运行管理暂行办法〉的通知》，在工程管理、水源水质管理、供水管理和水价核定、水费征收等方面明确规定。认真执行农村饮水安全工程公益性项目“用地、用电、税收”等方面优惠政策，最大限度减少工程运行管理成本。二是明确管护责任，落实维修养护经费。按照农村饮水安全工程投资渠道和工程规模，明晰产权归属，分类确定管理主体和管理方式。同时，为保障工程发挥效益，县财政每年按照30万元的补助标准设立运行维护基金，用于补助农村饮水安全工程日常运行维护，补贴五保户、农村低保户等用水户水费和供水管理单位人员培训、考核、奖惩等。

9. 农村饮水协会成立及运行情况

2010年8月26日，泾县农村饮水协会正式成立。协会成立后，每年组织开展饮水企业管理经验和学术交流活动，推广应用现代科学管理和先进技术，组织职工技能培训。协会作为自律性组织，依照法律、法规和章程，建立完善自我保护、自我约束、自我发展的工作制度和运行机制，提高管理水平，加强职业道德、诚信意识和维权意识的培训教育，规范行业自律，提高行业素质。协会进一步提高了我县农村饮水工程经营管理水平。

四、采取的主要做法、经验及典型案例

（一）做法和经验

1. 地方出台的政策和法规性文件：

泾县县委政府对农村饮水安全高度重视，先后发布了《泾县农村饮水安全工程运行管理实施意见》（泾政秘〔2011〕190号）、《关于印发〈泾县农村饮水安全引泉工程运行管理暂行办法〉的通知》等地方性法规和文件。

2. 经验总结

（1）加强领导，明确责任，强化组织保证

县委、县政府高度重视农村饮水安全工程建设，并作为重要民生工程纳入地方政府任期目标考核。县政府成立了农村饮水安全工程规划和建设领导组，县水务局组建专门班子，配备责任心强、业务能力精干人员专门从事工程建设管理工作。同时，县政府和建设乡镇签订目标责任书，明确乡镇职责。建立县四大班子领导联系制度，并经常深入现场检查指导；县相关部门加强联系和沟通，及时解决建设中存在问题。项目建设乡镇也成立相应组织，明确专人负责，进一步抓好工程建设和建后管护工作的落实。

（2）广泛宣传，营造氛围，提高知晓率

为增加项目建设的知晓率、透明度、满意度，我县多种形式广泛宣传项目的政策、意义和做法。一是媒体广泛宣传。通过国家、省、市等报刊，市、县政府、水务及民生网站等媒体，广泛宣传相关政策，公示项目建设内容和项目建设有关情况。二是标牌标语宣传。在建设乡镇人员流动多的地方设置户外大型宣传牌，在每处工程点设置工程概况牌，在交通干道、路口悬挂横幅，在城市公交站台张贴宣传标语，积极营造浓厚的舆论氛围。三是印制画册流动宣传。将水利民生工程政策、实施办法、相关知识等印制成册，免费发放给受益县群众；将宣传标语印制在水杯、草帽、毛巾、雨伞等日常用品和出租车上，实现随时随地流动宣传。四是推行“双公开”。在工程建设前和完工后，对工程建设计划和竣工情况进行公示、公开，自觉接受群众监督。

(3) 科学设计，规范建设，提升质量标准

2011 年，我县先后编制修订了《泾县农村饮水安全工程“十二五”规划》，所有建设项目按照规划组织实施。设计、施工、监理等单位的选择以及大宗材料、设备采购都严格按照招投标各项规定进行。

在工程建设过程中，合同管理贯穿始终。建设单位与设计、施工、监理、材料设备供应单位分别签订合同，建立合同档案，及时做好合同跟踪。监理单位根据工程施工特点，科学编制监理规划大纲、监理细则，采取现场记录、关键部位和隐蔽工程旁站、巡视检验、跟踪检测等方法控制工程质量。通过审批施工组织设计、工程进度等，控制工程进度和资金拨付。工程完工后，委托有资质的第三方检测单位对重要分部进行竣工检测，保证工程质量。

(4) 创新方法，强化调度，协调推进

一是建立项目预申报制。规划内各乡镇在完成本辖县拟申报实施计划前期工作基础上，每年 10 月向县农饮建管处申报次年项目计划。建管处对前期工作准备充分、符合项目实施条件的乡镇预安排计划，并在向省、市申请计划时提前进行工程建设准备，为工程顺利开工、及时完工和发挥效益赢得了宝贵时间。二是开好工程建设“四会”。项目计划下达时，召开有计划任务的乡镇参加的建设会商会议。工程施工中，定期、不定期召开工程建设调度会，研究解决工程建设中的重大问题。分片开好受益群众代表会。向受益群众代表宣传有关政策，介绍工程建设方案，通报进度，听取意见，赢得群众理解和支持。开好建管处工作例会。建管处定期召开全体人员工作会议，总结工作，研究部署下一阶段工作，及时发现和解决工程建设过程中出现的问题，保证工程顺利实施。四是全程跟踪审计制。工程开工前，审计单位派代表进驻工地现场，参与工程计量，并及时整理；工程完工后，及时开展审计工作并出具审计报告，为建设单位控制投资和结算审计提供了便利，避免因审计不及时而影响工程竣工验收问题发生。

(5) 多措并举，强化运行管理

建设是基础，管理是关键。建立农村饮水安全工程后续管养机制是农村饮水安全工程长期发挥效益的保证，是人民群众长久受益的保证。它与建设农村饮水安全工程同等重要，更为迫切，在抓好工程建设质量和进度的同时，也必须管理好、运行好，才能真正发挥工程效益。农村饮水安全工程建后能够按照省、市和县有关农村饮水安全工程运行管理办法的要求，明晰产权，搞活经营权；根据工程的特点确定管理主体、制定管理制度；办理取水许可证、卫生许可证、收费许可证等；加强水源保护和水质检测；建立维护基金，加强管道、设备维护；加强培训，提供优质服务；等等。

(二) 典型工程案例

泾县蔡村镇农村饮水安全民生工程经验案例

切实加强蔡村镇农村饮水安全工程公益设施的建设，提高农民生活饮水质量，是改善农民生活条件的基本措施，是贯彻落实科学发展观，推进社会主义新农村建设和构造社会主义和谐社会的重要内容，也是省政府组织实施的 33 项民生工程之一。为了抓好农村饮水安全工程建设，镇成立了农村饮水安全民生工程领导小组，实行部门协助、各司其职的负责制。并将农村饮水安全工作纳入年度目标考核，并随时进行跟踪、督查，有力调动了

部门的积极性，推动了饮水安全工程的顺利开展。

农村饮水安全民生工程的质量好坏，直接关系到群众的切身利益，关系到建设后的长久效益。为保证工程建设质量，在建设实施过程中重点把好五个“关口”和一个“举措”。

一是把好计划上报和规划设计关，镇水利站首先做好项目计划申报工作。每年度的农村饮水安全工程由水务部门负责统一规划设计，本着因地制宜、实事求是的原则，在充分考虑规划供水点工程量、资金来源、群众投工投劳实际情况下，按工程技术标准进行合理设计。

二是把好材料设备进货关，由县人饮办根据工程需要的材料，以省水利厅推荐的产品目录为基础，以县为单位实行集中招标采购，择优劣汰，保证了质量，降低了成本。

三是把好施工队伍选择关，由县人饮办采取公开招标、邀请招标等形式，选出有实力、信誉好、报价合理的施工企业。

四是把好工程质量监督关，由县人饮办实施项目保证金制度，施工质量与工程拨款有机结合，工程竣工后留10%的资金作为工程质量保证金，待工程试运行1年后无任何质量问题方才拨清余款；聘请有资质的监理单位对工程进行全过程监理，水务、财政和计划等部门加大工程监督力度，有效防止了“豆腐渣”工程的出现。

五是把好工程验收关，工程完成后，由县人饮办先由县农村饮水安全领导小组组织相关部门的技术、管理人员进行乡（镇）级自验，县级验收合格后，报请市级验收。在项目建设实施过程中，严格按照国家基本建设程序进行管理，实行项目“四制”，确保了工程建一处成一处、发挥效益一处。

六是实施举措和管护制度的制定，农村饮水工程在管网延伸过程中，镇自来水厂组织了专业施工队伍，确保工程的施工质量。管网延伸铺设到每一村民组，在入户安装过程中，首先与安装户签订用水合同，明确水厂与用户的权利与义务。单村引泉工程在申报项目前，专门召开了村民座谈会，成立了领导组，落实了专管人员，制定了引泉工程管护制度，镇自来水厂在严格规范管理工作中，制定了各项规章制度：厂长负责制、生产管理制度、卫生管理制度、水质管理制度、泵房运行安全技术操作规程、紧急事故处理预案、水厂卫生管理制度等。对已安装的用水户日常维修管理由专人负责，设置报修电话，实行24小时畅通，一般情况下2～3小时修复。单村引泉工程，发现停水现象，由专管人员进行检查及时修复，一般情况下1～2小时内修复供水。

蔡村镇为在今后的农村饮水安全民生工程建设实施工作中，严格农村饮水工程建设、加强水源保护、科学运行管理和水质管理，使农村饮水民生工程逐步走向规范化、制度化和科学化。

五、目前存在的主要问题

1. 集镇供水工程供水、管护能力有待进一步提高

近年来通过集镇管网延伸辐射到农村的自来水逐渐占主导地位，虽然管理责任主体明确，解决了饮用水有人管的问题，但随着用水户的骤增，原水厂在供水能力、服务能力上明显不足。为从根本上解决农村供水长效管理机制，加速农村自来水覆盖，提高供水能力。但对新建乡镇自来水厂或技改工程，在资金、政策扶持和建后管护的模式上，如何能

更好地发挥水厂服务功能的作用还有待探索。

2. 农村饮水饮用水水源地保护有待加强

尽管在农村饮水水源地所在地的乡（镇）、村都设置了水源地保护公示牌，但近年来，部分群众因个人利益驱动，饮用水水源地保护区内滩地晾晒料草、从事毒鱼、水面养殖等非法生产经营现象时有发生，饮水安全还存在一定的隐患。

六、“十三五”巩固提升规划情况及长效运行工作思路

（一）“十三五”巩固提升规划情况

结合省、市有关部门关于农村饮水“十三五”规划部署及泾县农村供水现状，提出了2017年底前全面解决贫困人口饮水安全问题及农村自来水覆盖率、集中供水率、水质达标率等规划目标。通过对现状的认真摸底调查和存在问题的梳理，提出合理划分供水分区、新建一批供水工程、现有供水工程管网延伸、水质净化改造及加强工程运行管理等主要建设内容。新建工程30处（集中式10处、分散式20处），管网延伸7处，提升改造工程9处，新增水源地保护25处，规模水厂自动化及信息化建设10处。

通过实施本规划，可新增供水能力2760.3m^3/d，新增受益农村人口2.6824万人，其中贫困人口2972人，改善受益人口2.74万，总投资3022.8万元，使泾县农村自来水普及率提高到89.9%以上，集中供水率89.9%，水质合格率有较大提高，农村居民饮水安全保障能力得到显著提升。全县实现农村贫困村自来水村村通，全部解决贫困人口饮水安全问题。

表5　“十三五”巩固提升规划目标情况

农村集中供水率（%）	农村自来水普及率（%）	水质达标率（%）	城镇自来水管网覆盖行政村的比例（%）
89.9	89.9	76	31.7

表6　“十三五”巩固提升规划新建工程和管网延伸工程情况

工程规模	新建工程					现有水厂管网延伸			
	工程数量	新增供水能力	设计供水人口	新增受益人口	工程投资	工程数量	新建管网长度	新增受益人口	工程投资
	处	m^3/d	万人	万人	万元	处	km	万人	万元
合计	30	3000	2.92	0.85	1737	7	85.5	1.83	902
规模水厂						6	75.8	1.77	855
小型水厂	30	3000	2.92	0.85	1737	1	9.7	0.06	46

（二）“十三五”后农饮工程长效运行工作思路

1. 管理体制改革

针对目前的现实情况，下一步泾县将以产权制度改革为核心，加大政府支持力度的同时，充分发挥市场机制的作用，进一步推进农村饮水安全工程管理体制改革。

（1）对于单村供水工程，产权归受益群众集体（指村集体或组建的用水合作组织）所有，通过确权发证，落实工程管护责任。

（2）对于社会资金投资为主的供水工程，按照“谁投资，谁所有”的原则，明晰工程产权，根据各方投资比例确定股份，组建具有独立法人资格的股份制公司负责工程管理。水行政主管部门和用水户代表作为董事参与供水工程管理。国有资产部分不得随意转让、抵押、拍卖，并按规定提取折旧费。政府有关部门对其服务质量、水质卫生安全等进行监督。

（3）对于分散供水工程，产权归受益农户所有，通过确权发证，实行用水户自有、自管、自用。

2. 管理机构建立

（1）专管机构成立情况

运行管理机构是农村饮水工程长期、安全、有效运行的基本保障。为了加强农村饮水安全工程运行管理，泾县成立了“农村饮水安全管理中心”，办公室设立在县水务局，负责全县农村饮水安全工程新建、改（扩）建项目的建设管理和建成工程运行管理的监督指导；推进水厂标准化、规范化建设，负责水厂运行管理人员培训，确保工程良性运行；代表国家对农村饮水安全工程的国有资产行使监督和管理权，保证国有资产的安全和保值。协助相关职能部门共同做好对运行管理单位的服务和监管。现有工作人员 3 人，为全额拨款事业单位。

（2）工程管理模式

根据泾县农村饮水工程现状，考虑到管理模式的专业化和效率化，考虑规模以上水厂采用成立供水协会，负责全县农村规模以水厂管理指导工作。引山泉工程委托各乡镇委托乡镇水利管理站负责管理运行或委托专业供水机构代为管理，政府予以管理补贴。

3. 管理制度建设

进一步加强农村供水工程管理制度建设，泾县人民政府先后出台了《泾县农村饮水安全项目建设管理实施意见》《泾县农村饮水安全工程运行维护基金管理实施办法》等一系列规范性文件，对项目实施主体、项目实施标准和项目资金使用进行统一管理。

4. 工程运行机制

在加强工程建设管理的同时，泾县积极探索建立科学合理的运行管理机制，促进工程良性运行。各供水工程按照现代企业管理制度，实行企业管理，独立经营、单独核算、自负盈亏，形成以水养水的良性循环管理运行机制。

（1）强化水费计收管理

按照计量供水、补偿成本、合理收益、优质优价、公平负担的原则合理确定水价，并根据供水成本、费用及市场供求的变化情况适时调整。督促供水单位加强财务管理，执行国家的财务会计制度，建立健全内部财务管理制度。推行水费民主决策制度，保证水费的合理、高效利用。定期对水价、水量、水费收支特别是工程折旧费的管理和使用情况进行公示，接受政府、用水户及社会监督检查。

（2）建立高效管理制度

参照水利部颁发的《村镇供水站定岗标准》确定管理人员人数。单位负责人通过公开竞争方式选任，定期考评。其他岗位人员要统一考试，按精简高效的原则定岗择优聘用，持证上岗。严格控制人员编制，减少冗员，降低工程管理和运行成本。建立合理的分配机制，按照市场经济规律，采取灵活多样分配办法，把职工收入与岗位责任和工作绩效紧密联系起来。供水单位要对用水户逐户登记造册，与用水户签订供用水合同，并发放用水户手册。用户改建、扩建或拆迁用水设施，要经供水单位批准，由专业人员实施。新增用水户要向供水单位提交书面用水申请，办理上户手续。

（3）实行有效监督制度

供水单位不仅要接受水利、卫生、物价、审计等部门的监督检查，建立定期和不定期报告制度，还要接受用水户和社会的监督、质询和评议。供水单位要建立健全内部管理制度，规范管理行为，在确保安全生产和正常供水的基础上，不断提高管理水平和服务质量。

5. 维修养护基金建立和使用情况

建立泾县农村供水工程维修基金，主要用于补助供水水价低于成本和实际用水量达不到设计标准的供水工程的运行费用以及维修和养护费用；补贴经过县民政部门核准、社会公示后确定的五保户、特困户等用水户水费；用于各供水管理单位的人员培训、考核、奖惩和新技术推广等。每年县财政根据上年农村供水维修基金使用情况，列出预算直接拨付到县水务局农村供水工程维修基金专户，专款专用，保证供水企业在特殊情况下能正常运转。目前全县落实资金30万元/年，截至2015年底账户金额80万元。

6. 运行管理水平提升方案

农村饮水安全工程的良性运行，事关农民切身利益，事关投资效益充分发挥，必须强化工程的运行管理，建立长效机制，确保工程长期发挥效益。尤其是供水单位的运行管理水平参差不齐，致使对农村供水工程相关人员进行技术培训、提高农村饮水工程管理人员的业务素质和技术水平已经已迫在眉睫。下一步，泾县将积极响应安徽省农村饮水管理总站培训工作的安排，组织开展关键岗位人员专业及行业管理人员培训。

培训主要针对规模以上水厂关键岗位（集中式水厂负责人、净水工和水质化验员等）培训。人才培养将系统地学习供水运行管理法律、法规及规范文件，水源管理，水质管理，净水厂管理，水厂自动化控制管理，输配水管网安装及维修，水厂经营管理等内容。并同时开展若干期短期培训班，对农饮工程运行管理、水质净化、水费收缴等实际操作技能进行了详细的辅导。

铜陵市

铜陵市农村饮水安全工程建设历程（2005—2015）

（铜陵市水务局）

一、基本概况

铜陵市位于安徽省中南部，长江中下游南岸，1956年依矿建市，是一座新兴的工贸港口城市，位于东经117°42′～118°10′，北纬30°45′～31°07′。现辖3区（铜官区、义安区、郊区）、1县（枞阳县），总面积1205.43km^2。截至2015年底铜陵市总人口74.15万人，农村人口32.13万人，163个行政村，生产总值（GDP）721.3亿元，工业增加值493亿元。

铜陵市地处沿江江南，气候温和，雨量充沛，濒临长江，过境的长江水资源极其丰富，本地水资源量也较为丰富，平均降水量1370mm，水资源总量5.73亿m^3，其中地表水资源量5.43亿m^3、地下水资源量0.95亿m^3，全市人均水资源量791m^3。铜陵市境内主要河流有长江干流及其支流黄浒河、顺安河和青通河，主要湖泊有东西湖、白浪湖、天井湖和桂家湖等，共有46座水库，其中小（1）型水库4座、分别是圣冲水库、长冲水库、丁冲水库和牡丹水库。

铜陵市多年平均水资源可利用总量为3.95亿m^3，水资源可利用率为55.3%。其中，地表水资源可利用量为3.75亿m^3，水资源可利用率为56.3%；浅层地下水可开采量为0.21亿m^3，占水资源可利用总量的5.2%，水资源可开采率为30%；岩溶裂隙水可开采量为0.017亿m^3，占水资源可利用总量的0.4%；重复计算量占水资源可利用总量的0.5%。长江铜陵段总体水质良好，为Ⅱ～Ⅲ类。大部分地下水质良好，但局部地下水已遭到严重污染，主要污染因子为化学需氧量、氨氮、铜、硫化物和铅，主要是矿山开采引起的岩溶塌陷致使地表污染进入地下水通道有关。

<table>
<tr><td rowspan="2">地</td><td>新桥
硫铁矿</td><td>露采、井采
（地下充填）</td><td>黄龙船
山灰岩</td><td>灰岩、
石英砂岩</td><td>地表水、
大气降水、
岩溶水</td><td>溶隙、
降水灌入</td><td>中等偏
复杂</td></tr>
<tr><td>凤凰山
铜矿</td><td>井采
（地下充填）</td><td>大理岩与岩
体接触部位</td><td>大理岩、花
岗闪长岩</td><td>大气降水、
岩溶水</td><td>溶洞</td><td>中等</td></tr>
</table>

（续表）

地	铜山铜矿	露采、井采（地下充填）	黄龙船山灰岩	大理岩、花岗闪长岩	大气降水、岩溶水	降水灌入、溶洞	中等偏复杂
	安庆铜矿	井采（地下充填）	三叠系灰岩	大理岩、花岗闪长岩	地表水、岩溶水	构造破碎带、溶洞	中等偏复杂
	新华山铜矿	井采	大理岩与岩体接触部位	闪长岩、大理岩	岩溶水	接触带、溶洞	中等偏复杂
裂隙充水矿山	立新煤矿	井采（斜井冒落法）	二叠系上统龙潭组上部页岩	页岩、硅质灰岩、砂质页岩、细砂岩	大气降水、老窿水、断裂脉状水、裂隙水	老窿、破碎带	简单
	大通煤矿	井采（斜井冒落法）	二叠系上统龙潭组上部页岩	页岩、黏土岩、硅质灰岩、砂页岩、细砂岩	大气降水、老窿水、断裂脉状水、裂隙水	破碎带、降水灌入	中等

二、农村饮水安全工程建设情况

1. 农村人口饮水安全解决情况

根据“十一五”和“十二五”农村饮水安全规划，铜陵共有农村饮水不安全人口21.69万人，其中水质超标人口18.94万人和缺水人口2.75万人。水质超标类型有：砷超标1.44万人，主要分布在新桥河和顺安河中上游；污染严重水质9.79万人，包括氟超标和血吸虫疫区人口，主要分布在天门、五松、钟鸣、顺安、老洲、胥坝、东联、西联、大通等乡镇；未经处理的Ⅳ类及超Ⅳ类地表水其他水源4.4万人，主要分布在天门、顺安、东联、西联、西湖等乡镇，由小型矿山废水排放和农业生产使用农药、化肥过量所致；水质总硬度、硫酸盐等其他水质超标2.77万人，主要分布在顺安镇的凤凰山、胥坝乡。水源保证率、生活用水量及用水方便程度不达标人口3.92万人，主要分布在顺安、钟鸣、天门等乡镇，这主要是有些自然村，海拔较高，要找到优质的水源较难；另一方面，农业用水挤占了农村饮用水源；在用水方便程度方面，主要是由于有些行政村、自然村分布较远且散，致使有些自然村用水方便程度较低。

截至2015年底，铜陵市农村总人口32.13万人，共解决饮水不安全人口29.58万人，农村自来水供水人口29.58万人，自来水普及率92%；共有163个行政村，154个行政村已通水，通水比例94.5%。2005—2015年，农村饮水安全工程计划累计下达投资9941万元，下达计划解决人口21.69万人，累计完成投资18387万元，其中社会投资8445.5万元，建成整合农村水厂23处。

2015年底，由于行政区划调整枞阳划归铜陵市管辖。2005—2015年来，农村饮水工程计划累计下达枞阳县投资额17066万元，计划解决人口数35.04万人，学校师生1.328万人，累计完成投资17066万元（其中中央投资12749万元、省级投资2052.2万元、县级配套1193万元、群众自筹871.8万元、其他资金200万元)、建成农村规模水厂8座数，管网延伸及改造38处，小型提水工程8处等。

2. 农村饮水工程（农村水厂）建设情况

2005年以前，铜陵市共有水厂30座，其中铜陵县有23座农村水厂、郊区有5座水厂、狮子山区有2座水厂。供水规模一般都在200m^3/d以下。这些水厂运行中，存在着的主要问题：一是各水厂规模小，辐射人数少，大多数水厂经济亏损，难以维持；二是水厂配置过于简单，缺少应有消毒设施，其卫生指标与城市居民饮水质量尚有差距；三是水厂建设标准低，工程中大量使用PVC管材，由于该管材使用寿命期短，造成水厂运行中，爆管和“跑、冒、滴、漏”现象频发，水损大。

表1　2015年底农村人口供水现状

县（市、区）	乡镇数量	行政村数量	总人口	农村供水人口	集中式供水人口	其中：自来水供水人口	分散供水人口	农村自来水普及率
	个	个	万人	万人	万人	万人	万人	%
合计	14	163	45.02	32.13	29.58	29.58	2.65	92
义安区	8	115	28.91	25.92	23.53	23.53	2.49	90.8
郊区	5	36	8.31	4.11	3.95	3.95	0.16	96
铜官区	1	12	7.8	2.1	2.1	2.1		100

截至2015年底，全市现有农村水厂23座，2005—2015年农饮工程建设中，共筹措农村饮水安全工程建设资金18387万元，其省下达计划投资9941万元、政府融资本8000万元、社会资金446万元。2015年底，农民接水入户7.42万户，入户率达100%。义安部分乡镇收取入户材料费用，不高于300元/户，对特困人员采取免费安装，郊区、狮子山区未收入户费。

3. 农村饮水安全工程建设思路及主要历程

“十一五”期间，铜陵市农村饮水安全工程思路是饮水解困为目的，以原有小水厂为基础，对其改造扩建，增大供水能力，扩大覆盖面。同时，对人口相对集中区未有饮水工程的，采取新建小水厂解决。共投入资金5883万元；共解决农村饮水不安全人口15.25万人（省计划13.11万人）。中央、省投资3437.2万元，市配套资金1190.8万元，县级自筹809万元，社会资金446万元。由于以上水厂规模小、投入不足、配套设施不健全，给日常运行管理带来一定困难，多数水厂的水质水量难以保证，导致用水户投诉事件时有发生。

“十二五”期间，采取整合兼并小水厂、实行规模化经营，以及城市自来水向周边延伸覆盖。铜陵市政府启动了天门、顺安、钟鸣三镇城网供水主管网项目解决农村饮水不安全人口10.56万人（省计划8.58万人），农村学校师生0.74万人。总投资12504万元，其中：中央、省级投资3603.6万元，市配套资金540.24万元，县级自筹360.16万元，政府融资本8000万元。

表 2　农村饮水安全工程实施情况

县（市、区）	合计			2005 年及“十一五”期间			“十二五”期间		
	解决人口		完成投资	解决人口		完成投资	解决人口		完成投资
	农村居民	农村学校师生		农村居民	农村学校师生		农村居民	农村学校师生	
	万人	万人	万元	万人	万人	万元	万人	万人	万元
合计（含枞阳）	62.53	2.07	35453	30.13		12868	31.16	2.07	22585
合计（不含枞阳）	27.49	0.74	18387	15.7		5883	11.72	0.74	12504
义安区	22.03	0.67	16108	11.47		4240	10.56	0.67	11868
郊区	3.95	0.07	1676	2.72		1040	1.16	0.07	636
铜官区	1.51		603	1.51		603			
枞阳县	35.04	1.33	17066	15.6		6985	19.44	1.33	10081

表 3　2015 年底农村集中式供水工程现状

县（市、区）	工程规模	工程数量	设计供水规模	日实际供水量	受益乡镇数	受益行政村数	受益农村人口	自来水供水人口
		处	m^3/d	m^3/d	个	个	万人	万人
合计	合计	23	24034	23039	14	154	29.58	29.58
	规模水厂	5	18467	18135			23.08	23.08
	小型水厂	18	5567	5322			5.06	5.06
义安区	合计	17	19542	18547	8	108	22.03	22.03
	规模水厂	2	14393	13643			17.41	17.41
	小型水厂	15	5149	4904			4.62	4.62
郊区	合计	7	4492	4492	5	34	3.95	3.95
	规模水厂	4	4074	4074			3.51	3.51
	小型水厂	3	418	418			0.44	0.44
铜官区	合计	2009 年已全部并入城市管网			1	12	2.1	2.1
	规模水厂				1	12	2.1	2.1
	小型水厂							

三、农村饮水安全工程运行情况

1. 市、县级农村饮水安全工程专管机构

2012 年 1 月 19 日，铜陵县（现义安区，下同）机构编制委员会下发《关于同意成立铜陵县农村饮水管理中心的批复》（铜编〔2012〕3 号），同意成立铜陵县农村饮水管理中心，隶属县水利局，为全额拨款事业单位，副科级，核定编制 5 名。核定运行经费 10 万元，资金来源为财政拨款。

2. 市、县级农村饮水安全工程维修养护基金

铜陵县政府 2011 年第 76 期《常务会议纪要》决定，农村饮水安全工程管护经费 74 万元/年。目前，该资金由区财政局专账管理、统一使用。2015 年，铜陵县共支付农村饮水安全工程维修养护基金 79. 9 万元。2012 年，郊区农林水务局、郊区财政局联合制定下发《关于印发〈郊区农村饮水安全工程运行管护细则〉的通知》（郊农〔2012〕104 号），明确农村饮水安全工程管护制度、职责、措施、资金每每年安排农村饮水安全工程维修养护基金 10 万元。

3. 县级农村饮水安全工程水质检测中心及

我市未单独建设区域水质检测中心，铜陵县水质检测主要依托县卫生局的卫生疾控防治中心开展工作，落实运行经费 10 万元。郊区、农村饮水安全工程主要通过城市管网延伸工程，水质检测由铜陵首创水务公司承担。

4. 农村饮水安全工程水源保护情况

铜陵市人民政府关于印发《铜陵市环境功能区划分暂行规定》的通知（铜政〔2011〕53 号）以及铜陵市人民政府办公室关于印发《铜陵市义安区农村集中式供水工程水源保护区划定方案》的通知（办〔2016〕68 号），划定了铜陵首创水务公司、老洲乡太阳岛水厂等供水人口 1000 人以上 11 座水厂的水源地，明确了保护范围及明确相关单位职责

5. 供水水质状况

铜陵市水厂共分为两类，分别为生产型水厂和转供城市自来水水厂。一是生产型水厂，主要分布在江心洲老洲乡、胥坝乡以及未改造的钟鸣镇。水源为长江水、水库水以及地下水。其净水工艺为源水经絮凝反应、沉淀、过滤、消毒处理供给用户。通过区卫生疾控防治中心提供的水质检测报告显示：水源水达标率 100%，出厂水达标率 90%，末梢水达标率 85%。水质不合格的主要指标为总大肠菌群、浑浊度、游离余氯等。分析原因主要为：水厂净水工艺简陋，消毒设施配套不全，原有 PVC 管道存在二次污染风险等。二是转供城市自来水水厂，主要分布西联乡、东联乡、顺安镇、天门镇、大通镇。末梢水达标率 100%。

6. 农村饮水工程（农村水厂）运行情况

农饮工程实行分级管理，县区水利局为主管部门，日常工作由区农村饮水管理中心负责，项目乡镇政府为本辖区农饮工程的管护主体。

我市农饮项目水价均按物价部门核定水价执行，共分为两类：一类生产型水厂，实行两部制水价，用水基数为 4m^3/月，水费为 10～15 元/月，超出部分水价为 2. 5～3. 0 元/m^3；另一类为城网延伸工程，实行“同网同质同价”，采取按量计价，水价标准为 2. 17～2. 24 元/m^3。主要支出为三个方面：一是电费支出，占收入的 30%～40%；二是水厂管理人员工资支出，占收入的 20%～30%；三是设备维护抢修费用支出，占收入的 20%～30%。

7. 农村饮水工程（农村水厂）监管情况

乡镇人民政府是农村饮水安全工程的运行管理责任主体。农村饮水安全工程验收后，

产权移交所辖乡镇人民政府，由乡镇人民政府确定工程管理单位自主经营，包括水厂固定资产、规范化管理、入户费用收取、水质、水价、供水服务等方面。同时，农村水厂要接受县、区水利局业务管理、卫生局水质管理、物价局水价管理等。

8. 运行维护情况

农饮工程有多种管理模式：一是原经营者运行管理，主要是指原个人投资的、后经农饮资金改造的水厂，不改变原有经营模式，继续由原经营者户管理，我市大部分小水厂采用此种方式；二是乡镇组建运管机构直接经营管理，人、财、物均由乡镇政府负责，如老洲乡太阳岛水厂厂等；三是农饮托管经营，即将某个区域划片成一个整体，采取招商引资，引进具有实力强、管理经验丰富的企业来经营，如天门镇农饮托管给铜陵县自来水公司等。所有水厂的用电价格均按农业用电价格执行，用地、税收等相关优惠政策方面均按上级文件精神落实到位。

四、采取的主要做法、经验及典型案例

（一）做法和经验

1. 地方出台的政策和法规性文件

铜陵市人民政府关于印发《铜陵农村饮水安全工程运行管理办法》（铜政〔2012〕23号），铜陵县出台了《铜陵县农村饮水安全工程运行管理办法》（铜政办〔2010〕150号），郊区农林水务局、郊区财政局联合制定下发《关于印发〈郊区农村饮水安全工程运行管护细则〉的通知》（郊农〔2012〕104号），明确了区水利、财政、环保、卫生、供电、物价等部门的工作职责，各部门无论在工程建设上，还是在运行管理上，根据各自的职责，全力做好服务工作，确保民生工程达到人民群众满意工程。

2. 经验总结

水源保护方面：划定水源保护区，根据铜陵市政府铜政〔2011〕53号文以及市政府办公室办〔2016〕68号文，划定了铜陵首创水务公司、老洲乡太阳岛水厂等供水人口1000人以上11座水厂的水源地，明确了保护范围和相关单位的职能。

前期工作方面：成立农村饮水安全工程领导小组，全面协调工作。前期阶段，即邀请乡镇人员全程参与设计调查、勘查工作。同时，召集水厂经营者和受益区居民等多部门代表座谈，修改、完善设计成果，经过多轮方案比选，确定出符合实际的最终方案，既保障了工程建设可行，又有效降低资金投入。

资金筹措方面：铜陵市农村饮水安全年度实施方案都明确了项目资金承担比例：扣除上级补助后市级财政承担60%，县（区）财政承担40%。为加强对民生工程资金的使用管理，制定了具体财务管理制度，实行专户管理，严格实行资金报账制，实行群众监督与财政部门监督相结合等措施，确保专款专用。

工程建设管理方面：在工程建设过程中，我们严格执行“四制”管理，严把原材料进口关、设备采购关、施工过程关，严格落实质量目标责任制，实行工程质量终身负责制。实行全过程监督，水利部门不定期派出工程督导人员，检查督导工程建设质量和进度情况。

运行管理方面：一是原经营者运行管理，主要是指原个人投资的、后经农饮资金改造

的水厂，不改变原有经营模式，继续由原经营者户管理，该大部分小水厂采用此种方式；二是乡镇组建运管机构直接经营管理，人、财、物均由乡镇政府负责，如老洲乡太阳岛水厂、顺安镇顺新水厂等；三是农饮工程托管经营，引进具有实力强、管理经验丰富的企业来经营，如天门镇和顺安镇部分区域农饮托管给义安区自来水公司经营管理等。

水质监管方面：一是项目县区乡镇政府在水厂和各个受益村设立监督员，发现异味、变色等水质问题第一时间上报，乡镇政府及时派人现场调查，查明原因并作出相应处罚；二是区农村饮水管理中心开展定期和不定期检查，主要查看水厂是否按章操作，是否减少药物投入等；三是依靠区卫生疾控防治中心开展水质定期抽检，若水质不合格，及时下发整改通知，限期整改，对屡教不改的，清出水厂管理队伍。

（二）典型县案例

1. 城乡供水一体化，创铜陵供水模式

由于“十一五”期间建设的供水工程布局分散、规模较小，且制水工艺落后，水质合格率、供水保证率和及时率偏低，难以满足群众需求。喝上干净、卫生的自来水，成为农村居民迫切的期盼。然而，老的供水模式由于城乡脱节、分散供水，无法彻底解决农村居民的饮水安全问题。要解决饮水安全问题，让农村居民喝上城市自来水，必须实行城乡统筹。2011 年，铜陵市委市政府做出战略部署，实施城市供水管网向圩区和后山区乡镇延伸，加快推进城乡一体化供水工程建设，保障农村居民饮水安全。全市共投入资金 8000 多万元，铺设安装主管道 68km，建设供水加压泵站 9 座。“十二五”主要采取接城市延伸的主管网的办法解决，重点解决了铜陵县西联乡、东联乡、天门镇、顺安镇、郊区、大通镇等农村居民饮水安全问题，实行城乡供水一体化，农村居民喝上了与城市居民同质同价同网、安全可靠的自来水。实行城乡一体化供水，一改原先分散的管理模式，供水工程走向集中化、区域化和网络化，能提供优质、可靠和可控的自来水。真正实现保质、保量、方便、经济、长效的供水目标。

2. 加大力度，积极推进小水厂整合

“十一五”期间，全市先后建成 43 处（片）集中式供水工程。通过多年来的运行管理，发现小型供水工程分散，规模小，运行成本偏高，企业亏损严重，尤其是江心洲和“飞地”这些水厂受地域限制，城市供水管网无法延伸供水。为确保这些地区农村居民长期吃上安全、放心水，我们结合实际情况，因地制宜地对一些管理落后和布局不合理的小型供水工程进行兼并和资源整合，发挥规模效应。铜陵县老洲乡属于江心洲，总人口 1.4 万人，原由太阳岛、光辉、成德、幸福、白沙五座水厂分片供水，小水厂供水覆盖人口少，供水水质差，成本高，问题越来越多，老百姓意见很大；2012 年，通过协调和宣传，投资 401 万元，将原来 5 个水厂整合为 1 个水厂，对太阳岛水厂取水、净水、配水等工程进行改造，供水规模达 $1500m^3/d$，全乡 1.4 万人均由这一个水厂供水。2013 年，市级财政又投资 1400 万元，对江北普济圩水厂进行增容改造，扩大供水规模，将郊区灰河乡几个小水厂全部淘汰，由普济圩水厂集中供水，目前，普济圩水厂供水规模已达 6000 余户。通过建规模水厂和接城市供水管网等办法，铜陵供水水厂由原来 43 处减少到 23 处，供水量、水质、保障率都得到明显提升，当地群众纷纷称赞这一工程是“民心工程”“德政工程”。

五、目前存在的主要问题

1. 工程建设方面

农村饮水安全工程工程施工难度大，涉及面广，如土地征用、青苗补偿、管线埋设时涉及百姓门前屋后、路面破损，与原供水单位沟通协调等。

2. 项目运行方面

由于我市现有小水厂较多，大部分水厂服务人口不足5000人，有的水厂少至百人，给运行和管理带来很大问题，普遍存在水质差、供水不足现象，同时，由于小水厂受益人口少，大多数小水厂收取的水费不足支付电费和维修费等支出，导致小水厂难以生存。部分地区水厂未经改造，仍然使用原有PVC管道，该管道爆管频繁，增加了维修成本和水损量。

3. 水质保障方面

小水厂配备人员小，工种少，很难及时解决突发事件，服务水平有待提高；存在偷工减料现象，这主要发生在一些生产制水的小水厂，在生产过程中减少药剂用量，特别是杀菌药剂，致使水厂水质不达标；小水厂开展日常水质检测工作少。

4. 行业管理方面

农村饮水安全工程运行管理办法中虽然明确了相关单位职责要求，但在日常管理中，监管任务主要落实在水利部门和乡镇政府，监管工作很难做细做实。同时，水利部门和乡镇政府缺少必要管理手段，如处罚权和执法权，导致对发现的个别私营水厂违规行为，难以处罚制止。

六、“十三五”巩固提升规划情况

1. 全市农饮巩固提升“十三五”规划情况

（1）规划思路：义安区（原铜陵县）、郊区坚持“农村供水城市化，城乡供水一体化”的发展战略和“规模化发展、标准化建设、市场化运作、企业化经营、专业化管理、用水户参与”的运作思路，枞阳县采取主要建设措施：采取改扩建、配套、改造、联网等措施。

（2）规划目标：到2020年，义安区（原铜陵县）农村集中供水率达到100%，农村自来水普及率达到98%；城镇自来水管网覆盖行政村的比例达到95.4%。枞阳农村集中供水率达到87%，农村自来水普及率达到81.13%；城镇自来水管网覆盖行政村的比例达到51.16%。郊区农村集中供水率达到100%，农村自来水普及率达到100%；城镇自来水管网覆盖行政村的比例达到94.5%。

表4　“十三五”巩固提升规划目标情况

县（市、区）	农村集中供水率（%）	农村自来水普及率（%）	水质达标率（%）	城镇自来水管网覆盖行政村的比例（%）
合计	90.4	84		67
枞阳县	87	81	85	51

（续表）

县（市、区）	农村集中供水率（%）	农村自来水普及率（%）	水质达标率（%）	城镇自来水管网覆盖行政村的比例（%）
义安区	100	98	90	95.4
郊区	100	100	95	94.5

（3）主要建设内容：义安区（原铜陵县）钟鸣镇、顺安镇盛瑶村实施城市管网延伸工程，胥坝乡采用新建水厂供水方案时，新建一座规模水厂，设计供水规模为4200m³/d。枞阳县采取的是对现有水厂进行改扩建；对枞阳县在册的37座水厂进行管网延伸；对钱铺乡建设小型集中供水工程。郊区主要是对大通镇和悦水厂、永平水厂改造工程，对铜山镇管网延伸工程、安铜办管网延伸工程。

（4）运行管理措施：继续健全完善农村饮水安全专管机构，全面建立区域农村供水技术支持服务体系。加快农村饮水安全工程产权改革，明晰所有权、经营权、管理权，落实工程管护主体、责任、经费。积极探索推广设计施工总承包制、代建制、政府购买服务以及专业化和物业式管理等新的工程建设管理形式。创新运作机制，保障城镇供水企业有积极性实施供水设施向农村延伸，积极引导和鼓励社会资本多种方式参与工程建设管理。

表5　“十三五”巩固提升规划新建工程和管网延伸工程情况

县（市、区）	工程规模	新建工程					现有水厂管网延伸			
		工程数量	新增供水能力	设计供水人口	新增受益人口	工程投资	工程数量	新建管网长度	新增受益人口	工程投资
		处	m³/d	万人	万人	万元	处	km	万人	万元
合计	合计	1	4200	3.47	1.96	2970	36	623	8.23	6357
	规模水厂	1	4200	3.47	1.96	2970	35	543	7.97	6207
	小型水厂						1	80	0.26	150
枞阳县	合计						32	188	3.76	1917
	规模水厂						32	188	3.76	1917
	小型水厂									
义安区	合计	1	4200	3.47	1.96	2970	2	344	3.32	3000
	规模水厂	1	4200	3.47	1.96	2970	1	264	3.06	2850
	小型水厂						1	80	0.26	150
郊区	合计						2	91	1.15	1440
	规模水厂						2	91	1.15	1440
	小型水厂									

表6　“十三五”巩固提升规划改造工程情况

县（市、区）	工程规模	改造工程					
		工程数量	新增供水能力	改造供水规模	设计供水人口	新增受益人口	工程投资
		处	m^3/d	m^3/d	万人	万人	万元
合计	合计	13	179700	179700	88.39	2.11	3509
	规模水厂	8	176800	176800	85.96	0.05	3150
	小型水厂	5	300	300	2.43	2.06	359
枞阳县	合计	11	179400	179400	88.02	2.93	3214
	规模水厂	8	176800	176800	85.96	0.05	3150
	小型水厂	3	2600	2600	2.06	2.06	64
郊区	合计	2	400	400	0.37		295
	规模水厂						
	小型水厂	2	400	400	0.37	0	295

2.“十三五”之后农饮工程长效运行工作思路

一是为巩固建设成果，使农村居民饮上安全可靠放心水，全面实施城网延伸工程，实现由城镇水务公司统统一供水，实现供水服务均等化。二是农饮工程为民生工程，应逐步收购、兼并的小水厂进行整合，新建或改扩建规模水厂，搞高供水量、水质等供水条件。三是进一步完善管护制度，为保证供水安全、提高服务质量，满足农村饮水安全工程管护需要。

义安区农村饮水安全工程建设历程（2005—2015）

（义安区水务局）

一、基本概况

铜陵市义安区（原铜陵县）位于安徽省中南部、长江下游南岸，东接繁昌、南陵，南邻青阳、贵池，西北隔江与枞阳、无为相望。全区总面积845.3km^2，耕地面积24.06万亩。由长江及其支流的冲积作用发育而成的河漫滩地及沙洲，地面海拔小于15m，大部分为8～10m，水网密布，河沟纵横。境内主要河流有长江、黄浒河、顺安河和青通河。

截至2015年底，全区辖4乡4镇，103个行政村，12个居委会；总人口28.99万人，其中农业人口25.92万人。全区地区生产总值124.33亿元（当年价，下同），其中，第一产业增加值9.82亿元，第二产业增加值87.35亿元，第三产业增加值27.16亿元，二、三产业增加值占GDP的比重为92.1%。

义安区水资源较为丰富，但分布不均。洲圩区有丰富的过境水资源，地表以沟塘蓄水为基础，但随着地方经济的发展，污染严重；山丘区水资源相当贫乏，缺少蓄水与水源工程，易发生饮水困难。据1996年义安区水利局编制的《义安区水资源开发利用现状分析报告》综合分析，全区地表水资源多年平均7.5亿m^3，保证率在50%、75%、95%时地表水资源量分别为7.1亿m^3、5.2亿m^3、3.2亿m^3。长江过境水资源多年平均径流量为9052亿m^3/年。地下水资源年补给模数为11.2万～16.4万m^3/km^2。长江铜陵段总体水质良好，为Ⅱ～Ⅲ类。大部分地下水质良好，但局部地下水已遭到严重污染。

二、农村饮水安全工程建设情况

1. 农村人口饮水安全解决情况

根据义安区“十一五”和“十二五”农村饮水安全规划统计，义安区共有农村饮水不安全人口16.23万人，其中水质超标人口13.97万人和缺水人口2.26万人。水质超标类型有：（1）砷超标1.05万人，主要分布在新桥河和顺安河中上游两侧的顺安镇、西联乡等；（2）污染严重水质7.26万人，包括氟超标和血吸虫疫区人口，主要分布在天门、五松、钟鸣、顺安、老洲、胥坝、东联、西联等乡镇，直接取用未经净化消毒处理的地表水和地下水的地区；（3）未经处理的Ⅳ类及超Ⅳ类地表水其他水源2.89万人，主要分布在天门、顺安、东联、西联等乡镇，由小型矿山废水排放和农业生产使用农药、化肥过量所致；（4）水质总硬度、硫酸盐等其他水质超标 2.77 万人，主要分布在顺安镇的凤凰山、东联乡、西联乡的东城村、山东村。水源保证率、生活用水量及用水方便程度不达标人口 2.26 万人，主要分布在顺安、钟鸣、天门等三个乡镇，这主要是有些自然村，海拔较高，要找到部分的水源较难；另一方面，农业用水挤占了农村饮用水源；在用水方便程度方面，主要是由于有些行政村、自然村分布较远且散，加之因投入资金方面的不足，致使有些自然村用水方便程度较低。

截至 2015 年底，义安区农村总人口 25.92 万人，共解决饮水不安全人口 23.53 万人，农村自来水供水人口 23.53 万人，自来水普及率 90.8%；全区共有 115 个行政村，108 个行政村已通水，通水比例 93.9%。2005—2015 年，农饮省级投资计划累计下达投资 8108 万元，下达计划解决人口 16.23 万人，累计完成投资 16108 万元，其中社会投资 8000 万元，建成农村水厂 17 处。

表 1　2015 年底农村人口供水现状

乡镇数量	行政村数量	总人口	农村供水人口	集中式供水人口	其中：自来水供水人口	分散供水人口	农村自来水普及率
个	个	万人	万人	万人	万人	万人	%
8	115	28.91	25.92	23.53	23.53	2.49	90.8

表 2　农村饮水安全工程实施情况

合计			2005 年及“十一五”期间			“十二五”期间		
解决人口		完成投资	解决人口		完成投资	解决人口		完成投资
农村居民	农村学校师生		农村居民	农村学校师生		农村居民	农村学校师生	
万人	万人	万元	万人	万人	万元	万人	万人	万元
23.53	0.67	16108	12.97	0	4240	10.56	0.67	11868

2. 农村饮水工程（农村水厂）建设情况

2005 年以前，义安区建有 23 座农村水厂，其中，老洲乡有光辉水厂（100m³/d）1 座，胥坝乡有新洲水厂（100m³/d）、子胥水厂（150m³/d）、西江水厂（100m³/d）、农贸水厂（100m³/d）、群心水厂（100m³/d）、灌溉水厂（100m³/d）6 座，西联乡有东兴水厂（150m³/d）、太平水厂（100m³/d）、加兴水厂（100m³/d）、老观水厂（100m³/d）、和平水厂（100m³/d）、北埂水厂（100m³/d）、钟仓水厂（100m³/d）7 座，东联乡有四清水厂（150m³/d）、华龙水厂（100m³/d）、流潭水厂（100m³/d）3 座，天门镇有朱村水厂（200m³/d）、董店水厂（200m³/d）2 座，钟鸣镇有钟鸣水厂（200m³/d）、马中水厂（100m³/d）2 座，顺安镇有东城水务水厂（200m³/d）、盛瑶水厂（100m³/d）2 座。这些水厂运行中，存在着许多不容忽视的问题，主要表现：一是各水厂规模小，辐射人数少，大多数水厂经济亏损，难以维持；二是水厂配置过于简单，缺少应有消毒设施，其卫生指标与城市居民饮水质量尚有差距；三是水厂建设标准低，工程中大量使用 PVC 管材，由于该管材使用寿命期短，造成水厂运行中，爆管和“跑、冒、滴、漏”现象频发，水损大；四是水厂运行管理不规范。

截至2015年底，义安区现有农村水厂17座，其中，老洲乡有太阳岛水厂（1500m^3/d）1座，胥坝乡有新洲水厂（300m^3/d）、胥坝一水厂（原子胥水厂880m^3/d）、胥坝二水厂（原灌溉水厂462m^3/d）、安平水厂（原西江水厂840m^3/d）、宏瑞水厂（原农贸水厂744m^3/d）5座，钟鸣镇有钟鸣水厂（600m^3/d）、马中水厂（300m^3/d）、牡东水厂（300m^3/d）、九榔水厂（100m^3/d）、金凤水厂（100m^3/d）、金山水厂（100m^3/d）、泉栏水厂（100m^3/d）、水村水厂（100m^3/d）、水龙水厂（100m^3/d）9座，顺安镇有盛瑶水厂（100m^3/d）1座，铜陵首创水务公司城网延伸工程（12893m^3/d）1处。建成规模水厂2座。2005—2015年农饮工程建设中，义安区结合社会资本、个人资金等，共筹措农村饮水安全工程建设资金16108万元，其中省级投资8108万元、社会资本8000万元。2015年底，农民接水入户5.66万户，入户率达90%。入户材料费用收取严格执行省水利厅标准执行，一般控制在300元/户，对特困人员采取免费安装。

表3　2015年底农村集中式供水工程现状

工程规模	工程数量	设计供水规模	日实际供水量	受益乡镇数	受益行政村数	受益农村人口	自来水供水人口
	处	m^3/d	m^3/d	个	个	万人	万人
合计	17	19542	18547	8	108	23.53	23.53
规模水厂	2	14393	13643	—	—	17.41	17.41
小型水厂	15	5149	4904	—	—	6.12	6.12

3. 农村饮水安全工程建设思路及主要历程

“十一五”期间，义安区农饮建设思路是饮水解困，以原有小水厂为基础，对其改造扩建，增大供水能力，扩大覆盖面。同时，对人口相对集中区未有饮水工程的，采取新建小水厂解决。先后新建、改扩建水厂27座；建成铜陵首创水务公司城网延伸工程1处，兼并整合小水厂11座；建成规模水厂（铜陵首创水务公司城网延伸工程）1处；共投入资金4240万元，共解决农村饮水困难人口12.97万人。由于以上水厂规模小、投入不足、配套设施不健全，给日常运行管理带来一定困难，多数水厂的水质水量难以保证，导致用水户投诉事件时有发生。

针对以上存在的问题，“十二五”期间，义安区调整农饮建设思路：饮水安全项目建设上，原则上不再新建水厂，采取整合兼并小水厂、实行规模化经营，以及城市自来水向周边延伸覆盖。先后整合兼并、改扩建水厂7座（不包括未改造整合的钟鸣镇9座水厂和顺安镇1座水厂），其中，兼并整合水厂3座，包括老洲乡太阳岛水厂兼并光辉水厂，胥坝一水厂兼并群心水厂；铜陵首创水务公司城网延伸工程整合8座水厂，如西联乡东兴水厂、钟仓水厂、天门镇朱村水厂、董店水厂、兴化水厂、西丰水厂、南洪水厂、顺安镇凤凰山水厂；改扩建水厂4座；另外，钟鸣镇9座水厂（钟鸣水厂、马中水厂、牡东水厂、九榔水厂、金凤水厂、金山水厂、泉栏水厂、水村水厂、水龙水厂）和顺安镇1座水厂

（盛瑶水厂）将在十三五实施改造整合。建成规模水厂 2 座，分别为老洲乡太阳岛水厂、铜陵首创水务公司城网延伸工程；共投入资金 11868 万元，其中社会资本 8000 万元；共解决农村饮水不安全人口 10.56 万人，农村学校师生 0.67 万人。

三、农村饮水安全工程运行情况

至 2015 年底，义安区农村饮水安全工程运行情况如下：

1. 县级农村饮水安全工程专管机构

2012 年 1 月 19 日，铜陵县机构编制委员会下发《关于同意成立铜陵县农村饮水管理中心的批复》（铜编〔2012〕3 号），同意成立铜陵县农村饮水管理中心（现更名为铜陵市义安区农村饮水管理中心），隶属县水利局，为全额拨款事业单位，副科级，核定编制 5 名。核定运行经费 10 万元，资金来源为财政拨款。

2. 县级农村饮水安全工程维修养护基金

根据区政府 2011 年第 76 期《常务会议纪要》决定，区财政局每年安排中小型水利工程管护经费 200 万元，其中农村饮水安全工程管护经费 74 万元/年。目前，该资金由区财政局专账管理、统一使用。同时，区财政局建立了资金使用管理制度，采取报账制，即对存在较大隐患或投资较大维修项目，由水厂或经营者向主管部门提出书面维修报告，然后逐级审核上报，经批准后实施，最后由财政支付维修改造费用。

3. 县级农村饮水安全工程水质检测中心

义安区未新建农村饮水安全工程水质检测中心，水质检测工作主要采取以下方式开展：一是供水单位水质自检，要求严格按照规范要求操作，并达到合格标准；二是依靠卫生部门的区卫生疾控防治中心开展水质抽检，抽检频次为每年不少于 2 次（分丰水期和枯水期），检测指标不少于 42 项。水质检测经费由区财政局在农村饮水安全工程维修养护基金中解决。2015 年，全区水厂水质检测费为 58.4 万元。

4. 农村饮水安全工程水源保护情况

一是划定水源保护区，根据铜陵市人民政府关于印发《铜陵市环境功能区划分暂行规定》的通知（铜政〔2011〕53 号）以及铜陵市人民政府办公室关于印发《铜陵市义安区农村集中式供水工程水源保护区划定方案》的通知（办〔2016〕68 号），划定了铜陵首创水务公司、老洲乡太阳岛水厂、胥坝一水厂、钟鸣水厂等供水人口 1000 人以上 11 座水厂的水源地，明确了保护范围；二是将水源保护设施纳入项目中，同时设计，同时建设，如围墙、栅栏、警示标牌等；三是水源保护设施和农村饮水主体工程同时移交运管单位，由运管单位开展水源保护设施日常维护保养工作，确保设施完整；四是区环保局制定了水源管理办法，明确相关单位职责；五是区环保局开展定期或不定期水源地检查，发现问题，要求运管单位及时整改。

5. 供水水质状况

义安区水厂共分为两类，即生产型水厂和转供城市自来水水厂。一是生产型水厂共 16 座，主要分布在江心洲老洲乡、胥坝乡以及未改造的钟鸣镇。水源为长江水、水库水以及地下水。其净水工艺为源水经絮凝反应、沉淀、过滤、消毒处理供给用户。通过区卫生疾控防治中心提供的水质检测报告显示：水源水达标率 100%，出厂水达标率 90%，末梢水达标率 85%。水质不合格的主要指标为总大肠菌群、浑浊度、游离余氯等。分析原因主要为水厂净水工艺简陋，消毒设施配套不全，原有 PVC 管道存在二次污染风险等。二是转供城市自来水水厂 1 座，主要覆盖西联乡、东联乡、顺安镇和天门镇。通过区卫生疾控防治中心提供的水质检测报告显示末梢水达标率 100%。

6. 农村饮水工程（农村水厂）运行情况

义安区农村水厂投资建设主要分为两种类型，一类利用国家农饮资金及地方政府配套资金建设，另一类是采用农饮资金对社会资金建设的水厂进行改造。根据《铜陵县农村饮水安全工程运行管理办法》规定，义安区农饮工程实行分级管理，区水利局为主管部门，日常工作由区农村饮水管理中心负责，项目乡镇政府为本辖区农饮工程的管护主体。现有的管护类型主要有：一是全额财政投资、规模较大、受益人口多的水厂，由乡镇政府成立水厂管理机构经营，如老洲乡太阳岛水厂等；二是全额财政投资、规模较小、受益人口少的水厂，由乡镇政府委托受益村代管，如钟鸣镇九栏水厂、水村水厂等；三是全额财政投资的小型水厂，由乡镇政府或村对外竞租，由个人承包经营，如钟鸣镇牡东水厂等；四是社会资金建设、财政资金改造的水厂，原则上由投资者经营，如西联乡东兴水厂、汀洲水厂等。所有财政资金建设的水厂产权均为国有，对社会资金投资、财政资金改造的水厂，按照投资比例进行产权划分。

义安区农村水厂水价均按物价部门核定价格执行，共分为两类。一是实行两部制水价，包括生产型水厂和早期改造城网延伸工程（如老洲乡、胥坝乡、西联乡、东联乡及钟鸣镇水厂），用水基数为 4m^3/月，水费为 10～15 元/月，超出部分水价为 2.5～3.0 元/m^3。二是按量计价，主要为区自来水公司托管的天门镇和顺安镇城网延伸工程，实行“同网同质同价”，水价标准为 2.17 元/m^3。目前，所有水厂运行正常。日实际供水量 18547m^3/d，其中 2 座规模水厂 13643m^3/d，14 座小型水厂 4904m^3/d。水厂收入来源为水费，水费收缴率约 90%。主要支出为三个方面：一是电费支出，占收入的 30%～40%；二是水厂管理人员工资支出，占收入的 20%～30%；三是设备维护抢修费用支出，占收入的 20%～30%。收支核算后，规模水厂利润在 5%～10%，小型水厂基本无利润。

7. 农村饮水工程（农村水厂）监管情况

根据《铜陵县农村饮水安全工程运行管理办法》（铜政办〔2010〕150 号）第四条和第五条规定：“乡镇人民政府是辖区农村饮水安全工程的责任主体，即属地管理”“农村饮水安全工程验收后，产权移交所辖乡镇人民政府，由乡镇人民政府确定工程管理单位自主经营”，故乡镇政府是本辖区农村水厂监管的第一责任人，包括水厂固定资产、规范化管理、入户费用收取、水质、水价、供水服务等方面。同时，农村水厂要接受区水利局业务管理、区卫生局水质管理、区物价局水价管理等。为加强水厂日常管理，提高水厂服务质量，近期区水利局出台《关于印发〈铜陵市义安区小型水利工程日常管理运行维护考评办法（试行）〉的通知》（水政〔2016〕89 号），区财政每年拿出 500 万元用于水利工程维护，其中农村饮水工程维护资金 88 万元。

8. 运行维护情况

目前，义安区 17 座农村水厂运行正常，无断水停运现象。每座水厂均组建了运行维修队伍，确保维修及时，供水畅通。同时，每座水厂均建立健全了相关管理制度和管理措施。另外，全区所有水厂的用电价格均按农业用电价格执行，用地、税收等相关优惠政策方面均按上级文件精神落实到位。

四、采取的主要做法、经验及典型案例

（一）做法和经验

1. 地方出台的政策和法规性文件

义安区出台了《铜陵县农村饮水安全工程运行管理办法》（铜政办〔2010〕150号），明确了区水利、财政、住建、环保、卫生、林业、供电、物价等部门的工作职责，规定了农村饮水安全工程属于政府扶持的准公益性工程，政府各部门无论在工程建设上，还是在运行管理上，根据各自的职责，全力做好服务工作，确保民生工程达到人民群众满意工程。

2. 经验总结

（1）水源保护

共分三块管理：一是划定水源保护区，根据铜陵市政府铜政〔2011〕53号文以及市政府办公室办〔2016〕68号文，划定了铜陵首创水务公司、老洲乡太阳岛水厂等供水人口1000人以上11座水厂的水源地，明确了保护范围；二是水源保护设施建设，义安区将水源保护设施纳入项目中，同时设计，同时建设，如围墙、栅栏、警示标牌等；三是日常维护管理，水源保护设施和农村水厂主体工程同时移交运管单位，由运管单位开展水源保护设施日常维护保养工作，确保设施完整。

（2）前期工作

为加强农村水厂建设管理，发挥乡镇政府管理长处，调动乡镇积极性，让设计成果能准确、真实地表达实际需要，区水利局在项目设计阶段，即邀请乡镇人员全程参与设计调查、勘查工作。同时，召集水厂经营者和受益区居民等多部门代表座谈，修改、完善设计成果，经过多轮方案比选，确定出符合实际的最终方案，既保障了工程建设可行，又有效降低资金投入。

（3）资金筹措

义安区采取多渠道筹措资金，一是区级财政资金投入，根据《铜陵市农村饮水安全项目资金管理办法》第三条规定“农村饮水安全工程项目资金承担比例：扣除上级补助后市级财政承担60%，县（区）财政承担40%”；二是乡镇政府融资投入，通过出让其他资产或租赁土地等方式筹资，如天门镇融资500多万元，用于解决该镇剩余人口饮水问题（除农饮建设外）；三是自来水经营者筹资投入，该区对部分农村水厂改造采取政府和经营者共同承担改造任务，即政府出资购买管材管件，经营者承担管道安装及埋设费用；四是用水户承担末端建设费用，即采取收取入户材料费方式，解决水表之后的建设费用。

（4）工程建设管理

工程建设中，区水利局邀请项目区乡镇政府、农饮经营者、受益区用户代表全程参加建设过程，让他们了解项目实施动态，掌握工程管道走向，便于今后管理，同时对工程建设起到一定监管作用。对建设中存在问题，也邀请他们参加，和业主、设计、监理、施工、供货商等相关负责人共同探讨，群策群力，力争项目早日完成，早日投入作用。

（5）运行管理

义安区农村水厂有多种管理模式：一是原经营者运行管理，主要是指原个人投资的、后经农饮资金改造的水厂，不改变原有经营模式，继续由原经营者户管理，该区大部分水厂采用此种方式；二是乡镇组建运管机构直接经营管理，人、财、物均由乡镇政府负责，如老洲乡太阳岛水厂等；三是农饮工程托管经营，即将某个区域划片成一个整体，采取招商引资，引进具有实力强、管理经验丰富的企业来经营，如天门镇和顺安镇部分区域农饮托管给义安区自来水公司经营管理等。

通过几年运行来看，托管经营相对比较成功，管理跟得上，服务质量高，投诉事件少，这是该区农饮下步改革发展方向。

（6）水质监管

一是项目区乡镇政府在水厂和各个受益村设立监督员，发现异味、变色等水质问题第一时间上报，乡镇政府及时派人现场调查，查明原因并作出相应处罚；二是区农村饮水管理中心开展定期和不定期检查，主要查看水厂是否按章操作，是否减少药物投入等；三是依靠区卫生疾控防治中心开展水质定期抽检，若水质不合格，及时下发整改通知，限期整改，对屡教不改的，清出水厂管理队伍。

（二）典型工程案例

1. 工程建设方面的成功案例

（1）城市自来水向周边延伸覆盖，创“铜陵农饮建设模式”

义安区地处长江中下游沿岸，虽然水量充沛，但受丘陵地带特有的地形制约，山丘区仍存在一定数量人口饮水不安全或用水保证率低。为彻底解决该区广大群众的饮水困难及不安全问题，2011 年，铜陵市政府启动了天门、顺安、钟鸣三镇城网供水主管网项目，项目投资 8000 万元，计划分年建设。即除江心洲老洲、胥坝两乡不具备实施城网供水条件外，在全市范围实施城网供水工程，采取由城市自来水向周边乡镇管网延伸，实现全市（除江心洲外）自来水由首创水务公司一家制水，从源头上彻底解决水质问题。截止 2015 年底，该区已实现了天门、顺安、五松、东联、西联五个乡镇城网供水，基本实现了饮用水的“城乡一体化建设”，让农民享受到与“城里人”一样待遇，喝上了同网同质同价干净卫生的自来水。

（2）整合小水厂，实行规模化经营

对原有的几座小水厂资源进行整合，形成一个较大规模的水厂运营，降低成本，提高水厂生存能力。2012 年，改造老洲乡水厂就是采用此种方案。由于该乡地处江心洲，城网无法延伸覆盖，老洲乡政府通过转让、收购、合股等多种形式，将该乡民主、幸福、成德、光辉和太阳岛 5 座小水厂整合为 1 座水厂，废除民主、幸福、成德、光辉 4 座小水厂制水工艺，对太阳岛水厂制水工艺进行改造，加大供水能力，改造后由太阳岛水厂统一制水，统一供水，覆盖全乡。

2. 工程运行管理方面的成功案例

为解决项目建成后运行管理难题，以及建成后水厂不能成为当地政府新的“包袱”，2013 年，义安区在天门镇农饮项目中尝试“建管一体”托管新路子：即通过招商引资，给予政策优惠，吸引有实力、懂管理、善经营的企业来管理。先后派人到周边地区水厂进行考察、调研、取经，并与多个企业经营者进行座谈交流，最终引进国营义安区自来水公司，通过谈判，将天门镇农饮项目托管给该公司经营，实行独立经营、自负盈亏；同时实行“建管一体”，这样即保证了工程质量，也让经营者全面掌握工程建设情况，为今后项目运营维护管理提供便利。之后的2014—2015年项目建设，延续2013年建设做法，继续将顺安、天门两镇农饮工程托管给该公司承担，实行“建管一体”。

运行管理上，其表现在：一是在乡镇人口集中区设立收费营业厅，便于农民上门交费；二是对偏远、交通不便地区，设立定时定点缴费点，公司派人上门服务，方便行动不便的农民缴费；三是该公司与铜陵工商银行合作，开通“一卡通”服务，实现用户不出门就可交费；四是成立专业机动的抢修队伍，对出现爆管、漏水问题，要求在半个小时内到达抢修，确保农饮工程24小时供水正常；五是组建多支管道巡查队伍，除公司巡查人员外，该公司在每村另聘村民负责该村范围内管道巡查，确保管线的爆管、漏水等问题能在第一时间发现抢修。

通过几年运行来看，义安区自来水公司管理井然有序，供水正常。这是该区农饮工程下一步管理改革方向。

五、目前存在的主要问题

义安区主要存在工程建设、运行管理、水质保障以及行业管理等方面问题：

1. 工程建设

农村水厂从设计到施工建设，具有一定技术要求，决定了从业人员要有一定的类似工作经验。根据水利基建程序要求，一定规模农村水厂必须公开招标落实承建单位。义安区在过去农饮项目建设上，均按招标程序落实了设计、监理、施工等单位，曾出现过设计成果不能满足实际需要、部分监理单位和施工单位不能胜任等现象，导致建设进度滞后，工程质量难以保证，直接影响了水厂效益发挥。若省厅能针对农村水厂项目出台邀请或指定有一定类似经验单位承建的政策，这样可规避经验不足单位参与建设，有利于提高水厂建设质量。

2. 运行管理

由于义安区现有30多个经营者（包括城市自来水转供给原小水厂），大部分水厂服务人口不足5000人，有的水厂少至百人，给运行和管理带来很大问题，普遍存在水质差、供水不足现象，村民怨声载道。同时，由于小水厂受益人口少，大多数小水厂收取的水费不足支付电费和维修费等支出，导致小水厂难以生存。加之，该区钟鸣镇等部分地区水厂未经改造，仍然使用原有PVC管道，导致管道爆管频繁，增加了维修成本和水损量。

3. 水质保障

私营小水厂与规模水厂水质存在很大差距：一是小水厂制水工艺简陋，消毒等配套设施不完善；二是小水厂存在偷工减料现象，如在生产过程中减少药剂用量，特别是杀菌药剂，致使水厂水质不达标；三是小水厂开展日常水质检测工作少。

4. 行业管理

《铜陵县农村饮水安全工程运行管理办法》中虽然明确了相关单位职责要求，但在日常管理中，监管任务主要落实在水利部门和乡镇政府，监管工作很难做细做实。同时，水利部门和乡镇政府缺少必要管理手段，如处罚权和执法权，导致对发现的个别私营水厂违规行为，难以处罚制止。

5. 农饮发展

水是生命的源泉，是社会经济发展命脉，是人类宝贵而又是无可替代的自然资源，理应由政府来控制管理。政府应抑制私人小水厂发展，逐步取缔小水厂，这样避免私营小水厂以“利”字当头，只服务人口集中区，边远、人口分散或成本高（需加压）地区不供水现象。

六、“十三五”巩固提升规划情况及长效运行工作思路

1. 县级农饮巩固提升“十三五”规划情况

（1）规划思路：义安区坚持“农村供水城市化，城乡供水一体化”的发展战略和“规模化发展、标准化建设、市场化运作、企业化经营、专业化管理、用水户参与”的运作思路，以安全供水和供安全水为目标，以维持工程长效运行为核心，城乡统筹，突出重点，规模发展，注重水质，完善机制，强化监管，技术创新，信息带动，建设城乡一体、标准较高、运营有力、监管到位的农村饮水安全工程基础和长效运行机制，从根本上解决农村饮水不安全问题，保障人民的生命健康，促进农村经济社会和谐发展。

（2）规划目标：到2020年，义安区农村集中供水率达到100%，农村自来水普及率达到94.6%；水质达标率达到89.2%；城镇自来水管网覆盖行政村的比例达到95.4%。

（3）规划人口：钟鸣镇现状总人口46737人，远期规划人口规模为49775人；胥坝乡现状总人口34721人，远期规划人口规模为36240人；盛瑶村现状总人口2925人，远期规划人口规模为3036人。

（4）主要建设内容：包括钟鸣镇、胥坝乡、顺安镇盛瑶村3项工程，一是钟鸣镇农村饮水安全工程，从现状市政主管网接管网至各行政村，并逐步敷设至各自然村。二是胥坝乡农村饮水安全工程，当采用接市政管道供水方案时，建设DN110mm～DN335mm主管道47.4km，DN25～DN90mm管道123.4km；当采用新建水厂供水方案时，新建一座规模水厂，设计供水规模为4200m^3/d。三是顺安镇盛瑶村农村饮水安全工程，从现状市政主管网接管网至村内，并加压送至各自然村，规划敷设DN20mm～DN110mm供水管道80km；新建一座加压泵站。

（5）运行管理措施：继续健全完善农村饮水安全专管机构，全面建立区域农村供水技术支持服务体系。加快农村饮水安全工程产权改革，明晰所有权、经营权、管理权，落实工程管护主体、责任、经费。国家投资为主的规模以上工程，按照产权清晰、权责明确、政企分开的原则，组建专业管理单位实行专业化管理。社会资本为主、国家补助为辅建设的工程，按照“谁投资、谁所有”的原则组建具有独立法人资格的股份制公司负责工程管理。鼓励各地组建区域化、规模化、专业化的运行管理单位。积极探索推广设计施工总承包制、代建制、政府购买服务以及专业化和物业式管理等新的工程建设管理形式。创新运作机制，保障城镇供水企业有积极性实施供水设施向农村延伸，积极引导和鼓励社会资本多种方式参与工程建设管理。

表 4　“十三五”巩固提升规划目标情况

农村集中供水率（%）	农村自来水普及率（%）	水质达标率（%）	城镇自来水管网覆盖行政村的比例（%）
100	94.6	89.2	95.4

表 5　“十三五”巩固提升规划新建工程和管网延伸工程情况

工程规模	新建工程					现有水厂管网延伸			
	工程数量	新增供水能力	设计供水人口	新增受益人口	工程投资	工程数量	新建管网长度	新增受益人口	工程投资
	处	m^3/d	万人	万人	万元	处	km	万人	万元
合计	1	4200	3.47	1.96	2970	2	344	3.32	3000
规模水厂	1	4200	3.47	1.96	2970	1	264	3.06	2850
小型水厂						1	80	0.26	150

2. “十三五”之后农饮工程长效运行工作思路

（1）工作思路

针对铜陵地区而言，全面实施城网延伸工程，实现由铜陵首创水务公司统一制水、统一供水。这样水质、水量均有保障。同时，农饮工程为民生工程、公共事业，是涉及民生的基础产业，政府应逐步收购小水厂经营权，打破垄断、各自为营局面，政府将收购、兼并的小水厂进行整合、划片，实行公开竞价承包经营或托管给实力强、经验丰富的企业经营。通过收购整合，逐步实现水厂营补亏，真正实现义安区农饮项目同网同质同价，惠及千家万户。

（2）政策建议

一是赋予管理人员管理权力。日常管理中，水利部门和乡镇监管人员缺乏管理手段，对个别私营水厂违规行为，无法处罚制止。建议上级部门赋予农饮监管人员处罚权和执法权。

二是增加监管力度。在各级农饮运管办法中，虽然明确了相关单位职责要求，但在日常管理中，监管任务主要落在水利部门和乡镇政府，监管工作很难做实做细。建议政府成立一支由各职能部门参加的联合队伍，对农饮工作开展常态化监督检查，加强监管力度。

郊区农村饮水安全工程建设历程（2005—2015）

（铜陵市郊区农林水务局）

一、基本概况

铜陵市郊区位于铜陵市南部，由城市边缘和飞地组成。地跨长江两岸，分别与义安区、铜官区、开发区、枞阳县、无为县、庐江县、普济圩农场、贵池区、怀宁县二市五县四区接壤，大多为沿江丘陵地貌，总面积178.78km^2。

铜陵市郊区地域分散，地貌零乱，地形复杂，境内丘陵、低山、洲、滩、圩等多种地貌兼有。郊区辖灰河乡、大通镇、铜山镇、桥南办事处、安庆矿区办事处，共5个乡、镇（办事处），35个行政村、居委会和社区。总人口8.31万人，其中农村或农村社区人口3.08万人。2015年郊区地区生产总值（GDP）75.24亿元，农村居民可支配收入18366元。

铜陵市郊区长江河道全长19.5km（小铁板—成德洲头，灰河口—坝埂头）。青通河为铜陵、贵池、青阳三地界河，发源于九华山东麓的盆泉岭（海拔1117m），流域面积1240km^2，铜陵市郊区境内61.4km^2，于大通镇汇入长江。郊区境内或相邻湖泊有桂家湖、祠堂湖、白浪湖、枫沙湖、陈瑶湖、马料湖等。溪流有姚溪河、长河、大郎冲河、红星河、木排冲河、后河、显化河、东边河、中间河等，长江多年平均流量2880m^3/s，平均径流量8939亿m^3。郊区境内水资源丰富，水资源利用主要为农业灌溉、工业厂矿企业用水及制水企业取水，由于受工业和农业污染的影响，直接从河湖、水库中取水已不能满足饮用水水质要求。

二、农村饮水安全工程建设情况

1. 农村人口饮水安全解决情况

实施农村饮水安全工程前，饮用水水质超标，不安全类型主要为地下水苦咸水，水中硬度超标，或工业废水、农业污水以及农村生活污水造成农村地表水水质污染，不符合饮用水标准。

2015年底，全区农村总人口3.08万人，饮用水安全人口3.95万人，农村自来水供水人口3.95万人，农村供水人口4.11万人，自来水普及率约96%；全区行政村36个，通水行政村34个，通水比例94%。

2005—2015 年，农饮省级以上投资计划累计下达 1110 万元，计划解决人口 3.95 万人，累计完成投资，解决 3.95 万人（含 700 学校师生）饮水安全问题，建成农村水厂 2 处。

表 1　2015 年底农村人口供水现状

乡镇数量	行政村数量	总人口	农村供水人口	集中式供水人口	其中：自来水供水人口	分散供水人口	农村自来水普及率
个	个	万人	万人	万人	万人	万人	%
5	36	8.31	4.11	3.95	3.95	0.16	96

表 2　农村饮水安全工程实施情况

合计			2005 年及“十一五”期间			“十二五”期间		
解决人口		完成投资	解决人口		完成投资	解决人口		完成投资
农村居民	农村学校师生		农村居民	农村学校师生		农村居民	农村学校师生	
万人	万人	万元	万人	万人	万元	万人	万人	万元
3.88	0.07	1676	2.72	0	1039.5	1.16	0.07	636

2. 农村饮水工程（农村水厂）建设情况

2005 年以前，全区无农村水厂。截至 2015 年底，全区现有 2 座水厂即和悦水厂与永平水厂。两座均位于大通镇和悦洲，供水规模 324m^3/d。2001—2015 年，全区农村饮水安全工程共投入 1675.5 万元。其中，中央资金 818 万元，省级资金 292 万元，市级资金 335.5 万元，区级资金 230 万元。我区农村饮水安全工程未收取入户费用，入户率 100%。

3. 农村饮水安全工程建设思路及主要历程

2005 年及“十一五”期间，全区共实施 8 处农村饮水安全工程。分别为：2005 年灰河乡东马农村饮水安全工程接普济圩北埂水厂管网网延伸，解决灰河乡东元村、马洼村 2 村共 1000 人饮水安全问题，供水规模 90m^3/d；2005 年铜山镇杨显片农村饮水安全工程为铜山矿供水厂管网延伸工程，解决铜山镇显化村、杨村村 2 村共 5000 人饮水安全问题，供水规模 450m^3/d；2005 年桥南办古圣农村饮水安全工程接铜陵市三水厂管网延伸，解决古圣村 1000 人饮水安全问题，供水规模 90m^3/d；2006 年安庆矿区办事处农村饮水安全工程为安庆水厂管网延伸，解决安铜办旗星村、牧岭村等 3 村共 3900 人饮水安全问题，供水规模 350m^3/d；2007 年灰河乡灰太农村饮水安全工程普济圩北埂水厂管网网延伸，解决灰河乡灰河村、太阳村等 3 村共 4100 人饮水安全问题，供水规模 370m^3/d；2008 年灰河乡灰太农村饮水安全工程普济圩北埂水厂管网延伸，解决灰河乡东风村等 3 村共 900 人饮水安全问题，供水规模 80m^3/d；2008 年大通镇农村饮水安全工程为铜陵市三水厂管网延伸，解决大通镇大院村、金华村等 6 村共 7612 人饮水安全问题，供水规模 640m^3/d；2008 年大通镇江心洲农村饮水安全工程，由于地理条件无法管网延伸，自建和悦水厂与永平水厂，解决江心洲 2 村共 3688 人饮水问题，供水规模 324m^3/d。

表3　2015年底农村集中式供水工程现状

工程规模	工程数量	设计供水规模	日实际供水量	受益乡镇数	受益行政村数	受益农村人口	自来水供水人口
	处	m^3/d	m^3/d	个	个	万人	万人
合计	7	4492	4492	5	28	3.95	3.95
规模水厂	1	2004	2004	1	7	1.16	1.16
小型水厂	6	2488	2488	4	21	2.79	2.79

“十二五”期间，全区共实施2处农村饮水安全工程，分别为2013年大通镇农村饮水安全工程接铜陵市三水厂管网延伸，解决大通镇新一村、澜溪社区等7村（居）以及1座学校共10872农村居民及700师生饮水安全问题，供水规模2004m^3/d；2013年灰河乡五洲村农村饮水安全工程接枞阳县老洲水厂管网延伸，解决五洲村共744人饮水安全问题，供水规模93.7m^3/d。

三、农村饮水安全工程运行情况

1. 县级农村饮水安全工程专管机构

郊区暂未设置农村饮水安全工程专管机构。

2. 县级农村饮水安全工程维修养护基金

2012年，郊区农林水务局、财政局联合制定下发《关于印发〈郊区农村饮水安全工程运行管护细则〉的通知》（郊农〔2012〕104号），明确农村饮水安全工程管护制度、职责、措施、资金等。

3. 县级农村饮水安全工程水质检测中心

由于郊区农村饮水安全工程主要采取管网延伸，接铜陵市市政管网或其他水厂（非郊区管辖水厂），水厂水质均不需要我区进行检测，故郊区暂未建设农村饮水安全工程水质检测中心。

4. 农村饮水安全工程水源保护情况

郊区农村饮水安全工程分别接铜陵市三水厂、普济圩北埂水厂、枞阳老洲水厂铜山矿供水处以及安庆水厂。各水厂水源已划定保护范围，有水源防护设施。

5. 供水水质状况

普济圩北埂水厂和枞阳县老洲水厂水质在Ⅲ类水以上，水源保证率介于95%与90%之间，水厂采用常规处理和消毒处理，水处理设施完善，消毒设备完善，供水水质达标。

铜陵市三水厂水质在Ⅲ类水以上，水源保证率大于95%，水厂采用常规处理和消毒处理，水处理设施完善，消毒设备完善，供水水质达标。

铜山矿供水厂为20世纪50年代铜山矿公司建设水厂，水厂水质在Ⅲ类水以上，水源保证率小于90%，水厂采用常规处理和消毒处理，水处理设施不完善，消毒设备完善但老化严重，供水水质基本达标。

安庆水厂水质在Ⅲ类水以上，水源保证率大于95%，水厂采用常规处理和消毒处理，水处理设施完善，消毒设备完善，供水水质达标。

大通镇和悦水厂、永平水厂水质在Ⅲ类水以上，水源保证率大于95%，采用一体化设备处理和消毒处理，水处理设施不完善，消毒设备不完善，供水水质基本达标。

6. 农村饮水工程（农村水厂）运行、监管与维护情况

郊区农村饮水安全工程的产权归属和资产监管人均为乡镇人民政府、办事处。各乡镇、办事处已落实工程管理单位，其中，2005 年铜山矿供水厂杨显片管网延伸工程已由铜山镇政府委托铜山矿供水处管理维护，水费按每户 5 元/月收取；区级财政每年补贴工程管护经费 0.5 万元，其余由铜山镇财政补贴。2008 年铜陵市三水厂大通管网延伸工程与 2013 年铜陵市三水厂大通镇农村饮水安全工程已由大通镇政府委托大通供水厂管理维护；水费按表收取，执行水价 2.24 元/m^3；区级财政每年补贴工程管护经费 1.87 万元，其余由大通镇政府财政补贴。2008 年江心洲农村饮水安全工程已由大通镇政府委托和悦村与永平村管理维护。水费按表收取，执行水价 1 元/m^3；区级财政每年补贴工程管护经费 0.37 万元。2005 年北埂水厂东马管网延伸工程、2007 年北埂水厂灰太管网延伸工程以及 2008 年北埂水厂灰太管网延伸工程由灰河乡政府管理维护；水费按表收取，其中 2005 年北埂水厂东马管网延伸工程执行水价 1.05 元/m^3，其余执行水价 2 元/m^3；区级财政每年补贴工程管护经费 0.6 万元，其余由灰河乡财政补贴。老洲水厂灰河乡 2013 年农村饮水安全工程已由灰河乡政府委托五洲村管理维护；水费按表收取，执行水价 2 元/m^3；区级财政每年补贴工程管护经费 0.07 万元。2006 年安庆水厂安铜办管网延伸工程由安铜办事处管理维护，水费由安铜办财政补贴，区级财政每年补贴工程管护经费 0.39 万元。

四、采取的主要做法、经验及典型案例

（一）做法和经验

1. 2012 年，郊区农林水务局、郊区财政局联合制定下发《关于印发〈郊区农村饮水安全工程运行管护细则〉的通知》（郊农〔2012〕104 号），明确农村饮水安全工程管护制度、职责、措施、资金等。一是明确各级政府、各有关部门以及村居社区的职责。二是建立健全农饮工程运行管理、服务管理、卫生管理、水费管理、维修管理、基金管理、水管员管理等管理制度。三是各乡镇组建农饮工程专业维修队伍，已采取市场化运行的，所承包单位有相应专业人员与一定资质。四是科学制定水价，农村饮水安全工程实行全成本水价，由电费、管理费（即管理人员工资）、维修费、折旧费、利润五部分构成；水价实行平均水价（即不分用量多少，执行统一的水价）或阶梯水价。五是做农饮人员培训，每年开展一次培训班。五是做好农村饮水安全工程信息档案。六是明确农村饮水安全工程维修基金筹措。七是建立农村饮水安全工程区级考核监督检查办法。

2. 郊区地域分散，5 个乡镇办中，桥南、大通属于近郊，采取城市管网延伸解决近郊农村居民饮水安全问题；其他 3 个乡镇办中、铜山、安铜属于跨区域乡镇，灰河属于跨江乡镇，采取就近现有水厂管网延伸解决农村居民饮水安全问题。由于均采用现有水厂管网延伸，各水厂均有水源保护以及水质检测监管体系。

工程建管上，一是成立郊区农村饮水安全工程领导小组，负责组织领导全区农村饮水安全工程的实施。领导小组下设办公室，具体负责项目计划，工程技术、工程进度控制，档案管理等业务工作。区政府与各乡镇人民政府签订目标责任书将农村饮水工作纳入政府

任期目标考核内容。二是严格按照工程项目法人负责制，工程建设招投标制，主要设备、管材采购制，资金报账制等“六制”要求。三是工程建设成后产权移交至各乡镇政府，各乡镇政府采取管护采取社会化管理模式，聘请的社会化管护队伍，通过签订管护协议，明晰产权，明确管护主体与责任义务；或者由乡镇政府自行组建专业管护队伍自行管理。

（二）典型工程案例

郊区2013年农村饮水安全工程解决12316人农村居民用水安全问题。其中，涉及大通镇7个行政村11572人饮水安全问题，含大通中心学校700师生饮水问题；涉及灰河乡五洲村744农村居民用水安全问题。工程采取现有水厂管网延伸建设方式：大通镇片农村饮水安全工程接铜陵市三水厂即城市管网，灰河乡五洲村由于地理原因接枞阳老洲镇水厂管网。郊区2013年农村饮水安全工程未涉及新建水厂，且主要采用城市管网延伸方式，不仅彻底解决农村饮用水的卫生安全问题，同时减少新建水厂经济成本以及运行成本。

为确保保障农村人口的饮水安全，农村饮水安全工程建成后，建立产权关系明晰，管理主体明确的农饮管理、运行机制，结合农村实际，按照保本微利原则，实行计量收费，市场化运作与村集体管理相结合方式，维持农村饮水安全工程正常运行，确保农村饮水工程长期发挥效益。

由于大通镇片范围广，农村管网没有城市管网建设标准高，虽采取城市管网延伸，但未实行农村饮用水城市管理，因此，大通镇政府采取市场运作对外租赁承包的方式，委托大通镇自来水厂进行运行管理，保证工程建后有人管，建立农村饮水安全工程良性运行机制。

灰河乡五洲村由于是单村供水的农村饮水安全工程可采取交由所延伸水厂管护或所受益的行政村管理使用，但所接水厂属跨区水厂，灰河乡政府委托五洲村管理使用，五洲村确定专职人员负责管网管护、维修及抄表等工作。

五、目前存在的主要问题

1. 工程设计概算与无法满足实际工程需要

设备安装存在实际安装费用与概算费用差距过大，施工安装必须由供水部门安装，费用由供水部门确定的问题而此项费用实施方案中未列入概算，因此接水存在工程超概算的问题。

2. 农村饮水安全工程与城乡一体化存在差距

按照市政府提出的城乡供水一体化目标，我区积极与市，首创水务公司联系沟通，希望将大通镇农村饮水安全工程建设、管理统一交由市首创水务公司，最终因资金与管理问题市首创水务不愿建管，因此建成后的大通镇农村饮水安全与城市供水标准存在一定差距。

3. 工程管护队伍专业性不强

大通镇农村饮水安全工程管护采取社会化管理模式，由大通镇与管护队伍签订管护协议，明晰产权，明确管护主体与责任义务。灰河乡五洲村农村饮水安全工程由灰河乡与五洲村签订管护协议，管网的管理与维护交由五洲村负责。由于工程投资标准不高，且用户分散市首创水务公司不愿管护，聘请的社会化管护队伍专业性相对不强。

六、“十三五”巩固提升规划情况及长效运行工作思路

（一）农饮巩固提升“十三五”规划情况

1. 规划思路与对策

根据全区农村供水现状以及已实施的农村饮水安全工程供水工程现状基本情况，我区“十三五”期间，解决大通镇和悦洲、铜山镇、安铜办3个镇（办事处）11个村24046人饮水安全问题。

（1）大通镇和悦洲为江心洲，不具备城市管网延伸条件

本次规划改造和悦洲上和悦水厂与永平水厂，原水厂取水点和厂址均未改变，主要改造内容为供水泵站、水处理设施以及铺设无毒聚乙烯高压管道输水到户，新增水厂消毒设备。

（2）铜山镇地处池州市贵池区境内，为郊区飞地

由于铜山镇铜山矿供水厂建设年代久远，设备老化严重，已不能提供全镇供水要求。经铜山镇政府与池州市迎江水务有限责任公司沟通联系，池州市迎江水务有限责任公司同意解决铜山镇供水水源问题。池州市迎江水务有限责任公司供水厂距铜山镇约12km，水质符合国家饮用水标准，水量充足，可以满足铜山镇供水需求，铜山镇管网延伸工程输水管道采用无毒聚乙烯高压管道输水到户，中间加压采用无负压供水设备。

（3）安铜办地处安庆市怀宁县境内，为郊区飞地

办事处境内无供水水源，经安铜办事处与安庆供水集团怀宁分公司沟通联系，安庆供水集团怀宁分公司同意解决安铜办供水水源问题。安庆供水集团怀宁分公司供水厂距安铜办约8km，水质符合国家饮用水标准，水量充足，可以满足安铜办供水需求，安铜办管网延伸工程输水管道采用无毒聚乙烯高压管道输水到户，中间加压采用无负压供水设备。

2. 规划目标

到2020年，全区农村集中式供水受益人口计划达到接近100%，农村自来水普及率达到接近100%。

主要指标：

（1）新建工程2处为池州市迎江水务有限责任公司铜山镇管网延伸工程与安庆供水集团怀宁分公司安铜办管网延伸工程，新增设计供水能力2750m^3/d，新建管网长度905km，受益人口20358人，其中新增受益人口11458人。

（2）改造工程1处，共2座水厂为和悦水厂、永平水厂，改造内容水处理设施、消毒设备、供水泵站等，改造设计供水能力400m^3/d，改造管网长度158km，受益人口3688人。

3. 主要建设内容

我区“十三五”期间，解决大通镇和悦洲、铜山镇、安铜办3个镇（办事处）11个村24046人饮水安全问题。

一是大通镇和悦水厂、永平水厂改造工程。原和悦水厂、永平水厂取水点和厂址均未改变，更换水厂取水泵站，更新水厂水处理设施，新增水厂消毒设备，铺设无毒聚乙烯高压管道输水到户。其中，铺设主管道约8km，支管道及入户管道约150km。

二是池州市迎江水务有限责任公司铜山镇管网延伸工程。接池州市迎江水务有限责任公司供水厂水源，铺设无毒聚乙烯高压管道输水到户。其中，铺设主管道约12km，支管道及入户管道约600km。

三是安庆供水集团庆宁分公司安铜办管网延伸工程。接安庆供水集团庆宁分公司供水厂水源，铺设无毒聚乙烯高压管道输水到户。其中，铺设主管道约8km，支管道及入户管道约285km。

4. 建立良性运行机制

（1）建立健全郊区农村供水管理机构。完善各项规章制度，建管分开，实行企业化管理，市场化运作。

（2）建立社会化服务体系。以保障农村饮水安全为目标，以提供优质供水服务为宗旨，建立适应市场经济体制要求。

（3）建立科学有效的水质监测体系。由区经发局、卫生、农林水务局等单位共同组成水质检测机构，建立全区农村饮水监测体系，实行水质安全警报，水质情况通报制等。

（4）加强专业人员培训。

表4　“十三五”巩固提升规划目标情况

农村集中供水率（%）	农村自来水普及率（%）	水质达标率（%）	城镇自来水管网覆盖行政村的比例（%）
100	100	95	75

表5　“十三五”巩固提升规划新建工程和管网延伸工程情况

工程规模	新建工程					现有水厂管网延伸			
	工程数量	新增供水能力	设计供水人口	新增受益人口	工程投资	工程数量	新建管网长度	新增受益人口	工程投资
	处	m^3/d	万人	万人	万元	处	km	万人	万元
合计						2	905	1. 15	1440
规模水厂						2	905	1. 15	1440
小型水厂									

表6　“十三五”巩固提升规划改造工程情况

工程规模	改造工程					
	工程数量	新增供水能力	改造供水规模	设计供水人口	新增受益人口	工程投资
	处	m^3/d	m^3/d	万人	万人	万元
合计	2	400	400	0. 37	0	295
规模水厂						
小型水厂	2	400	400	0. 37	0	295

（二）农饮工程长效运行工作思路

1. 完善各项规章制度，建管分开，实行企业化管理，市场化运作。

2. 建立社会化服务体系。

3. 建立科学有效的水质监测体系。

4. 加强专业人员培训。

铜官区农村饮水安全工程建设历程（2005—2015）

（铜官区农林水利局）

一、基本概况

铜官区（原狮子山区）位于长江中下游南岸，铜陵市东部，辖1个镇，1个办事处，5个社区，全区总面积54.4km²；我区现有农村人口7.7万人，其中农业人口2.4万人，占总人口的31.2%。境内山丘洲圩并存，地势南高北低。东南为低山丘陵，北部为长江冲积而成的洲圩区，海拔15～16m。地势起伏较大。多年平均降水量1380mm左右。

顺安河位于长江南岸铜官区境内，源出青阳县与铜官区交界天门山之北麓，自南向北于墩上入长江，全长30km，流域面积400km²。泄洪能力为400m³每秒。河道弯曲狭窄，河底宽40m，地势低，圩口多，水网紊乱，1971—1973年结合治河，联圩、围垦、灭螺，另辟顺安新河，上起宁铜铁路顺安大桥下接原顺安河，自北向东北方向，经山车村，张树闸至坝埂头入长江，长14.6km，上下河底宽均100m，河底高程由8.69m降至5.5m，平均坡降0.22‰。正常年径流量5.76亿m³，最丰水年达10.43亿m³，最枯水年仅3.44亿m³。长江坝埂头处有一汛期水位观测站，据该站提供的资料，长江坝埂头最高水位多年平均值12.39m（吴淞高程，下同），最高实测水位15.12m（1954年），其次为14.74m（1998年），坝埂头最低水位多年平均值7.18m，最低水位5.41m（1996年）。

二、农村饮水安全工程建设情况

1. 农村人口饮水安全解决情况

省水利厅在2005年调查评估基础上，调整核定我区农村饮水不安全人口1.51万人（其中西湖镇1.37万人、矶山街道新桥农办0.14万人）。农村饮水不安全问题最为突出的是水质不达标，主要原因是地表水被污染、地下水矿物质含量超标。为加快解决农村饮水安全建设，保障人民群众身体健康，我区总体安排是：2007—2009年3年全面完成农村饮水安全工程建设任务。根据安徽省发改委、水利厅、财政厅《关于下达2007年农村饮水安全项目投资计划的通知》（发改投资〔2007〕941号），2007年铜官区解决农村饮水安全人口为8300人，由于我区截至2006年底不安全饮水人口为9100人（2006年西湖镇已提前实施解决6000人的饮水安全问题），因此，在委托巢湖设计院设计时，要求将其全部纳入2007年工程解决范围。我区1.51万人农村饮水安全问题已于2008年全部完成，提前完成计划任务。西湖镇在全市乃至全省率先实现了自来水户户通工程。

铜官区（原狮子山区）农村饮水安全工程总投资603万元（注：2007年解决0.6万人，项目总投资234万元；2008年解决0.83万人，项目总投资329万元；2009年解决0.08万人，项目总投资40万元），其中国家补助277.6万元、省级补助96.3万元、市、区配套229.1万元。目前已全部实施城市管网延伸。

2. 农村饮水工程（农村水厂）建设情况

表1 2015年底农村人口供水现状

乡镇数量	行政村数量	总人口	农村供水人口	集中式供水人口	其中：自来水供水人口	分散供水人口	农村自来水普及率
个	个	万人	万人	万人	万人	万人	%
1	12	7.8	2.1	2.1	2.1		100

3. 农村饮水安全工程建设思路及主要历程

2007—2009年三年全面完成农村饮水安全工程建设任务。根据安徽省发改委、水利厅、财政厅《关于下达2007年农村饮水安全项目投资计划的通知》（发改投资〔2007〕941号），2007年下达铜官区（原狮子山区）解决农村饮水安全人口为8300人，由于我区截至2006年底不安全饮水人口为9100人（2006年西湖镇已提前实施解决6000人的饮水安全问题），因此，在委托巢湖设计院设计时，要求将其全部纳入2007年工程解决范围。我区1.51万人农村饮水安全问题已于2008年全部完成，提前完成计划任务。西湖镇在全市乃至全省率先实现了自来水户户通工程。

表2 农村饮水安全工程实施情况

合计			2005年及“十一五”期间			“十二五”期间		
解决人口		完成投资	解决人口		完成投资	解决人口		完成投资
农村居民	农村学校师生		农村居民	农村学校师生		农村居民	农村学校师生	
万人	万人	万元	万人	万人	万元	万人	万人	万元
1.51		603	1.51		603			

表3 2015年底农村集中式供水工程现状

工程规模	工程数量	设计供水规模	日实际供水量	受益乡镇数	受益行政村数	受益农村人口	自来水供水人口
	处	m^3/d	m^3/d	个	个	万人	万人
合计	2009年已全部并入城市管网			1	12	2.1	2.1
规模水厂				1	12	2.1	2.1
小型水厂							

三、农村饮水安全工程运行情况

1. 县级农村饮水安全工程专管机构

暂未设置农村饮水安全工程专管机构。

2. 县级农村饮水安全工程维修养护基金

2012 年，区农林水利局、区财政局联合制定下发《关于印发〈狮子山区农村饮水安全工程运行管护细则〉的通知》（狮农〔2012〕98 号），明确农村饮水安全工程管护制度、职责、措施、资金等。

3. 县级农村饮水安全工程水质检测中心

由于铜官区（原狮子山区）农村饮水安全工程主要采取管网延伸，接铜陵市市政管网，水厂水质均不需要我区进行检测，故暂未建设农村饮水安全工程水质检测中心。

4. 农村饮水安全工程水源保护情况

铜官区（原狮子山区）农村饮水安全工程主要采取管网延伸，接铜陵市市政管网。各水厂水源已划定保护范围，有水源防护设施。

5. 供水水质状况

铜陵市水厂水质在Ⅲ类水以上，水源保证率大于95%，水厂采用常规+消毒，水处理设施完善，消毒设备完善，供水水质达标。

6. 农村饮水工程（农村水厂）运行、监管与维护情况

铜官区农村饮水安全工程的产权归属和资产监管人均为乡镇人民政府、社区。各乡镇、社区已落实工程管理单位，其中西湖供水管网延伸工程已由西湖镇政府委托西湖自来水厂管理维护；水费按表收取，执行水价 2.24 元/m^3；区级财政每年补贴工程管护经费 1.5 万元。

7. 用水户协会成立及运行情况

暂未成立用水户协会。

四、采取的主要做法、经验及典型案例

（一）做法和经验

农村饮水安全问题，是当前农民最关心、最直接、最现实的利益问题之一，是推进社会主义新农村建设、构建社会主义和谐社会的重要任务，也是中央和各级党委、政府非常重视的一项民生工程。为保证农村饮水安全工程的顺利实施，我们主要采取以下做法。

1. 加强组织领导，落实工作责任

区委、区政府高度重视农村安全饮用水工作，将此项工程纳入全区的民生工程，并与区农委、西湖镇人民政府、矶山街道签订了目标责任书。区政府成立了以区长为组长，分管区长为副组长，水利（农委）、监察、经发、财政、卫生、环保、供电、国土、审计、宣传等相关部门参加的“狮子山区农村饮水安全工程领导小组”，明确工作目标责任，切实做好农村安全饮水工程中的协调工作。领导小组下设办公室，由水利局长（农委主任）兼办公室主任，具体负责项目计划，工程技术、工程进度控制，档案管理等业务工作。有关镇（街）成立了相应的工程建设领导小组，分级负责，落实到人。在工程建设过程中，

区委、区政府、区人大、区政协均多次听取汇报并到现场察看，加强督导，对存在的问题及时处理。在各级领导的关心支持下，在各部门的大力配合下，我区的农村安全饮用水工作一直走在全市的前列。

2. 强化项目管理，确保工程质量

质量是工程的生命，工程质量直接影响工程效益的发挥。在科学规划设计的基础上，严格执行了项目法人责任制、招投标制、建设监理制、集中采购制、资金报账制、竣工验收制等“六制”和用水户全过程参与模式，重点抓项目立项、资金管理、工程质量监管和项目公示等几个关键环节。严把主要材料、设备采购关，严格施工队伍的选择。强化了工程质量管理工作，建立了工程质量管理体系。除在施工一线的工程监理切实负责工程建设质量外，各级水利部门也加强了工程质量监督，落实专人，分片负责，指导工程建设，跟踪检查各镇（街）、各施工单位建设进度、建设质量，确保了工程能按进度要求保质保量完成。为了强化项目管理，确保工程建成、生效。项目竣工后，区人饮办要求西湖镇、矶山街道按照《农村饮水安全工程验收内容和评分标准》及时整理材料，进行自验。自验时有受益群众和监督单位代表、建设单位和水利部门负责人参加并签字。在自验合格的基础上，向区水行政主管部门提出了验收申请。由区水行政主管部门会同经发委、财政、卫生等部门组织验收，并报市水利局备案。对市里抽查或复验不合格的项目责令限期整改，确保合格工程交付使用。

3. 加强统筹协调，集聚合力建设

农村饮水安全工程是一项点多、面广、量大的系统工程，建设难度大，必须统筹安排，各级各部门形成合力。为此，区农村饮水安全工程领导小组，统筹协调各有关部门协作，分解任务，落实责任。区政府在财政十分困难的情况下，千方百计确保饮水安全工程建设区级配套资金及时足额到位。区人大、区政协专题听取农村饮水安全工程建设情况汇报，并组织人员进行专项调研督查。区、镇（街）两级水行政主管部门充分发挥项目规划、建设和管理等方面的职能作用，不断强化服务措施。财政、经发部门充分发挥综合部门的作用，积极协调解决配套资金等突出问题。卫生、环保、土地、宣传等部门主动配合，积极工作，确保了工程的顺利实施。

4. 注重建管并重，切实发挥效益

农村安全饮水工程是一项民心工程，为确保群众长期饮用“安全水”，铜官区（原狮子山区）制定了《狮子山区农村饮水安全工程运行管理办法》。在经营管理上，根据我区实际情况，采取用水合作组织自己管理，实行承包、租赁使用权等多种方法进行管理。根据不同的工程类型和规模，经营方式逐步向集中管理、公司化运营方向发展。实行有偿供水、独立核算、公开透明的市场化运作机制，建立了合理的水价体系，筹备成立农村水务协会，建立完善区级农村供水监督管理服务体系。

通过实施农村饮水建设工程，我们在三个方面收到明显成效：一是切实逐步解决了农村群众的生产和生活难题，群众安居乐业，饮水安全得到保障，生活质量得到改善；二是实现了水资源的优化配置和节约，通过实施饮水安全工程，水资源利用效率明显提高，节水观念日益深入人心；三是城乡一体化步伐明显加快，农村生活条件不断改善，为推进城乡一体建设创造了条件。

（二）典型工程案例

铜官区（原狮子山区））农村饮水安全工程主要采取管网延伸，接铜陵市市政管网。农村饮水安全工程的产权归属和资产监管人均为乡镇人民政府、社区。各乡镇、社区已落实工程管理单位。

五、目前存在的主要问题

我区农村饮水安全工作虽然取得了一定的成绩，但也存在许多不足。

一是思想观念落后。长期以来，农村居民饮用水安全意识不强，对饮用水安全程度仅凭肉眼判断，对水质超标问题认识不高，群众对饮水安全的思想观念比较落后。

二是管理机制有待加强。目前我区农村饮水安全工程全部以管网延伸为主，依托水厂管理，但水厂的管理监督工作没有专门的机构。

六、“十三五”巩固提升规划情况及长效运行工作思路

针对我区存在问题，下一步我们将做好以下工作。

一是加大舆论宣传力度。充分运用新闻宣传作用，加强农村饮水安全宣传报道的力度，进一步增强群众对农村饮水安全的认识。同时加强舆论宣传，使老百姓认识到“水是商品，用水缴费”，加大督查及处罚力度，防止偷水、破坏供水设施的现象的滋生。

二是加强管理人员培训。水行政主管部门和相关业务部门将组织农村水厂管理人员开展专业知识、实际应用、法律法规、规章制度的培训工作，逐步建立起一支熟悉供水工程的相关技术，能熟练地使用和正确维护管理农村饮水安全工程的专业队伍。

三是加强建后管理。通过用水户协会的规范运作，针对我区已建供水工程存在着“重建轻管”等现象，我区通过加强财务培训、业务培训等方面，在用水、管水方面发挥群众的主观能动性，逐步形成“建管并重、良性运营”的运作模式，使供水工程能长续利用，造福人民。

枞阳县农村饮水安全工程建设历程（2005—2015）

（枞阳县水利局）

一、基本概况

枞阳县隶属安徽省铜陵市，地处安徽省中南部，长江北岸，大别山之东南麓，北纬31°01′~31°38′，东经117°05′~117°43′。西以白兔湖、菜子湖与桐城市共水；西南一隅与安庆市区毗邻；北与无为、庐江两县接壤；东南与铜陵、池州两市隔江相望，面积为1808.1km²。

枞阳属于长江流域河流水系，境内陈瑶湖、白荡湖、菜子湖、和“两赛”4个水系，河网密度20.22km/km²。其中：陈瑶流域面积183.3km²，白荡湖流域面积775km²，菜子湖流域面积397.5km²，“两赛”湖流域面积68.5km²。境内河流纵横，水系发达，对农田灌溉、水产养殖、水上运输均构成得天独厚的优势。

枞阳县辖14个镇、8个乡及1个县级开发区，238村民委员会、20居民委员会。总人口为97.5万人，其中农村人口为88万人。枞阳镇为中共枞阳县委和枞阳人民政府所在地，是枞阳县政治、经济、文化中心。

枞阳县多年平均降雨量1360.7mm，平均降雨总量24.6亿m³，地表径流量10.2亿m³，可利用水量4.5亿m³。截止到2009年底，已建成在册水库118座（其中中型水库1座），塘坝23279口，全县蓄水工程总量1.64亿m³，总兴利容量0.8673亿m³，蓄水工程年供水能力为1.028亿m³。全县电力灌溉站84座，装机128台，装机容量7259kW。

根据县疾控中心提供检测资料，全县大部分水源水浑浊度指标部符合规范，部分水厂耗氧量等少数指标不符合规范；另外，部分地区地下水氟超标；工矿区地下水中硫酸盐、锰、溶解性固体均超标；沿江湖区乡镇地下水溶解性固体超标较严重。

二、农村饮水安全工程建设情况

1. 农村人口饮水安全解决情况

枞阳县在实施农村饮水安全工程前，存在的饮水不安全的主要类型有：沿江片乡镇和江心洲存在血吸虫疫区，影响人口约40万人；后山片乡镇存在氟、砷等重金属污染，影响人口约10万人；中部地区乡镇受苦咸水、水质污染等，干旱年份，取水困难、用水水质难以达标，人口约30万人。截至2015年底全县农村总人口为88.12万人，农村供水人口达82.9万人，集中供水人口69.69万人，其中农村自来水供水人口64.86万，剩余18.5万人采用引山泉水、塘坝等方式取水，全县农村自来水普及率为74%，集中式供水率为79.02%。全县共有村民委员会238个、居民委员会20个，所有行政村都通上了自来水，行政村通水率达100%。自2005—2015年来，省级投资农村饮水工程计划累计下达投资额为2052.2万元，及计划解决人口数35.04万人，学校师生1.328万人，累计完成投资17066万元（其中中央投资12749万元、省级投资2052.2万元、县级配套1193万元、群众自筹871.8万元、其他资金200万元）。建成农村规模水厂8座，管网延伸及改造38处，小型提水工程8处等。

表1　2015年底农村人口供水现状

乡镇数量	行政村数量	总人口	农村供水人口	集中式供水人口	其中：自来水供水人口	分散供水人口	农村自来水普及率
个	个	万人	万人	万人	万人	万人	%
22	258	88.12	82.9	69.69	64.86	18.5	74

表2　农村饮水安全工程实施情况

合计			2005年及“十一五”期间			“十二五”期间		
解决人口		完成投资	解决人口		完成投资	解决人口		完成投资
农村居民	农村学校师生		农村居民	农村学校师生		农村居民	农村学校师生	
万人	万人	万元	万人	万人	万元	万人	万人	万元
35.04	1.33	17066	15.6	0	6985	19.44	1.33	10081

2. 农村饮水工程（农村水厂）建设情况

根据2014年底的调查统计报告显示，全县共有37处1集中供水工程，乡镇级21处，村级16处，总规模14265m³/d，受益人口230124人。其中达到1000m³/d的供水工程共有2处，日总供水规模4200m³/d，涉及1个乡镇，受益人口46238人；1000～200 m³/d的供水工程共有22处，日总供水规模8860m³/d，涉及13个乡镇，受益人口156102人；200～20m³/d的供水工程共有13处，日总供水规模1205m³/d，涉及个9乡镇，受益人口27784人。当时生活饮用水存在的主要问题：一是水源保证率低；二是生活用水量不足；三是用水方便程度低；四是点多、面广且分散等，所有供水工程都是分布在全县22个乡镇。

截至2015年底，全县现有农村集中供水水厂47（含县自来水厂）座，设计供水规模16.99万m³/d，实际供水10.237万m³/d，其中：规模化供水工程（Ⅰ～Ⅲ型）43处，设计供水规模16.78万m³/d，实际供水10.09万m³/d，受益人口64.86万人；小型集中供水工程（Ⅳ～Ⅴ型）4处，设计供水规模0.21万m³/d，实际供水0.14万m³/d，受益人口4.83万人。由于在“十一五”期间，国家逐步加大对农村饮水安全工程的投入且要求保证入户率。为此，枞阳县加大了集中用水户数致使早期建成的供水单位规模变小，加上长期运行，许多管网设备老化，难以正常运行。

表3　2015年底农村集中式供水工程现状

工程规模	工程数量	设计供水规模	日实际供水量	受益乡镇数	受益行政村数	受益农村人口	自来水供水人口
	处	m^3/d	m^3/d	个	个	万人	万人
合计							
规模水厂	43	16.78	10.9	—	—	80.7	64.86
小型水厂	4	0.21	0.14	—	—	2.2	4.83

2005—2015年，枞阳县农村饮水安全工程项目资金主要来源于国家、省级资金，县级只安排了配套资金，还有部分是群众自筹资金。无其他社会资金。

至2015年底，按照农村饮水“十一五”“十二五”规划，在规划内的群众基本上接通自来水，已完成规划内人农村人口35.04万人，学校师生1.328万人。在项目实施期间，严格执行国家有关文件精神，入户部分费用不超过300元。目前全县集中供水人口达69.69万，入户率达74%等。

3. 农村饮水安全工程建设思路及主要历程

“十一五”期间枞阳县农村饮水安全工程建设主要思路是：为让群众喝上安全放心的自来水，采取的工程措施是进行管网延伸，增加农村人口饮用水普及率。“十一五”期间共解决农村饮水不安全人口15.6万人，投入资金6985万元，管网延伸81处，受益村153个，新增供水能力5.6万m^3/d；

由于在“十一五”期间加大了农村供水的普及率，加早期建设的供水工程规模小，制水工艺差等，农村供水水量和水质都难以保证。为此，在“十二五”期间，枞阳县调整了建设思路，坚持规划优先的原则，按照“农村供水城市化、城乡供水一体化的思路”，编制了《枞阳县农村供水规划》，同时县政府成立了“农村自来水厂并网综合小组”，明确了相关部门的职责，确定了工程管护主体。确保农村居民能喝上安全、洁净的自来水，从2013年开始新建和改扩建规模水厂8座，管网延伸及改造38处，小型提水工程8处；解决农村饮水不安全人数19.44万人，学校师生1.328万人，受益村127个，新增供水能力7万m^3/d，完成投资10081万元。

三、农村饮水安全工程运行情况

1. 县级农村饮水安全工程专管机构

枞阳县政府于2005年组建了枞阳县农村饮水规划和建设领导小组，由分管县长为组长，相关成员单位主要责任人为小组成员，办公室设在水利局，为具体办事机构，配备了专门办事人员。同年县政府制定了《枞阳县农村饮水安全工程管理办法》。为加强农村饮水安全工程的建设与管理，2011年9月，枞阳县编委同意成立“枞阳县农村饮水安全工程管理总站”并进行了批复（批文是枞编发〔2011〕17号），管理总站设在水利局，为县水利局下属财政金额拨款的股级事业单位，核定事业编制3名，人员编制在县水利系统内部调剂解决，明确了运行经费来源，建立了县级维修基金。

2. 县级农村饮水安全工程维修养护基金

2011年11月，枞阳县政府关于印发《枞阳县农村饮水安全工程维修基金使用办法的通知》（枞政办〔2011〕94号），从2011年开始，每年的养护基金为50万元，共计250万元，已全部到位。每年年底都由枞阳县财政和水利两部门对农村饮水安全工程维修情况进行统计核算，维修基金实行“集中管理，专户储存专款专用，统筹使用”等。

3. 县级农村饮水安全工程水质检测中心

枞阳县农村饮水安全工程规划和建设领导小组于2010年10月根据《安徽省农村饮水安全工程运行管理办法》（皖水农函〔2010〕414号）、《关于进一步加强农村饮水安全工程建设管理工作的通知要求》，成立了《枞阳县农村饮水安全工程水质检测中心》由于水质检测中心没有专业人员和设备，当时就委托县疾病控制预防中心负责对枞阳县农村饮水安全工程项目的水质进行检测。从2012年开始，枞阳县水利局每年都与县疾病控制预防中心签订购买服务协议，协议要求：对全县所有农村饮水安全工程的出厂和末梢水进行水质检测，检测频次为每季度一次。目前枞阳县水质检测中心招聘和选调2名专业水质检测人员，购买了部分检测设备（如酸度计、浊度仪、可见分光光度仪、微量自动水技分析仪、三目生物显微镜、便携式余氯、二氧化氯、总氯、亚氯酸盐、化合性氯5项参数快速测定仪等），每月对全县农村饮水安全工程项目单位进行出厂和末梢水进行抽查，并对检查结果进行登记造册，发现问题，现场要求供水单位及时整改。

2015年4月，枞阳县政府《关于农村饮水安全工程水质检测中心建设的意见》（枞政秘〔2015〕15号）的文件要求采取以“政府购买水质检测服务”的方式进行，水质检测经费由县级财政列入年度预算。

4. 农村饮水安全工程水源保护情况

根据水利部《关于加强村镇供水工程管理的实施意见》和《安徽省农村饮水安全工程管理办法》，枞阳县水利局与环保局和相关乡镇划定了供水水源保护区，制定了《枞阳县农村饮水安全工程建设和运行管理的实施意见》，明确水源地保护措施和职责。

5. 供水水质状况

枞阳县农村自来水厂净水工艺基本符合国家标准，都是按照混凝、沉淀、过滤、消毒等环节制水，水源水基本上是在湖泊和长江中取水，水源水质符合规范，出厂水、末梢水合格。

6. 农村饮水工程运行情况

一是管护主体农村饮水安全工程项目完工验收后，枞阳县农饮领导小组按照规范建设管理程序及时将验收合格后的工程项目移交给当地政府，根据《枞阳县农村饮水安全工程建设和运行管理实施办法》，由乡镇人民政府采取招标等方式组建运营管理单位，按照国家投入的资金，明确国有资产产权。

二是运营状况目前，所有供水单位运行良好，基本保证农村用户正常供水，所有供水单位的在水费收缴时都是严格按照枞阳县物价局核定的价格，严格执行“两部制”水价，水厂的收入来源主要是水费。水厂的支出包括人员工资、机械设备维修与更新、电费等。

7. 农村饮水工程监管情况

根据省部相关文件要求，枞阳县政府按照各自职责分工，水利局作行业监管、环保局作水源地监管、卫生局作水质监管、物价局作价格监管、市场管理局和乡镇政府作日常规范化管理，供水企业做好供水服务工作等。

8. 运行维护情况

枞阳县在每次农村饮水安全工程项目建设前，都要求有明确的供水单位、有良好的管理队伍、要有完善的管理措施等后才组织实施。认真落实国家有关用电、用地、税收等相关优惠政策。

四、采取的主要做法、经验及典型案例

（一）做法和经验

1. 领导重视，完善制度

枞阳县人民政府于 2005 年就成立了农村饮水安全工程规划和建设领导小组和办公室，制定了《枞阳县农村饮水安全工程运行管理办法》《枞阳县农村饮水安全工程维修基金使用办法》，印发了《枞阳县农村自来水运行管理规划和并网整改相关单位的职责》通知等。

2. 责任落实，加强监管

农村饮水安全工程是我县实施的民生工程之一，县政府每年都县水利局、乡镇人民政府层层签订责任状，落实项目完成指标，限定项目完成时间，对不能按时完成任务的相关责任单位，采取问责机制。

3. 合理规划，科学施工

农村饮水安全工程项目，在实施初期，先是由水利局到各乡镇、村进行调查摸底，进行合理规划。对群众要求积极性高、饮水安全突出的乡镇进行优先考虑，对条件成熟的乡镇，优先实施集中供水工程，统筹安排、分期分批实施的原则。在每 1 年度项目实施前，县水利局都委托有资质的单位编制《实施方案》，确保水量充足、水质符合饮用卫生标准，项目实施时，严格执行“四制”，所有的管材管件都必须通过政府招标采购，每处工程都派专业人员现场监督和指导，严把工程质量关。

4. 建立专户，加强资金管理

农村饮水安全工程实行专户储存，严格执行《农村饮水安全工程资金暂行管理办法》，保证项目资金安全使用。

5. 成立机构，加强水质监管

为加强农村饮水安全工程建设和管理，保证农村饮水安全工程项目长期发挥效益，县水利局成立了农饮站和水质检测中心，采购水质检测设备，并与县疾病控制中心加强合作，对全县农村饮水安全工程投资建的水厂进行水质监测。

（二）典型工程案例

以 2013 年实施的雨坛自来水厂新建项目为例。雨坛自来水厂位于雨坛乡雨坛村，设计规模为3000m^3/d，工程完工后，可解决雨坛乡 2. 9 万农村居民和学校师生的生活饮水困难问题。该项目工程总投资为 334. 05 万元，其中国家投资 267. 24 万元、省级及地方配套各为 33. 41 万元。工程主要建设内容为取水工程、净水工程、治水工程和输配水工程，该

工程项目于2013年10月开工建设，2014年4月份完工，整个工期6个月就已完成，7月份通水并通过县级验收。目前该工程项目一切运行正常，极大地改善了该地区的农村生活饮水条件。

五、目前存在的主要问题

1. 工程建设难度大，涉及面广，如土地征用、青苗补偿、管线埋设时涉及百姓门前屋后、路面破损，与原供水单位沟通协调等，任务繁重。

2. 工程运行管理存本费用高，大多水厂制水工程建设早、管网设备老化重，地理位置复杂，管理存本高。

3. 运行管理单位制度不规范，难以实施。因历史原因，农村自来水厂基本上是私人投资建设，虽然国家在“十一五”和“十二五”对农村许多水厂的管网进行延伸和改造，但在运行管理中还得依赖原经营单位管理，否则，只有国家出资收买。

4. 部分水源保护区难以控制，如作为长江为饮用水水源，因长江航道行船、取水口上游存在造船厂、码头等。

六、“十三五”巩固提升规划情况及长效运行工作思路

1. 枞阳县农村饮水安全巩固提升“十三五”规划情况

（1）规划目标

到2020年，全面提高农村饮水安全保障水平。落实省委、省政府2011年1号文件提出的“到2020年，全面解决农村饮水安全问题，实现农村自来水‘村村通’”。同时，对已建农村饮水工程进行达标改造建设。进一步提高农村自来水普及率、水质达标率、供水保证率和工程运行管理水平。主要建设措施：采取改扩建、配套、改造、联网等措施，使枞阳县农村自来水普及率达到80%以上、集中供水保证率达到85%以上。

（2）主要建设内容

一是对现有水厂进行改扩建，主要涉及白湖乡良泉自来水厂、金社自来水厂、白梅自来水厂、老洲自来水厂；二是对枞阳县在册的37座水厂进行管网延伸；三是对钱铺乡建设小型集中供水工程，主要是井边村集中供水工程、虎栈村集中供水工程和将军村集中供水工程。

（3）加强运行管理措施

全面推进工程管理体制和运行机制改革，建立健全县级农村供水管理机构、农村供水专业化服务体系、合理水价形成机制、信息化管理、工程运行管护经费保障机制和水质检测监测体系，依法划定水源保护区或保护范围，实行水厂运行管理关键岗位人员持证上岗制度。

表4　“十三五”巩固提升规划目标情况

农村集中供水率（%）	农村自来水普及率（%）	水质达标率（%）	城镇自来水管网覆盖行政村的比例（%）
86.61	81.13	很大提高	51.16

表5　“十三五”巩固提升规划新建工程和管网延伸工程情况

工程规模	新建工程					现有水厂管网延伸			
	工程数量	新增供水能力	设计供水人口	新增受益人口	工程投资	工程数量	新建管网长度	新增受益人口	工程投资
	处	m^3/d	万人	万人	万元	处	km	万人	万元
合计						32		3.76	1917
规模水厂						32		3.76	1917
小型水厂									

表6　“十三五”巩固提升规划改造工程情况

工程规模	改造工程					
	工程数量	新增供水能力	改造供水规模	设计供水人口	新增受益人口	工程投资
	处	m^3/d	m^3/d	万人	万人	万元
合计	11	17.94	17.94	88.12	2.93	3214
规模水厂	8	17.68	17.68	85.96	0.05	3151
小型水厂	3	0.26	0.26	2.06	2.88	64

2.“十三五”之后农村饮水工程长效运行工作思路

为保证农村饮水安全工程能长期发挥效益，建立工程运行管理长效机制是对农村饮水安全的保障。

（1）建立权责明晰的农村饮水工程管理体制

坚持“责、权、利相统一”的原则，按照“谁投资、谁受益”的原则，对农村饮水安全工程明晰产权，落实主权管理主体。以国家和集体投资兴建的乡镇集中供水工程，工程建设完工验收后，由县建设部门移交给当地政府，由当地政府授权的法人管理，由社会或个人投资兴建的集中供水工程，由业主负责管理，分散式供水工程由受益户自己负责管理。

（2）加强水源保护，严格水质检测

按照安徽省人民政府令第238号《安徽省农村饮水安全管理办法》，抓好水源保护区的管理工作，在饮用水源一级保护区内，严禁进行各种开发活动和排污行为，以确保饮用水源水质安全。威胁饮用水源水质安全的一切污染源，坚决搬迁和关闭，严禁新建、扩建影响饮用水安全的项目。加强对农村自来水水源和水质检测管理工作，定期对水源水质、制水水质、配水水质等进行必要的检测，保证生活饮用水达到《农村生活饮用水卫生标准》的要求，确保农村饮水安全。

（3）合理确定水价，实行计量收费

农村饮水安全工程要逐步建立起政府主导、社会融资、企业经营、依法合理定价，计量收费，群众参与的运营管理机制，确保工程建得成，管得好，用得起，长受益。

（4）加大政府扶持力度，进一步落实各项优惠政策

安徽省制定的一系列优惠政策，并没有完全落实到位，如土地，因为水厂在建设选址时既要考虑取水问题，又要考虑土地的性质，农村饮水工程建设时时间紧、任务重，如果按照土地使用的性质，一时任务又难以完成。

（5）加强管理人员的培训

水行政主管部门和相关业务部门应组织农村自来水厂管理人员开展专业知识、法律法规等规章制度的管理培训，逐步建立一支熟悉供水工程的专业技术，能熟练地使用和正确地管理维护农村自来水工程的专业化队伍。

池州市

池州市农村饮水安全工程建设历程（2005—2015）

（池州市水务局）

一、基本概况

池州市位于安徽省西南部、长江下游南岸，北濒长江与安庆隔江相望，东与铜陵市、芜湖市毗邻，东南与黄山市交界，西南与江西省彭泽、潘阳接壤。地理坐标为东经116°33′~118°05′，北纬29°33′~30°51′。辖贵池区、东至县、石台县、青阳县、九华山风景区，国土总面积8272km²。全市地形地貌复杂，既有沿江圩区，又有丘陵山区，地势总趋势是东南高，西北低。截至2015年底，全市共有56个乡镇，638个行政村，全市总人口160.07万人，其中农村人口131.7万人。

长江干流自西南向东北流经本市162km。境内河流较多，从上至下有龙泉河、尧渡河、黄湓河、秋浦河、陵阳河、喇叭河、清溪河、九华河、大通河等主要河流，除龙泉河流入江西鄱阳湖外，其余均流入长江。池州市境内降雨充足，境内多年平均水资源总量为67.48亿m³，水资源总量占全省的11%，人均水资源量达4168m³，亩均水资源量5707m³，水资源可利用量为30.15亿m³。全市现状供水以地表水为主，主要水源为水库、塘坝、河湖，其中河湖供水以长江取水为主。全市年均供水总量9.79亿m³。

池州市主要河流、湖泊、水库水质整体较好。长江池州段水质全部为Ⅱ~Ⅲ类；秋浦河、白洋河、九华河、大通河、尧渡河水质大部分为Ⅱ~Ⅲ类；平天湖水质基本上为Ⅱ类，局部时段为Ⅲ类；黄湓河、升金湖大部分为Ⅱ~Ⅲ类，局部时段为Ⅳ类，全年中营养化。

二、农村饮水安全工程建设情况

1. 农村人口饮水安全解决情况

实施农村饮水安全工程前，原存在的饮水不安全类型主要有血吸虫疫区、水质性缺水和季节性缺水等。一是血吸虫疫区。我市是全省血吸虫重疫区，全市有螺面积69.92km²，主要涉及沿江、沿黄湓河、沿秋浦河乡镇，影响人口31.9万人。直接饮用江、河、坑、塘等血吸虫感染的疫水，极易感染血吸虫病，严重影响了人民群众身体健康。二是水质性缺水。我市城镇周边及工厂矿区污染比较严重，主要分布在东至大渡口、瓦垄、香隅、汪坡、张溪等圩区乡镇，贵池乌沙、梅街、晏塘、涓桥、殷汇等乡镇，青阳丁桥、新河、杜村等乡镇，影响人口1.76万人。三是季节性缺水。主要是水量不足、方便程度不够或保证率不达标等引起的季节性缺水，分布在丘陵和山区，人口达69.35万人。

截至2015年底，全市农村总人口131.7万人，饮水安全人口数130.87万人，农村自来水供水人口110.63万人，自来水普及率达93%；全市共有行政村638个、通水行政村617个（其中贵池区186个、东至县240个、石台县79个、青阳县103个、九华山9个），通水比例96.7%。2005—2015年，农饮省级投资计划累计下达投资额50419万元，计划解决人口102.11万人，累计完成投资50419万元，建成工程1024处，其中农村规模水厂改扩建工程33处（贵池区14处、东至县14处、青阳县5处）。

表1　2015年底农村人口供水现状

县（市、区）	乡镇数量	行政村数量	总人口	农村供水人口	集中式供水人口	其中：自来水供水人口	分散供水人口	农村自来水普及率
	个	个	万人	万人	万人	万人	万人	%
合计	56	638	131.7	130.87	122.91	110.63	7.96	93
贵池区	20	188	51.46	51.16	49.32	46.12	1.84	90
东至县	15	251	47.38	46.86	45.6	38.92	1.26	83
石台县	8	80	8.8	8.8	8.6	6.2	0.2	70
青阳县	11	110	22.75	22.75	18.09	18.09	4.66	79.5
九华山	2	9	1.3	1.3	1.3	1.3	0	100

2. 农村饮水工程（农村水厂）建设情况

2005年以前，全市农村水厂78处，规模大多都是“千吨万人”以下的小水厂，主要分布在乡镇集镇等人口密集区。主要以个人投资为主，设计规模小、制水工艺简单，供水水量、水质达不到要求。

截至2015年底，全市现有农村水厂537处，其中，规模在1000m^3/d以上水厂56处，主要分布在城镇周边地区；规模在200～1000m^3/d小水厂481处，主要分布在农村人口相对集中区域。

农饮工程建设中，2005—2015年，主要利用农村集镇小水厂进行管网延伸并进行水厂改扩建，充分使用农饮工程资金，结合农村集镇小水厂前期投入的社会资本、个人资金、银行贷款等扩大水厂覆盖范围，提高农村水厂供水能力。

截止2015年底，全市农民接水入户人口113.8万人，入户部分费用，“十一五”期间我市主要以物价部门核定为主，费用为100～500元；“十二五”期间，入户部分费用均不超过300元。入户率达90%。

表2 农村饮水安全工程实施情况

县（市、区）	合计			2005年及“十一五”期间			“十二五”期间		
	解决人口		完成投资	解决人口		完成投资	解决人口		完成投资
	农村居民	农村学校师生		农村居民	农村学校师生		农村居民	农村学校师生	
	万人	万人	万元	万人	万人	万元	万人	万人	万元
合计	102.11	8	50419	39.37	2.05	17350	62.74	5.95	33069
贵池区	32.62	2.53	16187	12.62	0.64	5647	20	1.89	10540
东至县	43.67	3.74	21942	15.09	0.91	6837	28.58	2.83	15105
石台县	8.96	0.64	4153	3.8	0	1391	5.16	0.64	2762
青阳县	16.52	1.09	8002	7.52	0.5	3340	9.0	0.59	4662
九华山	0.34	0	135	0.34	0	135	0	0	0

3. 农村饮水安全工程建设思路及主要历程

“十一五”期间，我市解决农村饮水不安全人数为39.37万人（其中贵池区12.62万人、东至县15.09万人、石台县3.8万人、青阳县7.52万人、九华山0.34万人）和农村学校师生2.05万人饮水不安全问题。完成投资17350万元。建设工程538处，主要以自来水厂管网延伸、打井和自流引水等工程措施为主，主要解决血吸虫疫区、水质性缺水等农村饮水不安全问题。

表3 2015年底农村集中式供水工程现状

县（市、区）	工程规模	工程数量	设计供水规模	日实际供水量	受益乡镇数	受益行政村数	受益农村人口	自来水供水人口
		处	m^3/d	m^3/d	个	个	万人	万人
合计	合计	537	396388	206778	—	—	116.32	110.63
	规模水厂	56	351300	174004	—	—	81.72	80.52
	小型水厂	481	45088	32774	—	—	29.19	21.41
贵池区	合计	124	165122	50767	—	—	49.32	46.12
	规模水厂	22	155800	44874	—	—	44.9	44.9
	小型水厂	102	9322	5893	—	—	4.42	1.22
东至县	合计	23	128540	87200	—	—	38.92	38.92
	规模水厂	19	126800	85600	—	—	34.41	34.41
	小型水厂	4	1740	1600	—	—	2.60	2.60

（续表）

县（市、区）	工程规模	工程数量	设计供水规模	日实际供水量	受益乡镇数	受益行政村数	受益农村人口	自来水供水人口
		处	m^3/d	m^3/d	个	个	万人	万人
石台县	合计	240	26714	18700	—	—	8.6	6.2
	规模水厂	0	0	0	—	—	0	0
	小型水厂	240	26714	18700	—	—	8.8	6.2
青阳县	合计	148	71012	47111	—	—	18.09	18.09
	规模水厂	13	63700	40530	—	—	9.31	9.31
	小型水厂	135	7312	6581	—	—	8.78	8.78
九华山	合计	2	5000	3000	—	—	1.3	1.3
	规模水厂	2	5000	3000	—	—	1.3	1.3
	小型水厂	—	—	—	—	—	—	—

“十二五”期间，我市解决农村居民62.74万人（其中贵池区20万人、东至县28.58万人、石台县5.16万人、青阳县9万人）和农村学校师生5.95万人饮水不安全问题，解决不同饮水问题类型居民人数为：水质不达标共有18.7万人，缺水和取水不便共有44.04万人。完成投资33069万元。我市共建成农村饮水安全工程486处，其中，“千吨万人”规模以上供水工程24处、小型集中式供水工程462处。

三、农村饮水安全工程运行情况

1. 成立专管机构

2009年，我市成立市级专管机构。根据《关于设立市村镇供水管理办公室的批复》（池编办〔2009〕5号）及《市直机关事业单位人员入编通知》（池入编函〔2009〕31号）文件精神，我市成立了市村镇供水管理办公室，定性为全额拨款事业单位，隶属市水务局，正科级，办公室工作人员由市水务局下属事业单位连人带编调整了4名人员。

各县区以不同的形式成立了专管机构，负责本行政区域农村饮水安全工程的建设与管理，负责项目建设前期工作、项目实施、建设管理、竣工验收工作，帮助解决各水厂反映的问题，定期检查各水厂运行情况，制订行业标准，落实各项政策，负责水质检验，应急管理等。

2. 建立农村饮水安全工程维修养护基金

我市各县区均建立了县级工程维修养护基金，并严格按建设资金1%的标准设立农村饮水安全工程运行维护基金，截至2015年底，全市维修基金账户余额160.8万元。所设立的运行维护基金应由县水务局专户存储，专款专用，并接受县级以上地方人民政府有关部门的监督检查。

3. 建设县级农村饮水安全工程水质检测中心

根据省水利厅、省发改委《关于尽快完成农村饮水安全工程县级水质检测中心建设前期工作的通知》的要求，我市高度重视，立即进行了部署。2015 年，我市完成了 5 个农饮工程县级水质检测中心实施方案的审查审批工作，批复总投资 1231.35 万元。其中，贵池区、青阳县依托县疾病、预防控制中心建设，东至县、石台县和九华山风景区依托规模水厂建设。2015 年底，各县、区实验室场地建设均已完成，主要设备由市水务局统一招标采购，设备均按时到达指定场地，完成了安装调试，已经准备检测 42 项指标要求。目前，我市 5 个水质检测中心均已投入运行，由于人员和经费等原因，检测的项目和频次不能达到要求。各县区正在抓紧与有关部门对接，尽快解决人员和经费问题，确保按照水质检测标准和要求，完成年度检测项目和频次。

4. 农村饮水安全工程水源保护情况

我市规模以上水厂和小型集中供水工程部分划定水源保护区或保护范围，各地农村饮水安全工程基本上在水源保护区内都设立了标志牌和警示牌。供水单位对水源保护区实行定期巡查，对影响水源安全问题的及时报告，妥善处理，并做好记录。

5. 供水水质状况

我市水资源丰富，主要河流、湖泊、水库水质整体较好，水质类别一般在 Ⅰ ~ Ⅲ 类间；少部分供水水源地的水质类别为Ⅳ类。农村饮水安全工程主要以规模水厂和引山泉水为主。规模水厂净水工艺主要采用絮凝、沉淀、过滤、消毒等工艺。引山泉水净水工艺主要是通过简易过滤、沉淀、净化消毒等。

各县、区规模水厂的水源水、出厂水和末梢水水质均达标，小型集中式供水工程水质有部分不合格，主要是微生物指标超标。

6. 农村饮水工程（农村水厂）运行情况

一是管护主体。我市各县、区的乡镇人民政府是农村饮水安全工程运行管理责任主体。农饮工程改扩建的规模水厂，形成的资产交由当地乡镇人民政府管理，各供水企业法人负责日常运行管理；由农饮工程建设的小型水厂，形成的资产交由当地乡镇人民政府管理，通过承包、租赁、拍卖使用权等办法进行管理。

二是运营状况。我市共有规模以上水厂 56 处，日实际供水能力为 206778m^3/d，供水价格由当地物价部门按照补偿成本、保本微利、节约用水、公平负担的原则进行核定，为 1.5 ~2 元/m^3，部分实行了“两部制”水价。水厂主要收入来源是收取水费，开支是水厂管理人员工资，运行设备电费支出以及购买消毒药剂等，水厂平均运行成本为 1.3 元/m^3，如果水厂经验得当，可以做到保本微利。我市共有小型水厂 481 处，日实际供水能力为 32774m^3/d，供水价格为 0.5 ~1.5 元/m^3，实行计量有偿供水，运行管理费用不足由村级集体经济收益中安排，在县级维修养护基金中适当安排补助资金。

7. 农村饮水工程（农村水厂）监管情况

各县区人民政府是农村饮水安全工程责任主体。各县、区水务局是农村饮水安全工程的行业主管部门。我市农村饮水安全工程监管主要采用以下两种模式：一是以国家投资为主的集中供水工程，在经营管理上实行承包、租赁、拍卖使用权等办法进行管理，接受政府及有关部门监督；二是分散供水工程，通过国家补助、受益群众投资投劳兴建的单户或联户等分散供水工程，实行“自建、自有、自管、自用”。

我市农村饮水安全工程的水质检测分为供水单位自检、水质检测中心巡检和卫生部门监测。规模以上的水厂均设立了化验室，配备了专业人员，定时对水质进行检测；水质检测中心加强定期水质检测和日常巡检，确保检测的指标和频次，并出具检测报告，为农饮工程的监管提供依据。卫生部门定期或不定期地对辖区内的水厂及单村工程进行水质检测，并出具检测报告，确保供水安全。同时，各地均建立应急预案，确保供水安全。

8. 农村饮水工程运行维护情况

一是工程运行状况。我市各县、区的乡镇人民政府是农村饮水安全工程运行管理责任主体。我市管护主体类型大致可分为两类：一是由农饮工程改扩建的规模水厂，形成的资产交由当地乡镇人民政府管理，各供水企业法人负责日常运行管理；二是小型集中式供水工程原则上根据供水范围确定运行管理方式，跨村供水工程由乡镇负责协调组建管理组织，单村供水工程，由村委会负责组建管理组织。每个工程落实具体运行管理人员，按照本村供水工程特点进行核算、收费和管理。

二是运行维修队伍建立。我市所有农村水厂都建立运行维修养护队伍，主要负责本区域内的运行维修养护。单村供水工程也落实了相关的运行维修养护，负责日常的运行维修养护工作。

三是用电、用地、税收等相关优惠政策落实情况。我市农饮工程用电、用地、税收优惠等已按《关于调整销售电价分类结构有关问题的通知》（发改价格〔2013〕973 号）、《关于继续实行农村饮水安全工程建设运营税收优惠政策的通知》（财税〔2016〕19 号）、《关于完善农村自来水价格管理工作的指导意见》（皖价商〔2015〕127 号）等有关文件精神落实到位，大大减轻了供水企业和用水户的负担。

9. 用水户协会成立及运行情况

我市只有贵池区和青阳县部分乡镇成立了用水户协会。用水户协会以行政村为单位，全体用水户自愿依法成立用水户协会组织。按照“自主经营、自主决算”的管理模式，实行民主性管理。

四、采取的主要做法、经验及典型案例

（一）做法和经验

1. 地方出台的政策和法规性文件

自 2009 年池州市村镇供水管理办公室成立以来，我市先后出台了《池州市村镇供水管理暂行办法》《池州市村镇供水安全管理分类及年检办法》《池州市村镇供水工程建设和运营管理实施意见》《池州市村镇供水应急预案》《池州市农村饮水安全工程建设管理实施意见》等规范性文件。我市还建立了联席会议制度，每年邀请市卫生局、市物价局、市环保局及部分供水企业代表参加会议，座谈讨论全市村镇供水管理工作。

2. 经验总结

（1）加强领导，密切协作。一是切实加强领导。农村饮水安全工程建设实行行政首长负责制。各级政府层层分解落实建设任务，签订目标责任书。农村饮水安全工程建设主要责任在县级人民政府，市政府将农村饮水安全覆盖率列入县政府目标考核范围，要认真组

织检查考核。二是加强部门协作。水利部门是农村饮水安全工程建设的主要责任单位，要成立专门的办事机构，负责编制工程项目的可行性研究报告和年度实施方案，组织和指导项目的建设和运行管理。发展改革部门会同有关部门，做好农村饮水安全工程建设规划的编制和报批、项目审批、计划下达等工作。财政部门负责筹措地方配套资金，并加强对资金使用的监管。卫生部负责提出急需解决的血吸虫疫区需改水的范围，宣传、普及饮水安全知识，对农村饮水安全工程定期进行水质检测、监测。

（2）因地制宜，科学规划。我市自然条件差别较大，工程类型及供水方式根据各地特点选择不同方案。城镇周边地区，以现有自来水厂为依托，辐射、扩散至周边地区。江河湖泊沿岸地区兴建、扩建集中供水工程，扩大农村自来水覆盖面，提高农村自来水普及率。丘陵地区及山区人口密度较低，充分发挥已建水利工程优势，以山塘、水库及水资源较好的河流为水源地，因地制宜选择不同规模的集中供水工程、分散供水工程。

（3）筹措资金，保障需要。一是足额落实配套资金。县级财政设立农村饮水安全工程建设资金专户，将市级以上专项经费和县、区财政配套资金直接拨付到专户。二是广泛吸纳社会资金。继续探索多层次、多渠道、多元化投融资机制，大力推进市场化运作。鼓励各方参与，吸引民营资本进入农村供水市场。同时，积极引导和组织受益群众，筹资投劳兴建农村饮水工程。

（4）加强管理，确保质量。农村饮水工程建设，质量是关键。市、县（区）农村饮水工程建设领导小组，严格按照《安徽省农村饮水工程建设管理办法》的要求，严把“四关”，即施工队伍资质关、设备进货关、工程质量关和竣工验收关。

（5）明晰产权，完善机制。一是落实管护主体。县（区）、乡镇政府是农村饮水安全工程运行管理责任主体，负责制定和落实好本辖区内农村饮水安全工程运行管理办法。按照有利于群众使用、有利于工程可持续利用的原则，明晰工程所有权，放开经营权。在经营管理上采取灵活多样的方式，有由用水合作组织自己管理的，也有实行承包、租赁、拍卖使用权等办法进行管理。二是合理制定水价。建立有偿供水制度，按照保本微利的原则，形成以水养水的新机制。积极推行“两部制”水价。

（二）贵池区农村饮水安全工程建设管理典型案例

1. 工程建设管理方面。贵池区严格项目管理。在实施过程中，严格实行项目法人制、招标投标制、建设监理制、集中采购制、资金报账制、竣工验收制和用水户全过程参与模式。该区加强建设管理，阳光操作，将工程经费来源、投资情况、责任单位和人员、建设单位、受益范围等情况在受益村进行公示；工程所需管材、设备都进行集中招标采购，确保质量；建设资金实行报账制，专款专用；工程建设前后对水质进行化验分析，保证水质达到农村饮水安全标准；工程使用前严格验收程序，对验收不合格工程限期整改或返工，确保工程达设计要求，质量符合标准。为了加强水利工程廉政建设，保证工程安全、资金安全、干部安全。该区农村安全饮水建成后交由地方政府管理，并与农户用水协会或水厂签订供水与工程管护协议，落实具体管护措施。

2. 运行管理方面。该区设立村镇供水办公室，负责全区供水管理工作，加强水价、水量、水质监管，确保群众吃上“放心水、明白水、安全水”。一是建立健全工程运行管理体制。制定规章制度，明确管理体制，落实管理人员，确保每一处工程都有人管理，保证工程长期运行使用，发挥效益。二是加强水源保护。每个水厂和引山泉水工程都划定水厂水源保护区，在显著位置设立告示标牌。各水厂都成立了工程维护队，及时修补工程缺损，确保供水稳定。三是按《池州市村镇供水管理办法》要求，开展水厂ABC分类管理年度考核，对年度评定为A类水厂和前5名的水厂给予表彰奖励，对评定为C类水厂给予通报，并限期整改，对连续2年被评定为C类的水厂责令停产整顿。四是加强与卫生局、环境保护局、物价局等部门密切合作，联动执法与考核，并发挥维护基金杠杆工作，引导供水企业争先创优，为群众提供优质服务与安全用水。五是完善水质检测监测体系。建立和完善水厂化验室和县级水质检测单位，落实机构、人员、任务、责任、仪器设备和经费，并实现信息畅通，资料数据准确及时。六是推广水厂信息化自动化建设。2011年晏塘水厂建成了自动化控制和信息管理系统，实现了水厂自动化和信息管理实时监控，可以在线监测水厂的设备运行情况和水量、水质、水压指标、经营状况分析等。该系统的运行大大节约了生产成本，提高了经济效益，实现了三个100%，即入户率100%、水质合格率100%、用户满意率100%。

五、目前存在的主要问题

1. 工程建设方面

一是工程建设基础薄弱。早年投资建设的工程，由于受到经济和自然条件限制，供水工程规划、设计和工程质量要求很低，管材选用价廉质差，施工工艺简单、粗糙，工程质量较差。二是工程建设中监管难度大。由于工程实施范围大、点多面广，乡镇技术人员紧缺，管理经验缺乏，管理制度的不完善等诸多因素的影响下，工程监管难度非常大。如管网铺设过程中由于管线长，种类繁多，管线走向复杂，管槽开挖断面的尺寸难以完全监控。

2. 运行管理方面

一是运行管理不集中，不专业。集中式供水工程交由水厂或村管理经营，每个工程自成管理体系，管理人员综合素质不高，管理不专业；单村集中供水工程，管理单元划分太细，以村、组为管理单元，集中管理程度不高，少数工程点因运行管理经费不明确，出现无专人管理的现象。二是管网漏损率高。跑、冒、滴、漏耗损大，农村居民用水量小，水费回收率低，水费征收难，增加了供水成本。三是农村居民居住分散，供水管线长，管网难以及时维护，农村地势高低不平，供水压力难以保证。四是单村工程管理体制不顺，管理员工资低、缺乏专业管理养护和运营知识，维修、养护检修水平低。

3. 水质保障方面

一是单村饮水工程水质净化及消毒设施简陋，水质达标率普遍偏低。二是面源污染增大。由于水源地多处在水库、沿河滩地、沟道附近，农业生产生活带来的面源污染对水源仍有一定影响。三是水质检测的频率偏小，不能满足供水工程管理的需要，没有达到全覆盖。

六、"十三五"巩固提升规划情况

（一）全市农饮巩固提升"十三五"规划情况

规划思路：我市农村饮水工程巩固提升"十三五"规划是在《池州市农村饮水安全

工程现状与需求调查》和《池州市农村饮水安全巩固提升工程精准扶贫2016—2018年实施方案》基础上，按照城乡供水一体化的新时期供水方向，综合采取新建、扩建、配套、改造、联网等方式，立足于巩固、稳定、提升三个关键点，围绕水质保障、供水保障、运行管护保障三个方面加强农村饮水能力建设，切实把农村饮水安全成果巩固住、稳定住、不反复，全面提高农村饮水安全保障水平，为改善农村生活水平和贫困群众脱贫致富奔小康提供坚实支撑，促进全市经济发展、社会和谐。

建设目标：到2020年，池州市农村饮用水供水保证率要达到95%以上，集中供水率达到95%，自来水普及率达到90%，农村供水工程的水质达标率达85%以上，城镇自来水管网覆盖行政村比率55%。

主要建设内容

1. 新建工程（新增供水受益人口）

（1）新建规模化供水工程

“十三五”期间，东至县拟新建县第二配水厂，新增供水能力15000m³/d，新增受益人口1.3万人。九华山农饮拟新建两座水厂，分别为青草湾水厂、水厂规模为10000m³/d、供水人口1万人、涉及6个行政村，天潭水厂3000m³/d、供水人口0.8万人、涉及3个行政村。

（2）新建小型集中式供水工程

十三五规划期间，新建小型集中式供水主要解决贫困村及贫困户未通水人口的饮水问题，因此在十三五期间新建小型饮水工程109处，解决未通水人口4.05万人，其中贫困人口2.37万人，新增供水规模4397m³/d。

2. 改造工程

（1）改造规模化供水工程

“十三五”期间，全市改造规模水厂共7处，其中贵池区4处、东至县2处、青阳县1处，新增供水规模69000m³/d，改善受益人口共计30万人。

（2）改造小型集中式供水工程

“十三五”期间，全市改造小型集中式供水工程共84处，其中石台县80处、青阳县4处，新增供水规模5238m³/d，改善受益人口共计10万人。

3. 设施改造配套（未新增供水受益人口）

十三五期间，全市对40处规模水厂进行管网改造，改造管网长度570km。新增受益人口6.3万人；水质净化设施改造53处，配套消毒设施53台套，更新配套村头以上输配管网长度207km，改善受益人口8万人。

4. 农村饮用水水源保护、水质检测能力建设以及水厂信息化建设

（1）水源保护

“十三五”期间，全市对73处水源进行水源保护。

（2）水质检测能力建设以及水厂信息化建设

“十三五”期间，全市拟配备规模化水厂水质化验室27处，规模化水厂自动化监控系统22处，水质状况实时监测试点建设37处。

表4 "十三五"巩固提升规划目标情况

县（市、区）	农村集中供水率（%）	农村自来水普及率（%）	水质达标率（%）	城镇自来水管网覆盖行政村的比例（%）
合计	95	90	85	55
贵池区	90	85	80	33
东至县	93	90	80	60
石台县	95	95	85	20
青阳县	90	90	85	60
九华山	100	100	90	100

表5 "十三五"巩固提升规划新建工程和管网延伸工程情况

县（市、区）	工程规模	新建工程					现有水厂管网延伸			
		工程数量	新增供水能力	设计供水人口	新增受益人口	工程投资	工程数量	新建管网长度	新增受益人口	工程投资
		处	m³/d	万人	万人	万元	处	km	万人	万元
合计	合计	112	32397	19.45	7.2	16807	40	570	7.12	3542
	规模水厂	3	28000	13.8	3.15	15240				
	小型水厂	109	4397	5.65	4.05	1567.3	40	570	7.12	3542
贵池区	合计	41	2350	3	2.35	931	28	373	6.5	3154
	规模水厂						28	373	6.5	3154
	小型水厂	41	2350	3	2.35	931				
东至县	合计	1	15000	10.0	1.35	5680	12	197	0.62	388
	规模水厂	1	15000	10.0	1.35	5680				
	小型水厂						12	197	0.62	388
石台县	合计									
	规模水厂									
	小型水厂									
青阳县	合计	68	2047	2.65	1.7	636.3				
	规模水厂									
	小型水厂	68	2047	2.65	1.703	636.3				
九华山	合计	2	13000	3.8	1.8	9560				
	规模水厂	2	13000	3.8	1.8	9560				
	小型水厂									

表6　“十三五”巩固提升规划改造工程情况

县（市、区）	工程规模	改造工程					
		工程数量	新增供水能力	改造供水规模	设计供水人口	新增受益人口	工程投资
		处	m^3/d	m^3/d	万人	万人	万元
合计	合计	91	74238	88552	39.01	6	19734
	规模水厂	7	69000	77000	29.92	4	14168
	小型水厂	84	5238	11552	9.10	2	5566
贵池区	合计	4	4000	12000	12	4	1600
	规模水厂	4	4000	12000	12	4	1600
	小型水厂						
东至县	合计	2	60000	60000	16.97		11868
	规模水厂	2	60000	60000	16.97		11868
	小型水厂						
石台县	合计	80	5000	11314	8.8	2.0	5327
	规模水厂						
	小型水厂	80	5000	11314	8.8	2.0	5327
青阳县	合计	5	5238	5238	1.24		939
	规模水厂	1	5000	5000	0.95		700
	小型水厂	4	238	238	0.29		239
九华山	合计	0	0	0	0		0
	规模水厂	0	0	0	0		0
	小型水厂	0	0	0	0		0

（二）“十三五”之后农饮工程长效运行工作思路

1. 实行分散小水厂集中管理，发挥工程规模效益

结合农村饮水安全工程建设，在有条件的地区，加大小水厂整合力度，尽量联网连片，按照“标准化建设，规模化发展，公司化经营，市场化运作”的模式，实现农村饮水安全工程高效运行的长效机制。

2. 建立健全水质检测监测体系，确保工程供水质量

农村饮水安全工程的重点就是解决饮用水水质问题，我市已建设水质检测中心5处，负责水质检测工作。将切实建立起水厂自检，水质检测中心巡检，卫生部门抽检的三级检测监测体系，严格把好检测监测关，进一步保障供水安全。

3. 科学核算成本，合理制定供水价格

加强供水企业供水成本核算，在保障农村居民承受能力，兼顾供水企业效益基础上，按照“补偿成本、保本微利、节约用水、公平负担”的原则，合理确定供水价格。建立供

水价格补贴机制，降低农村水厂的建设和运行成本，还惠于民。积极推行“两部制”水价。

4. 明晰农村饮水安全工程产权，落实责任主体

根据《池州市农村饮水安全工程建设管理实施意见》要求，结合省水利厅要求建立水利工程管护组织的契机，对全市已建成的农村饮水安全工程进行一次全面的摸底，按照“产权有归属，管理有载体，运行有机制，工程有效益”的总要求，对农村安全饮水工程明晰产权，落实经营权和管理主体。建立“两证一书”（所有权证、使用权证、管理维护责任书）制度，切实将工程的运行管理落到实处。

5. 推进农村饮水安全工程维修养护基金建设，保证工程效益持久发挥

农村饮水安全维修养护资金的设立对饮水安全工程运行管理给予了有力的资金保障，从根本上解决了农村饮水安全工程运行费用高、群众负担重、供水经营亏损严重的难题，加强县级农村饮水工程维修养护基金管理，确保农村饮水安全工程长期、正常发挥效益。

6. 确立用水户的主体地位，提高社会公众参与度

农村饮水安全工程的最终受益者是农村居民，必须明确农村居民在工程管理中的主体地位，扩大农村居民对工程管理的知情权、参与权和监督权，鼓励农村居民参与工程的运行管理，包括饮用水源保护、工程养护、供水成本核算与水价制定、供水单位财务监督等。

农村饮水安全工程要逐步建立起政府主导、多方融资、企业经营、依法合理定价、计量收费、群众参与的运营管理机制，充分调动社会各方面力量参与农村安全饮水工程的建设和管理，确保工程建得成、管得好、用得起、长受益。

贵池区农村饮水安全工程建设历程（2005—2015）

（贵池区水务局）

一、基本概况

池州市贵池区位于安徽省南部，长江下游南岸，区境西北濒临长江，与枞阳县隔江相望，东与铜陵市毗邻，东南与青阳县、石台县交界。国土面积2516km^2。贵池区依山傍江，东南是黄山山脉与九华山山脉结合带，西北濒临长江，整个地势由东南向西北逐级下降，从中山、低山过渡到低山丘陵，最后至岗地、平原。贵池区地势南高北低，依山傍水，分山区、丘陵、圩区，呈阶梯形分布。辖区有11个街道，9个镇，共20个镇、街道，下属65个社区、190个村，总人口66.29万人，其中农村人口51.46万人。

境内沿岸岗峦起伏，从上至下有黄湓河、秋浦河、九华河、大通河等主要河流。贵池区多年平均降雨量为1535.5mm、降雨总量37.3亿m^3，地表径流深755.2mm、地表水资源量为18.37亿m^3。全区多年平均地表年径流量为18.23亿m^3，多年平均入境水量12.824亿m^3，地下水综合补给量为3.019亿m^3。

根据池州市疾病预防控制保健中心的检测显示，贵池区内的黄湓河、秋浦河、九华河以及青通河的水质全部达到或优于Ⅲ类标准（良好），其中达到Ⅱ类标准（优）以上的占57%，在全省省辖市中位列第二，与“十二五”初相比水质有所好转。城市饮用水水源水质平均达到Ⅱ类标准，水质优，水质达标率为100%。

二、农村饮水安全工程建设情况

1. 农村人口饮水安全解决情况

贵池区在实施农村饮水安全工程前，饮水不安全主要为乡镇村居民生活、企业生产带来的污染水，水量、方便程度或保证率不达标及血吸虫疫区等其他水质问题。农村供水只有集镇农村小水厂和少数山丘陵区建简易引山泉水点，覆盖人口约11万人，农村其余人口均为打井或饮用河、塘、库等未经处理的水。

截至2015年底，全区共解决农村饮水安全人口32.62万人及学校安全人口2.53万人。总投资16187万元，其中中央资金8927.4万元、省级配套资金3415.8万元，市区配套3842.8万元。到2015年底，全区共兴建农村饮水安全工程共185处，其中自来水管网延伸供水工程86处、单村集中供水工程99处。改造扩建了晏塘、马衙、墩上、茅坦、木闸、乌沙、解放、棠溪、梅村、先进、刘街、驻驾、高坦、梅街等14座水厂，新建蓄水池101座，打井2眼，铺设管道1200余km，新增供水能力3万m^3/d。

全区现有水厂25座，其中“千吨万人”水厂22座、“千吨万人”以下小型水厂3座，全区农村饮用自来水人口达到46.12万人，农村自来水普及率达90%。

表1　2015年底农村人口供水现状

乡镇数量	行政村数量	总人口	农村供水人口	集中式供水人口	其中：自来水供水人口	分散供水人口	农村自来水普及率
个	个	万人	万人	万人	万人	万人	%
20	188	51.46	51.16	49.32	46.12	1.84	90

表2　农村饮水安全工程实施情况

合计			2005年及“十一五”期间			“十二五”期间		
解决人口		完成投资	解决人口		完成投资	解决人口		完成投资
农村居民	农村学校师生		农村居民	农村学校师生		农村居民	农村学校师生	
万人	万人	万元	万人	万人	万元	万人	万人	万元
32.62	2.53	16187	12.62	0.64	5647	20	1.89	10540

2. 农村饮水工程（农村水厂）建设情况

2005年以前，贵池区农村集镇小水厂20处，大部分供水规模“千吨万人”以下、供水范围在农村集镇，存在主要问题是供水规模小，供水水量、水质不达标。截至2015年底，贵池区现有农村水厂个水厂25座，其中“千吨万人”水厂22座、“千吨万人”以下小型水厂3座。农饮工程建设中，2005—2015年，利用农村集镇小水厂进行管网延伸并进行水厂的改扩建，充分使用农饮工程资金，结合农村集镇小水厂前期投入的社会资本、个人资金、银行贷款等扩大水厂覆盖范围，提高农村水厂的供水水质、水量、水压。2015年底，农民接水入户达9万多户，入户部分费用按物价部门核定的费用收费、入户率达90%。

表3　2015年底农村集中式供水工程现状

工程规模	工程数量	设计供水规模	日实际供水量	受益乡镇数	受益行政村数	受益农村人口	自来水供水人口
	处	m^3/d	m^3/d	个	个	万人	万人
合计	124	165122	50767			49.32	46.12
规模水厂	22	155800	44874	—	—	44.9	44.9
小型水厂	102	9322	5893	—	—	4.42	1.22

3. 农村饮水安全工程建设思路及主要历程

贵池区在实施农村饮水安全工程前，农村供水只有集镇农村小水厂和少数山丘陵区建简易引山泉水点，覆盖人口约11万人，农村其余人口均为打井或饮用河、塘、库等未经处理的水。

贵池区农村饮水安全工程分两个大规划阶段实施："十一五"规划解决15.62万人饮水不安全人口，贵池区结合本区农村供水现状，进行摸排，根据缺水情况，地理位置，能依托现有水厂的进行管网延伸，对山区、丘陵地区采取引山泉水及打井的形式，按轻重缓急，分年度实施，到2010年底完成12.26万人农村计划任务和0.64万师生饮水不安全人口人；"十二五"规划解决18.89万人农村饮水不安全人口和1.89万人师生饮水不安全人口，主要是对管网延伸覆盖人口扩大，而厂区制水能力跟不上的水厂进行改扩建，截至2015年底，全区共解决农村饮水安全人口32.62万人及学校安全人口2.53万人。总投资16186万元，其中中央资金8927万元、省级配套资金3415万元、市区配套3842.8万元。到2015年底，全区共兴建农村饮水安全工程共185多处，其中自来水管网延伸供水工程86处、单村集中供水工程99处。改造扩建了晏塘、马衙、墩上、茅坦、木闸、乌沙、解放、棠溪、梅村、先进、刘街、驻驾、高坦、梅街等14座水厂，并引导城市自来水管网向农村延伸覆盖，先后并网了梅龙街道的三个小规模水厂，梅里水厂由池州供排水公司并购；牛头山水厂、木闸水厂和晏塘水厂并网到临江水务公司。

三、农村饮水安全工程运行情况

1. 县级农村饮水安全工程专管机构

为实施好农村饮水安全工程，贵池区人民政府成立了农村饮水安全工程建设领导小组，由分管区长任组长，发改委、水务局、卫生局、财政局、国土资源局等职能部门为成员单位。2007年贵池区成立贵池区农村饮水安全建设管理处，并为项目法人单位，建设管理处设在区水务局，从事我区农村饮水安全项目的建设与管理工作。

根据池州市贵池区人民政府办公室《关于印发池州市贵池区水务局主要职责内设机构和人员编制规定的通知》贵政办〔2010〕50号，贵池区水务局下内设机构的水政水资源科（村镇供水管理办公室）负责全区村镇供水管理工作。

2. 县级农村饮水安全工程维修养护基金

贵池区建立健全工程维修、养护、水费计收、水资源保护等各项规章制度，以确保工程充分发挥效益。贵池区农村饮水安全工程维修养护基金专户设在贵池区农村饮水安全工程建设管理处，自2012年建立，目前有资金20.8万元，正逐步完善资金管理制度及明确资金使用办法。

3. 县级农村饮水安全工程水质检测中心建设

根据贵池区政府建设意见，贵池区水质检测中心依托贵池区疾控中心建立，设备采购由池州市水务局组织集中采购，区疾控中心化验大楼能满足中心设备布置要求。贵池区水质检测中心管理机构明确，年运行管理经费及增加人员编制等具体问题，贵池区水务局已上报贵池区政府，提交区长办公会议研究决定。到目前为止，水质检测中心主要设备已经采购完毕，化验室布置到位。

组建了区农村饮水安全工程水质检测中心，与区疾控中心一套人马、两块牌子，考虑到工作职能和实际工作量的增加，请求公开选招 3 名水质检测专业人员；并恳请区政府将区农村饮水安全工程水质检测中心正常运行经费列入财政预算。

4. 农村饮水安全工程水源保护情况

贵池区加强水源保护，明确划定了水源保护区，制定了保护办法和细则，特别是要加强对水源地周边设置排污口的管理、限制和禁止有害化肥、农药的使用，杜绝垃圾及有害物品的堆放，防止供水源受到污染。

5. 供水水质状况

贵池区大部分供水水源地受人类活动影响相对较小，水质相对较好，水质一般为Ⅰ～Ⅲ类；少部分供水水源地的水质类别为Ⅳ类，污染类型主要为重金属、有机物、卫生学、富营养化。

贵池区主要为规模水厂供水和引山泉水，规模水厂净水工艺为新建取水工程，利用取水泵取水到管道将水引入反应沉淀池经加药处理到普通快滤池过滤，消毒后进入清水池，然后由二次供水泵供水到主管网进入各用水户。引山泉水净水工艺为新建引泉室，同时完成粗滤工艺，利用管道将水引入滤池，进行消毒后进入清水池，然后由供水管网进入各用水户。无论采用哪一种形式供水，在工程建设前对水源水均进行水质化验，根据水源水的主要指标采取合理的水处理工艺，对建成后的出厂水及末梢水也作水质化验，对少量末梢水指标不合格的，工程点采取有效措施进行整改处理直到合格。发挥区域水质检测中心的职能作用，开展水源水、出厂水和管网末梢水的水质抽检，对小型供水工程和分散式供水工程进行水质巡检，按集中式供水工程的水质检测的指标和频次要求进行定期水质检测，保证不同规模供水工程水质达标。

6. 农村饮水工程（农村水厂）运行情况

贵池区农村水厂的管护主体为水厂，项目法人责任制，工程建成后移交给当地镇政府，由当地政府与水厂签订无偿使用协议，明确双方的权利责任，水厂进行企业化管理，与用水户签订管护协议，水厂按物价部门核定的水价收取水费，同时有义务对管网进行维护管理；单村集中供水工程建成后，形成的国有资产移交给当地村委会，由村委会牵头组建用水户协会，由该农村用水户协会进行日常维护与监管，按照本村供水工程特点进行核算、收费和管理。

7. 农村饮水工程（农村水厂）监管情况

贵池区农村饮水安全工程自 2008 年列入民生工程以来，接受省、市、区民生工程考核，按旬报、月报和年度考核的方式进行全方位跟踪，贵池区还通过人大代表及政协委员、农民用水协会参与的监督管理，充分发挥了监管作用。

8. 运行维护情况

因供水设施受自然灾害损坏或者遭受破坏等原因造成停水的，工程运行管理单位应及时组织抢修，抢修所用的管道等材料应符合卫生规范，并应在 48 小时内恢复供水，必要时应启动相应级别的供水应急预案。

2007 年 6 月池州市贵池区人民政府出台了《关于我区农村水厂建设用地及生产生活用电实行优惠政策的通知》（贵政办〔2007〕16 号）以正式文件形式落实用电优惠政策，农村水厂享受到用地、税收等相关优惠政策。

9. 用水户协会成立及运行情况

贵池区单村集中供水和小型分散饮水工程，采取以用水户协会、户或联户为单位的管理方式，将工程使用权交给受益村，由受益村自行维护、管理。

四、采取的主要做法、经验及典型案例

（一）做法和经验

1. 地方出台的政策和法规性文件。2011 年贵池区水务局、卫生局、环保分局、物价局共同转发了《池州市村镇供水工程建设和运营管理实施意见》（贵水务〔2011〕26 号）、贵池区出台《关于印发池州市贵池区村级水管员队伍建设实施方案的通知》（贵政办〔2011〕77 号），各行政村配备了村级水管员，村级水管员在农村饮水安全运行管理中发挥重要作用。2012 年贵池区人民政府出台了《关于印发池州市贵池区村镇供水应急预案的预知》（贵政办〔2012〕27 号）、贵池区水务局、财政局 2013 年共同出台《池州市贵池区农村饮水安全工程建设和管理实施细则》（贵水务〔2013〕64 号）。加强制度建设，注重建后管理，规范供水突发事件应急措施，以保证农村饮水安全巩固提升工程的长效运行。

2. 经验总结。水源保护：2009 年 9 月池州市环境保护局签发了《关于对贵池区镇街道饮用水水源地环境保护区划审查意见的报告》，明确贵池区 25 座水厂饮用水水源保护区划分方案。工程建设中注重水源保护，每个水源点设立水源保护区牌明确保护范围，加强取水口水源保护，明确划定水源保护区界线，制定保护办法和细则。

前期工作：贵池区在农饮工作中按照下达计划，严格项目审批。根据省发改委、水利厅下达的年度计划委托有资质的勘测设计单位及时编制项目实施方案，组织评审后报相关单位审批，严格按照批准的规划组织实施。年度实施方案与规划相衔接，千吨万人以上工程单独编制初步设计文件，其他工程打捆编制实施方案达到初步设计深度，经专家审查，按照审批权限进行批复。

资金筹措：资金使用严格按照基建工程财务管理要求实行报账制管理，并通过此办法建立起了有效的资金制约机制，做到专款专用，保证了工程质量和进度，确保了资金效益的发挥。对所有工程资金，严格使用管理，在贵池区财政局会计结算中心设立“贵池区农村饮水安全工程”资金专户，实行专账核算，专款专存、专款专用，严禁截留、挤占、挪用和违规支出资金。

工程建设管理：贵池区农村饮水安全建设管理处制定了《工程项目管理制度》《工程项目质量检查制度》《工程财务管理制度》《工程安全保卫制度》《工程建设考勤制度》《工程现场答复制度》等。加强水利工程廉政建设，保证工程安全、资金安全，严格实行三项合同制度，项目法人与施工单位均签订《贵池区水利工程建设项目廉政合同》《农村饮水安全建筑安全工程承包合同》《贵池区农村饮水安全工程安全生产责任书》。

贵池区水务局严格项目管理。在实施过程中，严格实行项目法人制、招标投标制、建设监理制、集中采购制、资金报账制、竣工验收制和用水户全过程参与模式，严格建设管理。贵池区水务局加强建设管理，阳光操作，将工程经费来源、投资情况、责任单位和人员、建设单位、受益范围等情况在受益村进行公示；工程所需管材、设备都进行集中招标

采购，确保质量；工程建设前后对水质进行化验分析，保证水质达到农村饮水安全标准；工程使用前严格验收程序，对验收不合格工程限期整改或返工，确保工程达设计要求，质量符合标准。

运行管理：一是建立健全了工程运行管理机制，制订规章制度，明确管理体制，落实管理人员，确保每一处工程都有人管理，保证工程长期运行使用，发挥效益。二是根据工程投资渠道，明晰了产权归属，落实管理主体。水厂改造及管网延伸工程交由水厂管理经营，引山泉水工程交由村用水协会管理，并签订国有资产转让使用协议。三是提高供水企业生产管理水平。加强供水质量监督管理，在确保安全生产和正常供水的基础上，不断提高管理水平和服务质量。三是按《池州市村镇供水管理办法》要求，开展水厂分类管理年度考核，对年度评定为A类水厂和前5名的水厂给予表彰奖励，对评定为C类水厂给予通报，并限期整改，对连续2年被评定为C类的水厂责令停产整顿。四是落实工程维护基金，确保工程发挥长期效益。发挥维护基金杠杆工作，引导供水企业争先创优，为群众提供优质服务与安全用水。五是建立和完善水厂化验室和县级水质检测单位，落实机构、人员、任务、责任、仪器设备和经费，并实现信息畅通，资料数据准确及时。

（二）典型工程案例（贵池区晏塘自来水厂）

1. 水厂基本情况

贵池区晏塘自来水厂始建于1999年，经过多次的建设和发展，截至2015年，晏塘自来水厂固定资产总额由创办初期的300万元达到现在的2800万元，在岗员工45名，其中工程技术人员20名。该水厂供水已覆盖到贵池区6个乡镇，用户达3万多户。建成了1幢2500m^{2}供水综合服务大楼和1座生活饮用水水质检测的标准化化验室，在晏塘区域实现了供水信息自动化、远程监控和智能化抄表。

2. 运行管理情况

贵池区晏塘自来水厂紧紧围绕水质、水量、水压“三个合格”和政府、用户“两满意”这个目标，对企业内部实行精细化管理，创新外部管理模式。一是提高员工综合素质。增强员工职业道德意识、责任意识、安全意识、服务意识。把在职员工全部纳入社会养老保险、医疗保险等，让员工有归属感。加强业务培训。积极组织员工参加供水技能培训，特别是化验员、管道焊接工、阀门维修工、电脑变频设备操作工及电工，培训合格，持证上岗。二是加强日常管理，确保水质合格。具体保障措施有：（1）人防。即一看二闻，目视观察浊度、色度、肉眼可见物，闻其有无异臭或异味。实行24小时值班制，确保水压稳定，24小时不间断供水，确保水量充足。确保服务到位，做到小修能及时、大修不过夜。（2）机防。经过专业培训，准确运用化验室控制检测系统，保障制水工艺符合《生活饮用水标准》。（3）技防。依靠在线监测系统，以高科技手段及时、准确掌握水质检验与监测资料，以便了解监测量化指标，采取措施，证明水质完全符合《生活饮用水标准》，方可向用水户供水。（4）源头防。饮用水水源保护区是国家为保护水源洁净而划定的加以特殊保护、防止污染和破坏的特殊区域。三是加强目标管理。水厂对7个分厂实行厂长责任制，签订目标责任书，包括日常运行日志管理考核、抄表收费管理考核、维护维修管理考核、新开用水户业务考核、一票否决用水户满意度考核等。四是加强收费管理。以“补偿成本、合理收益、优质优价、公平负担、适时调整”为原则，制定合理的水价，由物价部门核准后公布实行。实行抄表计量，按价收费，让用户放心用水，缴费明白。五是实行窗口一站式服务。在供水人口集中区设立供水服务收费大厅，方便用水户主动缴费和办理有关供水业务。六是建立自动化、信息化控制系统。2011年，晏塘自来水厂在中国农业节水和农村供水技术协会及各级水务部门的大力支持下，建立了自动控制、信息化管理和远程监控系统。该系统由全自动加药系统、全自动水质消毒系统、水表远程抄表系统、实时视频监控系统、供水运行监测系统、管网末梢压力互联网远程监控系统等组成。实现了水厂自动化控制和信息管理实时监控，确保了供水的水质和安全。该系统的使用，不仅使能耗、药耗等方面有所降低，而且也减少了用工人数，大大节约了生产成本。如实施自动化控制和信息管理系统后，对双塘分厂有关运营情况进行了对比分析：从业人员从原来25人减少到15人；电费每月同比下降20%；药料投放量每月同比下降50%。七是积极参与社会公益事业。晏塘自来水厂对学校、敬老院及供水区内200多户五保户、特困户实行减、免收开户费和水费。彰显了农村供水行业的公益性，提高了水厂知名度和美誉度。

五、目前存在的主要问题

1. 工程建设

（1）受地理条件限制，山区丘陵人口不集中，小型集中供水工程普遍存在，由于工程规模小，地理条件差，施工难度较大，管理难度也大。

（2）农村水厂取水水源保护及环境保护不能完全保障。贵池区25家水厂水源主要集中在长江、秋浦河、九华河及水库等，河流受采砂，企业排污口，旅游开发等影响不能按照水源一级保护区、二级保护区划定的范围和保护措施进行水源的有效保护。

2. 运行管理

（1）运行管理不集中，不专业。水厂改造及管网延伸工程交由水厂管理经营，引山泉水工程交由村用水协会管理，每个农村水厂自成管理体系，管理人员综合素质不高，管理不专业；单村集中供水工程，管理单元划分太细，集中管理程度不高，少数工程点因运行管理经费不明确，出现无专人管理的现象。

（2）集中联片供水未实行公司化管理，资产不明确，水价核算难。

（3）运行管护资金管理使用不明确。农村饮水安全工程建设11年，80%的农村居民用上自来水，人们对水的依赖度、关注度今非昔比。工程建成后的管护工作任务十分艰巨。

水质保障以及行业管理等方面存在的主要问题：农村水厂水质保障要从水源保护、水质检测及工程建设和运行管理方面统一，对农村水厂的水源保护的力度需要加强；水质检测的全方位检测体系也要建立，需要进一步落实水质检测的人员、经费及管理制度。

六、“十三五”巩固提升规划情况及长效运行工作思路

贵池区农饮巩固提升“十三五”规划情况。规划以找准贵池区农村饮水薄弱环节入手，以问题为导向，科学评价现状，合理确定需求。立足于巩固、稳定、提升三个关键点，采取新建、扩建、配套、改造、联网等方式，围绕水质保障、供水保障、运行管护保

障三个方面加强农村饮水能力建设，切实把农村饮水安全成果巩固住、稳定住、不反复，全面提高农村饮水安全保障水平，促进农村饮水安全工程向“安全型”“稳定型”转变，为改善农村生活水平和贫困群众脱贫致富奔小康提供坚实支撑，促进全区经济发展、社会和谐。

1. 建设目标

到2020年，贵池区农村饮用水供水保证率要达到95%以上，集中供水率达到90%，自来水普及率达到85%，供水工程的净化消毒设施配套率达80%以上，城镇自来水管网覆盖行政村比率33%。

2. 管理目标

（1）实现工程管理与技术服务全覆盖。以区为单元，继续健全完善农村饮水安全保障管理机构，全面建立区级农村供水技术支持服务体系。

（2）基本实现供水工程良性运行。明晰工程产权，落实工程管理主体、责任和经费，全面建立合理的水价和收费机制，落实工程运行管护经费。

（3）建立完善水质保障体系。全面划定饮用水水源保护区或保护范围，强化水源保护，强化供水单位水质管理，加强水质检测监测与评价，建立完善农村饮水安全数据库及信息共享机制，确保供水安全。

十三五”期间贵池区规划新建工程41处，现有水厂管网延伸28处，改造工程4处，水源保护25处，新建水质化验室10处，水厂信息化5处，水质监测试点建设25处。新增供水人能5662m^3/d，新增受益人口5.08万人，其中贫困人口2343人，改善受益人口6.97万人。工程总投资7085.4万元，其中扶贫投资221.7万元。新建41处工程均为引山泉工程，新增供水规模2462m^3/d，新增受益人口2.35万人，其中贫困人口843人。管网延伸工程28处，新增受益人口2.72万人，其中贫困人就1591人，改善受益人口3.78万人。分别对梅龙同心水厂、牌楼水厂、解放水厂、棠溪水厂进行改造，新增供水能力3200m^3/d，新增受益人口3.2万人。

表4 “十三五”巩固提升规划目标情况

农村集中供水率（%）	农村自来水普及率（%）	水质达标率（%）	城镇自来水管网覆盖行政村的比例（%）
90	98	85	33

表5 “十三五”巩固提升规划新建工程和管网延伸工程情况

工程规模	新建工程					现有水厂管网延伸			
	工程数量	新增供水能力	设计供水人口	新增受益人口	工程投资	工程数量	新建管网长度	新增受益人口	工程投资
	处	m^3/d	万人	万人	万元	处	km	万人	万元
合计									
规模水厂						28	373	6.5	3154
小型水厂	41	2350	3	2.35	931				

表6　“十三五”巩固提升规划改造工程情况

工程规模	改造工程					
	工程数量	新增供水能力	改造供水规模	设计供水人口	新增受益人口	工程投资
	处	m^3/d	m^3/d	万人	万人	万元
合计						
规模水厂	4	4000	12000	12	4	1600
小型水厂						

东至县农村饮水安全工程建设历程（2005—2015）

（东至县水务局）

一、基本概况

东至县位于安徽省南部边陲，长江中下游南岸，皖赣交界处，属池州市管辖。地处东经116°39′~117°15′，北纬29°34′~30°30′。西北濒临长江，与望江县、怀宁县、安庆市隔江相望；西南及南面与江西省彭泽县、鄱阳县、浮梁县毗邻；东陲与祁门县、石台县一脉相依。全县面积3261km^2，南北跨幅108km，东西均宽36km，东南及中南部为黄山余脉，西北部为安庆盆地南侧。地势中部高、南北低、东南高、西北低，境内山、丘、湖均呈相当比例分布。西北紧靠长江，境内有尧渡河、黄湓河、龙泉河三大主河系，升金湖和黄泥湖二大湖泊，地表水资源丰富。

全县辖15个乡镇，含251个村（居）委会、3426个村（居）小组。主要分布在海拔30~300m丘陵、盆地区间。2015年末全县人口总户数183134户，总人口54.79万人，全县农业人口48.77万人（2014年底数字），占总人口86.48%，非农业人口5.87万人，占总人口13.52%。2015年底全县常住居民人均可支配收1.6999万元。

全县水资源总量25.97亿m^3，其中年平均降雨量1636.4mm，折合水量53.28亿m^3；地表水资源量25.44亿m^3，折合年径流深781.3mm；地下水资源量4.07亿m^3；地下水资源与地表水资源不重复量0.53亿m^3。境内龙泉河、尧渡河、黄湓河水质良好，基本维持在Ⅰ~Ⅲ类。过境长江段上至香口牛矶下至贵池黄盆闸，岸线长85km，水质维持在Ⅱ~Ⅲ类，状况良好。

二、农村饮水安全工程建设情况

1. 农村人口饮水安全解决情况

我县饮水不安全类型主要是血吸虫疫区和缺水及其他水质问题，血吸虫疫区主要分布在沿江沿湖圩区乡镇，圩内饮水不安全人口约35万人；缺水及其他水质问题主要集中在南部山区，因缺水及其他水质问题造成饮水不安全人口约13万人，在“十一五”“十二五”期间已逐步解决，剩余1.92万人安排在“十三五”期间解决。

到2015年底我县农村饮水安全人口达46.86万人，农村自来水供水人口38.92万人，自来水普及率达83%。全县辖15个乡镇、251个行政村，其中农饮工程通水行政村240

个，通水比例95.6%。

到2015年底，全县共解决农村饮水安全人口43.67万人和农村学校人口3.74万人，总投资21942万元，其中中央资金12306万元、省级配套资金4537.4万元、地方配套5098.6万元。全县兴建农村饮水安全工程383处，其中水厂新建或改扩建及管网延伸供水工程24处（其中新建或改扩建规模水厂有大渡口第二水厂、胜利、张溪、候店、葛公、洋湖、高山、马田、建新、花园、官港、石城、泥溪、昭潭等14座水厂）、20～200m³/d小型引山泉水工程或打井提水工程58处、20m³/d以下小型集中式供水工程126处（部分引山泉点饮水工程按村组汇总为1处）。

表1　2015年底农村人口供水现状

乡镇数量	行政村数量	总人口	农村供水人口	集中式供水人口	其中：自来水供水人口	分散供水人口	农村自来水普及率
个	个	万人	万人	万人	万人	万人	%
15	251	47.38	46.86	45.6	38.92	1.26	83

表2　农村饮水安全工程实施情况

合计			2005年及“十一五”期间			“十二五”期间		
解决人口		完成投资	解决人口		完成投资	解决人口		完成投资
农村居民	农村学校师生		农村居民	农村学校师生		农村居民	农村学校师生	
万人	万人	万元	万人	万人	万元	万人	万人	万元
43.67	3.74	21942	15.09	0.91	6837	28.58	2.83	15105

2. 农村饮水工程（农村水厂）建设情况

2005年以前，东至县境内农村水厂较少，多以个人投资的镇办企业为主。共建有农村水厂13座，主要建在集镇附近，以供给乡镇企事业单位和城镇周边居民为主，设计规模小、制水工艺简单。主要有龙江水厂、大渡口镇水厂、杨桥水厂、东流水厂、胜利水厂、葛公水厂、官港水厂、洋湖水厂、张溪水厂、昭潭水厂、坦埠水厂、汪坂水厂。除龙江水厂、大渡口镇水厂、东流水厂为镇办外，其余水厂均为私人投资，规模以下小水厂均存在制水工艺简单、设备简陋、水处理效果差等问题，已满足不了越来越高的供水需求。

截至2015年底，全县已建有农村水厂23处，设计规模不低于1000m³/d规模水厂20座，均拥有稳定水源，供水规模13.68万m³/d，受益人数36.31万人；设计规模1000～200m³/d（含）集中供水工程4处，供水规模0.17万m³/d，受益人数2.61万人。

“十一五”期间我县农饮工程入户收费标准均按250元每户收取；“十二五”期间我县农饮工程入户费用标准调整为300元每户，主要包括入户水表、闸阀、龙头、DN20mm入户管材管件及安装费用。入户率达95%。

东至县农村饮水工程（水厂）现状情况表

序号	水厂名称	建成时间	设计供水规模（m^3/d）	受益乡镇数（个）	受益行政村数（个）	供水人口（人）
1	大渡口水厂	2014 年 10 月	40000	1	8	24851
2	龙江水厂	1973 年 10 月	40000	2	32	35417
3	大渡口第二水厂	2012 年 12 月	5000	1	7	23000
4	胜利自来水总厂	2015 年 4 月	6000	1	21	42347
5	东流水厂	1990 年 7 月	5000	1	15	22240
6	龙门水厂	2009 年 5 月	5000	1	12	22438
7	杨桥水厂	1997 年 9 月	2000	1	7	15000
8	升金湖水厂	2005 年 11 月	2000	1	1	8750
9	洋湖水厂	2012 年 9 月	3000	1	9	18000
10	高山水厂	2015 年 9 月	1200	1	4	9453
11	坦埠水厂	2002 年 12 月	1000	1	5	8000
12	张溪水厂	2009 年 12 月	4000	1	13	30000
13	侯店水厂	2015 年 9 月	1200	1	7	10615
14	葛公水厂	2014 年 12 月	2400	1	8	13000
15	官港水厂	2012 年 9 月	3000	1	7	15105
16	石城水厂	2011 年 9 月	1000	1	3	5000
17	昭潭水厂	2015 年 4 月	2000	1	6	15457
18	泥溪水厂	2015 年 8 月	2000	1	9	14000
19	青山水厂	2007 年 3 月	1000	1	5	11466
20	保龙水厂	2005 年 1 月	600	1	5	5800
21	建新水厂	2010 年 12 月	300	1	5	6807
22	马田水厂	2009 年 12 月	300	1	5	5300
23	花园水厂	2014 年 7 月	540	1	9	8166

表 3　2015 年底农村集中式供水工程现状

工程规模	工程数量	设计供水规模	日实际供水量	受益乡镇数	受益行政村数	受益农村人口	自来水供水人口
	处	m^3/d	m^3/d	个	个	万人	万人
合计	23	138540				38.92	38.92
规模水厂	19	136800				36.31	36.31
小型水厂	4	1740				2.61	2.61

3. 农村饮水安全工程建设思路及主要历程

东至县2005年度解决0.7万人缺水饮水安全问题指标任务。“十一五”期间解决16.27万人饮水安全问题指标任务，其中血吸虫疫区7.49万人、缺水7.7万人、其他水质问题1.08万人。“十二五”期间解决农村人口28.58万人（含“十一五”剩余1.88万人）和农村学校师生人数2.83万人饮水不安全问题。

我县农饮工程建设主要通过新建水厂、水厂改扩建（含管网延伸）、引山泉水、打井取水等工程措施，“十一五”和“十二五”共兴建383个工程项目，其中，新建、改扩建规模水厂11处（即大渡口第二水厂、张溪水厂、洋湖水厂、官港水厂、花园水厂、葛公水厂、昭潭水厂、胜利水厂、泥溪水厂、高山水厂、候店水厂），单村集中供水工程118处（其中打井取水工程16处，引山泉水工程102处），管网延伸工程254处。

三、农村饮水安全工程运行情况

1. 县级农村饮水安全工程专管机构

县政府2010年8月16日以东编字〔2010〕4号《关于东至县知识产权办公室等机构设立调整的通知》文件设立了东至县村镇供水管理办公室，全额预算事业单位，隶属县水务局管理，核定编制2名，专门从事全县范围内的村镇供水管理各项工作，每年定期对村镇供水企业实行供水安全管理分类考评。

2. 县级农村饮水安全工程维修养护基金

2011年在县会计结算中心设立农村饮水安全工程维修养护基金账户，县政府每年安排10万~20万元的饮水工程维修养护专项经费，用于饮水工程项目的维修工作。目前账户资金20万元。

3. 县级农村饮水安全工程水质检测中心建设

2015年省厅下达我县农村饮水安全工程县级水质检测中心建设任务，计划总投资258万元，其中：中央预算内资金78万元，省级投资45万元，地方配套资金137万元。我县依托东至县龙江供水有限公司新建农村饮水安全工程县级水质检测中心，新建试验楼494.64m^2，采购原子吸收分光光度计、原子荧光光度计、气相色谱仪、离子色谱仪等主要检测仪器设备，水质检测指标共计43项。2015年组织人员参加了省、市各类水质检测培训，水质检测中心运行管理经费和检测人员正在落实中。

4. 农村饮水安全工程水源保护情况

东至县境内现有龙泉河、尧渡河、黄湓河三大河流，过境长江段上至香口下至黄湓闸。东至县供水水源地的类型全都为地表水，大部分供水水源地受人类活动影响相对较小，水质相对较好，水质类别一般在Ⅰ~Ⅲ类间；少部分供水水源地的水质类别为Ⅳ类、Ⅴ类或劣于Ⅴ类。通过对各水源地的水质现状及污染源调查分析，污染类型主要为重金属、有机物、卫生学、富营养化。

5. 供水水质状况

我县规模水厂大多采取常规三池水处理工艺，通过2005—2015年县卫生疾控中心检测报告，规模水厂水源水、出厂水和末梢水水质全部达标，山区乡镇个别小型集中式供水点因农户对消毒气味不习惯，消毒不正常，部分时段有细菌指标超标现象，及时督促整改到位。

6. 农村饮水工程（农村水厂）运行情况

（1）加强农村饮水安全工程行业管理和技术服务。我县成立县村镇供水管理办公室，负责全县村镇供水行业管理和技术服务。我县农饮办和供水办重点加强对工程的检查监督和技术指导；并督促乡镇水利站负责对所在乡镇农村饮水安全工程的技术服务和监督管理。

（2）明确农村饮水安全工程正常运行机制。一是对于建成的工程，形成的资产交由当地乡镇人民政府管理，各供水企业法人负责日常运行管理，运行管理经费由供水企业在水费收益中安排解决，县政府在县级维修养护基金中适当安排补助资金；二是对于“小型集中式供水”工程原则上根据供水范围确定运行管理方式，跨村供水工程由乡镇负责协调组建管理组织，单村供水工程由村委会负责组建管理组织。每个工程落实具体运行管理人员，实行计量有偿供水，运行管理费用不足由村级集体经济收益中安排，县政府在县级维修养护基金中适当安排补助资金。

（3）建立健全农村饮水安全工程供水价格机制。按照补偿成本、保本微利、节约用水、公平负担的原则，合理确定各类农村安全饮水工程供水价格和调整机制。“千吨万人”工程供水价格由运行管理单位负责测算提出意见，报经县级物价部门审核批准执行；“百吨千人”工程由企业法人运行管理的，由运行管理单位负责测算提出意见，经用水户代表协商确定，报县级价格和水行政主管部门备案；“小型集中式供水”工程供水价格，由乡镇或村负责协商确定。有条件的地方，逐步推行两部制水价。

（4）加强水厂运行规范化管理。我县供水单位强化内部管理，努力提高服务质量，降低运营成本；供水单位并对用水户逐户进行登记，与用水户签订供用水协议，按协议供水；供水单位规范水费计收行为，定期抄表收费、用水户按计量的用水量，按时足额交纳水费。供水单位加强财务管理，按照有关规定建立健全财务管理制度。水费开支符合有关财务规定，保证水费用于补偿供水成本支出。

7. 农村饮水工程（农村水厂）监管情况

一是以国家投资为主的集中供水工程，在经营管理上实行承包、租赁、拍卖使用权等办法进行管理，接受政府及有关部门监督。二是分散供水工程，通过国家补助、受益群众投资投劳兴建的单户或联户等分散供水工程，实行“自建、自有、自管、自用”。

8. 运行维护情况

工程用电、用地、税收优惠等已按有关文件精神落实到位，大减轻了供水企业和用水户的负担。我县未组建专门的运行维修队伍，规模水厂由企业自身承担运行维修任务，小型集中供水点由行政村、组负责维修养护。

9. 用水户协会成立及运行情况

我县目前没有成立用水户协会。

四、采取的主要做法、经验及典型案例

（一）做法和经验

1. 具体做法

自2005年农村饮水安全工程建设以来，县政府出台了《东至县农村饮水安全项目建

设管理办法（试行）》《东至县农村饮水安全工程运行管理办法（试行）》《东至县农村供水维修养护基金管理办法》《东至县村镇供水应急预案》等。

2. 成效与经验

（1）坚持正确的发展路子不动摇。

东至县农村供水工程坚持以优质水源为依托，打破行政区域界限、打破流域界限，尽量将单个工程规模做大。东至县一半圩区乡镇，一半山区乡镇，山区乡镇以河流、水库和较丰富的地表水资源为依托，实现一镇一网，或多镇一网，实现城乡供水一体化，提高供水效益。

（2）重视水源工程建设，加强饮用水源保护

水源是饮水工程的基础，水源水量与水质是决定饮水安全工程建设成败的关键因素。加强饮用水源地保护，定期检测水源水质，确保水质安全可靠。东至县水务局及时与有关部门划定供水水源保护区和供水工程管护范围，制定保护办法，要求供水单位经常巡视，及时处理影响水源安全的问题。

（3）加强工程建设管理，确保工程质量

建立健全“建设单位负责、施工单位保证、政府部门监督”的质量保证体系，实行项目法人责任制、招标投标制、工程监理制、集中采购制，资金报账制，竣工验收制“六制”管理，严把材料设备采购关、施工队伍选择关、工程质量监督关以及工程竣工验收关等四个关口，确保工程建设质量。

（4）加强资金管理使用

资金使用严格按照基建工程财务管理要求实行报账制管理，在东至县财政局会计结算中心设立“东至县农村饮水安全工程”资金专户，实行专账核算，专款专存、专款专用，严禁截留、挤占、挪用和违规支出资金。

（二）典型工程案例

以东至县胜利水厂为例。

东至县胜利镇境内原有 3 座水厂，总设计规模 2000m^3/d。存在制水工艺简单、设计规模小、供水管网老化、管径偏小、管网漏失量大等问题。为提高全镇人民的生活质量，让群众饮上安全的饮用水，2012 年开始实施胜利镇农村饮水安全工程——新建水厂和管网延伸，建设规模 6000m^3/d，供水范围覆盖全镇 21 个行政村，人口 55956 人。

水厂工程实施前对原三家老水厂进行了资产评估，通过对整合兼并，以股份制形式进行水厂经营、管理、利润分配。最终达到以水养水、滚动发展的目的，实现农村改水工作经济效益和社会效益双丰收。以“保障正常供水和良性运行”为目标，逐步建立企业化管理、市场化运作和优质服务的新机制，保证工程正常运行，从根本上解决群众的饮水安全问题。

一是运营管理岗位设置及队伍建设。水厂设置管理人员 4 人，运行类工人 15 人，计量监测人员 2 人，安装维修类工人 6 人，共计 27 人。同时注重加强职工技能、素质的培训。

二是水源管理。合理设置生活饮用水水源保护区，加强日常巡视，及时处理影响水源安全的问题；每天记录水源取水量；及时观测取水口水位、水质变化和来水情况，及时清

理取水口处的杂草、浮冰等漂浮物。

三是水质检验。建立水质检验制度，配备检验人员和检验设备，对原水、出厂水和管网末梢水进行水质检验，并接受当地卫生部门的监督。

四是净水厂管理。做好水厂生产区、生产构（建）筑物的卫生防护，定期消毒清洁；水厂管理人员持证上岗；药剂按要求分类存放，做好入、出库记录；按规定配置药剂溶液、及时调整加药量；严格按照规范要求运行，严格控制各项参数指标。

五是输配水管理。定期巡查输配水管道的漏水、覆土、占压和附属设施运转情况，定期对管道附属设施检修，钢制材料防锈处理，观测测压点压力以及供水水表检查。

六是水厂经营管理。按照两部制水价加强抄表收费，做到水量、水费、水价“三公开”，收费专款专用；全面提高供水质量，做到水质、水压、服务“三满意”，接受用水户监督，提高用水户用水安全。

五、目前存在的主要问题

东至县山区小型集中式供水工程，由于受到季节性影响，导致水源不足，保证率低；供水工程规模小，点多面广、工程分散，供水工程管理薄弱；由于工程实施范围大、点多面广，乡镇技术人员紧缺，管理经验缺乏，管理制度不完善等诸多因素，工程监管难度非常大。如管网铺设过程中由于管线长，种类繁多，管线走向复杂，管槽开挖断面的尺寸难以完全监控。

六、“十三五”巩固提升规划情况及长效运行工作思路

（一）“十三五”巩固提升规划情况

1. 发展目标

到2020年，全面提高农村饮水安全保障水平。全面解决农村饮水安全问题，实现农村自来水“村村通”；同时，对已建农村供水工程进行巩固改造提升建设，保障供水安全。

2. 发展思路

结合逐步建立“从源头到龙头”的工程和运行管护体系的要求，按照城乡供水一体化的发展方向，以水量充足、水质优良的可靠水源为基础，重点发展区域集中连片规模化供水工程。采取“以城带乡、以大带小，以大并小、小小联合”的方式，“能延则延、能并则并、能扩则扩”，科学合理划定供水分区，确定工程布局与供水规模，研究提出区域农村饮水发展思路与对策措施。

3. 建设内容

（1）“十三五”期间拟新建县第二自来水厂，新增供水能力15000m^3/d，新增受益人口1.31万人。

（2）改造两座自来水厂：龙江水厂、县水厂。龙江水厂改扩建，新增供水能力40000m^3/d，受益人口8.97万人；县水厂改造新增供水能力20000m^3/d，受益人口8万人。

（3）“十三五”期间针对山区相对集中的行政村实行集中供水，管网延伸设计供水规模20～200m^3/d供水工程，青山乡东阳村进行管网延伸工程，东阳村为贫困村，饮水工程为整村推进，解决贫困人口156人，非贫困人口2144人。

（4）20m³/d 以下小型集中式供水工程，主要针对解决贫困人口饮水问题，共 24 处，新增供水能力 384.9m³/d，解决 3849 人贫困人口饮水问题。

（5）水源保护、水质检测能力建设以及水厂信息化建设。

① 水源保护

“十三五”期间东至县拟对规模水厂进行水源地保护，并对部分引山泉水单村工程水源地进行保护等，共计 12 处。

②水质检测能力建设以及水厂信息化建设

“十三五”期间东至县拟对千吨万人水厂配置水质实验室，健全水质卫生常规监测制度。“十三五”期间将对设计供水规模 1000m³/d 以上水厂实行信息化，共计 12 处。

表 4　“十三五”巩固提升规划目标情况

农村集中供水率（%）	农村自来水普及率（%）	水质达标率（%）	城镇自来水管网覆盖行政村的比例（%）
93	90	80	90

表 5　“十三五”巩固提升规划新建工程和管网延伸工程情况

工程规模	新建工程					现有水厂管网延伸			
	工程数量	新增供水能力	设计供水人口	新增受益人口	工程投资	工程数量	新建管网长度	新增受益人口	工程投资
	处	m³/d	万人	万人	万元	处	km	万人	万元
合计									
规模水厂	1	15000	10.0	1.35	5680				
小型水厂						12	197	0.61	388

表 6　“十三五”巩固提升规划改造工程情况

工程规模	改造工程					
	工程数量	新增供水能力	改造供水规模	设计供水人口	新增受益人口	工程投资
	处	m³/d	m³/d	万人	万人	万元
合计						
规模水厂	2	60000	60000	16.97		11868
小型水厂						

（二）“十三五”之后农饮工程长效运行思路

“十三五”之后农饮工程参照现代企业制度以企业经营模式运营，建立起符合市场经济规律的运营管理体制。确定工程经营管理主体，放开搞活经营，积极探索、借鉴企业的经营理念，遵循经济规律，实行有偿供水、独立核算、透明化服务的市场运作机制，以水商品买卖为手段，利益驱动为纽带，工程良性运行为目的，充分调动各方面的积极性和每位管理人员的主观能动性，杜绝“人情水”和“福利水”。

根据不同的工程类型和规模，采取不同的管理模式，逐步从过去集体管理向集中管理、专业化运营方向发展。集中联片供水实行公司化管理，自我积累、良性发展；原有工程要尽快实行产权改革，实行股份制管理，通过拍卖、租赁、承包、股份合作等方式落实管理权。彻底改变产权不明晰、奖罚不分明、经营不有效的局面，使供水企业走上自我发展、自负盈亏、良性运营的道路。

加强水价核定和征收管理。要按照“成本补偿、合理收益、优质优价”的原则核定水价，建立符合市场经济的水价形成机制。合理的水价是保证农村饮水工程良性运行的关键。水价问题要根据国家的政策确定，要考虑供水单位的成本补偿和合理的利润，同时也要考虑农民的承受能力，科学合理定价。对群众生活用水，不能以营利为目的，要保证工程日常运行费、维修费和折旧费。要积极推行“水价、水量、水费征收”公示制度，让农民吃上明白水、放心水。

水费是工程维护资金的主要来源。完善水费征收管理制度，足额收取水费，实现“以水养水，自我维护”，确保工程长期发挥效益。

石台县农村饮水安全工程建设历程（2005—2015）

（石台县水务局）

一、基本概况

石台县位于皖南山区腹部，位于北纬29°59′～30°24′，东经117°12′～117°59′，东连黄山市，南于祁门县交接，西与东至县毗邻，北与青阳县，贵池区相接壤，全县国土总面积1403km²，耕地面积4175公顷，其中水田面积3603公顷，旱地面积572公顷，全县共辖8个乡镇79个行政村，人口10.8万人，国民生产总值20.39亿元，全年财政收入2亿元，人均纯收入7410元。

我县境内主要有秋浦河、黄盆河、青溪河、全县无大型企业，环境污染较小，年降雨量1624.5mm，主要河流的水质均为Ⅰ类、Ⅱ类。

1965年建县以来水利事业有了长足发展，全县堤防总长139km，保护耕地770公顷，保护人口3.24万人，水库50座，总库容2956万m³，水电开发总量达4955kW；“十一五”“十二五”期间实施农村饮水安全工程全县共建设集中式供水工程80处，小型饮水工程160处，日供水规模达到了26714m³，农村自来水普及率95%以上，安全用水保证率90%。水利工程是我县农业抗旱和社会发展的重要资源。

二、农村饮水安全工程建设情况

1. 农村人口饮水安全解决情况

从2005年开始实施农村饮水安全工程以来，共建设大小规模的供水工程240处，日供水规模达到了26714m³/d，共解决了农村人口8.96万人和0.64万人学校师生的饮水安全。农村自来水供水人口达到6.2万人，自来水普及率达到了70%以上。全县79个行政村804个自然村村村通自来水。“十一五”“十二五”十年之间国家累计投入资金4153余万元。

表1　2015年底农村人口供水现状

乡镇数量	行政村数量	总人口	农村供水人口	集中式供水人口	其中：自来水供水人口	分散供水人口	农村自来水普及率
个	个	万人	万人	万人	万人	万人	%
8	79	8.8	8.8	8.8	6.2	2.6	70

表2　农村饮水安全工程实施情况

合计			2005年及“十一五”期间			“十二五”期间		
解决人口		完成投资	解决人口		完成投资	解决人口		完成投资
农村居民	农村学校师生		农村居民	农村学校师生		农村居民	农村学校师生	
万人	万人	万元	万人	万人	万元	万人	万人	万元
8.96	0.64	4153	3.8	0	1391	5	0.64	2762

2. 农村饮水工程（农村水厂）建设情况。

石台县是山区县，人口分散。全县没有建设规模水厂，全部是小型水厂（小农饮工程）。供水规模在20～200m^3/d有233处，规模在50m^3/d有7处。“十一五”国家、地方投入资金1391万元，“十二五”国家、地方投入资金2762万元。个人投资解决入户管道、管件、室内设备，每户投资在300元以下。据调查全县农村饮水安全工程没有向银行贷款。工程建设也没有吸收社会资金。全县农村人口共计26211户，自来水入户26103户，入户率98%。

表3　2015年底农村集中式供水工程现状

工程规模	工程数量	设计供水规模	日实际供水量	受益乡镇数	受益行政村数	受益农村人口	自来水供水人口
	处	m^3/d	m^3/d	个	个	万人	万人
合计	240	26714	18700	8	79	8.8	6.2
规模水厂	0	0	0				
小型水厂	240	26714	18700	8	79	8.8	6.2

3. 农村饮水安全工程建设思路及主要历程

为加强石台县县农村供水基础设施建设、完善农村供水社会化服务体系，保障农村居民饮水安全为目标。统筹规划、突出重点、成片解决、防治并重、综合治理；因地制宜、近远结合；城乡统筹、以大带小，多渠道筹资；建管并重、良性运营。根据我县地理环境，采取分区规划、分类设计、分类施工、分类指导，根据各地水源条件、经济条件，确定工程治理措施和设计规划、设计标准。走农村供水城镇化，城乡供水一体化新思路。

“十一五”“十二五”期间共建设小型水厂240处，供水规模26714m^3/d。

三、农村饮水安全工程运行情况

1. 县级农村饮水安全工程专管机构

石台县县级农村饮水安全工程专管机构为石台县村镇供水管理站成立于2011年3月4日，批复文件为石台县机构编制委员会石编〔2011〕2号《关于设立石台县村镇供水管理站的批复》，同意设立石台县村镇供水管理站，隶属县水务局，财政全额拨款事业单位，股级建制，核定事业编制 3 名。其主要职责：负责农村供水工程管理等工作。办公场所在水务局，运行经费县财政拨付。

2. 县级农村饮水安全工程维修养护基金

2005 年至 2010 年开始实施饮水安全工程期间没有设立基金。2011 年根据上级部门要求，县政府每年在县级财政中安排当年项目总投资 1% 作为维修基金。石台县级农村饮水安全工程维修基金 2011 年安排 8 万元，2012 的财政维修基金没有落实，2013 年县财政安排维修基金 20 万元，今年财政也已经安排维修养护基金 20 万元。我县制定了《石台县农村饮水安全工程维修养护基金管理使用办法》，并将每年的养护基金列入当年财政预算。

3. 县级农村饮水安全工程水质检测中心

根据职能划分，水质安全由卫生部门负责。卫生部门对全县饮水工程的水源每年化验 2 次。县卫生监督站每年开展 2 次生活用水水质专项检测。县级水质检测中心设置在县卫生局疾病与控制中心，设备基本完善，运行正常。2015 年依托县自来水公司建设石台县水质检测中心项目，投资 264 万元。目前基本完工，即将投入运行。

4. 农村饮水安全工程水源保护情况

一是强化工程设计、工程规划布局。建设过程中按照水源水质保护的有关规范，把所有饮水工程水源点、特别是浅层水的水源工程与渗水厕所、渗（污）水坑、粪坑和其他污染源保持 100m 以上的距离。污水排放渠道尽量避开饮用水工程水源点。以山溪、山泉为饮用水工程水源点的其汇流点下游作为农田灌溉、农业生产用水，上游 50m 以上用作生活用水。水源点尽量布置在人为活动较少的区域，减少农药、化肥对水源的污染。前期建设的饮水工程逐步配齐加氯消毒设备。

二是加强工程运行管理。加强供水工程水源设施的管理和保护，对水源工程设施定期观测、维修养护，建档登记，确保水源工程设施正常运行。

三是加强部门合作、设立水源保护区。农村饮水安全工程的责任主体是人民政府，涉及多个部门，2013 年以来县水务局与环保局，抽派专人开展饮水安全工程水源调查，进行水质摸底、排查。对（工程水源点）确实存在安全隐患，设立明显标志，警示牌。我县共设立水源保护区 240 个，供水人口在 1000 人的水源点全部设立了水源保护区。我县第一批优美乡村示范点七都镇高路亭村、横渡镇横渡村钓鱼台、小河镇东庄村朱冲中心村、丁香镇丁香村、矶滩乡沟汀村中心村的饮水工程水源点全部划定了水源保护区，并设立了标识牌。林业部门对于饮水工程水源保护区的林木做到计划砍伐、限量开采，一些集中供水工程水源区域划为公益林保护区，水源补给范围内扩大绿化面积、植草植树、涵养水源。提高林木植被是保护水资源的有效手段。

四是加强水质检测。县卫生部门负责当前农村饮用水水源监测和检测，县疾控中心每年在丰水期和枯水期各安排 1 次全面的水质检测。检测点达到 50 个。卫生监督所每年春季均开展饮用水水质安全宣传周活动，卫生、水务、监察部门每年联合开展农村饮水工程水质专项督查、检查活动，发现水质不安全问题及时责令工程管理单位限期整改。并将检查、整改结果告知水行政主管部门和有关单位。

五是建立规章、完善制度。针对石台县饮水工程管理薄弱的状况，在安徽省、池州市饮水工程管理办法的基础上及时出台了《石台县农村饮水工程管理办法》，制定了《石台县村镇供水应急预案》，农村饮水安全工程管护制度。针对工程管理、水源保护、环境污染等问题明确制定了报告程序、处置程序与处理措施等方案。使全县的工程管理逐步制度化、规范化，保障我县饮水工程正常运行。

5. 供水水质状况

石台县皖南山区，原生态最美山乡，环境保护较好，农村饮用水水源全部是源头水，水质良好均为Ⅰ类和Ⅱ类水质。主要化学指标符合生活饮用水标准。农村居民用水不经过氯液消毒，微生物指标和细菌学指标超标准。

6. 农村饮水工程（农村水厂）运行情况

石台县农村自来水工程管护主体是乡镇人民政府所属的村委会负责管理。具体落实管理人员，每年按运行成本收取水费，其中自流引水工程水价为0.5~0.8元/m^3、动力提水的饮水工程水价为1.0~1.5元/m^3。石台县未实施两部制水价。资产划分：分为国有资产和私有财产两部分。国家（资金）投资的为国有资产，群众户内投资管道、水件属私有财产。我县农村饮水工程运行正常，有效解决了农村群众的饮用水问题，提高了农村群众的生活质量，人居环境明显改善。

7. 农村饮水工程（农村水厂）监管情况

2005—2015年石台县农村饮水工程固定资产投资达4000万元，按照国有资产规范化管理要求，目前已经全部移交给了乡镇管理单位。由受益村组成立的供水管理单位行使管理职责。石台县饮水工程建设过程中，农户室内工程由农户自己建设，不收取入户费。国家与地方配套资金用于主体工程建设。农村供水服务体系基本形成，水管人员基本掌握了饮水工程管理，维修等技能。农村饮水工作有组织领导和运行管理组织，职、责明确，工程运行正常。

8. 运行维护情况

石台县饮水工程安排专人管理，并明确了管理责任单位。工程运行基本正常。各乡镇都有维修技工和有关人员。工程发生故障能够及时排除、解决。农村饮水安全工程的各项政策几年来正在逐步得到落实。用电价格实行农用电价格或生活用电价格；土地使用仅仅赔偿青苗费，不征收永久用地和临时用地费用；水费增收税收减免。

四、采取的主要做法、经验及典型案例

（一）做法和经验

1. 石台县根据当地农村特点也制定了《石台县农村饮水安全工程管理办法》《石台县村镇供水应急预案》。每年针对饮水工程建设要求编制年度实施方案。

2. 经验总结。石台县在饮水工程技术管理工作中，尤其在水源保护、前期工作、资金筹措、工程建设管理、运行管理、水质检测监测体系建设、水质监管等方面做了许多工作，取得了一定的成效和好的做法与经验。

（1）做好前期工作是解决农村饮水问题的基础

根据我县自然条件、地理位置，采取分区规划，对全县各居民点进行分类、摸底排对，根据饮水现状、居住条件、经济条件和水资源开发的难易程度，采取成片规划、重点

治理、轻重缓急、先易后难的原则，在现状调查报告的基础上，编制各年度实施方案，工程建设做到有可研、有规划、有实施方案和细则，确保我县农村饮水工作的科学性、准确性、针对性。

（2）做好资金筹措是农村饮水工程建设的前提

全县饮水工程建设资金筹措，采取国家扶持、政府主导、社会参与的协作机制，发动受益群众集资办水厂、建饮用水工程，同时鼓励私营业主到我县承建供水工程，办水利经济实体，政府给予扶持和一些政策性优惠条件等办法，筹措项目资金，对原建的水利工程进行产权转换、买断产权的资金用于饮水工程的扩大生产。十一五期间，群众自筹投资达600万元，私营业主自办水厂投资达185万元，用于农村饮用水工程的总投资在4823万元以上，有效推动了全县饮水安全和饮水解困工作的开展。

（3）做好工程建设管理是保证工程质量的关键

工程建设中严格按照基本程序，工程采用项目法人制、招投标制、合同制和施工监理制。每个工程落实行政和技术责任人，做到工程建设责任到位，管理到位，建一处、成一处、发挥一处效益。

（4）做好建后管理才能保证工程持久发挥效益

为使我县饮水工程建后发挥效益，对每个工程建立健全管理机制，在明确管理责任、建立职能清晰、权责明确的村镇供水工程管理体制，落实到人，采用多种形式的管理方式，集中式供水工程，积极推行目标责任制，因地制宜采取承包、租赁和其他经营方式。运用市场经济手段，根据用水量范围、数量收取合理的水费，用于工程的维护，有利于我县供水工程的自我维护和发展。

（5）搞好水源保护是确保饮水安全的根本保障

石台县在工程建设和建后管护上，强化水源保护，把水质安全作为为民服务的根本，建立问责制度。所有饮水工程划定水源保护区。完善并建立水质监测安全体系。卫生部门及时对农村饮水工程进行水质检测，石台县农村水质检测中心投入使用后，水质检测工作将实现常态化。

（二）典型工程案例

七都镇七井村饮水安全工程介绍：

七都镇七井东水西调饮水安全工程位处石台县七都镇原七井高山区，受益范围覆盖八棚、新建、前井三个行政村，受益人口1500余人。七都镇原七井乡是石台县典型的高山区，居民点平均海拔650m，境内为石灰岩地质地貌，水资源缺乏，特别是季节性干旱发生时，群众饮用水十分困难。该工程始建于2003年，经过2012年、2013年两次扩建改造，目前日供水规模达到800m^3，不仅有效解决了当地1500人的生活饮用水，同时解决了原来七井乡政府所在地的商业、服务业的用水需要。在丰水季节富余的水源用于茶叶、高山蔬菜喷灌。七都镇七井村饮水安全工程的建成，改善了当地生产生活环境，提高了群众的生活质量，促进了当地旅游业的发展。

一是加强水源规划。该饮水工程的水源为山泉水。山泉水受季节性影响较大，尤其是干旱季节水源不足。为保障水源的可靠性，石台县政府将水源点集雨面积内3.5km^2的范围划为水源保护区，水源保护区内的阔叶林禁止砍伐，县政府在林业基金中给保护区范围内的林木所有者，县中龙山林场每年2万元的补偿基金。

二是合理制定水价，促进良性运营。工程建成以来，管理单位及时制定了供水价格，报物价部门和乡政府批准后执行实施。该工程供水实行丰水期、枯水期两种水价：丰水期生活用水价格0.9元/m^3，商业、服务业用水1.5元/m^3；枯水期生活用水价格1.5元/m^3，商业、服务业用水2.5元/m^3。以供水价格为调控手段，当地群众做到计划用水、节约用水，合理利用水源，保障了工程良性运行。

三是落实管护制度，明确专人管理。七井村饮水安全工程建成后，及时落实了管理人员。同时对管理员进行技术培训，提高管理人员的管理技术水平。落实水价后，管理员工资有保障，工程有人管，管理员愿意管。同时管理员为群众安装热水器、太阳能、为群众提供有偿服务获得劳动报酬，提高了收入。促进了农村饮水工程经济多元化、产业化的发展。

五、目前存在的主要问题

工程建设方面。石台县是典型的山区县，人口分散，单个供水工程规模小，管理困难，不能形成规模效益，水费收入基数小，养护与维修无着落，工程建后管理是石台县的薄弱环节。

运行管理方面。农村饮水安全工程建设管理县政府负总责，涉及多个部门，部门职责虽然明确、但协调不够。在工程规划上石台县饮水工程的水源点多数使用山泉水，在特大旱情发生时，水源难以满足群众饮水要求。每年有2个月水源不能保证。

六、"十三五"巩固提升规划情况及长效运行工作思路

坚持以人为本，按照全面、协调、可持续的科学发展观和全面建设小康社会的要求，以加强农村供水基础设施建设，完善农村供水社会化服务体系，保障石台县农村群众的饮水安全为目标，为石台县经济发展提供水利支撑。计划在"十三五"期间，对全县所有的饮水工程通过扩建、改造、巩固、提升等措施，使我县现有的饮水工程供水能力得到显著提高，新增供水规模11314m^3/d。计划改造小型水厂7处（日供水规模500~800m^3），改造小型水厂1处，改造、提升农村小型饮水工程72处，管道改造1247km，新增并配齐消毒设施。总投资5327万元，使得石台县农村供水达到一个新的水平。

在工程建后管护上探索出符合石台县山区特色的管理模式。村组自建自管，或承包给个人经营、也可以成立供水协会来管理，采取多种管理方式推进石台县供水工程的管理。谋求农村供水工程自我维持与发展。

表4 "十三五"巩固提升规划目标情况

农村集中供水率（%）	农村自来水普及率（%）	水质达标率（%）	城镇自来水管网覆盖行政村的比例（%）
95	95	85	35

表6　“十三五”巩固提升规划改造工程情况

工程规模	改造工程					
	工程数量	新增供水能力	改造供水规模	设计供水人口	新增受益人口	工程投资
	处	m^3/d	m^3/d	万人	万人	万元
合计	80	5000	11314	8.8	2.0	5327
规模水厂						
小型水厂	80	5000	11314	8.8	2.0	5327

青阳县农村饮水安全工程建设历程（2005—2015）

（青阳县水务局）

一、基本概况

青阳县位于安徽省西南部，北接铜陵，东与南陵、泾县相邻，南与太平、石台接壤，西与青阳相连。地理坐标为东经117°46′~117°58′，北纬30°23′~30°45′。青阳县城位于青通河流域中部，国土面积1181km^2（含九华山风景区）。青阳县地形南高北低，全县水系有大通河、九华河、青弋江三大水系，青通河、七星河、九华河、陵阳河、喇叭河五大河流，青通河、七星河属大通河水系，陵阳河、喇叭河属青弋江水系，均属长江支流。青阳县属亚热带季风湿润气候县，夏热冬寒，春秋温和，雨量充沛，多年平均降雨量1574mm。

青阳县共辖11个乡镇，110个行政村和9个居委会，总人口27.34万人（其中农业人口22.75万人）。2015年耕地面积37.31万亩，农作物总播种面积44.64万亩，其中粮食作物播种面积33.82万亩，粮食总产量12.48万吨，全县经济作物播种面积10.83万亩。全县2015年实现国内生产总值68.24亿元，全年财政总收入13.20亿元，其中地方财政总收入10.63亿元，农村人均纯收入9842元。

全县现有水库62座，总库容7522万m^3，兴利库容4937万m^3，设计灌溉面积9.85万亩，设计年供水量3812.5万m^3。现有塘坝4054个，总蓄水库容约3350.8万m^3。现状供水以地表水为主，其水源主要为水库、塘坝和河湖，且以河湖供水为主。青阳县与水相关的生态环境问题表现不明显，主要表现为湖泊面源污染和水土流失等。

二、农村饮水安全工程建设情况

1. 农村人口饮水安全解决情况

实施农村饮水安全工程前，县级原存在的饮水不安全类型分为两种：一是水质超标问题不安全人口为8.57万人；我县砷超标人数为0.23万人，位于陵阳、杜村、朱备等几个乡镇部分行政村；我县血吸虫疫区人数为7.79万人，位于七星河流域蓉城、新河、丁桥等圩区的乡镇；我县饮用水细菌超标、未经处理的地表水人数为0.55万人，分布在蓉城、丁桥、庙前等三个乡镇部分行政村。二是水源保证率、生活用水量及用水方便程度方面的缺水问题不安全人口为14.14万人。主要原因是这些居民大多居住在高山和丘陵地区，周边无可靠水源，稍遇干旱，居民要到很远的地方取水，浪费了大量人力物力，严重地制约了当地的经济发展，阻碍了农民奔小康的步伐。

截至2015年底，全县农村总人口22.75万人，饮水安全人口18.09万人，农村自来水供水人口18.09万人，自来水普及率79.5%。县级行政村110个，通水行政村数103个、通水比例93.6%。

2005—2015年，农饮省级投资计划累计下达8002万元，计划解决17.61万人，累计完成投资8002万元，建成集中式供水工程215处，其中规模水厂改扩建5处。

表1　2015年底农村人口供水现状

乡镇数量	行政村数量	总人口	农村供水人口	集中式供水人口	其中：自来水供水人口	分散供水人口	农村自来水普及率
个	个	万人	万人	万人	万人	万人	%
11	110	22.75	18.09	18.09	18.09	4.66	79.5

表2　农村饮水安全工程实施情况

合计			2005年及“十一五”期间			“十二五”期间		
解决人口		完成投资	解决人口		完成投资	解决人口		完成投资
农村居民	农村学校师生		农村居民	农村学校师生		农村居民	农村学校师生	
万人	万人	万元	万人	万人	万元	万人	万人	万元
16.52	1.09	8002	7.52	0.5	3340	9.0	0.59	4662

2. 农村饮水工程建设情况

2005年以前，我县有集中式供水工程12处（其中县级水厂1座、乡镇自来水厂11座），受益人口3.14万人。自来水厂供水人口主要是县城和乡镇政府所在地，农村居民享用自来水的极少。我县农村供水起步于“七五”期间，乡镇自来水厂初始阶段以国家投资为主，几经变迁，大部分自来水厂已改制，目前我县大部分水厂都是个人承包或购买。

截至2015年底，全县共兴建农村饮水安全工程共215处（含农村学校人口16处），其中自来水水厂改扩建工程5处、管网延伸供水工程58处、自流引山泉水工程105处、机井提水工程47处，共解决农村饮水安全人口18.09万人（其中农饮项目解决17.61万人）。

2015年底，农民接水入户人口18.09万人，入户安装费用分两种情况：规模水厂入户费用500元左右，小型供水工程入户费用100～300元，入户率达79.5%。

表3　2015年底农村集中式供水工程现状

工程规模	工程数量	设计供水规模	日实际供水量	受益乡镇数	受益行政村数	受益农村人口	自来水供水人口
	处	m^3/d	m^3/d	个	个	万人	万人
合计	148	71012	47111	—	—	18.09	18.09
规模水厂	13	63700	40530	—	—	9.31	9.31
小型水厂	135	7312	6581	—	—	8.78	8.78

3. 农村饮水安全工程建设思路及主要历程

根据我县农村饮水不安全人口分布状况及农村饮水不安全类型等情况，“十一五”期间，针对水质不达标和季节性缺水的突出问题，按照“重点突出、先急后缓”的原则，建设农村集中式饮水工程135处，解决农村饮水不安全人口8.02万人，投入建设资金3340万元。

“十二五”农村饮水安全工程建设，指导思想是适度扩大集中连片工程的供水规模，适合建设规模水厂，按照统筹城乡发展的要求，优先采取城镇供水管网延伸，着力提升供水水质和提高水源保证率，所有饮水工程均安装消毒设备。加强工程的运行管护，要求所有工程建成后，制定相应的管理办法，划分水源地保护范围，制定水源地保护办法，并未设立水源保护告示牌。明确水价和征收办法，及时收缴水费，水价应控制在群众承受范围内。“十二五”期间建设农村集中式饮水工程80处、解决农村饮水不安全人口9.59万人、投入建设资金4662万元。

三、农村饮水安全工程运行情况

1. 成立专管机构

2011年11月2日青阳县机构编制委员会以《关于成立青阳县村镇供水管理办公室的通知》（青编〔2011〕30号）成立青阳县村镇供水管理办公室。2012年青阳县人民政府以（青政秘〔2012〕130号）文批复组建了青阳县农村饮水安全工程建设管理处，作为青阳县农村饮水安全工程项目法人。目前，供水办有3位专业技术人员，均为水利水电工程专业，本科学历。供水办主要负责本县农村饮水安全工程的建设与管理，负责项目建设前期工作、项目实施、建设管理、竣工验收工作，帮助解决各水厂反映的问题，定期检查各水厂运行情况，制订行业标准，落实各项政策，负责水质检验，应急管理等。

2. 工程维修养护基金

我县自2005年实施农饮工程开始，建立农村饮水工程维修养护基金专户，按年度工程建设总投资额的1%落实维修养护专项经费。供水单位应在收取水费中安排工程维修养护经费。工程运行维护基金用于补助供水水价低于成本和实际用水量达不到设计标准的农村饮水安全工程的运行费用、水质监测费用以及维修和养护费用；补贴经过县人民政府核准、社会公示后确定的五保户、特困户等特殊用水户水费。所设立的运行维护基金应由县水务局专户存储，专款专用，并接受县级以上地方人民政府有关部门的监督检查。

3. 县级农村饮水安全工程水质检测中心

2015年4月池州市发改委、水务局以池发改农经〔2015〕113号文批复，青阳县农村饮水安全工程水质检测中心依托县疾病预防控制中心建立。实验室建设和检测仪器设备都已安装完成，具备运行检测能力。县政府以政府常务会议纪要，明确检测中心运行经费由县级财政列入年度预算安排解决，同时落实编制增招专业人员，确保按照水质检测标准和要求，完成年度检测项目和频次。

4. 农村饮水安全工程水源保护情况

为切实加强全县农村饮水安全工程水源地环境保护工作，根据《中华人民共和国水污染防治法》《安徽省农村饮水安全工程管理办法》有关规定，2013年12月，青阳县人民政府办公室发布《关于划定青阳县农村饮水安全工程饮用水水源保护区的通告》，对全县农饮工程划定保护区。

5. 供水水质状况

小型集中式供水主要采用简易的净水工艺，利用过滤池过滤，用二氧化氯消毒器消毒。规模水厂采用絮凝、沉淀、过滤、消毒等工艺。水源水、出厂水和末梢水水质均达标，水源水水质不合格的主要指标是细菌总数超标。

6. 农村饮水工程运行情况

我县农村饮水安全工程建后管护主体主要有以下两类管理模式：一是规模水厂，是以私人投资为主新建的股份制水厂或原有个体水厂管网延伸工程，按照投资比例确定股份，在明晰产权的基础上，由投资人或原水厂个体私人管理。二是对以国家投资为主、集体和受益群众投资投劳为辅建设的小型供水工程，通过受益群众代表会议推选管理人、承包人或成立用水协会，制定具体的运行管理制度，明确专人管理。规模水厂的供水价格是由物价部门核定的价格收取水费，水厂主要收入来源是水费收取，开支是水厂管理人员工资，运行设备电费支出以及购买消毒药剂。小型水厂的属于村民自治，收入来源也是水费收取，水费价格由村民集体开会约定，收取的水费用于管理人员工资和日常维护费用。

7. 农村饮水工程（农村水厂）监管情况

县政府是农村饮水安全工程责任主体。县水务局是农村饮水安全工程的行业主管部门，青阳县村镇供水管理办公室具体负责农村饮水安全工程的管理和指导。为确保发挥工程长期效益，制定了《安徽省青阳县农村饮水安全工程建后管理养护办法》，对管理组织建立、水费收缴办法、水源地保护等方面做了明确的要求。

8. 运行维护情况

一是以乡镇政府管理的水厂或原有水厂管网延伸工程，通过农饮项目改扩建后继续由乡镇政府管理。二是以私人投资为主新建的股份制水厂或原有个体水厂管网延伸工程，按照投资比例确定股份，在明晰产权的基础上，由投资人或原水厂个体私人管理。三是对以国家投资为主、集体和受益群众投资投劳为辅建设的小型供水工程，通过受益群众代表会议推选管理人、承包人或成立用水协会，制定具体的运行管理制度，明确专人管理。目前工程运行正常，工程效益显著。

9. 成立了用水户协会情况

我县个别乡镇成立了用水户协会。用水户协会以行政村为单位，全体用水户自愿依法成立用水户协会组织。用水户协会主要承担本地农村安全饮水工程的维修管护工作，制定协会章程，按照“自主经营、自主决算”的管理模式，实行民主性管理。用水户协会的一切经营活动接受全体供水户的监督，每年协会成员向用水户报告管理工作情况。

四、采取的主要做法、经验及典型案例

（一）做法和经验

1. 明确管理责任主体

青阳县水务局、财政局关于印发《安徽省青阳县农村饮水安全工程建后管理养护办法》的通知（青水〔2013〕51号）有关规定，县级人民政府是农村饮水安全工程的责任

主体，对农村饮水安全保障工作负总责。各乡镇人民政府是本区域农村饮水安全工程的责任主体，对工程的安全有效运行负总责。我县还制定了农村饮水安全工程“三权”确定明细表，每处工程建成后均落实所有权、管理权（含管理单位、管理人）、经营权（含供水单位、经营人）。

2. 完善运行管理制度

根据《池州市村镇供水管理暂行办法》（池政〔2009〕5号）精神，我县印发了《青阳县村镇供水管理联席会议制度》（青水〔2012〕107号），县水务局、县卫生局、县环境保护局、县公安局和县物价局为村镇供水管理联席会议成员单位。县水务局为村镇供水管理联席会议牵头单位。各相关单位相互配合、相互支持、形成合力，加强了我县村镇供水管理工作。为做好农饮工作分别从落实管理机构强化行业部门监管职责、工程运行管理、水源水质安全管理、供水用水管理、扶持政策等方面进行规定，建立健全全县农村饮水安全工程长效管理机制。

3. 建设县级水质检测中心

我县依托县疾控中心，建设水质检测中心。由县水质监测中心负责新建农饮工程的水质建设前及建设后水质的检测以及历年来各个农饮工程的水质监测。

4. 明确运行管理模式

一是以乡镇政府管理的水厂或原有水厂管网延伸工程，通过农饮项目改扩建后继续由乡镇政府管理。二是以私人投资为主新建的股份制水厂或原有个体水厂管网延伸工程，按照投资比例确定股份，在明晰产权的基础上，由投资人或原水厂个体私人管理。三是对以国家投资为主、集体和受益群众投资投劳为辅建设的小型供水工程，通过受益群众代表会议推选管理人、承包人或成立用水协会，制定具体的运行管理制度，明确专人管理。目前工程运行正常，工程效益显著。

（二）典型工程案例（陵阳镇三河饮水安全工程）

三河村位于九华山南麓，属血吸虫病疫区，绕村而过的山溪中含有血吸虫，村民们洗衣洗菜、生活用水都在该河中取用，严重威胁群众的生命健康安全。2011年安排农村安全饮水工程，解决疫区950人、243头牲畜安全饮水问题，该工程采用引九华山山泉水供水，水质经过取水化验符合国家卫生标准，在泉眼处建取水口，然后引水至高位水池，最后经高位水池向群众供水，每户村民都安装水表。该工程总投资47.5万元，其中国家资金28.5万元、地方配套19万元。工程建成后，该村经过村民代表会推荐了一名供水专职管理员，建立了规章制度和长效机制。专职管理员的主要职责就是对供水池和供水管道进行维护，确保山泉畅流、造福于民。专职管理员的工资和费用由受益户承担，不足部分由村委会支付。每户安装水表，水费收取0.5元/m^3，同时防止少数不自觉的村民滥用水。

一是加强领导，落实责任。为保证工程顺利实施，把民生工程落实好，村委会成立了以村主任为组长的工作领导小组，并落实专人具体负责项目工程的实施和组织安排，负责工程质量监督与管理。村里多次召开村民代表大会进行宣传发动，使广大村民自发地参与其中。

二是精心勘察设计，科学组织实施，确保工程质量。工程实施严格按图施工，工程建设选择有资质、有实力的施工队伍，工程质量符合设计标准，管材实行政府招标采购，质优价廉，赢得了群众一致好评。工程措施采用引山泉，水质洁净卫生，通过抽样化验，均达到国家生活饮用水卫生标准。受益群众普遍反映水质好，水量充足，当地人民群众无不称赞党和政府为他们办了一件大好事。

五、目前存在的主要问题

一是缺少统筹规划问题，没有合理整合水资源。以前水源点没有通过政府进行合理的规划进行保护，造成水资源未很好利用；由于工农业生产和城乡生活污水随意排放，地表水和浅层地下水均呈污染加重的趋势，划定水源区域的保护工作显得尤为重要。有些群众将水源作为村组私有财产一样据为己有，造成一些工程因为水源协调而无法实施。

二是运行管理方面的问题。部分农饮工程供水不按成本收取水费，更不存在提取折旧费和大修费用，大锅饭式的管理。有水就用，坏了就停用。部分村级管理机构形同虚设，根本没有发挥作用。管理人员缺乏必要的专业知识，管好管坏不与管理人员的利益挂钩，导致工程管理不善，不能发挥长久效益。

三是上级投入不足问题。“十三五”期间，投资标准按未通水贫困人口人均500元投资标准，中央给110元/人，投资比例为22%，省级投资比例为39%，地方配套比例为39%，县级配套资金压力大。实际上一个行政村的未通水贫困户分布在不同村民组，不能单单只解决这一户贫困户而跳过其他农户，所以若要解决某一户贫困户的吃水问题，有的需要解决整个组乃至整个村的吃水问题。上级投入大幅度减少，加大了农饮精准扶贫规划和农饮“十三五”规划实施难度。

六、“十三五”巩固提升规划情况及长效运行工作思路

1. 规划目标

（1）发展目标

到2020年，全面解决农村饮水安全问题，实现农村自来水‘村村通’。青阳县集中供水率达到90%，自来水普及率达到90%，水质达标率85%；城镇自来水管网覆盖行政村比例达到60%。

（2）主要指标

工程建设：采取新建水源、扩建、配套、改造、联网等措施。

管理方面：推进工程管理体制和运行机制改革，建立健全县级农村供水管理机构、农村供水专业化服务体系、合理的水价及收费机制、工程运行管护经费保障机制和水质检测监测体系、水厂信息化管理，依法划定水源保护区或保护范围，加大对水厂运行管理关键岗位人员的业务能力培训。

2. 建设内容

（1）新建工程（新增供水受益人口）

① 新建小型集中式供水工程。十三五期间新建27处20～200m^3/d的饮水工程，解决未通水人口2.577万人，其中贫困人口1235人，新增供水规模2047m^3/d。

② 新建分散式供水工程。在十三五期间共新建分散式供水41处，解决未通水人口

732 人，其中贫困人口 688 人。

（2）改造工程

① 改造规模化供水工程。“十三五”期间青阳县将对康乐水厂进行改造，新增供水规模 5000m^3/d，改善受益人口共计 9453 人。

② 改造小型集中式供水工程。“十三五”期间青阳县将对 4 处小型自流引水工程进行改造，新增供水规模 238m^3/d，改善受益人口 0. 3 万人。

（3）设施改造配套（未新增供水受益人口）

十三五期间规划对 10 处规模水厂进行管网改造，改善受益人口 5. 58 万人，改造管网长度 165m。

（4）农村饮用水水源保护、水质检测能力建设以及水厂信息化建设

① 水源保护。“十三五”期间青阳县对 12 处水源进行水源保护。

② 水质检测能力建设以及水厂信息化建设。“十三五”期间青阳县拟对千吨万人水厂配置水质实验室，并健全水质卫生常规监测制度。“十三五”期间青阳县拟对规模水厂进行信息化及水质化验室建设，共计 5 处。

3. 加强运行管理措施

一是建立责权明晰的管理体制。工程建设是基础，管理是关键。为保证农村安全饮水工程长期稳定地发挥效益，实行有偿使用，以水养水，工程在编制规划开始就明确供水水价和水费征收方式。明确了管理体制和运行机制，工程运行正常，发挥了良好的社会效益和经济效益。

二是建立良性运行机制。建立良性运行机制直接关系到项目的实施效果。饮水安全供水项目必须根据不同工程特点明确产权和管护形式，确定其所有权和经营权。工程验收合格后及时办理交接手续，并确定管理单位及责任人，明确使用者的责任和义务，落实工程维修养护资金。采取拍卖、租赁、承包等方式进行产权制度改革，积极引入竞争机制，实行计量收费以水养水，确保工程充分发挥效益。所有小型饮水工程均实行有偿供水，以促进供水工程走上良性运行机制。

三是建立社会化服务体系。以提供优质服务为宗旨建立农村供水社会化服务保障体系，县、乡两级组建由供水单位自愿参加的供水协会。供水协会以服务为宗旨，指导会员单位建立健全规章制度，总结推广供水管理经验，提供信息、技术和维修服务等，逐步建立和完善我县饮水安全的社会化服务体系。

四是建立科学有效的水质监测体系。建立和完善水厂化验室和水质检测单位，落实机构、人员、任务、责任、仪器设备和经费。县卫生部门，不定时对每处饮水工程抽检供水水质情况，对各供水单位进行监督。在现有监测能力的基础上进行完善，切实做好农村饮水安全工程水源地的水量、水质监测评价工作。

表 4 “十三五”巩固提升规划目标情况

农村集中供水率（%）	农村自来水普及率（%）	水质达标率（%）	城镇自来水管网覆盖行政村的比例（%）
90	90	85	60

表5　“十三五”巩固提升规划新建工程和管网延伸工程情况

工程规模	新建工程					现有水厂管网延伸			
	工程数量	新增供水能力	设计供水人口	新增受益人口	工程投资	工程数量	新建管网长度	新增受益人口	工程投资
	处	m^3/d	万人	万人	万元	处	km	万人	万元
合计	68	2047	2.65	1.7	1636				
规模水厂									
小型水厂	68	2047	2.65	1.7	1636				

表6　“十三五”巩固提升规划改造工程情况

工程规模	改造工程					
	工程数量	新增供水能力	改造供水规模	设计供水人口	新增受益人口	工程投资
	处	m^3/d	m^3/d	万人	万人	万元
合计	5	5238	5238	1.24		939
规模水厂	1	5000	5000	0.95		700
小型水厂	4	238	238	0.3		239

安庆市

安庆市农村饮水安全工程建设历程（2005—2015）

（安庆市水利局）

一、基本概况

安庆市位于安徽省西南部，长江中下游北岸，地处皖、鄂、赣三省交界地区，总面积1.35万km^2，境内山地、丘陵和洲圩湖泊各占三分之一，全境地形自西北向东南倾斜，分别为山地、丘陵和沿江平原。全市地跨长江、淮河两大流域，属于淮河流域的面积542km^2，其余14810km^2均为长江流域。长江干流在我市总长度237km，内河流域自上而下依次为：华阳河流域、皖河流域、破罡湖流域，均发源于我市境内的大别山区，流域在300km^2以上的河流有10条，境内湖泊星罗棋布。安庆属亚热带沿江季风性湿润气候，四季分明，年平均气温14.5℃～16.6℃，年平均降水量1300～1500mm，无霜期248天。

安庆市现辖怀宁、潜山、岳西、太湖、望江、宿松6县，桐城市（县级）1市和迎江、大观、宜秀3区以及市经济技术开发区，乡镇138个、行政村数量1438个，2015年末总人口533万，其中农业人口407万人。2015年，地区生产总值（GDP）1613.2亿元，比上年增长7.1%。

2015年全市供水总量28.02亿m^3，用水耗水量14.25亿m^3。2015年全市人均用水量515.5m^3，万元GDP用水量173.7m^3，农田灌溉亩均用水量351.2m^3，农业灌溉水利用系数0.498，城镇居民人均生活用水量145.0L/d，农村居民人均生活用水量83.0L/日。2015年对全市境内6条主要江河及4个湖库进行了采样监测，覆盖辖区19个一、二级国家及省级水功能区，水功能区水质符合Ⅰ～Ⅲ类标准测次占比例为86.4%，水质状况总体良好。

二、农村饮水安全工程建设情况

1. 农村饮水安全工程建设情况

实施农村饮水安全工程前，我市存在的饮水不安全类型主要有砷氟超标、苦咸水、血吸虫疫区、污染水和方便程度不足等5种，砷氟超标主要分布山区、丘陵区，苦咸水主要为砖井、手压井等浅层地下水，血吸虫疫区主要分布在湖区和圩区，污染水主要为非点源污染，方便程度不足主要分布在山区等水源较少的地区。

我市自2005年开始启动实施农村饮水安全工程，11年来农村供水工程建设得到了迅速发展，有效解决了大量农村群众的饮水不安全问题，为保障农民身体健康和促进农村经济发展做出了重要贡献。据不完全统计，2005 年及“十一五”期间，我市共建设集中供水工程 1124 处，工程完成总投资 56028 万元，共解决了 119.2 万农村人口和 2.34 万农村中小学校师生的饮水安全问题。其中解决含砷氟超标 9.23 万人、苦咸水 14.65 万人、血吸虫疫区 38.16 万人、解决缺水及其他水质问题人口 57.16 万人。“十二五”期间，我市共建成工程项目 907 处，工程完成总投资 63496 万元，共解决 117.85 万农村居民和 15.81 万农村学校师生饮水安全问题，其中解决苦咸水 29.26 万人、缺水及取水不便 51.62 万和其他水质超标 36.97 万人。

截至 2015 年底，全市农村总人口约 407 万，农村自来水供水人口约 309 万，农村自来水普及率约为 75.9%。全市 1438 个行政村，绝大部分都已经通水，通水比例在 90%以上。

表 1　2015 年底农村人口供水现状

县（市、区）	乡镇数量	行政村数量	总人口	农村供水人口	集中式供水人口	其中：自来水供水人口	分散供水人口	农村自来水普及率
	个	个	万人	万人	万人	万人	万人	%
合计	138	1438	454.27	407.36	313.18	309.15	94.18	75.9
桐城市	15	221	75.9	63.9	40.2	40.2	23.7	63.0
怀宁县	20	241	69.97	62.29	37.95	37.86	24.34	60.8
潜山县	17	176	52.87	52.87	36.48	36.48	16.39	69.0
太湖县	15	174	57.20	52.97	33.02	31.65	19.95	59.75
望江县	10	134	58	46.14	46.14	45.98		80.0
岳西县	24	188	36.10	36.10	26.3	26.3	9.8	72.8
宿松县	24	209	73.84	63.7	63.7	61.2		86.2
大观区	3	29	7.2	7.2	7.2	7.2		100
迎江区	4	28	8.4	8.4	8.4	8.4		100
宜秀区	6	58	14.79	13.79	13.79	13.79		92.3

2. 农村饮水工程（农村水厂）建设情况

据不完全统计，截至目前，全市共有农村规模水厂（千吨万人）126 处、小型水厂 1051 处。我市早期水厂大部分是通过招商引资新建设的，由于建设标准较低，水厂的设计供水规模和供水管网直径偏小，加上工艺、设备老化和经营管理不善，现已不能保证水量、水质和水压要求。在农村饮水安全工程实施过程中，我市利用农饮资金新建了一些水厂，如太湖县的徐桥水厂、新仓水厂、大石水厂、天华水厂、寺前水厂、牛镇水厂，潜山县的塔畈水厂、为人水厂、黄铺水厂、源潭水厂、余井水厂、横中水厂，怀宁县的解放闸水厂、洪镇水厂，岳西县的来榜水厂、河图水厂等。值得一提的是，太湖县大部分水厂均为农饮资金建设，资产为国有，且全部由乡镇水利站管理。

3. 农村饮水安全工程建设思路及主要历程

（1）“十一五”阶段农村饮水安全工程建设思路及主要历程

2007 年年初，省委、省政府决定将农村饮水安全工程建设列为 12 项民生工程之一，要求 2007—2011 年，集中人力、物力和财力，按照国家有关标准，解决全省剩余农村人口的饮水安全问题。“十一五”期间，我市的总体思路是通过新建工程、管网延伸等工程措施，重点解决砷氟超标、苦咸水、血吸虫疫区、污染水和方便程度不足等饮水不安全问题，解决人口分布较为分分散。在实施过程中，通过项目资金带动，乡镇招商引资，吸引了大量社会资本参与乡镇水厂建设，建成了一批乡镇水厂。

（2）“十二五”阶段农村饮水安全工程建设思路及主要历程

“十二五”期间，我市按照“以集中供水为主，因地制宜，分步实施”的指导思想，以全面解决农村人口的饮水不安全问题为目标，通过新建规模水厂、小型集中供水设施和管网延伸等措施全力推进农村饮水安全工程。期间，我市共投入饮水安全工程资金 5. 31 亿元，共解决了 110. 85 万人的饮水安全问题，农村人口饮水不安全问题基本得到解决。

表 2　农村饮水安全工程实施情况

县（市、区）	合计			2005 年及“十一五”期间			“十二五”期间		
	解决人口		完成投资	解决人口		完成投资	解决人口		完成投资
	农村居民	农村学校师生		农村居民	农村学校师生		农村居民	农村学校师生	
	万人	万人	万元	万人	万人	万元	万人	万人	万元
合计	237. 05	18. 15	119524	119. 2	2. 34	56028	117. 85	15. 81	63496
桐城市	35. 19	3. 79	17933	15. 45	1. 2	7323	19. 74	2. 59	10610
怀宁县	28. 65	2. 56	14423	14. 29		6503	14. 36	2. 56	7920
潜山县	32. 38	1. 52	15728	18. 08		8151	14. 3	1. 52	7577
太湖县	30. 69	4. 03	15711	17. 50		7923	13. 19	4. 03	7788
望江县	25. 68	1. 93	12696	12. 2		5411	13. 48	1. 93	7285
岳西县	25. 75	0. 52	12413	12. 1	0. 05	5418	13. 65	0. 47	6995
宿松县	38. 86	1. 16	17935	18. 16	0. 85	7528	20. 7	0. 31	10407
大观区	5. 17	0. 78	2533	2. 54	0	992	2. 63	0. 78	1541
迎江区	4. 2	0	1778	3. 36	0	1361	0. 84	0	417
宜秀区	10. 48	1. 86	8374	5. 52	0. 24	5418	4. 96	1. 62	2956

表3　2015 年底农村集中式供水工程现状

县（市、区）	工程规模	工程数量	设计供水规模	日实际供水量	受益乡镇数	受益行政村数	受益农村人口	自来水供水人口
		处	m^3/d	m^3/d	个	个	万人	万人
合计	合计	1177	508285	288987	129	1386	312.18	300.82
	规模水厂	126	446690	236570			250.35	241.51
	小型水厂	1051	61595	52417			61.83	59.31
桐城市	合计	145	47200	38760	15	211	40.2	40.2
	规模水厂	19	41500	34200			33.77	33.77
	小型水厂	126	5700	4500			6.43	6.43
怀宁县	合计	28	131500	57350	20	241	37.81	37.51
	规模水厂	27	131000	57050			37.58	37.28
	小型水厂	1	500	300			0.23	0.23
潜山县	合计	227	63801	44200	17	176	36.48	36.48
	规模水厂	16	53000	35150			27.75	27.75
	小型水厂	211	10801	9050			8.73	8.73
岳西县	合计	487	26274	26274	24	186	26.27	26.3
	规模水厂							
	小型水厂	487	26274	26274			26.27	26.3
太湖县	合计	220	43464	24489	15	174	31.14	29.86
	规模水厂	11	28400	14450			16.58	15.78
	小型水厂	209	14964	10039			14.56	14.08
望江县	合计	36	57256	32414	10	136	55.79	45.98
	规模水厂	20	54400	30320			51.18	43.44
	小型水厂	16	2856	2094			4.61	2.54
宿松县	合计	28	103100	45000	18	166	63	63
	规模水厂	27	102700	44900			62	62
	小型水厂	1	400	100			0.6	0.6
大观区	合计	1	12000	10000	1	10	3.5	3.5
	规模水厂	1	12000	10000			3.5	3.5
	小型水厂							
迎江区	合计	4	9900	3500	4	28	4.2	4.2
	规模水厂	4	9900	3500			4.2	4.2
	小型水厂							

（续表）

县（市、区）	工程规模	工程数量	设计供水规模	日实际供水量	受益乡镇数	受益行政村数	受益农村人口	自来水供水人口
		处	m^3/d	m^3/d	个	个	万人	万人
宜秀区	合计	1	13790	7000	6	58	13.79	13.79
	规模水厂	1	13790	7000			13.79	13.79
	小型水厂							

三、农村饮水安全工程运行情况

1. 县级农村饮水安全工程专管机构

截至目前，我市辖区桐城市、怀宁县、潜山县、岳西县、宿松县、宜秀区均成立了农村饮水安全工程专管机构，为财政全额预算事业单位，编制3～9人。2016年11月，为进一步加强农村饮水管理工作，安庆市级成立了安庆市水利局农水所（与安庆市水利规划办公室合署办公），编制12人，具体负责全市农村饮水安全工程的日常事务。

2. 县级农村饮水安全工程维修养护基金

根据《安徽省农村饮水安全工程运行管理办法》（省政府令第238号）相关规定，各县（市、区）每年从财政经费中按当年农村饮水安全工程投资额的1%拨出专项维护基金，主要用于工程运行管理、维修和养护。其中：县潜山县于2012年建立了县级农村饮水安全工程维修养护基金，每年将维修养护专项经费列入县财政预算，2012—2015年累计到位121万元。

3. 县级农村饮水安全工程水质检测中心

迎江区、望江县通过政府购买服务方式对全区（县）农饮工程进行水质检测，宜秀区、大观区、桐城市、怀宁县、太湖县、宿松县依托卫生疾控中心建立水质检测中心，潜山县依托环保局、岳西县依托县自来水厂建立水质检测中心。全市水质检测中心共批复投资1506万元，其中中央资金522万元、省级配套326万元、县（市、区）级配套658万元。目前，我市具备42项及以上检测能力的中心有6处，具备31～41项检测能力的中心有2处，共落实专业检测人员61人，其中培训人员53人。截至2015年底，全市8处水质检测中心均已建成并正式投入使用，运行管理经费由财政保障。

4. 农村饮水安全工程水源保护情况

各县（市、区）政府依法对规模水厂和村级小型水厂饮用水源划定了保护区，县环保局、水利局加强对小型农村饮水安全工程饮用水水源的统一管理，根据工程特点，分水源类型制定了具体的保护措施，划定了保护区域，设置了水源保护标志牌并写明了具体保护范围及禁止事项。有些地区还出台了相应的办法，如桐城市政府出台了《桐城市饮用水水源保护办法》和《桐城市农村饮水安全保障应急预案》。

5. 供水水质状况

根据2015年部分县（市、区）农村供水工程水质检测结果分析，水源水质检测达标率100%，出厂水水质合格率80%以上，末梢水质合格率为80%以上，不合格的主要指标是总大肠菌群、耐热大肠菌群等微生物指标，这主要是因为部分水厂和单村小型供水工程管理消毒不到位以及群众用水习惯造成的，剔除微生物指标水质均为合格。

6. 农村饮水工程（农村水厂）运行情况。

以潜山县为例具体分析。潜山县农村饮水安全工程主要有规模水厂和小型水厂两种类型，尤以小型水厂居多。规模水厂总共17座，全部由私人个体负责管护，运行情况总体较好，基本能正常运行，资产由国有和社会两种资产构成；规模水厂设计总规模5.3万m^3/d，实际供水量3.5万m^3/d，供水价格为1.5~2.2元/m^3，水费是水厂的主要收入来源，年水费收入约850万元，水厂主要支出为电费、管理人员工资、日常维修费用及药剂费等，大部分水厂能有少量盈余，个别水厂入不敷出、经营困难，全部实行“两部制”水价。小型水厂大大小小总共211处，全部由个人负责管护，绝大部分运行较好。

7. 农村饮水工程（农村水厂）监管情况

总体上看，我市农村饮水工程监管体系还不够完善，存在职责不清、监管不全面等方面的问题。“十二五”期间，各地开始规范农村饮水安全工程日常监管，如潜山县制定了《潜山县农村饮水安全工程运行管理暂行办法》，明确了与农村饮水安全工程相关的水利、卫生、发改、环保、物价等部门职责，建立部门间常态化联动监管机制，各部门单位各负其责，密切配合，共同做好农村饮水安全工作。

8. 运行维护情况

以潜山县为例具体分析。潜山县农村饮水安全工程运行总体良好，基本能持续运行，17座规模水厂建立了专职运行维护队伍，11座小型水厂配备了专职维修人员，其余小型水厂落实了兼职维修人员，各工程制定了相应的运行维修管理制度，落实了供水用电执行农业电价、工程建设用地和运行税费减免的优惠政策。

9. 用水户协会成立及运行情况

如潜山县乡镇供水协会，在发挥联结政府和企业的纽带与桥梁，加强行业管理和自律，为水厂提供高效、优质的服务等方面发挥了重要作用，促进了农村供水事业健康持续发展。

四、采取的主要做法、经验及典型案例。

（一）做法和经验

农村饮水安全工程作为一项惠农的民生工程，得到了安庆市委、市政府的高度重视，各县（市、区）因地制宜，创新举措，探索出不少好的做法，积累了许多宝贵的经验。

一是加强组织领导，健全规章制度。各县（市、区）政府十分重视农村饮水安全工程建设，专门成立了以主要领导为组长，分管领导为副组长，相关职能部门领导参加的农村饮水安全工程领导小组，领导小组下设办公室。为更好地加强行业管理，指导和监督农村饮水安全工程的实施，各地都成立了农村饮水安全工程专管理机构。

二是科学系统规划，统筹工程布局。例如，我太湖县坚持以规划为引领，对全县农村饮水状况开展详细调查分析，对全县农饮工程进行科学规划、统筹安排。2014年，太湖县根据上级主管部门要求及本县的实际情况，对太湖县农村饮水安全工程“十二五”规划进行了修编，改变了建设思路，结合美好乡村建设，集中有限财力，重点建设“千吨万人”规模水厂。

三是积极主动探索，加快机制改革。不少县区正加快推进小水厂整合重组，明晰产权，引入社会化经营管理。如潜山县实施的五庙水厂，乡政府对原有2个小水厂整合重组，清产核资、明晰产权，通过引入社会资本参与新水厂建设和经营管理；怀宁县按照“明晰所有权、放开经营权”的原则，通过引入社会机构经营解放闸水厂和洪铺水厂，逐渐淘汰周边的小水厂。

四是强化建后管理，充分发挥效益。水质方面，由水质监测中心定期对水源水质及供水水质进行抽检；水价方面，由县物价局和县水利局联合发文制定价格政策，既充分考虑用水户的支付能力，又考虑供水单位的成本补偿，形成合理的水价机制；管护方面，灵活采用多种方式，规模水厂建立专业维修队伍，小型集中供水点充分发动社会力量进行管理，保证工程建得成、用得久、长受益。

（二）典型县案例

太湖县弥陀腾达自来水有限公司建管典型案例

工程名称：弥陀腾达水厂

工程位置：太湖县弥陀镇

工程设计规模：日最大供水量1500m^3，受益人口14000人

设计单位：安庆市水利水电规划设计院

建设单位：太湖县弥陀腾达水厂工程建设指挥部

施工单位：太湖县水电建筑安装有限责任公司（土建部分），太湖县弥陀腾达自来水有限公司（管网部分）

建设过程：2009年5月成立太湖县弥陀腾达自来水有限公司，与此同时开始兴建水厂。工程占地2800m^2，分为两期进行建设，首期建设：（1）兴建日供水规模1500m^{3}净水厂1座；（2）新铺设安装主管道50km；（3）新建综合办公楼1幢。2010年10月制水车间开始试运行，2011年12月办公楼完工（资金来源由三部分组成：农村饮水项目资金、自来水公司自筹、省“江淮杯”奖补资金），2012年12月完成了180万元的管网工程建设。

工程现状：水厂一期工程已建成，生产制水区占地650m^2，自投入运行以来，目前日最大供水1200m^3，受益人口达到14000人（含高中、初中和5所小学）、农户2956户，已覆盖集镇区及界岭、弥陀、白洋、弥陀、河口、安乐和居委会等村（居），水质完全符合国家生活饮用水卫生标准。

工程管理：弥陀腾达水厂直属弥陀水利站，现有管理人员6人（其中，运行、收费人员3人，安装维修人员2人）负责水厂安全生产、管网安装维修、水费收缴等工作。

水厂供水管理执行《弥陀镇供水管理暂行办法》（以下简称《办法》），《办法》包括6章，分别为总则、供水工程建设、水厂管理、用户管理、奖惩、附则。

为确保弥陀腾达水厂安全生产应急处理高效、有序进行，最大限度地减轻损失，保障供水安全和人民生命财产安全，促进经济持续健康发展，特制定了《弥陀腾达水厂安全生产应急预案》，并成立弥陀供水安全事故应急指挥部。

五、目前存在的主要问题

1. 部分工程布局不合理，亟待优化

我市共有农村规模水厂126处、小型水厂1051处，因历史原因，农村自来水厂大多

数是私人投资建设，虽然在“十一五”和“十二五”对农村许多水厂的管网进行延伸和改造，但在运行管理中还得依赖原经营单位。不少水厂私自划分供水范围，使得工程布局明显不合理。总体来说，小水厂众多、工程布局不合理是导致工程后期管护运行困难的直接原因。

2. 部分工程建设标准低，工艺落后

规模水厂中仍有大部分取水、净化等设施简陋，消毒设施老化或不全，水质不稳定，丰水期尤为突出；供水管网普遍存在管径小、老化严重和布设不合理等问题，随着供水区的不断扩大，输配水能力不足日益凸显，也是水厂普遍存在的突出问题。单村小型饮水工程建设标准低，水净化处理设施简单，采用两次过滤净化处理，丰水期水质浑浊；多数未配备水质消毒处理设施，水质不能达标。水厂建设标准低，供水能力不足，仍是农村饮水的主要问题。

3. 部分工程运行较困难，难以为继

虽然国家针对农村饮水工程出台了用地、用电、税收等优惠政策予以扶持，但部分县（区）在执行层面仍有折扣，再加上农村供水工程自身规模小、农户用水量有限、输配水漏损率高、水费实收率低等原因，我市部分农村供水工程运行仍然困难。另外，在管理方式上有村集体管理、个人承包、水利站管理、专业化管护等多种形式，多数管理人员业务水平不高、水厂制度不健全、运行管理不规范。

4. 水污染加剧，饮水不安全反弹新增

随着社会的发展，大量的工业废水、生活污水未经处理直接排放，农药、化肥过度使用，农业面源污染严重，不仅地表水受污染，也殃及到了浅层地下水，水体富营养化普遍。

六、“十三五”巩固提升规划情况

1. 全市农饮巩固提升“十三五”规划情况

“十三五”期间，我市按照“量力而行、尽力而为”的原则，前3年重点解决贫困人口的饮水不安全问题，后2年继续实施农村饮水安全巩固提升工程。通过新建供水工程、管网延伸、改造工程等措施，使农村集中供水率、农村自来水普及率、水质达标率和城镇自来水覆盖行政村的比例显著提高。市辖3区农村集中供水率、农村自来水普及率均达到100%，水质达标率达到95%以上，城镇自来水覆盖行政村的比例达到100%；桐城市农村集中供水率、农村自来水普及率、水质达标率和城镇自来水覆盖行政村的比例使分别达到75%、75%、98%、90%；怀宁县分别达到72%、72%、90%、90%，潜山县分别达到90%、80%、85%、75%；太湖县分别达到80%、70%、80%、50%；望江县分别达到100%、90%、90%、85%；岳西县分别达到85%、80%、80%、13%。

“十三五”期间，我市农饮的一个重点工作是健全农村供水工程运行管护机制，逐步实现良性可持续运行。一要健全水质检测体系，提高水质合格率。在工程建设规范配备消毒设施的基础上，进一步完善建立多层次的水质检测体系，督促供水单位规范运行管理；建立供水单位自检、行业巡检和政府抽检的水质检测体系，强化对水质的检测和监测；强化结果运用，定期通报、整改处理，逐步提高水质合格率。二要明晰资产构成，创新管护模式。农村饮水工程资产构成和管护是建后管理的两大主要问题。结合实施水厂改造提升，同步开展资产核查，摸清底数，明晰资产构成，做到明晰一处，改造提升一处。单村小型饮水工程实行专业管护，发挥管理人员固定和技术上的优势，实现管得了、管得好的目标。三要加强信息化建设，提高监管能力。借助科学信息手段，规模水厂要完善信息化设施，进行水质、水量和运行实时监测，建设县农村饮水运行控制中心，中心与规模水厂监测信息在线传输，实现工程实时在线监管，提高监管效率和监管水平。

表4　“十三五”巩固提升规划目标情况

县（市、区）	农村集中供水率（%）	农村自来水普及率（%）	水质达标率（%）	城镇自来水管网覆盖行政村的比例（%）
合计	79	85	89	75
桐城市	75	75	98	90
怀宁县	72	72	90	90
潜山县	90	80	85	75
太湖县	80	70	80	50
望江县	100	90	90	85
岳西县	100	90	90	85
宿松县	100	95	100	80
大观区	100	100	95	100
迎江区	100	100	95	100
宜秀区	100	100	100	100

表5　“十三五”巩固提升规划新建工程和管网延伸工程情况

县（市、区）	工程规模	新建工程					现有水厂管网延伸			
		工程数量	新增供水能力	设计供水人口	新增受益人口	工程投资	工程数量	新建管网长度	新增受益人口	工程投资
		处	m^3/d	万人	万人	万元	处	km	万人	万元
安庆市	合计	673	26017	17.55	16.76	7538	110	2638.4	24.43	7296
	规模水厂	7	16070	4.73	4.12	1614	104	2581.4	24.11	7101
	小型水厂	666	9947	12.82	12.64	5924	6	57	0.32	195
桐城市	合计	64	590	1.2	1.2	640	28	110	1.47	970
	规模水厂						25	106	1.44	951
	小型水厂	64	590	1.2	1.2	640	3	4	0.03	20
怀宁县	合计	2	400	0.42	0.42	210	19	1666	6.33	3165
	规模水厂						19	1666	6.33	3165
	小型水厂	2	400	0.42	0.42	210				

（续表）

县（市、区）	工程规模	新建工程					现有水厂管网延伸			
		工程数量	新增供水能力	设计供水人口	新增受益人口	工程投资	工程数量	新建管网长度	新增受益人口	工程投资
		处	m^3/d	万人	万人	万元	处	km	万人	万元
潜山县	合计	479	5370	5.43	4.81	2241	9	308	3.3	1155
	规模水厂	2	2000	1.55	1.04	794	7	255	3.01	985
	小型水厂	477	3370	3.88	3.77	1447	2	53	0.29	170
太湖县	合计	2	1800	1.73	1.56	1040				
	规模水厂	1	1500	1.50	1.40	820				
	小型水厂	1	300	0.23	0.16	220				
岳西县	合计	121	5223	7	7	3407				
	规模水厂									
	小型水厂	121	5223	7	7	3407				
望江县	合计	5	12634	1.77	1.77		25	512.4	10.04	
	规模水厂	4	12570	1.68	1.68		25	512.4	10.04	
	小型水厂	1	64	0.09	0.09					
宿松县	合计						28	27	2.99	1656
	规模水厂						28	27	2.99	1656
	小型水厂									
宜秀区	合计						1	15	0.3	350
	规模水厂						1	15	0.3	350
	小型水厂									

表6　“十三五”巩固提升规划改造工程情况

县（市、区）	工程规模	改造工程					
		工程数量	新增供水能力	改造供水规模	设计供水人口	新增受益人口	工程投资
		处	m^3/d	m^3/d	万人	万人	万元
安庆市	合计	159	31473	87300	149.31	32.77	17977
	规模水厂	57	26900	87300	140.61	28.48	15471
	小型水厂	102	4573		8.7	4.29	2506
桐城市	合计	7	3000		16.89	3.08	1843
	规模水厂	7	3000		16.89	3.08	1843
	小型水厂						

（续表）

县（市、区）	工程规模	改造工程					
		工程数量	新增供水能力	改造供水规模	设计供水人口	新增受益人口	工程投资
		处	m^3/d	m^3/d	万人	万人	万元
潜山县	合计	43	14950		26.97	8.3	4287
	规模水厂	11	13000		22.49	6.55	3409
	小型水厂	32	1950		4.48	1.75	878
太湖县	合计	23	7750		30.25	7.84	4648
	规模水厂	15	6900		28.23	7.14	3985
	小型水厂	8	850		2.02	0.70	663
岳西县	合计	55	1823		2.2	2.2	966
	规模水厂						
	小型水厂	55	1823		2.2	2.2	966
宿松县	合计	27	3000	71300	61.8	3.15	1805
	规模水厂	27	3000	71300	61.8	3.15	1805
	小型水厂						
大观区	合计	3		13000	7.2	7.2	2779
	规模水厂	3		13000	7.2	7.2	2779
	小型水厂						
宜秀区	合计	1	1000	3000	4	1	1650
	规模水厂	1	1000	3000	4	1	1650
	小型水厂						

2. “十三五”之后农饮工程长效运行工作思路

一是整合水厂，优化工程布局。通过行政推动和市场运作，按照“明晰所有权、规范管理权、放开经营权”的指导思想，对现有水厂进行全面评估和整合，在此基础上，进一步落实农村自来水厂监管责权，加大政府的监管力度，县政府与乡镇签订目标责任书，将此项工作纳入年度考核计划。

二是落实政策，优惠供水主体。根据国家和省有关农村饮水安全工程优惠政策，贯彻执行用电、用地、税收等三项优惠政策，进一步减轻农村饮水安全工程运行成本。

三是适当扶持，实现良性循环。建立以财政资金为主的县级维修养护基金，对工程进行大修或更新改造，或建立财政补偿机制，包括对大修和折旧费的补贴，并在更新改造中引导向规模化供水发展，使水厂走向良性循环。

四是加强培训，提高管理水平。加强对农村供水工程关键岗位管理人员开展专业技术培训，从业人员经过培训持证。逐步建立起熟悉供水工程的相关技术，能熟练地使用和正确维护管理农村饮水安全工程的专业化队伍。

宜秀区农村饮水安全工程建设历程（2005—2015）

（宜秀区水利局）

一、基本概况

安庆市宜秀区地处皖西南长江中下游北岸，安庆市区以北，分别与枞阳、桐城、怀宁3县（市）毗邻，全区总面积410.3km²。宜秀区辖白泽湖乡、杨桥镇、大龙山镇、五横乡、罗岭镇、大桥街道办事处，面积410.3km²，人口15.21万人，其中农村人口14.79万人。境内地形复杂，起伏多变，中部的大龙山脉最高山峰海拔693m（吴淞高程，下同），西北部多浅山，东南部为破罡湖、石塘湖区，湖底高程8.7～10.4m，圩湖区内还零星分布有高程15～20m的残缺丘陵。境内属长江流域，跨皖河、菜子湖水系，主要湖泊有石塘湖、破罡湖、白泽湖、石门湖等。全区现有小（2）型水库32座。

宜秀区涉及皖河流域（石门湖水系）、菜子湖流域、破罡湖流域。境内主要湖泊有破罡湖、石塘湖、石门湖、岱赛湖。大龙山山脉以南的广济圩圩内破罡湖、石塘湖片，经破罡湖闸直接通向长江；大龙山山脉以北的岱赛湖与菜子湖相连，经长河、枞阳闸通向长江；大龙山山脉以西的河流与石门湖相连，通向长江。

根据《2015年安庆市环境质量公报》，主要河流地表水水质良好。安庆市集中式饮用水水源地水质满足功能要求。尽管全区主要河流总体水质良好，但水质问题仍然较为突出，大部分生活污水直接进入河流、湖泊，造成水体污染，部分河段生活污水不断增多，大肠杆菌超标和水体富营养化逐渐明显。

二、农村饮水安全工程建设情况

1. 农村人口饮水安全解决情况

安庆市宜秀区饮水不安全类型主要有污染水、其他水质、缺水和方便程度不足等4种。2015年底，农村居住总人口14.79万人，饮水安全人口数13.79万人，农村自来水供水人口13.79万人，自来水普及率93.2%。安庆市宜秀区辖6个乡镇（街道）58个行政村（社区），所有行政村（社区）均已通水，通水率100%。

安庆市宜秀区自2005年实施农村饮水安全工程以来，农村饮水安全累计下达投资额5344万元，其中中央投资2839万元、省级投资1104万元、省级以下地方配套资金1401万元，计划解决10.48万人饮水安全；累计完成投资5344万元，其中中央投资2839万元，省级投资 1104 万元、省级以下地方配套资金 1401 万元，实际解决 10.48 万人饮水安全；全区共建设农村集中式供水工程 27 处，其中管网延伸工程 27 处；集中式供水受益人口 10.53 万人。

表 1　2015 年底农村人口供水现状

乡镇数量	行政村数量	总人口	农村供水人口	集中式供水人口	其中：自来水供水人口	分散供水人口	农村自来水普及率
个	个	万人	万人	万人	万人	万人	%
6	58	14.79	13.79	13.79	13.79		92.3

表 2　农村饮水安全工程实施情况

合计			2005 年及“十一五”期间			“十二五”期间		
解决人口		完成投资	解决人口		完成投资	解决人口		完成投资
农村居民	农村学校师生		农村居民	农村学校师生		农村居民	农村学校师生	
万人	万人	万元	万人	万人	万元	万人	万人	万元
10.48	1.62	8374	5.52	0.24	5418	4.96	1.62	2956

2. 农村饮水工程（农村水厂）建设情况

截至 2015 年底，宜秀区依托安庆供水集团管网实施管网延伸工程，解决全区 13.79 万农村居民饮水，供水规模达 1.379 万 m^3/d，工程分布于全区 58 个村或社区。农饮工程建设中，社会资本、个人资金等资金均有投入。2015 年底，我区农村居民接水入户 3.2 万户，用户仅承担水表以后入户管道、水龙头等材料购安费用，入户率 100%。

表 3　2015 年底农村集中式供水工程现状

工程规模	工程数量	设计供水规模	日实际供水量	受益乡镇数	受益行政村数	受益农村人口	自来水供水人口
	处	m^3/d	m^3/d	个	个	万人	万人
合计	1	13790	7000	6	58	13.79	13.79
规模水厂	1	13790	7000	6	58	13.79	13.79
小型水厂							

3. 农村饮水安全工程建设思路及主要历程

“十一五”期间，宜秀区农村饮水安全工程建设由各乡镇担任项目法人，上级安排的计划指标全数分解到各乡镇，由区水利局组织编制实施方案，报市发改委批复后，再组织实施。区农村饮水安全工程建设领导小组指导监督全区农村饮水安全工程建设，坚持以实现农村集中供水“村村通”为目标，坚持“以人为本、全面规划、统筹兼顾、标本兼治”的方针，以“因地制宜、注重实效、全面安排、突出重点、分期实施、适度超前”为指导思想，按照“先重后轻、先急后缓”的原则，对影响群众正常生活和身体健康的污染水等问题作为规划实施的重点，优先安排解决。“十一五”期间，我区建设农村饮水安全工程9处，投入资金2388万元，受益人口5.52万人，无较大规模水厂。

“十二五”期间，安庆市宜秀区农村饮水安全工程项目法人为安庆市宜秀区农村饮水工程领导小组办公室（简称区农饮办），统一负责全区农村饮水安全工程的建设管理；计划安排的指导思想为分年度分片集中扫尾、重点建设乡镇集中供水工程，优先安排支持美好乡村建设点，兼顾严重缺水地区。“十二五”期间，我区已建设农村饮水安全工程18处，投入资金2956万元，受益人口4.96万人。2005—2015年我区已建设和即将建设农村饮水安全工程27处，解决10.48万人农村居民安全饮水，占农村总人口70.9%，投入资金2956万元，依托安庆供水集团管网实施管网延伸工程。

三、农村饮水安全工程运行情况

1. 区农村饮水安全工程专管机构

2011年6月28日安庆市宜秀区编办以宜秀编办〔2011〕6号文批复成立农村饮水安全工程管理中心，负责全区农村饮水安全工程的运行管理。

2. 区农村饮水安全工程维修养护基金

安庆市宜秀区人民政府于批复同意设立宜秀区农村饮水安全工程运行维护基金。维修基金专户储存，专用于农村饮水安全工程的维修养护。5年共计到位维修养护基金29.56万元。

3. 区农村饮水安全工程水质检测中心建设情况

建设情况：2015年，安庆市宜秀区水质检测中心经区政府研究同意依托区疾病预防控制中心建立，2015年11月已通过区级验收，2016年初已投入使用。

主要仪器设备有：气相色谱仪、离子色谱仪、紫外可见光分光光度等大型仪器室及相应配套仪器等。

检测项目：我区农村饮水安全工程管护均能严格执行水质检测制度，各工程的水质建设前、建设后及每年常规检测均按相关要求进行检测，建设后对水源水、出厂水和末梢水及分散式取水进行常规42项检测。

检测频次：针对集中供水工程，水源水、出厂水和末梢水均在每年的丰、枯水期各检测1次。

建设投资：中心化验室共计投入资金186万元，其中中央投资66万元、省级投资41万元、市及区配套投资80万元。

运行经费：安庆市宜秀区农村饮水安全工程水质检测中心运行费用主要为向受检单位收取的水质检测费、区疾病预防控制中心补助和申请区财政补助三种方式。按照有关文件精神，参考市疾病预防控制中心的水质检测收费标准，检测出厂水和末梢水41项指标实际可按1500～2500元/次的统一标准收取，检测水源水12项指标实际可按500～1000元/次的统一标准收取；对于一些经济条件相对较差、工程受益人口少的工程点，若水费收入不能保障送检费用，则申请区财政予以补助。

专业人员落实：中心化验室按照相关批复，计划配备领导人员1名，由区疾病预防控制中心代管；管理服务人员4名，专业检测人员4名。目前人员已按计划足额配备且已到岗到位。

4. 农村饮水安全工程水源保护情况

《安庆市市区生活饮用水水源环境保护办法》（安庆市人民政府令第49号）2003年12月1日施行，要求各区、各部门，切实落实水源保护措施，确保饮用水安全。

水源保护区由安庆市人民政府按照有关规定划定，并设置标识牌。工程管理人员对水源保护区和工程管理范围进行定期或不定期巡视，对水源保护区进行保护，发现被侵占或被损坏时及时制止，重大问题及时报告安庆市人民政府、市水利局进行处理，坚决做到发现一起、查处一起。

5. 供水水质状况

我区供水工程水质良好，主要净水工艺为液氯消毒，通过检测，各工程水源水、出厂水、末梢水水质均合格，水质达标率100%。

6. 农村饮水工程（农村水厂）运行情况

管护主体。我区所有农村饮水安全工程建成后，均移交给当地政府，产权归当地人民政府。当地政府又将小型集中供水工程移交给所在村组管护组织进行管理，并签订合同或者办理相应的移交手续。

运营状况。目前我区所有农村饮水安全工程运营状况良好，日供水量大于1万m^3，供水价格通过听证确定初步价格后报区发改委批准执行，水费收缴正常，支出主要为人员工资、维修养护和费用提取等方面，严格按照相关财务制度进行资金管理。

7. 农村饮水工程（农村水厂）监管情况

固定资产、规范化管理、入户费用收取、水质、水价、供水服务等方面监管开展的工作。

我区农村饮水安全工程管理中心负责对全区农村饮水工程（农村水厂）进行监管，每年均对各乡镇工程的固定资产进行清查，对工程规范化管理、入户费用收取、水质、水价、供水服务等方面进行定期和不定期检查。

8. 运行维护情况

自2011年以来，我区水利部门均组织有关单位对辖区内农村饮水安全工程运行管理、维护等情况进行检查，经过检查发现，我区各农村饮水安全工程运行维护情况良好；各工程建设用地均经当地乡镇协调，由受益户无偿提供；建设用电及运行管理用电价格，均由区农饮办协调供电部门，统一按照农用电价格计费，不收取其它任何费用，税收也按相关优惠政策缴纳。

9. 用水户协会成立及运行情况

我区各乡镇均以村为单位成立了用水户协会，负责本村内农村饮水安全工程的运行管理和调度。

四、采取的主要做法、经验及典型案例

（一）做法和经验

1. 地方政策、法规性文件及成功做法的政策规定

我区已相继制定或出台《宜秀区农村饮水安全工程管理办法》《宜秀区农村饮水安全

工程资金管理办法》等；项目法人在参照相关规范或标准、省（市、区）相关管理办法或规定，制定了我区中小型水利工程合同管理办法、质量管理规定、安全生产管理规定、财务管理办法、计量实施办法、价款结算管理办法、档案资料管理办法、建管费使用管理办法等一系列的制度或办法；财政部门制定了《宜秀区民生工程资金监督检查办法》。

2. 经验总结

我区主要好的经验是在工程建设中落实机制，确保工程顺利完成。为确保农村饮水安全工程的质量、安全及进度，水利局采取了领导分片包干负责、督查检查、定期汇商、项目公示、运行管理等制度，有力地保证了各年度农村饮水安全工程建设的顺利完成。

（二）典型工程案例

安庆市宜秀区农村饮水安全工程建设管理主要做法和经验。

常言道："三分建七分管"，农村饮水安全工程涉及千家万户，建后管理是头等大事，安庆市宜秀区近10年来，在农村饮水安全工程建后管理上积极探索，围绕"建得成，管得住，用得起，长受益"的目的，狠抓工程建后管理，为城郊结合区农村饮水安全工程建后管理工作探索出有效经验，确保了供水工程良性运行，让老百姓真正得到实惠。

其主要做法和经验：

一是构建综合保障机制。建立健全组织领导和资金筹集机制，及时研究、协调、解决工作中遇到的难题。

二是加强城乡供水工程建设。从整合利用水资源、加强供水基础设施建设等方面入手，该区已投资1.5亿元，打通罗岭、杨桥等6个乡镇与安庆市主城区供水管网的连接，建设了增压站5座、供水管网1650km，将供水管网延伸到用户，真正实现了城乡供水一体化，共享优质的自来水供应和服务。

三是创新资金监管模式。按照"统一管理、产权明晰、责权明确"的原则，供水设施以国有资产形式全部移交给中志供水有限公司、石塘湖供水有限责任公司和罗岭自来水厂统一管理，按企业化运作，纳入水厂统一水费价格体系，实行同网、同压、同质的管理方式，将国有资金转变为国有资产，使国有资产保值、增值，确保了供水事业的可持续发展。

四是强化供水监督管理。通过"一户一表"、水质自检抽检、管网水损探测等，对供水进行监督管理。

五是实施便民惠民措施。对受益范围内的农民居民，按照300元/户的优惠标准收取入户材料费。另外，对全区五保户、规划内农村学校，采取了免收入户材料费等优惠政策。

甘甜纯净的城市自来水带给农民温馨的生活，潺潺的水声与幸福的笑声交融在一起，谱成安逸生活的旋律，长长久久回荡在美丽的宜秀乡村。

五、目前存在的主要问题

1. 通过2015年底调查，目前宜秀区剩余未解决饮水安全的人口还有1万人。

2. 由于宜秀区部分山丘区特殊的地理条件决定，农村住户分散，山高坡陡，农村饮水安全工程实施供水城乡一体化建设成本大大高于上级给予的人均指标。建议上级主管部门适当增加我区农饮工程建设人均投资标准。

4. 由于我区地质复杂，水涝旱灾频繁，工程事故率高，维护费用高，我区按规定足额自筹的维修养护经费存在不足，建议上级主管部门适当补助宜秀区农饮工程维修养护经费，解除后顾之忧。

5. 2016—2017 年重点解决贫困人口饮水安全，我区 2016 年已提前实施巩固提升工程，资金缺口较大，建议先干后补。

六、"十三五"巩固提升规划情况及长效运行工作思路

1. 区级农饮巩固提升"十三五"规划情况。

我区农饮巩固提升"十三五"规划围绕全区实施脱贫攻坚工程、全面建成小康社会的目标要求，围绕全区农村饮水城乡供水一体化对各乡镇现有农村饮水工程设施进行改造巩固提升，把农村饮水安全成果巩固住、稳定住、不反复，全面提高农村饮水安全保障水平，实现农村饮水安全工程向"安全型"、"稳定型"转变，确保 2017 年提前完成脱贫攻坚任务，提前完成宜秀区农村饮水城乡供水一体化目标，彻底解决贫困村、贫困户农村饮水安全问题。到 2020 年，全面解决贫困人口饮水安全问题，并进一步提高农村供水集中供水率、自来水普及率、水质达标率和供水保证率，建立健全工程良性运行机制，提高运行管理水平和监管能力。

规划总投资估算 2000 万元，其中脱贫攻坚实施范围投资 350 万元、改造供水工程投资 1650 万元。

新建和改造农村供水工程 2 处，受益人口 1 万人，其中千吨万人集中供水工程 1 处、受益人口 1 万人。

规划实施后，到 2020 年底，安庆市宜秀区农村供水人口将达到 14. 79 万人（现状人口为 14. 79 万人），预计全区农村集中供水率可由现状的 92. 3% 提高到 100% 以上，农村自来水普及率由现状的 92. 3% 提高到 100% 以上。

为便于加强对安庆市宜秀区各乡镇农村饮水工程的管理工作，参照国内一些地区类似的管理经验，实行农村供水工程专管与群管相结合的参与式管理模式。即安庆市宜秀区水利局为农村饮水安全巩固提升工程的行业主管部门，由安庆市宜秀区农村饮水工程领导小组办公室作为项目法人和具体管理单位，负责检查指导和督促各乡镇农村集中供水工程的运行管理，各乡镇负责对农村供水厂和供水输水主管道及附属工程管理维修任务；项目村为群管机构，为单位，适当兼顾行政区划，负责农村供水工程供水管道支管及以下管道维修和水费收缴等工作。

表 4　"十三五"巩固提升规划目标情况

农村集中供水率（%）	农村自来水普及率（%）	水质达标率（%）	城镇自来水管网覆盖行政村的比例（%）
100	100	100	100

表5　“十三五”巩固提升规划新建工程和管网延伸工程情况

工程规模	新建工程					现有水厂管网延伸			
	工程数量	新增供水能力	设计供水人口	新增受益人口	工程投资	工程数量	新建管网长度	新增受益人口	工程投资
	处	m³/d	万人	万人	万元	处	km	万人	万元
合计						1	15	0.3	350
规模水厂						1	15	0.3	350
小型水厂									

表6　“十三五”巩固提升规划改造工程情况

工程规模	改造工程					
	工程数量	新增供水能力	改造供水规模	设计供水人口	新增受益人口	工程投资
	处	m³/d	m³/d	万人	万人	万元
合计	1	1000	3000	4	1	1650
规模水厂	1	1000	3000	4	1	1650
小型水厂						

2. “十三五”之后农饮工程长效运行工作思路

建立健全农村饮水安全工程运行管理机制，进一步规范供水单位的管理，完善农村供水运行维修养护经费保障机制，建立农村饮水工程专业化运营体系，加强工程建后管理，完善工程管理制度，建立健全监管体系，保障工程长效运行。

一是宜秀区政府出台《农村饮水安全工程运行管理办法》，规范供水工程的运行管理，保障供水工程的长期效益。

二是进一步落实三项优惠政策。我区根据国家和省有关农村饮水安全工程优惠政策，已贯彻执行用电、用地、税收等三项优惠政策，进一步减轻农村饮水安全工程运行成本。

三是对农村饮水安全工程给予适当扶持。建立以财政资金为主的区级维修养护基金，对工程进行大修或更新改造，或建立财政补偿机制，包括对大修和折旧费的补贴，并在更新改造中引导向规模化供水发展，使水厂走向良性循环。

四是建立农村供水工程社会化服务体系。农村供水工程量大面广，特别是全区农村供水工程以集中供水工程为主，其专业化管理水平较高，建立健全城乡供水一体化的社会化服务体系，向供水单位和用水户提供技术服务。

五是加强管理人员培训。加强对农村供水工程关键岗位管理人员开展专业技术培训，从业人员经过培训持证。逐步建立起熟悉供水工程的相关技术，能熟练地使用和正确维护管理农村饮水安全工程的专业化队伍。

六是加强监督约束机制。农村供水工程应建立有效的监督约束机制，供水单位自觉接受相关部门的业务管理，建立规范的档案管理制度，农村供水工程管理实行资质管理制度。同时，积极推行服务承诺制度和用水户回访制度，自觉接受社会的监督。

迎江区农村饮水安全工程建设历程（2005—2015）

（迎江区水利局）

一、基本概况

安庆市迎江区地处皖西南长江中下游北岸，安庆市区以东，东南临长江，北抵破罡湖，分别与枞阳、桐城、大观、宜秀四县（市、区）毗邻，全区总面积 207km²。其中丘陵面积 9km²、圩区面积 85km²、江湖水面 69km²、长江外滩 7.81km²。

低山丘陵区分布于长风、老峰 2 乡镇，位于破罡湖流域东南侧，是大别山余脉延伸至沿江平原的一些山、丘。湖积平原分布于江心洲和湖区周围。我区在地形上呈西高东低，是破罡湖流域、最低洼的地方。境内属亚热带湿润季风气候带的北缘，一般春夏多雨，秋雨不大，冬雨稀少，降雨在年内、年际分配不均。多年平均气温在 16.5℃，年际变化比较稳定。年平均降雨量 1403mm，年际变化较大，最多为 2286mm，最少为 755.2mm，年内分配也极为不均，春夏雨多，其中 5～10 月占 75%，境内属长江流域，主要湖泊有秦潭湖、小港、长枫港、二号套等。

安庆市迎江区辖龙狮桥、长风、新洲、老峰、滨江、孝肃路、宜城路、人民路、华中路、新河路 10 个乡镇（街道），区域面积 207km²，人口 25.1 万人，其中农村人口 8.4 万人。2015 年财政收入 11.2 亿元，增长 11%；2015 年农民年人均纯收入 12489 元，增长 12%。

迎江区农村生活饮用水源主要以过境的长江地表水源为主。近年来，由于市区工业生产排放的废水、废弃物及居民生活垃圾大量进入项目区，农业生产大量施用化肥、农药，水产养殖水面不断扩大，以及河湖滩地钉螺滋生等原因，造成境内地表水源污染严重，沿长江或破罡湖等沿湖一带血吸虫病传播又尚未阻断，致使该区不少农村居民饮水状况极差。特别是近年来随着工业化进程的加快，水污染问题使农村饮水安全问题更加突出，供需矛盾更加尖锐。

二、农村饮水安全工程建设情况

迎江区共有 4 个规模水厂，均划定了供水水源保护区和管护范围并设立标识且制定保护规定，水源地补给范围内种树种草、涵养水源。迎江区水利局、乡镇水厂管理单位加强对供水水源设施的管理和保护，对水源工程定期观测、维修、养护并建档登记，确保水源工程设施正常运行。

1. 长风自来水厂

长风自来水厂位于迎江区长风乡长风村，主要供水范围为长风乡新义村、营盘村、长风村、前江村、柘林村、柘山村、高松村、新建村、元桥村等9个行政村。通过“十一五”“十二五”的农村饮水安全工程建设，累计受益人口达到16444人，于2012年全面完成建设任务，所有农户均已通上自来水。现该水厂由私人负责经营和维护。

2. 合兴自来水厂

合兴自来水厂位于迎江区长风乡合兴村，主要供水范围为长风乡枞南村、合兴村、联兴村、将军村等4个行政村。通过“十一五”“十二五”的农村饮水安全工程建设，累计受益人口达到4747人，于2012年全面完成建设任务，所有农户均已通上自来水。现该水厂由私人负责经营和维护。

3. 新洲自来水厂

新洲自来水厂位于迎江区新洲乡南木村，主要供水范围为新洲乡青龙村、南木村、康宁村、永存村、天然村等5个行政村。通过“十一五”“十二五”的农村饮水安全工程建设，累计受益人口达到8833人，于2012年全面完成建设任务，所有农户均已通上自来水。现该水厂由私人负责经营和维护。

4. 老峰自来水厂

老峰自来水厂位于老峰镇，在安庆市新一轮城市规划后，主要供水范围为新光村、广丰村、长山村、和平村、老峰村、泉河村、西湖社居委、马窝社居委、段山村、金星村10个行政村。通过“十一五”“十二五”的农村饮水安全工程建设，累计受益人口达到11976人，于2012年全面完成建设任务，所有农户均已通上自来水。现该水厂由私人负责经营和维护。

迎江区所有贫困人口均已通过水厂管网延伸工程喝上自来水，供水方式均为集中式供水，由私人经营的规模水厂供水。

表1　2015年底农村人口供水现状

乡镇数量	行政村数量	总人口	农村供水人口	集中式供水人口	其中：自来水供水人口	分散供水人口	农村自来水普及率
个	个	万人	万人	万人	万人	万人	%
4	28	25.1	8.4	8.4	8.4	0	100

表2　农村饮水安全工程实施情况

合计			2005年及“十一五”期间			“十二五”期间		
解决人口		完成投资	解决人口		完成投资	解决人口		完成投资
农村居民	农村学校师生		农村居民	农村学校师生		农村居民	农村学校师生	
万人	万人	万元	万人	万人	万元	万人	万人	万元
4.2	0	1778	3.36	0	1361	0.84	0	417

表3　2015年底农村集中式供水工程现状

工程规模	工程数量	设计供水规模	日实际供水量	受益乡镇数	受益行政村数	受益农村人口	自来水供水人口
	处	m^3/d	m^3/d	个	个	万人	万人
合计	4	9900	3500	4	28	8.4	8.4
规模水厂	4	9900	3500			8.4	8.4
小型水厂	0	0	0			0	0

三、农村饮水安全工程运行情况

1. 建立工程维护专项经费，落实工程优惠政策

根据《安徽省农村饮水安全工程管理办法》（省政府令第238号）和《农村饮水安全工程实施办法》（民生办〔2013〕1号）等相关规定，我区财政安排了民生工程专项维护经费，主要用于解决各水厂小型供水工程设备维修。各农村饮用水工程在建设和运行工程中都落实了土地、税收、电力等相关优惠政策。

2. 明确农村饮水安全工程管护主体、管护责任，保证工程长效运行

我区的农村饮水安全工程主要是依托自来水厂实施的管网延伸工程。农村饮水安全工程竣工并经区级自验合格后，区农饮办及时报区政府对已实施的农饮工程进行审计，并经市农饮办竣工验收，同时办理资产移交手续，明确国家投资部分的产权归国家所有，国家投资形成的资产移交乡镇监管。水厂所在乡镇制定供水应急预案落实责任人，有完整的运行管理体系。

3. 加强水质监督与监测制度，保证水质安全

根据国家发展改革委、水利部、国家卫生计生委、环保部《关于加强农村饮水安全工程水质检测能力建设的指导意见》（发改农经〔2013〕2259号），安徽省人民政府《关于加强集中式饮用水水源安全保障工作的通知》（皖政办〔2013〕18号）等文件要求，我区农村饮水安全工程的水质检测工作由区水利局委托市疾控中心定期对水源水、出厂水和末梢水进行检测。另外，市卫生监督部门也不定期对水源水、出厂水和管网末梢水水质及供水水质进行常规检验，以确保我区农村饮水安全工程供水安全。

4. 合理计收水费，确保长效运行

我区严格按《关于农村饮水安全工程建设管理有关问题的通报》（皖水农函〔2013〕719号）文件精神收取入户材料费，实行一户一水表，按表收取水费，实行成本水价，并按照计量收费。目前我区水厂水费价格均在2元/m^3左右。合理收取水费，确保农村饮水安全工程建得好、管理好，长期发挥效益。

5. 加大水源保护力度，制定完善供水单位应急预案

为建立健全农村饮水安全工程应急机制，正确面对和高效处置农村饮水安全突发性事件，最大限度地减少损失，有效保障安全供水，我区出台了《迎江区集中式饮用水源突发污染事件应急预案》。目前，区环保局正在划定农村生活饮用水水源保护区，各水厂也根据实际情况制定了切实可行的应急预案。

四、采取的主要做法、经验及典型案例

（一）做法和经验

我区10年农村饮水工程之所以取得如此大的成绩，主要经验和做法有以下几点：一是加强领导，健全管理机制。全区成立了由分管区长为组长，区水利局局长为副组长，区发改委、财政、审计、卫生、国土、城建等部门负责人组成的全区农村饮水安全工程规划和建设领导小组；各乡成立了由乡长为组长，分管乡长为副组长的乡级农村饮水安全工程规划和建设领导小组，负责农村饮水安全工程的组织、监督、管理等各项工作。二是明确目标，落实责任。区政府与各乡人民政府、区水利局签订了责任书，将饮水安全项目的建设纳入年度考核范围，形成了责任明确，各司其职的责任机制。三是建章立制，规范管理。在饮水安全项目建设领导小组的统一领导下，从方案编制、工程招标、资金管理、施工进度、质量控制、竣工验收、运行管理等各个环节层层把关，严格管理，形成了上下联动，主动服务的工作制度。四是深入调研，科学制定规划。我区认真总结人饮工程建设的成功经验，深入剖析存在的问题，统一思想，以科学发展观为指导，遵循统一规划、分步实施、供水到户、突出效益的原则，因地制宜。全面科学规划设计，为了保证工程设计质量，迎江区农村饮水安全工程由安庆市水利水电规划设计院进行工程地质、地面污染源及供需水量等统一规划设计，经初步审查后报市审查，为技术方案把关。

（二）典型工程案例

迎江区长风乡长风自来水厂运行管理典型案例。

1. 建设内容

2006年农村饮水工程：长风自来水厂新建300m^3清水池一座，48m^3反应池沉淀一体化设备更新维护，延伸铺设供水管道DN110mm管道5000m，DN90mm管道3100m，重新铺设引水管道4200m。

2007年农村饮水工程：长风自来水厂延伸DN110mm管道6000m，DN90mm、DN75mm计8200m，反应沉淀一体化设备更新维护。

2008年农村饮水工程：长风自来水厂更换DN110mmUPVC管道7200m、DN200mm取水主管道4200m、DN110mm取水主管道9000m、DN90mm主支管道6300m、DN75mm支管道8000m、DN63mm管道9000m、DN50mm管道21000m、DN32mm管道20000m、DN25mm管道15000m、DN20mm管道50000m。

2009年农村饮水工程：长风自来水厂更换DN160mmUPVC管道3400m、DN90mm主支管道2000m、DN75mm支管道1100m、DN63mm管道4000m、DN50mm管道5000m、DN32mm管道8000m、DN25mm管道10000m、DN20mm管道16000m，反应沉淀池一体化设备更新维护。

2012年农村饮水工程：长风自来水厂更换DN200mmUPVC管道1000m、DN110mm主支管道1000m、DN90mm支管道1000m、DN75mm管道1000m、DN63mm管道3000m、DN50mm管道2000m。

2. 水厂基本情况

长风自来水厂位于迎江区长风乡长风村，主要供水范围为长风乡新义村、营盘村、长

风村、前江村、柘林村、柘山村、高松村、新建村、元桥村等 9 个行政村。通过“十一五”“十二五”的农村饮水安全工程建设，累计受益人口达到 16444 人，于 2012 年全面完成建设任务，所有农户均已通上自来水。现该水厂由私人负责经营和维护。

3. 实施效果

长风自来水厂现有管理人员 11 人（其中，运行、收费人员 8 人，安装维修人员 3 人）负责水厂安全生产、管网安装维修、水费收缴等工作。从水厂管理、经营、制水、服务、效益等方面来看，目前均是迎江区运行较好的一家乡镇水厂，水压水量正常。切实保障了水质安全，提高了群众满意度，具有长期发挥效益的潜力。

五、目前存在的主要问题

1. 工程建设方面

多年来，迎江区在解决农村饮水困难困难上成绩是可喜的，尤其是随着国家饮水安全项目的实施，工程建设步伐进一步加快，所有农村居民都安装了自来水，自来水入户率达 100%。但是，就全区来看，我区农村供水工程建设管理仍有不足，工程建设管理制度有待完善，管理体制也不够健全，即使制定管理规章，执行起来也有不够到位的地方。农村自然地理条件复杂、人口居住分散，经济社会发展水平不高，供水工程投资需求大，工程建设标准低。农村饮水工程建设用户分散，投入成本大，用水量不多，运行效益不高，不利于工程发挥长期效益。

2. 水质保障方面

工程设施老化，设备陈旧。管道老化严重。在农饮工程建设前铺设的管道和部分农饮工程中铺设的管道老化现象严重，管网漏损率高。由于是分时供水和管网破损率高，导致水质不能达标。

水源保护和水质保障相对薄弱。我区农村饮水水源均位于长江干流，各项保护措施难以完全落实，水源地保护难度大。部分农村供水工程，特别是早期建设的一些水厂存在着水质处理和消毒设施落后、即使配备设备也未正常使用等现象，造成部分工程的供水水质不能完全达标。由于缺乏专项经费，一些地方缺乏水质检测设备和专业技术人员，水质检测工作薄弱。

3. 工程运行维护

我区农村饮水安全工程“重建轻管”的现象仍然存在，各个自来水厂运行管理方面还有体制不顺、机制不活等弊端，工程管理人员素质低，业务能力差，工程难以充分发挥效益。

五、“十三五”巩固提升规划情况及长效运行工作思路

通过对供水主管网和部分支管网的重新铺设、管网延伸、改造等措施，统筹解决迎江区部分乡镇仍然存在的工程标准低、老化失修以及水质不达标等问题。

采取水质净化和管网措施改造、消毒设备配套措施的供水工程有 3 处，分别为长风自来水厂、合兴自来水厂、老峰自来水厂，规划供水人口 5 万人，更新配套管网 188km，工程投资 2068 万元。

2016年，区政府投资800余万元对新洲自来水工程进行全面升级改造，重新铺设PE自来水专用管50余km，且在原有基础上增大管径，按规范设计排污阀，对水厂原有老旧取水设备进行更换，增加水厂进水池和提升净水设备。改造后的水厂交由市自来水公司经营，水质得到根本性提高，并达到现行标准，自来水实现24小时供应，彻底改变新洲乡供水状况。

表4　“十三五”巩固提升规划目标情况

农村集中供水率（%）	农村自来水普及率（%）	水质达标率（%）	城镇自来水管网覆盖行政村的比例（%）
100	100	95	100

大观区农村饮水安全工程建设历程（2005—2015）

（大观区水利局）

一、基本概况

安庆市大观区地处安庆市区西部，南濒长江，东沿龙山路、菱湖南路、湖心中路与迎江区毗邻，南与东至区隔江相望，西至皖河农场与怀宁接壤，北抵集贤北路与宜秀区相连。全区土地总面积236km^2，其中山区丘陵土地面积86.31km^2、圩区面积109.8km^2、江湖水面积26km^2、长江外滩33.24km^2。人口27.74万人，其中农业人口7.21万人。辖7个街道和3个乡镇。大观区四季分明，气候宜人，境内及周边地区风景秀丽，景点众多。

皖河流经大观区境内25km，长江流经大观区境内19km。境内主要湖泊有皖河、石门湖、七里湖、幸福河等。大观区辖3个乡镇、7个街道办事处、29个行政村，总人口27.74万，其中农业人口7.21万人。现有耕地面积5.4万亩，其中水田2.3万亩、旱地3.1万亩，农作物播种面积为：棉花种植面积2.6万亩，油料种植面积3.4万亩，粮食种植面积3.4万亩。2015年全区国内生产总值37.36亿元，财政总收入3.69亿元。三产比例为5.73∶30.72∶63.55。

境内属长江水系，一级支流为皖河。境内主要湖泊有皖河、石门湖、七里湖、幸福河等。地表水源与地下水源丰富，有泉眼多处。2015年全区总用水量5976万m^3，其中：工业用水量为410万m^3，占总用水量6.8%；农业用水量为5300万m^3，占总用水量88.6%；生活用水量为148.2万m^3，占总用水量2.1%。

二、农村饮水安全工程建设情况

大观区共有1个规模水厂，其他供水工程6处，均划定了供水水源保护区和管护范围并设立标识且制定保护规定，水源地补给范围内种树种草、涵养水源。大观区水利局、乡镇（水厂）管理单位加强对供水水源设施的管理和保护，对水源工程定期观测、维修、养护并建档登记，确保水源工程设施正常运行。

1. 安庆市沁海自来水有限公司

安庆市沁海自来水有限公司位于大观区海口镇红星村，下辖2座水厂，分别为海口自来水厂、新闸自来水厂。其中：海口自来水厂日供水10000m^3，新闸自来水厂日供水3000m^3；主要供水范围为海口镇红星、南埂、河港、海口、安宁、培文、保婴、镇江、巨网、昌宁等行政村（居委会）。通过“十一五”、“十二五”的农村饮水安全工程建设，累计受益人口达到34778人，于2014年全面完成建设任务，所有农户均已通上自来水。现该水厂由私人负责经营和维护。

2. 山口乡供水工程

山口乡供水工程涉及6个供水点，因受地形地貌、供水方式原因等原因，全部为地下水；主要供水范围为山口乡联胜、柏子、头坡、庙岭、山口镇、东山、新铺等7个行政村。通过“十一五”、“十二五”的农村饮水安全工程建设，累计受益人口达到10447人，于2013年全面完成建设任务，所有农户均已通上自来水。目前所有供水点由乡政府委托村民委员会负责经营和维护。

3. 十里铺乡供水工程

十里铺乡为安庆城郊，所有农村饮水安全工程为安庆市供水集团管网延伸，主要供水涉及十里铺乡十里、五里、林业、红水塘、茅岭等5个行政村（居委会）。通过“十一五”、“十二五”的农村饮水安全工程建设，累计受益人口达到6475人，于2012年全面完成建设任务，所有农户均已通上自来水。现由十里铺乡政府委托村民委员会负责经营和维护。

表1　2015年底农村人口供水现状

乡镇数量	行政村数量	总人口	农村供水人口	集中式供水人口	其中：自来水供水人口	分散供水人口	农村自来水普及率
个	个	万人	万人	万人	万人	万人	%
3	29	25.1	7.2	7.2	7.2	0	100

表2　农村饮水安全工程实施情况

合计			2005年及“十一五”期间			“十二五”期间		
解决人口		完成投资	解决人口		完成投资	解决人口		完成投资
农村居民	农村学校师生		农村居民	农村学校师生		农村居民	农村学校师生	
万人	万人	万元	万人	万人	万元	万人	万人	万元
5.17	0.78	2533	2.54	0	992	2.63	0.78	1541

表3　2015年底农村集中式供水工程现状

工程规模	工程数量	设计供水规模	日实际供水量	受益乡镇数	受益行政村数	受益农村人口	自来水供水人口
	处	m^3/d	m^3/d	个	个	万人	万人
合计	1	12000	10000	1	10	3.5	3.5
规模水厂	1	12000	10000	—	—	3.5	3.5
小型水厂	0	0	0	—	—	0	0

三、农村饮水安全工程运行情况

1. 建立工程维护专项经费，落实工程优惠政策

根据《安徽省农村饮水安全工程管理办法》（省政府令第238号）和《农村饮水安全工程实施办法》（民生办〔2013〕1号）等相关规定，我区财政安排了民生工程专项维护经费，主要用于解决各水厂小型供水工程设备维修。各农村饮用水工程在建设和运行工程中都落实了土地、税收、电力等相关优惠政策。

2. 明确农村饮水安全工程管护主体、管护责任，保证工程长效运行

我区的农村饮水安全工程主要是依托自来水厂实施的管网延伸工程。农村饮水安全工程竣工并经区级自验合格后，区农饮办及时报区政府对已实施的农饮工程进行审计，并经市农饮办竣工验收，同时办理资产移交手续，明确国家投资部分的产权归国家所有，国家投资形成的资产移交乡镇监管。水厂所在乡镇制定供水应急预案落实责任人，有完整的运行管理体系。

3. 加强水质监督与监测制度，保证水质安全

根据国家发展改革委、水利部、国家卫生计生委、环保部《关于加强农村饮水安全工程水质检测能力建设的指导意见》（发改农经〔2013〕2259号），安徽省人民政府《关于加强集中式饮用水水源安全保障工作的通知》（皖政办〔2013〕18号）等文件要求，我区农村饮水安全工程的水质检测工作由区水利局联合市疾控中心成立水质监测中心，定期对水源水、出厂水和末梢水进行检测。另外，市卫生监督部门也不定期对水源水、出厂水和管网末梢水水质及供水水质进行常规检验，以确保我区农村饮水安全工程供水安全。

4. 合理计收水费，确保长效运行

我区严格按《关于农村饮水安全工程建设管理有关问题的通报》（皖水农函〔2013〕719号）文件精神收取入户材料费，实行一户一水表，按表收取水费，实行成本水价，并按照计量收费。目前我区水厂水费价格均在2元/m^3左右。合理收取水费，确保农村饮水安全工程建得好、管理好，长期发挥效益。

5. 加大水源保护力度，制定完善供水单位应急预案

为建立健全农村饮水安全工程应急机制，正确面对和高效处置农村饮水安全突发性事件，最大限度地减少损失，有效保障安全供水，我区出台了《大观区集中式饮用水源突发污染事件应急预案》。目前，区环保局正在划定农村生活饮用水水源保护区，各水厂也根据实际情况制定了切实可行的应急预案。

四、采取的主要做法、经验及典型案例

1. 落实管护主体

建设是基础，管理是关键。工程建设前，明晰了工程产权归属，明确了管理机构制和管理人，制定了工程管理制度。管理机构是否建立，管理制度是否制定，管理措施是否落实，作为工程验收的前提条件之一。竣工验收后，由法人单位与项目所在乡镇办理资产移交，自来水管网延伸工程由所在水厂负责管理和维护。

2. 设立区级农村饮水维修基金

按照省、市要求，大观区设立了区级农村饮水维修基金。资金主要用来补助小型工程

管护经费、水质检测等。

3. 加强了水质监测的力度

2015 年起，我区采取成立水质监测中心的方式开展水质监测工作，目前与安庆市疾控中心联合成立大观区水质监测中心，每年定期对各水厂水质进行检查，费用由区财政承担。

4. 典型案例

安庆市沁海自来水有限公司建管典型案例

工程名称：安庆市沁海自来水有限公司

工程位置：大观区海口镇

工程设计规模：日最大供水量 12000m^3，受益人口 35000 人（原大观区海口自来水厂增容、管网延伸）

设计单位：安庆市水利水电规划设计院

建设单位：大观区农村饮水安全工程领导小组办公室

施工单位：安庆市禹信水利水电工程建设有限公司（在原海口水厂扩建增容，2011 年新增制水工艺工程 1 套）

建设过程：（1）兴建日供水规模 8000m^3 净水厂 1 座；（2）新铺设安装主管道 20km（资金来源由三部分组成：农村饮水项目资金，自来水公司，自筹），2012 年 12 月完成了 378 万元的管网工程建设。

工程现状自投入运行以来，目前日最大供水 12000m^3，受益人口达到 35000 人，已覆盖集镇区及培文、保婴、海口、红星、河港、安原、南埂、镇江、昌宁等村（居），水质完全符合国家生活饮用水卫生标准。

工程管理：现有管理人员 13 人（其中，管理人员 2 人，运行、收费人员 5 人，安装维修人员 6 人）负责水厂安全生产、管网安装维修、水费收缴等工作。

五、目前存在的主要问题

1. 工程建设方面

多年来，大观区在解决农村饮水困难困难上成绩是可喜的，尤其是随着国家饮水安全项目的实施，工程建设步伐进一步加快，所有农村居民都安装了自来水，自来水入户率达 100%。但是，就全区来看，我区农村供水工程建设管理仍有不足，工程建设管理制度有待完善，管理体制也不够健全，即使制定管理规章，执行起来也有不够到位的地方。农村自然地理条件复杂、人口居住分散，经济社会发展水平不高，供水工程投资需求大，工程建设标准低。农村饮水工程建设用户分散，投入成本大，用水量不多，运行效益不高，不利于工程发挥长期效益。

2. 水质保障方面

工程设施老化，设备陈旧。管道老化严重。在农饮工程建设前铺设的管道和部分农饮工程中铺设的管道老化现象严重，管网漏损率高。由于是分时供水和管网破损率高，导致水质不能达标。

水源保护和水质保障相对薄弱。我区农村饮水水源均位于长江干流，各项保护措施难以完全落实，水源地保护难度大。部分农村供水工程，特别是早期建设的一些水厂存在着水质处理和消毒设施落后、即使配备设备也未正常使用等现象，造成部分工程的供水水质不能完全达标。由于缺乏专项经费，一些地方缺乏水质检测设备和专业技术人员，水质检测工作薄弱。

3. 工程运行维护

我区农村饮水安全工程“重建轻管”的现象仍然存在，各个自来水厂运行管理方面还有体制不顺、机制不活等弊端，工程管理人员素质低，业务能力差，工程难以充分发挥效益。

六、“十三五”巩固提升规划情况及长效运行工作思路

通过对供水主管网和部分支管网的重新铺设、管网延伸、改造等措施，统筹解决部分水厂、供水点仍然存在的工程标准低、老化失修以及水质不达标等问题。

同时积极推动将我区海口镇、山口乡纳入城市供水范围，接安庆市供水集团第一水厂主管网，实现城乡供水一体化。

建立健全农村饮水安全工程运行管理机制，进一步规范供水单位的管理，完善农村供水运行维修养护经费保障机制，建立农村饮水工程专业化运营体系，加强工程建后管理，完善工程管理制度，建立健全监管体系，保障工程长效运行。

一是进一步落实三项优惠政策。我区根据国家和省有关农村饮水安全工程优惠政策，已贯彻执行用电、用地、税收等三项优惠政策，进一步减轻农村饮水安全工程运行成本。

二是对农村饮水安全工程给予适当扶持。建立以财政资金为主的区级维修养护基金，对工程进行大修或更新改造，或建立财政补偿机制，包括对大修和折旧费的补贴，并在更新改造中引导向规模化供水发展，使水厂走向良性循环。

三是加强管理人员培训。加强对农村供水工程关键岗位管理人员开展专业技术培训，从业人员经过培训持证。逐步建立起熟悉供水工程的相关技术，能熟练地使用和正确维护管理农村饮水安全工程的专业化队伍。

四是加强监督约束机制。农村供水工程应建立有效的监督约束机制，供水单位自觉接受相关部门的业务管理，建立规范的档案管理制度，农村供水工程管理实行资质管理制度。同时，积极推行服务承诺制度和用水户回访制度，自觉接受社会的监督。

表 4　“十三五”巩固提升规划目标情况

农村集中供水率（%）	农村自来水普及率（%）	水质达标率（%）	城镇自来水管网覆盖行政村的比例（%）
100	100	95	100

桐城市农村饮水安全工程建设历程

（2005—2015）

（桐城市水利局）

一、基本概况

桐城市位于安徽省中部偏西南，安庆市北部，东邻庐江、枞阳两县，西连潜山县，北接舒城县，南抵怀宁县和安庆市区。桐城市位于东经116°40′~117°09′，北纬30°40′~31°16′。桐城市地势自西北向东南，山地、丘陵、平原依次呈阶梯形分布。西北部山区为大别山东麓余脉，层峦叠嶂；中部丘陵呈扇面展开；东南部平原土地肥沃，良田万顷。桐城市地势自西北向东南倾斜，由此构成四大水系，即大沙河、挂车河、龙眠河、孔城河，均汇入菜子湖，经枞阳闸注入长江。

桐城市辖12个镇、3个街道（中心城区），198个建制村、23个居民委员会。全市总人口75.9万人，其中城区居民16.1万人、乡镇居民59.8万人。

近年来工业化、城市化进程加快，进一步加剧了水环境保护压力，现状污染物排放强度仍然较高。部分河流、湖泊的水质尚未达到功能区水质目标要求，湖库基本处于中度富营养化状态，特别是工业发展较快地区，河、湖水体污染比较严重，如境内菜子湖及其龙眠河、挂车河、孔城河等主要干、支流，以及沿岸范岗、金神、吕亭、文昌、龙眠等镇受上游城镇工业及生活污水影响，地表水、地下水污染较为严重等，而且河湖生态用水难以保障。生态用水被挤占，有水无流或河湖干涸萎缩的现象突出，水生生态系统破坏严重。

二、农村饮水安全工程建设情况

1. 农村人口饮水安全解决情况

全市农村总人口63.9万人，截至2015年底农村自来水供水人口40.2万人，自来水普及率62.9%；全市198个建制村、23个居民委员会，全部通水，通水比例100%；农饮省级投资计划累计下达投资额1.7933亿，共解决饮水不安全人口37.99万人（上级下达计划数为35.19万人、利用设计费等结余资金增加解决2.8万人），同时解决全市农村中小学师生饮水不安全人口3.79万人；农饮十一年累计完成投资1.8亿，建成农村集中供水工程145处。

表1　2015 年底农村人口供水现状

乡镇数量	行政村数量	总人口	农村供水人口	集中式供水人口	其中：自来水供水人口	分散供水人口	农村自来水普及率
个	个	万人	万人	万人	万人	万人	%
15	221	75.9	63.9	40.2	40.2	23.7	63

表2　农村饮水安全工程实施情况

<table>
<tr><td colspan="3">合计</td><td colspan="3">2005 年及“十一五”期间</td><td colspan="3">“十二五”期间</td></tr>
<tr><td colspan="2">解决人口</td><td rowspan="2">完成投资</td><td colspan="2">解决人口</td><td rowspan="2">完成投资</td><td colspan="2">解决人口</td><td rowspan="2">完成投资</td></tr>
<tr><td>农村居民</td><td>农村学校师生</td><td>农村居民</td><td>农村学校师生</td><td>农村居民</td><td>农村学校师生</td></tr>
<tr><td>万人</td><td>万人</td><td>万元</td><td>万人</td><td>万人</td><td>万元</td><td>万人</td><td>万人</td><td>万元</td></tr>
<tr><td>35.19</td><td>3.79</td><td>17933</td><td>15.45</td><td>1.2</td><td>7323</td><td>19.74</td><td>2.59</td><td>10610</td></tr>
</table>

2. 农村饮水工程（农村水厂）建设情况

在 2004 年以前，全市只有 9 处集中供水工程，总规模 3560m³/d，受益人口 3.66 万人，农村人口仅 1.29 万人。

截至 2015 年底，我市基本完成了全市范围内的乡镇自来水厂布点工作，共建成各类集中供水工程 145 处，受益人口约 40.2 万人，全部供水到户，供水总规模约 4.72 万 m³/d。其中地表水作为水源的工程有 129 处、地下水作为水源的工程有 16 处。千吨万人以上的规模水厂有 19 处，供水人口达 33.17 万人；供水规模 1000～200m³/d 的工程有 5 处，供水人口有 3.38 万人；供水规模 200～20m³/d 的工程有 85 处，供水人口有 2.63 万人，供水规模 20m³/d 以下的工程有 36 处，供水人口有 0.42 万人。近年来通过国家财政资金对农村饮水安全工程的投入，大大激励了我市社会资本投入农村饮水安全工程建设之中。新渡水厂在实施管网延伸工程的同时贷款 1000 多万元新建老梅水厂；吕亭、卅铺、孔城、大关、牯牛背、双港、齐发及陶冲水厂积极利用社会资金改扩建水厂，扩大供水规模，提高水处理工艺；城南水厂由于水源地水质无法得到保证，市政府高度重视，职能部门密切配合，按照“农村供水城市化、城乡管网一体化”的发展思路，将市自来水公司供水管网接入城南水厂，由市自来水公司直接供应成品水。

表3　2015 年底农村集中式供水工程现状

工程规模	工程数量	设计供水规模	日实际供水量	受益乡镇数	受益行政村数	受益农村人口	自来水供水人口
	处	m³/d	m³/d	个	个	万人	万人
合计	145	47200	38760			40.2	40.2
规模水厂	19	41500	34200	—	—	33.77	33.77
小型水厂	126	5700	4500	—	—	6.43	6.43

3. 农村饮水安全工程建设思路及主要历程

在“十一五”期间，我市的农村供水工程建设得到了迅速发展，根据先急后缓的原则，优先解决含砷氟超标和血吸虫疫区饮水不安全地区农村居民。共建设集中供水工程136处，供水规模5.18万m^3/d，其中有净化设施的自来水厂共有23处，农村安全饮水项目投入资金7300余万元，全市共解决各类饮水不安全人口15.45万人，解决农村中小学校师生饮水不安全人口1.2万人。

根据《桐城市农村饮水安全工程“十二五”规划》，“十二五”期间，我市农村饮水安全工程建设完成总投资10610万元（其中中央投资6366万元、省级投资2122万元、市级投资2122万元）。建成集中供水工程83处，新增供水规模3.6万m^3/d，解决了《规划》内农村居民饮水不安全人口19.74万人，通过优化方案，节约资金又解决了《规划》外农村居民不安全人口2.24万人，共解决了农村居民饮水不安全人数21.98万人，其中苦咸水人口4.73万人、其他饮水水质不达标人口10.73万人、缺水及取水不便人口6.52万人，在“十二五”期间同时解决农村中小学师生饮水不安全人数2.59万人。到“十二五”末，我市共有19座村镇水厂达到“千吨万人”规模水厂，供水人口占全市村镇供水人口的85%。2011—2014年底建成的工程已全部通过竣工验收。

三、农村饮水安全工程运行情况

1. 设立工程专管机构

为进一步加强村镇供水工程的行业管理，更好地实施我市农村安全饮水工程，保证供水工程的安全、正常运行，充分发挥工程效益，以满足村镇居民对水的需求，根据有关规定，市编委已于2010年5月22日以桐编〔2010〕10号文批复同意设立桐城市村镇供水工程管理所，核定编制3人，为水利局全额拨款的事业单位，已在桐城市水利局挂牌办公。

2. 明确农村饮水工程（农村水厂）管护主体

我市的农村饮水安全工程主要分为两种：依托自来水厂实施的管网延伸工程及山区自流集中供水工程。管网延伸农饮工程项目竣工并经县级验收合格后，市农饮办对工程形成的资产及时进行清产核资，明确国家投资部分的产权归国家所有，及时办理资产移交手续，交给当地镇政府（街道办事处）管理。

山区自流集中供水工程，由村委会组织成立供水管理组织，负责工程经营管理和维护。

3. 设立农村饮水安全工程维修养护基金

根据《安徽省农村饮水安全工程运行管理办法》（省政府令第238号）相关规定，我市从2011年起，每年从财政经费中按当年农村饮水安全工程投资额的1%拨出专项维护基金共计80.17万元。主要用于解决自来水厂改扩建工程建设、水源工程建设、工程维修及山区自流集中供水工程管道修复等。

4. 完成县级水质检测中心建设

根据安徽省发改委、水利厅《关于尽快完成农村饮水安全工程县级水质检测中心建设前期工作的通知》（皖水农函〔2015〕282号）要求，结合我市实际情况，桐城市政府明确我市水质检测中心建设模式主要依托桐城市疾病预防控制中心开展此项工作，检测及运行管理经费列入桐城市财政年度预算。目前已配备水质检测人员7人，每年落实运行经费26万元，具备检测37项水质检测项目。根据《桐城市农村饮水安全工程水质检测中心实施方案》，我市2015年10月份在桐城市招投标中心完成了水质监测中心设备招标工作，11月底完成设备进场安装、调试，完成了中央和地方建设资金110万元。

5. 农民接水入户情况良好

根据桐城市物价局文件规定，入户工程价格不超过300元、入户率达95%以上。

6. 加强对农村饮水工程（农村水厂）监管

我市的农村饮水安全工程主要分为两种：依托自来水厂实施的管网延伸工程及山区自流集中供水工程。管网延伸农饮工程项目竣工并经县级验收合格后，市农饮办对工程形成的资产及时进行清产核资，明确国家投资部分的产权归国家所有，及时办理资产移交手续，交给当地镇政府（街道办事处）管理。

山区自流集中供水工程，由村委会组织成立供水管理组织，负责工程经营管理和维护。

为建立健全农村饮水安全工程应急机制，正确面对和高效处置农村饮水安全突发性事件，最大限度地减少损失，有效保障安全供水，桐城市政府出台了《桐城市农村饮水安全工程管理办法》《桐城市饮用水水源保护办法》和《桐城市农村饮水安全保障应急预案》，并要求各自来水厂根据实际情况制定切实可行的应急预案。目前已有部分水厂制定了供水保障应急预案并报镇政府、街道办事处批准。农饮工程入户费严格按照物价部门批准的每户不超过300元收取，实行一户一水表，按表计量，按方收费。目前我市村镇水厂按照市物价局批复的文件收取水费，价格最高不超过2元/m^3。

7. 水质状况

我市自来水厂主要净水工艺是“三池”，即反应池、沉淀池、过滤池。通过卫生部门监测结果，目前我市集中式供水水质检测合格率分别是：丰水期出厂水达95%，末梢水达94%；枯水期出厂水达94%，末梢水达93%。水质不合格的主要指标是微生物超标。

8. 水厂运营状况

我市自来水厂给居民供水价格是按照市物价局批复的文件最高不超过2元/m^3。水厂收入主要靠水费及新增的开户费。水厂的主要支出是管理人员工资、反应及消毒药物费用、管道维修费用。目前我市物价局对农村水厂实行“两部制”水价文件在征求意见阶段，预计2016年底出台实行。

9. 运行维护情况

我市村镇水厂总体运行状况良好，每个水厂都有专门维修队伍，并建立了相关管理制度。农村饮水安全工程落实了用电、用地、税收等相关优惠政策。

10. 水源地保护措施及供水单位应急预案制定情况

为加强水源地保护和饮水安全保障，桐城市政府出台了《桐城市饮用水水源保护办法》和《桐城市农村饮水安全保障应急预案》。市环保部门协同地方政府在集中式饮用水水源地划定了保护范围并设置标志牌和界桩，并要求各自来水厂根据实际情况制定切实可行的应急预案。目前已有部分水厂制定了供水保障应急预案并报镇政府、街道办事处批准。

四、采取的主要做法、经验及典型案例

（一）做法和经验

1. 领导高度重视，组织措施得力

市委、市政府十分重视农村饮水安全工程建设，为了加强对该项工作的领导，市政府专门成立了以市长为组长，分管市长为副组长，相关职能部门领导参加的农村饮水安全工程领导小组，领导小组下设办公室。为更好地加强行业管理，指导和监督农村饮水安全工程的实施，市编委以桐编委办〔2010〕号文批复同意在水利局设立桐城市村镇供水工程管理所，定编3名，财政全额拨款事业单位，管理所于2010年6月挂牌办公。与此同时实施镇（街道）也成立了相应的机构，由主要负责同志任组长，抽调专人办公，做好农村饮水安全工程建设协调工作。为建立健全农村饮水安全工程应急机制，正确面对和高效处置农村饮水安全突发性事件，最大限度地减少损失，有效保障安全供水，桐城市政府出台了《桐城市农村饮水安全工程管理办法》《桐城市饮用水水源保护办法》和《桐城市农村饮水安全保障应急预案》。

2. 加强宣传，充分发挥舆论导向作用

加强宣传和舆论监督，以促进该项工作顺利开展。我们利用本市的互联网、广播、电视、报纸等新闻媒体大力开展农村饮水安全工程的宣传报道。为了使农村饮水安全工程公开透明，年度人口计划安排表在政府信息公开栏及新闻媒体上进行公示，同时印发《致全市农村饮水安全工程受益户居民的一封信》，信中公示国家投资计划、受益农村居民承担费用、工程建设概况等内容，让受益群众充分了解工程建设有关情况。建立严格的工程验收制度，做到建成一片，验收一片，发挥效益一片；项目实施过程中，要求各受益村也广泛宣传，树立项目公示牌，让受益区群众和全社会都来参与监督。

3. 科学规划，精心设计，认真搞好项目实施方案的编制和落实工作

为把农村饮水安全工程这一德政工程、民生工程落实好，我们按照省关于农村饮水安全项目实施方案编制提纲要求，根据桐城市农村饮水安全工程现状调查评估结果，结合“十二五”规划，分解农村地区饮水不安全人口指标，并本着“先急后缓”的原则，优先安排群众积极性高的地方，认真开展实施方案编制和落实工作。实施方案编制过程中，我们按照有关文件、规章、规范和相关资料，精心组织设计和编制预算。项目实施时，严格按照批准的实施方案，需要调整的及时上报调整方案，并按批复文件执行，认真开展工程建设，确保农民群众吃上放心水。

4. 强化工程建设与管理，确保工程质量

农村饮水安全工程施工严格执行有关技术标准和规程规范，层层落实领导责任和技术责任。在实施中，推行“七制”管理：一是规划建卡。实施前将需解决的人数逐村、逐组、逐户登记后填写《村民意向书》，并建立卡片，按卡实施。二是进行公示。要求在项目实施村内公开设立开户情况及收费公示栏，接受群众监督。三是管材及大宗材料实行集中采购，公开招标，确保材料质量，降低工程造价。四是设立饮水工程资金专户，按工程进度申请拨款，做到专款专用。五是对规模较大的集中供水工程，严格实行工程质量监

督。六是对山区自流供水点建成后要求受益户成立用水相应组织，落实管护责任制，确保工程能够长效运行、农民群众长期受益。七是建立水质定期化验监测及日常监督管理制。对水源水、出厂水和末梢水由自来水厂定期检测，全分析检测项目由市疾控中心负责，每年不少于两次。工程完工后，在办理相关决算前对全市水厂水样由市农饮办组织一次全面的抽取送安庆市水文水资源局化验中心检测。

5. 加强资金管理，确保专款专用

首先，为保证项目资金专款专用，按照市政府出台的《政府投资项目专项资金使用管理办法》管好用好农饮资金。农村饮水安全项目中央资金、地方财政配套资金打捆使用，设立农村饮水工程专门账户，专项储存，实行财务审批报账制。财政、纪检、审计部门跟踪检查和审计。二是层层把关，严格控制拨款。各水厂按照开户率（附开户花名册及开户票据）向所在镇（街道）水利站提出拨款申请，由水利站根据主体工程建设进度及开户率提出拨款申请审核意见，经镇（街道）分管负责人签字后报市农饮办，市农饮办组织相关部门和单位核查验收后拨付经费，实行动态管理。三是坚持工程竣工验收制度。由于采取了上述有效措施，确保了我市农村饮水资金的专款专用。

6. 做好建后管理，保证工程持久发挥效益

为加强工程建后管理，市农饮办专门下发文件对工程移交、工程管理、水源保护作了明确规定和要求。一是改革管理体制。以有利于群众、有利于工程效益发挥，有利于水资源的可持续利用为出发点，明确工程产权及经营管理方式，建立管理制度，制定管护措施。桐城市村镇供水工程管理所为农村饮水安全工程建设提供技术支撑、并按照上级要求做好后期行业管理及服务工作。二是对全市已建的安全饮水工程定期测验水质，确保水质达标。三是建立档案核定水价。工程建成后，对各类供水工程登记造册，建立工程档案，同时按照国家有关规定及各村实际，合理确定水价，按实际用水量计收水费。

（二）典型工程案例

近年来通过国家财政资金对农村饮水安全工程的投入，大大激励了我市社会资本投入农村饮水安全工程建设之中。我市新渡、吕亭、卅铺、孔城、大关、牯牛背、双港、齐发及陶冲水厂积极利用社会资金改扩建水厂，扩大供水规模，提高水处理工艺，大大提高了水质安全和用水保证率。新渡自来水厂于20世纪90年代建成，当时取水口在挂车河里，随着供水人口的增加，水厂的供水规模和水处理工艺不能够满足要求，水源地挂车河的水质和水量也得不到保障。2013年开始，新渡水厂加大社会资金投入，将取水水源地从挂车河改到水源水质达标的牯牛背水库，并贷款1000多万元新建了规模达2.5万m^3/d的新水厂，该水厂采用先进的水处理工艺，全自动信息化管理，建立了高标准的水质检验室，配备了专业化的管理人员。目前新水厂已投产运行，为广大的用水户提高了安全保障的自来水。

城南水厂原取水口在龙眠河里，由于龙眠河上游经过城区段，水源地水质无法得到保证，市政府高度重视，职能部门密切配合，按照“农村供水城市化、城乡管网一体化”的发展思路，将市自来水公司供水管网接入城南水厂，由市自来水公司直接供应成品水，保证了城南水厂所供应区域的居民饮水安全。

五、目前存在的主要问题

1. 部分水厂设计供水规模偏小，供水安全保证率偏低

全市23座村镇水厂没有达到“千吨万人”规模水厂的还有8座。由于水厂规模偏小，水处理工艺简单或不规范，带来供水保证率低、水压不稳以及水质难以达标，特别是遇到干旱年份及节假日用水量增大时问题尤显突出。

山区已建的106处自流集中供水工程除少数外，大多数工程没有明确专人管理，管理制度形成虚设。

2. 饮用水源地水质安全隐患日趋严重

由于环境及其他因素影响，饮用水源不足问题日显突出且水源污染日趋严重。8座村镇水厂目前仍然在河道中露天开放式取水，不仅水源水量不足、保证率低，而且水源水质存在安全隐患。另外沿菜子湖周边及上游湖口中取水的水厂有4座，国有水面承包养殖及旅游开发也导致菜子湖水体水质整体下降。

3. 维护基金没有真正落实，工程后期难以为继

按照民生工程考核要求，县级必须设立农村饮水安全工程维修养护经费专户，负责落实农村饮水安全工程运行维护专项经费。维修基金主要来源于市财政以及从水费中提取，尽管每年按照民生考核要求市财政按当年工程投资额的1%列出，但要用于全市工程维修只能是杯水车薪，如此下去工程难以正常运转。

六、“十三五”巩固提升规划情况

1. 目标任务

根据桐城市农村饮水现状情况，按照到2020年全面建成小康社会、打赢脱贫攻坚战的要求，尽力而为，确定桐城市“十三五”期间农村饮水安全工作的主要预期目标是：到2020年，自来水普及率达到75%以上，集中供水率达到75%以上；水质达标率达到98%以上。推进城镇供水公共服务向农村延伸，使城镇自来水管网覆盖行政村的比例达到90%。健全农村供水工程运行管理机制、逐步实现良性可持续运行。

表4　“十三五”巩固提升规划目标情况

农村集中供水率（%）	农村自来水普及率（%）	水质达标率（%）	城镇自来水管网覆盖行政村的比例（%）
75	75	98	90

2. 具体规划内容

在全面总结评估农村饮水安全工程“十二五”规划实施情况的基础上，按照巩固成果、稳步提升的原则，结合脱贫攻坚、推进新型城镇化，坚持尽力而为、量力而行的原则，编制了《桐城市农村饮水安全巩固提升工程“十三五”规划》。“十三五”期间桐城市农村饮水安全巩固提升工程规划如下：2016—2017年实施农村饮水安全巩固提升工程，通过新建山区自流集中供水工程43处及21个山区贫困村分散工程、现有水厂管网延伸工程28处，使全市20082人未通水贫困人口全部通水，并且使贫困村户户通水，工程总投

资 1803 万元，其中扶贫部分投资 1004 万元；2018—2020 年改造吕亭、齐发、陶冲、青草、卅铺、红冲、桐城三水厂等 7 座规模化水厂，并划定水源保护区 15 处，建设规模化水厂水质化验室 8 处，工程总投资 2073 万元。

表 5　“十三五”巩固提升规划新建工程和管网延伸工程情况

工程规模	新建工程					现有水厂管网延伸			
	工程数量	新增供水能力	设计供水人口	新增受益人口	工程投资	工程数量	新建管网长度	新增受益人口	工程投资
	处	m^3/d	万人	万人	万元	处	km	万人	万元
合计	64	590	1.2	1.2	640	28	109.7	1.47	970
规模水厂						25	106	1.44	950
小型水厂	64	590	1.2	1.2	640	3	3.7	0.03	20

表 6　“十三五”巩固提升规划改造工程情况

工程规模	改造工程					
	工程数量	新增供水能力	改造供水规模	设计供水人口	新增受益人口	工程投资
	处	m^3/d	m^3/d	万人	万人	万元
合计	7	3000		16.89	3.08	1843
规模水厂	7	3000		16.89	3.08	1843
小型水厂						

怀宁县农村饮水安全工程建设历程

（2005—2015）

（怀宁县水利局）

一、基本概况

怀宁县地处安徽西南，长江下游北岸，大别山南麓前沿，跨东经116°28′~117°03′，北纬30°29′~30°50′。东邻安庆市区，西连潜山、太湖两县，南接望江县、皖河农场，北隔大沙河与桐城相望，总辖区面积1276km²。怀宁县地形复杂，起伏多变，中部多丘陵，东部多浅山，西南多圩畈，各类型区面积分别为：浅山区256.47km²，占全县总面积的20.1%；丘陵区636.60km²，占全县总面积的49.9%；江河圩畈区382.93km²，占全县总面积的30.0%。怀宁县气候条件属于北西亚热带向中亚热带季风湿润气候区，具有四季分明，气候温和，雨量适中，雨热同期，光照充足，无霜期较长的特点。多年平均降雨量1349.4mm，多年平均蒸发量888.7mm，年平均径流量约8亿m³，多年平均气温16.3℃，多年平均无霜期241天。

怀宁县下辖15个镇5个乡，共241个村（社区）。2014年，全县生产总值（GDP）159.5亿元，三次产业结构比为12.9：63.4：23.7。人均GDP22786元。全社会劳动生产率41536元/人。

怀宁县现状供水以地表水为主，其水源主要为水库和河湖。2014年怀宁县供水水源实际供水量为2.27亿m³，其中地表水源供水量为2.24亿m³、地下水源供水量为0.03亿m³。

2014年全县总用水量2.27亿m³，其中，农业用水量1.45亿m³，占总用水量的63.9%，是怀宁县第一大用水户；工业用水量为0.49亿m³，占总用水量的21.6%；生活用水量为0.28亿m³，占总用水量的12.4%；生态环境用水量为0.05亿m³，占用水总量的2.2%。怀宁县共有5个入河排污口，年污水排放量为706万m³，其中COD排放量1151m³、氨氮排放量48m³。

二、农村饮水安全工程建设情况

1. 农村人口饮水安全解决情况

根据《怀宁县“十一五”农村饮水安全规划》统计全县农村总人口62.21万人，达到饮水安全及基本安全人口42万人，饮水安全普及率为67.51%，自来水受益人口有

7.02 万人（含小规模集中供水受益人口），自来水普及率为 11.29%。饮水不安全人口有 20.22 万人，规划上报经上级部门核调批复确定饮水不安全人口为 19.29 万人，饮水不安全类型主要有：水质不达标、水源保证率较低、用水方便程度不足。

截止到 2015 年底，怀宁县农村总人口 62.29 万人，基本解决了饮水安全问题，其中采用集中供水的农村人口约 37.93 万人，农村自来水供水人口约 37.86 万人，自来水普及率达到 60.8%，供水水源以地表水为主。全县级行政村数 241 个，已通水行政村 232 个，占比 96.26%。

2005—2015 年，农饮省级投资计划累计下达投资额 14423 万元，计划解决农村居民 28.65 万人，农村学校师生 2.56 万人。累计完成投资 14423 万元。在项目资金促进下，期间吸引了部分社会资金，共建成村镇水厂 17 座。

2. 农村饮水工程（农村水厂）建设情况

至 2005 年底，全县共有 26 处集中供水工程（乡镇级 13 处、村级 13 处），总规模 $36549m^3/d$，受益人口 7.02 万人，其中，达到 $1000m^3/d$ 的供水工程共有 8 处，日总供水规模 $29500m^3/d$，涉及 7 个乡镇，受益人口 5.12 万人；$200 \sim 1000m^3/d$ 供水工程共有 11 处，日总供水规模 $6600m^3/d$，涉及 7 个乡镇，受益人口 1.49 万人；$20 \sim 200m^3/d$ 供水工程共有 7 处，日总供水规模 $449m^3/d$，涉及 3 个乡镇，受益人口 0.41 万人。

表 1　2015 年底农村人口供水现状

乡镇数量	行政村数量	总人口	农村供水人口	集中式供水人口	其中：自来水供水人口	分散供水人口	农村自来水普及率
个	个	万人	万人	万人	万人	万人	%
20	241	69.97	62.29	37.95	37.86	24.34	60.8

表 2　农村饮水安全工程实施情况

合计			2005 年及“十一五”期间			“十二五”期间		
解决人口		完成投资	解决人口		完成投资	解决人口		完成投资
农村居民	农村学校师生		农村居民	农村学校师生		农村居民	农村学校师生	
万人	万人	万元	万人	万人	万元	万人	万人	万元
28.65	2.56	14423	14.29		6503	14.36	2.56	7920

截至 2015 年底，全县对农村供水的水厂共有 28 处，其中规模水厂 27 处（含城镇市管网延伸工程 4 处：县供水集团公司 3 处，市供水公司 1 处），总设计供水规模 $131000m^3/d$，涉及 20 个乡镇；村级小型水厂 1 处，计供水规模 $500m^3/d$。

2005—2015 年，据不完全统计，除农饮资金外，投入农村供水工程的各类资金有：重点镇自来水项目及贷款建设资金约 600 万元，个人资金投入约 6000 万元。2015 年底，全县农村集中供水人口 37.93 万人，约 9.5 万户，县物价批复农饮工程入户材料费为 300 元/户，农饮工程入户率达到 100%。

表 3　2015 年底农村集中式供水工程现状

工程规模	工程数量	设计供水规模	日实际供水量	受益乡镇数	受益行政村数	受益农村人口	自来水供水人口
	处	m^3/d	m^3/d	个	个	万人	万人
合计	28	131500	57350			37.81	37.51
规模水厂	27	131000	57050			37.58	37.28
小型水厂	1	500	300			0.23	0.23

3. 农村饮水安全工程建设思路及主要历程

（1）“十一五”阶段农村饮水安全工程建设思路及主要历程

2007 年年初，省委、省政府决定将农村饮水安全工程建设列为 12 项民生工程之一，要求从 2007—2011 年，集中人力、物力和财力，按照国家有关标准，解决全省剩余农村人口的饮水安全问题。为落实省委、省政府的决策部署，按照省水利厅、省发改委联合发文皖水农〔2007〕51 号文件的要求，怀宁县计划在 2007—2011 年完成农村安全饮水项目共有 46 处，项目涉及怀宁县的 20 个乡镇，计划解决全县 19.29 万农村人口（含 2011 年项目人口）的安全饮水问题，其中，依托现有的中型自来水厂实施管网延伸工程 15 处（注：管网延伸工程处数以依托的水厂数计，同一水厂不以工程分年度实施累计），解决不安全饮水人口 10.22 万人；兴建集中人供水工程 31 处（联村集中供水工程 13 处，单村集中供水工程 18 处），解决不安全人饮水人口 9.07 万人。

“十一五”（2006—2010）实际实施时，因项目资金的促进，乡镇通过招商引资，吸引了大量社会资本参与到乡镇水厂建设，期间共新建乡镇水厂 9 座，因水源、规模问题迁址新建乡镇水厂 2 座，新建村级小型水厂 1 座，新建引泉工程 3 处。基本形成全县 20 个乡镇 22 座乡镇规模水厂，实现乡镇规模水厂全覆盖的农村供水格局。为我县采取集中供水方式解决农村饮水安全奠定了较好基础。“十一五”期间主要通过规模水厂的管网延伸工程，按计划完成了规划内 14.29 万农村居民的饮水安全问题。

（2）“十二五”阶段农村饮水安全工程建设思路及主要历程

“十二五”规划按照农村安全饮水工程坚持以集中供水为主，因地制宜，分步实施的指导思想要求与怀宁县现有工程建设条件相结合，确定怀宁县十二五规划全县所有饮水不安全人口均列入集中供水工程解决，不考虑分散式供水情况。工程设计集中供水工程的形式有三类，即管网延伸工程、新（扩）建自来水厂工程、引山泉水工程。

怀宁县农村饮水安全工程计划在“十二五”期间解决全县 20 个乡镇的 14.36 万人及 2.56 万农村学校师生的饮水不安全问题，其中水质不达标人口 9.73 万人、缺水人口 4.63 万人。总规划实施工程 20 处，其中，管网延伸工程 16 处，解决不安全人口 10.94 万人；整合新（扩）建水厂 3 处，解决不安全人口 3.39 万人，人引山泉水工程 1 处，解决不安全人口 395 人。

规划在 2013 年进行了一次修编，其中整合新建水厂是修编的一个主要内容，其目的主要结合美好乡村建设将怀宁县早期建设的小规模水厂进行整合兼并，建设新规模水厂，通过新水厂选取优质水源，规模化生产及整合管网改造，在解决原用户和新增用户用水饮水安全问题的同时，也利于工程发挥长效，规划修编整合新建水厂 3 处

三、农村饮水安全工程运行情况

1. 县级农村饮水安全工程专管机构

2012 年 1 月，经怀宁县编委批复（怀编办〔2012〕5 号）设立了怀宁县农村饮用水安全管理站，为县水利局股级财政全额拨款事业单位，人员定编 5 名，由县水利局系统内财政全额拨款事业单位调剂，主要职责是负责全县农村饮水安全工程的建设与运行管理。

2. 县级农村饮水安全工程维修养护基金

2011 年，我县建立了农村饮水安全维修养护基金，并在县水利局设立了县级维修养护基金专户，目前，资金来源主要由县财政按当年项目总投资的 1% 列入了县财政预算，并足额到位，列入农村饮水安全工程县级维修养护基金专户。截至 2015 年，县财政筹集到基金专户累计金额 62 万元。2013 年，县水利局出台了《怀宁县农村饮水安全工程维修基金管理暂行办法》，明确了县级农村饮水安全工程维修养护资金的使用条件和方法。县财政资金部分主要用于因不可抗拒的自然灾害造成的主体工程、供水主管网、水源工程维护。

3. 县级农村饮水安全工程水质检测中心

县级水质检测中心全县共实施 1 处，依托县疾控中心组建，批复投资 457 万元，实际到位资金 306 万元，其中中央资金 64 万元、省级配套 44 万元、县级配套 200 万元。项目已于 2016 年 5 月 31 日全面完工，现具备 42 项指标检测能力，专业人员共 7 人，每年县财政落实运行经费 25 万元。

4. 农村饮水安全工程水源保护情况

2009 年，怀宁县政府已对全县农村饮水安全工程 15 座乡镇供水工程划定了水源保护区，同年，怀宁县农村饮水安全工程建设领导小组也对我县农村饮水安全工程划定了农村饮水安全工程集中式供水工程水源保护区，并设立了标示牌和保护界桩。2015 年，由县环保局牵头再次对余下的 10 座规模水厂划定了水源保护区，并已进入了报批程序。

5. 供水水质状况

我县农村规模水厂工程的净水工艺为“反应池（穿孔旋流）—沉淀池（蜂窝斜管）—过滤池（石英砂快滤）”三池制水工艺。根据 2015 年县疾控中心对全县农村供水工程水质月检测报告统计：水源水质 14 项指标检测达标率 100%，2015 年出厂水水质合格率（按水厂数）为 80.98%，末梢水质合格率（按水厂数）为 76.19%，不合格的主要指标是总大肠菌群、耐热大肠菌群等微生物指标。

6. 农村饮水工程（农村水厂）运行情况

（1）工程管护情况

我县农村饮水安全工程主要为乡镇水厂、单村小型水厂工程、单组及跨组的引泉水集中供水工程。

针对不同类型工程实行了不同的管理运行模式：

① 各乡镇自来水厂工程：个体投资的为自主经营，集体投资的为承包经营，水厂内

设机构有财务、供水、安装维修、水质检测、水费收缴等。实行企业管理，独立经营、单独核算。

② 单村供水工程以及单组、跨组的小型自流引水集中供水工程：资产归集体所有，由村民委员会或村民小组负责管理所有工程都按保本微利的原则收取水费，保证工程良性运行。

（2）工程运营情况

根据“十三五”规划的现状工程调查统计，截至2015年底建成运营供水的22座乡镇规模水厂的设计总供水规模为63000m³/d（按设计净水能力计算），日常实际总供水量约27350m³/d，仅占设计规模的43.4%，夏季和春节期间实际供水量是平常的2倍左右，也就是占设计规模的87%左右，其他13%是由于水厂供水管网与净水能力不匹配的原因，导致水厂设计规模并不能达到100%供出。2015年底前供水价格1.5～2.5元/m³。水厂的主要收入来源为水费，22家水厂中有20家在执行“两部制”水价，基本水费平均在100元/户年左右。水厂主要支出就是年运行成本：电费、日常维护费、修理费、人员工资、办公费、水费、税费。22家水厂能够保本运营略有盈余的8家、保本运营的7家、亏本运营的7家。

7. 农村饮水工程（农村水厂）监管情况

我县农村饮水工程监管体系还不完善，还存在职责不清，监管不全面的问题。我县农村水厂投资都是由个人投资、社会投资、农饮项目投资组成，县水利局作为农村饮水安全工程县级主管部门，所监管的重点工作是强化在农村水厂的农饮项目的入户费用收取、水质、水价方面。固定资产、规范化管理、供水服务监管是通过协议约定、日常培训来加强指导，没有形成系统的规章制度。社会化安装的用水户管理还是由相关职能部门按职责分工，履行监管职能。

8. 运行维护情况

目前，我县所建农饮项目全部都还正常发挥着效益，但整体运营情况并不乐观，水厂运营保本和亏本的水厂约占了2/3。致使这些水厂运营不佳的原因各有不同，主要表现在：坐落山区、规模偏小、供水对象仅为农村居民无商业用水户、管理能力薄弱、服务意识不强等。乡镇水厂日常运行维修是由水厂承担，乡镇水厂都有自己的维修队伍，多则4～5人，少则1～2人，人员一般是由水厂自行通过社会招收，好的水厂，维修人员相对固定，差的水厂，人员调换频繁。对于承担了农村饮水安全项目的水厂，我县均落实用电、用地、税收等相关优惠政策。

9. 用水户协会成立及运行情况

目前，我县尚没有在民政部门登记注册成立农村用水户协会，因为解决农村饮用水问题主要是通过乡镇规模水厂管网延伸措施解决的。1个村级水厂是村集体管理，5处引泉供中供水工程虽明确了村民自管机构，但均是通过用水户协商推荐管理人员，而非形成用水户协会形式。

四、采取的主要做法、经验及典型案例

（一）做法和经验

农村饮水安全工程作为一项惠农的民生工程，得到了怀宁县政府的高度重视，在取得

了较大成效的同时，也为怀宁县农村饮水安全工程进一步巩固提升积累了许多经验。

1. 完善规章制度

先后制定了《怀宁县农村饮水安全工程建设管理办法（试行）》《农村生活饮用水供水工程卫生监督工作职责分工》《怀宁县农村饮水安全工程实施办法》《怀宁县农村饮水安全工程应急预案》《怀宁县农村饮水安全工程维修基金管理暂行办法》《怀宁县农村饮水安全工程运行管护办法》等。

2. 强化工程建管

落实工程责任制并与乡镇签订责任书；工程建设过程中严把“三关”，即严格把好前期工作关，严格把好建设关，严格把好验收关；做好工程宣传，接受社会广泛监督工作。

3. 加强运行管理

为加强农村饮水安全工程运行管理，保障农村饮水安全工程发挥实效。怀宁县依据农村饮水安全工程相关政策，并结合本县实际，加强落实了农村饮水安全工程建后运行管理工作。

4. 强化资金保障

资金筹措上在争取项目资金支持的同时，还通过多层次、多渠道、多元化筹集建设资金，大力推进市场化运作，按照“谁投资，谁建设，谁管理，谁经营”的原则，放开建设权，搞活经营权，鼓励各方参与，吸引民营资本进入农村供水市场。

（二）典型工程案例

怀宁县马庙镇自来水厂运行管理典型案例

1. 水厂基本情况

马庙自来水厂建成于2002年，为私营企业，原一期规划设计日供水规模2000m^3，2011年进行了二期净水工程及清水池扩建，实际建成日供水能力已达6000m^3，当前实际日均供水量1800m^3。水源为大沙河泥河段。主要供水区域是马庙镇及高河镇查湾、凌桥、骑龙村部分地区，怀宁县农村饮水安全工程自2008—2013年依托该水厂解决1.82万人的饮水安全，农村居民用水量与公共建筑、商业及工业用水量各占一半。

从水厂管理、经营、制水、服务、效益等方面来看，目前均是怀宁县运行较好的一家乡镇水厂，年均供水水质（怀宁县疾控中心检测的20项指标）合格率达到90%以上。2013年合格率为100%，水压水量正常。具有长期发挥效益的潜力。

2. 成效经验

马庙镇自来水厂虽是一家私营企业，但管理人具有较好的企业管理经验和超前意识。马庙水厂在水厂投资上，更注重水厂建设运营全寿命成本；在水厂管理上，更注重产品质量和服务意识；在发展思路上，更注重超前和创新，从而有效保证了工程长效运行。

（1）注重工程建设质量，降低工程运营成本

马庙水厂在工程规范化建设和质量保证方面决不取巧“节省”投资：通过从管材管件质量、管道沟埋深、阀门质量及规范留设等方面抓管网建设；从计量设备质量、表前阀（配三角锁）设置方面抓管理设施建设，来降低水厂后期运营过程中管道的返修率和漏损率造成的运营成本。

（2）提高企业服务，注重水质安全，促进服务对象主动缴费意识

为促进群众主动缴费，马庙水厂通过采取一系列运营管理措施。首先，水厂必须要生

产出安全合格水。马庙水厂通过加强水质监测和水源保护等措施来保证水质合格率：2009年，由县农村饮水安全工程建设领导小组批准划定了水源保护区，并在水源保护区树立了饮用水源保护区警示牌和界桩。2011年，马庙水厂又自行投资实施了水源辐射井取水保护设施。2012年，水厂通过农饮项目补助建成了水厂化验室，并安排专职人员参加省县化验员相关培训。其次，水厂根据农村用水实际加强便民服务举措：一是建立了全天候缴费服务大厅，并在大厅公示农饮相关政策、管理制度、供用水协议等主，加强群众用水缴费意识；二是制订了预缴水费、用水报停制度，建立了电脑缴费系统，适应并方便了农村人口流动的特点。

（3）农村供水推行两部制水价

马庙水厂较早推行了两部制水价，经过统计测算，怀宁县2013年农民人均纯收入已达到8615元，马庙镇自来水厂确定的每户基本水量为4m³，水价1.9元/m³，每户年均基本水量的水费约为96元，占人均纯收入的1.11%，调查了解，在保证水质水量的情况下，基本水费是能够被绝大多数群众接受的。同时，实践证明马庙水厂实行两部制水价实际有利于改善农村居民用水安全意识和习惯，有利于树状管网中水体流动和水质安全，有利于水厂供水成本的保障，促进水厂运行的良性循环和投资人的积极性。

3. 实施效果

怀宁县马庙镇自来水厂通过一系列促进工程长效运行的举措，使工程运行管理和经营状况得到很大提升：

（1）有效提高了供水水质合格率。2013年通过县疾控中心月抽检合格率达到100%；

（2）切实保障了水质安全，提高了群众满意度。多年来，群众对马庙水厂满意度相对较高，尤其是关于水质安全方面投诉率为零。

（3）水厂经济效益得到了稳步提升。马庙水厂正式员工6人，仅水费收缴1项，实现年毛利润60万~70万元。

（4）推广条件

对于怀宁县马庙镇水厂运行管理典型经验的归纳总结，其适用推广区域应有一定工商业或厂矿等非居民用水户发展空间，农村用水户有一定的经济基础的地区。工程类型规模水厂和城乡一体化供水管网延伸工程。

推广中要把握的主要环节：①要有一个管理经验较丰富、社会责任感较强的投资人或管理人；②农村供水既是一项公益性事业，但无论是政府投资还是私人投资，一定要有利于市场化操作的环境，实行企业化管理；③政府部门要当好行业监管和专业服务的角色。

五、目前存在的主要问题

怀宁县农村饮水安全工程推进过程中主要还存在以下问题：

1. 全县饮用水的优质水源偏少。怀宁县内河流多处流域中下游，水源多受河道采砂、工农业排水等因素影响，水库湖泊水源多受居民生活排水、水产养殖业影响。地表水基本为Ⅲ类水，Ⅱ类较少。且可用水源水的日趋下降，备用水源难以落实。

2. 村镇供水工程出厂水、末梢水合格率不高。除县供水集团公司，经对全县村镇水厂水质检测报告统计供水水质年平均合格率不足80%，主要原因是部分村镇水厂建设早、规模小、工艺不全、早期管网老化等因素造成。

3. 村镇水厂难以发挥长效，是构成供水安全的潜在隐患。村镇水厂供水对象主要是面向农村，住户分散，管线长，人口流动性大，用水量小是造成村镇水厂运行成本大，效益不高的根本原因。

4. 根据发达地区农村供水事业发展的经验，农村水厂向规模化和城乡供水一体化发展是真正彻底解决农村饮水安全问题必由之路。怀宁县也正在尝试走农村供水规模化这条路，但对农村早期建成的私营小水厂如何整合处置是目前推进过程中面临的一个很大的难题。

六、"十三五"巩固提升规划情况及长效运行工作思路

1 农饮巩固提升"十三五"规划情况

（1）规划目标

"十三五"期间，怀宁县农村饮水安全巩固提升工作的主要预期目标是：到 2020 年，全县农村集中供水率达到 85% 左右，自来水普及率达到 72% 以上；水质达标率达到 90%；小型工程供水保证率不低于 90%，其他工程的供水保证率不低于 95%。推进城镇供水公共服务向农村延伸，使城镇自来水管网覆盖行政村的比例达到 90%。健全农村供水工程运行管护机制、逐步实现良性可持续运行。

表 4　"十三五"巩固提升规划目标情况

农村集中供水率（%）	农村自来水普及率（%）	水质达标率（%）	城镇自来水管网覆盖行政村的比例（%）
72	72	90	90

（2）主要建设内容

工程措施分两种类型：新建工程及现有水厂管网延伸，另外结合各水厂实际情况及需求进行农村饮用水水源保护、水质检测与监管能力建设。

怀宁县"十三五"期间农村饮水安全巩固提升工程规划新建规模在 $20m^3/d$ 以上的供水工程数 5 处，新增供水能力 $470m^3/d$，新增受益人口 4776 人。另外对栗山村、青山村、宏光村、余冲村四处进行插花打井，通过地下水解决区域贫困人口供水问题，共解决 79 户 246 人的贫困人口饮水安全问题。新建工程共计解决 9 个行政村（贫困村 2 个）1153 贫困人口饮水安全问题。规划现有水厂管网延伸工程 19 处，新增受益人口 6.28 万人，涉及贫困村 17 个、贫困户 4542 户、贫困人口 1.14 万人。农村饮用水水源保护、水质检测与监管能力建设

怀宁县目前农村饮水工程水源地水质总体较好，各规模化水厂水质化验室基本均已建成。但目前普遍存在水源保护区暂未划定、取水口无防护措施等问题，信息化建设方面基本还是空白，"十三五"阶段农村饮用水水源保护及信息化建设将是农饮工程重点。

根据规划情况，"十三五"阶段怀宁县农饮工程农村饮用水水源保护工程 2 处；水质化验室计划新建 3 处；规模以上水厂自动化监控系统建设 19 处，水质状况实时监测试点建设 2 处。

表5　“十三五”巩固提升规划新建工程和管网延伸工程情况

工程规模	新建工程					现有水厂管网延伸			
	工程数量	新增供水能力	设计供水人口	新增受益人口	工程投资	工程数量	新建管网长度	新增受益人口	工程投资
	处	m^3/d	万人	万人	万元	处	km	万人	万元
合计	2	400	0.42	0.42	210	19	1666	6.33	3165
规模水厂						19	1666	6.33	3165
小型水厂	2	400	0.42	0.42	210				

2. “十三五”在加强运行管理措施方面要做到

一要落实地方责任，二要改革管理体制，三要完善水质保障体系，四要推进水价改革，五要落实工程维修养护经费，六要规范工程管理。

潜山县农村饮水安全工程建设历程（2005—2015）

（潜山县水利局）

一、基本概况

潜山县位于安徽省西南部，大别山南麓，长江北岸。东北与桐城市接壤，东南与怀宁县相邻，西南与太湖县交界，西北与岳西、舒城县毗连。地理坐标为东经116°14′~116°46′，北纬30°27′~31°04′。南北长为62km，东南宽约35km，总面积1686.03km^2。境内地形复杂，山区、丘陵区、圩区并存；全县地势为西北高、东南低；全县山区、丘陵区、圩区面积分别为998km^2、403km^2、285km^2，占总面积59.2%、23.9%、16.9%。全县辖11个镇5个乡、173个行政村、12个居民委员会、5681个村民小组，总人口为58.91万人，其中农业人口52.69万人，占总人口89.4%，耕地面积49.27万亩。2015年全县实现国内生产总值126.7亿元，财政收入10.2亿元，农民人均纯收入6936元。

全县属北亚热带季风农业气候区，四季分明，多年平均降雨量1365.3mm，年际变化较大，年最大降雨2373.2mm，最小降雨量766.8mm，年内分配不均，春夏多雨，秋冬少雨，4~7月，占全年的54.3%。根据《潜山县资源开发利用现状分析》成果，潜山县多年平均地表水径流量为12.22亿m^3，其中山区8.34亿m^3、丘陵岗丘2.30亿m^3、圩区1.58亿m^3，多年平均人均占有量2180m^3，水资源利用程度不高，平水年约11.8%，地表水、潜水资源较为丰富。

二、农村饮水安全工程建设情况

1. 农村人口饮水安全解决情况

2005年3月，组织开展了农村饮水现状调查评估，根据调查统计，当时全县饮水不安全人口有25.24万人，占农村人口的48.2%，其中，氟超标1.84万人，主要分布在水吼镇、源潭镇、余井镇等；苦咸水6.25万人，主要分布在圩畈区；水质不达标11.58万人，分布在全县各乡镇，主要铁、锰及细菌超标；水量、方便程度和保证率不达标5.57万人，主要分布在黄柏、水吼山区。2009年11月，组织开展了2010—2013年农村饮水安全工程规划人口调查复核，经调查复核，全县新增农村居民饮水不安全人口9.1万人，其中铁锰超标1.16万人，污染水等其他水质问题2.97万人，水量不足2.46万人，方便程度不达标2.26万人，保证率不达标0.25万人；新增农村学校师生饮水不安全人口1.52万人。

2015 年底，全县总人口为 58.91 万人，其中农业人口 52.69 万人，占总人口 89.4%；农村饮水安全人口 36.48 万人，农村自来水供水人口 36.48 万人，自来水普及率达 69%。全县农村有 176 个行政村居，通水行政村 165 个，通水比例为 93.8%。2005—2015 年，农村饮水安全工程累计下达投资 15728 万元，其中中央投资 11567 万元、省级投资 1707 万元、县级投资 2454 万元，计划解决农村居民饮水不安全人口 32.38 万人、农村学校师生 1.52 万人，累计完成投资 15728 万元，建成各类农村水厂 227 处。

表 1　2015 年底农村人口供水现状

乡镇数量	行政村数量	总人口	农村供水人口	集中式供水人口	其中：自来水供水人口	分散供水人口	农村自来水普及率
个	个	万人	万人	万人	万人	万人	%
17	176	52.87	36.48	36.48	36.48	16.39	69

表 2　农村饮水安全工程实施情况

合计			2005 年及“十一五”期间			“十二五”期间		
解决人口		完成投资	解决人口		完成投资	解决人口		完成投资
农村居民	农村学校师生		农村居民	农村学校师生		农村居民	农村学校师生	
万人	万人	万元	万人	万人	万元	万人	万人	万元
32.38	1.52	15728	18.08		8151	14.3	1.52	7577

2. 农村饮水工程（农村水厂）建设情况

2005 年以前，我县的农村供水工程主要是依托Ⅳ型供水工程和饮水解困项目兴建而成，全县共有 53 处集中供水工程，总规模 14110m^3/d，受益人口 5.6 万人；其中达到 1000m^3/d 的供水工程 2 处，总规模 4250m^3/d，受益人口 1.54 万人。2005—2015 年农饮工程建设有力拉动了社会资本、个人资金、银行贷款等资金的投入，累计投入达 2000 万元，通过市场化运作方式，组建股份制供水企业，负责工程运营管理。到 2015 年底，全县农村居民入户数达 10.6 万户，基本实现应安尽安，严格执行入户费用政策，入户费用在 300 元左右，入户率达 99%。

表 3　2015 年底农村集中式供水工程现状

工程规模	工程数量	设计供水规模	日实际供水量	受益乡镇数	受益行政村数	受益农村人口	自来水供水人口
	处	m^3/d	m^3/d	个	个	万人	万人
合计	227	63801	44200			36.48	36.48
规模水厂	16	53000	35150	—	—	27.75	27.75
小型水厂	211	10801	9050	—	—	8.73	8.73

3. 农村饮水安全工程建设思路及主要历程

我县农村饮水安全工程建设总体上可概括为两个阶段。“十一五”阶段侧重解决没有水用的问题，“十二五”阶段侧重吃上安全、放心的水。“十一五”阶段的思路主要是兴建供水工程，解决群众用上水的问题；总共解决了18.08万人的饮水安全问题，兴建各类饮水工程148处，投入资金8151万元，新建了王河供水站，改造了黄泥、油坝、岭头、余井、天柱山、黄铺等水厂，农村供水得到迅猛发展，农村供水体系基本建立。“十二五”阶段的思路主要是对供水问题突出的规模水厂改造达标，规范运行，实现区域性自来水全覆盖，保障解决群众供水安全，让群众用得上、用得好、用得满意；总共解决了14.3万人的饮水安全问题，兴建各类饮水工程78处，投入资金7577万元，重点改扩建了塔畈、源潭、双峰、余井、为人、黄铺等水厂，农村供水得到长足的发展，形成了较为完善的农村供水体系。

三、农村饮水安全工程运行情况

1. 县级农村饮水安全工程专管机构

为加强农村饮水安全工程建后管理，实现工程“有人用、有人管、长效益”的目标，2012年6月29日，潜山县编委以潜编字〔2012〕5号文批准成立了县农村饮水安全工程管理站，财政全额供给，定事编3人，运行经费全部由县财政预算安排。

2. 县级农村饮水安全工程维修养护基金

农村饮水安全工程供水具有社会公益属性，现阶段运行管理难以实现“以水养水”的目标，农村饮水安全项目尤以小型供水工程居多，更难做到“以水养水”。2012年开始，我县建立了县级农村饮水安全工程维修养护基金，主要用于补助小型供水工程的运行管理、维修和养护费用。基金实行专户储存、专款专用，采取多渠道筹措资金，主要靠县级财政承担，每年将维修养护专项经费列入县财政预算。2012—2015年分别到位维修养护费26万元、20万元、30万元、45万元，累计到位121万元。

3. 县级农村饮水安全工程水质检测中心

潜山县农村饮水安全工程水质检测中心依托县环境保护监测站建设而成，主要检测仪器设备有火焰-石墨炉原子吸收分光光度计1台、气相色谱仪1台、原子荧光光度计1台、离子色谱仪1台、紫外可见分光光度计1台、红外测油仪1台、便携式流速测量仪1台以及其他辅助器皿30个；检测项目指标38项，其中感官性和一般化学指标17项、毒理指标15项、微生物指标4项、消毒剂有关的常规指标1项、污染物指标1项；根据《农村饮水安全工程水质检测中心建设导则》的规定和我县农村饮水安全工程的实际分类情况，确定了集中式供水工程水质检测指标和频次；工程建设投资83万元；县农村饮水安全工程水质检测中心由潜山县环境保护监测站负责运行管理，现有人员11人，高中级工程师4人，检验人员7人，下设办公室、业务室、质控室三个职能科室，水质检验、技术人员全部考核持证上岗，运行管理经费由县财政保障。

4. 农村饮水安全工程水源保护情况

县政府依法对规模水厂和村级小型水厂饮用水源划定了保护区，按《安徽省城镇生活饮用水水源环境保护条例》的规定划定了一级保护区、二级保护区和准保护区，安庆市人民政府宜政秘〔2009〕189号文和潜山县人民政府潜政秘〔2014〕71号文对水源保护区予以了批准；县环保局、县水利局加强对小型农村饮水安全工程饮用水水源的统一管理，根据工程特点，分水源类型制定了具体的保护措施，划定了保护区域，设置了水源保护标志牌并写明了具体保护范围及禁止事项。

5. 供水水质状况

我县农村饮水安全工程净水工艺基本达标，设施基本齐全，日供水规模500m³/d以上的供水工程主要为混凝沉淀、过滤和消毒净水工艺，其余单村小型供水工程为两级过滤和消毒净水工艺；水源水全部为地表水Ⅲ类水以上，达标率100%，出厂水合格率约85.7%，末梢水格率约81.5%，水质不合格的主要指标是微生物超标，这部分主要是单村小型供水工程管理消毒不到位和群众用水习惯造成的，剔除微生物指标水质均合格。

6. 农村饮水工程（农村水厂）运行情况

我县农村饮水安全工程有规模水厂和小型水厂两种类型，尤以小型水厂居多。规模水厂总共17家，全部由私人个体负责管护，运行情况总体较好，基本能正常运行，资产由国有和社会两种资产构成；规模水厂设计总规模5.3万m³/d，实际供水量3.5万m³/d，供水价格为1.5~2.2元/m³，水费是水厂的主要收入来源，年水费收入约850万元，水厂主要支出为电费、管理人员工资、日常维修费用及药剂费等，大部分水厂能有少量盈余，个别水厂入不敷出、经营困难，全部实行“两部制”水价。小型水厂大大小小总共211处，全部由个人负责管护，绝大部分运行较好，少数管护差运行不正常，资产全部为国有；规模水厂设计总规模1.08万m³/d，实际供水量0.91万m³/d，供水价格大部分为1.0~1.5元/m³，水费是水厂的主要收入来源，年水费收入约105万元，水厂主要支出为管理人员工资、日常维修费用及药剂费等，少数水厂能有少量盈余，大部分保本运行，维修要靠政府资金支持，少数实行“两部制”水价，绝大部分为单一水价。

7. 农村饮水工程（农村水厂）监管情况

我县在“十三五”期间开始规范农村饮水安全工程日常监管，制定了《潜山县农村饮水安全工程运行管理暂行办法》，明确了与农村饮水安全工程相关的水利、卫生、发改、财政、住建、国土、环保、物价等部门职责，建立部门间常态化联动监管机制，各部门单位各负其责，密切配合，共同做好农村饮水安全工作。现有水厂国有资产部分较为明晰，社会资本未开展清产核资；水厂入户费由物价部门核定，农饮入户费严格按照省水利厅300元/户标准执行；建立了水厂日常自检、部门巡检和政府抽检的水质管理体系；建立了水厂水价由物价部门会同水利部门商定的核价机制；建立了供水企业供水服务公示、承诺制度。

8. 运行维护情况

我县农村饮水安全工程运行总体良好，基本能持续运行，17个规模水厂建立了专职运行维护队伍，11个小型水厂配备了专职维修人员，其余小型水厂落实了兼职维修人员，各工程制定了相应的运行维修管理制度，落实了供水用电执行农业电价、工程建设用地和运行税费减免的优惠政策。

9. 用水户协会成立及运行情况

我县成立了农村供水行业自律组织——潜山县乡镇供水协会，在发挥联结政府和企业的纽带与桥梁，加强行业管理和自律，为水厂提供高效、优质的服务等方面发挥了重要作用，促进了农村供水事业健康持续发展。

四、采取的主要做法、经验及典型案例

（一）做法和经验

1. 建章立制，强化工程建管

县政府制定出台了《潜山县农村饮水安全工程运行管理暂行办法》（潜政〔2015〕24号），从完善管理机制、加强部门协作，明晰工程产权、落实管理体制，完善管理制度、规范供水用水行为，坚持保护为先、强化安全管理，明确法律责任、坚持依法管理和实行分类管理、严格考核奖惩等六个方面对农村饮水安全工程运行管理做出了详细规定，成为依法依规管理农村饮水安全工程建设管理的重要抓手。

2. 突出重点，实行双目标管理

按照“集中连片，整片推进”的原则，重点实施规模水厂改造和管网延伸工程，统筹解决供水区域内居民和农村学校师生饮水安全问题，实现水厂改造达标和群众接通自来水的双目标。

3. 项目实行竞争立项

根据农村饮水安全工程相关政策和我县的实际情况，县农饮办公开了项目申报条件，积极性高、前期准备工作扎实有力的工程优先立项实施，通过竞争机制保障工程的顺利实施。

4. 严把项目前期工作质量关，严格履行项目审批

按照农饮项目前期工作的要求，严把工程设计深度和质量关，严格履行规模水厂审批手续，以高质量的前期工作来保障工程的顺利推进。

5. 全面实行基建项目管理

项目严格按照项目法人制、招投标制、监理制和合同管理制组织建设；所有工程、设备均通过招标确定施工、供货单位，选择有资质的监理单位、配备有经验的监理人员，通过严格的项目管理制度来保障工程的质量。

6. 建立规范的建管体系

《潜山县农村饮水安全工程运行管理暂行办法》明确了行业监管职责，落实了部门联动管理机制和专职监管机构；健全了水质监测网络和应急保障体系；建立了涵盖工程建设、运行和监督管理的建管体系，保障了农村饮水安全工程长效和安全运行。

7. 加强水质监测，保障水质安全

建立了供水单位自检、行业巡检和政府抽检的水质管理制度。规模水厂实行日常自检和定期送检，自检由水厂化验室完成，定期送检由有资质的检测单位承担。县水利局依托县环境保护监测站建立了县级水质检测中心，承担行业主管部门的巡检任务。县卫生监督所不定期进行水质抽检，重点抽检供水规模 $200m^3/d$ 以上的农村饮水工程。实行水质巡检、抽检结果通报制度，不达标的会同县卫生部门责令限期整改。

县政府依法对规模水厂和村级小型水厂饮用水源划定了保护区，按《安徽省城镇生活饮用水水源环境保护条例》的规定划定了一级保护区、二级保护区和准保护区，安庆市人

民政府宜政秘〔2009〕189号文和潜山县人民政府潜政秘〔2014〕71号文对水源保护区予以了批准；县环保局、县水利局加强对小型农村饮水安全工程饮用水水源的统一管理，根据工程特点，分水源类型制定了具体的保护措施，划定了保护区域，设置了水源保护标志牌并写明了具体保护范围及禁止事项。

8. 落实各项优惠支持政策

农村饮水安全工程供水具有社会公益属性，难以实现“以水养水”，我县落实了用电、用地和税收等扶持政策；同时建立了县级农村饮水安全工程维修养护基金，主要由县级财政承担并列入县财政预算安排。

9. 注重资金社会监督

农村饮水安全工程资金涉及面广，在专户储存、专款专用的同时，一定要充分发挥群众的监督作用，让资金在“阳光下”使用。要实行资金使用公示制度，所有资金使用情况都要在受益区进行了公示，要让群众看得懂、弄得清，接受群众监督。

（二）典型工程案例（为私人水厂）

为人水厂由原岭头自来水厂和青楼自来水厂合并而成，原水厂始建于2003年6月，原设计供水规模700m^3/d，实际供水需1500m^3/d，供水范围覆盖黄岭、岭头居委会、糖岭、文治、进士和松岭等村；水厂供水能力不足、制水工艺简陋，水质较差，群众投诉不断，特别是春节、暑期等用水高峰期，水量、水压严重不足，群众反映强烈，主管部门和乡镇政府也倍感压力大。为彻底解决为人水厂存在的问题，2013年将其列入农村饮水安全项目，对水厂进行改扩建，水厂设计供水规模3000m^3/d，设计供水人口2.8万人，解决1万农村居民饮水安全问题。工程包括取水浮船、混凝反应池、过滤池、600m^{3}清水池和供电、自动化、监控等附属设施，配水主干管网改造和自来水入户安装，工程概算总投资705万元，其中农饮专项资金535万元、水厂及受益群众筹集171万元。工程项目投入资金形成的资产为国有资产，运行管理实行社会化管理，承担运行管理所有责任，自负盈亏。

工程于2013年8月25日开工，11月30日主体工程完工，2014年1月工程投入运行，4月份附属工程全部完工。工程投入运行后，水质、水量、水压全部达标，受益总人口约2.5万人，工程效益十分显著，在我县严重缺水区域青楼片实现了自来水普及，实现了水厂改造达标和接通自来水的双目标，群众真正喝上了“安全水、放心水”。2014年春节用水高峰期未接到一起水量、水压问题投诉，做到了群众舒心、干部安心。

五、目前存在的主要问题

1. 水污染加剧，饮水不安全反弹新增

随着社会的发展，大量的工业废水、生活污水未经处理直接排放，农药、化肥过度使用，农业面源污染严重，不仅地表水受污染，也殃及到了浅层地下水，水体富营养化普遍。

2. 部分水厂标准仍低，供水能力不足

我县农村有大小水厂29家，总供水规模约5.96万m^3/d，供水人口约32万人。这些水厂多数建于21世纪初，“十二五”期间10座厂区和部分主管网已改造，但仍有大部分取水、净化等设施简陋，消毒设施老化或不全，水质不稳定，丰水期尤为突出；供水管网普遍存在管径小、老化严重和布设不合理等问题，随着供区的不断扩大，输配水能力不足日益凸显，也是水厂普遍存在的突出问题；水厂建设标准低，供水能力不足，仍是农村饮水的主要问题。

3. 小型饮水工程建设标准低，供水保证率低

我县单村小型饮水工程建设标准低，水净化处理设施简单，采用两次过滤净化处理，丰水期水质浑浊；多数未配备水质消毒处理设施，水质不能达标。黄柏、水吼片的山区单村小型饮水工程主要依靠小沟河、泉水作为水源，正常年份供水基本能满足设计要求。但随着气候的变化，降雨时空分布不均加剧，季节性干旱缺水频次增多，水源抗干旱能力差，满足不了群众用水需求。

4. 少数工程管护不到位，效益发挥不佳

我县小型饮水工程点多面广、规模小，工程管护任务重，这些工程均由村组负责日常维护管理，由于存在管护人员素质不高、水费收入少以及管护缺乏监督等原因，致使少数工程管护流于形式，日常管护职责不明确，设施不维护，处于“有人用、没人管”的境地，影响工程的正常运行，甚至造成个别工程停水，后期管护已成为小型饮水工程的突出问题，严重影响到了工程效益的持续发挥。同时，部分规模较大水厂内部管理制度也还不健全，管理人员技能偏低，管理粗放、不规范，难以满足供水发展的需求。

六、“十三五”巩固提升规划情况及长效运行工作思路

1. 县级农饮巩固提升“十三五”规划情况

“十三五”期间，要根据我县农村饮水的现状，合理制定目标任务，把握建管的重点，科学编制规划；“十三五”农村饮水目标任务：到2020年，自来水普及率达到80%以上，农村集中供水率达到90%以上；水质达标率达到85%；小型工程供水保证率不低于90%，其他工程的供水保证率不低于95%。推进城镇供水公共服务向农村延伸，使城镇自来水管网覆盖行政村的比例达到75%以上。健全农村供水工程运行管护机制、逐步实现良性可持续运行。

健全水质检测体系，提高水质合格率。在工程建设规范配备消毒设施的基础上，进一步完善建立多层次的水质检测体系，督促供水单位规范运行管理；建立供水单位自检、行业巡检和政府抽检的水质检测体系，强化对水质的检测和监测；强化结果运用，定期通报、整改处理，逐步提高水质合格率。

明晰资产构成，创新管护模式。农村饮水工程资产构成和管护是建后管理的两大主要问题。结合实施水厂改造提升，同步开展资产核查，摸清底数，明晰资产构成，做到明晰一处，改造提升一处。单村小型饮水工程实行专业管护，发挥管理人员固定和技术上的优势，实现管得了、管得好的目标。

加强信息化建设，提高监管能力。借助科学信息手段，规模水厂要完善信息化设施，进行水质、水量和运行实时监测，建设县农村饮水运行控制中心，中心与规模水厂监测信息在线传输，实现工程实时在线监管，提高监管效率和监管水平。

表4　“十三五”巩固提升规划目标情况

农村集中供水率（%）	农村自来水普及率（%）	水质达标率（%）	城镇自来水管网覆盖行政村的比例（%）
90	80	85	75

表5　“十三五”巩固提升规划新建工程和管网延伸工程情况

工程规模	新建工程					现有水厂管网延伸			
	工程数量	新增供水能力	设计供水人口	新增受益人口	工程投资	工程数量	新建管网长度	新增受益人口	工程投资
	处	m^3/d	万人	万人	万元	处	km	万人	万元
合计	479	5370	5.43	4.81	2241	9	308	3.3	1155
规模水厂	2	2000	1.55	1.04	794	7	255	3.01	985
小型水厂	477	3370	3.88	3.77	1447	2	53	0.29	170

表6　“十三五”巩固提升规划改造工程情况

工程规模	改造工程					
	工程数量	新增供水能力	改造供水规模	设计供水人口	新增受益人口	工程投资
	处	m^3/d	m^3/d	万人	万人	万元
合计	43	14950		26.97	8.3	4287
规模水厂	11	13000		22.49	6.55	3409
小型水厂	32	1950		4.48	1.75	878

2. “十三五”之后农饮工程长效运行工作思路

一要统一村镇供水管理，制定相应的全省规章。二要统一村镇供水规划和建设，防止政出多门，多头建设。三要制定差别化的建设和管护扶持政策，突出公益属性，管护扶持重点侧重山区单村小型工程。

太湖县农村饮水安全工程建设历程（2005—2015）

（太湖县水利局）

一、基本概况

太湖县位于安徽省西南部，国土总面积2030.7km²，属皖西南丘陵低山区，西北多山，东南丘陵。大别山区面积1488.80km²，占全县面积的73.32%；丘陵畈区面积541.86km²，占全县面积的26.68%。

太湖县位于长江流域，分属皖河、华阳河两大水系。境内主要河流为长河，流域面积2506km²。花凉亭水库位于长河上游，是一座以防洪、灌溉为主的大（1）型水利枢纽工程。水库集水面积1880km²，总库容23.98亿m³，兴利库容17.43亿m³。

太湖县辖15个乡镇、174个行政村、12个居委会（其中农村居委会3个），2015年末总人口57.38万人，其中农村供水人口52.97万人。2015年全县国民总收入97.57亿元，其中第一产业增加值23.12亿元、第二产业增加值43.78亿元、第三产业增加值30.68亿元，三次产业结构为23.7∶44.9∶31.4。2015年财政收入7.21亿元，城镇在岗职工年平均工资46354元，农民年平均收入3436元，全县居民人均可支配收入11516元。

太湖县水资源丰沛，全县多年平均降水量为1460.1mm，多年平均径流量为14.3亿m³，全县多年平均可利用地下水资源量为1.04亿m³。虽然水资源总体比较丰富，但是水资源空间分布不均，占全县面积90%左右的山丘区河网分布稀疏，蓄水工程少，无就近水源。根据采样监测，县境内主要河流长河水质良好；花凉亭水库水质良好，水库全年为中营养化状态；泊湖水质较好，水库呈轻度至中度营养化状态。其余中小河流及农村河道大部分水质较好。

二、农村饮水安全工程建设情况

1. 农村人口饮水安全解决情况

实施农村饮水安全工程前，我县共有18.60万农村人口存在饮水安全问题，其中，水质不达标人口9.67万人，主要集中在圩畈区、库区和蓄滞洪区和山区部分乡镇；水源保证率、生活用水量及用水方便程度不达标人口8.93万人，主要集中在山区及徐桥、大石、江塘、小池、晋熙、城西丘陵地区。

截至2015年底，全县农村供水人口52.97万人，饮水安全人口数52.97万人，农村自来水供水人口31.65万人，自来水普及率为59.8%；全县共174个行政村，通水行政村书147个，通水比例84.50%。

2005—2010年，通过实施农村饮水安全工程，共新建各类饮水安全工程200处，均为集中式供水工程，总供水能力为1.40万m^3/d，解决了17.50万人的饮水安全问题，共投入饮水安全工程资金7923万元。

“十二五”期间，太湖县通过实施农村饮水安全工程，共新建各类饮水安全工程119处，均为集中式供水工程，总供水能力为2.60万m^3/d，解决了13.19万农村居民及4.03万农村学校师生饮水安全问题，共投入饮水安全工程资金7788万元。

表1　2015年底农村人口供水现状

乡镇数量	行政村数量	总人口	农村供水人口	集中式供水人口	其中：自来水供水人口	分散供水人口	农村自来水普及率
个	个	万人	万人	万人	万人	万人	%
15	174	57.20	52.97	33.02	31.65	19.95	59.75

表2　农村饮水安全工程实施情况

合计			2005年及“十一五”期间			“十二五”期间		
解决人口		完成投资	解决人口		完成投资	解决人口		完成投资
农村居民	农村学校师生		农村居民	农村学校师生		农村居民	农村学校师生	
万人	万人	万元	万人	万人	万元	万人	万人	万元
30.69	4.03	15711	17.50		7923	13.19	4.03	7788

2. 农村饮水工程（农村水厂）建设情况

20世纪80年代至农村饮水安全工程实施前，太湖县相继在人口相对集中的建制乡镇建立了大小15座水厂，解决了1.37万人的饮用水问题；在自然条件好的山区引导农民群众采取上面补一点、自己筹一点的方法建设自流引水工程153处，解决了1.61万人的吃水难的问题；特别是2001—2004年，又多方面筹措资金近千万元，用3年时间，在全县组织实施农村饮水解困工程，共建成各类饮水工程281处，解决了全县3.7万农村人口饮水困难，取得了显著的社会效益，提高了农民群众的健康水平，促进了农村经济的发展，改善了农村生产生活环境。

截至2015年底，我县集中式供水工程414处，设计供水规模46204m^3/d，实际供水25511万m^3/d。其中：规模化供水工程（Ⅰ～Ⅲ型）11处，设计供水能力28400m^3/d，实际供水14450m^3/d，供水人口16.58万人；小型集中供水工程（Ⅳ～Ⅴ型）209处，设计供水能力14964m^3/d，实际供水10039m^3/d，供水人口14.56万人；20m^3以下集中供水工程194处，供水人口1.88万人。

表3　2015年底农村集中式供水工程现状

工程规模	工程数量	设计供水规模	日实际供水量	受益乡镇数	受益行政村数	受益农村人口	自来水供水人口
	处	m^3/d	m^3/d	个	个	万人	万人
合计	220	43364	24489	15	174	31.14	29.86
规模水厂	11	28400	14450	—	—	16.58	15.78
小型水厂	209	14964	10039	—	—	14.56	14.08

3. 农村饮水安全工程建设思路及主要历程

“十一五”阶段。根据国家水利部、省水利厅的工作部署及要求，结合我县“十一五”发展规划和农村供水发展特点，按照“先急后缓、先重后轻、突出重点、分步实施”的原则，共新建各类饮水安全工程200处，均为集中式供水工程，总供水能力为1.40万m^3/d，解决了17.50万人的饮水安全问题，共投入饮水安全工程资金7923万元。

“十二五”阶段。我县贯彻以人为本的科学发展观，按照全面建设小康社会的要求，以加强农村供水基础设施建设、完善农村供水社会化服务体系、保障农村饮水安全为目标，针对不同因素导致的农村饮水安全问题，因地制宜，采取综合防治措施，使农民群众可持续地获得安全的饮用水。按照“生产发展、生活宽裕、乡风文明、村容整洁、管理民主”的社会主义新农村建设的要求，统筹城乡水务，构筑农民安全饮水保障体系，维护健康生命。共新建各类饮水安全工程119处，均为集中式供水工程，总供水能力为2.60万m^3/d，解决了13.19万农村居民及4.03万农村学校师生饮水安全问题，共投入农村饮水安全工程资金7788万元。2014年，我县根据上级主管部门要求，对我县农村饮水安全工程“十二五”规划进行了修编，并经县人民政府批准后实施，修编后的规划结合我县实际情况，改变了以往的建设思路，以建设“千吨万人”规模水厂为主。根据修编的规划，我县2014年建设规模水厂6处，解决了4.69万农村人口及2.32万农村学校师生饮水安全问题，共投入农村饮水安全工程资金3041万元。

三、农村饮水安全工程运行情况

1. 县级农村饮水安全工程专管机构

2012年12月28日，太湖县机构编制委员会以太编〔2012〕37号文批准成立了太湖县水利工程建设管理中心（挂太湖县农村饮水安全中心牌子），为财政全额预算事业单位，股级建制，核定编制9名，具体贯彻农村饮水安有关政策法规和规范标准，参与编制全县农村安全规划和相关管理办法，参与全县农村饮水安全工程建设的招投标管理、监督检查、竣工验收等工作，承担全县农村饮水技术示范、推广、培训、咨询、服务等工作，承担供水项目申报、可研立项、建设管理等工作，负责全县乡镇供水、农村饮水工程运行管和农村节约用水工作。

2. 县级农村饮水安全工程维修养护基金

太湖县于2013年建立了农村饮水安全工程维修养护基金，养护维修基金主要依靠县财政补贴，2013年确定基数为50万元，以后按财政增长比例逐年递增，截止2015年底，我县已累计筹集205万元用于农村饮水安全工程建后维修养护。为规范资金适用，我县出台了相关资金管理办法，实行专户存储，专款专用。

3. 县级农村饮水安全工程水质检测中心建设情况

2015年，我县依托太湖县疾病预防控制中心建成了太湖县农村饮水安全工程水质检测中心，承担我县农村饮水安全工程水质检测和指导任务。检测中心配有专业检测人员6名，均为事业单位编制，其中管理人员1名、检测人员5名。检测中心总面积315m²，其中化验室建筑面积160m²。

我县水质检测中心配备的主要仪器设备有：紫外可见光分光光度计、可见光分光光度计、原子吸收分光光度计、原子荧光光度计、COD测定仪、气相色谱仪、离子色谱仪等大型仪器，酸度计、温度计、电导仪、散射浊度仪等小型检测仪；辅助仪器设备有：万分之一电子天平、高压蒸汽灭菌器、真空泵、冰箱、超纯水机、马弗炉、电炉、超声清洗器等以前及玻璃器皿等易耗品。

我县水质检测中心检测指标数为41项，其中感官性状和一般化学指标18项、毒理指标15项、微生物学指标4项目、与消毒有关的指标4项。定期对全县集中式供水工程按照规定的频次进行检测，另外，每月对县域抽取20%集中式供水工程进行现场水质巡检。

我县水质检测中心所需的农村饮水安全工程检测服务经费列入财政年度预算，年运行费用主要通过县政府补贴来确保，非农村饮水安全工程则由被检测水厂根据相关制度上缴检测费用。

4. 农村饮水安全工程水源保护情况

做好饮用水水源地安全保障工作，是确保饮水安全和健康生活质量的首要条件，是落实科学发展观，实现首都经济社会又好又快发展和构建社会主义和谐社会首善之区的必要前提。近几年来，因水源污染导致群众健康受到危害的事件时有发生，饮用水源地的保护与管理受到全社会的普遍关注。随着经济社会的快速增长，排污总量与环境容量间的矛盾更加突出，环境事件增多，水源安全面临巨大挑战。

2009年4月29日，太湖县人民政府上报了《太湖县乡镇饮用水水源地保护区划定方案》，2009年7月29日，安庆市人民政府宜政秘〔2009〕102号文对划定方案进行了批复，同意太湖县乡镇饮用水水源地保护区划定方案，太湖县共有15个乡镇，在集镇区均实行了集中供水，县城（晋熙镇辖区）由县自来水厂供水，其中以长河为取水点的饮用水水源保护划定方案经市政府宜政秘〔2002〕116号批复同意实施，现作为县城的备用水源，以花凉亭水库为取水点的饮用水水源由安徽省环境保护局以环水函〔2009〕268号文划定水源保护区，其余14个乡镇均已划定集中式饮用水水源保护区。

5. 供水水质状况

根据我县水源的特点，各规模水厂目前净水工艺采用“混凝+沉淀+过滤+消毒”的方式，小型供水工程净水工艺采用“滤井+滤池+消毒”的方式，使水质达到国家标准。消毒方式一般采用二氧化氯消毒。根据水质检测报告，我县水质合格率为64.0%，县内少数水厂末梢水质存在不达标的问题，主要为部分微生物学指标超标及二氧化氯含量不达标等问题。

6. 农村饮水工程（农村水厂）运行情况

我县根据市场经济体制的基本要求，结合我县小型水利工程产权制度改革精神，工程完工后，由县农村饮水安全工程领导小组办公室将已竣工验收的工程移交给工程管理单位，并办理移交手续。在水资源统一管理的基础上，我县农村饮水安全工程管理模式根据工程特征合理采取，规模水厂以乡镇水利站为依托，组建具备法人资格的工程运行管理机构，资产规集体所有；规模较大的集中供水工程，成立供水协会，或委托村民委员会负责工程管理，按保本微利的原则向受益群众收取水费，用于工程维护、修理及扩大再生产，使农村饮水安全工程步上可持续发展的良性循环轨道，工程资产规村集体所有；工程规模较小，解决人数少的农村饮水安全工程，在有关业务部门的指导下，由受益户自行管理维护。乡镇水厂由物价部门核定水价，村级水厂由村民“一事一议”根据工程运行管理情况，制定合理水价，提取适当折旧费用，保证工程良性运行。

7. 农村饮水工程（农村水厂）监管情况

乡镇集中供水工程和跨村供水工程的管理主要根据工程投资渠道、工程规模等，实行不同的管理责任制。对于所有权归国家所有的，由县级水行政主管部门委托各乡镇水利管理站负责组建的供水工程管理委员会负责统一管理，工程管理委员会成员由水利部门和受益乡、村代表组成，村级代表应通过用水户大会选举产生，实行有偿供水，水价按物价部门核定的价格收取；私人投资或股份制修建的集中供水工程，由业主负责管理，实行有偿供水或微利供水。乡镇水厂入户费收取根据民生工程相关规定进行减免，仅按 300 元/户收取入户材料费。供水水质由太湖县农村饮水安全工程水质检测中心定期对水源水质及供水水质进行抽检。在价格管理方面，由县物价局和县水利局联合发文制定价格政策，一方面，通过出台自来水开户限价政策，切实维护农民的实惠，另一方面，用户水价既充分考虑用水户的支付能力，又考虑供水单位的成本补偿，形成合理的水价机制。我县设立了太湖县农村饮水安全中心，负责组织研究、制定与法律、法规相适应的农村供水工程管理规章制度，对实施的农村饮水安全工程进行技术指导与监督，对全县农村供水实行行业管理。

8. 运行维护情况

为加强农村饮水安全工程建后管护，我县出台了农村饮水安全工程有关政策，成立了太湖县农村饮水安全中心，具体负责全县乡镇供水、农村饮水工程运行管理和农村节约用水工作。明确了农村安全饮水工程的有关征地、用电、税收等优惠政策。明确工程的所有权和经营权，落实管护主体，加强与相关部门的协调、协作，在安全饮水工程的产权明晰、运行管理、质量监测、计量收费等方面，不断探索完善，形成机制，并建立健全长效管护制度。

9. 用水户协会成立及运行情况

根据农村饮水安全工程现状调查，我县已成立了 19 个农村饮水安全工程用水户协会，用水户协会在工程供水范围内，推选用水户代表，参考灌区农民用水户协会的相关章程及制度，结合供水工程的实际情况，各协会制订了协会章程、用水户协会供水工程管理制度、用水户协会财务管理制度、用水户协会水费征收及使用管理办法、用水户协会奖惩办法等各项规章制度。形成“以水养水、良性运行、长期发挥效益”的良好用水氛围。

四、采取的主要做法、经验及典型案例

（一）做法和经验

自 2005 年实施农村饮水安全工程以来，太湖县在农村饮水安全工程建设与管理方面

积累了丰富的经验，主要体现在：

1. 加强组织领导，健全规章制度

太湖县对农村饮水安全工程尤为重视，成立了专门的农村饮水安全工程领导小组，各乡镇、街道办事处也成立了相应的机构。为了规范农饮工程的实施与管理，保障项目资金专款专用，制定了《太湖县农村饮水安全工程管理办法》《太湖县农村饮水安全保障应急预案》等一系列规章制度。

2. 科学规划，统筹工程区域布局。

太湖县坚持以规划为引领，对全县农村饮水状况开展详细调查分析，对全县农饮工程进行科学规划、统筹安排。2014 年，太湖县根据上级主管部门要求及本县的实际情况，对太湖县农村饮水安全工程“十二五”规划进行了修编，改变了建设思路，结合美好乡村建设，集中有限财力，重点建设“千吨万人”规模水厂。

3. 重视项目前期工作，规范项目实施过程

委托有资质的单位进行工程勘测和设计，编制切合实际的设计方案，编制工程预算，统一组织施工；注重实地调查，力求做到选点准确、水源可靠、方案合理、经费节约、技术可行，体现农民的要求，反映农民的心愿，确保饮水困难地区群众吃上安全水。

在项目实施过程中，将农饮安全工作纳入政府任期目标考核内容，实行行政首长负责制、实行合同管理制度。

4. 健全机构，做好工程运行管理

设立太湖县农村饮水安全中心，负责组织研究、制定与法律、法规相适应的农村供水工程管理规章制度，对实施的农村饮水安全工程进行技术指导与监督，对全县农村供水实行行业管理。

5. 加强水质、水价检查监督，严格运行管理措施

农村供水工程由太湖县疾控中心定期对水源水质及供水水质进行抽检。在价格管理方面，由县物价局和县水利局联合发文制定价格政策，一方面，通过出台自来水开户限价政策，切实维护农民的实惠，另一方面，用户水价既充分考虑用水户的支付能力，又考虑供水单位的成本补偿，形成合理的水价机制。

6. 加强水源保护，充分利用和合理调配水资源

按照《饮用水水源保护区污染防治管理规定》的要求，划定供水水源保护区和供水工程管理范围，采取有效的措施，切实加强对水源地周边环境的保护，防止污染。

7. 建立健全农村饮水安全机制，保障群众饮水安全

太湖县组织编制了全县供水应急预案，各乡镇也编制了供水应急预案，以指导农村饮水突发事件应对工作，建立健全农村饮水安全应急机制，正确应对和高效处置农村饮水安全突发性事件，最大限度地减少损失，保障人民群众的饮水安全，维护人的生命健康和社会稳定，促进社会全面、协调、可持续发展。

（二）典型工程案例

工程名称：弥陀腾达水厂

工程位置：太湖县弥陀镇

工程设计规模：日最大供水量 1500m^3，受益人口 14000 人

设计单位：安庆市水利水电规划设计院

建设单位：太湖县弥陀腾达水厂工程建设指挥部

施工单位：太湖县水电建筑安装有限责任公司（土建部分），太湖县弥陀腾达自来水有限公司（管网部分）

建设过程：2009 年 5 月成立太湖县弥陀腾达自来水有限公司，与此同时开始兴建水厂。工程占地 $2800m^2$，分为两期进行建设，首期建设：（1）兴建日生产 $1500m^3$ 制水车间一座；（2）新铺设安装主管道 50km；（3）新建综合办公楼一幢。2010 年 10 月制水车间开始试运行，2011 年 12 月办公楼完工（资金来源由三部分组成：农村饮水项目资金、自来水公司自筹、省“江淮杯”奖补资金），2012 年 12 月完成了 180 万元的管网工程建设。

工程现状：水厂一期工程已建成，生产制水区占地 $650m^2$，自投入运行以来，目前日最大供水 $1200m^3$，受益人口达到 14000 人（含高中、初中和 5 所小学）、农户 2956 户，已覆盖集镇区及界岭、弥陀、白洋、弥陀、河口、安乐和居委会等村（居），水质完全符合国家生活饮用水卫生标准。

工程管理：弥陀腾达水厂直属弥陀水利站，现有管理人员 6 人（其中，运行、收费人员 3 人，安装维修人员 2 人）负责水厂安全生产、管网安装维修、水费收缴等工作。

水厂供水管理执行《弥陀镇供水管理暂行办法》（以下简称《办法》），《办法》包括 6 章，分别为：总则、供水工程建设、水厂管理、用户管理、奖惩、附则。《办法》明确了县水利部门负责农村饮水安全的行业管理工作，弥陀镇人民政府负责辖区内农村饮水安全的属地管理工作，卫生行政主管部门负责农村饮水安全的卫生监督管理工作，太湖县弥陀腾达自来水有限公司（以下简称水厂）负责镇区和向农村延伸部分的日常供水管理工作，各村负责本村农村供水的日常管理工作。

为确保弥陀腾达水厂安全生产应急处理高效、有序进行，最大限度地减轻损失，保障供水安全和人民生命财产安全，促进经济持续健康发展，特制定了《弥陀腾达水厂安全生产应急预案》，并成立弥陀供水安全事故应急指挥部。指挥部由镇长任指挥长，由分管水利方面工作的领导任副指挥长，镇安全生产办公室、水利站、城建办、公安派出所、卫生院部门等单位的负责人为指挥部成员。挥部办公室设在水利站，由水利站站长兼任办公室主任。

五、目前存在的主要问题

1. 工程设施方面

太湖县现状 11 处规模化供水工程中老城水厂建成于 1997 年，采用一体化净水设备，其余 10 处为近几年新建或改扩建，水处理设施及消毒设备完善。由于受资金限制，近年来新建或改扩建的规模水厂管网配套不到位，仍保留部分材质差且损坏严重的老管网。11 处规模化供水工程中老城水厂从长河滚水坝下游河滩取水，江塘水厂自花凉亭灌区总干渠取水，水源保证率不足 90%。

太湖县现状 209 处小型集中供水工程中 3 处建有 2005 年以前，分别为百里镇百里水厂、耿家水厂、大石乡民心水厂，3 座水厂水处理设施及消毒设备均不完善，且供水管网老化损坏较严重，民心水厂水源保证率不足 90%。2005 年以后建设的 206 处小型集中供水工程中，118 处水源保证率不足 90%，21 处水处理设施不完善，26 处消毒设备不完善。

2. 水质保障方面

太湖县现状 11 处规模化供水工程除老城水厂采用一体化净水设备，其余均采用常规水处理工艺，消毒设施完善，除小池镇小池水厂及江塘乡江塘水厂，其余均配备水质化验室。各规模水厂水源水质及供水水质均达标，均已划分水源保护区，但仍有 4 处未设置水源防护设施。

太湖县现状 209 处小型集中供水工程中仅 6 处划分水源保护区，21 处设置水源防护设施，绝大部分已配备净水设施、消毒设备，129 处供水水质达标，仅 1 处（沙坝水厂）配备了水质化验室。

现状 194 处 $20m^3$ 以下集中供水工程主要采用以山溪水为主的地表水，水质条件较好，虽然仅 1 处净化消毒设施完善，但是绝大部分供水水质能够达标。

分散供水工程均无净化消毒设施，水质达标率较低，仅为 5.8%。

3. 运行维护方面

太湖县现状 414 处农村饮水集中供水工程中 13 处工程产权全部归政府所有，1 处为政府与企业合有，1 处为全部个人所有，399 处归村集体所有。

供水管理单位为：3 处为小型专业化供水企业，10 处为乡镇水利站管理，1 处为个人承包，186 处为村委会，19 处为农户用水协会。

太湖县农村供水工程由太湖县农村饮水安全中心统一管理，执行水价为物价部门规定的水价。为了确保工程的正常维护，目前已成立维修养护基金，以作为工程维修、运行管护经费的保障。

“十二五”期间，太湖县水利局多次组织技术培训和技术指导，特别对规模水厂关键人员进行了岗位培训，要求水厂技术人员持证上岗，以提高运行人员素质和管理能力。

在实际的调查中发现运行维护方面主要还存在以下问题：

（1）随着新农村的建设，各项工程建设的增多，供水管网被破坏的现象逐渐增多，由于维修养护基金不足，导致维修不及时，威胁供水安全。

（2）由于外出务工人员较多，目前村内多为留守老人及儿童，水厂实际供水量远小于其供水能力，水厂运行成本较高，且水费收缴难度较大，影响水厂正常运营。

（3）供水规模 $200m^3/d$ 以下的集中供水工程运行管理人员绝大多只有 1 人，且学历水平较低（无中专以上学历者），受知识及技术水平限制，对水厂的运行维护不到位，消毒设备利用程度较低，许多水厂将源水沉淀过滤后直接供给村民，水质达标率较低。

六、“十三五”巩固提升规划情况及长效运行工作思路

1. 农饮巩固提升“十三五”规划情况

十三五期间，太湖县根据农村供水发展的特点，统筹规划，城乡一体。按照“先急后缓、先重后轻、突出重点、分步实施”的原则制定分阶段目标，优先解决对农民生活和身体健康影响较大的饮水安全问题。

根据太湖县农村饮水现状情况，按照到 2020 年全面建成小康社会、打赢脱贫攻坚战的要求，尽力而为，量力而行，确定太湖县“十三五”期间农村饮水安全工作的主要预期

目标是：到2020年，自来水普及率达到70%以上，农村集中供水率达到80%以上；水质达标率达到80%以上；小型工程供水保证率不低于90%，其他工程的供水保证率不低于95%。推进城镇供水公共服务向农村延伸，使城镇自来水管网覆盖行政村的比例达到50%以上。健全农村供水工程运行管护机制、逐步实现良性可持续运行。

太湖县农饮水安全巩固提升工程“十三五”规划新建工程98处（其中集中供水工程2处、分散供水工程96处），新增受益人口4.14万人，其中新增受益贫困人口2.97万人；改造工程23处，新增供水能力7750m³/d，新增受益人口7.84万人，其中新增受益贫困人口1.99万人。

表4　“十三五”巩固提升规划目标情况

农村集中供水率（%）	农村自来水普及率（%）	水质达标率（%）	城镇自来水管网覆盖行政村的比例（%）
80	70	80	50

表5　“十三五”巩固提升规划新建工程和管网延伸工程情况

工程规模	新建工程					现有水厂管网延伸			
	工程数量	新增供水能力	设计供水人口	新增受益人口	工程投资	工程数量	新建管网长度	新增受益人口	工程投资
	处	m³/d	万人	万人	万元	处	km	万人	万元
合计	2	1800	1.73	1.56	1040				
规模水厂	1	1500	1.50	1.40	820				
小型水厂	1	300	0.23	0.16	220				

表6　“十三五”巩固提升规划改造工程情况

工程规模	改造工程					
	工程数量	新增供水能力	改造供水规模	设计供水人口	新增受益人口	工程投资
	处	m³/d	m³/d	万人	万人	万元
合计	23	7750		30.25	7.84	4648
规模水厂	15	6900		28.23	7.14	3985
小型水厂	8	850		2.02	0.70	663

2.“十三五”之后农饮工程长效运行工作思路

一是加强用水管理。工程采取集中供水方式，在进行水价分析后，逐步实现按方收取水费政策，使群众用水与自身的利益密切相连，提高群众节约用水的自觉性。并利用不同方式、方法，加强节约用水的宣传教育工作，做到不浪费水、不滥用、多用水，提倡一水多用和重复利用。各村成立用水户协会，负责日常消毒等工作。

二是强化水源地保护。一要实行饮用水水源保护地方政府负责制。严格按照环保法律法规的规定，制定切实可行的饮用水水源保护措施，明确职责，加大投入，落实经费，采取有效措施，加强水源保护区环境监管。二要加大饮用水水源保护宣传力度，增强公众依法自觉保护饮用水水源意识。依法查处饮用水水源保护区内的违法排污行为。

三是加强法制建设。我县把农村饮水安全作为各级政府的一项重要职责，始终把保障饮水安全放在水利工作的首位，层层落实责任制，实行政府主导，各部门协调配合，动员、组织受益农民及社会各方面的力量积极参与。饮用水安全问题，直接关系到广大人民群众的健康，切实做好饮用水安全保障工作，是维护最广大人民群众根本利益、落实科学发展观的基本要求，是建设社会主义新农村、构建社会主义和谐社会的重要内容。“十三五”期间，我县将认真执行《水法》《水污染防治法》《环保法》《水土保持法》等法律法规以及省、市、县制定的与饮水有关的规定、办法，共同做好饮用水安全保障工作，把农村饮水安全工作纳入法制建设的轨道。

望江县农村饮水安全工程建设历程（2005—2015）

（望江县水利局）

一、基本概况

望江县位于安徽省西南边缘，长江中下游北岸，介于北纬30°63′~30°26′，东经116°26′~116°55′，东南与东至县和江西省彭泽县隔江相望，西依泊湖与宿松县毗邻，西北靠大、小香茗山与太湖接壤，东北邻皖水与怀宁县交界，国土总面积1357.37km^2。

总耕地面积53.27万亩，其中水田27.83万亩。农业生产以种植水稻、棉花为主，水稻主要分布在湖圩区，棉花主要分布在沿江洲区，望江县是全国优质棉生产和出口基地。下辖8镇2乡、120个行政村和14个社区，全县总人口63.5万人，其中农业人口58.00万人，占总人口的90%以上。

望江县境内有武昌湖、华阳河两个流域（江外滩地及长江水面末划分），其中武昌湖流域面积830.63km^2、华阳河流域面积444.92km^2。境内主要河流有泥塘沟、宝塔河、新坝河、幸福河、津潭河、新漳河、华阳河、杨湾港道等，河道总长154.22km。主要湖泊有武昌湖、焦赛湖、栏杆湖、泊湖。

望江县水资源丰沛，全县多年平均降水量为1372.9mm，多年平均地表径流量为8.52亿m^3，全县多年平均可利用地下水资源量为1.52亿m^3。此外，花凉亭渠道、长江和泊湖还为本县提供了丰富的过境水和外水资源，水资源总体比较丰富，水资源开发利用条件较好。根据采样监测，县境内主要河流水质良好；武昌湖水质良好，呈轻度~中度营养化状态；泊湖水质较好，呈轻度~中度营养化状态。其余中小河流及农村河道大部分水质较好，仍有部分中小河流及农村河道水污染较严重，污染的主要成因源自水土流失、生活污水、工业废水、农业面源污染及畜禽养殖等五大污染类别，目前望江县已对部分小流域进行综合治理，已取得良好效果。

二、农村饮水安全工程建设情况

1. 农村人口饮水安全解决情况

实施农村饮水安全工程前，由于我县地处沿江湖畔丘陵地区，又是“湖沼型”血吸虫流行区，县域水多但又严重缺乏安全饮用水。饮用水不安全类型主要为：沿江、沿湖区为血吸虫疫区，后山丘陵区的苦咸水。

2015 年底我县 120 个行政村和 14 个社区都通自来水，农村人口 58 万人，饮水安全人口为 46. 14 万人，农村自来水供水人口为 45. 98 万人，占全县农村人口的 80%。

2005 年至 2015 年我县共实施了 9 期农饮工程，农饮省级投资计划累计下达 12696 万元（其中中央投资 9089 万元、省级配套资金 1592 万元、县级自筹 2015 万元），共解决 25. 68 万人农村居民和 1. 93 万人农村学校师生饮水不安全问题，占全县农村人口的 44%。

表 1　2015 年底农村人口供水现状

乡镇数量	行政村数量	总人口	农村供水人口	集中式供水人口	其中：自来水供水人口	分散供水人口	农村自来水普及率
个	个	万人	万人	万人	万人	万人	%
10	134	58	46. 14	46. 14	45. 98		80
10	134	58	46. 14	46. 14	45. 98		80

表 2　农村饮水安全工程实施情况

合计			2005 年及“十一五”期间			“十二五”期间		
解决人口		完成投资	解决人口		完成投资	解决人口		完成投资
农村居民	农村学校师生		农村居民	农村学校师生		农村居民	农村学校师生	
万人	万人	万元	万人	万人	万元	万人	万人	万元
25. 68	1. 93	12696	12. 2		5411	13. 48	1. 93	7285
25. 68	1. 93	12696	12. 2		5411	13. 48	1. 93	7285

2. 农村饮水工程建设情况

农村饮水安全工程实施前，我县相继在人口相对集中的建制乡镇建立了大小 14 座水厂，主要解决乡镇集镇区及周边农村供水，农村自来水普及率仅占全县农村总人口（当时农村人口为 55. 81 万人）的 15%，基本上是由各地通过市场化运作方式兴建的小水厂，由于当时没有进行规划和规范设计，加上资金投入不足，便得大部分水厂供水设备简陋，制水工艺简单。全县有近 12 万农村人口根本无供水设施，直接饮用江河湖塘，甚至沟渠等地表水，水质不达标。少数乡村季节性缺水严重或常年远距离挑水，吃水难的问题都没有得到解决。农村饮水不安全问题给农村人口的身心健康造成了严重威胁，影响着农村玫经济发展。

截止 2015 年底望江县集中式供水工程 36 处，设计供水规模 57256m^3/d，实际供水 32414 万 m^3/d，其中：规模化供水工程（Ⅰ ~ Ⅲ型）20 处，设计供水能力 54400m^3/d，实际供水 30320m^3/d，供水人口 51. 18 万人；小型集中供水工程（Ⅳ ~ Ⅴ型）16 处，设计供水能力 2856m^3/d，实际供水 2094m^3/d，供水人口 4. 61 万人。

表3　2015年底农村集中式供水工程现状

县（市、区）	工程规模	工程数量	设计供水规模	日实际供水量	受益乡镇数	受益行政村数	受益农村人口	自来水供水人口
		处	m^3/d	m^3/d	个	个	万人	万人
望江县	合计	36	57256	32414	13	126	55.79	45.98
	规模水厂	20	54400	30320			51.18	43.44
	小型水厂	16	2856	2094			4.61	2.54

3. 农村饮水安全工程建设思路及主要历程

2005—2015年我县共实施9期农饮工程除第一期实施的1处打井工程外，其余均为现有自来水厂管网延伸工程，共24处。工程建设标准相对较高，除初期的1处打井工程（位于太慈镇桃岭村）、回民村水厂以单村供水为主外，均是推进规模化供水工程建设，大多是以镇区划为单位，由现有水厂向周围辐射扩展，跨村甚至跨镇供水。供水方式为：从地表水水源地取水经反应、沉淀、过滤和消毒后通过管网送入用水户；地下水为水源的供水工程也要经过消毒再由管网入户。

三、农村饮水安全工程运行情况

我县农村供水工程产权明确，谁投资谁所有。全县36处农村供水工程，有23处供水工程由乡镇政府和企业（或个人）共同所有，有12处20～200m^3/d的小型集中供水工程属于村集体所有，只有1处（大治圩大泉自来水厂）由私人独资建设管理，权属全部归个人所有。

运行管理方式：7处工程由区域性专业化供水企业进行管理，17处工程为小型专业化供水企业管理，12处工程由村委会管理。

全县均未实施“两部制”水价政策，各水厂水价按物价部门核定的价格收取，除雷池乡金红水厂3.0元/m^3、赛口镇清泉水厂分2.5元/m^3外，其余均为2元/m^3。由于农村外出务工人员较多，家中多为留守老人和孩子，他们受传统习惯影响，生活节俭，生活饮用水常常仍沿用塘水、井水，一般农户用水量不大，水费往往也不能正常收取，水费足额收取也很困难，甚至有些水厂供水成本大于收取费用。2016年县政府下文从10月1日开始执行“两部制”水价政策。

供水工程运行较好，能够正常取水制水，供水、工程管网维修及时。水质检测多由县卫生部门定期或抽查方式检测，供水水质达标。36处工程中虽有20处工程划定水源保护区或保护范围，只有2处有水源防护设施，水源保护设施缺乏，保护措施力度太弱。

2010年县政府以望编字〔2010〕40号文批准成立了望江县农村饮水安全管理中心，2012年又以望编字〔2012〕10号文更名为县农村饮水安全工程管理站，为财政全额供给事业单位，核定编制5名。县级维修养护基金于2013年建立，每年财政补贴30万元用于农村供水工程的维护。

明确由安庆市人民政府批准划定为水源地保护区的我县有10处：杨湾镇杨闸水厂、

漳湖镇自来水厂、高士镇思源水厂、鸦滩镇水厂、长岭镇宏源和龙山水厂、太慈镇水厂、凉泉乡水厂、雷池乡水厂、赛口镇金堤水厂（已并入赛口清泉水厂，水源地已变）。目前我县尚未建立水质检测中心，农村饮水工程水质检测由县疾控中心负责。

四、采取的主要做法、经验及典型案例

（一）做法和经验

1. 加强领导，精心组织，提供有力组织保障

为确保农村饮水安全工程建设顺利实施，2006 年我县成立了以县政府分管县长为组长，水利局长为副组长，各相关单位主要负责人为成员的领导小组，统一组织领导全县民生工程建设工作，领导小组下设办公室，具体负责工程建设的组织实施和建设管理工作。2010 年县政府以望编字〔2010〕40 号文批准成立了望江县农村饮水安全管理中心，2012 年又以望编字〔2012〕10 号文更名为县农村饮水安全工程管理站，负责全全县农村饮水安全规划、实施，做好农村供水工程的指导和管护工作，确保工程良性运行和持续发挥效益。每期工程待方案审批后，县农饮工程领导小组及时召开本年度农村饮水安全项目建设工作会议，对当年的农村饮水安全工作进行了周密部署和安排，明确了各参建单位的工作职责和任务，同时就项目建设提出具体实施意见。并签订了目标责任书，将农村饮水工程纳入县民生工程、乡镇年度考核任务之一，实行目标管理。

2. 深入调查，尊重民意，扎实做好前期工作

我们在农饮工程建设前期，都把“进村入户、广泛调查、征求意见、充分协商”作为一项重要的工作方法和必经程序。在工程实施前，首先组织人员向项目区内的广大群众征求关于工程建设规划、资金筹措、管理体制、水价预期等方面的意见。同时，我们采取多种形式广泛宣传项目的政策、意义及具体的做法。一是在《望江日报》的上介绍年度安排的项目计划及进度情况，同时多次在安庆电视台、望江电视台上进行项目介绍、在望江县人民政府网等宣传媒体进行公示，注明受益户村及人口数，广泛接受社会各界的监督，保障项目实施和资金使用公开、透明。二是在工程建设乡镇、行政村召开村民代表会和张贴公告宣传政策、公示资金使用情况等。让社会各界了解水利民生工程，形成良好的社会氛围。

3. 整合小型水厂，扩大规模

“十二五”期间，我县积极争取能并则并，扩大水厂规模，对水源保护工程加大投入，使各个水厂都能形成一定的规模，管理全面走向市场化、社会化、规范化。

我县以长岭镇为试点，逐步推及其他乡镇，达到城乡供水一体化。长岭镇原先有 3 个小型水厂，长岭水厂、赤头坎水厂、苍洪水厂，均存在建设标准低、制水工业落后、管理不善等问题，难以满足用水需求。县农饮办要求长岭镇整合这 3 个小水厂，现已合并为宏源水厂，设计规模为 $3000m^3/d$，占地面积 13.2 亩，绿化面积 8.2 亩，办公楼建筑面积为 $630m^2$。通过多期农饮工程建设实施，该水厂现供水范围涉及长岭镇长岭村、后埠村、文学村、苍洪等 11 个行政村，受益人口达 4.8 万人，供水入户人口 3.4 万人。

4. 创新机制，加快推进工程建设

首先，实行目标管理责任制。由县政府与各镇政府签订农村饮水安全目标责任书，明

确任务、职责和完成期限。其次，严格实行工程项目建设“六制”。严格实行“六制”，规范操作。一是项目法人制。县农饮办为项目法人，对农村饮水安全工程建设进行全过程的监督和管理。二是严格实行工程主要材料设备招投标制。主要管材全部由政府统一采购，所选购产品都在水利部推荐的设备目录中，决不允许随意购买非中标企业的产品，杜绝不合格的建筑材料和设备进入农村饮水安全建设现场。三是建设质量现场监督制。项目法人委托时达监理公司，对工程建设质量实行全面现场监督制。四是合同管理制，所有工程都签订合同，工程建设、付款、验收严格按合同进行。五是资金报账制。设专户，建专账。农饮工程验收合格后，由施工单位开具，建设单位和监理单位签署意见后，县农饮办填报拨款申请书，经县财政部门审核报账，完善手续后拨付到施工单位。农饮工程的大宗管材实行政府采购。采购资金支付按县政府采购资金管理的有关规定。管材采购完成后，县农饮办依据已经签收的通知书报账。六是竣工验收制。在工程建设完工后，先由各乡镇农村饮水领导小组组织自验，在自验合格的基础上，再由农村饮水领导小组组织县级验收，县级验收合格，再申请市级验收。

5. 严格资金管理，实行动态监督

在我县水利民生工程项目建设中，中央和省级补助资金按规定落实到工程项目；地方政府按规定筹集到的资金，以各地各项工程规模的大小进行适当调配，做到资金专款专用。均及时到达县农饮专户。尽管我县各级财政状况比较困难，但各地对农村饮水安全工程都很重视，前期工作经费和项目管理经费都做了安排。县财政落实配套资金按 50 元/人标准，其他通过群众自筹，以人均不超过 40 元/人的标准筹集入户材料费。并严格实行国库集中支付和财政支农资金报账制管理，并按照要求由县水利局成立了财政支农专项资金报账制实地核查小组，每次报账工程量需现场监理签字确认，水利局工程技术人员审核，分管领导复核才能报账，做到报账程序规范，报账内容与建设内容相符合。

6. 强化建后管理，充分发挥工程效益

为避免重建轻管的现象，适应社会主义市场经济体制，并结合我县乡镇的实际情况，根据上级相关部门的要求和我县 2013 年出台的《望江县农村饮水安全项目建设和运行管理暂行办法》，各项目乡镇、村制定饮水安全工程管理细则，确保饮水安全工程建管同步，管理责任到人。工程验收结束后全部移交给所在水厂进行经营管理，由水厂负责工程的运行、维修、养护、水费征收等工作，县农村饮水安全管理中心负责抓好水厂标准化、规范化建设，确保工程长期有效地发挥效益。

（二）典型工程案例

“十二五”期间，我县农村饮水工作主要在于提高农民的自来水普及率和饮水安全率。鉴于部分老水厂建设起点低、规模小、布局不合理，以及制水工艺日趋落后，不利于农饮工程项目发挥长期效益。我县以“小小联合，以大带小”模式，积极争取能并则并，扩大水厂规模，对水源保护工程加大投入，使各个水厂都能形成一定的规模，管理全面走向市场化、社会化、规范化。

我县以长岭镇为试点，逐步推及其他乡镇，达到城乡供水一体化。长岭镇原先有 3 个小型水厂，长岭水厂、赤头坎水厂、苍洪水厂，均存在建设标准低、制水工业落后、管理不善等问题，难以满足用水需求。县农饮办要求长岭镇整合这 3 个小水厂，现已合并为宏源水厂，设计规模为3000m^3/d，占地面积13.2亩，绿化面积8.2亩，办公楼建筑面积为630m^2。通过多期农饮工程建设实施，该水厂现供水范围涉及长岭镇长岭村、后埠村、文学村、苍洪等11个行政村，受益人口达4.8万人，供水入户人口3.4万人。

新建的宏源自来水有限公司，建设在泊湖末梢大叉湖边的高岗上，视野开阔，环境清幽。厂区内，《管网、安装、维修岗位工作制度》《片区管理人员工作要求》《制、供水岗位制度》等全部上墙，并全部向用户公开，接受全社会监督。在生产区，水流汩汩，纤尘无染。泊湖水经过絮凝、预沉淀、沉淀、石英砂过滤、活性炭过滤、消毒等6道工序，经检测合格后才送到村民家中。水厂热线电话就在村务公开栏里，管道检修基本上是随叫随到。

同时，县农饮办要求水厂严把水源、检测、管理“三关”，努力提升整合后新水厂的综合实力，更好地为老百姓服务。

农村饮水安全工程是党和国家的一项重点民生工程，体现了党和政府对饮水不安全地区人民的关怀。整合资源，提升服务，实现城镇供水一体化，是下一个阶段我们县农饮工程的努力方向。要确保国有资产社会效益和公共利益的最大化，从而保证农村饮水安全工程的可持续性发展。

五、目前存在的主要问题

1. 工程设施方面

望江县农村供水工程起步早，36处水厂中有13处是2005年之前兴建的，其中规模化水厂（Ⅰ～Ⅲ型）10处、Ⅳ型水厂（200～1000m^3/d）3处。

这些水厂基本上由民营企业兴建（有些招商引资的），20世纪90年代也有少数是乡镇企业办的水厂，但也都通过改制转为民营。这些水厂大多制水、净水设施简陋，标准低。配套不到位，均无水质检测设备。有的水厂水源靠近村庄，主干管网管径偏小，加之后期扩建和管网延伸，水源水质和供水量上难以得到保证。部分水厂已达到或超设计年限，工程老化严重，管网漏损率高，造成工程的运行效率严重降低。由于建设初期缺乏资金，供水管网布局不合理、主管网管径偏小等问题也十分突出，加上水厂各种构筑物、机电设备、管网（过去是水泥管材）的老化严重，造成水源供水保障程度严重不足。

2. 水质保障方面

全县大多数水厂没有水源地保护区范围的批准文件，也没有在水源保护区设立明显的标志，更缺少对水源保护的必要措施。36处集中供水工程中划定水源保护区或保护范围的有20处，具有水源防护设施的仅有2处。

一些水厂水源靠近农村生活、生产聚集地，水源极易受人群活动影响或受农业面源污染，影响水源水质。加上制水、净水工艺流程不够标准，部分水厂水处理设施、消毒设备不完善，技术条件相对落后，制水人员缺乏专业技能，水质检测和化验室及设备无从谈起，不能对水质状况进行有效监测，只是凭经验操作，凭良心做事，供水水质达标得不到保障。36处集中供水工程中有11处水处理设施不完善、11处消毒设备不完善、仅3处配备了水质化验室和8处水质不达标。

3. 运行维护方面

我县农村供水工程产权明确，谁投资谁所有。全县36处农村供水工程，有23处供水工程由乡镇政府和企业（或个人）共同所有，有12处20～200m³/d的小型集中供水工程属于村集体所有，只有1处（大治圩大泉自来水厂）由私人独资建设管理，权属全部归个人所有。

运行管理方式：7处工程由区域性专业化供水企业进行管理，17处工程为小型专业化供水企业管理，12处工程由村委会管理。

望江县农饮工程运行管护全权交由水厂，由于乡镇水厂市场化管理，管理权属归县住建局，农饮工程只是依托水厂，农饮工程管护好坏依赖水厂自身的运行管理效果。而从现状调查看，水厂运行效益不佳，运管经费保障性比较差。工程规范运行管理不能常态化，缺乏专职的管护人员和应有的检测和监控设备，运行状况不容乐观。

全县均未实施“两部制”水价政策，各水厂水价按物价部门核定的价格收取。由于农村外出务工人员较多，一般农户用水量不大，水费往往也不能正常收取，水费足额收取也很困难，甚至有些水厂供水成本大于收取费用。

2013年11月望江县出台了《望江县农村饮水安全工程维修基金管理办法》，明确了全县农饮工程维修养护基金的建立和使用管理办法，一定程度上确保农饮工程充分发挥其工程效益。

六、“十三五”巩固提升规划情况及长效运行工作思路

1. 农饮巩固提升“十三五”规划情况

结合望江县供水现状，农村饮水安全巩固提升工程规划建设总体布局为：（1）整合部分水源水质较差、建设标准低、制水工业落后、管理不善的小水厂，兴建适度规模的联片规模化集中供水工程。（2）对部分运行情况较好的规模化水厂进行扩建改造、管网延伸等工程，扩大供水人口，提高供水普及率，保障居民用水安全。

望江县农饮水安全巩固提升工程“十三五”规划新建工程新建工程新建工程9处（其中规模化集中供水工程4处），新增供水能力12570m³/d，新增受益人口1.85万人，其中新增受益贫困人口271人；现有水厂管网延伸25处，新建管网长度512.4km，新增受益人口10.04万人，其中新增受益贫困人口1.44万人；划定水源保护区3处，建设规模化水厂水质化验室15处，建设规模化水厂自动化监控系统20处，建设水质状况实时监测试点10处。

2016—2018年实施农村饮水安全巩固提升工程精准扶贫，新建工程1处、现有水厂管网延伸25处，使全县1.46万人未通水贫困人口全部通水，并且使60个贫困村户户通水，工程总投资3138万元，其中扶贫部分投资731万元。

2019—2020年整合新建太慈、漳赛、高士、长岭自来水厂等4座规模化水厂，并进一步实施25处现有水厂管网延伸工程，工程总投资6402万元。

表4　“十三五”巩固提升规划目标情况

农村集中供水率（%）	农村自来水普及率（%）	水质达标率（%）	城镇自来水管网覆盖行政村的比例（%）
100	90	90	85
100	90	90	85

表5　“十三五”巩固提升规划新建工程和管网延伸工程情况

工程规模	新建工程					现有水厂管网延伸			
	工程数量	新增供水能力	设计供水人口	新增受益人口	工程投资	工程数量	新建管网长度	新增受益人口	工程投资
	处	m^3/d	万人	万人	万元	处	km	万人	万元
合计	5	12634	1.71	1.71		25	512.4	10.04	
规模水厂	4	12570	1.68	1.68		25	512.4	10.04	
小型水厂	1	64	0.09	0.09					

2. “十三五”之后农饮长效运行工作思路

我县通过“十三五”期间对现有水厂的评估、收购、整合，使水厂上规模、上档次。为保证水厂长效运行主要做到以下两点：

（1）进一步落实农村自来水厂监管责权。农村饮水工程设施收归乡镇后，要加大政府的领导和监管力度，县政府与乡镇签订目标责任书，将此项工作纳入年度考核计划。要不断强化乡镇政府、主管部门和供水单位的工作职责，加强供水设施的管理、维护，明确水厂取水、制水、检验。

（2）部门联动保障农村饮用水安全。农村饮用水和供水等环节的具体规定和要求。安全建设是一项系统、复杂的工程，包括水源保护、饮水工程建设和水质监测等方面的内容，涉及发改、水利、环保、卫生、财政、物价、住建、国土等多个职能部门，需要各职能部门之间密切配合和协调才能做好工作。要核定出较为合理指导性水价，不断加大对水源地保护力度，切实加强水质的检测和监测等。供水单位要定期向群众公布水价、水量、水质、水费收支情况，以提高受益群众用水积极性，确保农村群众喝上“放心水、明白水、安全水”。

岳西县农村饮水安全工程建设历程（2005—2015）

（岳西县水利局）

一、基本概况

岳西县位于安徽省西南部大别山区，北纬30°29′～31°11′，东经115°50′～116°33′，全县面积2372km²，其中山林面积占70.7%、耕地面积占6.4%、河流水面占6.9%，全县地貌属山地类型，西北高、东南低，全境地跨大别山南北两坡，有许多分水岗脊相隔，地形复杂，高差很大，最高海拔1754m。全县属亚热带季风气候区气候温和，光照适中，雨量充沛，湿度偏高，四季分明，雨热同期。多年平均降水量1498mm。

岳西县辖24个乡镇，186个行政村，总人口40.87万人，其中农村人口30.69万人。2015年全县生产总值76.95亿元。第一产业增加值15.35亿元，第二产业增加值42.07亿元，第三产业增加值19.53亿元，城乡居民人均可支配收入12169元。

全县地跨长江、淮河两大流域，长江流域1856km²、淮河流域542km²，全县大小河流共900余条。多年平均径流深863mm，多年平均径流总量为21.87亿m³，水资源可利用量0.88亿m³。现状用水量0.84亿m³，其中工业用水量0.006亿m³、农业用水量0.76亿m³、人畜用水量0.08亿m³。

根据《2015年岳西县环境质量公报》，县域内主要河流地表水水质良好，县城集中式饮用水水源地水质满足功能要求。尽管全县主要河流总体水质达到国家Ⅲ类标准，但水质问题仍然较为突出，大部分生活污水直接进入河流、湖泊，造成水体污染，部分河段生活污水不断增多，大肠杆菌超标和水体富营养化逐渐明显。

二、农村饮水安全工程建设情况

1. 农村人口饮水安全解决情况

岳西县饮水不安全类型主要有污染水、其他水质、缺水和方便程度不足等4种。2015年底，农村居住总人口37.1万人，饮水安全人口数26.27万人，农村自来水供水人口26.27万人，自来水普及率70.8%。岳西县辖24个乡镇、182个行政村数和6个社居委，所有行政村和社居委均已通水，通水比例100%。

岳西县自2005年实施农村饮水安全工程以来，农村饮水安全累计下达投资额10605万元，其中中央投资8689万元、省级投资1916万元，计划解决26.27万人饮水安全；累计完成投资12366万元，其中中央投资8689万元、省级配套资金1916万元、市县级配套资金1465万元、农民群众自筹296万元，实际解决26.27万人饮水安全；全县共建设农村集中式供水工程558处，其中：自流引水工程388处，提水工程99处，管网延伸工程71处；集中式供水受益人口26.27万人。

表1　2015年底农村人口供水现状

乡镇数量	行政村数量	总人口	农村供水人口	集中式供水人口	其中：自来水供水人口	分散供水人口	农村自来水普及率
个	个	万人	万人	万人	万人	万人	%
24	188	40.87	26.3	26.3	26.3		70.8

表2　农村饮水安全工程实施情况

合计			2005年及“十一五”期间			“十二五”期间		
解决人口		完成投资	解决人口		完成投资	解决人口		完成投资
农村居民	农村学校师生		农村居民	农村学校师生		农村居民	农村学校师生	
万人	万人	万元	万人	万人	万元	万人	万人	万元
25.75	0.52	12414	12.1	0.05	5418	13.65	0.47	6996

2. 农村饮水工程（农村水厂）建设情况

2005年以前，县域内无农村水厂，农村居民用水绝大部分为挑水吃，少数居民自行购买PVC管材，建设简易的取水设施，直接引入家中饮用，无沉淀、过滤、清水设施，农村饮水极不安全。截至2015年底，县域现有农村水厂487个，解决全县26.27万农村居民饮水，供水规模达2.63万m^3/d，工程分布于全县187个村或社居委，无千吨万人以上规模水厂。农饮工程建设中，我县社会资本、个人资金等资金均有投入。2007—2008年，我县农村居民也自筹资金解决资金不足问题，2年受益群众4.5万人，共自筹资金296万元。店前水厂为我县自来水公司投资兴建，在解决店前镇集镇供水的同时，管网向周边延伸解决农村居民饮水，受益人口达3000多人；我县农村饮水安全工程投资兴建的来榜水厂、河图水厂建成移交乡镇后，被个人购买、经营管理，并分别投入资金几十万元，对水厂的部分设施进行了改造、管网进行了延伸，增加了受益农村人口，目前2个水厂运行状况均良好。2015年底，我县农村居民接水入户7.3万户，用户仅承担水表以后入户管道、水龙头等材料购安费用，入户率100%。

表3　2015年底农村集中式供水工程现状

工程规模	工程数量	设计供水规模	日实际供水量	受益乡镇数	受益行政村数	受益农村人口	自来水供水人口
	处	m^3/d	m^3/d	个	个	万人	万人
合计	487	26274	26274	24	186	26.27	26.3

（续表）

工程规模	工程数量	设计供水规模	日实际供水量	受益乡镇数	受益行政村数	受益农村人口	自来水供水人口
	处	m^3/d	m^3/d	个	个	万人	万人
规模水厂							
小型水厂	487	26274	26274	24	186	26.27	26.3

3. 农村饮水安全工程建设思路及主要历程

“十一五”期间，我县农村饮水安全工程建设由各乡镇担任项目法人，上级安排的计划指标全数分解到各乡镇，由各乡镇组织制定实施方案，报县农饮领导小组批复后，再组织实施。县农村饮水安全工程建设领导小组指导监督全县农村饮水安全工程建设，坚持以实现农村集中供水“村村通”为目标，坚持“以人为本、全面规划、统筹兼顾、标本兼治”的方针，以“因地制宜、注重实效、全面安排、突出重点、分期实施、适度超前”为指导思想，按照“先重后轻、先急后缓”的原则，对影响群众正常生活和身体健康的污染水等问题作为规划实施的重点，优先安排解决。“十一五”期间，我县建设农村饮水安全工程309处，受益人口121542人，投入资金5418万元，无较大规模水厂。

“十二五”期间2011—2012年，我县农村饮水安全工程建设仍由各乡镇担任项目法人，由各乡镇组织制定实施方案，报县农饮领导小组批复后，再组织实施；建设农村饮水安全工程的宗旨、指导思想和原则与“十一五”期间相同。2013—2015年，我县农村饮水安全工程项目法人为岳西县农村饮水安全工程建设领导小组办公室（简称县农饮办），统一负责全县农村饮水安全工程的建设管理；计划安排的指导思想为分年度分片集中扫尾、重点建设乡镇集中供水工程，优先安排支持美好乡村建设点，兼顾严重缺水地区。“十二五”期间，我县已建设农村饮水安全工程249处，投入资金6948万元，受益人口141200人。2005—2015年我县已建设和即将建设农村饮水安全工程558处，解决262742人农村居民安全饮水，占农村总人口70.7%，投入资金12414万元，建设万人以下、千人以上的水厂17座，分布于来榜等17个乡镇。

三、农村饮水安全工程运行情况

1. 县级农村饮水安全工程专管机构

我县农村饮水安全工程运行管理站成立于2010年12月（岳水〔2010〕121号文），负责全县农村饮水安全工程的运行管理，与局农水站合署办公，人员由农水站工作人员兼任，无须另行安排运行经费。

2. 县级农村饮水安全工程维修养护基金

岳西县人民政府于2011年6月28日同意设立岳西县农村饮水安全工程运行维护基金（岳政秘〔2011〕177号），维修基金专户储存，专用于农村饮水安全工程的维修养护。五年共计到位维修养护基金388万元，其中2011年54万元、2012年61万元、2013年79万元、2014年92万元、2015年102万元。5年间县级财政拨款投入维修基金共计205万元，其中2011年25万元、2012年30万元、2013年30万元、2014年90万元、2015年30万元。岳西县农村饮水安全工程维修基金已于2011年制定严格的资金使用管理制度，采取预算申报和发票结算报账制。

3. 县级农村饮水安全工程水质检测中心建设情况

建设情况：2015年，我县县级水质检测中心根据县政府主要领导指示，依托县自来水公司中心化验室建立，2015年11月已通过县级自验收，2016年1月份已投入使用。

主要仪器设备：原子吸收室，气相色谱室，大型仪器室及相应配套仪器等。

检测项目：我县农村饮水安全工程管护均能严格执行水质检测制度，各工程的水质建设前、建设后及每年常规检测均按相关要求进行检测，建设后对水源水、出厂水和末梢水及分散式取水进行常规42项检测。

检测频次：针对200～1000m^3/d集中供水工程，水源水、出厂水均在每年在丰、枯水期各检测1次，另每年对50%工程的出厂水进行日常抽检1次；针对20～200m^3/d集中供水工程，出厂水均在每年丰、枯水期各检测1次，另每年对50%工程的出厂水进行日常抽检1次；针对20m^3/d以下的集中供水工程，出厂水在每年在丰、枯水期各检测1次；所有工程管网末梢水每年在水质不利情况下检测1次。

建设投资：中心化验室共计投入资金236万元，其中中央投资66万元、省级投资41万元、县级配套投资130万元。

运行经费：岳西县农村饮水安全工程水质检测中心运行费用主要为向受检单位收取的水质检测费、县自来水公司补助和申请县财政补助三种方式。按照有关文件精神，参考县疾控中心的水质检测收费标准，检测出厂水、末梢水41项指标实际可按1500～2500元/次的统一标准收取，检测水源水12项指标实际可按500～1000元/次的统一标准收取；对于一些经济条件相对较差、工程受益人口少的工程点，若水费收入不能保障送检费用，则申请县财政予以补助；同时中心检测人员承担县自来水公司供水水质检测，县自来水公司应根据县农饮工程和公司本身供水水质检测工作量的比例承担相应的费用。

专业人员落实：中心化验室按照相关批复，计划配备领导人员2名，由县自来水公司领导代管；管理服务人员2名，专业检测人员6名。岳西县自来水公司化验室原有化验员4人，其中有2名助理工程师，1名中技，无管理服务人员。2016年岳西县自来水公司化验室已采取劳务派遣的形式，按计划招聘有关技术及管理人员，其中专业检测人员2名、管理服务人员2名，目前人员已按计划足额配备且已到岗到位。

4. 农村饮水安全工程水源保护情况

2010年10月，我县政府下发《关于农村饮水安全工程设立水源保护区的通知》（岳政办秘〔2010〕192号），要求各乡镇人民政府，要按照《岳西县农村饮水安全工程水源保护区划分方案》，对辖区内所有农村饮水安全工程划定水源保护区，并切实落实水源保护措施，确保我县农村饮水安全工程水源的水质不受污染，确保饮用水安全。2014年12月，县政府对县环保局要求划定12个乡镇集镇饮用水水源保护区的报告进行了批复，把来榜、河图、黄尾、冶溪、姚河、巍岭、石关、田头、和平、青天、包家、中关等12个乡镇集镇饮用水水源保护提高到县级保护的高度，批复中对各乡镇水源保护区的一级、二级及准保护区进行了详细的界定。同时该保护区划定已经市政府批准。该12个乡镇集镇供水中，有4处为千人以上的农村饮水安全工程。2015年，我县环保、水利等部门又联合制定了《岳西县农村集中式供水工程水源保护区划定方案》。同时，全县22处千人以上集中供水工程中，剩余18处未提请县政府划定保护范围的供水工程，也由环保、水利等部门联合划定水源保护区，正在报请县政府批复中。

各工程点水源保护区均由当地乡镇人民政府按照有关规定划定，并设置标识牌。工程管理人员对水源保护区和工程管理范围进行定期或不定期巡视，对水源保护区进行保护，发现被侵占或被损坏时及时制止，重大问题及时报告乡镇人民政府、县水利局进行处理，坚决做到发现一起、查处一起。

目前，我县已建成的农村饮水安全工程水源保护措施和日常管理均落实到位，自2005年到现在，未发生过因饮用污染水而导致的事件或事故。

5. 供水水质状况

由于岳西县处于江淮分水岭上，特殊的地理条件造成我县全部为出境水，无入境水，我县县内也无大的工业工厂，也无外来水污染，所以我县供水工程水质良好，主要净水工艺为沉淀过滤消毒，通过检测，各工程水源水、出厂水和末梢水水质均合格，水质达标率100%。

6. 农村饮水工程（农村水厂）运行情况

管护主体：我县所有农村饮水安全工程建成后，均移交给当地政府，产权归当地人民政府。当地政府又将小型集中供水工程移交给所在村组管护组织进行管理，乡镇供水站大部分委托水利站进行管理，并签订合同或者办理相应的移交手续。个别乡镇集中供水的供水站由县自来水公司投资兴建，其产权和管护主体都是县自来水公司，农村饮水安全工程通过其管网延伸的方式解决周边农村居民饮水；还有个别乡镇供水站由个人购买经营，产权和管护主体都是个人。

运营状况：目前我县所有农村饮水安全工程运营状况良好，17个乡镇集镇的供水站有专门的管理单位，日供水量人均大于150L，供水价格通过听证确定初步价格后报县物价局批准执行，已实行“两部制”水价，水费收缴正常，支出主要为人员工资、维修养护和费用提取等方面，严格按照相关财务制度进行资金管理；小型农村饮水安全工程的管护单位为村管护小组，有专门的管理人员，一般工程的日供水量均达到100L以上，水价也实行“两部制”水价，水费收缴正常，支出主要为人员工资、维修养护和费用提取等方面，严格按照相关财务制度进行资金管理。

7. 农村饮水工程（农村水厂）监管情况

固定资产、规范化管理、入户费用收取、水质、水价、供水服务等方面监管开展的工作。我县农村饮水安全工程管理站负责对全县农村饮水工程（农村水厂）进行监管，每年均对各乡镇工程的固定资产进行清查，对工程规范化管理、入户费用收取、水质、水价、供水服务等方面进行定期和不定期检查。

8. 运行维护情况

每年度，我县水利部门均组织有关单位对我县农村饮水安全工程运行管理、维护等情况进行检查，经过检查发现，我县各农村饮水安全工程运行维护情况良好，每个村、每个供水站均有专职的维修队伍，维修养护基本到位；各工程建设用地均经当地乡镇协调，由受益户无偿提供；建设用电及运行管理用电价格，均由县农饮办协调县供电部门，统一按照农用电价格计费，不收取其它任何费用，税收也按相关优惠政策缴纳。

9. 用水户协会成立及运行情况

我县各乡镇均以村为单位成立了用水户协会，负责本村内农村饮水安全工程的运行管理和调度。

四、采取的主要做法、经验及典型案例

（一）做法和经验

1. 政策法规

我县已相继制定或出台《岳西县政府投资项目财政评审管理暂行实施办法》《岳西县政府投资项目建设管理办法》《岳西县政府投资项目审计监督办法实施细则》《岳西县建设市场不良行为记录管理办法（试行）》《岳西县农村饮水安全工程管理办法》《岳西县农村饮水安全工程资金管理办法》等。

2. 经验总结

我县主要好的经验是在工程建设中落实机制，确保工程顺利完成。为确保农村饮水安全工程的质量、安全及进度，水利局采取了领导包片负责机制、督查机制、定期汇报会商机制、项目安排“捆绑”机制、奖惩机制等五大机制，有力地保证了各年度农村饮水安全工程建设的顺利完成。

（二）典型工程案例

常言道：“三分建七分管”，农村饮水安全工程涉及到千家万户，建后管理是头等大事，河图镇明堂村近10年来，在农村饮水安全工程建后管理上积极探索，围绕“建得成，管得住，用得起，长受益”的目的，狠抓工程建后管理，为山区农村饮水安全工程建后管理工作探索出有效经验，确保了供水工程良性运行，让老百姓真正得到实惠。

明堂村位于河图镇东北部，全村总面积38km^2，23个村民组，370户，1378人，属于典型的深山区村。2005年县水利局计划安排120人，新建了拦河坝、初滤池、清水池，铺设管道2000多m，解决了该村杨湾、团结、余湾等组20多户100多人的居民饮水困难。该项工程的建成后，该村规范管理，确保水质、水量、水压满足用户对用水的需求，使越来越多的群众尝到了农饮工程带来的“甜头”，从2007年开始，边远山区的居民逐步搬迁至团结组。到目前为止，用水户达到80多户，320多人。新建的楼房、硬化的道路、幸福的笑脸彻底改变了山村昔日的模样。其主要做法和经验有：一是成立组织，建章立制。工程建成后，该村成立了管护领导小组，制定了工程管理制度、水费收缴制度，明确水费价格为1.00元/m^3，同时要求户户安装水表，按期交纳水费。对收取的水费，专户储存，专户管理，其主要用于工程维修的材料费和管理人员适当的工资补助，水费支出须经管护领导小组集体研究后，方可使用，水费收支情况每年公布1次。二是规范管理，服务到位。为切实加强饮水工程的管理，确保供水正常。管理员余夕权每个星期均到取水点、清水池进行巡查，及时翻动或定期更换滤料，雨期每天到取水点清除杂物确保取水正常。每当接到用水户维修电话，余夕权在1小时内赶到现场进行维修，保证了用户用水正常，优质的服务得到了所有用水户的称赞。三是多方支持，保障管理。工程建成初期，当时年水费收入仅1000多元，无法支付管道维修费和管理人员的误工工资。村委会在村级经费十分紧

张的情况下，每年均拿出1000多元进行适当补助，全力支持供水管理，确保了供水工程的正常运行。从而吸引了大量村民从山上搬到山下，2007年开始用水户逐渐增多，目前达到80多户320多人，年水费收入也达到5600多元，其中用于管道维修费约2000元、管水人员年工资3600元，真正做到了以水养水。

五、目前存在的主要问题

1. 通过调查，到2015年底，我县剩余未解决饮水安全的人口还有105771人。

2. 由于我县纯山区特殊的地理条件决定，农村住户分散，山高坡陡，农村饮水安全工程建设成本大大高于上级给予的人均指标。

3. 我县2008年以前（包括2008年）农村饮水安全工程建设人均指标不足400元，导致大部分工程沉淀、过滤、消毒等设施不完善，需要对全县已建农村饮水安全工程进行巩固提升改造，经有关测算，“十三五”期间共需投资19720万元，资金缺口较大。

4. 由于我县地质和气候条件决定，寒冻灾害频繁，工程事故率高，维护费用高，我县按规定足额自筹的维修养护经费存在不足，建议上级主管部门适当补助我县农饮工程维修养护经费，解除后顾之忧。

六、“十三五”巩固提升规划情况及长效运行工作思路

1. 县级农饮巩固提升“十三五”规划情况

我县农饮巩固提升“十三五”规划围绕全县实施脱贫攻坚工程、全面建成小康社会的目标要求，对各乡镇现有农村饮水工程设施进行改造巩固提升，把农村饮水安全成果巩固住、稳定住、不反复，全面提高农村饮水安全保障水平，实现农村饮水安全工程向“安全型”“稳定型”转变，确保2017年完成脱贫攻坚任务，采取新建和改造等措施，尽快解决贫困地区农村饮水安全问题。到2020年，全面解决贫困人口饮水安全问题，并进一步提高农村供水集中供水率、自来水普及率、水质达标率和供水保证率，建立健全工程良性运行机制，提高运行管理水平和监管能力。

规划总投资估算6940万元。其中，新建工程投资6025万元，属于脱贫攻坚实施范围投资1248万元；改造供水工程投资866万元；农村饮水安全信息化建设50万元。

新建和改造农村供水工程482处，受益人口14.4万人。其中，200～1000m^3/d农村供水工程6处，受益人口1.4万人；20～200m^3/d农村供水工程170处，受益人口7.8万人；20m^3/d及以下农村供水工程120处，受益人口2.9万人；分散式供水工程186处，受益人口2.3万人。

规划实施后，到2020年底，岳西县农村供水人口将达到37.1万人（现状人口为40.86万人），预计全县农村集中供水率可由现状的70%提高到85%以上，农村自来水普及率由现状的68%提高到80%以上。

为便于加强对岳西县各乡镇农村饮水工程的管理工作，参照国内一些地区类似的管理经验，实行农村供水工程专管与群管相结合的参与式管理模式。即岳西县水利局为农村饮水安全巩固提升工程的行业主管部门，由岳西县农村饮水安全工程建设领导小组办公室作为项目法人和具体管理单位，负责检查指导和督促各乡镇农村集中供水工程的运行管理，

各乡镇水利站负责对农村供水厂和供水输水主管道及附属工程管理维修任务；项目村农民用水者协会为群管机构，协会以供水输水支管为单位，适当兼顾行政区划，负责农村供水工程供水管道支管及以下管道维修和水费收缴等工作。

表4　"十三五"巩固提升规划目标情况

农村集中供水率（%）	农村自来水普及率（%）	水质达标率（%）	城镇自来水管网覆盖行政村的比例（%）
85	80	80	13

表5　"十三五"巩固提升规划新建工程和管网延伸工程情况

工程规模	新建工程					现有水厂管网延伸			
	工程数量	新增供水能力	设计供水人口	新增受益人口	工程投资	工程数量	新建管网长度	新增受益人口	工程投资
	处	m^3/d	万人	万人	万元	处	km	万人	万元
合计	121	5223	7	7	3407				
规模水厂									
小型水厂	121	5223	7	7	3407				

表6　"十三五"巩固提升规划改造工程情况

工程规模	改造工程					
	工程数量	新增供水能力	改造供水规模	设计供水人口	新增受益人口	工程投资
	处	m^3/d	m^3/d	万人	万人	万元
合计	55	1823	1183	2.2		866
规模水厂						
小型水厂	55	1823	1183	2.2		866

2. "十三五"之后农饮工程长效运行工作思路

建立健全农村饮水安全工程运行管理机制，进一步规范供水单位的管理，完善农村供水运行维修养护经费保障机制，建立农村饮水工程专业化运营体系，加强工程建后管理，完善工程管理制度，建立健全监管体系，保障工程长效运行。

一是岳西县政府出台《农村饮水安全巩固提升工程运行管理办法》，规范供水工程的运行管理，保障供水工程的长期效益。

二是进一步落实三项优惠政策。我县根据国家和省有关农村饮水安全工程优惠政策，已贯彻执行用电、用地、税收等三项优惠政策，进一步减轻农村饮水安全工程运行成本。

三是对农村饮水安全工程给予适当扶持。建立以财政资金为主的县级维修养护基金，对工程进行大修或更新改造，或建立财政补偿机制，包括对大修和折旧费的补贴，并在更新改造中引导向规模化供水发展，使水厂走向良性循环。

四是建立农村供水工程社会化服务体系。农村供水工程量大面广，特别是全县农村供水工程以单村工程和分散式供水工程为主，其专业化管理水平低，有必要建立完善的社会化服务体系，向供水单位和用水户提供技术服务。

五是加强监督约束机制。农村供水工程应建立有效的监督约束机制，供水单位自觉接受相关部门的业务管理，建立规范的档案管理制度，农村供水工程管理实行资质管理制度。同时，积极推行服务承诺制度和用水户回访制度，自觉接受社会的监督。

宿松县农村饮水安全工程建设历程（2005—2015）

（宿松县水利局）

一、基本概况

宿松县位于安徽省西南边陲，长江中下游北岸，皖、赣、鄂三省交界之处的大别山南麓，地理坐标是东经115°52′~116°35′，北纬29°47′~30°26′，国土总面积2393.53km²。境内山区、丘陵岗地、圩畈洲地、湖泊等地形均有分布，其中山区面积346.22km²、丘陵区面积845.8km²、圩畈洲地面积240.26km²，龙感湖、大官湖、黄湖、泊湖四大淡水湖16m高程以下的面积为961.25km²。宿松属于长江流域河流水系，由于受地质构造的影响，总的特征是西北部河流多而长，东南部少而短。宿松县属北亚热带湿润气候区，气候特点为四季分明、日照充足、热量丰富、雨量充沛、无霜期长。全县年平均气温16.6℃，年平均降水量1307.2mm，山区降水多于丘陵、平原，年平均日照时数2023.7小时，无霜期254天。

2015年底，宿松县辖22个乡镇、经济开发区及东北新城管委会、209个行政村，全县总人口85.06万人（其中农村人口74.2万人）。宿松县是一个农业大县，2015年全年地区生产总值（GDP）153.1亿元，人均GDP25432元。

宿松县山区饮水水源主要是地表水，少量山泉水。由于蓄水工程少，河网分布稀，很多地方无就近水源，特别是干旱年份，夏、秋之季，水源短缺较为严重。丘陵岗区60%左右人群饮水水源为浅层地下水，其余为地表水。由于人口稠密，加之大量使用有机农药和化肥，使不少饮水水质指标超标，水污染严重，使饮水更不安全的血吸虫病涉水感染，洲圩区是重灾区。通过农村饮水工程的实施，大部分农村饮水安全问题得到解决，但受地理位置和自然环境影响部分地区仍时常存在饮水不安全问题。

二、农村饮水安全工程建设情况

1. 农村人口饮水安全解决情况

实施农村饮水安全工程前，松宿县级原存在的饮水不安全类型有以下几种：自然条件引起的水质不达标、因人类活动污染造成的水质不达标、其他原因造成的水质不达标、水源保证率低引起的不达标、生活用水量不足引起的不达标、用水方便程度低引起的不达标等。

2015 年底，宿松县农村总人口 74. 2 万人、饮水安全人口 63. 7 万人、农村自来水供水人口 61. 2 万人、自来水普及率 87%；行政村数 209 个、通水行政村数 209 个、通水比例 100%。

宿松县 2006 年第三、四批解决血吸虫疫区 1. 0 万人及缺水 0. 6 万人的饮水安全问题，新建各类饮水安全工程 27 处，其中提水 4 处、引泉 2 处、自来水管网延伸 21 处。共完成投资 624 万元，其中，国债 282 万元，省、市、县及受益群众配套 342 万元。

2007 年度解决血吸虫疫区 1. 59 万人的饮水安全问题，新建各类饮水安全工程 20 处，其中提水 2 处、引泉 2 处、自来水管网延伸 16 处。完成投资 602 万元，其中中央预算内专项资金 283 万元、省级配套资金 102 万元、地方配套 217 万元。

2008 年解决血吸虫疫区 2. 5 万人、苦咸水 0. 7 万人及缺水 1. 0 万人的饮水安全问题，新建各类饮水安全工程 36 处，其中提水 4 处、引泉 13 处、自来水管网延伸 19 处。完成投资 1638 万元，其中中央预算内专项资金 220 万元、省级配套资金 800 万元、地方配套 618 万元。

2009 年解决血吸虫疫区 2. 16 万人的饮水安全问题，新建各类饮水安全工程 18 处，其中提水 2 处、自来水管网延伸 16 处。完成投资 1072 万元，其中中央预算内专项资金 858 万元、省级配套资金 138 万元、地方配套 75 万元；2009 年第二批共解决全县 2. 0 万人的饮水安全问题，其中苦咸水 0. 5 万人、污染水 0. 84 万人、血吸虫疫区 0. 66 万人。新建各类饮水安全工程 32 处，其中提水 3 处、引泉 18 处、自来水管网延伸 11 处。完成投资 993 万元，其中中央预算内专项资金 128 万元、省级配套资金 128 万元、地方配套 71 万元；2009 年第三批共解决全县 4. 46 万人的饮水安全问题，其中苦咸水 1. 95 万人、污染水 0. 46 万人、血吸虫疫区 2. 05 万人。新建各类饮水安全工程 45 处，其中提水 2 处、引泉 20 处、自来水管网延伸 23 处。完成投资 2213 万元，其中中央预算内专项资金 1771 万元、省级配套资金 286 万元、地方配套 156 万元。

2010 年共解决全县 3 万人的饮水安全问题，其中血吸虫 1. 93 万人、缺水 1. 07 万人。新建各类饮水安全工程 31 处，其中引泉 10 处、自来水管网延伸 21 处。完成投资 1338 万元，其中中央预算内专项资金 1070 万元、省级配套资金 134 万元、地方配套 134 万元。

2011 年共解决全县 3. 58 万人的饮水安全问题，其中血吸虫 2. 3 万人、缺水 1. 28 万人。新建各类饮水安全工程 27 处，其中引泉 6 处、自来水管网延伸 21 处。完成投资 1810. 65 万元，其中中央预算内专项资金 1408 万元、省级配套资金 91 万元、地方配套 311. 65 万元。

2012 年共解决全县 6. 03 万人的饮水安全问题，其中血吸虫 3. 36 万人、缺水 2. 5 万人、污染水 0. 17 万人。新建各类饮水安全工程 56 处，其中引泉 30 处、自来水管网延伸 26 处。完成投资 2986 万元，其中中央预算内专项资金 2389 万元、省级配套资金 298 万元，地方配套 299 万元。

2013 年共解决全县 3 万人的饮水安全问题，其中血吸虫 1. 4 万人、缺水 1. 6 万人。新建各类饮水安全工程 48 处，其中引泉 24 处、自来水管网延伸 24 处。完成投资 1500 万元，其中中央预算内专项资金 1200 万元、省级配套资金 150 万元、地方配套 150 万元。

2014 年解决饮水不安全人口为 3 万农村人口以及 0. 2 万学校师生，工程措施主要有引泉工程、水厂改造工程（含管网延伸）、新建水厂工程等。共53处工程，其中引泉工程33处、管网延伸及水厂改造19处、移址新建水厂1处。中央财政预算内专项资金1248万元、省财政投资156万元、市县级财政投资156万元，剩余的由建设、运行单位筹措27.43万元。

2015年解决规划内5.2万农村居民饮水安全问题，工程措施主要有引泉工程、水厂改造工程（含管网延伸）、续建水厂工程等。共50处工程，其中引泉工程30处、管网延伸及水厂改造工程19处、移址新建水厂工程1处。中央财政预算内专项资金2080万元、省财政投资260万元、市县级财政投资260万元，剩余的由建设、运行单位筹措10.01万元。

表1　2015年底农村人口供水现状

乡镇数量	行政村数量	总人口	农村供水人口	集中式供水人口	其中：自来水供水人口	分散供水人口	农村自来水普及率
个	个	万人	万人	万人	万人	万人	%
24	209	85.06	70.2	63.7	61.2		87

表2　农村饮水安全工程实施情况

合计			2005年及“十一五”期间			“十二五”期间		
解决人口		完成投资	解决人口		完成投资	解决人口		完成投资
农村居民	农村学校师生		农村居民	农村学校师生		农村居民	农村学校师生	
万人	万人	万元	万人	万人	万元	万人	万人	万元
38.86	1.16	17935	18.16	0.85	7528	20.7	0.31	10407

2. 农村饮水工程（农村水厂）建设情况

2005年以前，我县有11座水厂，均为规模以下水厂，主要分布在丘陵和洲区，存在主要问题：大部分水厂的规划和布局不合理，工艺流程不规范；供水规模小、水压不能满足农村饮水安全工程的要求，没有严格按规定进行消毒，水质合格率低，饮水安全保障水平低。大多数水厂专业技术人才缺乏，专业管理水平低，操作不规范，收取入户费和水费随意性大。

截至2015年底，我县有农村水厂28座，设计总供水规模可达11.31万m^3/d，实际供水规模4.5万m^3/d，设计规模以上水厂27座、规模以下水厂1座。全县除北浴、柳坪、趾凤、陈汉四个山区乡镇以外，其余18个乡镇均建有水厂，其中，佐坝、千岭、汇口、高岭、程岭、隘口、二郎、河塌、破凉9个乡镇只建设1座水厂，均为规模以上水厂；九姑、复兴、洲头、长铺、许岭、下仓、凉亭、五里8个乡镇建设有2~3座水厂，共计19座水厂，其中下仓东欣水厂为规模以下水厂，其余18座均为规模以上水厂。

2005—2015年农饮工程建设中，我县部分乡镇通过招商引资陆续新建了17座水厂，建设期间大力引进了社会资本，极大的促进我县自来水普及，但大部分水厂存在规划和布局不合理，工艺流程不规范，供水规模小、水压不能满足农村饮水安全工程的要求，没有严格按规定进行消毒，水质合格率低，饮水安全保障水平低，农村自来水制水成本高等问题。

2015 年底，我县农村居民接水入户 65.04 万人，根据要求，用户仅承担水表以后入户管道、水龙头等材料购安费用，农户集资不超过 300 元/户，入户率 100%。

表 3　2015 年底农村集中式供水工程现状

工程规模	工程数量	设计供水规模	日实际供水量	受益乡镇数	受益行政村数	受益农村人口	自来水供水人口
	处	m^3/d	m^3/d	个	个	万人	万人
合计	28	103100	45000	18	166	63	63
规模水厂	27	102700	44900	—	—	62	62
小型水厂	1	400	100	—	—	0.6	0.6

3. 农村饮水安全工程建设思路及主要历程

“十一五”期间，我县农饮建管模式是分指标到乡镇，由各乡镇水厂或受益村组织实施，完成入户安装后，农饮办组织相关单位进行入户验收。县农饮办指导全县农村饮水安全工程建设，坚持以实现农村集中供水“村村通”为目标，坚持“以人为本、全面规划、统筹兼顾、标本兼治”的方针，以“因地制宜、注重实效、全面安排、突出重点、分期实施、适度超前”为指导思想，按照“先重后轻、先急后缓”的原则，对影响群众正常生活和身体健康的污染水等问题作为规划实施的重点，优先安排解决。“十一五”期间，我县建设农村饮水安全工程 209 处，投入资金 7528 万元，受益人口 19.01 万人。

“十二五”期间 2011—2013 年，我县农饮建管模式是分指标到乡镇，由各乡镇水厂或受益村组织实施，完成入户安装后，农饮办组织相关单位进行入户验收；建设农村饮水安全工程的宗旨、指导思想和原则与“十一五”期间相同。2013 年以前的建管模式无法进行施工及监理招标。为彻底改变这种模式，根据省、市要求，我县按照“全面规划设计，分年按计划实施；点面结合，突出重点，规范建设，同步解决”的思路，对原有建设管理模式进行根本性改革，2014—2015 年，我县根据改造提升方案，对引泉工程国家资金负责建筑物土建部分及管材费用，管道敷设及入户安装由乡镇通过邀标或议标方式选择专业施工队伍，取水、蓄水等土建工程及主管纳入全县统一招标。对水厂改造及管网延伸工程，乡（镇）政府对当年拟安排提升改造的水厂，根据“先急后缓”的原则，针对水厂取水、制水及供水管网等存在突出问题进行整改排序，列出详细的年度改造计划内容及投资估算及项目基本情况表，报农饮办备案。农饮办在此基础上，委托设计院编制提升改造计划方案，评审后挂网招标。“十二五”期间，我县已建设农村饮水安全工程 233 处，投入资金 10407 万元，受益人口 21.01 万人，新建规模水厂 1 处。

三、农村饮水安全工程运行情况

1. 县级农村饮水安全工程专管机构

我县农村饮水安全工程运行管理站成立于 2011 年 8 月（松编字〔2011〕38 号），负责全县农村饮水安全工程的建后管理，为财政全额供给事业单位，核定编制 5 名，负责全县农村饮水安全工程的建设管理，制定全县农村饮水安全工程运行管理制度等。

2. 县级农村饮水安全工程维修养护基金

宿松县农村饮水安全工程维修基金已于 2011 年制定严格的资金使用管理制度，采取预算申报和发票结算报账制。工程管护组织或单位列出详细地测算清单，经过当地乡镇人民政府审核后，上报县水利局，经过审查，按照轻重缓急向有关工程点下达计划，年度末各工程管护组织或单位提出拨款申请，附经过乡镇审核的工程维修养护实际发生费用清单及发票，经县审查后拨付，保证维修养护资金使用在刀刃上。

2013 年 1 月，根据《安徽省农村饮水工程运行管理办法》，我县出台了《宿松县农村饮水安全工程运行管理办法》，并结合农村居民居住分散，饮水工程管线长，造成供水成本较高等因素，制定了相关的财政补贴农村水价政策。县级维修养护基金余额 48 万元，结合农村饮水安全工程运行情况，采取以奖代补方式，补助资金用于水厂维修养护。

3. 县级农村饮水安全工程水质检测中心

建设情况：2015 年，我县县级水质检测中心依托县疾病预防控制中心建立，2015 年底建成并已投入使用。

检测项目：我县农村饮水安全工程管护均能严格执行水质检测制度，各工程的水质建设前、建设后及每年常规检测均按相关要求进行检测，建设后对水源水、出厂水和末梢水进行常规 42 项检测。

建设投资：中心化验室共计投入资金 136 万元，其中中央投资 66 万元、省级投资 41 万元、县级配套投资 30 万元。

运行经费：宿松县农村饮水安全工程水质检测中心的运行管理经费来源主要由县级财政安排解决。

专业人员落实：宿松县疾病预防控制中心现有职工 40 名，其中高级职称卫生人员 2 人、中级职称卫生人员 9 人、初级卫生人员 24 人、其他人员 6 人。中高级职称卫生人员占全中心人员的 27%；大学本科学历 5 人，专科学历 14 人，中专学历 18 人，高中学历 3 人，中专及以上学历人员比例达 90%。现有检验专业人员 5 人，其中主管检验技师 2 人、检验技师 3 人。

4. 农村饮水安全工程水源保护情况

供水水源地保护区划定情况、水源管理措施、监督执法情况等。2009 年 12 月，安庆市政府下发《关于安庆市乡镇生活饮用水水源保护区划分方案的批复》（宜政秘〔2009〕189 号），要求对辖区内所有农村饮水安全工程划定水源保护区，并切实落实水源保护措施，确保农村饮水安全工程水源的水质不受污染，确保饮用水安全。宿松县划定 16 个乡镇集镇饮用水水源保护区，把复兴、汇口、许岭、下仓二郎、破凉、凉亭、长铺高岭、程岭、九姑、千岭、洲头、佐坝、隘口、河塌，批复中对各乡镇水源保护区的一级、二级及准保护区进行了详细的界定。同时该保护区划定已经市政府批准。

各工程点水源保护区均由当地乡镇人民政府按照有关规定划定，并设置标识牌。工程管理人员对水源保护区和工程管理范围进行定期或不定期巡视，对水源保护区进行保护，发现被侵占或被损坏时及时制止，重大问题及时报告乡镇人民政府、县环保局进行处理，坚决做到发现一起、查处一起。

目前，我县已建成的农村饮水安全工程水源保护措施和日常管理均落实到位，自2009年到现在，未发生过因饮用污染水而导致的事件或事故。

5. 供水水质状况

宿松县农村饮水安全工程供水水源有泉水、长江、龙湖、大官湖、黄湖、泊湖、二郎河、凉亭河等，大部分供水水源地受人类活动影响相对较大，水质类别一般为Ⅱ～Ⅲ类；对不符合饮用水标准的，通过净化、消毒处理使之达到饮用标准。根据宿松县疾病预防控制中心提供的水质检验报告可知，各水厂出水水质满足《生活饮用水卫生标准》（GB 5749—2006）的要求。

6. 农村饮水工程（农村水厂）运行情况

我县农村自来水厂大多数为私人投资新建，结合农饮资金进行管网延伸，管护模式为投资人和所在乡政府集体管理，供水工程的所有权归国家所有，经营权归供水企业所有。农村居民大多除外务工，自来水日常供水量很小，逢年过节期间供水需求量逼近设计规模，导致农村自来水制水成本高，根据调查我县农村自来水均实行了两部制水价，大部分水厂保底收费10元/月（包含5m^3自来水），超出部分水价大都维持在2～3元/m^3，农村自来水支出包括管理人员工资、电费及维修费用。

7. 运行维护情况

我县住建、水利、卫生、环保部门每年不定期进行联合检查，对我县农村饮水安全工程运行管理、维护等情况进行检查，经过检查发现，我县各农村饮水安全工程运行维护情况良好；各工程建设用地、用电及运行管理用电价格、税收均按农饮工程相关优惠政策执行。

8. 用水户协会成立及运行情况

我县山区乡镇均以村为单位成立了用水户协会，负责本村内农村饮水安全工程的运行管理和调度。全县农村自来水厂目前正在组建农村自来水协会，负责全县农村自来水的日常运行管理和调度。

四、采取的主要做法、经验及典型案例

（一）做法和经验

1. 要坚持规模化建设、专业化管理的原则

农村供水工程按照“农村供水城市化，城乡供水一体化”的总体目标和“规模化发展，标准化建设，市场化运作，企业化经营，专业化管理”的原则取得了显著效果。实践证明，十二五规划目标和建设原则完全符合实际，既解决了农村饮水安全、规模、机制、管理等重点难点问题，又为工程长期良性运行打下了良好基础。在工程规模化方面，要坚持以优质水源为依托，打破行政区域界限，打破流域界限，尽量扩大单个工程规模。山区及丘陵圩区，以较丰富的地表水资源为依托，实现一镇一网，或多镇一网；县城周围地区，以县自来水供水管网为依托，向周边村庄辐射，扩大工程供水规模，提高供水效益。自来水普及率较高的地区，要通过对现有小规模供水工程进行整合联网，实现由单村到联村，有小联片到大联片，由小网到大网的转变。在标准化建设方面，要吸取过去部分饮水

工程建设由于工程建设标准偏低，短期运行需维修的教训，树立精品意识，强化措施，严把规模关、水质关、材料关、施工关、验收关和水源保护关等环节，提高工程建设标准和质量，坚决杜绝只求进度不求质量的现象发生。

2. 重视水源工程建设、加强饮用水源保护

水源是饮水工程的基础，水源水量与水质是决定饮水安全工程建设成败的关键因素。因此，对水源的布局要合理，既要考虑当前，又要考虑长远；既要考虑水量，又要考虑水质。水源的选择要符合当地水资源规划和管理的要求，要合理利用水资源，优质水源应首先满足生活用水需要，要避免选用血吸虫和污染物等超标的水源。

同时将水质问题作为工程建设最关键的环节，基本扭转了饮水工程中重水量、轻水质的局面。下一步，要继续高度重视这一问题。在水源选择上，既要保证有足够的水量，更要高度重视水质。当地无合格水源的地区，要采取远距离调水的方式解决，实在难以解决的，下决心增加水处理设施，确保水质达标。要加强饮用水源地保护，特别是加强对水源地周边设置排污口的管理，定期检测水源水质，确保水质安全可靠，真正把符合饮用标准的自来水送到群众家中。

每项工程完成后，均应合理划定供水水源保护区和供水工程管护范围，制定保护办法，特别是要加强对水源地周边设置排污口的管理，限制和禁止有害化肥、农药的使用，杜绝垃圾和有害物品的堆放，防止供水水源受到污染。供水单位要经常巡视，及时处理影响水源安全的问题。

3. 加强工程建设管理，确保工程质量

建立健全“建设单位负责、施工单位保证、政府部门监督”的质量保证体系，实行项目法人制、招标投标制、工程监理制、合同管理制“四制”管理，严把材料设备采购关、施工队伍选择关、工程质量监督关以及工程竣工验收关等四个关口，确保工程建设质量。

根据项目要求，供水工程所需材料和设备的选择全部由政府采购中心统一招标采购，选取的供货单位产品质量好，供货单位信誉度高，价格相对合理。经过检测和运行，采购的管材均符合国家质量标准和卫生标准，有质量合格证和卫生合格证，供货企业在供货过程中能守时、守信，能严格按供货合同承诺提供产品和服务，群众满意度高。

4. 加强资金管理使用

为了使项目资金公开、透明，加大对群众的宣传力度，使群众对资金的使用管理心知肚明，保证工程顺利实施。资金使用严格按照基建工程财务管理要求实行报账制管理，并通过此办法建立起了有效的资金制约机制，做到专款专用，保证了工程质量和进度，确保了资金效益的发挥。对所有工程资金，严格使用管理，实行专账核算，专款专存、专款专用，严禁截留、挤占、挪用和违规支出资金，确保资金使用合理。大力推行资金管理使用公示制度，通过各种方式对社会公示，实施阳光操作，自觉接受各有关部门、新闻媒体和广大农民群众的监督。

5. 采用新技术，提高工程质量水平

在2006—2015年度工程建设项目中部分水厂使用了变频设备供水，改变了多年以来采取高位蓄水池和气压水罐供水的传统方式，不仅减少了工程费用，缩短了工期，而且在运行中节省电费、减少了维护次数，方便管理，节约了运行成本，避免了水的二次污染。

在农村饮水供水工程建设中，建设信息化管理系统以及水处理一体化设备，提高工程质量水平。

6. 加强工程建后管理，确保工程长久运行

为加强农村饮水安全工程的建后管理，需进一步成立农村供水管理机构，设立了维修专项基金账户，确保工程长久运行。

7. 合理确定水价

合理的水价是保证工程良性运行的前提。水价过低，不利于水资源的优化配置，抑制农村供水市场发展；水价过高，会增加农民群众的负担，亦不利于工程长期运行。一定要高度重视这个问题，探索建立合理的水价形成机制，根据《水利工程供水价格管理办法》，按照补偿成本、合理收益、优质优价、公平负担的原则，充分考虑当地经济发展状况、水资源条件、供水对象的承受能力以及工程建设成本等各方面因素，制定合理水价。让老百姓用得起，缴得上。水费是工程运行维护资金的主要来源。完善水费征收管理制度，足额收取水费，确保工程长期发挥效益。水价由县物价局与水利局根据制水成本审核制定，切实建立起适应社会主义市场经济要求的农村供水管理体制和经营机制，实现工程的良性运行。

8. 加大项目宣传力度

农村饮水安全项目是国家补助的项目，是国家对人畜吃水困难群众关心的具体体现，工程建的好，不但可以解决群众的实际饮水困难，还能正确树立各级党委政府的威望和形象，体现社会主义制度的优越性。因此从项目实施开始，宿松县就大力宣传建好中央财政预算内专项资金农村饮水安全项目的重要意义，让基层干部明白，让项目建好。

（二）典型工程案例

宿松县高岭乡原有一自来水厂，该水厂建于 2005 年，水源为凉亭河高岭段，采用絮凝、沉淀，过滤的处理工艺，处理能力约 $1000m^3/d$，现状实际日供水量约 $1000m^3/d$。水厂存在水处理构筑物处理能力小，处理水质效果不好；取水点处水质较差；随着供水范围的扩大，水厂位置不合理，导致供水成本大等问题。为了保障饮水安全改善群众生活和提高农民生活质量对原水厂进行改扩建，解决原水厂存在的突出问题。扩建后的高岭乡自来水厂拟主要解决高岭乡社坛村、枫林村、双河村、青云村、高岭村、汪冲村、姚圩村七个行政村的居民饮水、企业用水问题，设计供水范围内覆盖 2.86 万人，其中农村饮水不安全人口 0.71 万人。根据水量预测结果，最终确定高岭乡自来水厂供水规模为 $3000m^3/d$。高岭乡水厂扩建工程建设内容包括新建取水泵站、新建输水管道、新建厂区内水处理构筑物及附属建筑，在现状供水管道基础上增设、新铺部分配水管道。2015 年底建成并投入使用。

高岭水厂改扩建工程为国家和各级财政资金投入为主建设的大型集中供水工程，为使工程良性运营，我县创新运作机制，积极引导和鼓励社会资本通过采取多种方式参与工程建设管理。按照“用者付费加投资补助”的方式及“谁投资、谁管理、谁受益”的原则，吸引社会资本和金融支持参与农村饮水工程建设和管理。建后明确工程的所有权，供水工程的所有权归国家所有，经营权归供水企业所有，供水企业施行自主经营、自负盈亏。

高岭水厂参照现代企业制度以企业经营模式运营，建立起符合市场经济规律的运营管

理体制。确定工程经营管理主体，放开搞活经营，积极探索、借鉴企业的经营理念，遵循经济规律，实行有偿供水、独立核算、透明化服务的市场运作机制，以水商品买卖为手段，利益驱动为纽带，工程良性运行为目的，充分调动各方面的积极性和每位管理人员的主观能动性。

加强水价核定和征收管理。要按照“成本补偿、合理收益、优质优价”的原则核定水价，建立符合市场经济的水价形成机制。合理的水价是保证农村饮水工程良性运行的关键。水价问题要根据国家的政策确定，要考虑供水单位的成本补偿和合理的利润，同时也要考虑农民的承受能力，科学合理定价。对群众生活用水，不能以营利为目的，要保证工程日常运行费、维修费和折旧费。要积极推行“水价、水量、水费征收”公示制度，让农民吃上明白水、放心水。

水费是工程维护资金的主要来源。完善水费征收管理制度，足额收取水费，实现“以水养水，自我维护”，确保工程长期发挥效益。

五、目前存在的主要问题

根据“十二五”末调查结果统计，宿松县水源水质、水源保证率、生活用水量、用水方便程度等饮水不安全人口达9.572万人，其中4.03万贫困人口存在未通水问题（1.03万人位于山区需通过引泉工程解决未通水问题，其余贫困人口需通过水厂管网入户延伸工程解决未通水问题），仍有5.55万人因水厂管网问题存在供水保证率低和饮水不安全问题，同时现有水厂不同程度的存在水质不达标、配套设施和信息化建设不健全、管理体制机制需改革进一步完善等问题，需全面纳入“十三五”规划范围内。目前，造成上述饮水不安全问题的主要原因如下：

1. 水源水质及水源保证率方面

通过调查，宿松县多数水厂的水源地已划定了水源保护范围，但是缺乏相应的水源保护设施。部分水源由于居住人口密集，农药和化肥等使用过多，导致污染严重，水质难以保证。山区的几个乡镇，单个水源取水量小、地域分布广、类型复杂，通常采用引泉作为供水方式，虽然泉水水质较好，但仅通过过滤和消毒进行处理，过于简单，供水水质无法保证，且由于引泉工程的塘坝蓄水工程规模小、缺少骨干蓄水工程，每逢秋冬季地表水枯竭，人畜饮水十分困难。即使是使用砖井、手压井等设施饮水的，遇上连续干旱天气，地下水位下降，井的日出水量有限，每人生活用水量很难达到60L/d，水源保证率低于90%。

其他地区规模化水厂饮用水的净化方法，基本采用投药—絮凝—沉淀—过滤—消毒的常规水处理工艺，这种工艺对于澄清水质，消除水中的病原菌十分有效。一般认为经过常规的处理后水中的大肠杆菌等传染病菌和病毒能得到基本的去除。但随着水体污染的加剧，种类繁多的有机物进入水体，常规工艺难以解决。因此对于饮用水有机物污染的现状，必须寻求新的处理方法。此外，由于宿松县水厂较多，分布在全县各个区域，部分水厂的消毒设施和水质化验室不完善，难以保证水厂出水的水质达标率。

2. 工程设施方面

早期建设的水厂，由于建设标准较低，投资较少，水厂的设计供水规模和供水管网直径偏小，均不能保证现有居民的水量、水质和水压要求。在目前所有水厂中，部分水厂取水设施建设不规范，导致取水水质较差、取水量不足以及运行管理不便等问题。部分水厂厂区内水处理构筑物建设时间较长，主要水处理设备老化严重，已经严重了影响了水处理效果及出水水质。部分水厂配水管网依据经验确定管道走向及管径，未经详细规划设计，导致主干管走向及管径设置不合理。部分水厂的水处理设施和消毒设施建设不完善，特别是多数水厂缺乏水质化验室，致使政府对水厂供水水质的掌握程度低。还有部分水厂水源为当地附近的河流湖泊，其部分河流因季节变换，水位亦会变换，甚至出现枯水期，导致水厂的水源在某个时间段不能得到满足，影响水厂所供水的乡镇当地的居民生活用水等情况。农村供水工程供水管网在2005年前覆盖率较低，后面经过管网延伸等改造工程得到了一定改善，但依然有部分居民尚未通自来水。同时管网铺设年份较早，材质有水泥管、镀锌管，PVC管等，老化严重、漏损率高，质量较差且不符合国家相关卫生标准。

3. 工程运行管理维护方面

由于宿松县农村饮水安全工程自身规模小、农户生活用水量有限、输配水漏损率高、水费实收率低等客观原因，部分乡镇农村饮水工程运行仍然困难。大部分水厂由政府与企业共有，有时会出现责任分配不明等问题；对山区建设的引泉工程，缺乏管理；部分水厂运行管理不到位，供水各方面均得不到保证。由乡镇府对各水厂的政府资产进行监管，有时会出现监管不严等问题。全县农村供水工程中水厂管理人员专业化水平低、技术力量差，很难准确使用现有净水、消毒以及水质检测设备，导致供水水质不符合标准。大部分自来水厂未设置专门的维修检查团队，对水厂进行定期的检查和专业的维修，导致水厂设施老化过快，使用寿命缩短，影响居民用水。

六、“十三五”巩固提升规划情况及长效运行工作思路

1. 农饮巩固提升“十三五”规划情况

按照全面建成小康社会和脱贫攻坚的总体要求，“十三五”通过农村饮水安全巩固提升工程，宿松县农村饮水安全工作的主要预期目标是：到2020年，宿松县农村集中供水率达到100%左右，自来水普及率达到95%以上（山区引泉工程集中供水保证率不低于90%，丘陵、湖区和圩区农村的集中供水保证率不低于95%），水质化验室和自动加氯加药设施配套率达到100%，水质达标率达到100%，水源保护区范围划定率达到100%。健全农村供水工程运行管护机制、逐步实现良性可持续运行。

规划建设的主要任务：一是解决4.032万贫困人口和5.55万非贫困人口的饮水不安全问题；二是对已建饮水工程进行巩固改造提升建设，保障供水安全。

分两阶段实施目标建设任务如下：

2016—2018年为国家关于农村饮水安全巩固工程精准扶贫实施攻坚阶段，故“十三五”规划期间前三年重点解决宿松县贫困人口的饮水不安全问题。到2018年底，拟通过新建引泉工程、现状引泉取水口改造和管网延伸以及水厂入户管网延伸工程，规划解决4.032万贫困人口未通水问题，规划新增供水规模4451m^3/d，使得山区农村集中供水率达到90%以上、丘陵和湖区农村集中供水率达到95%左右、圩区农村集中供水率达到95%以上，全县自来水普及率达到95%左右；同时对全县16座水厂的水质化验室和自动加氯

加药设施进行巩固提升，使水质化验室和自动加氯加药设施配套率达到55%；水质达标率达90%。

2019—2020年通过水厂改造巩固提升和管网改造延伸进一步全面解决5.55万农村人口的供水保证率低和饮水不安全问题，同时对全县剩余12座水厂的水质化验室和自动加氯加药设施进行全配套，以及对全县规模以上4座水厂进行自动化监控系统试点建设。到2020年底，通过巩固提升，逐步建立“从源头到龙头”的农村饮水工程建设和运行管护体系，提高农村饮水安全保障水平，使广大农村居民喝上更加方便、稳定和安全的饮用水。

表4　“十三五”巩固提升规划目标情况

农村集中供水率（%）	农村自来水普及率（%）	水质达标率（%）	城镇自来水管网覆盖行政村的比例（%）
100	95	100	80

表5　“十三五”巩固提升规划新建工程和管网延伸工程情况

工程规模	新建工程					现有水厂管网延伸			
	工程数量	新增供水能力	设计供水人口	新增受益人口	工程投资	工程数量	新建管网长度	新增受益人口	工程投资
	处	m^3/d	万人	万人	万元	处	km	万人	万元
合计						28	27	2.99	1656
规模水厂						28	27	2.99	1656
小型水厂									

表6　“十三五”巩固提升规划改造工程情况

工程规模	改造工程					
	工程数量	新增供水能力	改造供水规模	设计供水人口	新增受益人口	工程投资
	处	m^3/d	m^3/d	万人	万人	万元
合计	27	3000	71300	61.8	3.153	1805
规模水厂	27	3000	71300	61.8	3.153	1805
小型水厂						

2. “十三五”农饮工程长效运行工作思路

建立健全农村饮水安全工程运行管理机制，进一步规范供水单位的管理，完善农村供水运行维修养护经费保障机制，建立农村饮水工程专业化运营体系，加强工程建后管理，完善工程管理制度，建立健全监管体系，保障工程长效运行。

一是宿松县政府出台《农村饮水安全巩固提升工程运行管理办法》，规范供水工程的运行管理，保障供水工程的长期效益。

二是进一步落实三项优惠政策。我县根据国家和省有关农村饮水安全工程优惠政策，已贯彻执行用电、用地、税收等三项优惠政策，进一步减轻农村饮水安全工程运行成本。

三是对农村饮水安全工程给予适当扶持。建立以财政资金为主的县级维修养护基金，对工程进行大修或更新改造，或建立财政补偿机制，包括对大修和折旧费的补贴，并在更新改造中引导向规模化供水发展，使水厂走向良性循环。

四是建立农村供水工程社会化服务体系。农村供水工程量大面广，专业化管理水平低，有必要建立完善的社会化服务体系，向供水单位和用水户提供技术服务。

五是加强管理人员培训。加强对农村供水工程关键岗位管理人员开展专业技术培训，从业人员经过培训持证。逐步建立起熟悉供水工程的相关技术，能熟练地使用和正确维护管理农村饮水安全工程的专业化队伍。

黄山市

黄山市农村饮水安全工程建设历程（2005—2015）

（黄山市水利局）

一、基本概况

黄山市地处安徽省南部，辖三区四县和黄山风景区，土地面积9807km^2。境内丛山峻岭，岗峦起伏，海拔250~1000m，是一个“八山半水半分田，一分道路和庄园”的山区市。全市土地类型分为中山、低山、丘陵、河谷盆地四大类型。黄山山脉自东北向西南绵延，将全市分成新安江和长江两大流域，分别占全市总面积的57.25%和42.75%。黄山山脉将我市分为南、北两坡，境内共有四大水系：南坡有流向东南的新安江—钱塘江水系，流向西南的阊江和乐安江—长江流域鄱阳湖水系；北坡有流向北面的青弋江—长江水系，流向西北的秋浦河—长江水系。

至2015底，全市辖三区四县、101个乡镇、697个行政村，全市户籍人口141.92万人，其中农村人口117.37万人。全市生产总值达507.2亿元，农村居民人均纯收入11624元/年。

全市水资源总量丰富，多年平均水资源总量102.7亿m^3，其中地下水资源为16.0亿m^3。全市年用水总量不到5亿m^3（不含河道内用水），开发利用率低。随着工业的发展和人口的增加，水资源的污染以新安江中下游日趋严重。另一方面，水资源的浪费现象也比较严重，无论是工业、农业用水，还是居民生活用水，都未注意水的重复利用。

二、农村饮水安全工程建设情况

1. 农村人口饮水安全解决情况

由于地下水资源缺乏，气候环境变化导致水旱灾害越发频繁，农村居民点大都分散，全市相当一些地区水源水质不达标及局部地区水源缺乏严重。农村饮水安全问题严重影响了农村人民群众的生活质量、身体健康，已成为山区人民最关心、最迫切需要解决的问题之一。2005年我市编报的《黄山市农村饮水现状调查评估报告》，经水利厅核定，至2005年底全市各区县饮水不安全人口有35.94万人，其中，水质不达标14.49万人，水量、用水方便程度、水源保证率不达标21.45万人。我市各级政府高度重视，都将其列为民生工程，按照省政府和省厅的部署安排，全面启动了农村饮水安全工程建设。

全市水利部门按照整体规划、分年实施的原则，根据国家、省有关标准、省级投资下达计划33044万元和解决69.68万农村居民和2.24万农村学校的饮水任务，编制了“十一五”、“十二五”农村饮水安全规划和年度实施方案，在2005—2015年共解决了全市101个乡镇、704个行政村、69.68万农村居民和2.24万农村学校的饮水不安全问题。全市共建成1481处农村饮水安全工程项目点，新增日供水能力7.93万m^3，完成计划总投资33044万元，完成全部投资计划和目标任务。

至2015年底，全市农村总人口141.92万人、饮水安全人口数98.49万人、农村自来水供水人口89.56万人、自来水普及率76.31%；全市行政村数697个，全部通水行政村数584个、部分通水行政村113个，通水比例84%。

2015年7月经省政府批复同意，黄山市对屯溪区、徽州区、休宁县部分行政区划进行调整。将徽州区岩寺镇长源村、仙和村，西溪南镇长林村划入屯溪区新潭镇，面积约15km^2，人口约0.7万人。将休宁县万安镇蕉充村、霞高村、陈坑村、瓯山村，划入屯溪区新潭镇，面积约20km^2，人口约0.6万人。调整后屯溪区新潭镇辖14个村委会和2个社区居委会，面积65km^2，人口约2.3万人。

表1 2015年底农村人口供水现状

县（市、区）	乡镇数量	行政村数量	总人口	农村供水人口	集中式供水人口	其中：自来水供水人口	分散供水人口	农村自来水普及率
	个	个	万人	万人	万人	万人	万人	%
合计	101	697	141.92	117.37	98.49	89.56	18.88	76.31
屯溪区	5	61	19.26	7.55	6.18	6.18	1.37	81.82
黄山区	14	79	16.18	13.17	12.91	12.91	0.26	98.00
徽州区	7	48	9.5	7.97	7.59	6.95	0.38	87.2
歙县	28	183	47.93	43.44	35.85	29.19	7.59	67.2
休宁县	21	149	26.82	23.01	19.97	18.34	3.04	79.7
黟县	8	66	7.43	7.43	6.86	6.86	0.57	92.3
祁门县	18	111	14.8	14.8	9.13	9.13	5.67	61.69

2. 农村饮水工程（农村水厂）建设情况

中央和省对解决山区农村人饮困难工作给予了大力关心支持，经过几十年的努力，到1999年底共投入资金4045万元，建成小型或分散的农村人饮解困设施1804个，解决我市农村人饮困难人口43.86万人。2002—2003年，我市按照省厅审批的《黄山市农村饮水项目实施方案》文件，解决我市7个区（县）的101个乡镇、372个行政村、599个自然村、3.1万户、10.68万人的饮水困难。项目计划总投资3281万元，兴建小型饮水工程701处（其中打砖石井169眼、引水工程497处、蓄水工程1处、提水工程34处）。

截至2015年底，全市各级各部门资金投入建设的农村供水工程有1457处，农村受益人口98.49万人，其中：城镇自来水公司管网延伸17处，农村受益人口24.31万人；设计供水规模小于1000m^3/d以下的小型水厂1440处，农村受益人口74.18万人。全市农村自来水供水入户人口 86. 56 万人。水利部门已建农村饮水安全工程的全部供水入户，实际入户数占设计入户数的 100%。农村饮水安全工程受益农民承担入户材料（入户水表及以下部分材料）费用，每户不超过 300 元，入户材料费用资金一律进入县级财政专户管理，实行报账制。

3. 农村饮水安全工程建设思路及主要历程

为保证农村饮水项目的建设质量，全市严格按照“六制”的要求和用水户全过程参与的模式进行建设，工程实施前，坚持科学论证和细化技术设计，综合考虑地域特点、水源和现有的水利供水工程等因素，结合新农村建设，合理布局，因地制宜地选择城镇周边的自来水厂管网延伸工程、丘陵地区和分散山区的自流式引山泉水工程、泵站提水工程三种供水模式，供水到户。

“十一五”阶段：2005 年农村饮水安全工程项目根据省发改委、省水利厅下达的投资计划，新建饮水工程 151 处，完成计划总投资 901 万元，其中中央预算内专项资金 406 万元、地方配套及群众自筹 495 万元。解决 77 个乡镇 140 个行政村 7112 户 2. 56 万人的饮水问题。“十一五”期间新建饮水工程 1016 处，完成计划总投资 14668 万元，其中中央预算内专项资金 7057 万元、地方配套和群众自筹 7611 万元，解决 33. 38 万人饮水安全问题。

“十二五”阶段：“十二五”期间全市共建成集中式农村饮水安全工程 374 处，完成计划投资 17475 万元，其中中央预算内专项资金 10483 万元、省级配套 3496 万元、市级配套 1055 万元、区县配套 2441 万元。全市解决了 33. 74 万农村居民和 2. 24 万农村学校师生饮水安全任务。

我市 2005—2015 年“期间未建设“千吨万人”规模以上供水工程，但屯溪区农村饮水安全工程全部为黄山市自来水工程管网延伸，农村受益人口 3. 67 万人。

表 2　农村饮水安全工程实施情况

县（市、区）	合计			2005 年及“十一五”期间			“十二五”期间		
	解决人口		完成投资	解决人口		完成投资	解决人口		完成投资
	农村居民	农村学校师生		农村居民	农村学校师生		农村居民	农村学校师生	
	万人	万人	万元	万人	万人	万元	万人	万人	万元
合计	69. 68	2. 24	33044	35. 94	0	15569	33. 74	2. 24	17475
屯溪区	3. 67	0. 00	1673	2. 13	0	906	1. 54	0. 00	767
黄山区	11. 14	0. 43	5423	4. 24	0	1857	6. 90	0. 43	3566
徽州区	5. 05	0. 03	2353	2. 71	0	1183	2. 34	0. 03	1170
歙县	22. 92	0. 83	10894	12. 77	0	5587	10. 15	0. 83	5307
休宁县	11. 89	0. 13	5487	6. 89	0	2958	5. 00	0. 13	2529
黟县	6. 42	0. 51	3149	2. 76	0	1172	3. 66	0. 51	1977
祁门县	8. 59	0. 31	4065	4. 44	0	1906	4. 15	0. 31	2159

表3　2015年底农村集中式供水工程现状

县（市、区）	工程规模	工程数量	设计供水规模	日实际供水量	受益乡镇数	受益行政村数	受益农村人口	自来水供水人口
		处	m^3/d	m^3/d	个	个	万人	万人
合计	合计	1457	452316	240606.47	101	683	98.49	89.56
	规模水厂	17	389613	188067	25	155	24.31	23.49
	小型水厂	1440	62703	52539.47	92	589	74.18	66.07
屯溪区	合计	1	110000	6180	5	48	6.18	6.18
	规模水厂	1	110000	6180	5	48	6.18	6.18
	小型水厂							
黄山区	合计	129	33428	23209	14	79	12.91	12.91
	规模水厂	1	20000	15000	4	20	2.02	2.02
	小型水厂	128	13428	8209	10	59	10.89	10.89
徽州区	合计	49	84476	42750	7	48	7.59	6.95
	规模水厂	4	82900	41174	4	24	4.1	3.28
	小型水厂	45	1576	1576	7	31	3.49	3.67
歙县	合计	612	163640	119578.47	28	183	35.85	29.19
	规模水厂	6	146000	103000	6	36	6.25	6.25
	小型水厂	606	17640	16578.47	28	183	29.6	22.94
休宁县	合计	155	15562	10812	21	149	19.97	18.34
	规模水厂	1	3500	1800	2	11	3.58	3.58
	小型水厂	154	12062	9012	21	149	16.39	14.76
黟县	合计	216	14683	13383	8	65	6.86	6.86
	规模水厂	3	7213	5913	3	9	1.5	1.5
	小型水厂	213	7470	7470	8	56	5.36	5.36
祁门县	合计	295	30527	24694	18	111	9.13	9.13
	规模水厂	1	20000	15000	1	7	0.68	0.68
	小型水厂	294	10527	9694	18	111	8.45	8.45

三、农村饮水安全工程运行情况

1. 农村饮水安全工程专管机构

各区（县）均于2010年由当地机构编制委员会或政府批准成立了区（县）农村饮水安全工程运行管理站，设在区（县）水利局。各区县均由县级政府制定并印发县级农村饮水安全工程管理办法，落实工程管理主体和运行维护经费。

2. 农村饮水安全工程维修养护基金

区县财政按照每年农村饮水安全工程累计投资额的 1 % 为基数积累县级维修基金，拨付到农村饮水安全工程资金专户，用于已建工程的日常小修维护支出。2015 年全市农村饮水安全工程维修基金账户余额 190 万元。维修基金的支取实行区县财政专户报账制，如歙县 2012 年使用了 48 万元对 2005—2011 年已建项目进行了维修改造；祁门县在 2013 年使用了 48 万元，对农村饮水工程进行了更新改造、补充和另选水源。

3. 县级农村饮水安全工程水质检测中心建设

全市 2015 年农村饮水安全工程水质监测能力项目中央预算内投资计划（皖发改投资〔2015〕203 号）总投资 12488 万元，其中省级以上投资 742 万元、地方配套 506 万元。截至 2015 年底，计划总投资 1248 万元已全部完成，其中仪器设备费用 838 万元和场地建设及其他费用 410 万元。我市采取依托县级疾控中心（6 个区、县）或已有的城市供水检测站（屯溪区）的方式，建设以区（县）为单位的农村饮水安全工程水质检测中心 7 座，使其能够达到生活饮用水卫生标准中常规的 42 项检测能力，可进行微生物、消毒剂、重金属等指标检测。目前各区（县）共计落实专业检测人员 24 名，其中经培训人员 24 名。共落实年度运行经费 99 万元。各区（县）水质检测中心目前已全面调试完成，农村饮水安全水质检测监控体系已投入运行。屯溪区三江源水质检测中心达到 106 项常规指标的水质检测能力。在具体工作中，其他区（县）根据辖区工程规模、水源类型、地域分布等情况，确定检测指标和抽检频次，对辖区内所有农村饮水安全工程的水质进行抽检巡检，检测频次目前是 1 年 2 次，屯溪区是月检，确保年度内全覆盖。

4. 农村饮水安全工程水源保护情况

各区县高度重视农村饮水安全工程水源地的管理和保护工作，组织相关单位会同项目所在乡镇依据饮用水水源保护相关规定，合理确定饮用水水源保护区范围，并在水源保护区的边界设立水源地的保护警示牌或标志牌，注明水源保护范围及水源保护措施。已建成的工程均已划定水源保护区或保护范围。

5. 供水水质状况

全市管网延伸工程采用二氧化氯净水消毒，2010 年以后建设的引山泉水和沟河提水工程采取普通型缓释消毒器进行消毒。目前每处农村饮水点由卫生部门在每年汛期和枯水期两次抽取农村饮水工程点的水质进行检测，确保水质达标。今年以来县级农村饮水安全工程水质检测中心已投入运行。

6. 农村饮水工程运行情况

全市农村饮水安全工程当年完成建设任务，当年移交给受益乡镇、村，办理移交手续并移交所有竣工资料。水利部门结合实际，积极探索和建立与市场经济相适应的工程运行管理机制。一是较大规模的集中供水水厂企业化管理。如：屯溪区管网施工通过招标由市自来水公司组织施工；工程建设完后统一交付市自来水公司管理和维护。二是产权不变经营权公开转让管理。集中连片规模化水厂通过经营权公开招标发包，选择确定的管护单位（个人）管理。如歙县溪头水厂、鸿飞供水工程、休宁县榆村乡榆村水厂、临溪镇汉口水厂均实施了产权不变、经营权公开转让的管理模式。三是规模较小的村组管理。小型供水工程通过召开村民代表大会，坚持民主决策，民主管理，明确工程产权和管护主体，制定运行管护办法。这是我市农村饮水安全工程的主要管理模式。

7. 农村饮水工程监管情况

全市农村饮水安全工程供水全成本测算：引水工程为 1.0 ~ 1.8 元/m^3，提水工程为 1.5 ~ 2.0 元/m^3。由于群众的承受能力原因，实际供水用水量达不到设计标准，水价偏低，农村饮水安全工程实收水价为引水工程为 0.5 ~ 1.0 元/m^3，提水工程为 1.0 ~ 1.5 元/m^3，通过市自来水公司管网延伸为 1.95 元/m^3，通过县自来水公司管网延伸为 1.2 ~ 1.6 元/m^3。农村饮水工程从实行建前、建中、建后、审计、水费收缴和使用在当地公示，做到公开透明。

8. 运行维护情况

全市农村饮水安全工程建设和运行中缴纳税费种类主要是地税，缴纳幅度 5.24% ~ 6.26%，免收水资源费。歙县、休宁县相关部门根据省发改委文件精神，制定农村饮水安全工程用电价格按农业业排灌用电价格执行，其他区县也均执行优惠价格 0.47 ~ 0.49 元/度。我市获取农村饮水安全工程建设用地的主要方式有两种：一是单村或联村集中供水工程，规模较小，用地较少（主要是荒山地），工程建设用地均由项目所在村委会负责解决，一般是由项目所在村集体用地中调剂使用，土地所有性质不变。有的是与村组协商，以出让、租赁形式获取。二是城市或乡镇自来水公司管网延伸项目，均有水厂自行出面解决建设用地，在工程建设中以管网深埋为主，由建设单位办理报批手续。

9. 用水户协会成立及运行情况

歙县、黟县和祁门县积极推进用水户参与式管理，有效促进饮水工程的管理和维护，成立单村用水户协会 298 个。村两委在广泛争取群众意见后，综合群众的意见，民主推荐组建协会小组，建立村饮水安全工程用水者协会章程，并对群众用水做出相应的承诺。按照平等、公开、自愿的原则，引导群众参加协会，参与用水管理，及时召开大会研究通过协会章程及各项制度，选举产生协会执委主任、委员等机构，经乡党委、政府审批同意成立用水协会管理该村的群众安全用水。全村统一水费收取标准，统一账户管理，每季度公开一次具体使用情况。协会成立后日常工作主要由执委会负责落实，确保群众用水顺畅。

四、采取的主要做法、经验及典型案例

（一）做法和经验

1. 地方出台的政策和法规性文件

一是落实中央 1 号文件。2011 年我市印发了《黄山市人民政府办公厅关于落实农村饮水安全保障行政首长负责制的通知》（黄政办〔2011〕32 号），按照事权划分、属地管理、分级负责的原则，将全市农村饮水安全工程建设和管理责任落实到县级人民政府、水行政主管部门、工程主管部门以及工程运行管理单位的责任人。二是积极落实财政奖补。2014 年 9 月 22 日，市政府第 18 次常务会议审议通过了我局和市财政部门联合制定的《黄山市农村饮水安全工程群众参与社会化管养奖补意见》。《意见》通过市级财政设立专项奖补资金，对日常管护效果良好且符合奖补条件的已建工程进行适当奖补。各区县也出台配套的奖补制度。2015 年市财政对全市 30 个项目点通过评选考核后给予每个项目点 1 万元的奖补。三是完善管理运行措施。我市认真执行省水利厅、省财政厅《关于加强农村饮

水安全工程建后管理养护的实施意见》要求，执行用水户签订供水协议，明确供用水双方的责任和权力、水费计量和收缴和水价，既方便今后的管护，又将饮水政策进一步宣传到每户，提高知晓度满意度。四是加强运行管理。2016 年 9 月市政府出台了《关于进一步加强农村饮水安全工程运行管理工作的通知》（黄政办秘〔2016〕58 号），进一步规范和加强我市农村饮水安全工程运行管理工作。

2. 主要经验总结

加强领导明确责任。全市各级政府都高度重视农村饮水安全工程建设，成立领导组加强组织领导，下设饮水安全工程办公室。实行饮水安全保障行政首长负责制，层层分解落实建设任务，逐级签订了目标责任书，责任到人。农村饮水安全一直列入市、县政府目标绩效考核内容。区（县）水利局为农村饮水安全工程的项目建设法人，负责县级农村饮水安全工程的组织实施工作，同时明确财政、发改、卫生等县直单位和乡镇政府各自的责任。区（县）水利局分别与项目乡镇签定目标管理责任书；局长与各相关股室负责人签定责任书；制定党组成员联系农村饮水安全工程制度。在区（县）上下和水利局内部形成齐抓共管格局。

注重细节配套制度。为保证农村饮水工程的建设质量，市局按照基本建设投资项目进行程序管理，同时配套建立健全全市农村饮水安全工程七项管理制度：一是任务量化制度，二是月进度通报制度，三是工作例会制度，四是督查督办制度，五是工作约谈制度，六是单项考核制度，七是与水利兴修评比挂钩制度，有效保障了工作有序进行。每年 4 次的到项目点专项督查，根据督查结果及时下达整改通知并抄送区县政府和民生办的督查通报，同步实施对存在问题的区（县）主要负责人的“约谈制度”，共同分析问题、查找原因，研究对策等多措并举，大大促进了饮水工程规范、有序、快速、高效推进。

严格六制模式建设。一是严格实行法人责任制。各区（县）均成立了农村饮水安全工程建管处并下设办公室负责具体实施。工程实施前将工程项目经费来源、投资情况、责任单位和人员、建设单位、受益范围等情况在受益村组进行公示。二是严格实行招标投标制。规模水厂通过招标选择具备相应资质的设计和施工单位，确保工程建设质量。规模以下小型单村供水工程点多面广，施工用地与当地村民的关系较为密切，由各乡镇组织招投标，优选施工队伍，并经村民代表大会同意，由项目建设管理责任人承担施工任务。三是严格实行建设监理制。实施过程中强化建设监理工作，蓄水池基础、钢筋制安等隐蔽工程和关键部位经监理主持的验收合格后，方可进行下道工序；管道沟槽验收达到设计深度要求，方可申请领取管材管件、铺设管材；严格管理砂、碎石、钢材等建筑材料。四是严格实行集中采购制。饮水管道、机电设备、消毒设备及安装由县级政府采购中心集中招标采购，严格按招标投标法规定的程序，编制并报审招标文件，发售招标文件、标前会及勘查现场、开标、评标、定标等主动自觉接受县纪检委、监察局的监督。五是严格资金报账制。对建设资金实行报账制、专户存储、专款专用、严禁挤占、挪用情况发生，各项资金一律汇入专用账户。六是严格实行竣工验收制。工程完工后将由区县级财政、水利、民生办和乡镇、村组共同参加验收，对验收不合格工程限期整改，同时做好工程建设前和建设后的水质化验工作。

持续开展“回头看”。一是 2014 年 10 月，我局会同市民生办对全市范围内所有已建的农村饮水安全工程开展全面检查。在各区（县）全面自查的基础上，市水利局会同市民生办分5个组，对2007年至2014年的工程数量，按照每年10%的数量标准随机抽取，形成检查成果，及时督促整改到位，确保惠民政策落到实处。二是2014年11月17日至25日，我局分6个组，由局党组成员带队，各责任科室负责同志参加，采取实地督查和检查区县资料两种形式，在全市范围内开展农村安全饮水工程“回头看”督查，掌握饮水工程的进度和质量情况，分析存在问题，及时整改到位。三是2015年和2006年，分别开展2005年以来已建的全市农村饮水安全工程建设管理“回头看”工作，“回头看”历时两个月，分县级自查（30天）、梳理问题和限期整改（10天）、市局分组抽查（20天）三个阶段。全市水利部门通过认真排查、切实整改，巩固农村饮水安全工程建设成果，提升农村饮水安全工程整体水平。

（二）典型县案例

1. 屯溪区农村饮水安全工程建设

屯溪区“十一五”和“十二五”实施完成农村饮水安全工程共解决36村3.67万人的农饮安全任务，工程总投资1673万元。成为全市唯一的全部通过管网延伸形式承接城市自来水解决农村饮水不安全问题的区（县），屯溪区农村饮水安全工程入户率达到100%，水质状况按城市供水标准，既保证了水质又保证了水量。工程建成后由村与市自来水公司签订协议，交由黄山市自来水公司统一管理，免费维修。黄山市自来水公司有正规完备的运行机制，制定合理的水价，设立维修服务热线，按表计收水费。黄山市自来水公司三江源水质检测站负责检测每天的供水水质并严格按照城镇饮用水标准执行。保证了群众能常年吃上安全水，放心水。

2. 徽州区农村饮水安全工程建设

徽州区把解决农村群众饮水安全作为统筹城乡发展和推进社会主义新农村建设的突破口，按照“集中化供水、市场化运作、企业化经营、专业化管理”的工作思路，大力实施农村集中供水工程，有效解决了农村群众饮水安全问题。全区建成区水厂管网伸工程2处、供水人口1.78万人；西溪南镇及呈坎镇集中供水厂2处、供水人口2.25万人；均安装二氧化氯消毒设备。其中西溪南镇水厂属西溪南镇民营企业，供该镇竦塘、长林、西溪南、石桥、琶村、东红及岩寺镇富山村近1.43万人，设计日供水规模900m³。所有工程建设及管护工作均由镇水厂成立专业组织，统一管理，统一按物价局审批的水价收取水费。工程运行至今，经区卫生疾控部门对水厂供水使用二氧化氯杀菌消毒设备后水质情况进行多次化验，末梢水检测指标结果均能达到生活饮用水卫生标准，工程运行良好，群众十分满意。

五、目前存在的主要问题

一是工程年久失修。2009年前建的饮水工程多是建设标准低，解决人口少的小型工程，部分拦水坝和蓄水池因水毁失修出现破损、渗漏，不少工程存在管网老化、渗漏等情况，工程正常使用保证率不高。2005—2008年工程仅规模较大的工程配备了消毒设备。

二是管护措施不到位。由于供水工程数量多，管网设施辐射村村舍舍，管理维护任务相当繁重，且水费收入有限，形成了人员的大量需求与有限的水费收入之间的巨大矛盾。

老百姓的用水消毒观念不够高，认为使用消毒过的水有股消毒药品的味道，口感不好，要求关掉消毒设备。

三是工程管理不规范。缺乏懂技术、会管理、责任心强的专业技术人员，管水人员业务综合素质等能力较低，分析管网明漏、暗漏的能力及处理管道一般故障、突发故障的技能不高，难以适应日常的运行管理工作，执行管护制度不规范。不能定期聘请专家指导管理人员学习管网运行、水压监测、水质处理等技术措施及管理知识。

四是水费征收不规范。水价核定和水费收缴制度均已出台，但实施还有一定的难度。一是农村饮水工程收取的水费难以维持工程的简单运行甚至还不够支付管理人员的工资；二是小型供水工程水费收取困难，群众交水费意识淡薄，认为应能无偿使用，对收费有抵触情绪；三是有的项目点群众外出务工春节返乡时一年交一次水费，日常管理支出要管理人员垫资。

六、“十三五”巩固提升规划情况

1. 全市农饮巩固提升“十三五”规划情况

我市对农村饮水安全工程状况进行全面摸底调查评价，合理制定农村饮水提质增效规划目标。将全市已建工程进行了分类梳理。对于工程已年久失修、毁损、管网老化、水源枯竭等的工程列入“十三五”规划进行更新改造；对同一区域可以并网的进行合并；对于达到一定规模有经济效益的进行管网延伸扩大受益范围。“十三五”期间，我市采取以适度规模集中供水为主、部分分散式供水为辅的方式，2018 年底前实现建档立卡的 153 个贫困村“村村通”自来水，同时解决贫困人口以及贫困村外的贫困人口的饮水不安全问题。2019—2020 年实施全市农村饮水巩固提升工程。规划全市农村饮水巩固提升工程新增受益人口 487200 人，改善受益人口 323881 人，其中受益贫困人口 28000 人。农村饮水安全巩固提升工程 465 处，其中新建工程 166 处、现有水厂管网延伸 48 处、改造工程 251 处。新增供水能力 29827m^3/d，改造供水规模 10214m^3/d。规划估算总投资 25650 万元，其中扶贫部分投资 2405 万元。在我市实施农村饮水安全巩固提升工程，将进一步改善村庄的卫生环境和生态环境，提高受益群众的生活水平，到 2020 年，全市自来水普及率达到 90% 以上，农村饮水安全集中供水率达到 90% 以上；水质达标率整体有较大提高；小型工程供水保证率不低于 90%，其他工程的供水保证率不低于 95%。

表 4　“十三五”巩固提升规划目标情况

县（市、区）	农村集中供水率（%）	农村自来水普及率（%）	水质达标率（%）	城镇自来水管网覆盖行政村的比例（%）
合计	92	91	92	46
屯溪区	100	100	95	100
黄山区	95	90	95	50
徽州区	87.2	87.2	90	38.2
歙县	85	85	90	33
休宁县	90	85	90	25

（续表）

县（市、区）	农村集中供水率（%）	农村自来水普及率（%）	水质达标率（%）	城镇自来水管网覆盖行政村的比例（%）
黟县	95	95	95	35
祁门县	94	94	94	37

表5　“十三五”巩固提升规划新建工程和管网延伸工程情况

县（市、区）	工程规模	新建工程					现有水厂管网延伸			
		工程数量	新增供水能力	设计供水人口	新增受益人口	工程投资	工程数量	新建管网长度	新增受益人口	工程投资
		处	m^3/d	万人	万人	万元	处	km	万人	万元
合计	合计	166	29827	34.86	33.19	8418	48	995.4	10.93	7815
	规模水厂	1	20000	4	2.98	2300	32	755.6	9.54	6149
	小型水厂	165	9827	30.86	30.21	6118	16	239.8	1.39	1666
屯溪区	合计						13	150	1.37	2375
	规模水厂						13	150	1.37	2375
	小型水厂									
黄山区	合计	8	530	0.6	0.53	265	12	120.8	1.51	453
	规模水厂						1	64	0.8	240
	小型水厂	8	530	0.6	0.53	265	11	56.8	0.71	213
徽州区	合计	2	20002	24	22.98	2302	2	32	2.82	739
	规模水厂	1	20000	4	2.98	2300	2	32	2.82	739
	小型水厂	1	2	20	20	2				
歙县	合计	60	3075	3.97	3.97	2732	8	450	2.94	3087
	规模水厂						3	267	2.26	1634
	小型水厂	60	3075	3.97	3.97	2732	5	183	0.68	1453
休宁县	合计	12	1308	1.19	1.19	617	12	212.6	2.12	1059
	规模水厂						12	212.6	2.12	1059
	小型水厂	12	1308	1.19	1.19	617				
黟县	合计	4	455	0.44	0.44	100				
	规模水厂									
	小型水厂	4	455	0.44	0.44	100				
祁门县	合计	80	4457	4.66	4.08	2402	1	30	0.17	102
	规模水厂						1	30	0.17	102
	小型水厂	80	4457	4.66	4.08	2402	0	0	0	0

表6 “十三五”巩固提升规划改造工程情况

县（市、区）	工程规模	改造工程					
		工程数量	新增供水能力	改造供水规模	设计供水人口	新增受益人口	工程投资
		处	m^3/d	m^3/d	万人	万人	万元
合计	合计	251	7022	10214	19.67	4.6	7628
	规模水厂	15	2957	3000	2.83	2.7	2907
	小型水厂	236	4065	7214	16.84	1.9	4721
屯溪区	合计	13	1370	0	1.37	1.37	2375
	规模水厂	13	1370		1.37	1.37	2375
	小型水厂						
黄山区	合计	81	2493		6.13	0.18	2105
	规模水厂	1	87		0.16	0.03	72
	小型水厂	80	2408		5.97	0.15	2033
徽州区	合计	0					
	规模水厂	0					
	小型水厂	0					
歙县	合计	83	379	3297	5.26	0.8	1326
	规模水厂						
	小型水厂	83	379	3297	5.26	0.8	1326
休宁县	合计	32	0	3262	2.59	0	557
	规模水厂						
	小型水厂	32	0	3262	2.59	0	557
黟县	合计	24	2155	3655	2.98	1.75	1013
	规模水厂	1	1500	3000	1.3	1.3	460
	小型水厂	23	655	655	1.68	0.45	553
祁门县	合计	18	623	0	1.34	0.5	252
	规模水厂						
	小型水厂	18	623	0	1.34	0.5	252

2. “十三五”之后农饮工程长效运行工作思路

建立地方政府、用水单位、供水单位“三位一体”的农村饮水安全工程运行管理机制。地方政府层面，各区县人民政府是农村饮水安全工程的责任主体，区县水行政主管部门行驶行业管理职责，相关部门各司其职、密切配合；用水户层面，农村用水户应按时按量缴纳水费，爱护供水管网设施，积极参与水价政策的制定和监督实施。农村集体所有的小型供水工程成立村级用水户协会，自觉担负起管护主体责任。供水单位层面，按照规定的计量标准和供水价格收取水费，定期检查、维护供水设施，设立供水事故抢修电话，定期向群众公布水价、水量、水费收支情况，接受水利、卫生、物价、审计等部门的监督检查和用水户的监督、质询和评议。

屯溪区农村饮水安全工程建设历程（2005—2015）

（屯溪区水利局）

一、基本概况

屯溪区位于安徽省南部，东北、东南分别与徽州区、歙县毗邻，其余均与休宁县接壤。全区土地总面积249km²。全区辖屯光、黎阳、阳湖、奕棋、新潭五个镇和昱东、昱中、昱西、老街四个街道办事处。本区地貌上属丘陵与谷地，四周多为海拔200～400m丘陵。屯溪区年均降雨1517.6mm，多年平均蒸发量1483.8mm。降雨年际分配不均，6～8月降雨占全年总量的40%左右，12月降水最少。屯溪区地跨新安江流域，主要支流有横江、率水。全区水资源相对较为丰富，境内水资源的地表径流总量2.337亿m^3、地下水资源总量0.350亿m^3。受地形地质因素影响，加之缺乏骨干蓄水工程，水的利用率较低。

屯溪区总人口19.26万人，其中农业人口7.55万人，劳动力6.35万人，辖5个乡镇61个行政村。屯溪区2014年水资源总量2.337亿m^3，其中地表水资源量2.337亿m^3，地下水资源量0.350亿m^3，地下水与地表水资源重复量0.35亿m^3。屯溪区2014年总供水量0.462亿m^3，2014年总用水量0.462亿m^3，人均用水量267m^3，总耗水量0.187亿m^3。屯溪区集中式供水水源均为地表水，水质总体良好。受人为因素的影响，地表水少数存在被垃圾、污水、农药等污染，遇上雨水山洪天气感官指标就不合格；不进行消毒处理为细菌学指标基本全部达不到饮用水标准；另有部分地方砷、锰等有超标。

二、农村饮水安全工程建设情况

1. 农村人口饮水安全解决情况

根据《屯溪区农村饮水安全现状调查及复核报告》成果，截至2015年底，屯溪区集中式供水工程48处，受益人口61761人，占全区农村总人口的81.82%。分散式供水工程13处，受益人13722人，占全区农村总人口的18.18%。

屯溪区农村饮水集中式供水工程水源类型为新安江水。黄山市自来水厂有完备的净化设施，其供水水质符合国家《农村实施〈生活饮用水卫生标准〉准则》要求，可供居民生活饮用。全部实行供水到户的供水方式，人均日生活用水量均达到100L。其余13个行政村大多数农户吃各自装的手压井以及大口井的水，个别农户引山泉水吃，水源、水质和方便程度不达标。

表1　2015年底农村人口供水现状

乡镇数量	行政村数量	总人口	农村供水人口	集中式供水人口	其中：自来水供水人口	分散供水人口	农村自来水普及率
个	个	万人	万人	万人	万人	万人	%
5	61	19.26	7.55	6.18	6.18	1.37	81.82

表2　农村饮水安全工程实施情况

合计			2005年及"十一五"期间			"十二五"期间		
解决人口		完成投资	解决人口		完成投资	解决人口		完成投资
农村居民	农村学校师生		农村居民	农村学校师生		农村居民	农村学校师生	
万人	万人	万元	万人	万人	万元	万人	万人	万元
3.67	0	1673	2.13	0	906	1.54	0	767

2. 农村饮水工程（农村水厂）建设情况

截至2015年，屯溪区48个行政村均采用管网延伸形式承接城市自来水，其水源保证率在95%以上，水质达标，官网漏损率为5%。

表3　2015年底农村集中式供水工程现状

工程规模	工程数量	设计供水规模	日实际供水量	受益乡镇数	受益行政村数	受益农村人口	自来水供水人口
	处	m^3/d	m^3/d	个	个	万人	万人
合计	1	110000	6180	5	48	6.18	6.18
规模水厂	1	110000	6180	5	48	6.18	6.18
小型水厂	0	0	0	0	0	0	0

3. 农村饮水安全工程建设思路及主要历程

屯溪区"十一五"期间总计投入906万元，解决了2.13万人饮水问题。"十二五"期间总计投入了767万元，解决了1.54万人饮水问题。

三、农村饮水安全工程运行情况

1. 屯溪区人民政府办公室批复于2009年成立了屯溪区农村饮水安全工程管理办公室，

为事业编制，人数2人。工程维修养护资金每年由区财政拨付5万~6万元至农饮账户，并制定了资金管理和使用办法。

2. 2015年成立了屯溪区农村饮水安全工程水质检测中心，投资290余万，购置了12台套设备，依托黄山市三江源水质检测站定期检测，落实专业检测人员14人。水质达标率100%。所有的已建农饮工程均采取市自来水公司管网延伸形式，均由黄山市自来水公司终生免费维修，保障安全运行。

3. 农村饮水安全工程水源保护情况。由黄山市人民政府在黄山市自来水公司取水口上游划定了重点水源地保护范围，并树立标牌予以公示。

四、采取的主要做法和经验

1. 做法

屯溪区48个行政村均采用管网延伸形式承接城市自来水，有效确保长效运行。

2. 经验总结

（1）做好前期工作是解决农村饮水问题的基础。自2005年以来我区实施农村饮水安全工程，为确保工程顺利组织实施，我们在认真总结以往解决农村饮水困难工作的基础上，通过调查研究，先后编制了《安徽省屯溪区“十一五”农村饮水安全工程规划》《屯溪区2007—2011年农村饮水安全项目可行性研究报告》《黄山市2005—2008年度农村饮水项目实施方案（屯溪区部分）》《黄山市屯溪区2010—2013年农村饮水安全工程规划》《安徽省屯溪区“十二五”农村饮水安全工程规划》，为实施项目做了大量的前期准备工作，为项目的顺利实施打下了坚实的基础。

2. 做好资金筹措是农村饮水工程建设的前提。农村饮水工程建设，实行国家补助，省市县配套相结合的投资方式。“十一五”期间，实行市场机制与政府行为相结合的办法，区政府制定鼓励兴办农村饮水工程的优惠政策，大力发展民办民营水利，支持鼓励股份合作，广泛吸纳民间资金，从而解决了农村饮水工程建设资金困难问题。

3. 做好工程建设管理是保证工程质量的关键。在实施农村饮水工程项目中，成立工程领导组，主要领导亲自抓、分管领导具体抓、各有关部门紧密配合，抓好工程实施过程中的组织、协调和管理等工作。在工程资金管理方面：设立工程专户，实行专款专用，按工程进度及阶段工程验收报告分期拨款，工程通过省、市验收合格后，付清余下的工程款；同时，接受区人大、政协、纪检、监察、审计等部门的监督和检查。在工程设计方面：由区水利局负责工程设计，采取统筹规划、科学设计，严格按照农村饮水规范和标准的要求，力求高标准高质量。在工程质量方面：严把工程建设、材料采购、施工队伍选择和检查验收四个环节，确保工程建设后充分发挥效益。

4. 做好建后管理是工程持久发挥效益的保证。工程的运行管理直接关系到项目的实施效果。在市场经济体制要求下，新建供水工程项目必须根据不同工程特点和管护形式，确定其所有权和经营权。在农村饮水工程建设的同时，就着手管理机制的建立。工程验收合格后及时办理交接手续，并确定管理单位和责任人，明确管理者的责任和义务，落实工程维修和管护资金。无论何种经营形式，都要落实好管护责任制，工程项目法人与管护责任人都要签订责、权、利明确的协议，保证工程运行管理落到实处，并积极引入竞争机制，实行计量收费，以水养水。建立健全工程维修、养护、用水、节水、水费计收、水源保护等各项规章制度，确保工程持久发挥效益。

5. 水源地保护是饮水工程水质安全的保障。作为生活饮用水的水源，为防止人为破坏和污染，保证饮水质量，各项目点必须根据水源类型划定保护区，明确范围，制定保护办法并立牌告示，防止在水源保护区存在可能破坏和污染水源的任何活动。

五、目前存在的主要问题

1. 在我区2005年以前建设的饮水工程净水设施比较简陋，基本上直接引水，大部分的引水工程是当地村民自发建设，取水构筑物破损老化，引水管路破损漏水，入户管网配套不完善，入户管网老化。

2. 我区由于属皖南山区，农村人口居住极其分散，管道铺设路线长，工程投资较大，致使部分工程建设资金不足，造成过滤、消毒设施设备不完善，管道铺设经过悬崖或岩石基础处达不到正常铺设标准，存在不同程度的损坏。

3. 我区13处分散式供水工程，没有相应的净化和消毒设施，水质得不到保障。

六、"十三五"巩固提升规划情况及长效运行工作思路

按照全面建成小康社会和脱贫攻坚的总体要求，通过农村饮水安全巩固提升工程实施，采取新建和改造等措施，到2018年底前，实现贫困村村村通自来水；到2020年，全面解决贫困人口饮水安全问题，对已建农村供水工程进行改造提升建设，保障供水安全。进一步提高农村供水集中供水率、自来水普及率、城镇自来水管网覆盖行政村的比例、水质达标率和供水保证率，建立健全工程良性运行机制，提高运行管理水平和监管能力。2020年实现屯溪区5个乡镇的61个行政村"村村通"自来水，解决75483人的饮水问题，村集中供水率达到95%以上；村自来水普及率达到90%以上，城镇自来水管网覆盖行政村的比例达到90%以上。

表4　"十三五"巩固提升规划目标情况

农村集中供水率（%）	农村自来水普及率（%）	水质达标率（%）	城镇自来水管网覆盖行政村的比例（%）
100	100	95	100

表5　"十三五"巩固提升规划新建工程和管网延伸工程情况

工程规模	新建工程					现有水厂管网延伸			
	工程数量	新增供水能力	设计供水人口	新增受益人口	工程投资	工程数量	新建管网长度	新增受益人口	工程投资
	处	m^3/d	万人	万人	万元	处	km	万人	万元
合计	0	0	0	0	0	13	150	1.37	2375
规模水厂						13	150	1.37	2375

表6“十三五”巩固提升规划改造工程情况

工程规模	改造工程					
	工程数量	新增供水能力	改造供水规模	设计供水人口	新增受益人口	工程投资
	处	m^3/d	m^3/d	万人	万人	万元
合计	13	1370	0	1.37	1.37	2375
规模水厂	13	1370	0	1.37	1.37	2375
小型水厂						

黄山区农村饮水安全工程建设历程（2005—2015）

（黄山区水利局）

一、基本概况

黄山区位于安徽省南部，皖南山区中部，长江支流青弋江上游。全区土地总面积1775km^2，其中山丘区面积1183km^2、平原面积592km^2，人口16.18万人，其中农业人口12.9万人。辖9镇5乡，79个行政村。境内地貌属皖南山区中部的高中山、低山丘陵和山间盆谷区，地势南高北低。境内有流向北面属长江流域的青弋江水系和流向西北属钱塘江流域的新安江水系。全区主要有麻川河、浦溪河、秧溪河、佘溪河、清溪河五大水系及永丰洙溪、新丰丰溪小河水系。

黄山区位于皖南山区，是一个集山区、库区、丘陵为一体的旅游区，区内有太平湖库区及黄山风景区，旅游景点众多，每年接待外来旅游人口达100万人次。黄山区地表水产水量多年平均为14.8亿m^3，人均径流达11400m^3/人年，亩均径流11900m^3。全区多年平均径流量达17.3亿m^3，人均占有水资源量10590m^3。黄山区现有小（1）水库6座，可供水量1104.1万m^3，小（2）水库46座（包括风景区）可供水量560.4万m^3。

黄山区2014年供水总量0.660亿m^3，其中：地表水0.65亿m^3，占供水总量的90.3%；地下水0.01亿m^3，占供水总量的1.5%。根据黄山区卫生疾控中心部门监测检验，黄山区目前农村饮水安全问题主要为细菌学超标、水质硬度偏高，无氟化物超标、砷超标等安全问题。

二、农村饮水安全工程建设情况

1. 农村人口饮水安全解决情况

“十五”期间国家大力增加对农村饮水困难问题的投入，使我区农村饮水现状得到了很大的改善。“十五”期间我区在国家补助资金224万元的情况下，地方政府配套出资76万元，受益投工投劳折资81万元，完成建设小型集中供水工程145处，单户工程1处。项目原计划解决1.49万人的饮水困难，实际解决饮水困难2.1万人，使我区的农村自来水普及率由原来的48%提高到63.5%，更使我区农村饮水工作由原来解决饮水困难问题转变为解决饮水安全问题，上升到一个新的台阶。

根据《黄山市黄山区“十一五”“十二五”农村饮水安全工程规划》安排及实施完成情况，共完成饮水不安全人口 11.57 万人，工程总投资 5423.0 万元，其中：中央投资 2562.40 万元，省级配套资金 995.03 万元，市区配套资金 1119.76 万元，群众投工投劳折资 149.81 万元。

表 1　2015 年底农村人口供水现状

乡镇数量	行政村数量	总人口	农村供水人口	集中式供水人口	其中：自来水供水人口	分散供水人口	农村自来水普及率
个	个	万人	万人	万人	万人	万人	%
14	79	16.18	13.17	12.91	12.91	0.26	98

表 2　农村饮水安全工程实施情况

合计			2005 年及“十一五”期间			“十二五”期间		
解决人口		完成投资	解决人口		完成投资	解决人口		完成投资
农村居民	农村学校师生		农村居民	农村学校师生		农村居民	农村学校师生	
万人	万人	万元	万人	万人	万元	万人	万人	万元
11.14	0.43	5423	4.24	0	1857	6.9	0.43	3566

2. 农村饮水工程（农村水厂）建设情况

根据 2005 年黄山区农村饮水调查评估报告，全区的农村自来水普及率偏低，仅达到 63.5%；全区农村总人口 133766 人，集中供水受益总人口 65147 人，占农村总人口的 48.7%；分散式供水人口为 68619 人，占农村总人口的 51.3%。分散式供水人口中打井 18244 人。全区集中供水工程计 87 处，其中有汤口寨西水厂、城区自来水厂 2 处成立了自来水公司，由物价部门核定其相应水价。其余集中供水工程基本上由乡镇成立水厂办公室或是大户联合出资股份制管理，用水通过计量收费或按人收费，以保持工程日常维修费用及劳务开支。少数供水工程是由乡镇出资建设，实行转让承包方式，管理上使其转换为个体经营，其水价为 0.5～1.2 元/m^3。

自国家实施饮水安全工程以来，黄山区广大农民在国家和地方政府的大力支持和积极引导下，投入大量的人力和物力，通过综合治理，综合开发水资源，以及水利工程产权制度的改革，大力发展民营自来水厂，山区自流引水工程，区自来水厂向农村管网延伸，全面实施农村饮水安全工程，到 2014 年底共建成饮水工程约 242 处，解决 14 个乡镇涉及 79 个行政村 8.8 万人的饮水安全问题，完成总投资约 8157 万元。

2015 年底黄山区集中供水工程共计 385 处，设计日供水量为 33428m^3/d，实际日供水量为 23209m^3/d，受益乡镇为 14 个，受益人口 129100 人。分散式供水工程没有水质净化设施，供水保证率不高，干旱季节水源供水不足。

表3　2015年底农村集中式供水工程现状

工程规模	工程数量	设计供水规模	日实际供水量	受益乡镇数	受益行政村数	受益农村人口	自来水供水人口
	处	m^3/d	m^3/d	个	个	万人	万人
合计	129	33428	23209	14	79	12.91	12.91
规模水厂	1	20000	15000	4	20	2.02	2.02
小型水厂	128	13428	8209	10	59	10.89	10.89

3. 农村饮水安全工程建设思路及主要历程

2005—2010年，安排解决了全区14个乡镇4.24万人的饮水安全问题，日供水能力达到4240m^3/d。完成工程总投资1857万元，其中，中央资金821万元，省级配套资金420万元，市、区配套资金465万元，受益群众自筹资金150万元（投工投劳折资）。2011—2015年，安排解决了全区14个乡镇6.9万农村居民和0.43万学校师生的饮水安全问题，日供水能力达到7340m^3/d。完成工程总投资3566万元，其中，中央资金2139万元，省级配套资金713万元，市、区配套资金714万元。

2015年底黄山区集中式供水工程385处，全部实行供水到户的供水方式。受益人口129100人，占全区农村总人口的98%。其中有15处为规模较大供水工程，由相应供水公司负责管理，供水水价由物价部门核定。公司管理采用企业化操作，安装到户收取开户费，由公司法人负责管理。其余集中供水工程基本上由镇村负责管理，每个供水点平均管理管理人员人数为1～2人，管理上采用保本微利的原则实行有尝收费管理，用水通过计量收费或按人收费，以保持工程日常维修费用及劳务开支。计量收费水价为0.5～1.5元/m^3，人均收费为2～5元/月。

三、农村饮水安全工程运行情况

1. 专管机构

通过区政府研究，2010年成立了黄山区农村饮水安全工程建设管理站，由区编办（黄编字〔2010〕21号）批复设立，为隶属水利局股级事业单位，所需工作人员从局所属事业单位调剂。2010年以报告形式落实工作经费5万元。

2. 工程维修养护基金

按照民生工程管理要求，2010年开始区民生办按历年投资总额1%落实农村饮水安全工程管护经费。2016年落实管护经费55万元，按村级水厂2000元/村、集镇水厂5000元/座进行定量考核补助，由区民生办会同水利局对镇村工程管护采取考核，按考核得分以一定比例形式给予管护资金补助。

3. 水质检测中心

黄山区农村饮水安全工程水质检测中心是与区疾病预防控制中心合二为一，进行全区水质检测。依托于2015年区疾病预防控制中心建设项目已扩展实验室总建筑面积832m^2，其中水质检测化验室达250m^2，办公、仪器设备配置均比较齐全，目前能检测源水、出厂水和末梢水水质指标34项。

4. 水源保护情况

按农村饮水安全工程水源地划分标准，报区政府研究批复划定水源地保护区。对相对一定供水规模项目由镇村协同区环保局制作安置水源保护地公示牌。

5. 供水水质状况。集镇水厂采取相对一体化净化设施，其他村级规模以下水厂均采用过滤、简易消毒器予以消毒。近年来区疾控中心通过对全区水质的检测发现，水质污染问题主要为细菌学水质不达标。主要表现为水质监测合格率和水质处理率低，污染主要表现为微生物细菌超标。

6. 农村饮水工程（农村水厂）运行情况

集镇水厂均由乡镇为工程管护主体，采取承包管理模式予以管理，水价为1.1～1.6元/m³，未提取水厂设施折旧费。村级规模以下水厂由村委会为工程管护主体，采取雇工管理模式予以管理，水价为0.5～1.0元/m³，未提取水厂设施折旧费。组级供水设施由村民组长管理，考虑到外出人员居多，大部分采取基本保底收费+计量收费模式。

7. 农村饮水工程（农村水厂）监管情况

由区民生办统一印制，至全区人民一封信公开群众投诉电话，对每一位群众反映的问题及时予以落实。

8. 运行维护情况

“十一五”期间建设的农村供水工程大部分以小型集中供水工程为主，建设标准低，运行管理水平低等。无消毒设施，水质合格率相对较低。“十二五”期间建设的农村供水工程以规模化供水工程为主，建设标准较高，运行管理等较为完善。

四、采取的主要做法、经验及典型案例

（一）做法和经验

1. 政策法规

研究制定《黄山区年度农村饮水安全项目实施办法》，出台农村饮水安全项目专项资金管理办法，制定黄山区农村饮水安全工程管护办法等。

2. 经验总结

一是加强组织领导，抓好责任落实。农村饮水安全工程建设实行地方政府目标责任制、行政一把手负责制。区政府成立由发改、水利、财政、卫生、环保、国土、建设、审计、监察等部门组成的工作领导组，区长任组长，分管区长任副组长，负责农村饮水安全工程的领导、部署、协调、督促检查等职责。有建设任务的乡镇，都相应成立了农村饮水工程建设领导组，明确了责任人。实施计划下达后，区水利部门及时将项目分解落实到乡（镇）、村、组、户，制定了详细的实施方案，并配备专职领导、专职技术人员负责规划设计、资金筹措、项目施工和竣工验收的各个环节。

二是强化督促检查，注重协调配合。区领导组建立例会制度，每季度召开1次全体成员会议，检查和总结前阶段工作，研究解决工作中的重大问题，部署下一阶段任务；不定期召开专题会议，协调、解决、督促工程实施中的问题。实行工作督查制度，将农饮安全纳入区、乡（镇）两级政府督查范围，督查室和农饮办对农饮工作开展情况每季度组织一次督查，并及时通报督查情况。同时，根据区农村饮水安全领导组安排，定期或不定期地

开展农村饮水工程建设专项督查。农村饮水安全工程建设点多面广，任务艰巨，为此，区政府多次召开会议，专题部署，全面动员，协调有关问题，要求有关部门要各司其职，各负其责，密切配合，共同搞好农村饮水安全工程建设。并对项目的组织领导、职责分工、建设程序、资金筹措与管理、建后管理等作了明确规定。实行项目建设进展情况旬报制，要求每月逢8填报项目建设进展情况表，及时报区农村饮水办公室；组织人员对在建项目实行分片、按月巡查制，以加强项目进度管理。强化项目开工前、竣工后公示，并留有事实图片，以便接受群众监督和检查。

三是打造“标杆”，探索、推进农村饮水管理模式。从2010年开始，改变以往小规模、点分散的做法，坚持以集中供水、管网延伸为主，集中连片解决好农村人口饮水安全问题，取得了良好的社会效果。为了进一步推进农村饮水安全工程建设，提高社会满意度，按照集镇和行政村不同规模类型，选择了三口、焦村等集镇集中供水和汤口岗村、太平湖和平村等集中供水点作为农村饮水标杆工程，积极打造精品、标杆工程：一是在工程建设上下功夫。严格工程质量标准，强化项目建设监督管理，确保工程优化优质。在环境建设上下功夫。坚持与旅游环境建设相结合，着力打造生态、花园式水利工程，建设标准化管理厂房。同时在管理上积极完善水厂项目法人制，并完善工商注册，严格按要求办理取水许可、卫生许可、全面实行水厂企业化管理。通过运行实践，区标准化农村饮水安全工程建设管理的模式取得了明显成效，使农村饮水工程管理、效益得到充分发挥，群众满意率高，并受到省市水利厅（局）领导的充分肯定。

四是强化管理，确保农村饮水安全工程效益得到充分发挥。焦村镇中心村西海自来水厂位于黄山区焦村镇龙源村，也是我区农村饮水工程集镇集中供水“标杆”工程之一，水厂供水范围包括龙源、陈村、镇街道及镇直单位、学校、医院共4000人，1100余户。2011年，以农村饮水安全工程为契机，通过集镇集中供水项目建设，一座花园式标准化水厂应运而生。水厂供区范围不断增加，水质得到根本改善，4000多人口饮水安全得到保障。在水厂建设初期，严格按照规范化、标准化建设要求进行建设，工程建成后，即由镇企业办挂牌成立水厂，法人由企业办主任兼任，并完善工商注册、取水许可、卫生许可等事宜，在管理上，采用经营权承包方式落实后期管理，在当地选择责任心强，具有水电操作技能的人来经营水厂，一方面确保受益群众用水得到充分保障，另一方面确保水厂后期管理经费得到保障。

（二）典型工程

1. 三口镇集镇家家悦水厂建设情况

三口镇集镇水厂供水范围为白果树村、联中村、湘潭村集镇范围，共供水1491户4154人。三口镇集镇安全饮水工程由三口镇政府负责组织实施，以安全饮水项目资金投资为主、镇政府和受益群众筹资为辅新建集镇水厂，从2011年开始建设，2013年基本完成，工程历时3年。

2011年实施了集镇集中供水系统取水管道（取水口取至汪家桥村夫子河蒋家段）长12km、200m^{3}蓄水塔、70m^{2}集镇水厂管理房、450m^{2}集镇水厂及其配套设施，当年通过与集镇老水厂供水管网并网初步实现了集镇供水，实现了集镇水厂日供水可达500m^{3}的目标，投资270余万元；2012年实施集镇三村供水管网长28240m，涉及白果树村5个组285户1280人，联中村3个组195户647人，湘潭村9个组292户1350人，投资125万元；

2013 年通过管网延伸 11750m 完成了湘潭村立潭组 87 户 245 人、白果树村汪家村 220 户 632 人安全饮水工程。

2. 农村饮水工程管护经验

三口镇镇农村饮水工程管护经验主要为集中式饮水安全工程管护经验，一是制定了三口镇公共供水管理办法。二是通过公开招标集中式经营权确定专人管理。三是明晰产权，确定镇、用户和管理者的各自权利和义务。四是划定了水源地保护区。夫子山至取水口（夫子河蒋家段）为三口镇农村公共供水水源点保护区（地处汪家桥村），镇自来水厂（地处白果树村）为三口镇农村公共供水设施安全保护范围，其他供给水管道左右各 2m 为三口镇农村公共供水管道保护范围。

2014 年 6 月三口镇政府通过公开招标的形式对集镇家家悦自来水厂经营权发包，并与集镇污水处理厂的日常管理相挂钩，中标人在负责集镇水厂的日常管护和收费收缴的同时，必须负责集镇污水处理厂的日常管护工作。目前集镇水厂由经营方已正式运行 3 年，水厂运行状况正常，水费收缴情况正常。管理单位按照招标承诺要求，开展了月巡查和季巡查，即每月需组织技术人员对供水管网开展 1 次巡查，每季度需对取水管网和供水管网开展 1 次巡查。

五、目前存在的主要问题

1. 消毒设施使用

从检查运行情况看，消毒设施使用不正常，主要原因一是由于蓄水池均离村庄较远，安装的消毒设施需要购药、加药、查看水位，部分村对消毒设施是否正常使用不够重视；缺乏专人管理。二是部分群众认为消毒后的水有异味不愿饮用，要求停止消毒；下一步将加大对消毒设施使用的宣传力度，引起村组重视，打消群众顾虑。

2. 水价及水费收取

由于地处山区，供水用户偏少，日常管理难度大，极少有人愿意参与经营权承包。农户责任意识和节水意识淡薄，部分农户在收缴水费时不予配合，甚至与其他农村工作挂钩，找出各种拒缴水费的理由。

3. 运行管理模式及效果

除集镇水厂外，实施的农村饮水安全工程均为村集体管理，并确定 1 名村两委成员具体负责，聘请水工，负责收费、日常维修等日常事务，运行情况较好。边远村组实施的农村饮水安全工程一般由村民组组长负责日常管理，管护效果不佳。

4. 建设及建后运行资金管理

山区农饮工程点多分散，人均投资高。农村饮水安全工程建设资金来源主要为国家专项资金、村组及群众自筹资金，实行专款专用。水费收入主要用于人员工资、管理维护及修理费用，尚有资金缺口，山岔村则完全由村集体承担。

5. 群众满意情况

从历年民生工程走访及调查情况来看，受益群众对农村饮水安全工程满意度较高，但也有部分居住地势较高或管网改造未延伸到的群众在汛期或干旱季节出现水质浑浊或是断水，群众反应比较强烈。

六、“十三五”巩固提升规划情况及长效运行工作思路

1. 农饮巩固提升“十三五”规划情况

黄山区“十三五”重点解决水源保证率低、供水设施不完善及水量不足等三种类型，共计受益人口10.03万人。到2020年，全面提高农村饮水安全保障水平，实现农村自来水‘村村通’；同时，对已建农村供水工程进行巩固改造提升建设，保障供水安全。采取新建、扩建、配套、改造、联网等措施，到2020年，使黄山区农村集中供水率达到95%以上，农村自来水普及率达到90%以上，水质达标率在95%以上，供水保障程度进一步提高。推进工程管理体制和运行机制改革，建立健全区级农村供水管理机构、农村供水专业化服务体系、合理的水价及收费机制、工程运行管护经费保障机制和水质检测监测体系、水厂信息化管理，依法划定水源保护区或保护范围，加大对水厂运行管理关键岗位人员的业务能力培训。

黄山区农村饮水安全巩固提升工程“十三五”规划共涉及项目162处，受益人口10.03万人。新建工程：8处，新增供水能力530m³/d，新增受益人口0.53万人，涉及8个行政村，其中贫困村2个。现有水厂管网延伸工程：12处，新建管网长度120.8km，新增受益人口1.51万人。1处为1000m³/d以上工程，新建管网长度64km，新增受益人口0.8万人；200～1000m³/d工程11处，新建管网长度56.8km，新增受益人口0.71万人。改造工程：81处，新增供水能力2567m³/d，新增受益人口0.18万人，改善受益人口6.13万人。1处为1000m³/d以上工程，新增供水能力87.1m³/d，新增受益人口0.03万人，改善受益人口0.16万人；200～1000m³/d工程18处，新增供水能力1374m³/d，新增受益人口0.02万人，改善受益人口3.4万人；20～200m³/d工程62处，新增供水能力1106m³/d，新增受益人口0.13万人，改善受益人口2.58万人。水质净化处理工程：61处，水质净化设施改造61处，消毒设备配置61台套，改造供水规模743m³/d，改善受益人口1.86万人，更新配套村头输配管网92.9km。

表4　“十三五”巩固提升规划目标情况

农村集中供水率（%）	农村自来水普及率（%）	水质达标率（%）	城镇自来水管网覆盖行政村的比例（%）
95	90	95	50

表5　“十三五”巩固提升规划新建工程和管网延伸工程情况

工程规模	新建工程					现有水厂管网延伸			
	工程数量	新增供水能力	设计供水人口	新增受益人口	工程投资	工程数量	新建管网长度	新增受益人口	工程投资
	处	m³/d	万人	万人	万元	处	km	万人	万元
合计	8	530	0.6	0.53	265	12	120.8	1.51	453
规模水厂						1	64	0.8	240
小型水厂	8	530	0.6	0.53	265	11	56.8	0.71	213

表6　“十三五”巩固提升规划改造工程情况

工程规模	改造工程					
	工程数量	新增供水能力	改造供水规模	设计供水人口	新增受益人口	工程投资
	处	m^3/d	m^3/d	万人	万人	万元
合计	81	2493		6.13	0.18	2105
规模水厂	1	87		0.16	0.03	72
小型水厂	80	2408		5.97	0.15	2033

2. “十三五”农饮工程长效运行工作思路

强化组织领导，落实职责分工，高度重视水利工程建设、开发、保护和管理工作，切实加强规划的组织实施，有关行业部门要按照职责分工，切实履行职责，具体落实规划目标和任务；加大宣传，调动群众参与全区“精准扶贫”水利建设的积极性。要在现行水环境治理管理体制的基础上，完善协调机制，明确职责，做到分工协作、密切配合。

鼓励符合条件的地方政府融资平台公司通过直接、间接融资方式，吸引社会资金参与水利建设，坚持谁投资、谁受益的原则，积极推进经营性水利工程市场融资。坚持中央、地方、社会共同负担的原则，完善多元化、多渠道、多层次的投资体系。

深化经济体制改革，着力推进体制创新和机制创新，推动国有资本向关系国民经济命脉的重要行业、关键领域和优势产业集中，水利作为基础设施是我市经济社会发展的重要支撑，已经成为全面建设小康社会的关键制约因素。应遵循市场经济规律，学习借鉴发达国家经验，明晰初始用水权，建立用水权交易市场，在充分发挥政府宏观管理职能同时，利用经济手段实现水资源优化配置和有偿转让，实现水资源的综合价值。

社会参与，有序组织实施。增强实施方案编制工作的实践基础，提高方案的科学性与合理性。在规划实施过程中，充分利用广播、电视、报刊等媒体，加大水利工作宣传力度，让全社会了解水利，了解水利面临的繁重建设任务，了解水利与经济发展的密切关系，使广大群众自觉的关心水利，形成全社会关心、支持和参与水利改革与发展的良好局面。

徽州区农村饮水安全工程建设历程（2005—2015）

（徽州区水利局）

一、基本概况

徽州区位于安徽南部，地处皖南徽州盆地中心，北依黄山区，西接休宁县，南望屯溪区，东连歙县。1987 年，国务院批准成立地级黄山市，同时建立县级徽州区，隶属黄山市管辖，区政府驻地设在岩寺镇，全区土地总面积 442. 6km^2。属中低山丘陵区，地势由北向南倾斜，北高南低，全区总面积 664575 亩，其中耕地 59295 亩，占 9%，构成六山二地一路半水半庄园的格局。徽州区地处亚热带北缘，季风气候温暖湿润，雨量充沛，四季分明。本区多年平均（下同）蒸发量为 1276. 8mm，全区多年平均降雨量 1700 多 mm，在季节分配上不均匀，其中 5 ~7 月为主汛期，多年平均降雨量为 850. 7 占 45. 3%。

徽州区现辖四镇三乡，即岩寺镇镇、西溪南镇、潜口镇、呈坎镇、富溪乡、洽舍乡、杨村乡，有 48 个行政村，面积 442. 6km^2，7 个乡镇的总人口 9. 49 万人，其中农业人口 7. 97 万人、非农户口 1. 52 万人。

二、农村饮水安全工程建设情况

1. 农村人口饮水安全解决情况

2005—2015 年 11 年间，共建成饮水工程 49 处，其中：管网延伸 4 处，引山泉水 45 处。解决 7 个乡镇，42 个行政村，解决 5. 08 万人饮水不安全（其中学校师生 300 人），共完成工程总投资 2353 万元。其中：中央预算内专项资金 1184 万元，省级配套 544. 万元，市级 143 万元，区级配套 332 万元，群众自筹 150 万元。

根据省民政厅《关于同意黄山市屯溪区与徽州区休宁县部分行政区划调整的批复》（皖民地函〔2015〕213 号）。将徽州区岩寺镇长源村、仙和村，西溪南镇长林村，休宁县万安镇蕉充村、霞高村、陈坑村、瓯山村，合计 7 个村（面积 35km^2，人口 1. 4 万人）划归屯溪区新潭镇管辖。其中，我区岩寺镇长源村 3025 人、仙和村 1344 人，西溪南镇长林村 3000 人，共计 7369 人。

表1　2015年底农村人口供水现状

乡镇数量	行政村数量	总人口	农村供水人口	集中式供水人口	其中：自来水供水人口	分散供水人口	农村自来水普及率
个	个	万人	万人	万人	万人	万人	%
7	48	9.5	7.97	7.59	6.95	0.38	87.2

表2　农村饮水安全工程实施情况

合计			2005年及“十一五”期间			“十二五”期间		
解决人口		完成投资	解决人口		完成投资	解决人口		完成投资
农村居民	农村学校师生		农村居民	农村学校师生		农村居民	农村学校师生	
万人	万人	万元	万人	万人	万元	万人	万人	万元
5.05	0.03	2353	2.71	0	1183	2.34	0.03	1170

2. 农村饮水工程（农村水厂）建设情况

2005年以前，全区乡镇农村无自来水水厂，仅城区自来水水厂1处，设计供水规模2.0万m³/d。面上农村只有一些零星群众自建的3～5户为单元的小型简易引山泉水供水工程，这些工程水质达标率、供水保证率均很低，工程建设简易，只是满足群众有水吃即可，安全隐患大。

截至2015年底，全区现有农村水厂49个、设计供水规模84191m³/d，日实际供水量42750m³/d，受益人口受益人口7.97万人。其中千吨万人规模水厂4处。

2005—2015年，解决5.08万人饮水不安全（其中学校师生300人），共完成工程总投资2353万元，其中，中央预算内专项资金1184万元，省级配套544万元，市级143万元，区级配套332万元，群众自筹150万元；另呈坎镇供水厂民间投入资本约350万元，西溪南镇供水厂民间投入资本约400万元。2015年底，农民接水入户率全区在90%左右，工程施工时按相关文件要求，每户由项目所在村收取入户管材、水表安装（含水表盖）300元，其他项目建设资金除当时民生工程由各级政府财政投入外，不足部分资金全由民间供水厂私人企业承担。

表3　2015年底农村集中式供水工程现状

工程规模	工程数量	设计供水规模	日实际供水量	受益乡镇数	受益行政村数	受益农村人口	自来水供水人口
	处	m³/d	m³/d	个	个	万人	万人
合计	49	84476	42750	7	48	7.59	6.95
规模水厂	4	82900	41174	4	24	4.1	3.28
小型水厂	45	1576	1576	7	31	3.49	3.67

3. 农村饮水安全工程建设思路及主要历程

(1)“十一五”阶段

解决思路：至2005年起逐步从小型相对供水规模小的引山泉水饮水点，向从城区自来水厂管网延伸及相对集中且供水规模大方式，建农村饮水安全饮水点。

“十一五”期间全区共解决农村饮水不安全人口数2.71万人。苦咸水1.02万人，水质微生物指标超标0.12万人，水质细菌学超标0.43万人，水源保证率低1.14万人。工程总投资1183万元，其中：中央预算内专项资金482万元，省级配套310万元，市级72万元，区级配套169万元，群众自筹150万元；

(2)“十二五”阶段

解决思路：以管网延伸和建集中供水厂为主的农村饮水安全饮水点。

“十二五”期间全区共解决农村饮水不安全人口数2.37万人（农村人口2.34万人、学校师生300人，分别是：西溪南中心校115人，石桥中心校150人，蜀源小学35人）。解决饮水不安全类型：苦咸水0.38万人，血吸虫疫区污染水0.31万人，水源保证率低1.34万人，生活用水量不足0.31万人；工程总投资1170万元，其中：中央预算内专项资金702万元，省级配套234万元，市级71万元，区级配套163万元。

建设呈坎镇供水厂1处，设计供水规模2000m³/d，一期工程日实际供水量393m³/d，受益人口受益人口0.83万人。

三、农村饮水安全工程运行情况

1. 区级农村饮水安全工程专管机构

已成立区农村饮水安全工程专管机构。

2. 区级农村饮水安全工程维修养护基金

2014年我区出台了农村饮水安全工程社会化管养奖补意见，并于同年11月10日，区财政、区水利局联合下文《关于进一步完善徽州区农村饮水安全工程群众参与社会化管养奖补意见的通知》（徽财农〔2014〕197号），对全区大大小小引山泉水饮水点55处28654人，区财政每年每人按3元标准安排农村饮水安全工程维修养护资金计8.6万元，专项用于农村饮水安全工程后续维护管养。资金使用管理采取区水利局、区财政局、区民生办在每年12月中旬对该项工作开展情况进行考核，结果纳入乡镇民生工程年度目标考核，并按考核得分情况予以各饮水项目点相应的管护资金补助。

3. 区级农村饮水安全工程水质检测中心

根据省水利厅和省发改委《关于尽快完成农村饮水安全工程县级水质检测中心建设前期工作的通知》（皖水农函〔2015〕282号）要求，按照整合资源，充分利用现有办公场所的原则，我区采取依托徽州区疾病预防控制中心建设区农村饮水安全工程水质检测中心。检测中心实验室装修改造项目：已按规划设计批复要求全部装修改造到位，新增大型仪器设备共6大件，分原子吸收分光光度计、原子荧光分光光度计、紫外分光光度计、离子色谱仪、气相色谱仪、便携式水质多参数分析仪各一台；小型仪器设备共24件。完全可以满足农村饮水安全水质检测42项指标要求。区编办已给区疾病预防控制中心增加2名固定技术人员编制、并且区财政上落实20万元作为水质检测中心前期工作启动经费。

目前我区已有固定的水质检测中心场所、配备专业的检测设备，农村饮水安全水质检测工作已进入常态工作。

4. 农村饮水安全工程水源保护情况

根据安徽省卫生和计划生育委员会《关于印发2016年安徽省卫生计生重点监督抽检计划的通知》（卫监督秘〔2016〕84号）的文件精神，区卫计委、区建委及区水利局联合下达了《关于开展我区2016年度生活饮用水卫生监督检查及重点监督抽检工作的通知》（徽卫计〔2016〕67号）文件，三部门于2016年5月下旬组织开展了全区集中式供水单位、二次供水单位和农村饮水安全工程的卫生监督检查和水质抽检工作。检查内容包括供水单位卫生许可证持有情况、水源卫生防护和水质消毒情况、水质自检情况、供管水人员的健康体检情况，并现场开展色度、浑浊度、pH和消毒剂余量等检测工作，对检查中发现的问题立即整改。

5. 供水水质状况

（1）面上引山泉水项目点：引水采用净水工艺有过滤、沉淀，按农村饮水安全工程兴建技术标准，一类是2010年前兴建的农村各饮水点，尚未安装水质缓式消毒器设备，日常采用投放消毒漂白精片、消毒漂白精粉消毒，水质达标率相对低些，个别饮水点枯水季节可能出现浑浊度及菌落总数超标；另一类是2010年以后兴建的面上各饮水点均兴建了消毒房、配备了水质缓式消毒器，水质全部达标，主汛期、枯水期部分时段水质达标相对低些。

（2）四大集中供水厂：区一水厂、二水厂均按国家规范化水厂标准设计，主要净水工艺、水源水、出厂水、末梢水水质均达标、合格。呈坎镇供水厂和西溪南镇供水厂净水工艺有过滤、沉淀，采用二氧化氯发生器消毒，水质均达标、合格。

6. 农村饮水工程（农村水厂）运行情况

（1）管护主体

2005—2015年，我区所建的各饮水点，均按“六制”要求，组织项目实施。工程竣工后，及时办理农村饮水安全工程产权移交，各饮水点均成立了项目管护组织。

①管护主体类型全区饮水点项目有三种管理模式，一是区自来水公式管网延伸工程：按城区自来水同网同价，实现“农村供水城市化，城乡供水一体化”，由区物价局召开听证会，核定审批水价，统一收费，统一管理。二是镇水厂管网延伸工程：实行企业管理、独立经营、单独核算、自负盈亏的运行机制。由镇政府、镇水厂会同区物价局召开听证会，区物价局核定审批水价，由镇水厂统一收费，统一管理。三是面上引山泉水工程：供水规模较小的引山泉水单村集中供水工程，在乡镇政府的监督指导下，落实工程管理的长效机制，制定饮水安全应急预案。由村委会直接负责，成立饮水点专业组织管理，制定水价，由村组成立的管水组织，统一收费，统一管理。

②运行情况：我区采取农饮民生工程竣工验收前必须先成立管护组织，否则不予以验收。工程建成并通过验收后，区水利局与各乡镇村办理了工程移交手续，管延工程由区物价局发文核价收费，面上引山泉水工程，目前已有近一半饮水点由村委会召开村民代表大会，制订了0.5~1.0元/m^3收费方案。2014年区财政局民生办还制定了全区农村饮水安全工程群众参与社会化管养奖补意见，对面上引山泉水饮水点，有管护组织、计收水费，

管养工作通过乡镇民生工程年度目标考核合格的，予以相应的管护资金补助。2015 年市财政局民生办及区民生办各下达了饮水建后管养奖补资金 5 万元共计 10 万元，用于饮水点建后管养。

③资产划分：项目验收合格后，区政府组织有关部门及时进行清产核资，明晰工程所有权、管理权与经营权，并办理资产交接手续。按照《安徽省农村饮水安全工程管理办法》执行。一是管网延伸工程：国家投入的购置供水管网及兴建主体供水设施建筑物资金部分，供运行管理单位无偿使用。资产按国家、集体、个人按出资比例共同所有。二是面上引山泉水工程：国家投入的购置供水管网及兴建主体供水设施建筑物资金部分，供村组运行管理单位无偿使用。

（2）运营状况

面上小型引山泉水饮水点：近一半饮水点由村委会召开村民代表大会，制订了 0.5～1.0 元/m^3 收费方案，尚有一半不收水费，收费水费主要用于管护人员工资、日常管护维修费用，且此项费用远大于水费收入，需靠其他资金弥补管护人员工资、日常管护维修费用之不足部分。

小型水厂二个：一是呈坎镇供水厂为自流引水的供水厂，执行水价 1.0 元，日实际供水量约 390m^3，受益人口 8270 人，水厂收入来源仅水费，主要支出为运行管理人员工资、日常维修、水质消毒及检测等费用支出；二是西溪南镇供水厂为丰乐河为水源的提水供水厂，一级提水执行水价 1 元，二级提水执行水价 1.6 元，日实际供水量约 781m^3，受益人口 14272 人，水厂收入来源仅水费，主要支出为运行管理人员工资、日常维修、水质消毒及检测等费用支出。

规模水厂二个：区一水厂（丰乐河为水源的提水供水厂）、二水厂（丰乐水库为水源自流引水的供水厂）。目前二个水厂并网互供，水价如下：居民生活用水到户价格由 1.30 元/m^3，非居民用水价格为 1.87 元/m^3，特种用水为 3 元/m^3。实行“两部制”水价，第一级是每户年用水量 216m^3（月用水 18m^3）及以内的，执行程序最终核定的到户价格；第二级是每户年用水量 216～300m^3（月用水 18～25m^3）的，到户水价为第一级的 1.5 倍；第三级是每户年用水量在 300m^3（月用水 25m^3）以上的，到户水价为第一级的 2 倍。，二个水厂日实际供水量均为 20000m^3，受益人口 32750 人及厂矿企业工业用水。水厂收入来源仅水费，主要支出为运行管理人员工资、日常维修、水质消毒及检测等费用支出。

7. 农村饮水工程（农村水厂）监管情况

固定资产方面：按照《安徽省农村饮水安全工程管理办法》执行。一是管网延伸工程：国家投入的购置供水管网及兴建主体供水设施建筑物资金部分，供运行管理单位无偿使用。资产按国家、集体、个人按出资比例共同所有。二是面上引山泉水工程：国家投入的购置供水管网及兴建主体供水设施建筑物资金部分，供村组运行管理单位无偿使用。

规范化管理方面：一是区自来水公式管网延伸工程由自来水公司统一收费，统一管理；二是镇水厂管网延伸工程由镇水厂统一收费，统一管理；三是面上小型引山泉水工程由村组成立的管水组织，统一收费，统一管理。

入户费用收取：受益农民承担入户材料（入户水表及以下部分材料）费用，入户安装由建设单位或者供水单位统一组织施工建设，每户不超 300 元，按《安徽省物价局、安徽省水利厅关于完善农村自来水价格管理的指导意见》（皖价商〔2015〕127号文件执行。

水质、水价、供水服务等方面监管开展的工作：按照《黄山市农村饮水安全工程供水成本测算及水价核定意见》（黄水管〔2010〕29号）及黄山市水利局、市财政局、市发展改革委联合下发的《黄山市农村饮水安全工程实施办法》执行。

8. 运行维护情况

工程运行状况，运行维修队伍建立及相关措施：规模水厂（区一水厂、二水厂）和小型水厂（呈坎镇供水厂、西溪南镇供水厂）运行状况正常，有固定专业维修队伍，建立应急预案，遇到突发情况，会及时、妥善处理；面上小型引山泉水饮水点，运行状况基本正常，没有固定专业维修队伍，遇到管路破损、漏水等情况，由村组管理员维修。

用电、用地、税收等相关优惠政策落实情况等：均能按照《关于明确农村饮水安全工程运行用电价格的通知》（皖价商〔2008〕211号)、《国土资源部水利部关于农村饮水安全工程建设用地管理有关问题的通知》（皖国土资函〔2012〕584号)、《财政部国家税务总局关于支持农村饮水安全工程建设运营税收政策的通知》（财税〔2012〕30号）等相关优惠政策落实到位。

9. 用水户协会成立及运行情况。我区目前尚未成立用水协会，下一步，我区将积极开展此项工作，成立农村用水协会，用水协会责、权、利明确，解决了农村小型水利设施的产权、管理和投入主体方面存在的问题，用水协会拥有对水利工程的经营管理权，负责对水利设施的管护和维修。

四、采取的主要做法、经验及典型案例：

（一）做法和经验

1. 出台的规范性文件

徽州区政府发文出台了《徽州区民生工程资金管理办法》，徽州区物价局、水利局发文《关于明确农村饮水安全工程运行用电价格的函》，徽州区水利局、民生办发文出台了《黄山市徽州区农村饮水安全工程运行管理意见》。

2. 经验总结

（1）水源保护：作为生活饮用水的水源，为防止人为破坏和污染，我区加强了对水源点保护并制定切实的卫生防护措施，以保护水源的可持续利用。

（2）前期工作：为了保证项目实施的科学性和有效性，因地制宜，采用集中连片引山泉水及管网引伸等供水方式，所有饮不点均集中供水到户，水质符合《农村生活饮用水卫生标准》。我们邀请市水利局、区预防保健中心有关专家来我区进行实地踏勘，对工程建设的可行性提出了科学论证，对水源地水量进行了详细的论证，并对水质做了化验，结合徽州区实际提出了北部山区建自流引水工程，畈区从区镇水厂管网延伸供水工程，实行水源共享，合理调配，集中连片供水的总体解决方案。工程规划设计工作，我们聘请了有设计质资的黄山市水电勘测设计院进行设计，在局里及时抽调业务骨干，组成专业班子，配合设计单位，进行了外业实地勘测，按照有关设计标准，精心进行项目工程设计，力求做到每个单项饮水点工程布局合理，设计规范，群众满意。

（3）资金筹措：2005—2010年，每批计划下达后，按批复计划资金配套要求，我们及时向分管领导汇报，并同财政部门及时沟通，每批农村饮水安全工程配套资金均能足额到位。2005—2010 年，解决规划内饮水不安全总人口 2.71 万人，工程总投资 1183 万元，其中，中央预算内投资 482 万元，省级配套 310 万元，市级配套 72 万元，区级配套 169 万元，群众入户材料费 150 万元。

（4）水质检测监测体系建设：我区是依托区疾病预防控制中心对全区农村饮水安全项目点进行日常检测工作，目前区编办已给区疾病预防控制中心增加 2 名固定技术人员编制、并且区财政上落实 20 万元作为水质检测中心前期工作启动经费。目前我区已有固定的水质检测中心场所、配备专业的检测设备，农村饮水安全水质检测工作已进入常态工作。

（二）典型工程案例

黄山永鑫自来水有限公司：

（1）基本情况：徽州区西溪南镇的长林村（现为新城区新潭镇长林村）、竦塘村，属丘陵地带，附近既无山又无小溪小河，仅靠沟塘边打的水井中的水饮用和灌溉，遇到旱季来临，塘水干枯，就必须到邻村挑水、买水，极不方便。且村中水井绝大部分区域为苦咸水、污染水等，生活用水极不卫生，严重影响了人民群众的身体健康。西溪南镇，采取集中管理，公司化运营机制。大力鼓励乡村企业、能人和大户融资供水工程。公司于 2001 年筹建，2002 年注册，先后近 10 年时间，按照规划通过管网扩建、改建，于 2012 年 10 月建成，供水管理单位为小型专业化供水企业，重点解决旱区长林过塘片、竦塘片及周边琶村、石桥村、东红村、西溪南村、岩寺镇富山村农村群众日常饮水困难。

（2）设计供水范围及规模：该供水厂供水范围为：现新城区新潭镇长林村（原西溪南镇长林村、过塘村）、西溪南镇西溪南村、琶村、东红村、石桥村、竦塘村、岩寺镇的富山村，设计供水规模 900m^3/d，目前受益人口 14270 人，日实际供水量 781m^3/d。

（3）设计供水模式：供水源为丰乐河，采取提水至蓄水池，通过过滤、沉淀、安装二氧化氯消毒设备集中消毒方式。从 2005 年国家实施农村饮水安全工程以来，我区把解决农村群众饮水安全作为统筹城乡发展和推进社会主义新农村建设的突破口，按照"集中化供水、市场化运作、企业化经营、专业化管理"的工作思路，实施该片供水工程，先后在 2007 年至 2012 年间，按规划采取管网延伸，逐年分片分组解决旱区农村群众日常饮水困难。

（4）工程效益：项目建成至今，由镇水厂实行企业管理、独立经营、单独核算、自负盈亏的运行机制。供水价由镇政府、镇水厂会同区物价局召开听证会，区物价局核定审批水价，由镇水厂统一收费，统一管理。日常供水水质能满足《生活饮用水卫生标准》（GB 5749—2006）、供水保证率达 95% 以上。在工程运行管理方面，公司成立专业维修技术服务队，对供水管网进行管护和维修，按时按量收取水费。目前该供水厂，供水水质达标、供水保证率能满足受益范围内用水需求，群众能喝上干净水、放心水、安全水"，能做到以水养水，良性发展。

五、目前存在的主要问题

1. 工程建设方面

一是随着饮水安全项目的逐年推进，实施的项目点难度增大。主要是全区尚未解决饮水安全的项目点，水源点远，管路长，靠目前国家政策范围内筹资一时无法解决，又不能向群众收取任何政策性以外的一切费用，工程投资大，实施难度大。二是饮水安全民生工程项目均分布在山区较偏僻的地方，交通状况较差，绝大多数监理单位不愿承担此项工作，施工企业投标的积极性不高，走招标程序后，基本还是村民自建方式承建。三是工程建设标准逐年提高，项目建设资金量大，人均投资高。特别是饮水精准扶贫项目，国家仅补助贫困人口资金，而饮水项目实施是一个系统工程，当地政府需投入大量人力、财力解决，造成地方财政承受压力大。

2. 运行管理方面

小型水厂、规模水厂运行管理目前基本正常，主要是面上引山泉水工程，现有近一半饮水点，管理组织机构由村组管理理，当尚未收取水费。这些项目点，管护人员工资全由村集体金费承担，个别经济稍差村，可能管理人员工资一时不能兑现，造成管路破损后无人及时修复。有些饮水点，及时收取了水费，但标准太低，水费收入在支付工作人员工资后，基本没有积累和盈余，有的还亏损，管理好难度大，不能真正做到以水养水，要靠村组其他资金弥补，才勉强维持运转。

3. 水质保障方面

小型水厂、规模水厂水质均正常，主要是面上引山泉水项目点仍存在一些水质有时不达标问题：一类是2010年前兴建的农村各饮水点，尚未安装水质缓式消毒器设备，日常采用投放消毒漂白精片、消毒漂白精粉消毒，水质达标率相对低些，个别饮水点枯水季节可能出现浑浊度及菌落总数超标；另一类是2010年以后兴建的面上各饮水点均兴建了消毒房、配备了水质缓式消毒器，水质全部达标，主汛期、枯水期部分时段水质达标相对低些。

4. 行业管理方面

全区农村供水工程面广量大，单个工程规模小，管理难度大，相当一部分农村供水工程产权不清，管理机构不健全，不少乡村饮水工程只有一两个人管理，而且绝大多数是没有经过培训的农民，能力较差。加上广大的农村地区经济发展水平较低，农民承受能力差。饮水安全工程完工后，各项目点也成立了管护组织，但从饮水点运行管理现状来看，一旦有问题，仍然电话报告水利局，工程运行管理一定程度上还要区水利部门去解决。因此，加强农村饮水安全行业管理尤为重要。现因受地方编制所限，基本无正式机构、固定人员管理此项工作，所以区级农村饮水安全管理机构亟待落实。

六、“十三五”巩固提升规划情况及长效运行工作思路

1. 区级农饮巩固提升“十三五”规划情况

（1）规划思路

徽州区农村饮水工程按照供水方式、用水条件等情况共划分为6个供水分区，岩寺镇供水分区、潜口镇供水区、呈坎镇供水区、西溪南镇供水区、富溪乡供水区以及杨村乡供水区。

（2）规划目标

到2020年，全面解决农村饮水安全问题，实现农村自来水“村村通”，同时，对已建农村供水工程进行巩固改造提升建设，保障供水安全。农村集中供水率达到85%以上，农村自来水普及率达到80%以上；水质达标率Ⅳ型集中式供水工程提高15%以上，Ⅴ型集中式供水工程提高10%以上；水源保证率不低于95%；供水保证率设计供水规模在

$20m^3/d$以上的集中式供水工程不低于95%，其他集中式供水工程不低于90%。

（3）主要建设内容

徽州区农村饮水工程按照供水方式、用水条件等情况共划分为6个供水分区。本次徽州区农村饮水安全巩固提升工程“十三五”规划共新建饮水工程1处，管网延伸2处，改造饮水工程45处，水处理设施配套工程48处。

表4　“十三五”巩固提升规划目标情况

农村集中供水率（%）	农村自来水普及率（%）	水质达标率（%）	城镇自来水管网覆盖行政村的比例（%）
87.2	87.2	90	38.2

表5　“十三五”巩固提升规划新建工程和管网延伸工程情况

工程规模	新建工程					现有水厂管网延伸			
	工程数量	新增供水能力	设计供水人口	新增受益人口	工程投资	工程数量	新建管网长度	新增受益人口	工程投资
	处	m^3/d	万人	万人	万元	处	km	万人	万元
合计	2	20002	4	2.98	2302	2	32	2.82	739
规模水厂	1	20000	4	2.98	2300	2	32	2.82	739
小型水厂	1	2	20	20	2				

2．“十三五”之后农饮工程长效运行工作思路

（1）建立责权明晰的工程运行管理体制。集中供水工程根据国家水资源统一管理和供水一体化的要求，结合农村小型水利改革的实际需要，各乡镇要成立相应的供水管理机构，负责本乡镇区域内的供水工程运行监督管理、供水单位业务指导和技术服务等工作。督促各村组成立相应的饮水管理组织，确定专人管理，制定合理水价，按时计收水费，建立起良性运行机制。

（2）大力推广用水户全过程参与管理机制。要大力推广用水户参与管理，包括公选管理机构负责人和管水员，实行民主监督和财务公开，让参与管理的受益群体成为农村饮水工程的管理主体。对跨村或以村为单位的中小型集中供水工程，组建用水户协会、用水户小组、用水管理委员会等参与式管理组织，发挥农民群众主体作用，建立用水户全程参与的管理机制，让用水户协会成为小型供水工程设施的所有者、使用者和管理者，成为完全意义上的主人，从而承担起管护责任和义务。

（3）建立区级农村饮水安全工程维修养护基金及使用办法

针对我区目前饮水项目运行管理现状，根据《安徽省农村饮水安全工程实施情况考核标准》及《补充规定》等有关规定，建立区级农村饮水安全工程维修养护基金及使用办法，将农村饮水安全管养费用纳入区级财政预算，专项用于农村饮水安全工程后续维护管养，确保工程项目良好运行。

歙县农村饮水安全工程建设历程（2005—2015）

（歙县水利局）

一、基本概况

歙县位于安徽省南部，黄山市境内，东南与浙江省淳安县、临安市交界，西南与本省休宁县、屯溪区、徽州区毗邻，北与黄山区、绩溪县接壤，全县面积 2122km²。我县属中低山、丘陵地貌。可分为三个地貌类型区，即中山峡谷，低山丘陵，河谷盆地。全县多年平均降水量为 1601mm，且降水量季节分配不均。多年平均汛期降水 1099. 7mm，占多年平均降水量的 68. 68%；主汛期多年平均降水量 720. 8mm，占多年平均降水量的 45. 02%。歙县境内河流发育，水系发达，均为山区性河道，河床比降大。全县河流统属新安江流域，有 10km 以上的河流 29 条，5～10km 的河流 25 条。

歙县辖 28 个乡镇、183 个行政村、11 个社区居委会、1719 个自然村。2015 年末全县总人口 47. 9 万人，其中农业人口 43. 44 万人。

歙县水资源较丰富，多年平均水资源总量 20. 33 亿 m³，年人均水资源量 5554m³。2014 年歙县地表水资源量 22. 41 亿 m³，地下水资源量 3. 3 亿 m³（地下水与地表水重复计量），较常年增 10. 2%。2014 年全县供水总量 1. 136 亿 m³，水资源开发利用率仅 5. 07%，开发利用率低。

歙县河流水质较好，所有河流水质常年保持在Ⅲ类以上。

二、农村饮水安全工程建设情况

1. 农村人口饮水安全解决情况

在实施农村饮水安全工程前，我县共有农村饮水不安全人口 22. 92 万人。其中，水质不达标的农村人口 6. 11 万人，水源保证率、用水量及用水方便程度不达标人口 16. 81 万人。

至 2015 年底，全县农村总人口 43. 44 万人，根据农村饮用水安全评价指标，饮水安全和基本安全人口 35. 85 万人，占农村总人口 82. 5%。实现农村自来水供水人口 29. 19 万人，自来水普及率为 67. 2%。全县 183 个行政村中，有 84 个实现全部通水，99 个实现部分通水；1719 个自然村中尚有 520 多个自然村未通水，自然村的通水比例占 70%。

2005—2015年，我县共完成农村饮水安全工程投资11214万元，其中，省以上财政投资7997万元，市财政投资666万元，县财政投资1467万元，群众自筹764.95万元，个人投资320万元。共解决农村饮水不安全人口22.92万人和农村师生0.83万人。

表1　2015年底农村人口供水现状

乡镇数量	行政村数量	总人口	农村供水人口	集中式供水人口	其中：自来水供水人口	分散供水人口	农村自来水普及率
个	个	万人	万人	万人	万人	万人	%
28	183	47.93	43.44	35.85	29.19	7.59	67.2

表2　农村饮水安全工程实施情况

合计			2005年及“十一五”期间			“十二五”期间		
解决人口		完成投资	解决人口		完成投资	解决人口		完成投资
农村居民	农村学校师生		农村居民	农村学校师生		农村居民	农村学校师生	
万人	万人	万元	万人	万人	万元	万人	万人	万元
22.92	0.83	10894	12.77	0	5587	10.15	0.83	5307

2. 农村饮水工程（农村水厂）建设情况

我县是以山地为主的山区县，大部分居民点分布在小溪的源头及边远山区，还有不少村庄坐落在海拔200m以上的高山上，由于受地理环境和经济条件限制，2005年以前建设的农村饮水工程，多数为农民联户自主建设的分散供水工程，据统计全县供水工程总共1215处，其中有分散式供水工程1143处。

2005年以前建成的供水工程存在的主要问题有：（1）分散建设，工程规模小。不仅管理难度大，也不利饮水水源的充分利用。（2）投资少，处理方式简单，建设标准不高。一是大部分工程由村组自建，工程质量相对不高；二是工程未安装计量水表，水浪费严重，人为造成用水紧张。三是工程使用的管材基本为PVC管和钢管，PVC管塑性差，钢管锈蚀，漏水严重，加上埋深浅，管道因老化、破损漏水情况严重。四是早期建设的许多工程蓄水池为石砌，渗水漏水普遍。五是基本没有配套消毒设施，水质不能保证。六是水源保证率低。特别是一些位于高山上的村庄，由于受地形条件的限制，基本以引山泉水方式解决饮水问题，水源本就不足，一旦遭遇干旱，山泉水减少甚至断流，群众饮水很难保证。

至2015年底，我县已建成水厂612个，其中，县域内规模水厂3处（另县外规模水厂延伸供水3处），小型水厂606处。2005—2015年共建成540处集中供水工程，其中，引水工程400处，提水工程62处，管网延伸78处。2005—2015年我县共设计农村用水户68417户，实际入户61576户，入户率为90%。按照合理分担原则和有关规定，农民承担入户部分的工程费用，入户工程费为100~300元。

表3　2015年底农村集中式供水工程现状

工程规模	工程数量	设计供水规模	日实际供水量	受益乡镇数	受益行政村数	受益农村人口	自来水供水人口
	处	m^3/d	m^3/d	个	个	万人	万人
合计	612	163640	119578.47	28	183	35.85	29.19
规模水厂	6	146000	103000	6	36	6.25	6.25
小型水厂	606	17640	16578.47	28	183	29.6	22.94

3. 农村饮水安全工程建设思路及主要历程

“十一五”期间，按照“先急后缓，先重后轻”原则，重点解决农村居民缺水问题。“十一五”期间我县建设的农村饮水安全工程基本上还是以单村工程为主，有条件的地方实施了部分管网延伸。全县共建设完成集中供水工程429处，其中，引水工程322处，提水工程52处，管网延伸55处。完成投资5587万元，解决不安全人口12.77万人。

“十二五”期间，不仅解决水量不足、取水不便、保证率低问题，而且考虑解决用水质量问题，普及和发展农村自来水。这一时期建设的农村饮水安全工程，采取工程集中建设，规模有了适度扩大，有条件的地方尽可能采用了规模水厂网管延伸。全县共建成111处集中供水工程，已全部完成竣工验收。其中，引水78处，提水10处，管网延伸23处。完成投资5307万元，其中中央投资3183万元、省级1062万元、市级320万元、县级743万元。解决农村饮水不安全人口10.15万人和农村学校师生饮水不安全人口0.83万人。新增供水能力6.09万m^3/d。

我县建有规模水厂1个，即县城自来水公司，设计供水规模6万m^3，供水人口7万~8万人（含城镇居民）。有乡镇水厂4个，其中，北岸水厂设计供水规模4000m^3，供水人口1.27万余人；歙县霞坑自来水有限公司设计供水规模860m^3，供水人口6490余人；深渡水厂设计供水规模460m^3，供水人口3100余人；雄村水厂设计供水规模2000m^3，供水人口6400余人。

三、农村饮水安全工程运行情况

1. 县级农村饮水安全工程专管机构

为加强我县农村饮水安全工程建设与管理，保障各供水工程的正常运用。2010年10月，歙县机构编制委员会办公室以歙编〔2010〕14号文批复同意成立歙县农村饮水安全工程管理站，为财政拨款全额拨款事业单位，股级建制，编制3名，隶属县水利局。县农村饮水安全工程管理站会同乡镇政府具体承担工程的建设，指导乡镇的工程运行管理。

2. 农村饮水安全工程维修养护基金

2010年10月，我县设立了农村饮水安全工程维修养护财政专项资金，每年的养护资金数额以本年度的总投资的1%列入。自2010年至2015年底我县共提取维修养护资金44万元。

3. 农村饮水安全工程水质检测中心及运行情况

歙县水质检测中心依托县疾控中心建设，利用县疾控中心现有的设备和实验室，添置车辆和仪器设备，总投资131万元。人员和运行经费由县财政解决，同时积极争取上级给予资金补助，确保水质检测中心正常运转的方案。2015年底完成水质监测中心的场所建设和设备购置。办公场所使用面积1186m²，设有理化检验室、细菌检验室、仪器室、药品室、精密仪器室、高压锅房、办公室。配置了紫外可见分光光度计、原子吸收分光光度计、原子荧光分光光度计、气相色谱仪、离子色谱仪等主要检测设备。购置齐全了试验台、试验柜、玻璃器皿及实验室试剂药品等。已具备《生活饮用水卫生标准》（GB 5749—2006）规定的42项常规指标和部分非常规指标的水质检测能力。水质监测中心建设投资130余万元，其中仪器设备购置87万元、原有场所提升改造10万元。水质监测中心于2016年6月初正式投入运行。

歙县农村饮水安全水质监测中心主要承担县域已建成投入使用的日供水20m³及以上的农村集中式供水工程的水源水、出厂水和管网末梢水的水质定期检测和巡检；对日供水20m³以下的农村集中式供水工程和分散式供水工程水质进行抽检。歙县农村饮用水安全工程水质监测中心配备专职检测人员3名，2016年向社会公招检测专业人员3名，进一步加大检测队伍建设，提高检测人员的专业素质，制订实验操作制度、危险试剂管理制度等各项管理制度12项，从而提升水质安全突发事件的应急能力。2016年6月初对全县40个集中式供水工程的水源水、出厂水、管网末梢水进行了水质常规的监测和检测，并对一些分散式供水工程进行了水质抽检。县水质检测中心水质检测工作正逐步进入正常化。

4. 农村饮水安全工程水源保护情况

县政府印发了《关于划定农村饮水安全工程水源保护区范围的通知》，明确水源保护区，确定水源保护措施，并在各项目点设立醒目的永久性水源保护标志牌，由乡镇政府负责日常监管。

5. 供水水质状况

我县水源水质较优良，主要存在微生物超标，其他基本符合相关标准要求，因此，除少数几处较大规模水厂采用完整工艺进行净化消毒外，绝大部分水厂采用简单的净化消毒工艺。主要净水工艺流程如下：

水源 → 简易过滤 → 加氯消毒 → 高位水池 → 入户

由于我县山区居住分散，供水工程规模小，绝大多数工程为服务200～2000人的小型工程。受工程规模制约，净水消毒方式简单，只有普通的慢滤和加氯消毒，甚至还有许多工程没有配备消毒设施（2009年前），供水水质受自然条件变化影响大。另外，许多地方的群众对加氯消毒后的水中存在异味不愿接受，存在加氯设备闲置不用的情况，影响供水水质。还有一些农村饮水工程管理人员缺乏有关消毒知识，不能正确使用消毒设备，对供水水质也产生一定影响。

6. 农村饮水工程（农村水厂）运行情况

我县已经实施的农村饮水安全工程中，从县自来水公司和徽州区自来水公司接水并由自来水公司负责管理的有15处，供水人口21665人（其中县自来水公司14040人、徽州区自来水公司7625人）；从乡镇水厂（雄村水厂、北岸供水有限公司、深渡水厂、歙县霞坑自来水有限公司）接水并由水厂负责管理的有12处，供水人口35576人（其中，北岸水厂17516人，雄村水厂6600人，深渡水厂5252人，歙县霞坑自来水有限公司6208人）；由村集体管理的有469处，供水人口165631人；由个人承包管理的有44处，供水人口14628人。水厂运行管理人员总计393人，其中具备中专及以上学历的人数86人。农村供水工程产权全部归政府所有的有4座，政府与企业（或个人）共有的4座，村集体所有的588座；政府资产监管人：乡镇政府4座，村集体588座，城建等其他部门4座。

通过调查，2015年水厂运营状况：全县水厂年供水总量546万m^3，实际供水户数为61576户，实际受益人口34.12万人，年收入995万元，其中水费收入995万元；年支出894万元，其中人员工资387万元、电费291万元、工程维护费用215万元，毛收益101万元。

水价采用“单一制”计收为主。县自来水公司供水工程的水价，按城市自来水水价1.8元/m^3，但免收城市排污费；较大水厂执行水价按县物价局批准的1.6元/m^3；村级管理的供水工程和协会管理的供水工程的收费也主要采取“单一制”计收，少部分采用“两部制”水费计收，水价分别由用水户代表大会或协会成员大会讨论决定，一般在0.8～1.5元/m^3，这部分水费收缴率仅为66%。

通过调查，我县目前乡镇水厂有4座。乡镇水厂受益面大，受益人口多，当地政府和部门都相当重视其运行，从目前来看，都能保证其正常运行。我县最大的乡镇水厂是北岸供水公司，坐落于北岸镇七贤村，始建于2009年，占地面积2400m^3。项目计划总投资854.8万元，设计日供水能力4000m^3，计划解决北岸镇徽杭公路沿线6个行政村1.6万人、徽城镇就田等3个行政村4000余人以及北岸经济开发区企业的集中供水。成立了专管机构，确定了3名专管人员，水价1.6元/m^3，年水费收入28万元，效益明显，群众满意。经过几年多的运营，水厂各方面运行很好，无论从水质、水量还是水压，都比以前有了质的改观。

单村供水工程，由其所在村组行使所有权。在乡政府的组织指导下召开了项目村组村民代表大会，制定工程管理办法、明确工程管理人员、成立监管小组（3～5人组成）、明确水价及水费征收办法和对管理人员的考核办法等。水费由运行管理人员征收并开具水费收据，水费交有村民代表监管小组管理；设立自来水专户，做到专款专用，水费主要用于管理人员工资（500～7200元/年），电费、消毒药品及维修费等费用。水费收支情况年终或年初在公示栏内进行公示，接受群众监督。如因电价和管理人员工资改变，在广泛征求意见的基础上及时召开村民代表大会讨论，通过表决来调整水价。根据管理考核情况兑现工资，保障了工程运行正常，群众长受益。

7. 农村饮水工程（农村水厂）监管情况

农村饮水安全工程经竣工验收合格后，固定资产及运行管理权移交于所在地的乡镇政府，由地方政府和项目所在村组负责运行管理，县水利局作为业务主管部门，负责监督、检查。以县为单元，建立标准化水质检测中心。北岸水厂设立水质化验室，配备专职检验人员，确保水质常规检测常态化、全覆盖。对单村单井小型供水工程水质定期抽检。

8. 农村饮水工程（农村水厂）运行维护情况

建立农村饮水安全地方首长负责制，完善管护机制。建立健全县乡两级农村饮水安全专管机构，明晰工程产权，落实管护主体。建立县级维修养护基金。以村为单位，按照

“保本微利”的原则，确定水价，分步到位。严格执行农村饮水安全税费、电价、建设用地等优惠政策。城市自来水管网延伸用水户水费中免收城市污水处理费，并按最低标准收取入户成本费。

四、主要做法、经验及典型案例

(一) 做法和经验

1. 建立组织制定制度是做好农村饮水安全工作的保证

为实施好农村饮水安全工程，我县切实加强领导，成立了农村饮水工程领导组织，下设办公室，抽调专人办公，制定了《歙县组织实施农村饮水安全工程意见》《歙县农村饮水安全工程建设管理意见》和《歙县农村饮水安全工程资金使用管理意见》，从领导机构、项目设计施工、资金筹措运用管理和项目建设管理等方面进行了明确规定，层层签订责任书，明确任务、职责。

2. 做好前期工作是解决农村饮水安全问题的基础

组织技术人员对全县饮水安全工程进行了实地勘测、调查，查清了水源、水质，落实了具体解困措施，做到无论工程类别、规模大小，每个居民点饮水工程都有一套由工程技术人员勘察设计的图纸。

3. 做好资金筹措是农村饮水工程建设的前提

农村饮水安全工程是民生工程之一，所需建设资金主要由国家专项资金、地方配套和群众自筹三部分组成，国家、地方和受益群众共同负担。为此，加强宣传、发动群众投资投劳，采取社会、集体和个人多种形式筹措资金兴建饮水工程，县建立农村饮水安全工程资金专户，实行专户储存，专款专用。“十一五”期间群众自筹资金也按自筹比例数额汇储于县专用账户，实行统一储存，集中使用，以确保工程质量和进度。

4. 农村饮水安全工程参照水利建设工程项目管理

(1) 县水利局和乡镇人民政府联合作为项目法人，县水利局具体负责资金筹措和使用管理，组织工程主要材料和设备的采购，组织项目设计和监理招标工作。乡镇人民政府负责项目的施工招标和施工过程的管理，对施工过程的质量进度、安全和资金负责。并接受县水利局的检查指导和验收。

(2) 工程施工招标由乡镇政府对本乡镇的项目打捆，委托县招标局或自行组织招标，选择专业技术力量强，设备先进具有一定资质的施工队伍施工。规模小的工程由项目村通过“四议两公开”程序选出当地懂技术、责任心强的能工巧匠施工。水厂延伸工程多采用单一来源采购方式，在造价审计的基础上，通过谈判交由水厂组织实施。签订施工合同，合同报县水利局备案。

(3) 监理单位由县水利局通过招标或竞争性谈判方式确定。监理单位根据工程进度开展巡回监理，并应乡镇政府要求，开展重点监理。

(4) 工程管材、水表箱等主要大宗材料由县水利局委托政府采购中心通过公开招标或询价方式，选择符合国家标准，市场信誉度高的供货商供货，并签订供货合同。

(5) 工程验收：工程完工后乡镇政府组织开展自验，形成自验报告报县水利局，县水利局会同财政、发改、卫计等部门开展县级验收，并接受省、市抽验。

（6）工程资金根据合同经县水利局审查后，在县财政局报账。工程完工后，经乡镇人民政府自验合格，经监理单位和乡镇人民政府审查同意的工程决算提交审计局审计，依据审计结果和施工合同向县财政局办理报账手续。

5. 做好工程建设管理是保证工程质量的关键

农村饮水工程参照水利基本建设工程项目进行管理。各饮水工程的施工由县招管局统一招标实施。我局做好施工指导、检查、验收工作。工程材料和设备通过政府采购，统一招标选取符合国家标准、可信度高的商家定点供货，签订材料定购合同；工程建设上选择专业技术力量强，设备先进并具有一定的资质条件的施工队伍施工。规模较小的饮水工程（未达到招标条件的工程）由项目所在村组经过“事议两公开”制度推选出当地懂技术、责任心强的能工巧匠施工；规模较大的工程（达到招标条件）通过招投标方式，推行项目法人责任制、监理制。无论何种形式的施工，承接工程施工的队伍或人员都与项目所在乡镇签订了施工合同，报我县农饮办公室备案，并在工程竣工验收后留取5%～10%的质量保证金。

6. 引导群众参与、努力提高群众参与度及满意度

一是在项目点召开用水户主（代表），参与讨论饮水工程建设方案、建后管理、水费收缴办法等事项，及时公示饮水安全工程的资金计划和工程决算情况，充分发挥受益群众的积极性；二是加强村级质量监督，各项目村成立村级质量监督组，由办事公正的群众代表组成，利用在当地监督方便的有利条件，全程参与工程的质量监督，效果明显，群众满意度有较大提高。

7. 加强卫生管理，努力提高饮水安全工程水质

一是强化工程消毒设备配置，从2009年开始，对规模较大的工程，配备消毒设备。当年共购置消毒设备13台，其中二氧化氯发生器9台、固体二氧化氯加药机4台，全部投入工程使用。2010年开始，新建饮水安全项目全部配备消毒设备。二是每年水利局与县卫生局联合举办歙县农村饮水安全工程水质卫生培训会议，对乡镇水利员和饮水安全工程管理人员进行水质卫生、水源保护的法律法规及业务培训。三是2010年由县政府印发《关于加强农村饮水安全工程水质管理的通知》，明确水质管理各方面的责任，保障农村饮水安全工程水质安全。

8. 大力宣传、努力提高受益群众知晓度

一是我局与县委宣传部联合举办“民生水利杯”新闻竞赛活动，鼓励社会各界为民生水利工程造势。二是积极参与县民生办组织的民生工程进乡镇宣传活动，发放水利民生宣传材料。三是在项目点进行宣传，每个项目点制作一块项目公示牌，安装在村庄人口集中并显眼的地方，制作民生水利工程标语在每个项目点张贴，项目村悬挂民生工程横幅。四是为加强水源保护意识，在每个项目点水源地设立水源保护区公示牌，注明水源保护区范围及水源保护措施。五是制作行政首长负责制责任人公示牌在项目点公示，让群众进一步明确农村饮水安全工程的相关责任人和联系方式，发现问题可及时向责任人反映，及时解决问题、化解矛盾。

9. 积极创新，努力探索长效管护机制

为确保工程建成后实现良好运行和效益长久发挥，本着有利于群众使用、有利于工程

效益发挥、有利于水资源可持续开发和利用的原则，建立健全管护机制。一是明确管护主体。根据各类饮水工程的受益情况分别明确管护主体，对跨乡镇集中供水工程，组建供水公司，实行法人负责制的公司化管理、市场化运作；如三阳乡就成立了三阳供水服务中心，负责管理全乡的农村供水工程的日常管护。对单村供水工程，由工程所在村委会或用水户协会负责工程的管护。二是加强水厂管理。按照城镇供水规范，建立水质、水源、应急机制规章制度，形成长效机制，确保水厂供水安全。通过一系列的措施，保证已解决的用水人口用上安全放心的自来水，减少用水成本，增加社会效益。三是完善社会化管养机制。根据我县实际，对2007年以来建成的农村饮水安全项目点中，未采取承包、租赁、拍卖、转让等市场化机制运行管理，受益人口200～700人项目，由县政府设管养奖补资金，通过运行管护全面考核后给予一定奖励。

（二）典型工程案例

歙县溪头村创新农村饮水工程管理

2009年，歙县溪头镇溪头村饮水工程通过公开招标，由该村村民程立中以7.1万元取得了该饮水工程20年经营权，此举标志着该镇创新农村饮水工程管理模式迈出了坚实的一步。

溪头村饮水工程始建于1992年，供水受益人口约1500人，由镇村共同成立管理组织管理。经十几年的运行，由于产权不明、责任不清、管理不善、管道老化等诸多因素，工程运行极不正常，经常出现停水现象，严重影响群众生产、生活。为彻底解决制约工程正常运行的管理体制问题，在县水利局的指导下，镇村两级决定对该饮水工程进行产权制度改革，通过公开招标，出让工程经营权，由中标者负责工程经营管理。该村将招标获得的资金将用于饮水工程的更新改造，并通过近几年饮水安全工程实施，进一步扩大受益范围，现受益农户400余户，包括学校、单位等受益人口2800余人，水费为农户1元/m^3，事业单位1.2元，按季收取。目前工程运行管理良好，群众非常满意。

五、目前存在的主要问题

（一）工程运行管理

从调查掌握的情况看，我县已实施的农饮工程绝大部分工程基本完好，能够满足正常使用。水厂和自来水公司供水的工程管理情况较好，但单村工程存在问题较多，主要是：

1. 工程管理，定期管护不到位

一是我县多数工程建设规模小，管理费用高；二是由村集体管理的工程，管理人员一般由村委会指定的村民担任，专业技能、管理水平和工作责任心参差不齐；三是许多工程多年未清理截水坝、清洗蓄水池、更换或清洗过滤池滤料，导致通水不畅、水质恶化；四是机电设备未定期保养维护，导致机械效率低；五是维修资金短缺，取水工程损坏、管道渗漏等未及时发现、维修，造成管网水压不足，部分村民用水困难。

2. 建设时资金不足，工程存在缺陷

一是个别工程质量不高，存在蓄水池渗漏，管道埋深不足，遭受雨水冲刷后部分管道裸露老化，存在漏水、管道压力不足的现象；二是提水工程多数未配备用机组，一旦出现机械故障就导致无法供水。

3. 受自然条件限制供水保证率低

山区农村多数采用自流引水方式取水，尤其是高山上的工程其水源产水量受天然降水影响，一旦遭遇较大干旱，容易造成群众吃水困难。

4. 社会发展对农村饮水安全工程提出了新的挑战

随着城镇化进程的推进，一方面许多数百人的村庄平时都是年老体弱的老人及妇幼在家，加上交通不便，导致管理人员难以落实，有时存在严重真空；另一方面，人口向乡镇所在地及山谷盆地区的村庄聚集，这些村庄原有的供水规模不能满足日益增长的用水需求，供水工程更新改造日益迫切。

（二）水费征收

全县已建的农饮工程中，自来水公司供水水价为1.8元/m^3，水厂供水水价为1～1.6元/m^3，这部分工程水费收缴正常。单村提水工程水价为0.8～1.5元/m^3，单村引水工程水价为0.4～0.6元/m^3，水费计收率约66%。存在的主要问题，一是群众交费意识低，认为是民生工程不须交费，特别是引水工程，认为工程是国家建的，水是自然流来的，干部已有工资，管理工程是分内工作，收费率低，收费的工程数只占2/3；在收费的过程中，存在怕碰钉子，碍于情面等原因，也不能做到百分之百的户足额收费；二是收费周期长，多数是1年收费1次；三是水费征收和使用不规范，无票据、无公示、无核算、无报告、未实行收支两条线等现象不时出现，导致群众对水费的收支不明白而拒绝交费；四是水价低，且洗涤都在河沟内完成，用水量达不到设计用水量，水费收入无法满足日常管理需要。运行管理费严重不足（如100户的工程，户均年用水量36m^3，按0.5元/m^3的水费，1年总收入仅1800元，仅够人员工资，维修费、消毒药费、水质检验费等都无处解决）；四是只在设计文件中提出水价建议标准，但未出台全县水价的指导意见，也是水价偏低的一个重要因素；五是现状农村有一半人口外出务工，全年用水量少，对收取基本水费抵触情绪严重。

（三）水源保护情况

县政府印发了《关于划定农村饮水安全工程水源保护区范围的通知》，明确水源保护区，确定水源保护措施，并在各项目点设立醒目的永久性水源保护标志牌，由乡镇政府负责日常监管。存在的问题：一是老百姓的水源保护意识不强，乱倒乱扔有毒有害废弃物的现象比较普遍，加上农村污水管网缺失，生活污水和水冲厕所对河道水源污染日趋严重；二是规模以下养殖场布点监管不到位，畜禽养殖场的污水对已建工程的水源污染十分严重，已成为水质安全的重大隐患。

（四）水处理及消毒设施建设和运行情况

2009年以前只对从河道提水的工程配备了消毒设备，2010年以后，所有项目点全部安装配备了消毒设备。但从全县消毒设备运行情况来看并不很理想，水厂和提水工程能够按规定进行水质消毒，但规模小的工程由于受益群众对消毒药粉的气味不愿接受，加上购买消毒药剂需要资金，处于基本不消毒或很少消毒状态，消毒设备成了摆设。末梢水水质基本依靠县疾控中心每年分两次对约40个工程进行抽样检测。存在的问题，一是消毒设备安装不到位；二是消毒设备使用率低，消毒工艺有待改善，才能让群众原意使用。

六、“十三五”巩固提升规划情况及长效运行工作思路

（一）“十三五”巩固提升规划情况

按照全面建成小康社会和脱贫攻坚的总体要求，通过农村饮水安全巩固提升工程实施，采取新建和改造等措施，到2018年底前，实现贫困村村村通自来水；到2020年，全面解决贫困人口饮水安全问题。

规划拟新建集中式供水工程60处，新增供水能力3075m³/d；新增供水受益人口3.97万人，其中新增受益贫困人口1513户3779人；利用现有水厂管网延伸8处，新增供水受益人口2.94万人，其中新增受益贫困人口930户1973人。规划拟改造工程83处；设计新增供水能力379m³/d，改造供水能力3297m³/d；新增和改善受益人口5.26万人，其中新增受益贫困人口437户1101人；规划拟配备消毒设备13台，改善受益人口0.36万人。拟建规模水厂水质化验室1处。

表4　“十三五”巩固提升规划目标情况

农村集中供水率（%）	农村自来水普及率（%）	水质达标率（%）	城镇自来水管网覆盖行政村的比例（%）
85	85	90	33

表5　“十三五”巩固提升规划新建工程和管网延伸工程情况

工程规模	新建工程					现有水厂管网延伸			
	工程数量	新增供水能力	设计供水人口	新增受益人口	工程投资	工程数量	新建管网长度	新增受益人口	工程投资
	处	m³/d	万人	万人	万元	处	km	万人	万元
合计	60	3075	3.97	3.97	2732	8	450	2.94	3087
规模水厂						3	267	2.26	1634
小型水厂	60	3075	3.97	3.97	2732	5	183	0.68	1453

表6　“十三五”巩固提升规划改造工程情况

工程规模	改造工程					
	工程数量	新增供水能力	改造供水规模	设计供水人口	新增受益人口	工程投资
	处	m³/d	m³/d	万人	万人	万元
合计	83	379	3297	5.26	0.80	1326
规模水厂						
小型水厂	83	379	3297	5.26	0.80	1326

（二）“十三五”后长效运行工作思路

修订和完善《歙县农村自来水工程运行管理办法》，进一步规范农饮工程管护。

1. 落实管护组织。以落实农村饮水安全地方行政首长负责制为核心，以小型水利工

程管理体制改革为契机，明确工程所有权、使用权和管护主体与管护责任，建立健全工程管理组织，管理制度，落实管护人员。探索建立社会化、专业化、区域化管护模式。如试行以乡镇为单位，将工程管道维修、水池清洗、过滤料更换或清洗、设备养护维修等工作委托给具有维修经验和能力的一两个人，工程管理人员只负责抽水、收取水费、日常巡查和故障报修等工作。

2. 落实管护经费。多渠道筹集工程管护经费，建立稳定的管护经费保障机制。一要合理确定水价标准，并足额计收水费，逐步实现“以水养水”目标；二要规范水费收缴和使用管理，定期公示让群众明白；三要收支两条线管理，收取的水费要在村财务分工程点记账，并实行村财乡管；四要在财政预算中按平均每人 3 元设立管护补助基金，采取以奖代补方式补助给工程点，补充管护经费的不足；五要在通过拍卖、租赁、承包、股份合作等方式搞活经营权的同时，收取履约保证金，并按年筹集大修基金，拓宽管护经费的筹措渠道。

3. 加强管理人员培训和考核。加强管理人员的培训，逐步建立起一支熟悉供水工程业务、能熟练使用和正确维护工程、责任心强的农村饮水安全工程的管理队伍。加强考核，工程管理不达标的管理人员要及时调整，承包的要及时取消承包资格。

休宁县农村饮水安全工程建设历程（2005—2015）

（休宁县水利局）

一、基本概况

休宁县位于安徽省最南端，与浙、赣两省交界，总面积2131km^2。东与本市歙县、徽州区、屯溪区接壤；北接黄山区；西北邻黟县、祁门县；西南与江西省婺源县毗邻；东南与浙江省淳安县、开化县相靠。县境内地貌以山地丘陵为主，面积约占全县总面积的76.7%。休宁县地处中纬度地带，属北亚热带季风湿润气候，气候温和，四季分明，雨量充沛日照适宜，无霜期长。多年平均降雨量1772.8mm，年内降雨时空分布不均，主要集中在4～9月，占全年降雨量68%，秋冬季节缺水严重，多年平均蒸发量1293.9mm，年平均气温16.3℃。

休宁县是一个以农、林、茶为主的山区县，全县共有21个乡镇、153个行政村、1569个村民小组，至2015年底，全县总人口26.82万人，其中农村人口23.01万人。2015年，全县社会经济主要指标国内生产总值70.2亿元，人均GDP值25250元/人，工业增加值14.7亿元，财政收入9.23亿元，农民人均年纯收入10500元。

我县水资源丰富，多年平均径流量25.783亿m^3，多年平均径流深1179.7mm，水域面积7440公顷，占土地总面积3.84%，但相当大的部分未能开发利用。全县共有小（1）型水库2座、小（2）型水库68座，总库容1735万m^3、兴利库容1126万m^3、塘坝5206座，总蓄水量3335万m^3。可作饮用的水源以地表水为主，主要有率水、横江两条主要河流及其支流，地下水资源以浅层地下水为主，主要分布在率水、横江河谷，平原及其支流下游沿岸一带，可开发利用很少。

二、农村饮水安全工程建设情况

1. 农村人口饮水安全解决情况

实施农村饮水安全工程前我县原存在的饮水不安全类型主要可分为供水工程保证率不足、人均用水量不够、方便程度不达标以及其他水质问题等。保证率不足、人均年用水量不够、方便程度不达标人口主要分布在我县四周高山丘陵区，约占全县农村人口的60%；存在其他水质问题人口主要分布在县城周边和屯溪市区周边乡镇，主要乡镇为海阳镇、万安镇、东临溪镇、商山镇、齐云山镇和渭桥乡等，人口约占总人口的40%。

至2015年底，我县农村总人口为23.01万人，饮水安全人口19.97万人，农村自来水供水人口18.34万人，自来水普及率达79.7%。由于区划调整（2015年万安镇蕉充、霞高、瓯山、陈坑4个行政村调整到屯溪区新潭镇，划出49个村民组，人口5856人，面积20km²），至2015年底全县行政村数为149个，通水行政村数140个，通水行政村比例为93.96%。

2005—2015年期间，农村饮水安全省级投资计划累计下达投资额为5487万元，解决了11.89万人的饮水不安全问题，建成农村水厂230处。

表1　2015年底农村人口供水现状

乡镇数量	行政村数量	总人口	农村供水人口	集中式供水人口	其中：自来水供水人口	分散供水人口	农村自来水普及率
个	个	万人	万人	万人	万人	万人	%
21	149	26.82	23.01	19.97	18.34	3.04	79.7

表2　农村饮水安全工程实施情况

合计			2005年及“十一五”期间			“十二五”期间		
解决人口		完成投资	解决人口		完成投资	解决人口		完成投资
农村居民	农村学校师生		农村居民	农村学校师生		农村居民	农村学校师生	
万人	万人	万元	万人	万人	万元	万人	万人	万元
11.89	0.13	5487	6.89	0	2958	5	0.13	2529

2. 农村饮水工程（农村水厂）建设情况

2005年以前，我县内农村水厂主要由农民自发或农村饮水解困项目建设的水厂，当时水厂数约200处，一般分布在我县周边山区乡镇。存在主要问题是，当时资金问题，建成的水厂规模都较小，设施也比较简陋，管理不够规范等。

截至2015年底，县内现有农村水厂个数537处、供水规模52782m³/d，分布在全县21个乡镇等。其中，规模水厂1处，设计供水规模3500m³/d，主要供水范围为五城镇6个行政村、商山镇5个行政村。

入户部分费用主要为入户安装费和材料费，一般每户不超过300元，安装入户率在95%以上。

表3　2015年底农村集中式供水工程现状

工程规模	工程数量	设计供水规模	日实际供水量	受益乡镇数	受益行政村数	受益农村人口	自来水供水人口
	处	m³/d	m³/d	个	个	万人	万人
合计	155	15562	10812	21	149	19.97	18.34
规模水厂	1	3500	1800	2	11	3.58	3.58
小型水厂	154	12062	9012	21	149	16.39	14.76

3. 农村饮水安全工程建设思路及主要历程

农村饮水安全项目实施期间，按照先急后缓、先重后轻及“建设一片、成效一片、销号一片”的原则，蓄、引、提多种形式并举，兴建了一大批农村饮水工程。十年来，全县11.89万人饮水安全问题得以解决。其中“十一五”解决了6.89万农村人口饮水不安全问题，投入资金2958万元；“十二五”期间解决了5万农村人口和0.13万学校师生的饮水问题，投入资金总额2529万元。通过这十年农村饮水工程的实施，改变了贫困山区多年来严重缺水的落后局面，农民用上了清洁卫生水，改善了水质，减少了多种疾病传播途径，提高了人民群众的健康水平和生活质量，改善了村庄的卫生环境、生态环境，促进了农村三个文明建设，取得了较好的经济、社会效益。

在这十年的建设时期，我县通过新建、管网延伸形式，建成了一批规模较大的水厂。如五城水厂原来为五城镇政府所在地的一个水厂，原来供水人口为5000人左右，实际供水规模500多m^3/d。如今通过我们多年的扶持，进行管网延伸，现在已成为一个跨乡镇、设计供水规模为$3500m^3/d$，供水总人口超过2万人的规模水厂。

三、农村饮水安全工程运行情况

1. 成立县级农村饮水安全工程专管机构

我县由县编办批复，2012年成立了县水务局农村饮水股并确定人员2人，经费由县财政负担。单位性质为水务局内设机构。

2. 建立县级农村饮水安全工程维修养护基金

在2012年成立了休宁县农村饮水工程维修养护基金建立于2012年，确定标准为每个益人口人5元，县财政按2005年以来实施农村饮水安全工程受益人口拨付。维修资金的使用依据县水务局和财政局制度的《休宁县农村饮水安全工程政府购买服务实施办法》。

3. 建设县级农村饮水安全工程水质检测中心

根据我县实际情况，水质检测中心以依托县疾病控制中心方式建设，主要检测仪器设备通过县采购中心采购，检测项目有42项，检测频次2次，分别为丰水期和枯水期。建设投资总额为106万元，运行经费由县水务局和疾控中心共同负担，专业人员有疾控中心负责落实。

4. 农村饮水安全工程水源保护情况

为了确保农村饮水工程水源安全，我县出台了《休宁县农村饮水安全工程水源保护办法》，水源保护区划定工作正在和县环保局对接实施。

5. 供水水质状况

我县地处山区，一般水源为山泉水或山溪水，水质较好，根据这一实际情况，主要净水工艺采取过滤、消毒等净水工艺；根据县疾控中心这2年的巡视检测报告，水质达标率（水源水、出厂水和末梢水）在90%以上、水质不合格的主要指标为菌落总数。

6. 农村饮水工程（农村水厂）运行情况

我县根据农村饮水安全项目实施的具体情况，农村水厂资产划归乡镇人民政府所有，包括管护主体（管护主体的类型、运行情况、资产划分等）$200m^3/d$以上规模水厂采取产权不变、经营权公开租赁的管理新模式确定管理人员，$200m^3/d$一下千人以上水厂由乡镇委托行政村确定专人管理、较小水厂由行政村或村民组集体进行管理。

农村饮水工程实行有偿供水，合理收费。各供水工程都依据实际情况，制定了不同的水价。按照保本微利的原则，形成以水养水的新机制，依据工程运行、维修、养护、折旧、人员工资和当地群众承受能力，制定合理的供水价格。如五城水厂、汊口水厂按县物价局文件，水费1.0元/m^3；榆村乡郑湾村等项目点水价执行分段收取，即每人每月用水在4m^3以内按3元计取，超过部分按1元/m^3计；不少项目点还依据具体情况，对本村小学和低保困难户免收水费，让民生工程把党和政府的温暖送到各家各户。其他项目点，都是通过村民代表大会或户主会议按一事一议方式确定水价及收费标准。

7. 运行维护情况

工程运行状况，运行维修队伍建立及相关措施，用电、用地、税收等相关优惠政策落实情况等。

四、采取的主要做法、经验及典型案例

（一）做法和经验

1. 县级出台政策

在实施农村饮水安全项目期间，我县出台了《休宁县农村饮水安全工程建设管理办法》《休宁县农村饮水安全工程运行管理办法》《休宁县农村饮水安全工程建设资金管理办法》《休宁县农村饮水安全工程水源保护办法》和《休宁县农村饮水安全工程政府购买服务实施办法》。

2. 经验总结

（1）加强领导

成立了以县政府主要领导任组长，分管领导任副组长，水务、发改、国土、财政、卫生等部门负责人为成员的领导组，各项目点的乡镇也相应成立了组织机构，明确了行政、技术和岗位责任人，具体指导和落实了实施方案。县政府负责民生工程建设的主要领导非常重视农村饮水安全这项工作，多次率有关单位负责人到项目乡（镇）村、组检查了解情况，指导乡镇工程建设工作，从而在全县形成了主要领导亲自抓、分管领导具体抓、部门配合，精心策划的组织领导体系。

（2）打破常规创新思路

为调动项目点干部群众的积极性，增强责任感，确保项目按照要求完工，县政府率先推行民生工程—人饮工程项目点责任承诺制，即项目点负责人对项目点解决饮水安全户数（人数）、受益人投工投劳、项目完工的时间、账务公开等进行书面承诺。在项目实施期间，普遍通过调查摸底，召开户主或者村民代表会议，推荐项目责任人，对项目进行书面承诺。承诺内容作为项目检查、督促、验收的依据之一。

（3）实行工程公示制

今年我县全面推广前几年在饮水安全方面村务公开好的做法，对工程建设投资和建设情况进行公布，张榜公示，接受群众监督。真正做到公开、公正、透明。

（4）规范操作，加强管理

为切实将农村饮水安全工程建设成德政工程、民心工程，在工程实施过程中，严格落

实法人制、招投标制、建设监理制、集中采购制、资金报账制、竣工验收制等“六制”和用水户全过程参与模式。把好“四关”，即工程设计关、材料设备关、资金关、验收关。

(5) 采取多种形式，加强宣传

不仅充分利用我县现有的网络、电视等宣传平台进行广泛宣传，还在每个项目点悬挂两幅宣传横幅和了两条固定标语，还向每户受益户赠送宣传年画一张，真正做到了让农村饮水安全工程这一民生工程深入老百姓的心里。

(6) 积极探索工程管理模式

随着工程的全面建成，我县把工作重点转向农民饮用水的长效管理上。近年来，我县积极探索村级水站运行管理模式，先后在榆村乡榆村水厂、五城镇五城水厂、溪口镇溪口水厂以及今年实施的汊口项目点实施了产权不变、经营权公开租赁的管理新模式，得到县、市领导的充分肯定。在其他一些相对规模较小的项目点，采取工程建设和工程管理同时招标确定承包人的方式，既保证了工程建设质量，又保证了项目的长期规范化管理。

(7) 加强资金管理

配套资金筹集和资金管理。努力落实地方配套资金，县承担的资金按年度计划，由县政府统筹安排，并足额筹集到位，设立农村饮水安全工程建设资金专户，县级以上经费和地方配套资金直接拨付到专户，实行专户存储、专款专用，严格实行报账制。对工程规模、建设内容、工程量、工程总投资及部分投资、材料设备价格、国家补助资金，地方配套资金及群众自筹资金进行公示，增加资金管理和使用的透明度，接受社会和群众的监督。制定水价和收费标准。

(8) 合理收缴水费

农村饮水工程实行有偿供水，合理收费。各项目点都依据实际情况，制定了不同的水价。按照保本微利的原则，形成以水养水的新机制，依据工程运行、维修、养护、折旧、人员工资和当地群众承受能力，制定合理的供水价格。如五城水厂管网延伸工程、汊口水厂按县物价局文件，水费1.0元/m^3；榆村乡郑湾村等项目点水价执行分段收取，即每人每月用水在4m^3以内按3元计取，超过部分按1元/m^3计；不少项目点还依据具体情况，对本村小学和低保困难户免收水费，让民生工程把党和政府的温暖送到各家各户。其他项目点，都是通过村民代表大会或户主会议按一事一议方式确定水价及收费标准。

（二）典型工程案例（东临溪镇汊口水厂）

1. 基本情况

汊口水厂供水工程位于休宁县东临溪镇，供水范围为汊口村、临溪村及镇直单位和学校，总规划供水人口9000多人。过去当地村民一直饮用井水和少数简易自来水，每遇枯水季节，水质和水量都得不到保证，严重影响群众的生活生产。建设内容为取水工程、集水井、3.5kmDN160mm引水管道、300m^3清水池、配水管网及入户工程等。

2. 主要特点

建设规模大该工程设计总投资为550万元，解决了东临溪镇汊口村、临溪村及镇直单位、学校共9000与人的安全饮水问题，是休宁县建设规模最大的农村饮水安全工程。群众满意率高过去当地村民一直饮用井水和少数简易自来水，每遇枯水季节，水质和水量都得不到保证，严重影响群众的生活生产，工程建成后切实解决了当地群众长久期盼解决的饮水困难问题。

3. 建设进展情况

截至目前，已有2100户7850人农户用上了自来水。水厂管理模式为租赁承包方式，在明晰产权的基础上，由东临溪镇政府和承包商承包签订合同进行经营和管理。水费采取“两部制”水价，收取标准为每户每月5m^3内的收费5元，超出部分按每$m^3$1元方式收取，并通过了物价局核定。到目前，工程运行良好，百姓非常满意。

4. 资金来源和投资计划

项目总投资550万元，其中政府投资330万元，承包商投入220万元。工程分两期工程建设。第一期建设内容为取水工程、集水井、3.5kmDN160mm引水管道、300m^3清水池及汊口村配水管网及入户工程。第二期工程建设内容为一体化净水设备、水厂绿化、提水备用水源工程及临溪村配水管网及入户工程。现在工程已全面完工并投入使用。

5. 下一步发展规划

一是做好项目日常管护和水费征收工作，让饮水安全工程这一得民心工程长期发挥应有的效益。二是进一步做好新增用户开户和入户安装，扩大供水规模，逐步达到设计规模，发挥应有的效益。

五、目前存在的主要问题

1. 工程设施方面

根据农村饮水现状调查和水质抽检情况，参照饮水安全评价指标，经分析，到2015年底在全县23.01万人农村人口中，还有3.04万属分散式供水人口。现有饮水工程不能满足供水需求主要成因：

（1）由于经济的发展，工业企业的增加，造成县城和一些集镇附近的村庄的地表水污染。

（2）实施饮水安全项目之前由农民自建、自管的简易自来水由于标准低，属于无设计、无监管、无水费产物，再加上人口的增多以及经过多年的运行管理不当，管道老化、蓄水池漏水现象普遍，造成供水工程不能发挥效益。

（3）由于自然气候以及一些人为因素的影响，部分高山地区水源保证率不够，造成这些地区的部分农民饮水困难，有一些农民要到很远的地方取水。

2. 水质保障方面

我县现有农村饮水安全供水工程点多、面广、分散，缺少水质化验环节，随着经济社会的发展，农村对饮水安全保障的要求也在不断提高，加之原有工程建设标准仅能满足“方便水”，而达不到《生活饮用水卫生标准》（GB 5749—2006）中的有关指标要求，局部地区饮用水安全严重不足等问题仍然十分突出，农村饮水存在安全隐患。农村供水工程水质化验无专门机构专业人员，无生活饮用水水质检测设施设备，对农村生活饮用水水质无常规化验，水质安全无法得到保障，为尽快今早发现饮水不安全问题，改善农村饮水卫生状况，改善水质减少疾病，建立县及农村饮水安全检测中心已成当务之急。

3 运行维护方面

我县农村集中供水工程规模普遍偏小，主要以单村供水为主。我县农村饮水安全工程数量大、分散、工程规模小，服务对象大部分为一般村，群众承受能力有限，水费标准低且收取困难，给工程维护管理、经营带来了困难。就我县来说，不同工程类型、规模，不同的自然、经济和技术条件决定了工程的管理模式。农村饮水工程的运行管理是目前农村饮水工程建设管理中最薄弱的环节之一。多年来，我县在农村饮水工程管理体制、运行机制等方面开展了有益的探索，并取得了一定成效，但由于一些管理方面存在的问题尚未得到有效解决，严重影响了工程长效运行机制的建立。

一是农村饮水工程运行管理及维修养护缺乏稳定和足够的经费来源。目前大部分农村饮水工程由于水价标准低、收取困难，所收水费只能维持工程的基本运行，无法提取折旧费和修理费。由于没有稳定的维修养护经费来源，当工程、设备需要维修甚至大修时，无资金保障，从而造成工程带病运行或报废，不仅影响了工程的经济效益，也制约了工程供水条件的改善和服务水平的提高。

二是人员专业水平低，技术服务体系不完善。目前农村水厂管理人员中，除少数经过专门培训外，多数还缺少专业技术培训，特别是单村供水工程管理人员，没有经过专业技术培训，业务素质较低，不能适应工程日常管理工作要求，更没有建立技术服务体系。

六、“十三五”巩固提升规划情况及长效运行工作思路

（一）县级农饮巩固提升“十三五”规划情况

1. 规划思路

在2016年至2020年期间，采取适度规模集中式供水为主、分散式供水为辅的方式，实现我县建档立卡的33个贫困村、4个异地搬迁贫困户安置点“村村通”自来水，以及我县其他未通自来水的行政村的村民用上干净卫生水。

2. 规划目标

根据全县和分区发展目标，我县农村饮水“十三五”发展目标和主要指标如下：

（1）农村自来水普及率从2015年底的79.72%提高到85%以上。

（2）水质达标率维持在目前90%以上水平。

（3）集中供水率从2015年底的86.79%提高到90%以上。

（4）供水保证率。日供水20m^3/d以上的集中式供水工程不低于95%，其他小型供水工程或季节性缺水地区不低于90%。

（5）贫困村通自来水率达100%。

3. 主要建设内容

本次规划主要成果如下。

（1）工程总投资：2233万元，其中新建工程617万元、管网延伸1059万元、工程改造557万元。

（2）受益总人口：5.89万人、其中新建工程1.19万人（含移民安置）、管网延伸2.12万人、改造工程2.59万人。

（3）新建工程：新建供水工程13处（含4个移民安置点）；管网延伸4处，涉及12个行政村。

（4）改造工程：工程改造32处，全部为20～200m^3/d饮水工程。

表 4　"十三五"巩固提升规划目标情况

农村集中供水率（%）	农村自来水普及率（%）	水质达标率（%）	城镇自来水管网覆盖行政村的比例（%）
90	85	90	25

表 5　"十三五"巩固提升规划新建工程和管网延伸工程情况

工程规模	新建工程					现有水厂管网延伸			
	工程数量	新增供水能力	设计供水人口	新增受益人口	工程投资	工程数量	新建管网长度	新增受益人口	工程投资
	处	m^3/d	万人	万人	万元	处	km	万人	万元
合计	12	1308	1.19	1.19	617	12	212.6	2.12	1059
规模水厂						12	212.6	2.12	1059
小型水厂	12	1308	1.19	1.19	617				

表 6　"十三五"巩固提升规划改造工程情况

工程规模	改造工程					
	工程数量	新增供水能力	改造供水规模	设计供水人口	新增受益人口	工程投资
	处	m^3/d	m^3/d	万人	万人	万元
合计	32	0	3262	2.59	0	557
规模水厂						
小型水厂	32	0	3262	2.59	0	557

2. "十三五"之后农饮工程长效运行工作思路

一是加强饮水工程产权改革。随着工程的全面建成，我县把重点转向农民饮用水的长效管理上。近年来，我县积极探索村级水站运行管理模式，先后在榆村乡榆村水厂、五城镇五城水厂、溪口镇溪口水厂以及今年实施的汊口项目点实施了产权不变、经营权公开租赁的管理新模式，并得到省、市领导的充分肯定。在其他一些相对规模较小的项目点，采取工程建设和工程管理同时招标确定承包人的方式，既保证了工程建设质量，又保证了项目的长期规范化管理。

二是建立管理机构。为确保农村饮水工程建设和后续管养，我县成立了县水务局农村饮水股，确定了人员，经费由县财政负担。

三是加强管理制度建设。在 2012 年成立了休宁县农村饮水工程维修养护基金，确定标准为受益人口每人 5 元，县财政按 2005 年以来实施农村饮水安全工程受益人口拨付。维修资金的使用依据县水务局和财政局制度的《休宁县农村饮水安全工程政府购买服务实施办法》，我县还制定了《休宁县农村饮水安全工程运行管理办法》《休宁县农村饮水安全工程水源管理办法（试行）》等。

四是加强水价及收费机制建立。农村饮水工程实行有偿供水，合理收费。各项目点都依据实际情况，制定了不同的水价。按照保本微利的原则，形成以水养水的新机制，依据工程运行、维修、养护、折旧、人员工资和当地群众承受能力，制定合理的供水价格。较大水厂按县物价局文件，水费1.0元/m^3；小型工程通过村民代表大会或户主会议按“一事一议”方式确定水价及收费标准。

黟县农村饮水安全工程建设历程（2005—2015）

（黟县水利局）

一、基本概况

黟县地处黄山市西北部，北枕黄山、南望白岳，东北与黄山区交界，东南与休宁县为邻，西与祁门县接壤，西北与石台县相连，全县面积857.8km^2。以山地为主，占总面积81.86%。盆地面积107.9km^2，占总面积12.58%，以南部城郊盆地最大，面积91.3km^2。年平均降水量1763.2mm，年均径流深1083mm。年平均蒸发量为1219.5mm，多年平均径流模数为102.6万m^3/km^2。黟县境内主要河流多发源于中部山岭，分成南北两个流域。境内河流129条，其中长度10km以上河流12条，总长度525.5km，河网密度0.89km/km^2。外来过境河流甚少，只占总面积4.3%。

黟县辖8个乡镇、66个行政村、4个社区居委会、591个自然村。2015年末全县总人口9.43万人，其中农业人口7.43万人。2015年，全县国内生产总值24.8亿元，工业总产值11.21亿元，农业生产总值6.15亿元，旅游总收入8.83亿元，财政收入3.7亿元。全县城镇居民人均可支配收入24311元，农民人均纯收入11309元。

黟县水资源较丰富，多年平均水资源总量8.725亿m^3，年人均水资源量9215.8m^3。2015年黟县地表水资源量12.92亿m^3，地下水资源量1.81亿m^3，较常年增42.4%。2015年全县供水总量0.443亿m^3，水资源开发利用率仅5.08%，开发利用率低。黟县以农业生产为主，旅游是其特色，工业生产不发达。因此，水资源污染程度比较轻。河流水质较好，所有河流水质常年保持在Ⅲ类以上。

二、农村饮水安全工程建设情况

1. 农村人口饮水安全解决情况

在实施农村饮水安全工程前，我县共有农村饮水不安全人口5.95万人。其中，水质不达标的农村人口5.34万人；水源保证率、用水量及用水方便程度不达标人口5.85万人。

至2015年底，全县农村总人口7.43万人，根据农村饮用水安全评价指标，饮水安全和基本安全人口6.86万人，占农村总人口92.3%。实现农村自来水供水人口6.86万人，自来水普及率为92.3%。全县66个行政村中，有57个实现全部通水，8个实现部分通水，1个未完全通水；591个自然村中尚有47个自然村未通水，自然村的通水比例占92%。

2005—2015年，我县共完成农村饮水安全工程投资3149万元，其中，省以上财政投资2361万元，市财政投资180万元，县财政投资436万元，群众自筹171万元。共解决农村饮水不安全人口6.42万人和农村师生0.51万人。

表1　2015年底农村人口供水现状

乡镇数量	行政村数量	总人口	农村供水人口	集中式供水人口	其中：自来水供水人口	分散供水人口	农村自来水普及率
个	个	万人	万人	万人	万人	万人	%
8	66	7.43	7.43	6.86	6.86	0.57	92.3

表2　农村饮水安全工程实施情况

合计			2005年及“十一五”期间			“十二五”期间		
解决人口		完成投资	解决人口		完成投资	解决人口		完成投资
农村居民	农村学校师生		农村居民	农村学校师生		农村居民	农村学校师生	
万人	万人	万元	万人	万人	万元	万人	万人	万元
6.42	0.51	3149	2.76	0	1172	3.66	0.51	1977

2. 农村饮水工程（农村水厂）建设情况

2005年以前农村水厂情况及存在问题。我县是以山地为主的山区县，大部分居民点分布在小溪的源头及边远山区，还有不少村庄坐落在海拔250m以上的高山上，由于受地理环境和经济条件限制，2005年以前建设的农村饮水工程，多数为农民联户自主建设的分散供水工程，据统计全县供水工程总共650处，其中有分散式供水工程530处。

至2015年底，我县已建成水厂216个，其中，县域内规模水厂3处、小型水厂213处。2005—2015年共建成216处集中供水工程，其中引水工程210处、管网延伸6处。

2005—2015年我县共设计农村用水户19650户，实际入户19650户，入户率为100%。按照合理分担原则和有关规定，农民承担入户部分的工程费用，入户工程费为100～300元。

表3　2015年底农村集中式供水工程现状

工程规模	工程数量	设计供水规模	日实际供水量	受益乡镇数	受益行政村数	受益农村人口	自来水供水人口
	处	m^3/d	m^3/d	个	个	万人	万人
合计	216	14683	13383	8	65	6.86	6.86
规模水厂	3	7213	5913	3	9	1.50	1.50

（续表）

工程规模	工程数量	设计供水规模	日实际供水量	受益乡镇数	受益行政村数	受益农村人口	自来水供水人口
	处	m^3/d	m^3/d	个	个	万人	万人
小型水厂	213	7470	7470	8	56	5.36	5.36

3. 农村饮水安全工程建设思路及主要历程

“十一五”期间我县建设的农村饮水安全工程基本上还是以单村工程为主，有条件的地方实施了部分管网延伸。全县共建设完成集中供水工程 87 处，完成投资 1172 万元，解决不安全人口 2.76 万人。“十二五”期间全县共建成 129 处集中供水工程，已全部完成竣工验收。其中引水 123 处、管网延伸 6 处。完成投资 1977 万元，其中中央投资 1186 万元、省级 396 万元、市级 110 万元、县级 285 万元。解决农村饮水不安全人口 3.66 万人和农村学校师生饮水不安全人口 0.51 万人。新增供水能力 0.96 万 m^3/d。

我县建有规模水厂 3 个，即县城自来水公司，设计供水规模 3 万 m^3/d，供水人口 2～3 万人（含城镇居民）。有乡镇水厂 2 个，其中，宏村水厂设计供水规模 1500m^3/d，供水人口 0.15 万余人；黟县渔亭水厂设计供水规模 2000m^3/d，供水人口 0.08 万余人。

三、农村饮水安全工程运行情况

1. 县级农村饮水安全工程专管机构

为加强我县农村饮水安全工程建设与管理，保障各供水工程的正常运用。2010 年 10 月，黟县机构编制委员会办公室以黟编字〔2010〕55 号批复同意成立“黟县农村饮水管理站”，为财政拨款全额拨款事业单位，股级建制，人员内部调剂，隶属县水利局。县农村饮水管理站会同乡镇政府具体承担工程的建设，指导乡镇的工程运行管理。

2. 农村饮水安全工程维修养护基金

2010 年 10 月，我县设立了农村饮水安全工程维修养护财政专项资金，每年的养护资金数额以本年度的总投资的 1% 列入。由县水利部门负责管护经费的使用及管理，县水利部门按照各项目点的工程使用和管理情况进行管护资金补助。2013 年县财政安排管护经费 19.96 万元，我局为鼓励和扶持农村饮水安全用水户协会的工作，对 24 个农村饮水安全工程用水户协会都安排管护资金进行补助。

3. 农村饮水安全工程水质检测中心及运行情况

黟县水质检测中心依托县疾控中心建设，利用县疾控中心现有的设备和实验室，添置车辆和仪器设备，总投资 225 万元。人员和运行经费由县财政解决，同时积极争取上级给予资金补助，确保水质检测中心正常运转的方案。2015 年 9 月完成水质监测中心的场所建设和设备购置。办公场所使用面积 820m^2，设有理化检验室、细菌检验室、仪器室、药品室、精密仪器室、高压锅房、办公室。配置了紫外可见分光光度计、原子吸收分光光度计、原子荧光分光光度计、气相色谱仪、离子色谱仪等主要检测设备；另外还配备有生化培养箱、电热恒温干燥箱、高压灭菌锅、浊度仪、色度仪、余氯、二氧化氯测定仪、分析天平（万分之一）、生物显微镜、净化工作台等小型仪器设备。购置齐全了试验台、试验柜、玻璃器皿及实验室试剂药品等。已具备《生活饮用水卫生标准》（GB 5749—2006）规定的42项常规指标和部分非常规指标的水质检测能力。水质监测中心建设投资182余万元，其中仪器设备购置63多万元、原有场所提升改造119万元。黟县农村饮用水安全工程水质监测中心配备专职检测人员3名。黟县农村饮用水安全工程水质监测中心准备在人员配备后经过一个月的学习和平台操作，从2016年开始通过现场水样采集的方式，对全县8乡镇集中式供水工程的水源水、出厂水和管网末梢水进行水质常规的监测和检测，并对一些分散式供水工程进行水质抽检。县水质检测中心水质检测工作开展将于2016年底步入正常化。

4. 农村饮水安全工程水源保护情况

县政府印发了《关于划定农村饮水安全工程水源保护区范围的通知》，明确水源保护区，确定水源保护措施，并在各项目点设立醒目的永久性水源保护标志牌，由乡镇政府负责日常监管。

5. 供水水质状况

我县水源主要存在微生物超标，其他基本符合相关标准要求，因此，除少数几处较大规模水厂采用正规工艺进行净化消毒外，绝大部分水厂配备消毒设施采用简单的净化消毒工艺。

6. 农村饮水工程（农村水厂）运行情况

我县已经实施的农村饮水安全工程中，从县自来水公司和宏村、渔亭自来水公司接水并由自来水公司负责管理的有3处，供水人口1.5万人（其中，县自来水公司1.3万人，宏村自来水公司0.12万人，渔亭自来水公司0.08万人）；由村集体管理的有213处，供水人口5.36万人，水厂运行管理人员总计235人。

2015年全县水厂年供水总量353万m^3，实际供水户数为19650户，实际受益人口6.86万人，年收入428万元，其中水费收入428万元；年支出152万元，其中人员工资116万元、电费7万元、工程维护费用29万元，毛收益275万元。

县级直管供水工程的水价，按城市自来水水价1.8元/m^3；较大水厂执行水价由县物价局组织价格听证确定1.6元/m^3；村级管理的供水工程和协会管理的供水工程的收费也主要采取“单一制”计收，少部分采用“两部制”水费计收，水费分别由用水户代表大会或协会成员大会讨论决定，一般在0.5~1.5元/m^3，这部分水费收缴率仅为45%。

我县目前乡镇水厂有2座。最大的乡镇水厂是宏村供水公司，坐落于宏村镇，始建于2005年，占地面积1000m^2。项目计划总投资460万元，设计日供水能力3000m^3，计划解决宏村镇2个行政村1.3万人及外来游客的集中供水。宏村供水公司成立了专管机构，确定了3名专管人员，水价1.6元/m^3，年水费收入117万元，效益明显，群众满意。经过几年多的运营，水厂各方面运行很好，无论从水质、水量还是水压，都比以前有了质的改观。

7. 农村饮水工程（农村水厂）监管情况

农村饮水安全工程经竣工验收合格后，固定资产及运行管理权移交于所在地的乡镇政府，地方政府和项目所在村组为后期运行管理部门，县水利局为业务主管部门，一并加强运行监督、检查和管理工作。

8. 农村饮水工程（农村水厂）运行维护情况

建立健全县乡两级农村饮水安全专管机构，明晰工程产权，逐项落实管护主体，小型工程推行产权改革。建立县级维修养护基金。以村为单位，按照“保本微利”的原则，确定水价，分步到位。建立农村饮水安全地方首长负责制，逐步实现同村群众吃同质同价水。

四、主要做法、经验及典型案例

（一）做法和经验

1. 做好前期工作是解决农村饮水安全问题的基础

为实施好农村饮水安全工程，我县切实加强领导，成立了农村饮水工程领导组织，下设办公室，抽调专人办公，制定了《黟县组织实施农村饮水安全工程意见》《黟县农村饮水安全工程建设管理意见》和《黟县农村饮水安全工程资金使用管理意见》，从领导机构、项目设计施工、资金筹措运用管理和项目建设管理等方面进行了明确规定，层层签订责任书，明确任务、职责。并要求技术人员对全县每个饮水安全工程进行实地勘测、调查，查清水源、水质情况，落实具体解困措施，做到无论工程类别、规模大小，每个居民点饮水工程都有一套由工程技术人员勘察设计的图纸。

2. 打破常规创新思路

为调动项目点干部群众的积极性，增强责任感，确保项目按照要求完工，我县率先推行民生工程——饮水安全工程项目点责任承诺制，即项目点负责人对项目点解决饮水安全户数（人数）、受益人投工投劳、项目完工的时间、账务公开等进行书面承诺。全县所建工程普遍通过调查摸底，召开户主或者村民代表会议，推荐项目责任人，对项目进行书面承诺。承诺内容作为项目检查、督促、验收的依据之一。我县还对工程建设进行民主监督，所有工程投资和建设情况都进行了公示、张榜公布，接受群众监督。真正做到公开、公正、透明。

3. 做好工程建设管理是保证工程质量的关键

农村饮水工程参照水利基本建设工程项目进行管理。各饮水工程的施工由县招管局统一招标实施，定人、定点、定岗、定职责，按照设计图纸，进行严格施工。我局做好施工指导、检查、验收工作。工程材料和设备通过政府采购，统一招标选取符合国家标准、可信度高的商家定点供货，签订材料定购合同；工程建设上选择专业技术力量强，设备先进并具有一定的资质条件的施工队伍施工。规模较小的饮水工程（未达到招标条件的工程）由项目所在村组经过“事议两公开”制度推选出当地懂技术、责任心强的能工巧匠施工；规模较大的工程（达到招标条件）通过招投标方式，推行项目法人责任制、监理制。无论何种形式的施工，承接工程施工的队伍或人员都与项目所在乡镇签订了施工合同，报我县农饮办公室备案，并在工程竣工验收后留取5% ~10%的质量保证金。

4. 引导群众参与、努力提高群众参与度及满意度

我县农村饮水安全工程项目建成后，明确项目点村委会主任即为建后管护第一责任人，负责该村农村饮水安全工程的正常运营和长期发挥效益。全县40片（处）项目点因地制宜，结合实际，按照供水人口规模、供水区域范围等情况强化运行管护工作。有的村组建了用水户协会，行使“业主”职能，由用水户协会负责农村饮水安全工程的运行维护

和经营管理工作，如洪星乡红光村等 24 个村成立了村级农村用水户协会，由协会按章程进行管护；有的村经用水户推荐管理人，由管理人进行工程管护，如碧阳镇碧山村碧西片农村饮水安全工程由张小和同志进行管护；有的承包给有资质的专业管理单位进行管理，如渔亭水厂由县自来水厂进行托管，充分发挥县自来水厂的管理和技术优势，为农村饮水安全提供支持和保障；县自来水厂管网延伸工程则由自来水厂负责管护。

（二）典型工程案例

1. 黟县碧阳镇碧山村碧西饮水工程

黟县碧阳镇碧山村碧西饮水工程最初是由该村村民张小何于 2005 年投资 10 万元兴建的，由于设计、施工、管理等等原因，供水情况一直不太理想，2010 年，黟县水利局投资 49.5 万元对该饮水工程进行了彻底改造，使供水受益人口达到了 2000 多人，涉及附近村民、敬老院和工业园企业，为加强农村饮水安全工程的运行管理，按照有利于群众使用、有利于工程可持续利用的原则，碧山村成立了农村用水户协会，行使“业主”职能，明确工作职责和工作内容，确定由张小和等同志负责工程日常运行管护工作，定期对拦水坝等供水构筑物和供水管道设施进行养护，确保供水设施安全运行，并积极开展节约用水知识宣传。为保证农村饮水工程长期发挥效益，碧西饮水项目点实行有偿供水、计量收费，其水价按照有关文件规定和运行成本测算，收费标准暂定 0.5/m^3 元收取，以后通过村民代表大会进行水费调整。水价核定后，以公示栏的形式向群众公开，增加透明度，接受监督。每年 12 月底管护人员上户按水表计量收取。水费年收入约 2 万元，只能维持管护人员的基本工资和小型维修工作。县水利局 2015 年安排管护补助经费 0.7 万元。

碧西饮水项目点通过建后管护，做到了饮水工程有人管理，水费有人收费，供水设施专人维护，确保了安全供水。在日常管理中，管护人员为老人和留守儿童等困难户进行水龙头、水表等维修工作，为困难户提供了方便。2013 年大旱之年等特殊时期，水源供水不足情况下，协会采取定时供水、控制用水量等方式，统筹合理调度水资源，确保了村民的饮水安全。目前工程运行管理良好，群众非常满意。

五、目前存在的主要问题

1. 工程管理，定期管护不到位

一是我县多数工程建设规模小，管理费用高；二是由村集体管理的工程，管理人员一般由村委会指定的村民担任，专业技能、管理水平和工作责任心参差不齐；三是许多工程多年未清理截水坝、清洗蓄水池、更换或清洗过滤池滤料，导致通水不畅、水质恶化；四是机电设备未定期保养维护导致机械效率低；五是维修资金短缺，取水工程损坏、管道渗漏等未及时发现、维修，造成管网水压不足，部分村民用水困难。

2. 建设时资金不足，工程存在缺陷

一是个别工程质量不高，存在蓄水池渗漏，管道埋深不足遭受雨水冲刷后部分管道裸露老化，存在漏水、管道压力不足的现象；二是提水工程多数未配备用机组，一旦出现机械故障就导致无法供水。

3. 受自然条件限制，供水保证率低

山区农村多数采用自流引水方式取水，尤其是高山上的工程其水源产水量受天然降水影响，一旦遭遇较大干旱，容易造成群众吃水困难。

六、“十三五”巩固提升规划情况及长效运行工作思路

1. “十三五”巩固提升规划情况

按照全面建成小康社会和脱贫攻坚的总体要求，通过农村饮水安全巩固提升工程实施，采取新建和改造等措施，到2018年底前，实现贫困村村村通自来水；到2020年，全面解决贫困人口饮水安全问题。规划拟新建集中式供水工程4处，新增供水能力455m³/d；新增供水受益人口0.44万人，其中新增受益贫困人口187户441人；规划拟改造工程24处；设计新增供水能力2155m³/d，新增和改善受益人口1.75万人，其中新增受益贫困人口275户643人；规划拟配备消毒设备76台，改善受益人口0.85万人。

表4　“十三五”巩固提升规划目标情况

农村集中供水率（%）	农村自来水普及率（%）	水质达标率（%）	城镇自来水管网覆盖行政村的比例（%）
95	95	95	35

表5　“十三五”巩固提升规划新建工程和管网延伸工程情况

工程规模	新建工程					现有水厂管网延伸			
	工程数量	新增供水能力	设计供水人口	新增受益人口	工程投资	工程数量	新建管网长度	新增受益人口	工程投资
	处	m³/d	万人	万人	万元	处	km	万人	万元
合计	4	455	0.44	0.44	100				
规模水厂	0	0	0	0	0				
小型水厂	4	455	0.44	0.44	100				

表6　“十三五”巩固提升规划改造工程情况

工程规模	改造工程					
	工程数量	新增供水能力	改造供水规模	设计供水人口	新增受益人口	工程投资
	处	m³/d	m³/d	万人	万人	万元
合计	24	2155	3655	2.98	1.75	1013
规模水厂	1	1500	3000	1.3	1.3	460
小型水厂	23	655	655	1.68	0.45	553

2. “十三五”后长效运行工作思路

（1）完善县级农村饮水安全工程管理服务机构，强化政府和行业的监督管理与技术指导，成立县级农村饮水管理站，落实人员编制和工作经费，充实基层技术力量，强化技术指导和技术服务，提高饮水安全工程建设和运行管理质量和效益。积累县级农村饮水安全工程维修养护基金，用于水源地保护和工程日常维修养护，促进工程良性循环。

（2）积极培育和发展用水户协会，促进新型农业生产经营主体参与工程管护，形成组织化管理、规范化管护。加强业务培训，全面提高农村饮水安全工程管护人员的技术水平和业务能力。

（3）修订和完善《黟县农村自来水工程运行管理办法》，进一步规范农饮工程管护。强化宣传，提高农民的用水交费意识，按照“补偿成本、公平负担”的原则，建立合理的水价形成机制。

（4）拓宽农村饮水安全投融资渠道，鼓励和吸纳社会资金投入，组织和引导受益群众筹资投劳。

（5）依法规范水源保护区或保护范围划定工作，加强水源保护和水质检测工作，进一步强化水质净化处理，规范消毒设施的安装、使用和运行管理，提高水质合格率，保障供水安全。

祁门县农村饮水安全工程建设历程（2005—2015）

（祁门县水利局）

一、基本概况

祁门县位于安徽省最南端，东北与祁门县交界，东南与休宁相邻，西南与江西省毗连，西北与东至、石台两县接壤。南北长74.8km，呈枫叶形状，总面积2257km^2，是一个“九山半水半分田，包括道路和庄园”的山区县全县地形以山地丘陵为主，中山、低山、丘陵、山间盆地和河谷平畈相互交织，呈网状分布。

现辖10镇8乡、111个村、1039个村民组，总人口18.67万（其中农业人口14.8万）。境内森林覆盖率高达85.79%，居全省首位；拥有林地17.95万公顷，林木绿化率86.05%，森林蓄积量999.6万m^3。祁门茶叶生产历史悠久，早在唐代就有十分繁盛的茶市，是“中国红茶之乡”。2014年国内生产总值（GDP）52.3亿元，财政收入6.19亿元，农村经济总收入35.6亿元，农民人均年收入10803元。

全县多年平均径流量为22.21亿m^3，全县水库可供水量1859.7万m^3。014年供水总量0.596亿m^3。其中，地表水0.577亿m^3，占供水总量的96.8%；地下水0.019亿m^3，占供水总量的3.2%。全县年总用水量0.596亿m^3。祁门县集中式供水水源均为地表水，水质总体良好。受人为因素的影响，地表水少数存在被垃圾、污水、农药等污染，遇上雨水山洪天气感官指标就不合格；不进行消毒处理为细菌学指标基本全部达不到饮用水标准；另有部分地方砷、锰等有超标。

二、农村饮水安全工程建设情况

1. 农村人口饮水安全解决情况

在实施农村饮水安全工程前，我县共有农村饮水不安全人口14.8万人。其中，水质不达标的农村人口13.6万人；水源保证率、用水量及用水方便程度不达标人口14.1万人。

通过实施“十五”人畜饮水解困工程和“十一五”“十二五”农村饮水安全工程建设，截止到2015年底我县自来水农村受益人口9.13万人，自来水普及率61.69%。农村饮水安全工程解决人口8.59万人，占农村总人口58.04%。集中式供水人口9.13万人，分散式供水人口5.67万人。

2005—2015年，全县建成农村饮水安全集中供水工程295处，解决了10镇8乡511

个村民组 8.59 万农村居民饮水不安全问题。其中解决血防区 0.59 万人、缺水及其他水质 8.01 万人。全县农村饮水安全工程供水总能力 2.81 万 m^3/d。集中供水率 62%。

“十一五”期间，整体以单村、单组供水为主，解决方式为从水源取水多未经处理和消毒直接输送至用水户，设施配套不全，工程建设标准低。“十二五”期间饮水工程，增加了水处理、消毒设施，建设规模、标准均有所提高。2005—2015 年，我县共完成农村饮水安全工程投资 4065 万元，其中省以上财政投资 3018 万元、市财政投资 242 万元、县财政投资 524 万元、群众自筹 281 万元。共解决农村饮水不安全人口 8.59 万人和农村师生 0.31 万人。

表 1　2015 年底农村人口供水现状

乡镇数量	行政村数量	总人口	农村供水人口	集中式供水人口	其中：自来水供水人口	分散供水人口	农村自来水普及率
个	个	万人	万人	万人	万人	万人	%
18	111	14.8	14.8	9.13	9.13	5.67	61.69

表 2　农村饮水安全工程实施情况

合计			2005 年及“十一五”期间			“十二五”期间		
解决人口		完成投资	解决人口		完成投资	解决人口		完成投资
农村居民	农村学校师生		农村居民	农村学校师生		农村居民	农村学校师生	
万人	万人	万元	万人	万人	万元	万人	万人	万元
8.59	0.31	4065	4.44	0	1906	4.15	0.31	2159

2. 农村饮水工程（农村水厂）建设情况

2005 年以前建设的农村饮水工程，多数为农民联户自主建设的分散供水工程，据统计全县供水工程总共 1100 处，其中有分散式供水工程 920 处。至 2015 年底，我县已建成水厂 296 个，其中，县域内规模水厂 6 处、小型水厂 290 处。2005—2015 年，我县共设计农村用水户 23861 户，实际入户 23861 户，入户率为 100%。按照合理分担原则和有关规定，农民承担入户部分的工程费用，入户工程费为在 100 ~ 300 元。

表 3　2015 年底农村集中式供水工程现状

工程规模	工程数量	设计供水规模	日实际供水量	受益乡镇数	受益行政村数	受益农村人口	自来水供水人口
	处	m^3/d	m^3/d	个	个	万人	万人
合计	296	14683	13383	8	65	6.86	6.86
规模水厂	6	33250	33250	6	12	1.4	1.4
小型水厂	290	8627	8627	18	99	7.5	7.5

3. 农村饮水安全工程建设思路及主要历程

“十一五”期间我县建设的农村饮水安全工程基本上还是以单村工程为主，有条件的地方实施了部分管网延伸。全县共建设完成集中供水工程 189 处，完成投资 1906 万元，解决不安全人口 4.44 万人。“十二五”期间全县共建成 107 处集中供水工程，已全部完成竣工验收。完成投资 2190 万元，其中中央投资 1295 万元、省级 432 万元、市级 131 万元、县级 300 万元、群众自筹 31 万元。解决农村饮水不安全人口 4.15 万人和农村学校师生饮水不安全人口 0.31 万人。新增供水能力 2.57 万 m^3/d。

我县建有规模水厂 6 座。县城自来水公司，设计供水规模 3 万 m^3/d，供水人口 2 万～3 万人（含城镇居民）；有乡镇水厂 4 座，分别为金字牌（规模 $1000m^3/d$）、闪里（规模 $1000m^3/d$）、塔坊（规模 $1000m^3/d$）、城安（规模 $1000m^3/d$）等 4 座水厂，总受益人口 0.9 万人。

三、农村饮水安全工程运行情况

1. 县级农村饮水安全工程专管机构

为加强我县农村饮水安全工程建设与管理，保障各供水工程的正常运用。成立祁门县农村饮水管理站，隶属县水利局。县农村饮水管理站会同乡镇政府具体承担工程的建设，指导乡镇的工程运行管理。

2. 农村饮水安全工程维修养护基金

为保证工程的良性运行，自 2011 年起，我县每年财政预算安排部分经费用于农村饮水安全工程维修养护，其中 2011 年安排维修管护经费 7 万元、2012 年安排维修管护经费 13 万元、2013 年安排用于抗旱饮水经费 48 万元、2014 年县财政安排维修基金 30 万元。

3. 农村饮水安全工程水质检测中心及运行情况

祁门县水质检测中心依托县疾控中心建设，利用县疾控中心现有的设备和实验室，添置车辆和仪器设备，总投资 137 万元。人员和运行经费由县财政解决，同时积极争取上级给予资金补助，确保水质检测中心正常运转的方案。2015 年 10 月完成水质监测中心的场所建设和设备购置。办公场所使用面积 $760m^2$，设有理化检验室、细菌检验室、仪器室、药品室、精密仪器室、高压锅房、办公室。配置了紫外可见分光光度计、原子吸收分光光度计、原子荧光分光光度计、气相色谱仪、离子色谱仪等主要检测设备。已具备《生活饮用水卫生标准》（GB 5749—2006）规定的 42 项常规指标和部分非常规指标的水质检测能力。水质监测中心建设投资 137 万元，其中仪器设备购置 84 多万元、原有场所提升改造 53 万元。配备专职检测人员 2 名，从 2016 年开始通过现场水样采集的方式，对全县 18 乡镇集中式供水工程的水源水、出厂水和管网末梢水进行水质常规的监测和检测，并对一些分散式供水工程进行水质抽检。县水质检测中心水质检测工作开展将于 2016 年底步入正常化。

4. 农村饮水安全工程水源保护情况

县政府印发了《关于划定农村饮水安全工程水源保护区范围的通知》，明确水源保护区，确定水源保护措施，并在各项目点设立醒目的永久性水源保护标志牌，由乡镇政府负责日常监管。

5. 供水水质状况

我县水源水质较优良，主要存在微生物超标，其他基本符合相关标准要求，因此，除少数几处较大规模水厂采用正规工艺进行净化消毒外，绝大部分水厂采用简单的净化消毒工艺。

6. 农村饮水工程（农村水厂）运行情况

1. 供水管理单位情况

我县已经实施的农村饮水安全工程中，从县自来水公司和金字牌、闪里、塔坊、城安自来水公司接水并由自来水公司负责管理的有 6 处，供水人口 1.42 万人。由村集体管理的有 290 处，供水人口 7.47 万人，水厂运行管理人员总计 261 人，其中，具备中专及以上学历的人数 10 人。目前乡镇水厂有 4 座，解决 4 乡镇 6 个行政村 0.9 万人集中供水。成立了专管机构，确定了 8 名专管人员，水价 1.6 元/m^3，年水费收入 121 万元，效益明显，群众满意。单村供水工程，由其所在村组行使所有权。在乡政府的组织指导下召开了项目村组村民代表大会，制定工程管理办法、明确工程管理人员，明确水价及水费征收办法和对管理人员的考核办法等。水费由运行管理人员征收并开具水费收据，水费交有村民代表监管小组管理；设立自来水专户，做到专款专用，水费主要用于管理人员工资、电费、消毒药品及维修费等费用。水费收支情况年终或年初在公示栏内进行公示，接受群众监督。

7. 农村饮水工程（农村水厂）监管情况

农村饮水安全工程经竣工验收合格后，固定资产及运行管理权移交于所在地的乡镇政府，地方政府和项目所在村组为后期运行管理部门，县水利局为业务主管部门，一并加强运行监督、检查和管理工作。

8. 农村饮水工程（农村水厂）运行维护情况

完善管护机制。建立健全县乡两级农村饮水安全专管机构，明晰工程产权，逐项落实管护主体，小型工程推行产权改革。建立县级维修养护基金。落实优惠政策。严格执行农村饮水安全税费、农业电价、建设用地等优惠政策。

四、主要做法、经验及典型案例

（一）做法和经验

1. 加强组织领导，明确职责分工

一是加强领导，建立机构。县政府成立农村饮水安全项目领导组，县长任组长，分管县长任副组长，发改委、水利、财政、卫生、环保、建设、国土、审计、监察、物价等部门为成员单位。下设办公室，地点设在水利局，抽调专人办公，全面负责日常工作。各乡镇也相应成立了农村饮水安全项目领导小组和办事机构，切实加强农村饮水安全项目的建设领导。二是明确任务，强化职责。为确保我县农村饮水安全项目顺利实施，制定了农村饮水安全项目建设管理办法，明确任务与职责。乡镇人民政府负责组织项目的建设和运行管理，承担并组织项目施工招投标。乡镇、村、组负责自筹资金筹集，协调解决工程实施过程中占地、青苗赔偿、有关事宜，监理部门负责工程质量监督及工程进度等工作。实行农村饮水安全工程建设行政首长负责制，县政府与各有关部门、乡镇签订目标责任书，划定政府目标考核范围，使各部门各司其职、各负其责、密切配合，共同搞好农村饮水安全项目建设。

2. 加强建设管理，确保工程质量

一是严格把好前期工作关。我县农村饮水工程大部分都是采用引取山泉，兴建简易小型自来水工程，为确保建成后有充足的水源，在上一年枯水期就开始寻找水源进行第二年项目的勘测设计等前期工作。为了确保农村饮水安全项目建一处，成一处，发挥效益一处，水利技术人员对各项目点进行全面调查摸底。通过走访基层，实地勘察，进一步了解水源、水质状况，切实做好水源的论证工作。在科学确定饮用水水源的前提下，按照技术可靠、造价合理、操作简便的要求，采用适宜的技术方案，对供水规模、工程设施进行认真设计计算。水利局召开多次基层水利站会议，对工程设计方案和概算进行核定，单项工程设计书经评审、批复后再进行施工。针对工程实施中出现的纠纷难题商讨解决办法，并落实解决方案、措施，有效保证了工程的有序开展。

二是严格把好建设管理关。（1）将工程项目经费来源、投资情况、责任单位和人员、建设单位、受益范围等情况在受益村组进行公示。（2）对工程所需管材、配件及消毒设备通过政府采购办，进行公开招标采购，确保质量。（3）在实施过程中，强化建设监理，质量监督。蓄水池基础、钢筋制安等隐蔽工程和关键部位经验收合格后，方可进行下道工序；管道沟槽验收达到设计深度方可申请领取管材管件；对砂、碎石、钢材等建筑材料实行严要求、严管理，对不符合质量要求的，杜绝进入施工现场。（4）做好工程建设前和建设后的水质化验工作。县水利局委托县疾病预防控制中心对各项目点的水源水和末梢水水质进行化验，保证水质达到农村饮水安全指标，让老百姓吃上“放心水、安全水”。（5）对建设资金实行报账制、专户存储、专款专用、严禁挤占、挪用情况发生，自筹部分一律打入专用账户。

三是严格把好竣工验收关。工程完工后由乡镇政府及受益村组成立验收组，对工程项目进行验收，对验收不合格的项目限期整改，否则拒付工程款，并留足5%质保金，工程1年后无质量问题付清。设立工程标志，标明工程名称、建设时间、投入资金、受益范围、施工单位、监督单位、主管部门及负责人。严格做到工程建设与管护组织建立同时验收。

3. 加强运行管理，保证长效运行

一是加强水源保护。为确保水源及水质安全，以工程为单位划定了饮用水源保护区，由水利、公安和乡镇政府共同建立水源地的保护警示牌，发布水源保护管理公告，禁止在水源保护区存在可能破坏和污染水源的任何活动。

二是落实管护主体。各项目村组通过户长会议或村民代表会议，在充分尊重受益群众意见的基础上，根据《祁门县农村人饮供水工程管理办法》，成立供水站，制定管护制度，确保工程良性运行。按照有利于群众使用，有利于工程可持续利用的原则，明晰工程所有权，放开搞活经营管理，可实行所有权和经营权分离。在经营管理上，采取灵活多样的方式，可以由用水合作组织自己管理，也可以实行承包、租赁、拍卖使用权等办法进行管理。

三是制定合理水价。所有工程一律安装水表，建立有偿供水制度，按照运行成本测算，微利的原则，形成以水养水的管理新机制，按照国家水价政策合理定价。水利局与物价局、受益群众一起，根据工程运行，维修、养护、折旧、人员工资和群众承受能力制定合理的水价。

四是规范水费征收。水费由供水管理机构或由委托的单位、个人计收。用水单位和个人应按照规定的计量标准和供水价格按时交纳水费。供水单位要定期向群众公布水价、水质、水费收支情况，接受群众的监督。

（二）典型工程案例

祁门县平里镇贵溪村饮水工程。

祁门县平里镇贵溪村饮水工程于2010年由祁门县水利局投资44万元对该饮水工程进行建设，使供水受益人口达到了879人，为加强农村饮水安全工程的运行管理，按照有利于群众使用、有利于工程可持续利用的原则，贵溪村成立了农村用水户协会，行使“业主”职能，明确工作职责和工作内容，确定管护人员，明确管护责任，定期对拦水坝等供水构筑物和供水管道设施进行养护，确保供水设施安全运行，并积极开展节约用水知识宣传。为保证农村饮水工程长期发挥效益，实行有偿供水、计量收费，其水价按照有关文件规定和运行成本测算，收费标准暂定0.5元/m^3收取，以后通过村民代表大会进行水费调整。水价核定后，以公示栏的形式向群众公开，增加透明度，接受监督。每年12月底管护人员上户按水表计量收取。

五、目前存在的主要问题

1. 对水源地保护力度不够，水源地乱砍滥伐林木等现象依然存在。

2. 少数受益群众建后管理意识淡薄，部分工程运行管护人员的管理较为松散，只是按日常运行成本收取水费，水价偏低，难以支付管理人员工资和工程管护维修等费用；还有部分用水人口较小的项目点是由村集体代管，没有向受益群众收取水费，不利于工程的长效运行。

3. 建设资金缺口较大。我县属山区小县，农村饮水工程建设自然条件差、施工环境复杂，人口居住分散、管网线路长，工程建设成本高、建后管护费用大，每年安排的建设项目都有较大的资金缺口。

六、“十三五”巩固提升规划情况及长效运行工作思路

1. “十三五”巩固提升规划情况

按照全面建成小康社会和脱贫攻坚的总体要求，通过农村饮水安全巩固提升工程实施，采取新建和改造等措施，到2018年底前，实现贫困村村村通自来水；到2020年，全面解决贫困人口饮水安全问题。

农村饮水工程按照供水方式、用水条件等情况将全县分为祁山、金字牌、平里、历口、闪里、安凌6大片。祁山区新建、改造及水处理设施配套共35处工程，其中新建工程20处、改造工程6处、水处理设施配套工程9处；金字牌区新建、改造及水处理设施配套共25处工程，其中新建工程10处、现有管网延伸工程1处、改造工程3处、水处理设施配套工程11处；平里区新建、改造及水处理设施配套共44处工程，其中新建工程16处、改造工程3处、水处理设施配套工程25处；历口区新建、改造及水处理设施配套共

40 处工程，其中新建工程 20 处、改造工程 3 处、水处理设施配套工程 17 处；闪里区新建、改造及水处理设施配套共 28 处工程，其中新建工程 11 处、改造工程 2 处、水处理设施配套工程 15 处；安凌区区新建、改造及水处理设施配套共 18 处工程，其中新建工程 3 处、改造工程 1 处、水处理设施配套工程 14 处。

表 4　“十三五”巩固提升规划目标情况

农村集中供水率（%）	农村自来水普及率（%）	水质达标率（%）	城镇自来水管网覆盖行政村的比例（%）
94	94	94	37

表 5　“十三五”巩固提升规划新建工程和管网延伸工程情况

工程规模	新建工程					现有水厂管网延伸			
	工程数量	新增供水能力	设计供水人口	新增受益人口	工程投资	工程数量	新建管网长度	新增受益人口	工程投资
	处	m³/d	万人	万人	万元	处	km	万人	万元
合计	80	4457	4.66	4.08	240214	1	30	0.17	102
规模水厂	0	0	0	0	0	1	30	0.17	102
小型水厂	80	4457	4.66	4.08	2402	0	0	0	0

表 6　“十三五”巩固提升规划改造工程情况

工程规模	改造工程					
	工程数量	新增供水能力	改造供水规模	设计供水人口	新增受益人口	工程投资
	处	m³/d	m³/d	万人	万人	万元
合计	18	623	0	1.34	0.5	252
规模水厂						
小型水厂	18	623	0	1.34	0.5	252

2. “十三五”后长效运行工作思路

（1）加大宣传力度，提高农民群众对实施饮水安全工程的认知度及满意度和水源地保护重要性的认识；加强饮水消毒，确保卫生安全。

（2）加大监督力度，提高农村饮水安全工程管理水平，把管护制度真正落实到位。

（3）加大对林木砍伐监管力度，做到有序合理砍伐，保持森林涵养水源能力。

（4）努力创新工程管理机制，确保长效运行。各乡镇级积极探索工程管理新机制、新思路，邀请用水户群众代表全程参与工程管理。健全工程维护养护、节约用水、水费计收等管理制度，保证饮水安全工程长效运行。

（5）建议上级财政给予水质检测中心运行经费或者政策支持。